清华大学能源动力系列教材

燃烧学导论： 概念与应用
（第3版）

An Introduction to Combustion
Concepts and Applications
(Third Edition)

[美] Stephen R.Turns 著

姚 强 李水清 王 宇 译
Yao Qiang Li Shuiqing Wang Yu

U0229961

清华大学出版社
北 京

图书在版编目（CIP）数据

燃烧学导论：概念与应用：第 3 版/（美）特纳斯（Turns，S. R.）著；姚强，李水清，王宇译. —北京：清华大学出版社，2015（2024.3 重印）

书名原文：An introduction to combustion：concepts and applications 3rd edition

清华大学能源动力系列教材

ISBN 978-7-302-37190-8

Ⅰ．①燃… Ⅱ．①特… ②姚… ③李… ④王… Ⅲ．①燃烧学－高等学校－教材 Ⅳ．①O643.2

中国版本图书馆 CIP 数据核字（2014）第 266554 号

责任编辑：杨 倩 赵从棉
封面设计：常雪影
责任校对：赵丽敏
责任印制：杨 艳

出版发行：清华大学出版社
  网　　　址：https://www.tup.com.cn，https://www.wqxuetang.com
  地　　　址：北京清华大学学研大厦 A 座　　　　　邮　　编：100084
  社　总　机：010-83470000　　　　　　　　　　邮　　购：010-62786544
  投稿与读者服务：010-62776969，c-service@tup.tsinghua.edu.cn
  质量反馈：010-62772015，zhiliang@tup.tsinghua.edu.cn
印　装　者：三河市龙大印装有限公司
经　　销：全国新华书店
开　　本：185mm×230mm　　　印　张：41.5　　　字　数：904 千字
版　　次：2015 年 5 月第 1 版　　　印　次：2024 年 3 月第 12 次印刷
定　　价：108.00 元

产品编号：043472-03

关于作者

    Stephen R. Turns 于 1970 年,1974 年和 1979 年分别在宾夕法尼亚州立大学、韦恩州立大学和威斯康星大学麦迪逊分校获得机械工程学士、硕士和博士学位。1970 年到 1975 年在通用汽车公司研究实验室任研究工程师。1979 年成为宾夕法尼亚州立大学教师,目前是机械工程教授。Turns 博士讲授热科学方面的多门课程,并多次获得宾州大学的杰出教师奖。2009 年他获得了美国工程教育协会的 Ralph Coats Roe 奖。Turns 博士在与燃烧相关的多个领域开展研究。他是国际燃烧学会、美国航空学会、美国工程教育协会和美国汽车工程师学会的会员,美国机械工程师学会高级会员。

此书献给

Joan Turns

-Stephen R. Turns

相对而言,人类通过洞穴中出现的第一缕闪烁的火光认识了自己的存在,感受到了自己的成功,体验了对自然的把握。在那残忍的黑暗和隐现的阴影中,火的发现象征着对化学过程的理解、蒸汽动力时代的到来和整个工业的革命。它还预示着整个人类的未来。

Loren Eiseley

The Unexpected Universe(神奇的宇宙)

说　　明

　　由于原版书中的部分图片在原出版社版权到期，因此按照原出版社的要求，这些图片已不能继续在本翻译版图书中使用。为了不影响本书的阅读，译者将相关图片进行了替换处理，特此说明。具体的替换图片序号如下：图 2.4，图 2.5，图 2.18(a)，图 6.3，图 6.6，图 9.6，图 10.7，图 10.8，图 11.2，图 12.7，图 12.16，图 13.1，图 13.3，图 13.4，图 13.5，图 13.6，图 13.8，图 15.17，图 15.21。

与第1、2版一样,第3版的目的有两个:首先是采用相对简单和易于理解的分析来介绍燃烧的基本概念;然后引入各种实际应用,并与各种理论概念相联系,以激发学习兴趣。本书既可以用于机械工程和相关领域的本科教学及作为研究生的初级教程,又可供工程师们自学。

本版的主要修改内容集中在增加和更新了有关能源利用的特定主题、环境保护及气候变化、燃料。最大的变化是增加了针对燃料的新章节。新版主要的变化和有关新增的一章的介绍如下。

第1章包括了能源、能源使用、发电和用电的更详细资料。第4章增加了新的小节,包括简化机理、催化和非均相反应。由于燃烧和污染物形成的详细化学机理变得越来越复杂,迫切需要切实有效的简化模型,而催化尾气后处理已成为电火花点火内燃机的标准污染控制方法和柴油机污染物的控制方法,某些应用也正在对催化燃烧产生兴趣。这些都是第4章增加的内容。第5章的变化主要反映了实际运输燃料的详细机理的进展,另外还包括对甲烷燃烧详细化学机理的更新(GRI Mech),以包含详细的氮化学机理,同时加了新的一节介绍甲烷燃烧和氮氧化物形成的简化机理。第9章的变化主要反映了层流非预混火焰相关的实验和模型的进展。第10章增加了有关燃气轮机燃烧室设计和运行的新的实践内容,还引用了在航天飞机和国际空间站上开展的液滴燃烧的成果。第12章的修改反映了湍流预混燃烧的最新进展。第13章的修改包括了碳烟的形成与分解的新发现,并扩充和更新了湍流非预混火焰中对火焰辐射的论述。这两章补充了几张新图和30多篇新的文献。

第15章的题目从"污染物排放"改为了"排放",在讨论污染物排放的同时,纳入了对温室气体的论述,这两个方面同等重要。这一章加入了许多新的内容。包括但不限于:增加了一节专门讨论颗粒物对人类健康的影响以反映新的发现;为反映最新氮化学研究成果,对 NO_x 排放一节进行了修改;增加了对均质压燃发动机的论述;新增了第2版出版后排放控制新发展的论述;增加了电火花点火发动机催化转化的论述;汽油机和柴油机排放颗粒物的最新进展,主要集中在超细颗粒方面,并提供了颗粒物污染及其控制方面的论述;引入了 EPA 污染指数;增补与修改了 NO_x 和 SO_x 控制的论述;增加了讨论温室气体的一节。本章增加了73篇新的文献。

对于全球气候变暖、环境退化和国家能源安全连同其他问题的关注,引起了人们对燃料的重新关注，这就需要提供燃料的一些基本资料。第17章，燃料，就是来满足这一需求的。这一章讨论了碳氢燃料、醇和其他有机化合物的命名规则和分子结构及优质燃料的物性，论述包括了传统的燃料，即不同的汽油、柴油和加热用油、航空煤油、天然气和煤，还有几种替代燃料，包括生物柴油、乙醇（玉米制备的或是纤维素制备的），来源于煤或生物质的费-托合成燃料、氢等。这一章包括8张图、22张表格和83篇文献。

第2版提供的计算机软件光盘，现在可以在出版商的网站上下载 www.mhhe.com/turns3e。网站还提供了教师解题手册和图库。

作者期待新的版本能继续为前两版本的读者服务，并希望上述的改进能让读者更好地使用本书。

Stephen R. Turns
于美国宾夕法尼亚州大学城

与第 1 版一样,第 2 版的目的有两个:首先是采用相对简单和易于理解的分析来介绍燃烧的基本概念;第二是引入各种实际应用,并与各种理论概念相联系以激发学习兴趣。本书既可以用于机械工程和相关领域的本科教学,又可供工程师们自学。

作者和许多同行还发现本书可以作为研究生在燃烧学领域的初级教程。当然,本书单独使用可能无法满足这一要求,教师需要提供相应的更详细的素材和高级课题。尽管如此,许多同行利用本书还是很成功的。第 2 版特别为此在有些方面提供了更多及更深入的讨论。如第 7 章中增加了一节讨论多组分扩散和热扩散。在第 7 章和第 8 章中,还增加了包括多组分和热扩散的一维能量方程的推导,其形式与位于美国加利福尼亚州利弗莫尔的圣地亚国家实验室发展的几种火焰程序所用的形式相同。在课程中,教师可以很好地将这些程序与 CHEMKIN 软件结合起来使用。同样,第 9 章中增加了一节来讨论对冲扩散火焰。这些增加的内容不会降低本书用于更低年级的可能性。这些高级的课题相对独立,可以略过而不会影响其连续性。此外,增加的内容并不多,这样教材的总长度也没有明显的增加。本书还保持了原有通俗易懂和结构紧凑的写作风格。

第 2 版的变化还包括第 2 章中附加了一个燃料分子结构的简单讨论。这一附录对于领会第 2 章中许多热化学概念是很有用的,同时也为第 4 章和第 5 章中出现的化学动力学概念提供了背景知识。第 4 章中还增加了关于局部平衡和特征时间尺度的讨论。而第 5 章则加入了甲烷燃烧动力学方面的最新成果(GRI-Mech),并且引入了甲烷-空气燃烧反应途径的图解以给出甲烷燃烧动力学的清晰和完整的图像。第 6 章增加了一个全混流反应器化学动力学的例子,是与 CHEMKIN 软件联用的又一个例子。在第 8 章中,增加了对预混火焰结构方面的讨论,使我们对这一重要的课题有更清晰、更详细的了解。另外还专门增加了爆震一章(第 16 章),以满足在课堂上希望包括这一内容的要求。逻辑上讲,这一部分内容可以跟在第 2 章或第 8 章后。许多章节中还增加了习题和例题。对于那些需要用或最好用计算机来求解的习题进行了专门标注。配书光盘中的计算机软件也根据 Windows 操作系统的要求进行了更新。

作者希望这一新版本能继续为将本书作为基础教程的读者服务，同时本版中新增加的内容能使本书用于更高年级的课程学习。

Stephen R. Turns
于美国宾夕法尼亚州大学城

许多工科学生对燃烧和燃烧应用有很大的兴趣。尽管在许多大学中开设有燃烧或与燃烧相关的高年级课程,然而为这样的课程找一本合适的教科书却是一件难事。本书是为满足燃烧入门的课程,特别为大学生学习而设计。作者在宾夕法尼亚州立大学讲授一门燃烧导论课,并需要写出一本导论性的教科书,这两个因素促成了本书的产生。

本书最初设想的对象是机械和相关工程领域的高年级学生,其他的读者亦可发现此书为应用热学知识解决高等燃烧问题提供了桥梁。本书给出了许多实例和习题,便于读者理解或联系实际。因此,希望一年级的研究生和工程师们也可以从这些内容中获益。

在结构上,本书提供了很大的灵活性。总共15章的内容对于只有一个学期的课程显得太多了。本书可以满足教师在规划一门课的内容时的不同内容和组合需求,同时可以方便地使主题进行延伸或转换。以一个学期的课程为例,选择第1~6,15,8,9和14章可以组成一个最通用的课程;而如果是一门以电火花点火发动机为主的课程,则可以选第1~6,8,12,15和9章。

第1~3章的内容对于本科生来说是最基本的。第1章给出了燃烧和火焰的定义及种类,介绍了燃烧产生的大气污染物的影响与控制,这部分内容在第15章中有更详细的介绍。

第2章提供了学习燃烧所需的热化学知识。这一章强调了化学平衡对燃烧的重要性。本书光盘中的软件给学生提供了一个简便的方法来计算燃烧产物的复杂平衡。这一软件还可用于许多有趣的和辅助教学的项目训练。第3章介绍传质,在全书中都采用将所有的传质处理为简单的二元系统以简化理论推导的方法。除了在第7章中简单提到外,多元扩散的问题留给更高级的课程去讲授。这样的简化有利于没有接触过传质的学生很好地理解传质问题而不陷入其固有的复杂性。第3章采用了经典的斯蒂芬问题和单液滴蒸发问题来阐明传质理论。

第4章和第5章讨论化学动力学问题,首先介绍基本概念(第4章),然后讨论对于燃烧来说重要的化学机理和燃烧产生的大气污染物(第5章)。除了介绍不可避免的复杂的碳氢化合物燃烧化学外,还引入了简化的一步和多步反应动力学,并将化学动力学用于简单的分析与模型中,据此了解简化动力学的作用与缺陷。

第 6 章的主要内容是将化学动力学与热力学模型进行关联。导出了定压和定容反应器，全混流和柱塞流反应器四种模型。这些简化的模型可以让学生清楚地掌握化学动力学是如何用于更大的实际情形的。第 6 章也提供了许多用于反应器分析与设计的项目。本章的有效性和独特性相映成趣。

在前几章学习了热化学、分子输运和化学动力学后，第 7 章导出了在后续各章中将用到的反应系统的简化守恒方程。这一章引入了两个守恒标量的方法来简化反应流的求解问题，目的是为更严格的推导提供基础。对于本科生来说，这一章可任选，完全可以跳过去；但是对于研究生的入门课程，这一章还是很有用的。

第 8～13 章是对各种火焰基本问题的描述。第 8 章讨论层流预混火焰，第 9 章和第 10 章讨论层流非预混火焰。湍流火焰问题在第 12 章（预混）和第 13 章（非预混）中讨论，包括火焰传播、着火、灭火和火焰稳定。尽可能地采用简化的分析方法，并强调实际的应用。为了更好地理解最基本的内容，尽可能地避开了严格的数学推导。这样做有时可能对某些现象无法完全解释。对于这些情况，一般会提醒读者注意并提供相关的参考文献，以利读者能找到更完全的理解。由于这些材料很丰富，读者完全可以方便地只选择预混火焰（第 8，11 和 12 章）或只选择非预混火焰（第 9，10 和 13 章）来读。如果课程特别强调某方面的应用，可以提取特定的内容。

与实际装置有关的液滴蒸发理论属于第 10 章后半部分的内容，推导了一个一维蒸发控制的燃烧室模型。这一节的基本目的就是加强前面的平衡和蒸发的概念，帮助提高学生分析问题的能力，并提供在工程应用项目中要用到的思路与概念。设计项目可以很方便地加入到第 10 章的构架中。按课程的目的，第 10 章的这一节也是可选的。

第 14 章中以碳燃烧作为原型系统介绍固体的燃烧，同样使用简化的分析方法来阐释非均相燃烧的概念，并引入了扩散控制和动力控制燃烧的概念。这一章中也提到了煤的燃烧及其应用的初步概念。

在现代的燃烧学书中完全忽略燃烧产生的污染问题是不可想象的。第 15 章是专门针对这一问题而写的。这一章介绍污染物的定量概念并讨论了污染物产生的机理及其控制方法。这一章强调应用，对于专门的读者会有特别的吸引力。这一章在本书的位置并不意味着其不重要，这取决于课程的目标。这些素材可以跟在第 1～6 章后用。

最后总结一下，本书的目的是为机械工程和相近专业领域的本科高年级学生提供一个易于理解的燃烧学入门课程的教材。通过例题和作业，学生可以在他们的理解力方面和进一步应用到不同的项目和"实际世界"的问题方面产生自信心。希望这本教科书能满足教师的需求，同时也能为那些渴望获得结构简化和恰当的素材的读者，提供燃烧这一引人入胜的领域的学习入门书。

Stephen R. Turns

于美国宾夕法尼亚州大学城

致谢

许多人给这本书的各个版本提供了时间和精神上的支持。首先,我要感谢在整个过程中作出贡献的评审人。很多评审人对第3版中新的关于燃料的一章的意见,对其产生很有帮助。我的同事与朋友查克·默克勒(Chuck Merkle)在第1版的内容和教学方法两个方面都给予了持续的精神鼓励和积极宣传。在宾州大学的许多学生也用各种方式作出了他们的贡献。特别是杰夫·布朗(Jeff Brown)、李钟根(Jongguen Lee)和迈克尔先生(Don Michael)。还要特别感谢桑卡兰·温卡特斯沃伦(Sankaran Venkateswaran)提供了湍流射流火焰模型的计算。同样的还有戴夫·克兰多尔(Dave Crandall)为软件提供的帮助。穆勒先生(Donn Mueller)对第1版的所有习题进行了艰苦的求解工作。我还要感谢我在奥本大学的同事与朋友,在我学术休假期间欢迎我与他们共度:Sushi Bhavnani, Roy Knight, Pradeep Lal, Bonnie MacEwan, Tom Manig, P. K. Raju 和 Jeff Suhling。还要感谢气体研究所(现为气体技术研究所)多年来对我研究工作的支持,这些研究工作为写作本书提供了最初的灵感和动力。谢丽尔·亚当斯(Cheryl Adams)和玛丽·纽比(Mary Newby)帮助抄写手稿、修改草稿,从而形成了最终的原稿。我对她们的恩惠感恩不尽。还要感谢来自McGraw-Hill 的 Bill Stenquist 和 Lora Neyens 的支持和帮助。对于我来说,最宝贵的是来自家人的坚定支持,他们惊人地容忍着我将周末和假期的时间花费在写作上,这些时间本来是应该与他们在一起度过的。超过40年的妻子和朋友 Joan,对于我和我的事业给予了不倦的支持,对此我永远感激。谢谢你,Joan。

常用元素的相对原子质量(1981 年)

铝	Aluminum	Al	26.9815
氩	Argon	Ar	39.948
铍	Beryllium	Be	9.012 18
硼	Boron	B	10.81
溴	Bromine	Br	79.904
钙	Calcium	Ca	40.08
碳	Carbon	C	12.011
氯	Chlorine	Cl	35.453
铜	Copper	Cu	63.546
氟	Fluorine	F	18.9984
氦	Helium	He	4.002 60
氢	Hydrogen	H	1.007 94
氪	Krypton	Kr	83.80
镁	Magnesium	Mg	24.305
氮	Nitrogen	N	14.0067
氧	Oxygen	O	15.9994
铂	Platinum	Pt	195.08
硅	Silicon	Si	28.0855
钠	Sodium	Na	22.9898
硫	Sulfur	S	32.06
氙	Xenon	Xe	131.29

物 理 常 数[①]

阿伏伽德罗常数	Avogadro number	N_{AV}	$(6.022\,136\,7 \pm 0.000\,003\,6) \times 10^{23}\,\mathrm{mol}^{-1}$
玻耳兹曼常数	Boltzmann constant	k_B	$(1.380\,658 \pm 0.000\,012) \times 10^{-23}\,\mathrm{J/K}$
普朗克常量	Planck constant	h	$(6.626\,075\,5 \pm 0.000\,004\,0) \times 10^{-34}\,\mathrm{J \cdot s}$
真空中的光速	Speed of light in vacuum	c	$299\,792\,458\,\mathrm{m/s}$
标准重力加速度	Standard acceleration of gravity	g	$9.806\,65\,\mathrm{m/s^2}$
标准大气压	Standard atmosphere	atm	$101\,325\,\mathrm{Pa}$
斯蒂芬-玻耳兹曼常数	Stefan-Boltzmann constant	σ	$(5.670\,51 \pm 0.000\,19) \times 10^{-8}\,\mathrm{W/(m^2 \cdot K^4)}$
通用气体常数	Universal gas constant	R_u	$(8314.510 \pm 0.070)\,\mathrm{J/(kmol \cdot K)}$

[①]　摘自 E. R. Cohen and B. N. Taylor，"The Fundamental Physical Constants" *Physics Today*，August 1993，pp. 9-13.

换 算 系 数

量的名称	单位符号	换算系数
能量	J	$1J = 9.478\ 17 \times 10^{-4} Btu$ $= 2.3885 \times 10^{-4} kcal$
功率	$\dot{W}$	$1W = 3.412\ 14 Btu/h$
力	N	$1N = 0.224\ 809 lbf$
热流通量	W/m^2	$1W/m^2 = 0.3171 Btu/(h \cdot ft^2)$
运动黏度和扩散系数	m^2/s	$1m^2/s = 3.875 \times 10^4 ft^2/h$
长度	m	$1m = 39.370in = 3.2808ft$
质量	kg	$1kg = 2.2046lb$
质量密度	kg/m^3	$1kg/m^3 = 0.062\ 428lb \cdot ft^3$
质量流量	kg/s	$1kg/s = 7936.6lb/h$
压力	Pa	$1Pa = 1N/m^2$ $= 0.020\ 885\ 4lbf/ft^2$ $= 1.4504 \times 10^{-4} lbf/in^2$ $= 1.4504 \times 10^{-4} psi$ $= 4.015 \times 10^{-3} inH_2O$ $= 2.953 \times 10^{-4} inHg$ $1 \times 10^5 N/m^2 = 1bar$
比热容	$J/(kg \cdot K)$	$1J/(kg \cdot K) = 2.3886 \times 10^{-4} Btu/(lb \cdot °F)$
温度	K	$1K = (5/9)°R$ $= (5/9)(°F + 459.67)$ $= °C + 273.15$
时间	s	$3600s = 1h$

目录

CONTENTS

第 1 章

导论

1.1　学习燃烧学的动机

    正如我们所知,燃烧及其控制对于我们在这个星球上的生存是十分重要的。2007 年,美国消费的能源中大约 85％ 来自于燃烧源[1](见图 1.1)。向周围随意一瞥,就可以发现燃烧在我们日常生活中的重要性。例如,你的房间或家里的供热若不是直接来自于燃烧(燃气或燃油的炉子或锅炉),就是间接来自于矿物燃料燃烧所产生的电能。美国的电力需求主体上是通过燃烧来满足的。2006 年,只有 32.7％ 的电力来自于核能和水力发电,超过一半的电力来自煤的燃烧,如表 1.1 所示[1]。我们的运输系统几乎完全依赖于燃烧。图 1.2 提供了一个总体的发电能流图。2007 年,在美国,地面交通和航空业每天要烧掉 1360 万桶各种石油产品[3],相当于美国进口和自己生产的石油的 2/3。飞机完全由自身携带燃料的燃烧来提供动力,绝大多数火车的动力也是来自于柴油内燃机。近年来,越来越多的小型设备由汽油机提供动力,如割草机、抛树叶机、链锯、振动除草机等。

表 1.1　2006 年美国的发电量

能源种类	10 亿 kW·h	所占百分比/%
煤电	1900.9	49.0
石油发电	64.4	1.6
天然气发电	813.0	20.0
其他气体燃料发电	16.1	0.4
核电	787.2	19.4
水电	289.2	7.1
其他可再生能源发电	96.4	2.4
抽水蓄能发电	−6.6	−0.2
其他	14.0	0.3
总计	4064.7	100.0

资料来源:文献[2]。

    工业生产过程也大量依赖于燃烧。钢铁、铝业和其他金属冶炼工业都先用窑炉来生产粗产品,然后在下游工艺中用热处理炉和退火炉或其他炉子提高粗产品的价值并转变为最终产品。其他的一些工业燃烧设施还包

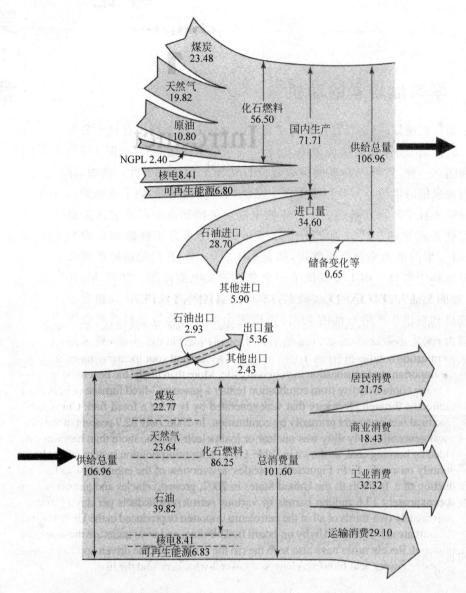

图 1.1　美国 2007 年能源及其终端消费能流图（单位 10^{15} Btu），其中可再生能源包括传统的水电（2.463×10^{15} Btu），生物质（3.584×10^{15} Btu），地热（0.353×10^{15} Btu），太阳能/光伏（0.080×10^{15} Btu）和风能（0.319×10^{15} Btu）。（资料来源：文献[1]）

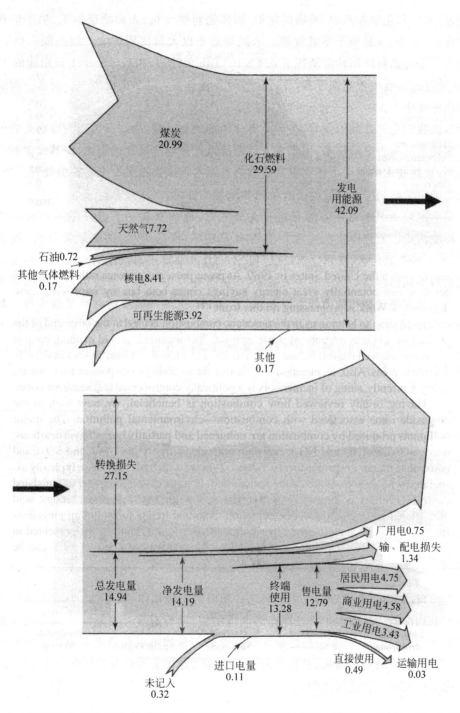

图 1.2 美国 2007 年发电、终端用电、输电和配电损失能流图（单位 10^{15} Btu）。（资料来源：文献[2]）

括锅炉、炼油厂和化学加热炉、玻璃熔化炉、固体物料烘干机、表面涂层加工、烘干炉和有机臭气焚烧炉[4,5]等，这种例子不胜枚举。水泥制造业也大量使用燃烧产生热能。1989 年美国用来生产水泥熟料的回转窑消耗了 0.4×10^{15} Btu 的能源，相当于全年工业用能的 1.4%。目前，回转窑还是效率不高的设备，改进这些设备将有很大的节能潜力[6]。而这一前沿的工作也正在进展中[7]。

在帮助我们生产产品的同时，在产品寿命周期的另一端，燃烧又作为废物处置的一种手段。焚烧是一项古老的技术，出于在人口密集地区对填埋场地的限制，使其又重新受到关注。此外，焚烧技术的吸引力还在于其能够为有毒有害废物提供安全妥善的处置。当前，焚烧地点的确定依然是一个在政治上有争议和敏感的话题。

在简单地回顾了燃烧是如何有益于人类之后，现在来看一下燃烧伴随着的不利的一面——环境污染。燃烧产生的主要污染物有未燃尽（部分燃尽）的碳氢化合物、氮氧化物（NO 和 NO_2）、一氧化碳、硫氧化物（SO_2 和 SO_3）及各种形式的颗粒物。表 1.2 列出了不同的污染物与不同的燃烧设备之间的关系，这些关系在许多情况下要服从于法规的要求。污染产生的主要问题包括特殊的健康损害、烟雾、酸雨、全球气候变暖和臭氧减少等。1940—1998 年美国全国的不同源的污染物产生的趋势如图 1.3～图 1.8 所示[9]。在这些图中可以清楚地看出 1970 年颁布的《清洁空气修正案》的影响。在过去几十年中与燃烧相关的污染减排情况如图 1.9 所示。

表 1.2　来自不同源的典型污染物

污染源	污染物				
	未燃烧碳氢化合物	氮氧化物	一氧化碳	硫氧化物	颗粒物
汽油发动机	+	+	+	−	−
柴油发动机	+	+	+	−	+
燃气轮机	+	+	+	−	+
燃煤电站锅炉	−	+	−	+	+
天然气燃烧装置	−	+	+	−	−

令人惊讶的是，只有极少的工程师有一些粗略的燃烧知识，这与我们社会生活中燃烧的重要性是不相配的。然而由于已经存在的课程结构，期待对这一主题能得到比现在更多的关注是不现实的。但是，具有一些燃烧知识背景的工程师可以获得更多的机会来发挥他们的专长。除了纯粹的实用动机，燃烧学的引人入胜之处在于其融合了所有的热科学知识，同时还将化学引入到工程实际之中。

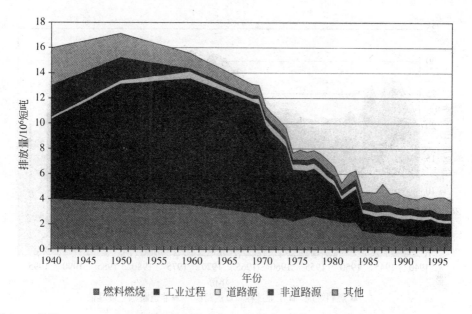

图 1.3　美国 1940—1998 年间颗粒物污染（PM₁₀）的趋势，其中没有包括易变的尘土源。PM₁₀ 表示颗粒物小于 $10\mu m$ 的颗粒物。图例从左到右相应在图中标识为从下到上。（资料来源：文献[9]）注：1 短吨＝907.1847kg。

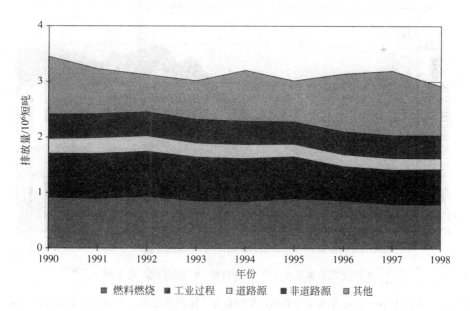

图 1.4　美国 1990—1998 年间颗粒物污染（PM₂.₅）的趋势，其中没有包括易变的尘土源。PM₂.₅ 表示颗粒物小于 $2.5\mu m$ 的颗粒物。图例从左到右相应在图中标识为从下到上。（资料来源：文献[9]）

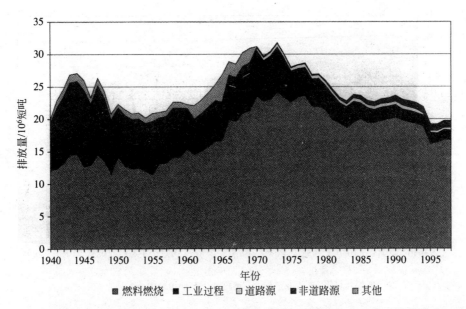

图 1.5　美国 1940—1998 年间硫氧化物污染的趋势。图例从左到右相应在图中的标识为从下到上。（资料来源：文献[9]）

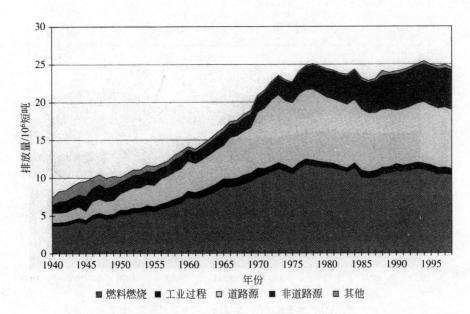

图 1.6　美国 1940—1998 年间氮氧化物污染的趋势。图例从左到右相应在图中的标识为从下到上。（资料来源：文献[9]）

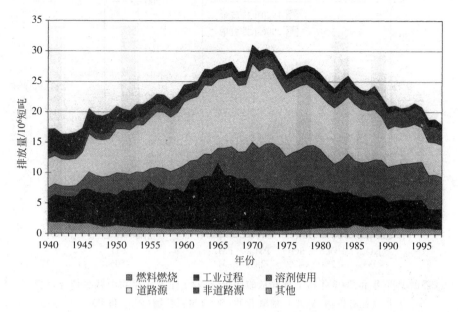

图 1.7　美国 1940—1998 年间挥发性有机物污染的趋势。图例从左到右相应在图中的标识为
从下到上。（资料来源：文献[9]）

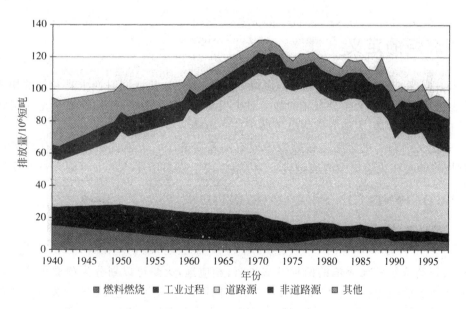

图 1.8　美国 1940—1998 年间一氧化碳污染的趋势。图例从左到右相应在图中的标识为从下
到上。（资料来源：文献[9]）

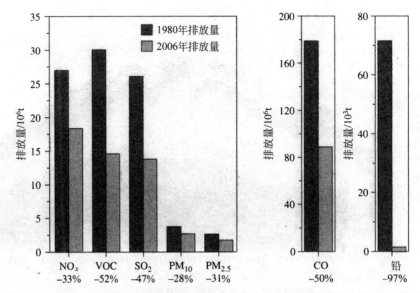

图 1.9　美国 1980 年和 2006 年污染排放量的比较,显示了主要污染物的减少情况,包括氮氧化物
（NO_x）、挥发性有机物（VOC）、硫氧化物（SO_2）和颗粒物（PM_{10} 和 $PM_{2.5}$）（左图）,一氧化碳
（CO）（中间图）和铅污染（右图）。其中颗粒物减排的参考时间不是 1980 年,而是 1990 年
（$PM_{2.5}$）和 1985 年（PM_{10}）。（资料来源：文献[8]）

1.2　燃烧的定义

《韦伯词典》提供了一个最基本的**燃烧**的定义:"产生热或同时产生光和热的快速氧化
反应,也包括只伴随少量热没有光的慢速氧化反应"。在本书中,我们将燃烧定义限定在快
速反应的部分,因为绝大部分燃烧设备属于这一范畴。

这一定义强调了化学反应在燃烧中固有的重要性。它也强调了燃烧为什么是这样重
要：燃烧将储存在化学键中的能量转变为热,并用于很多用途。本书将阐释许多实际的燃
烧应用。

1.3　燃烧方式和火焰种类

燃烧以**有火焰和无火焰**的两种方式进行,相应地,火焰可以划分为**预混火焰**和**非预混
（扩散）火焰**。燃烧的有火焰和无火焰方式的不同可以用发生在电火花点火发动机中的过程
来解释（见图 1.10）。如图 1.10(a)所示,存在一个在非燃烧的燃料-空气混合物中传播的很
薄区域,其中发生着激烈的化学反应。这一很薄的区域就是我们通常说的火焰。在火焰后
面是灼热的燃烧产物。随着火焰在燃烧空间的运动,未燃气体中的温度与压力升高,在一定
的条件下（见图 1.10(b)）,未燃气体中的很多部位都发生了快速氧化反应,导致了其在整个

区域的非常快速的燃烧。这一在发动机内基本的空间热释放现象叫作**自点火**,并且压力非常快速的升高将导致典型的发动机敲缸声。敲缸是我们不希望发生的,所以,最新的艰巨任务就是在采用无铅汽油后如何最大限度地减少敲缸的发生①。当然,在柴油机的压燃中,采用自点火设计来开始燃烧的过程。

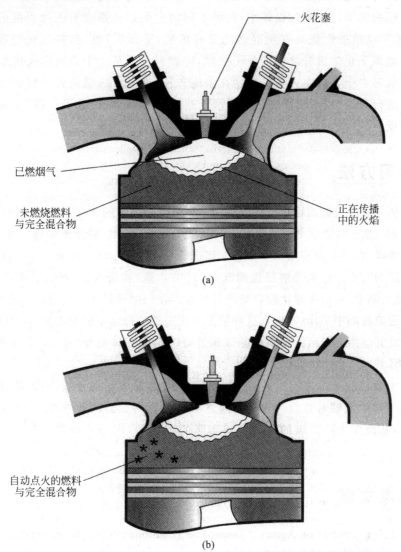

图 1.10 电火花点火发动机中燃烧的(a)有火焰模式和(b)无火焰模式。在传播中的火焰面前的混合物的自着火是发动机敲缸的主要原因。

---

① 1921 年 Thomas Hidgleg 发现四乙铅可以减少敲缸,这样就能提高发动机的压缩比,改进其效率和功率。

顾名思义,两种典型的火焰——预混和非预混(扩散)表示了反应物的混合状态。在预混火焰中,在有明显的化学反应发生之前燃料与氧化剂就达到分子水平上的混合。电火花点火是典型的预混火焰的例子。相对的,在扩散火焰中,反应物开始是分开的,反应只发生在燃料与氧化剂的交界面上。在这一交界面上,混合与反应同时发生。蜡烛燃烧就是扩散火焰的例子。在实际设备中,两种不同的火焰形式都会有不同程度的体现。一般来说,柴油发动机的燃烧既有预混燃烧又有扩散(非预混)燃烧,并且同等重要。术语"扩散"严格地用于化学组分之间的分子扩散,即燃料分子从一个方向向火焰扩散,同时,氧化剂分子从另一个方向向火焰扩散。在湍流非预混火焰中,湍流将燃料和空气在更宏观的层次上进行对流混合,然后在更小尺度上进行分子混合,即分子扩散,完成混合过程且发生化学反应。

1.4 学习方法

本书将从考察最关键的物理过程或科学原理来开始燃烧的学习。这些过程形成了燃烧科学最基本的框架:第 2 章中的**热化学**;第 3 章中**质量(和热)的分子**传递;第 4 章和第 5 章的**化学动力学**,在第 6 章和第 7 章中将上述这些与**流体力学**联系起来。在后续的章节中,我们将应用这些基本原理来理解层流预混火焰(第 8 章)和层流扩散火焰(第 9 章和第 10 章)。在层流火焰中,可以相对比较容易地看出基本守恒原理是如何应用的。绝大部分的燃烧设备是在湍流流动中工作的,但在这种情况下应用理论概念要困难得多。第 11～13 章涉及湍流火焰及其应用。最后的章节包括以碳燃烧为例的固体燃烧(第 14 章);排放(第 15 章);爆震(第 16 章)和燃料(第 17 章)。

本书的主要目的是尽可能提供一个足够简单的处理燃烧的方法,以使从来没有涉及过这一主题的学生能够对其原理和实际两方面都能有所领会。此外,还希望由此激发出学习的动力,从而成为更高级的研究者或实际的工程师,进一步去学习这一令人神往的领域。

1.5 参考文献

1. U. S. Energy Information Agency, "Annual Energy Review 2007," DOE/EIA-0384, 2008. (See also http://www.eia.doe.gov/aer/.)

2. U. S. Energy Information Agency, "Electricity," http://www.eia.doe.gov/fuelelectric. html. Accessed 7/30/2008.

3. U. S. Energy Information Agency, "Petroleum," http://www.eia.doe.gov/oil_gas /petroleum/info_glance/petroleum.html. Accessed 7/30/2008.

4. Bluestein, J., "NO$_x$ Controls for Gas-Fired Industrial Boilers and Combustion Equipment: A Survey of Current Practices," Gas Research Institute, GRI-92/0374, October 1992.

5. Baukal, C. E., Jr. (Ed.), *The John Zink Combustion Handbook*, CRC Press, Boca Raton, 2001.

6. Tresouthick, S. W., "The SUBJET Process for Portland Cement Clinker Production," presented at the 1991 Air Products International Combustion Symposium, 24–27 March 1991.

7. U. S. Environmental Protection Agency, "Energy Trends in Selected Manufacturing Sectors: Opportunities for Environmentally Preferable Energy Outcomes," Final Report, March, 2007.

8. U. S. Environmental Protection Agency, "Latest Findings on National Air Quality—Status and Trends through 2006," http://www.epa.gov/air/airtrends/2007/. Accessed 7/30/2008.

9. U. S. Environmental Protection Agency, "National Air Pollutant Emission Trends, 1940–1998," EPA-454/R-00-002, March 2000.

第 2 章

燃烧与热化学

2.1 概述

　　本章将仔细考察对于燃烧学习来说十分重要的几个热力学概念。首先,回顾一下理想气体及其混合物的基本参数关系式和热力学第一定律。也许这些概念在以前热力学的学习中读者已经熟悉,在本书列出来是因为它们是燃烧学习完整的环节之一。本章后面将集中在与燃烧和反应系统相关的热力学问题上:元素守恒相关的概念和定义;表征化学键能的焓的定义;定义反应热、热值等的第一定律概念;绝热燃烧温度。还将导出基于热力学第二定律概念的化学平衡,并应用于对燃烧产生的混合物的预测。在此特别强调平衡的概念是因为对于许多实际的燃烧设备来说,平衡态的知识就足以来定义许多设备的性能参数。例如,稳定流动的燃烧器的出口温度和主要组成是由平衡决定的。本章还给出了一些例子来说明这些原理。

2.2 热力参数关系式回顾

2.2.1 广延量和强度量

　　广延量的数值取决于物质的数量(质量或物质的量)。广延量通常用大写字母来表示,体积为 $V(\mathrm{m}^3)$,内能为 $U(\mathrm{J})$,焓为 $H(\mathrm{J})(=U+PV)$ 等。另一方面,强度量以单位质量(或物质的量)来表示,它的数值与物质的数量无关。基于单位质量的强度量一般用小写字母来表示,例如,比容为 $v(\mathrm{m}^3/\mathrm{kg})$,比内能为 $u(\mathrm{J/kg})$,比焓为 $h(\mathrm{J/kg})(=u+Pv)$ 等。这一用小写字母表示的规定有两个例外,就是强度量温度 T 和压力 P。为区别起见,基于单位物质的量的强度量在本书中用上画线来表示,如 $\bar{u}$ 和 $\bar{h}$ $(\mathrm{J/kmol})$。从强度量得到广延量,只要简单地用单位质量(或物质的量)的值乘以物质的质量(或物质的量),即

$$\begin{cases} V = mv\,(\text{或 } N\bar{v}) \\ U = mu\,(\text{或 } N\bar{u}) \\ H = mh\,(\text{或 } N\bar{h}) \\ \quad\vdots \end{cases} \qquad (2.1)$$

在下面的推导中,需要根据特殊的情况来选择合适的量,既会用到基于质量的,也会用到基于物质的量的强度量。

2.2.2 状态方程

状态方程是用来表示物质的压力 P,温度 T 和体积 V(比容积 v)之间的关系。对于理想气体,即忽略分子间的作用力和分子体积的气体,状态方程可以表达成以下几种等效形式

$$PV = NR_u T \qquad (2.2a)$$

$$PV = mRT \qquad (2.2b)$$

$$Pv = RT \qquad (2.2c)$$

或

$$P = \rho RT \qquad (2.2d)$$

式中,气体常数 R 可以用通用气体常数 $R_u (= 8315\text{J}/(\text{kmol}\cdot\text{K}))$ 和气体摩尔质量 MW 表示

$$R = R_u/\text{MW} \qquad (2.3)$$

式(2.2d)中的密度 ρ 为比容的倒数($\rho = 1/v = m/V$)。本书假设所有的气体组分和气体混合物都具有理想气体的性质。这样的假设对于考虑的所有系统几乎都是合适的,因为一般来说,燃烧所产生的高温会形成足够低的密度,此时理想气体是一个可接受的近似。

2.2.3 状态的热方程

表示内能(或焓)与压力和温度关系的方程称为**状态的热方程**,即

$$u = u(T, v) \qquad (2.4a)$$

$$h = h(T, P) \qquad (2.4b)$$

能量用单位 cal 表示,在 SI 单位制中,用 J 来表示。

对式(2.4a)和式(2.4b)取微分,就可以获得 u 和 h 的微分的一般表达式,即

$$\mathrm{d}u = \left(\frac{\partial u}{\partial T}\right)_v \mathrm{d}T + \left(\frac{\partial u}{\partial v}\right)_T \mathrm{d}v \qquad (2.5a)$$

$$\mathrm{d}h = \left(\frac{\partial h}{\partial T}\right)_P \mathrm{d}T + \left(\frac{\partial h}{\partial P}\right)_T \mathrm{d}P \qquad (2.5b)$$

上述两式中,对温度的偏导数相应为比定容热容和比定压热容,即

$$c_v \equiv \left(\frac{\partial u}{\partial T}\right)_v \qquad (2.6a)$$

$$c_p \equiv \left(\frac{\partial h}{\partial T}\right)_P \qquad (2.6b)$$

对于理想气体，对比容的偏导数$(\partial u/\partial v)_T$和对压力的偏导数$(\partial h/\partial P)_T$都为零。利用这一点，对式(2.5)进行积分并将式(2.6)代入，就获得了下列理想气体状态的热方程：

$$u(T) - u_{\text{ref}} = \int_{T_{\text{ref}}}^{T} c_v \mathrm{d}T \qquad (2.7a)$$

$$h(T) - h_{\text{ref}} = \int_{T_{\text{ref}}}^{T} c_p \mathrm{d}T \qquad (2.7b)$$

在后续的章节中将定义一个计入各种物质不同键能的参考状态。

不管是实际气体还是理想气体，比热容c_v和c_p通常都是温度的函数。这是因为分子的内能是由三个部分组成的：平动、振动和转动；同时根据量子理论，振动和转动能量储存模式随温度的增加而逐渐变得活跃。示意图2.1阐明了这三种能量储存模式，图中比较了内能中一个单原子分子和一个双原子分子。在单原子分子中只含有平动动能；而在双原子分子中，能量储存于振动的化学键（可表示为两个原子核间的弹性作用）和基于两个正交轴的转动动能中，当然也包括平动动能。从这些简单的模型（见图2.1），我们可以认为双原子分子的比热容要大于单原子分子的比热容。一般而言，分子结构越复杂，其摩尔热容就越大。这一点在图2.2中可以看得更清楚，图中将各种燃烧产物的摩尔热容表示为温度的函数。按分组，三原子分子的摩尔热容最大，其次是双原子分子，最小的是单原子分子。从图2.2中还可以注意到，三原子分子随温度的变化也比双原子分子要大，这是由于在温度升高的过程中有更多的转动和振动模式变得活跃的缘故。相应的，在相当宽的温度范围内单原子分子物质的摩尔热容近似为常数。事实上，200～5000K，氢原子的摩尔热容就是常数（$\bar{c}_p = 20.786\text{kJ}/(\text{kmol}\cdot\text{K})$）。

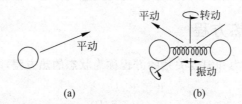

图2.1　(a)只含有平动(动能)的单原子组分的内能；(b)含有振动(势能和动能)和转动(动能)及平动动能的双原子组分的内能。

附录A中的表A.1～表A.12给出了各种物质的摩尔定压热容随温度变化的函数。附录A中还给出了相应拟合曲线的系数值。这些系数值取自CHEMKIN的热力学数据[1]，数据还用来生成了附录A中的表格。这些系数可以方便地用在电子表格软件中计算给定温度范围内任意温度的$\bar{c}_p$。

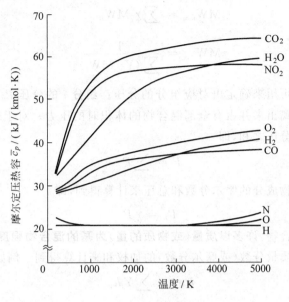

图 2.2　物质的摩尔定压热容随温度变化的函数,包括单原子组分(氢、氮和氧),双原子组分(一氧化碳、氢气和氧气),三原子组分(二氧化碳、水和二氧化氮),数值摘自附录 A。

2.2.4　理想气体混合物

用于表示混合物的组成的两个重要且有用的概念是组分摩尔分数和组分质量分数。考虑一个多组分的混合物,其中组分 1 含有 N_1 mol,组分 2 含有 N_2 mol 等,则**组分 i 的摩尔分数** χ_i 定义为 i 占系统总的物质的量的分数,即

$$\chi_i \equiv \frac{N_i}{N_1 + N_2 + \cdots + N_i + \cdots} = \frac{N_i}{N_{\text{tot}}} \tag{2.8}$$

同样地,**组分 i 的质量分数** Y_i 就是 i 的质量占总混合物质量的份额,即

$$Y_i \equiv \frac{m_i}{m_1 + m_2 + \cdots + m_i + \cdots} = \frac{m_i}{m_{\text{tot}}} \tag{2.9}$$

值得注意的是,根据定义,所有组分的摩尔(质量)分数的总和是 1,即

$$\sum_i \chi_i = 1 \tag{2.10a}$$

$$\sum_i Y_i = 1 \tag{2.10b}$$

用物质 i 的摩尔质量和混合物的摩尔质量,就可以在摩尔分数和质量分数之间进行换算,即

$$Y_i = \chi_i \text{MW}_i / \text{MW}_{\text{mix}} \tag{2.11a}$$

$$\chi_i = Y_i \text{MW}_{\text{mix}} / \text{MW}_i \tag{2.11b}$$

混合物的摩尔质量 MW_{mix} 可以很容易地用物质的摩尔分数或质量分数来计算出

$$MW_{mix} = \sum_i \chi_i MW_i \qquad (2.12a)$$

$$MW_{mix} = \frac{1}{\sum_i (Y_i/MW_i)} \qquad (2.12b)$$

组分摩尔分数也可用来确定出对应组分的分压。**组分 i 的分压 P_i** 指的是其在相同的温度下从混合物中分离出来并占有全部混合物的体积时的压力。对于理想气体，混合物的压力就是所有物质的分压之和，即

$$P = \sum_i P_i \qquad (2.13)$$

分压则可用混合物成分的摩尔分数和总压来计算得到，即

$$P_i = \chi_i P \qquad (2.14)$$

对于理想气体混合物，许多以**质量（或物质的量）**为基的**混合物强度参数**可以简单地用各物质的强度参数的质量分数（或摩尔分数）的加权和来计算得到。例如，混合物的焓为

$$h_{mix} = \sum_i Y_i h_i \qquad (2.15a)$$

$$\bar{h}_{mix} = \sum_i \chi_i \bar{h}_i \qquad (2.15b)$$

可以用这种方法来处理的其他常用参数还有内能 u 和 $\bar{u}$。在理想气体的假设下，不管是单一物质参数（$u_i, \bar{u}_i, h_i, \bar{h}_i$），还是混合物的参数都与压力无关。

混合物的熵也可以用各物质的加权和来计算

$$s_{mix}(T,P) = \sum_i Y_i s_i(T,P_i) \qquad (2.16a)$$

$$\bar{s}_{mix}(T,P) = \sum_i \chi_i \bar{s}_i(T,P_i) \qquad (2.16b)$$

不过此时，如式（2.16）所示，单一物质的熵（s_i 和 $\bar{s}_i$）取决于该组分的分压。式（2.16）中各组分的熵可以用标准状态（$P_{ref} \equiv P^0 = 1atm$）的值来计算

$$s_i(T,P_i) = s_i(T,P_{ref}) - R\ln\frac{P_i}{P_{ref}} \qquad (2.17a)$$

$$\bar{s}_i(T,P_i) = \bar{s}_i(T,P_{ref}) - R_u\ln\frac{P_i}{P_{ref}} \qquad (2.17b)$$

燃烧过程中常见的一些物质的标准状态下摩尔比熵在附录 A 中列出。

2.2.5　蒸发潜热

在许多燃烧过程中，液体-蒸气之间的相变很重要。例如，一个液体燃料滴在燃烧之前首先要蒸发；又如，如果充分冷却，水蒸气会从燃烧产物中凝结。定义**蒸发潜热** h_{fg} 为在给定温度下单位质量的液体在定压过程中完全蒸发所需要的热量，即

$$h_{fg}(T,P) \equiv h_{vapor}(T,P) - h_{liquid}(T,P) \tag{2.18}$$

式中，T 和 P 为相应的饱和温度和饱和压力。蒸发潜热又叫作**蒸发焓**。各种燃料在常压沸点时的蒸发潜热在附录 B 的表 B.1 中列出。

给定温度和压力下的蒸发潜热经常和**克劳修斯-克拉珀龙（Clausius-Claperon）方程**一起，用来计算饱和压力随温度的变化，即

$$\frac{dP_{sat}}{P_{sat}} = \frac{h_{fg}}{R} \frac{dT_{sat}}{T_{sat}^2} \tag{2.19}$$

这个方程假设液体相的比容与蒸气相比较是可以忽略的，且蒸气相的行为是理想气体。例如，如果假设 h_{fg} 是常数，对式（2.19）从 $(P_{sat,1}, T_{sat,1})$ 积分到 $(P_{sat,2}, T_{sat,2})$，就可以在已知 $P_{sat,1}$，$T_{sat,1}$ 和 $T_{sat,2}$ 的条件下计算出 $P_{sat,2}$。我们将在液滴蒸发（第 3 章）和燃烧（第 10 章）中采用这一方法。

2.3　热力学第一定律

2.3.1　第一定律——定质量

热力学第一定律表达的最基本的原理是能量守恒。对于一个**质量一定的系统**（见图 2.3(a)），能量守恒表示为在两个状态 1 和 2 之间的有限变化

$$\underset{\substack{\text{从状态1到状态2}\\\text{给系统加入的热}}}{{}_1Q_2} - \underset{\substack{\text{从状态1到状态2}\\\text{系统对周围做的功}}}{{}_1W_2} = \underset{\substack{\text{从状态1到状态2}\\\text{系统总能的变化}}}{\Delta E_{1-2}} \tag{2.20}$$

${}_1Q_2$ 和 ${}_1W_2$ 都是路径函数，只发生在系统的边界上。$\Delta E_{1-2}(\equiv E_2 - E_1)$ 是系统总能的变化，总能是指内能、动能和势能的总和

$$E = m\left(\underset{\text{系统比质量内能}}{u} + \underset{\text{系统比质量动能}}{\frac{1}{2}v^2} + \underset{\text{系统比质量势能}}{gz} \right) \tag{2.21}$$

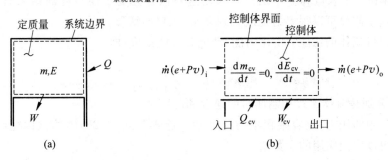

图 2.3　(a)带有活塞运动边界的定质量系统图示；(b)固定边界与稳定流动的控制体。

系统的能量是一个状态参数，即，ΔE 与状态发生变化的路径无关。式（2.20）可以转化为以单位质量为基准的形式或表示为随时刻变化瞬时量的形式，分别为

$$_1q_2 - _1w_2 = \Delta e_{1-2} = e_2 - e_1 \qquad (2.22)$$

和

$$\underset{\text{给系统加入的热的时间变化率}}{\dot{Q}} - \underset{\text{系统对外做功或输出动力的时间变化率}}{\dot{W}} = \underset{\text{系统能量的时间变化率}}{\mathrm{d}E/\mathrm{d}t} \qquad (2.23)$$

即

$$\dot{q} - \dot{w} = \mathrm{d}e/\mathrm{d}t \qquad (2.24)$$

式中，小写字母表示是比质量的参数，即 $e \equiv E/m$。

2.3.2 第一定律——控制体

考虑如图 2.3(b)所示的一个控制体，流体可以通过其边界流动。根据本书的目的，第一定律的稳态稳定流动（SSSF）形式显得特别有用。读者在以前的热力学[2~4]学习中应该已经相当熟悉。考虑到其重要性，下面简单地讨论一下。SSSF 第一定律表示为

$$\underset{\substack{\text{通过控制边界从}\\\text{环境向控制体的传热率}}}{\dot{Q}_{cv}} - \underset{\substack{\text{控制体对外做功的全部功率，}\\\text{包括轴功，不包括流动做功}}}{\dot{W}_{cv}} = \underset{\text{能量流出控制体的速率}}{\dot{m}e_o} - \underset{\text{能量流入控制体的速率}}{\dot{m}e_i} + \underset{\substack{\text{与流体流过控制体表面压力相关}\\\text{的功的净流率，流动做功}}}{\dot{m}(P_o v_o - P_i v_i)}$$

$$(2.25)$$

式中，下标 o 和 i 分别表示出口和入口，$\dot{m}$ 是质量流量。在对式（2.25）写成更方便的形式之前，先列出下面的一些体现在这一关系式中的基本假设。

（1）控制体相对于坐标系是固定的。这就可以不考虑由于有运动边界而产生相互影响的功，同时也可以不考虑控制体本身的动能和势能的变化。

（2）控制体内及控制面上的每一点的流体参数都不随时间变化。这一假设使处理的所有过程都是稳态的。

（3）在入口和出口流动面上的流体参数都是均匀的。这样在入口和出口面上就不必进行积分，而只需采用一个值来表示。

（4）只存在一个入口和一个出口。采用这一假设是为了使最终的结果具有简单的形式。实际上这一假设可以很容易地放宽到多出/入口的情形。

入口和出口流体的比能 e 由比内能、动能和势能组成，即

$$\underset{\text{单位质量的总能}}{e} = \underset{\text{单位质量的内能}}{u} + \underset{\text{单位质量的动能}}{\frac{1}{2}v^2} + \underset{\text{单位质量的势能}}{gz} \qquad (2.26)$$

式中，v 和 z 分别是流体流过控制面时的速度和高度。

式（2.25）中的压力-比容乘积项与流动功一起再与式（2.26）中的比内能结合，就是我们所知道的得以广泛应用的参数焓

$$h \equiv u + Pv = u + P/\rho \qquad (2.27)$$

将式（2.25）～式（2.27）结合，并重新整理，就得到了控制体的最终能量守恒方程形式，即

$$\dot{Q}_{cv} - \dot{W}_{cv} = \dot{m}\left[(h_o - h_i) + \frac{1}{2}(v_o^2 - v_i^2) + g(z_o - z_i)\right] \qquad (2.28)$$

将式(2.28)除以质量流量 $\dot{m}$，就可以得到比质量下的第一定律表达式为

$$q_{cv} - w_{cv} = (h_o - h_i) + \frac{1}{2}(v_o^2 - v_i^2) + g(z_o - z_i) \tag{2.29}$$

第7章将引入能量守恒关系的更完整的形式，并在本书后续的使用中加以简化。目前来讲，式(2.28)就够用了。

2.4 反应物和生成物的混合物

2.4.1 化学计量学

氧化剂的**化学当量值**是刚好完全燃烧一定量的燃料所需要的氧化剂的量。当提供的氧化剂量超过了化学当量值时，混合物被称为贫燃料或**贫混合物**；当提供的氧化剂量少于化学当量值时，则称为富燃料或**富混合物**。假设燃料的反应形成一组理想的产物，氧化剂(或空气)-燃料的化学当量比(质量)简单地可由原子平衡来计算。对于碳氢燃料 C_xH_y，化学计量关系式为

$$C_xH_y + a(O_2 + 3.76N_2) \longrightarrow xCO_2 + (y/2)H_2O + 3.76aN_2 \tag{2.30}$$

式中

$$a = x + y/4 \tag{2.31}$$

为简单起见，在全书中，我们简单地假设空气是由21%的氧气和79%的氮气组成(体积百分比)，即每1mol氧气的空气中，有3.76mol的氮气。

化学当量的空-燃比可表示为

$$(A/F)_{stoic} = \left(\frac{m_{air}}{m_{fuel}}\right)_{stoic} = \frac{4.76a}{1}\frac{MW_{air}}{MW_{fuel}} \tag{2.32}$$

式中，MW_{air} 和 MW_{fuel} 分别为空气和燃料的摩尔质量。表2.1给出了甲烷和固体碳的化学当量空-燃比，还给出了氢气在纯氧中燃烧时的氧-燃比。对于所有的系统，我们发现氧化剂都要比燃料多许多倍。

表 2.1 甲烷、氢气和固体碳在反应物温度为 298K 时的一些燃烧特性

	$\Delta h_{R,fuel}/(kJ/kg)$	$\Delta h_{R,mix}/(kJ/kg)$	$(O/F)_{stoic}$[①]$/(kg/kg)$	$T_{ad,eq}/K$
CH_4+空气	$-55\ 528$	-3066	17.11	2226
H_2+O_2	$-142\ 919$	$-15\ 880$	8.0	3079
C(固)+空气	$-32\ 794$	-2645	11.4	2301

① O/F 是氧化剂-燃料比，当在空气中燃烧时，氧化剂是指空气，而不仅是指空气中的氧。

当量比 Φ 常被用来定量地表示燃料-氧化剂混合物是富、贫或化学当量的。当量比定义为

$$\Phi = \frac{(A/F)_{\text{stoic}}}{A/F} = \frac{F/A}{(F/A)_{\text{stoic}}} \tag{2.33a}$$

从这一定义式可知，对于富燃料混合物，$\Phi > 1$；对于贫燃料混合物，$\Phi < 1$；对于化学当量下的混合物，$\Phi = 1$。在许多燃烧应用中，当量比是单一最重要的确定系统性能的因素。另一个常用来定义相对化学计量的参数是**当量空气百分比**，它与当量比的关系是

$$当量空气百分比 = \frac{100\%}{\Phi} \tag{2.33b}$$

及过量空气百分比

$$过量空气百分比 = \frac{1-\Phi}{\Phi} \times 100\% \tag{2.33c}$$

【例 2.1】 一工业用低氮燃烧器（如图 2.4 所示），在满负荷下运行（3950kW），其当量比为 0.286，空气的流量为 15.9kg/s。燃料（天然气）的当量组成为 $C_{1.16}H_{4.32}$。求燃料的质量流量和燃烧器的运行空-燃比。

图 2.4　工业用低氮燃烧器-燃烧头部件。（资料来源：北京泷涛
环境科技有限公司授权使用）

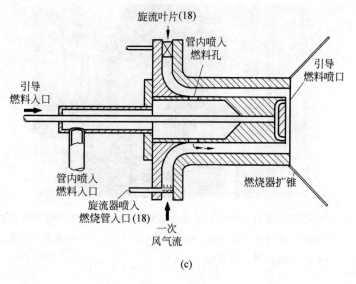

旋流叶片(18)

管内喷入
燃料孔

引导
燃料入口

引导
燃料喷口

管内喷入
燃料入口

旋流器喷入
燃烧管入口(18)

一次
风气流

燃烧器扩锥

(c)

图 2.4 （续）

解 已知：$\Phi = 0.286$，$MW_{air} = 28.85$，$\dot{m}_{air} = 15.9\,kg/s$，$MW_{fuel} = 1.16 \times 12.01 + 4.32 \times 1.008 = 18.286$。

求：$\dot{m}_{fuel}$ 和 (A/F)。

我们先求 (A/F)，再求 $\dot{m}_{fuel}$。用定义式（2.32）和式（2.33）就可求解，即

$$(A/F)_{stoic} = 4.76a\,\frac{MW_{air}}{MW_{fuel}}$$

式中，$a = x + y/4 = 1.16 + 4.32/4 = 2.24$。故

$$(A/F)_{stoic} = 4.76 \times 2.24 \times \frac{28.85}{18.286} = 16.82$$

则从式（2.33）有

$$A/F = \frac{(A/F)_{stoic}}{\Phi} = \frac{16.82}{0.286} = 58.8$$

A/F 即是空气流率与燃料流率之比，即有

$$\dot{m}_{fuel} = \frac{\dot{m}_{air}}{A/F} = \frac{15.9}{58.8} = 0.270\,kg/s$$

注：即使在满功率下，还有大量的过量空气供给发动机。

【例 2.2】 一台燃天然气的工业锅炉（见图 2.5），运行时烟气中的氧气摩尔浓度为 3%。求其运行的空-燃比和当量比。天然气可以当作甲烷处理。

解 已知：$\chi_{O_2} = 0.03$，$MW_{fuel} = 16.04$，$MW_{air} = 28.85$。

求：(A/F) 和 Φ。

图 2.5　1 台 12MW 燃烧器用于工业蒸汽锅炉，燃烧器和烟气再循环的配合使得
氮氧化物排放小于(30mg/Nm³)(@3.5%O₂)。（资料来源：北京泷涛环
境科技有限公司授权使用）

　　首先假设"完全"燃烧，即没有离解发生（即所有的碳都形成了二氧化碳，所有的氢形成了水），则可以写出完全燃烧方程，再从给定的氧摩尔分数求出空-燃比。

$$CH_4 + a(O_2 + 3.76N_2) \longrightarrow CO_2 + 2H_2O + bO_2 + 3.76aN_2$$

式中，a 和 b 可以通过氧原子的守恒来列出式子，即

$$2a = 2 + 2 + 2b$$

或

$$b = a - 2$$

从摩尔分数的定义（式（2.8））有

$$\chi_{O_2} = \frac{N_{O_2}}{N_{mix}} = \frac{b}{1 + 2 + b + 3.76a} = \frac{a - 2}{1 + 4.76a}$$

将已知的值 $\chi_{O_2} = 0.03$ 代入，就可以求出 a，即

$$0.03 = \frac{a - 2}{1 + 4.76a}$$

或

$$a = 2.368$$

质量空-燃比的一般表达式为

$$A/F = \frac{N_{air}}{N_{fuel}} \frac{MW_{air}}{MW_{fuel}}$$

则

$$A/F = \frac{4.76a}{1} \frac{MW_{air}}{MW_{fuel}}$$

$$A/F = \frac{4.76 \times 2.368 \times 28.85}{16.04} = 20.3$$

要求 Φ，先要求出 $(A/F)_{\text{stoic}}$。从式(2.31)，令 $a=2$，则有

$$(A/F)_{\text{stoic}} = \frac{4.76 \times 2 \times 28.85}{16.04} = 17.1$$

从 Φ 的定义(式(2.33))有

$$\Phi = \frac{(A/F)_{\text{stoic}}}{A/F} = \frac{17.1}{20.3} = 0.84$$

注：在求解中，假设了氧气的摩尔分数是基于"湿烟气"的，即，每摩尔含水烟气中的氧的物质的量。而在烟气成分测量时，常常除去水分，以防止分析仪的结露，此时的 χ_{O_2} 是基于"干烟气"的(见第 15 章)。

2.4.2 绝对(或标准)焓和生成焓

涉及化学反应系统时，绝对焓的概念显得格外重要。对任何物质，**绝对焓**定义为生成焓与显焓之和。所谓**生成焓** h_f，是指考虑了与化学键(或无化学键)相关的能量的焓。**显焓**的变化 Δh_s，是一个只与温度相关的焓。这样物质 i 的摩尔绝对焓可以定为

$$\underset{\text{温度}T\text{下的绝对焓}}{\bar{h}_i(T)} = \underset{\text{标准参考状态}(T_{\text{ref}},P^0)\text{下的生成焓}}{\bar{h}_{f,i}^0(T_{\text{ref}})} + \underset{\text{从温度}T_{\text{ref}}\text{到}T\text{时显焓的变化}}{\Delta\bar{h}_{s,i}(T)} \qquad (2.34)$$

式中，$\Delta\bar{h}_{s,i} \equiv \bar{h}_i(T) - \bar{h}_{f,i}^0(T_{\text{ref}})$。

为了应用式(2.34)，就要定义一个**标准参考状态**。本书采用与 Chemkin[1] 和 NASA[5] 的热力学数据库一致的标准参考状态，其温度为 $T_{\text{ref}} = 25{}^{\circ}\!C$ (298.15K)，压力 $P_{\text{ref}} = P^0 = 1\text{atm}$ (101 325Pa)。此外，还选定在参考温度与压力下元素在其最自然状态时的生成焓为零。例如，在 25℃ 和 1atm 下，氧是以双原子存在的分子，则有

$$(\bar{h}_{f,O_2}^0)_{298} = 0$$

式中，上标 0 用来表示在标准大气压下的值。

因此，在标准状态下，要形成氧原子，就要破坏一个很强的化学键。在 298K 下，氧分子键断裂的能量是 498 390kJ/kmol。破坏这个键产生了两个氧原子。因此，氧原子的生成焓就是断裂氧分子键的能量的一半，即

$$(\bar{h}_{f,O}^0)_{298} = 249\ 195\text{kJ/kmol}$$

这样，生成焓的物理解释就很清晰了，指的是标准状态下元素的化学键断裂并形成新的键而产生所需要的化合物时的净焓变化值。

用图示来描绘绝对焓可以加深对这一概念的理解与使用。如图 2.6 所示为氧原子和双原子的氧分子的绝对焓随温度的变化规律，温度的原点为热力学温度零度。在 298.15K，我们看到 $\bar{h}_{O_2}$ 为零(按标准参考状态的定义)。而氧原子的绝对焓等于它的生成焓，因为

298.15K 时的显焓为零。图 2.6 中示出在温度为 4000K 时,绝对焓中要加入显焓。附录 A 给出了燃烧过程中重要的物质在标准状态下的生成焓,同时还给出了它们的显焓随温度的变化值。参考状态而不是标准状态(298.15K)下的生成焓也在附录 A 的表中列出。

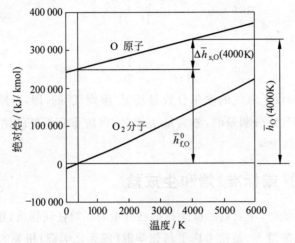

图 2.6 绝对焓、生成焓和显焓的图解。

【例 2.3】 考虑一股由一氧化碳、二氧化碳和氮气组成的气流。其一氧化碳的摩尔分数为 0.1,二氧化碳的摩尔分数为 0.2。气流的温度是 1200K。求混合物的绝对焓,分别以每摩尔计和每千克计,并求三种组分各自的质量分数。

解 已知:$\chi_{CO} = 0.10, T = 1200K, \chi_{CO_2} = 0.20, P = 1\text{atm}$。

求:$\bar{h}_{mix}, h_{mix}, Y_{CO}, Y_{CO_2}, Y_{N_2}$。

要求 $\bar{h}_{mix}$,可以直接根据理想气体混合物定律即式(2.15)来求解。先从 $\sum \chi_i = 1$ (式(2.10))求得 χ_{N_2},即

$$\chi_{N_2} = 1 - \chi_{CO_2} - \chi_{CO} = 0.70$$

则有

$$\begin{aligned}
\bar{h}_{mix} &= \sum \chi_i \bar{h}_i \\
&= \chi_{CO} [\bar{h}_{f,CO}^0 + (\bar{h}(T) - \bar{h}_{f,298}^0)_{CO}] \\
&\quad + \chi_{CO_2} [\bar{h}_{f,CO_2}^0 + (\bar{h}(T) - \bar{h}_{f,298}^0)_{CO_2}] \\
&\quad + \chi_{N_2} [\bar{h}_{f,N_2}^0 + (\bar{h}(T) - \bar{h}_{f,298}^0)_{N_2}]
\end{aligned}$$

从附录 A(CO 查表 A.1,CO_2 查表 A.2,N_2 查表 A.7)中查出相关值并代入,有

$$\bar{h}_{mix} = 0.10 \times (-110\,541 + 28\,440)$$
$$+ 0.20 \times (-393\,546 + 44\,488)$$

$$+0.70 \times (0+28\,118)$$

$$\bar{h}_{\mathrm{mix}} = -583\,39.1\mathrm{kJ/kmol}$$

欲求 h_{mix}，首先要求得混合物的摩尔质量，即

$$\mathrm{MW}_{\mathrm{mix}} = \sum \chi_i \mathrm{MW}_i$$

$$= 0.10 \times 28.01 + 0.20 \times 44.01 + 0.70 \times 28.013$$

$$= 31.212$$

这样就有

$$h_{\mathrm{mix}} = \frac{\bar{h}_{\mathrm{mix}}}{\mathrm{MW}_{\mathrm{mix}}} = \frac{-58\,339.1}{31.212} = -1869.12\mathrm{kJ/kg}$$

已计算出 $\mathrm{MW}_{\mathrm{mix}}$，各组分的质量分数就可以根据定义(式(2.11))计算出，得

$$Y_{\mathrm{CO}} = 0.10 \times \frac{28.01}{31.212} = 0.0897$$

$$Y_{\mathrm{CO}_2} = 0.20 \times \frac{44.01}{31.212} = 0.2820$$

$$Y_{\mathrm{N}_2} = 0.70 \times \frac{28.013}{31.212} = 0.6282$$

经验算，$0.0897+0.2820+0.6282=1.000$，计算结果是正确的。

注：在燃烧计算中，摩尔分数和质量分数都是很常用的。因此，读者应该对这种互换关系很熟悉。

2.4.3 燃烧焓和热值

在知道如何来表示反应物的混合物和生成物的混合物的绝对焓之后，我们就可以来定义反应焓。反应焓对于燃烧反应来说，就是燃烧焓。如图 2.7 所示，考虑一个稳定流动的反应器，满足化学当量比的反应混合物流入，产物流出。反应物与产物都处在标准状态下(25℃，1atm)。假设燃料完全燃烧，即所有的燃料碳都转化为二氧化碳，所有的燃料氢转化为水。为了让出口的产物与入口的反应物温度相同，就要从反应器将热取走。采用第一定律的稳定流动形式(式(2.29))，就可以从反应物与产物的绝对焓来计算取走的热，即

$$q_{\mathrm{cv}} = h_{\mathrm{o}} - h_{\mathrm{i}} = h_{\mathrm{prod}} - h_{\mathrm{reac}} \tag{2.35}$$

定义为**反应焓**或**燃烧焓**，Δh_{R}(单位质量混合物)：

$$\Delta h_{\mathrm{R}} \equiv q_{\mathrm{cv}} = h_{\mathrm{prod}} - h_{\mathrm{reac}} \tag{2.36a}$$

或以广延量方式表示

$$\Delta H_{\mathrm{R}} = H_{\mathrm{prod}} - H_{\mathrm{reac}} \tag{2.36b}$$

燃烧焓可以用图来表示，如图 2.8 所示。符合传热为负的情况，产物的绝对焓低于反应物的绝对焓。例如，在 25℃，1atm 条件下，CH_4 与空气按照化学当量混合，1kmol 燃料反应时的反应物焓是 $-74\,831\mathrm{kJ}$。在同样的条件下，燃烧产物的绝对焓是 $-877\,236\mathrm{kJ}$。这样

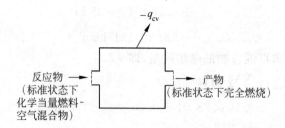

图 2.7 用于确定燃烧焓的稳定流动反应器。

$$\Delta H_R = -877\ 236 - (-74\ 831) = -802\ 405\text{kJ}$$

以每单位质量燃料计时,可以用下式计算

$$\Delta h_{R,\text{fuel}}\left(\frac{\text{kJ}}{\text{kg}}\right) = \Delta H_R / MW_{\text{fuel}} \tag{2.37}$$

或

$$\Delta h_{R,\text{fuel}}\left(\frac{\text{kJ}}{\text{kg}}\right) = -802\ 405 / 16.043 = -50\ 016$$

此值也可以依次用每单位质量的混合物来计,即

$$\Delta h_{R,\text{mix}}\left(\frac{\text{kJ}}{\text{kg}}\right) = \Delta h_{R,\text{fuel}}\left(\frac{\text{kJ}}{\text{kg}_{\text{fuel}}}\right)\frac{m_{\text{fuel}}}{m_{\text{mix}}} \tag{2.38}$$

式中

$$\frac{m_{\text{fuel}}}{m_{\text{mix}}} = \frac{m_{\text{fuel}}}{m_{\text{air}} + m_{\text{fuel}}} = \frac{1}{(A/F) + 1} \tag{2.39}$$

从表 2.1 可知,CH_4 的化学当量空-燃比为 17.11；则有

$$\Delta h_{R,\text{mix}}\left(\frac{\text{kJ}}{\text{kg}}\right) = \frac{-50\ 016}{17.11 + 1} = -2761.8$$

注意,反应物的焓和产物的焓都是随温度变化的,因而燃烧焓的值也与计算采用的温度有关。从图 2.8 来看,即在图中 H_{prod} 和 H_{reac} 之间的距离不是常数。

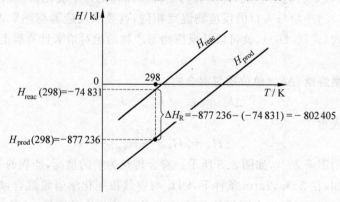

图 2.8 反应焓的图解,以甲烷-空气化学当量混合物为例,假设产物中水是蒸气态的。

燃烧热 Δh_c(也常称为**热值**),在数值上与反应焓相等,但符号相反。**高位热值**(HHV)是假设所有的产物都凝结成液体水时的燃烧热。这一情形下释放出最大量的能量,因此称为"高位"。相应的**低位热值**(LHV),就是指没有水凝结成液态的情况下的燃烧热。对于 CH_4,其高位热值大约比低位热值大 11%。各种碳氢燃料在标准状态下的热值在附录 B 中给出。

【例 2.4】 (1) 求在 298K 下气态正癸烷 $C_{10}H_{22}$ 的高位热值和低位热值,答案分别用每摩尔燃料和每千克燃料来表示。正癸烷的摩尔质量为 142.284。

(2) 如果正癸烷在 298K 时的蒸发焓为 359kJ/kg,液态正癸烷的高位与低位热值是多少?

解 (1) 对于 1mol 的 $C_{10}H_{22}$,燃烧方程可以写为

$$C_{10}H_{22}(气) + 15.5(O_2 + 3.76N_2) \longrightarrow 10CO_2 + 11H_2O(液或气) + 15.5(3.76)N_2$$

高位与低位热值都可写为

$$\Delta H_c = -\Delta H_R = H_{reac} - H_{prod}$$

式中的 H_{prod} 取决于产物中的水是液态(用于确定高位热值)还是气态(用于确定低位热值)。由于求在参考温度(298K)下的热值,所有物质的显焓都为零。另外,O_2 和 N_2 在 298K 的生成焓也为零。已知

$$H_{reac} = \sum_{reac} N_i \bar{h}_i \quad 和 \quad H_{prod} = \sum_{prod} N_i \bar{h}_i$$

得到

$$\Delta H_{c,H_2O(l)} = HHV = 1 \times \bar{h}_{f,C_{10}H_{22}}^0 - (10\bar{h}_{f,CO_2}^0 + 11\bar{h}_{f,H_2O(l)}^0)$$

表 A.6(见附录 A)中给出了水蒸气的生成焓和蒸发焓。根据这些值,就可以计算出液态水的生成焓(式(2.18))为

$$\bar{h}_{f,H_2O(l)}^0 = \bar{h}_{f,H_2O(g)}^0 - h_{fg} = -241\,847 - 44\,010 = -285\,857\,(kJ/kmol)$$

采用此值与附录 A 和附录 B 中给出的生成焓,就可以得到高位热值,即

$$\Delta H_{c,H_2O,(l)} = 1 \times \left(-249\,659\,\frac{kJ}{kmol}\right)$$

$$- \left[10 \times \left(-393\,546\,\frac{kJ}{kmol}\right) + 11 \times \left(-285\,857\,\frac{kJ}{kmol}\right)\right]$$

$$= 6\,830\,096kJ$$

及

$$\Delta \bar{h}_c = \frac{\Delta H_c}{N_{C_{10}H_{22}}} = \frac{6\,830\,096kJ}{1kmol} = 6\,830\,096kJ/kmol$$

或

$$\Delta h_c = \frac{\Delta \bar{h}_c}{MW_{C_{10}H_{22}}} = \frac{6\,830\,096\,\frac{kJ}{kmol}}{142.284\,\frac{kg}{kmol}} = 48\,003kJ/kg$$

用 $\bar{h}^0_{f,H_2O(g)} = -241\,847\text{kJ/kmol}$ 代替 $\bar{h}^0_{f,H_2O(l)} = -285\,857\text{kJ/kmol}$，就可以求低位热值，有

$$\Delta \bar{h}_c = 6\,345\,986\text{kJ/kmol}$$

或

$$\Delta h_c = 44\,601\text{kJ/kg}$$

（2）当 $C_{10}H_{22}$ 处于液态时，有

$$H_{reac} = 1 \times (\bar{h}^0_{f,C_{10}H_{22}(g)} - \bar{h}_{fg})$$

或

$$\Delta h_c(\text{液体燃料}) = \Delta h_c(\text{气体燃料}) - h_{fg}$$

则

$$\Delta h_c(\text{高位}) = 48\,003 - 359 = 47\,644\text{kJ/kg}$$
$$\Delta h_c(\text{低位}) = 44\,601 - 359 = 44\,242\text{kJ/kg}$$

注：在解决问题和核算结果的时候，对各种定义和热力学过程进行图解是一个很好的方法。如图 2.9 所示就是在焓-温图中对本例题的重要数值进行的图示。请注意，正癸烷的蒸发焓是在标准状态温度（298.15K）下的值，而附录 B 中给出的值是在沸点（447.4K）下的值。

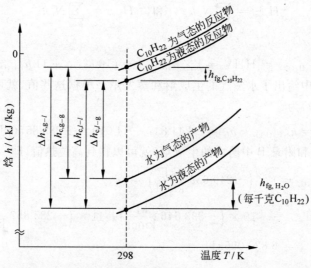

图 2.9　例 2.4 中计算热值的焓-温曲线图。（未按比例绘制）

2.5　绝热燃烧温度

定义两个绝热燃烧温度：定压绝热燃烧温度和定容绝热燃烧温度。当燃料-空气混合物在定压条件下进行绝热燃烧时，反应物在初态（如 $T = 298\text{K}$，$P = 1\text{atm}$）的绝对焓等于产

物在终态($T=T_{ad}$,$P=1atm$)的绝对焓。根据式(2.28)有

$$H_{reac}(T_i,P) = H_{prod}(T_{ad},P) \qquad (2.40a)$$

同样,以每单位质量计为

$$h_{reac}(T_i,P) = h_{prod}(T_{ad},P) \qquad (2.40b)$$

式(2.40)是第一定律的表达式,此式定义了**定压绝热燃烧温度**。这一定义用图2.10来表示。从概念上讲,绝热燃烧温度很简单,但要计算这个值,我们就需要知道燃烧产物的组成。在典型的火焰温度下,产物会离解,混合物由许多组分组成。如表2.1和附录B中的表B.1所示,典型的燃烧温度可以达到几千K。2.6节中将用到化学平衡来计算复杂的组成。例2.5说明了定压绝热燃烧温度的基本概念。例子中对产物的组成和产物的焓进行了粗略的假设与估算。

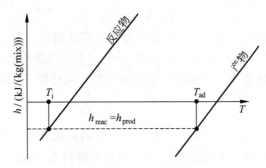

图2.10 用焓-温曲线表示的定压绝热燃烧温度。

【**例2.5**】 甲烷与空气化学当量混合,求其定压绝热燃烧温度。压力为1atm,初始反应物温度为298K。假设:

(1)完全燃烧,即没有离解,产物中只有二氧化碳、水和氮气。

(2)计算产物的焓时,其比定压热容取为常数,用1200K来估算($\approx(T_i+T_{ad})$),假设T_{ad}为2100K)。

解 混合物的组成

$$CH_4 + 2(O_2+3.76N_2) \longrightarrow 1CO_2 + 2H_2O + 7.52N_2$$

$$N_{CO_2}=1, \quad N_{H_2O}=2, \quad N_{N_2}=7.52$$

混合物特性(附录A和附录B)如下表所示。

物质	298K下的生成焓 $\bar{h}_{f,i}^0$/(kJ/kmol)	1200K下比定压热容 $\bar{c}_{p,i}$/(kJ/(kmol·K))
CH_4	−74 831	—
CO_2	−393 546	56.21
H_2O	−241 845	43.87
N_2	0	33.71
O_2	0	—

根据热力学第一定律（式（2.40））：

$$H_{\text{react}} = \sum_{\text{react}} N_i \bar{h}_i = H_{\text{prod}} = \sum_{\text{prod}} N_i \bar{h}_i$$

$$H_{\text{react}} = 1 \times (-74\,831) + 2 \times 0 + 7.52 \times 0$$

$$= -74\,831 (\text{kJ})$$

$$H_{\text{prod}} = \sum_{\text{prod}} N_i [\bar{h}_{\text{f},i}^0 + \bar{c}_{p,i}(T_{\text{ad}} - 298)]$$

$$= 1 \times [-393\,546 + 56.21 \times (T_{\text{ad}} - 298)]$$

$$+ 2 \times [-241\,845 + 43.87 \times (T_{\text{ad}} - 298)]$$

$$+ 7.52 \times [0 + 33.71 \times (T_{\text{ad}} - 298)]$$

使 H_{react} 和 H_{prod} 相等，解出 T_{ad} 为

$$T_{\text{ad}} = 2318\text{K}$$

注：将上述结果与表 2.1 所示的由平衡组分计算所获得的结果（$T_{\text{ad,eq}} = 2226\text{K}$）进行比较，表明用简化的假设，对 T_{ad} 高估了大约不到 100K。考虑到目前假设的粗略程度，这一结果的一致性有点意外。除去第二个假设而采用变比热容来计算 T_{ad}，有

$$\bar{h}_i = \bar{h}_{\text{f},i}^0 + \int_{298}^{T} \bar{c}_{p,i} \,\mathrm{d}T$$

结果是 $T_{\text{ad}} = 2328\text{K}$。（附录 A 中列出了这些积分量的列表。类似的列表也可在 JANAF 表[6]中找到。）由于这一结果与我们常比热容下的结果很接近，因此可以得到，上述的 100K 左右的误差是由于忽略了离解所带来的。请注意，在有离解存在时，会引起 T_{ad} 的降低，这是因为更多的能量束缚在化学键中（生成焓）而引起显焓的下降。

上面分析了一个定压系统，这适用于燃气轮机或锅炉的情形。现在来分析**定容绝热燃烧温度**，这在理想的奥托循环分析时就需要用到。根据热力学第一定律（式（2.20））有

$$U_{\text{reac}}(T_{\text{init}}, P_{\text{init}}) = U_{\text{prod}}(T_{\text{ad}}, P_{\text{f}}) \tag{2.41}$$

式中，U 是混合物的绝对（或标准）内能。若用图表示，则式（2.41）与用于表示定压绝热燃烧温度的图类似（见图 2.10），只是其中的焓用内能来代替。考虑到绝大多数的热力学性质编制和计算中给出的是 H（或 h）而不是 U（或 u）[1,6]，式（2.41）可以写成

$$H_{\text{reac}} - H_{\text{prod}} - V(P_{\text{init}} - P_{\text{f}}) = 0 \tag{2.42}$$

应用理想气体定律，就可以消去 PV 项，即

$$P_{\text{init}}V = \sum_{\text{reac}} N_i R_u T_{\text{init}} = N_{\text{reac}} R_u T_{\text{init}}$$

$$P_{\text{f}}V = \sum_{\text{prod}} N_i R_u T_{\text{ad}} = N_{\text{prod}} R_u T_{\text{ad}}$$

因此，有

$$H_{\text{reac}} - H_{\text{prod}} - R_u(N_{\text{reac}} T_{\text{init}} - N_{\text{prod}} T_{\text{ad}}) = 0 \tag{2.43}$$

式（2.43）也可以用单位质量来表示。用式（2.43）除以混合物质量 m_{mix} 即可得到，认识到

$$m_{\text{mix}} / N_{\text{reac}} \equiv \text{MW}_{\text{reac}}$$

或

$$m_{\mathrm{mix}} / N_{\mathrm{prod}} \equiv \mathrm{MW}_{\mathrm{prod}}$$

有

$$h_{\mathrm{reac}} - h_{\mathrm{prod}} - R_{\mathrm{u}} \left(\frac{T_{\mathrm{init}}}{\mathrm{MW}_{\mathrm{reac}}} - \frac{T_{\mathrm{ad}}}{\mathrm{MW}_{\mathrm{prod}}} \right) = 0 \qquad (2.44)$$

在 2.6 节中会看到,由于产物混合物的平衡组成与温度和压力相关,采用式(2.43)或式(2.44)及理想气体定律和合适的状态热方程,如 $h = h(T, P) = h(T, 理想气体)$ 来计算 T_{ad} 是最直接的,但是有效的解。

【例 2.6】 计算 CH_4 与空气的混合物的定容绝热燃烧温度。采用与例 2.5 相同的假设。初始条件为:$T_{\mathrm{i}} = 298\mathrm{K}$,$P = 1\mathrm{atm}(= 101\,325\mathrm{Pa})$。

解 采用与例 2.5 中同样的组分与特性。注意到由于定容 T_{ad} 要比定压 T_{ad} 高,$c_{p,i}$ 的值应该用比 1200K 高的温度来估计,然而目前我们还采用与前面相同的值。

根据热力学第一定律(式(2.43)):

$$H_{\mathrm{reac}} - H_{\mathrm{prod}} - R_{\mathrm{u}}(N_{\mathrm{reac}} T_{\mathrm{init}} - N_{\mathrm{prod}} T_{\mathrm{ad}}) = 0$$

或

$$\sum_{\mathrm{reac}} N_i \bar{h}_i - \sum_{\mathrm{prod}} N_i \bar{h}_i - R_{\mathrm{u}}(N_{\mathrm{reac}} T_{\mathrm{init}} - N_{\mathrm{prod}} T_{\mathrm{ad}}) = 0$$

代入数值有

$$\begin{aligned}
H_{\mathrm{reac}} &= 1 \times (-74\,831) + 2 \times 0 + 7.52 \times 0 \\
&= -74\,831 (\mathrm{kJ}) \\
H_{\mathrm{prod}} &= 1 \times [-393\,546 + 56.21 \times (T_{\mathrm{ad}} - 298)] \\
&\quad + 2 \times [-241\,845 + 43.87 \times (T_{\mathrm{ad}} - 298)] \\
&\quad + 7.52 \times [0 + 33.71 \times (T_{\mathrm{ad}} - 298)] \\
&= -877\,236 + 397.5 \times (T_{\mathrm{ad}} - 298)
\end{aligned}$$

和

$$R_{\mathrm{u}}(N_{\mathrm{reac}} T_{\mathrm{init}} - N_{\mathrm{prod}} T_{\mathrm{ad}}) = 8.315 \times 10.52 \times (298 - T_{\mathrm{ad}})$$

式中,$N_{\mathrm{reac}} = N_{\mathrm{prod}} = 10.52\mathrm{kmol}$。

从式(2.43),解得

$$T_{\mathrm{ad}} = 2889\mathrm{K}$$

注:(1) 在相同的初始条件下,定容燃烧与定压燃烧相比可达到更高的温度(本例中高达 571K)。这是容积固定后,压力不做功的一个自然结果。

(2) 同时注意到物质的量在初终状态之间是守恒的。这是对于 CH_4 的偶然结果,对其他的燃料不适用。

(3) 最终的压力要比初始压力高:$P_{\mathrm{f}} = P_{\mathrm{init}}(T_{\mathrm{ad}} / T_{\mathrm{init}}) = 9.69\mathrm{atm}$。

2.6 化学平衡

在高温燃烧过程中,燃烧产物不是简单的理想混合物,也就不能用确定化学当量的原子平衡的办法来求得(参见式(2.30))。更准确地说,主要组分会**离解**产生许多次要组分。在某些条件下,有些通常被认为的次要成分会呈现出相当大的量。例如,碳氢化合物在空气中燃烧的理想燃烧产物是 CO_2, H_2O, O_2 和 N_2。这些组分的离解和离解产物的进一步反应会产生下列的组分：H_2, OH, CO, H, O, N, NO 及其他的可能组分。这一节要解决的问题是如何计算在给定的温度与压力下所有这些产物的摩尔分数,约束条件为各元素的物质的量与其初始混合物中的物质的量是守恒的。这一元素约束仅仅表示 C,H,O 和 N 原子的物质的量是常数,不管其在不同组分中的结合形式。

计算平衡组分的方法有几种。为了与一般的本科生热力学课程相一致,本书将集中讨论平衡常数法,并将讨论限定在理想气体的应用上。对于其他方法的描述,有兴趣的读者可以参考文献[5,7]。

2.6.1 第二定律的讨论

化学平衡的概念来自于热力学第二定律。考察一个定容绝热的反应器,在反应器中一定量的反应物发生反应形成产物。随着反应的进行,温度与压力上升,直到达到最终的平衡。这一最终的状态不仅是由第一定律所决定,同时也需要遵守第二定律。考虑下面的燃烧反应

$$CO + \frac{1}{2}O_2 \longrightarrow CO_2 \tag{2.45}$$

如果温度足够高, CO_2 会离解。假设产物只有 CO_2, CO 和 O_2,可以写出

$$\left[CO + \frac{1}{2}O_2 \right]_{冷反应物} \longrightarrow \left[(1-\alpha)CO_2 + \alpha CO + \frac{\alpha}{2}O_2 \right]_{热产物} \tag{2.46}$$

式中, α 是 CO_2 的离解分数。采用式(2.42),用绝热燃烧温度为离解分数 α 的函数来计算绝热燃烧温度。例如,当 $\alpha = 1$ 时,就没有热产生,混合物的温度、压力和组成保持不变。当 $\alpha = 0$ 时,产生最大的热,温度和压力达到按第一定律所确定的最高值。温度随 α 的变化曲线如图 2.11 所示。

若改变 α,第二定律引起的约束是什么? 产物混合物的熵是各产物组分的熵之和,即

$$S_{mix}(T_f, P) = \sum_{i=1}^{3} N_i \bar{s}_i(T_f, P_i) = (1-\alpha)\bar{s}_{CO_2} + \alpha\bar{s}_{CO} + \frac{\alpha}{2}\bar{s}_{O_2} \tag{2.47}$$

式中, N_i 是组分 i 在混合物中的物质的量。单个组分的熵可以用下式计算

$$\bar{s}_i = \bar{s}_i^0(T_{ref}) + \int_{T_{ref}}^{T_f} \bar{c}_{p,i}\frac{dT}{T} - R_u \ln\frac{P_i}{P^0} \tag{2.48}$$

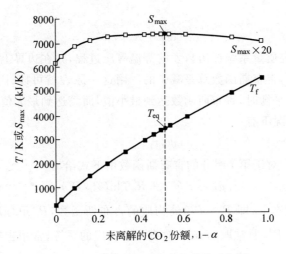

图 2.11　定质量孤立系统中的化学平衡图。

上式假设是理想气体，P_i 是 i 组分的分压。将混合物熵与离解分数的关系（式（2.47））绘于图中可以发现，最大值出现在某个 α 的中间值处。对于反应 $CO + \frac{1}{2}O_2 \longrightarrow CO_2$，最大熵出现在 $1-\alpha = 0.5$ 附近。

在所选择的条件下（常 U，V，和 m，即没有热和功的相互作用），第二定律要求系统内部的熵变为

$$dS \geqslant 0 \tag{2.49}$$

因此，当系统从任一边接近时，由于 dS 是正的，系统的组成都会自发地向最大熵的一点变化。一旦达到最大熵，组成不会进一步变化，因为这种变化会导致系统的熵变小，这与第二定律相违背（式（2.49））。正式地，平衡条件可以写为

$$(dS)_{U,V,m} = 0 \tag{2.50}$$

概括来说，如果对于一个定内能、定体积、定质量的孤立系统，应用式（2.49）（第二定律）、式（2.41）（第一定律）和式（2.2）（状态方程），就确定了其平衡温度、压力和化学组成。

2.6.2　吉布斯函数

上述的方法用于展示第二定律在建立化学平衡的作用时很有用，但采用定质量和定体积的孤立系统（定能量）对于涉及化学平衡的许多典型课题是不切实际的。例如，我们常常要在给定温度、压力和化学当量比的条件下计算混合物的组成。对于这样的问题，引入**吉布斯自由能 G**，来代替熵作为重要的热力学参数。

回忆一下在热力学中学过的内容，吉布斯自由能可以由其他热力学的参数来定义，即

$$G \equiv H - TS \tag{2.51}$$

因而第二定律表示为

$$(\mathrm{d}G)_{T,P,m} \leqslant 0 \qquad (2.52)$$

此式表明，对于一个定质量系统经历自发的等温等压过程，并在边界上除了边界做功（PdV）之外没有其他做功时，吉布斯函数总是减少的。用这一原理就可以计算给定温度压力下混合物的平衡组分。在平衡时，吉布斯函数达到最小值，而熵达到最大值，因此在平衡条件时，定能量和定体积的情况下有

$$(\mathrm{d}G)_{T,P,m} = 0 \qquad (2.53)$$

对于理想气体混合物，对于第 i 组分的吉布斯函数由下式给出：

$$\bar{g}_{i,T} = \bar{g}_{i,T}^0 + R_{\mathrm{u}} T \ln(P_i/P^0) \qquad (2.54)$$

式中，$\bar{g}_{i,T}^0$ 是在标准状态下（即 $P_i = P^0$）纯物质的吉布斯函数，P_i 是分压。对数项中的分母项是标准状态下压力 P^0，通常取 1atm。对有化学反应的系统，常用**吉布斯形成函数 $\bar{g}_{\mathrm{f},i}^0$**

$$\bar{g}_{\mathrm{f},i}^0(T) \equiv \bar{g}_i^0(T) - \sum_{j\,元素} \nu_j' \bar{g}_j^0(T) \qquad (2.55)$$

式中，ν_j' 是形成 1mol 所述化合物需要的 j 元素的化学当量系数。如，从 O_2 和 C 形成 1mol 的 CO，相应的系数为 $\nu_{O_2}' = \frac{1}{2}$ 和 $\nu_C' = 1$。与焓相似，吉布斯形成函数在参考状态下自然元素状态的值为零。附录 A 列出了选出的一些成分在一定温度范围的吉布斯形成函数。将 $\bar{g}_{\mathrm{f},i}^0(T)$ 列表表示为温度的函数是很有用的。在后面的计算中，要计算在相同温度下不同组分之间 $\bar{g}_{i,T}^0$ 的差。这些差可以很容易地从附录 A 中列出的相应温度下的吉布斯函数来获得。在 JANAF 表[6]中可以找到上千种物质的列表数据。

理想气体混合物的吉布斯函数可用下式表示

$$G_{\mathrm{mix}} = \sum N_i \bar{g}_{i,T} = \sum N_i [\bar{g}_{i,T}^0 + R_{\mathrm{u}} T \ln(P_i/P^0)] \qquad (2.56)$$

式中，N_i 是第 i 物质的物质的量。

在定压定温条件下，平衡条件就变为

$$\mathrm{d}G_{\mathrm{mix}} = 0 \qquad (2.57)$$

或

$$\sum \mathrm{d}N_i [\bar{g}_{i,T}^0 + R_{\mathrm{u}} T \ln(P_i/P^0)] + \sum N_i \mathrm{d}[\bar{g}_{i,T}^0 + R_{\mathrm{u}} T \ln(P_i/P^0)] = 0 \qquad (2.58)$$

若总压为常数，则所有分压变化的和应为零，即 $\mathrm{d}(\ln P_i) = \mathrm{d}P_i/P_i$ 和 $\sum \mathrm{d}P_i = 0$，这样式（2.58）中的第二项应为零，有

$$\mathrm{d}G_{\mathrm{mix}} = 0 = \sum \mathrm{d}N_i [\bar{g}_{i,T}^0 + R_{\mathrm{u}} T \ln(P_i/P^0)] \qquad (2.59)$$

对于一般的反应系统，有

$$a\mathrm{A} + b\mathrm{B} + \cdots \Longleftrightarrow e\mathrm{E} + f\mathrm{F} + \cdots \qquad (2.60)$$

各物质的量的变化与其相应的化学当量系数成正比，有

$$\begin{cases} dN_A = -\kappa a \\ dN_B = -\kappa b \\ \quad\vdots \\ dN_E = +\kappa e \\ dN_F = +\kappa f \\ \quad\vdots \end{cases} \tag{2.61}$$

将式(2.61)代入式(2.59)并略去比例常数 κ,得到

$$-a[\bar{g}_{A,T}^0 + R_u T(P_A/P^0)] - b[\bar{g}_{B,T}^0 + R_u T \ln(P_B/P^0)] - \cdots$$
$$+ e[\bar{g}_{E,T}^0 + R_u T \ln(P_E/P^0)] + f[\bar{g}_{F,T}^0 + R_u T \ln(P_F/P^0)] + \cdots = 0 \tag{2.62}$$

将式(2.62)中的对数项归在一起并重新排列有

$$-(e\,\bar{g}_{E,T}^0 + f\,\bar{g}_{F,T}^0 + \cdots - a\,\bar{g}_{A,T}^0 - b\,\bar{g}_{B,T}^0 - \cdots)$$
$$= R_u T \ln \frac{(P_E/P^0)^e \cdot (P_F/P^0)^f \cdots}{(P_A/P^0)^a \cdot (P_B/P^0)^b \cdots} \tag{2.63}$$

式(2.63)等号左边括号内的项称为**标准状态吉布斯函数差** ΔG_T^0,即

$$\Delta G_T^0 = (e\,\bar{g}_{E,T}^0 + f\,\bar{g}_{F,T}^0 + \cdots - a\,\bar{g}_{A,T}^0 - b\,\bar{g}_{B,T}^0 - \cdots) \tag{2.64a}$$

或者

$$\Delta G_T^0 \equiv (e\,\bar{g}_{f,E}^0 + f\,\bar{g}_{f,F}^0 + \cdots - a\,\bar{g}_{f,A}^0 - b\,\bar{g}_{f,B}^0 - \cdots)_T \tag{2.64b}$$

式(2.63)的自然对数中的变量定义为式(2.60)所表示的反应的**平衡常数** K_p,即

$$K_p = \frac{(P_E/P^0)^e \cdot (P_F/P^0)^f \cdots}{(P_A/P^0)^a \cdot (P_B/P^0)^b \cdots} \tag{2.65}$$

采用上述定义,在定压定温条件下的化学平衡表达式(2.63)就变为

$$\Delta G_T^0 = -R_u T \ln K_p \tag{2.66a}$$

或

$$K_p = \exp(-\Delta G_T^0/R_u T) \tag{2.66b}$$

从 K_p 的定义(式(2.65))和它与 ΔG_T^0 的关系(式(2.66)),可以定性地确定对于一个特定的反应在平衡时是偏向产物(趋于完全反应)还是偏向反应物(几乎不发生反应)。如果 ΔG_T^0 是正的,反应是偏向反应物的,因为 $\ln K_p$ 是负的,这就要求 K_p 是小于 1 的数。同样,当 ΔG_T^0 是负的,则反应偏向产物。如果从反应过程中的焓和熵的变化来定义 ΔG 的话,就可以得到这一特性的物理内含。从式(2.51)可得到

$$\Delta G_T^0 = \Delta H^0 - T\Delta S^0$$

将此式代入式(2.66b),有

$$K_p = e^{-\Delta H^0/R_u T} \cdot e^{\Delta S^0/R_u}$$

当 $K_p > 1$ 时,反应偏向产物,反应的焓变 ΔH^0 应该也是负的,即反应是放热的,系统的能量是降低的。同样,正的熵变表明更大的分子混沌状态,导致 $K_p > 1$。

【例 2.7】 考虑 CO_2 的离解是温度和压力的函数，$CO_2 \Longleftrightarrow CO + \frac{1}{2}O_2$，求混合物的组成，即 CO_2，CO 和 O_2 的摩尔分数。初始状态为纯 CO_2，终态为不同的温度($T=1500,2000,$ $2500,3000K$)和压力($0.1,1,10,100atm$)。

解 要求得 3 个未知的摩尔分数 χ_{CO_2}，χ_{CO} 和 χ_{O_2}，需要 3 个方程。第一个方程就是平衡表达式(2.66)。另两个方程就是元素守恒方程，因为初始的混合物是纯的 CO_2，因此不管怎么变，C 原子数和 O 原子数都为常数。

要求解式(2.66)，有 $a=1,b=1$ 和 $c=1/2$，因为

$$1CO_2 \Longleftrightarrow 1CO + \frac{1}{2}O_2$$

所以，就可以计算标准状态下的吉布斯函数变化。例如，在 2500K 下，有

$$\Delta G_T^0 = \left[\frac{1}{2}\,\bar{g}_{f,O_2}^0 + 1\,\bar{g}_{f,CO}^0 - 1\,\bar{g}_{f,CO_2}^0 \right]_{T=2500}$$

$$= \frac{1}{2} \times 0 + 1 \times (-327\,245) - 1 \times (-396\,152)$$

$$= 68\,907 kJ/kmol$$

上式中的数值从表 A.1，表 A.2 和表 A.11 中获得。

从 K_p 的定义，有

$$K_p = \frac{(P_{CO}/P^0)^1 (P_{O_2}/P^0)^{0.5}}{(P_{CO_2}/P^0)^1}$$

因为 $P_i = \chi_i P$，K_p 可以写为摩尔分数的形式，有

$$K_p = \frac{\chi_{CO}\chi_{O_2}^{0.5}}{\chi_{CO_2}} \cdot (P/P^0)^{0.5}$$

将上式代入到式(2.66b)，有

$$\frac{\chi_{CO}\chi_{O_2}^{0.5}(P/P^0)^{0.5}}{\chi_{CO_2}} = \exp\left(\frac{-\Delta G_T^0}{R_u T} \right)$$

$$= \exp\left(\frac{-68\,907}{8.315 \times 2500} \right)$$

$$\frac{\chi_{CO}\chi_{O_2}^{0.5}(P/P^0)^{0.5}}{\chi_{CO_2}} = 0.036\,35 \qquad\qquad (\text{I})$$

由元素的守恒可得到第二个方程

$$\frac{碳原子数}{氧原子数} = \frac{1}{2} = \frac{\chi_{CO} + \chi_{CO_2}}{\chi_{CO} + 2\chi_{CO_2} + 2\chi_{O_2}}$$

将问题一般化，定义 C 和 O 原子数比为参数 Z，对于不同的初始混合物组成，可以取不同的值，即

$$Z = \frac{\chi_{CO} + \chi_{CO_2}}{\chi_{CO} + 2\chi_{CO_2} + 2\chi_{O_2}}$$

或

$$(Z-1)\chi_{CO} + (2Z-1)\chi_{CO_2} + 2Z\chi_{O_2} = 0 \qquad (\text{II})$$

第三个方程也是最后一个方程,即所有的摩尔分数之和为1

$$\sum_i \chi_i = 1$$

或

$$\chi_{CO} + \chi_{CO_2} + \chi_{O_2} = 1 \qquad (\text{III})$$

对应不同的 P, T 和 Z 联合求解方程(Ⅰ)～方程(Ⅲ),就得到 χ_{CO}, χ_{CO_2} 和 χ_{O_2}。用方程(Ⅱ)和方程(Ⅲ)来消去 χ_{CO_2} 和 χ_{O_2},方程(Ⅰ)变为

$$\chi_{CO}(1 - 2Z + Z\chi_{CO})^{0.5}(P/P^0)^{0.5} - [2Z - (1+Z)\chi_{CO}]\exp(-\Delta G_T^0/R_u T) = 0$$

应用牛顿-拉普森迭代方法求解以上方程,可以求得 χ_{CO},采用电子表格软件很容易实现。另两个值 χ_{CO_2} 和 χ_{O_2},则用方程(Ⅱ)和方程(Ⅲ)就可以求得。

表 2.2 列出了对应于 4 个温度和 4 个压力的求解结果,如图 2.12 所示为相应参数下的 CO 的摩尔分数的结果。

表 2.2 不同温度和压力下的平衡组成表 $\left(\text{对反应 } CO_2 \Longleftrightarrow CO + \frac{1}{2}O_2\right)$

	$P = 0.1\text{atm}$	$P = 1\text{atm}$	$P = 10\text{atm}$	$P = 100\text{atm}$
	$T = 1500\text{K}, \Delta G_T^0 = 1.5268 \times 10^8 \text{J/kmol}$			
χ_{CO}	7.755×10^{-4}	3.601×10^{-4}	1.672×10^{-4}	7.76×10^{-5}
χ_{CO_2}	0.9988	0.9994	0.9997	0.9999
χ_{O_2}	3.877×10^{-4}	1.801×10^{-4}	8.357×10^{-5}	3.88×10^{-5}
	$T = 2000\text{K}, \Delta G_T^0 = 1.10462 \times 10^8 \text{J/kmol}$			
χ_{CO}	0.0315	0.0149	6.96×10^{-3}	3.243×10^{-3}
χ_{CO_2}	0.9527	0.9777	0.9895	0.9951
χ_{O_2}	0.0158	0.0074	3.48×10^{-3}	1.622×10^{-3}
	$T = 2500\text{K}, \Delta G_T^0 = 6.8907 \times 10^7 \text{J/kmol}$			
χ_{CO}	0.2260	0.1210	0.0602	0.0289
χ_{CO_2}	0.6610	0.8185	0.9096	0.9566
χ_{O_2}	0.1130	0.0605	0.0301	0.0145
	$T = 3000\text{K}, \Delta G_T^0 = 2.7878 \times 10^7 \text{J/kmol}$			
χ_{CO}	0.5038	0.3581	0.2144	0.1138
χ_{CO_2}	0.2443	0.4629	0.6783	0.8293
χ_{O_2}	0.2519	0.1790	0.1072	0.0569

注:从得到的结果可以获得两个一般的结论。首先,在任何确定的温度下,压力的增加抑制了 CO_2 向 CO 和 O_2 的分解;第二,在确定的压力下,温度的增加促进了这一分解。这

两个变化趋势符合 **Le Châtelier** 原理。Le Châtelier 原理为：任何一个初始处于平衡态的系统，当发生一个变化时（如增加压力或温度），将向最大限度地减少变化的方向去改变组分。压力增加就表示平衡向产生更少的物质的量的方向变化。对于反应 $CO_2 \Longleftrightarrow CO + \frac{1}{2}O_2$，这就意味着向左变化，即向 CO_2 方向变化。对于等分子的反应，压力就没有影响。当温度增加时，组成向吸热方向变化。由于 CO_2 离解为 CO 和 O_2 是吸热反应，增加温度，反应就向右变化，即向 $CO + \frac{1}{2}O_2$ 方向变化。

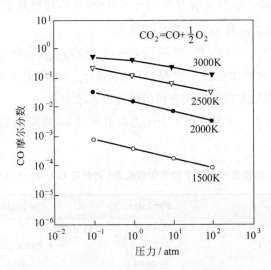

图 2.12　纯 CO_2 在不同压力和温度下离解反应产生 CO 的摩尔分数。

2.6.3　复杂系统

前面的章节主要讨论针对单个平衡反应的简单情形，然而在大部分的燃烧系统中，经常出现多种物质同时发生数个平衡反应。从原理上讲，上面的例子中还会同时发生其他反应。例如，在所考虑的温度下，反应 $O_2 \Longleftrightarrow 2O$ 也可能是重要的反应。这个方程的加入，只多了一个未知量 χ_O。只要加一个包括 O_2 的离解方程就可以了，即

$$(\chi_O^2/\chi_{O_2})P/P^0 = \exp(-\Delta G_T^{0'}/R_u T)$$

式中，$\Delta G_T^{0'}$ 是反应 $O_2 \Longleftrightarrow 2O$ 相应的标准状态吉布斯函数变化值。元素守恒表达式（式（Ⅱ））修改为包括 O 组分的形式

$$\frac{碳原子数}{氧原子数} = \frac{\chi_{CO} + \chi_{CO_2}}{\chi_{CO} + 2\chi_{CO_2} + 2\chi_{O_2} + \chi_O}$$

式（Ⅲ）变为

$$\chi_{CO} + \chi_{CO_2} + \chi_{O_2} + \chi_O = 1$$

这样就有 4 个方程,4 个未知数,可以求解。由于 4 个方程中的 2 个是非线性的,可能有必要引入同时求解非线性方程的方法。附录 E 介绍了**广义牛顿方法**,适用于这样的系统。

Olikara 和 Borman[8] 所开发的计算机软件是将上述方法用于 C,H,N,O 系统的一个例子。这一软件可用来计算 12 种物质,包括 7 个平衡反应和 C,H,N,O 4 个元素守恒关系式。这一程序是为了内燃机的模拟而开发的,可作为一个子程序嵌入到模拟软件中。这一程序包括在本书提供的软件中,并在附录 F 中给出了说明。

最常用的通用平衡软件之一是有很强功能的 NASA 化学平衡软件[5],这一软件可以处理 400 种不同的物质,并包含了许多特征问题的解决方法。例如,可以进行火箭喷管性能和震动的计算。平衡计算的理论方法并没有使用平衡常数,而是采用了使吉布斯和亥姆霍兹能量最小的方法,并满足原子平衡的约束条件。

另外还有一些用于平衡计算的求解器可以下载或在线使用,如文献[9,10]。

2.7 燃烧的平衡产物

2.7.1 全平衡

结合第一定律和复杂的化学平衡原理,同时求解式(2.40)(或式(2.41))和式(2.66),并采用适当原子守恒常数,就可以同时求得绝热燃烧温度和燃烧产物的详细组成。如图 2.13 和图 2.14 所示给出了丙烷在空气中常压(1atm)燃烧的算例。这一例子中假设了存在的产物为 CO_2,CO,H_2O,H_2,H,OH,O_2,O,NO,N_2 和 N。

如图 2.13 所示为绝热燃烧温度和**主要组分**随当量比的变化。当贫燃料燃烧时,主要成分为 H_2O,CO_2,O_2 和 N_2;而富燃料燃烧时,主要成分为 H_2O,CO_2,CO,H_2 和 N_2。一个有趣的现象是最大的燃烧温度 2278.4K 不是出现在化学当量比为 1 时,而是出现在略为富燃料当量比时($\Phi \approx 1.05$)。水的摩尔分数也是这样($\Phi \approx 1.15$)。最高温度出现在略为富燃料当量比的位置的原因是,在 $\Phi = 1$ 后,燃烧热和产物热容均随 Φ 的增加而降低。在当量比 Φ 在 1 和 $\Phi(T_{max})$ 之间时,热容随 Φ 的减少速度要比 ΔH_c 要快;而 Φ 进一步大于 $\Phi(T_{max})$ 后,ΔH_c 随 Φ 的减少速度快于热容。每摩尔燃料燃烧形成的产物的物质的量的减少导致了热容的减少,而其平均比热容的减少就没有如此显著了。从图 2.13 还可以发现,由于有离解的存在,在化学当量条件下($\Phi = 1$),O_2,CO 和 H_2 同时存在。在"完全燃烧"的条件下,就没有离解,这 3 种物质的量都为零,这样我们就能理解"完全燃烧"假设的近似性了。今后我们还会定量地确定这一结果。

如图 2.14 所示为一些在丙烷与空气燃烧平衡时**次要组分**的组成。可以看到,O 和 H 原子及双原子的 OH 和 NO 的摩尔分数都是在 4000×10^{-6} 的量级以下。同时还看到,在贫燃料燃烧时,CO 是一个次要组分;相对的,在富燃料燃烧时,O_2 是次要组分。但是,CO 和

O_2 分别在富燃料和贫燃料燃烧时变成了主要组分。有趣的是,羟基 OH 的摩尔分数比 O 原子的摩尔分数高出一个量级多,且两个量都在稍微贫燃料时达到其最大值。进一步的,N 原子的摩尔分数要比 O 原子的摩尔分数低几个量级,图 2.14 中没有表示。N_2 分子难以离解的原因是其很强的三价的共价键。O 原子和 OH 的最大值在贫燃料区出现暗示了 NO 形成的动力学。在贫燃料区域,平衡的 NO 摩尔分数达到最高值且变化平坦,而在富燃料区急剧下降。在许多燃烧系统中,由于其相对低的生成反应,所以 NO 的水平是低于平衡浓度的,这些将在第 4 章和第 5 章中介绍。

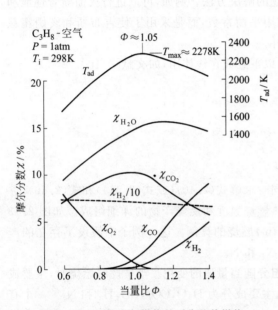

图 2.13 丙烷-空气燃烧的平衡绝热燃烧温度和主要产物。

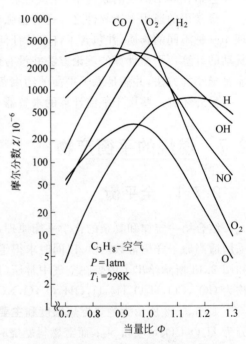

图 2.14 丙烷-空气燃烧的次要产物。

2.7.2 水煤气反应的平衡

这一节将推导出一些简单的关系式来计算贫燃料和富燃料燃烧的理想产物(假设没有离解成次要组分)。对于贫燃料燃烧,应用原子平衡方程就可以计算;但是,当富燃料燃烧时,考虑到了不完全燃烧产物 CO 和 H_2 同时存在的情形,我们将引入一个简单的平衡反应式:$CO + H_2O \Longleftrightarrow CO_2 + H_2$,这一反应叫作**水煤气置换反应**(或水-气置换反应)。这一水煤气反应平衡是石油工业中 CO 水蒸气重整反应的核心。

假设没有离解存在,任意的碳氢化合物与空气的燃烧可以用下式表示

$$C_xH_y + a(O_2 + 3.76N_2) \longrightarrow bCO_2 + cCO + dH_2O + eH_2 + fO_2 + 3.76aN_2 \qquad (2.67a)$$

在贫燃料或是化学当量条件下（$\Phi \leqslant 1$）燃烧时，变为

$$C_x H_y + a(O_2 + 3.76N_2) \longrightarrow bCO_2 + dH_2O + fO_2 + 3.76aN_2 \qquad (2.67b)$$

在富燃料燃烧时（$\Phi > 1$），变为

$$C_x H_y + a(O_2 + 3.76N_2) \longrightarrow bCO_2 + cCO + dH_2O + eH_2 + 3.76aN_2 \qquad (2.67c)$$

由于系数 a 表示在反应物中氧分子与燃料的摩尔比，用式(2.31)可以将 a 与当量比建立以下关系

$$a = \frac{x + y/4}{\Phi} \qquad (2.68)$$

因此，给出燃料种类和 Φ，就可以知道 a 的值。

我们的目标是找到所有的产物组分的摩尔分数。对于贫燃料或化学当量燃烧时，由于此时的 O_2 足够使所有的 C 和 H 都反应形成 CO_2 和 H_2O，因此系数 c 和 e 是零。这样，系统 b,d 和 f 可以用 C,H 和 O 原子的平衡来相应求得。因此，有

$$b = x \qquad (2.69a)$$
$$c = 0 \qquad (2.69b)$$
$$d = y/2 \qquad (2.69c)$$
$$e = 0 \qquad (2.69d)$$
$$f = \left(\frac{1-\Phi}{\Phi}\right)\left(x + \frac{y}{4}\right) \qquad (2.69e)$$

每单位燃料产物的总物质的量可以用上面的系数总和加上 N_2 的 $3.76a$

$$N_{TOT} = x + \frac{y}{2} + \left(\frac{x+y/4}{\Phi}\right)(1 - \Phi + 3.76) \qquad (2.70)$$

各组分的摩尔分数可以用各物质的量除以 N_{TOT}。

贫燃料或化学当量燃烧时（$\Phi \leqslant 1$）

$$\chi_{CO_2} = x/N_{TOT} \qquad (2.71a)$$
$$\chi_{CO} = 0 \qquad (2.71b)$$
$$\chi_{H_2O} = \left(\frac{y}{2}\right)/N_{TOT} \qquad (2.71c)$$
$$\chi_{H_2} = 0 \qquad (2.71d)$$
$$\chi_{O_2} = \left(\frac{1-\Phi}{\Phi}\right)\left(x + \frac{y}{4}\right)/N_{TOT} \qquad (2.71e)$$
$$\chi_{N_2} = 3.76\left(x + \frac{y}{4}\right)/(\Phi N_{TOT}) \qquad (2.71f)$$

当富燃料燃烧时（$\Phi > 1$），没有氧气存在，因此系数 f 为零。这样就还有 4 个未知数（b,c,d 和 e）。为了求解这 4 个数，我们有 3 个元素平衡方程（C,H 和 O），还有一个水煤气平衡式

$$K_p = \frac{(P_{CO_2}/P^0) \cdot (P_{H_2}/P^0)}{(P_{CO}/P^0)/(P_{H_2O}/P^0)} = \frac{be}{cd} \qquad (2.72)$$

式(2.72)的引入导致了关于 b,c,d 和 e 的方程组的非线性（二次的）。求解 3 个元素守恒式，并都用 b 来表示，有

$$c = x - b \tag{2.73a}$$

$$d = 2a - b - x \tag{2.73b}$$

$$e = -2a + b + x + y/2 \tag{2.73c}$$

将式(2.73a)～式(2.73c)代入到式(2.72)中，产生了一个关于 b 的二次方程式，其解为

$$b = \frac{2a(K_p - 1) + x + y/2}{2(K_p - 1)}$$

$$- \frac{1}{2(K_p - 1)} \left[(2a(K_p - 1) + x + y/2)^2 - 4K_p(K_p - 1)(2ax - x^2) \right]^{1/2} \tag{2.74}$$

解方程时选择了负根，以获得在物理上合理的 b。此外，仍然满足

$$N_{TOT} = b + c + d + e + 3.76a = x + y/2 + 3.76a \tag{2.75}$$

其他的摩尔分数都可表示为 b 的函数，即

富燃料燃烧时($\Phi > 1$)

$$\chi_{CO_2} = b/N_{TOT} \tag{2.76a}$$

$$\chi_{CO} = c/N_{TOT} = (x - b)/N_{TOT} \tag{2.76b}$$

$$\chi_{H_2O} = d/N_{TOT} = (2a - b - x)/N_{TOT} \tag{2.76c}$$

$$\chi_{H_2} = e/N_{TOT} = (-2a + b + x + y/2)/N_{TOT} \tag{2.76d}$$

$$\chi_{O_2} = 0 \tag{2.76e}$$

$$\chi_{N_2} = 3.76a/N_{TOT} \tag{2.76f}$$

式中，a 可以用式(2.68)来计算，用电子数据表格软件可以方便地求解式(2.76a)～式(2.76f)，及其与燃料的辅助摩尔分数关系（即 x,y）和当量比。由于 K_p 是温度的函数，就要选择一个合适的温度，但一般来说，典型的燃烧温度在 2000～2400K 之间，其摩尔分数与所选的温度之间的关系不是特别大。选择的 K_p 如表 2.3 所示。

表 2.3　水煤气反应的平衡常数 K_p 的选择值($CO + H_2O \Longleftrightarrow CO_2 + H_2$)

T/K	K_p	T/K	K_p
298	1.05×10^5	2000	0.2200
500	138.3	2500	0.1635
1000	1.443	3000	0.1378
1500	0.3887	3500	0.1241

表 2.4 列出了丙烷-空气燃烧产物 CO 和 H_2 的摩尔分数值，比较了用全平衡方法计算的结果和近似方法的结果。水煤气置换反应的平衡常数在所有的当量比下都用 2200K 来计算。从表 2.4 中看到，当 $\Phi \geqslant 1.2$ 时，全平衡方法与近似方法的结果产生的摩尔分数仅有

几个百分点的差距。当 Φ 接近 1 时，简化方法的不正确性增高，这是由于此时主要成分的离解不可忽略。

表 2.4 在富燃料燃烧下 CO 和 H_2 摩尔分数（丙烷-空气，$P=1atm$）

Φ	χ_{CO}			χ_{H_2}		
	全平衡	水-气平衡[①]	二者差/%	全平衡	水-气平衡[①]	二者差/%
1.1	0.0317	0.0287	−9.5	0.0095	0.0091	−4.2
1.2	0.0537	0.0533	−0.5	0.0202	0.0203	+0.5
1.3	0.0735	0.0741	+0.8	0.0339	0.0333	−1.8
1.4	0.0903	0.0920	+1.9	0.0494	0.0478	−3.4

① $K_p=0.193$ 时（$T=2200K$）。

为定量地了解 $\Phi=1$ 时的离解程度，表 2.5 列出了用全平衡方法和假设没有离解的近似方法求出的 CO_2 和 H_2O 的摩尔分数。可以看出，在 1atm 下，大约 12% 的 CO_2 离解了，而 H_2O 只离解了 4%。

表 2.5 丙烷-空气燃烧产物的离解程度（$P=1atm$，$\Phi=1$）

组分	摩尔分数		
	全平衡计算结果	无离解计算结果	离解率/%
CO_2	0.1027	0.1163	11.7
H_2O	0.1484	0.1550	4.3

2.7.3 压力影响

压力对离解有很大的影响。在表 2.6 中给出了 CO_2 随压力增加而离解减少的情况。由于在产物的混合物中另一个含碳的组分仅是 CO，其影响可以从表 2.5 表示的平衡反应 $CO_2 \Longleftrightarrow CO+1/2O_2$ 的结果看出。CO_2 的离解导致了总的物质的量的增加，因此压力的影响符合前面所讨论的 Le Châtelier 原理。而 H_2O 的离解要更复杂一些，除了有 H_2O 存在，氢元素还以 OH，H_2 和 H 等形式存在，因此无法用单个的平衡表达式来单独表征压力对 H_2O 的影响，必须同时考虑其他反应的影响。与所预想的相同，压力对 H_2O 的净影响也是趋向减少的方向。按照 Le Châtelier 原理，温度增加引起的离解影响被压力增加所抵消了。

表 2.6 压力对丙烷-空气燃烧产物离解的影响（$\Phi=1$）

压力/atm	T_{ad}/K	χ_{CO_2}	离解率/%	χ_{H_2O}	离解率/%
0.1	2198	0.0961	17.4	0.1444	6.8
1.0	2268	0.1027	11.7	0.1484	4.3
10	2319	0.1080	7.1	0.1512	2.5
100	2353	0.1116	4.0	0.1530	1.3

2.8 应用

这一节将介绍两种实际的应用：采用回热式或蓄热式热交换器来提高能源效率和火焰温度及采用烟气（或尾气）再循环来降低火焰温度。我们的目的是将本章前面所推出的概念应用于实际例子，并介绍本书所附的软件的应用。

2.8.1 回热式热交换器和蓄热式热交换器

回热式热交换器是将热的燃烧产物（即烟气）稳态流动的能量传递给供给燃烧过程用的空气的一种热交换器，如图 2.15 所示。在工程实际中回热式热交换器用途很广。许多回热器不仅利用对流换热还利用烟气的辐射换热。一个间接燃烧应用回热式热交换器的例子如图 2.16 所示。

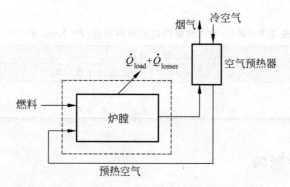

图 2.15　用回热式或蓄热式热交换器加热空气的炉子示意图。（虚线为例 2.8 所用的控制体）

蓄热式热交换器也是将烟气中的热量传递给来流中燃烧用的空气。但在蓄热器中，通常采用一种能量储存介质，如波形钢板或陶瓷片，交替地分别被热烟气加热和被空气冷却。如图 2.17 所示为一个旋转盘的蓄热器，用于轻型移动燃气轮机，如图 2.18 所示给出了针对工业炉用的类似的例子。其他的蓄热式热交换器通过对流动通道交替地切换来加热和冷却储热介质。

【例 2.8】　一个回热式热交换器如图 2.16 所示，用在一台燃天然气的加热炉上。加热炉的工作压力是常压，当量比是 0.9。天然气进入燃烧器的温度是 298K，空气是预热的。

（1）当入口的空气温度从 298K 变化到 1000K 时，求空气预热对火焰区域绝热燃烧温度的影响。

（2）如果空气从 298K 加热到 600K，可以节约多少燃料？假设不管空气是否预热，炉子出口的烟气温度，即进入到回热式热交换器的烟气温度是 1700K。

解　采用计算机程序 HPFLAME，并与 Olikara 和 Borman 平衡程序[8]联用，来求解第

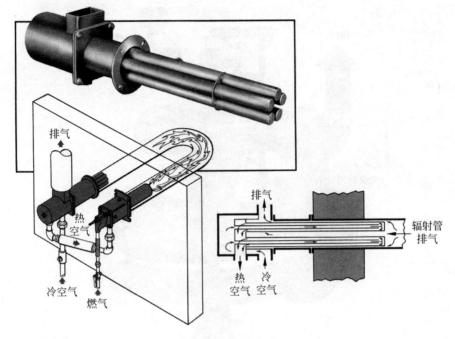

图 2.16　间接燃烧的带有双回热式换热器的辐射管燃烧器。（注意，所有的烟气都通过了回热
换热器。资料来源：Eclipse 燃烧公司，允许复制）

一定律的问题，即 $H_{reac} = H_{prod}$。程序的输入文件需要通过给定组成燃料分子的碳、氢、氧和
氮的原子数来定义燃料、当量比、假设的绝热燃烧温度、压力和反应物的焓。在本题中，将天
然气视为甲烷，输入文件如下。

Adiabatic Flame Calculation for Specified Fuel, Phi, P, & Reactant（对于特定燃料、当
量比、压力和反应物条件下绝热温度的计算）

Enthalpy Using Olikara & Borman Equilibrium Routines（焓的计算采用文献[8]的平
衡程序）

程序题目：Problem Title：EXAMPLE 2.8 Air Preheat at 1000K（例 2.8 空气预热温
度达 1000K）

```
01                    /CARBON ATOMS IN FUEL
04                    /HYDROGEN ATOMS IN FUEL
00                    /OXYGEN ATOMS IN FUEL
00                    /NITROGEN ATOMS IN FUEL
0.900                 /EQUIVALENCE RATIO
2000.                 /TEMPERATURE(K)(Initial Guess)
101325.0              /PRESSURE(Pa)
155037.0              /ENTHALPY OF REACTANTS PER KMOL FUEL(kJ/kmol-fuel)
```

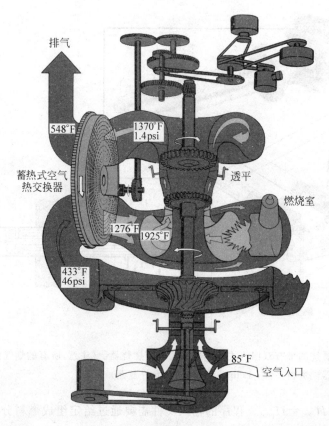

图 2.17 带有旋转盘的蓄热式热交换器的轻型移动燃气轮机的示意图。环境大气被压缩到 46psi 和 433℉，并流过蓄热器，在燃烧前被蓄热器热量加热到 1276℉。燃烧的产物通过两级透平膨胀，进入到蓄热器的另一端，此时温度为 1370℉，将能量传递给蓄热式热交换器后，温度降低到 548℉。（资料来源：Chrysler 公司，允许复制）

要定量计算的仅是反应物的焓，单位是 kJ/kmol 燃料。要计算每摩尔燃料要供给的 O_2 和 N_2 的物质的量，可写出燃烧方程

$$CH_4 + a(O_2 + 3.76N_2) \longrightarrow 产物$$

式(2.68)中

$$a = \frac{x + y/4}{\Phi} = \frac{1 + 4/4}{0.9} = 2.22$$

于是有

$$CH_4 + 2.22O_2 + 8.35N_2 \longrightarrow 产物$$

反应物的焓（每摩尔燃料）为

$$H_{reac} = \bar{h}_{f,CH_4}^0 + 2.22\Delta\bar{h}_{s,O_2} + 8.35\Delta\bar{h}_{s,N_2}$$

上式可以用不同的空气温度进行计算，查表 A.7，表 A.11 和表 B.1，结果如表 2.7 所示。

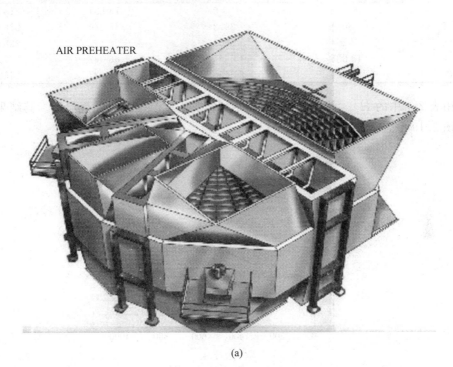

(a)

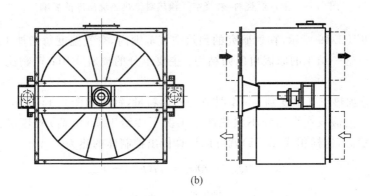

(b)

图 2.18　(a)在工业炉上应用的蓄热换热器；(b)流动通道如图中箭头所示。

表 2.7

T/K	$\Delta \bar{h}_{s,O_2}/(kJ/kmol)$	$\Delta \bar{h}_{s,N_2}/(kJ/kmol)$	$H_{reac}/(kJ/kmol)$	T_{ad}/K
298	0	0	−74 831	2134
400	3031	2973	−45 254	2183
600	9254	8905	+20 140	2283
800	15 838	15 046	+86 082	2373
1000	22 721	21 468	+155 037	2456

采用表 2.7 中的 H_{reac}，就可以用 HPFLAME 来计算定压绝热燃烧温度。其结果也在上表和图 2.19 中表示出来。

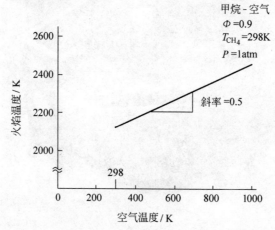

图 2.19　甲烷燃烧时，燃烧空气预热对绝热燃烧温度的影响。

注：（1）如图 2.19 所示，在所研究的预热空气范围内，空气温度每增加 100K 导致火焰温度增加 50K。这一结果的原因可以归结为：主要组分的离解作用；产物比空气具有更大的比热容。

（2）要计算预热空气温度到 600K 时节约的燃料量，针对如图 2.15 所示的控制体，写出能量平衡方程。先假设在预热和不预热两个工况下传给工质（负荷）的热量和热损失都相等。设流动为稳态，这样用式（2.28）就可以计算传出控制体的热为

$$-\dot{Q} = -\dot{Q}_{load} - \dot{Q}_{loss} = \dot{m}(h_{prod} - h_{reac})$$

$$= (\dot{m}_A + \dot{m}_F)h_{prod} - \dot{m}_F h_F - \dot{m}_A h_A$$

为了方便，定义燃料利用效率为

$$\eta \equiv \frac{\dot{Q}}{\dot{m}_F LHV} = \frac{-\{[(A/F)+1]h_{prod} - (A/F)h_A - h_F\}}{LHV}$$

要计算此值，先要计算

$$A/F = \frac{(A/F)_{stoic}}{\Phi} = \frac{17.1}{0.9} = 19.0$$

$$h_F = \bar{h}_{f,F}^0/MW_F = \frac{-74\,831}{16.043} = -4664.4\text{kJ/kg}$$

$h_{prod} = -923\text{kJ/kg}$（用 TPEQUIL 程序计算，参见附录 F）

$$h_{A@298K} = 0$$

$$h_{A@600K} = (0.21\Delta\bar{h}_{s,O_2} + 0.79\Delta\bar{h}_{s,N_2})/MW_A$$

$$= \frac{0.21\times 9254 + 0.79\times 8905}{28.85}$$

$$= 311.2\text{kJ/kg}$$

当空气温度为 298K 时，有

$$\eta_{298} = \frac{-[(19+1)\times(-923)-19\times 0-(-4664.4)]}{50\,016} = 0.276$$

当空气温度为 600K 时，有

$$\eta_{600} = \frac{-[(19+1)\times(-923)-19\times 311.2-(-4664.4)]}{50\,016} = 0.394$$

定义燃料的节约率为

$$节约率 \equiv \frac{\dot{m}_{F,600}-\dot{m}_{F,298}}{\dot{m}_{F,298}} = 1 - \frac{\eta_{298}}{\eta_{600}} = 1 - \frac{0.276}{0.394} = 0.30 = 30\%$$

注：采用回热式热交换器将通常从烟囱排走的能量回收，可以有可观的燃料节约率。还要注意到，由于空气预热后会导致更大幅度的温升，这还可能影响到氮氧化物的排放。当空气温度加热到 600K 时，其绝热燃烧温度比空气为 298K 时增加 150K（7.1%）。

2.8.2 烟气(尾气)再循环

对某些燃烧设备，常用一种方法来减少氮氧化物（NO_x）的形成与排放，这种方法就是将一部分燃烧产生的烟气进行循环并与空气和燃料同时引入到燃烧室中。这一污染控制措施及其他的方法将在 15 章中讨论。烟气循环降低了火焰区域的最高温度。降低火焰温度就可以降低 NO_x 的形成。如图 2.20(a) 所示为在一个锅炉或者窑炉中采用烟气再循环（FGR）的示意图，如 2.20(b) 所示为在汽车发动机上采用的尾气再循环（EGR）的示意图。下面举例说明如何应用能量守恒定律来计算产物烟气循环对火焰温度的影响。

【例 2.9】 一台电火花点火发动机，如例 2.9 图所示，其压缩过程和燃烧过程相应都被理想化为一个从上止点（状态 1）到下止点（状态 2）的多变压缩和定容燃烧（从状态 2 到状态 3）。求 EGR（0～20%，表示循环烟气占空气与燃料的体积百分比）对绝热燃烧温度和状态 3 的压力的影响。发动机的压缩比（CR $\equiv V_1/V_2$）是 8.0。多变指数是 1.3，初始压力和温度（状态 1）在忽略循环烟气的量时分别为 0.5atm 和 298K。燃料为异辛烷，当量比为 1。

解 先求燃烧开始时的初始温度与压力（状态 2），用多变关系式

$$T_2 = T_1(V_1/V_2)^{n-1} = 298\times 8^{0.3} = 556\text{K}$$

$$P_2 = P_1(V_1/V_2)^n = 0.5\times 8^{1.3} = 7.46\text{atm}(755\,885\text{Pa})$$

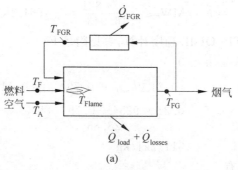

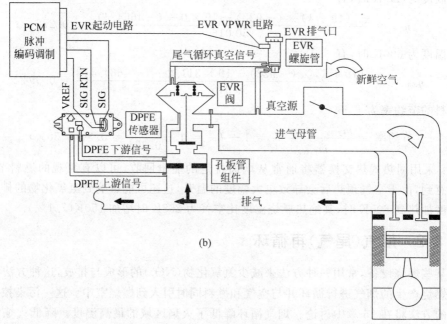

图 2.20　(a) 在锅炉或窑炉中采用烟气再循环的示意图；(b) 在电火花点火发动机上采用的尾气再循环示意图。(资料来源：(b)福特汽车公司，允许复制)

用 UVFLAME 程序计算分析燃烧过程，程序计算需要的输入量是 $H_{reac}(kJ/kmol)$，N_{reac}/N_{fuel} 和 MW_{reac}。尽管温度与压力维持不变，但这些值将随 EGR 的比例变化而变化。确定这些输入量，首先要确定循环烟气的组成。假设反应的循环烟气是由未分解的反应产物组成，即

$$C_8H_{18} + 12.5(O_2 + 3.76N_2) \longrightarrow 8CO_2 + 9H_2O + 47N_2$$

于是有

$$\chi_{CO_2} = \frac{8}{8+9+47} = \frac{8}{64} = 0.1250$$

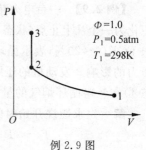

例 2.9 图

$$\chi_{H_2O} = \frac{9}{64} = 0.1406$$

$$\chi_{N_2} = \frac{47}{64} = 0.7344$$

利用表 A.2、表 A.6 和表 A.7，可以计算出循环烟气在 $T_2(=556K)$ 下的摩尔焓为

$$\bar{h}_{EGR} = 0.1250 \times (-382\ 707) + 0.1406 \times (-232\ 906) + 0.7344 \times 7588$$
$$= -75\ 012.3(kJ/kmol_{EGR})$$

在 $T_2(=556K)$ 下的空气的摩尔焓为

$$\bar{h}_A = 0.21 \times 7853 + 0.79 \times 7588 = 7643.7 kJ/kmol$$

在 T_2 下燃料的焓可以用表 B.2 所列出的拟合曲线系数来进行计算。请注意，用这些系数计算出来的焓是生成焓和显焓的总和，即

$$\bar{h}_F = -161\ 221 kJ/kmol$$

在状态 2 下的反应物的焓可以按下式计算

$$H = N_F \bar{h}_F + N_A \bar{h}_A + N_{EGR} \bar{h}_{EGR}$$

式中，按定义有

$$N_{EGR} \equiv (N_A + N_F)\%EGR/100\%$$

由给定的化学当量数，$N_A = 12.5 \times 4.76 = 59.5 kmol$，有

$$H_{reac} = 1 \times \bar{h}_F + 59.5 \times \bar{h}_A + 60.5(\%EGR)\bar{h}_{EGR/100\%}$$

对应不同的 %EGR 有不同的 H_{reac}，如表 2.8 所示。

表 2.8

EGR/%	N_{EGR}	N_{tot}	MW_{reac}	$H_{reac}/(kJ/kmol(燃料))$
0	0	60.50	30.261	+293 579
5	3.025	63.525	30.182	+66 667
10	6.050	66.55	30.111	−160 245
15	9.075	69.575	30.045	−387 158
20	12.100	72.60	29.98	−614 070

反应物的混合物摩尔质量是

$$MW_{reac} = \frac{N_F MW_F + N_A MW_A + N_{EGR} MW_{EGR}}{N_F + N_A + N_{EGR}}$$

式中

$$MW_{EGR} = \sum_{EGR} \chi_i MW_i$$
$$= 0.1250 \times 44.011 + 0.1406 \times 18.016 + 0.7344 \times 28.013$$
$$= 29.607(kg/kmol)$$

MW_{reac} 和 $N_{tot}(=N_F + N_A + N_{EGR})$ 的值也在表 2.8 中示出。

采用以上信息，执行 UVFLAME 程序，计算获得状态 3 的绝热温度和相应的压力，如表 2.9 所示。这些计算结果示于图 2.21 中。

表　2.9

EGR/%	$T_{ad}(=T_3)/K$	P_3/atm
0	2804	40.51
5	2742	39.41
10	2683	38.38
15	2627	37.12
20	2573	36.51

注：从例 2.9 的表和图中可以看到，EGR 对最高温度有显著的影响。20% 的 EGR 比无烟气再循环时低 275K。在后续的第 4，5 和 15 章中将看到这一温降对 NO_x 的形成有非常显著的影响。

还应该注意到，在实际的应用中，再循环烟气的温度本身也随循环量而变化，从而影响到最终的最高温度值。此外，我们没有检查状态 1 的温度是否低于循环烟气的露点，而冷凝水在实际的 EGR 系统中是不希望出现的。

【例 2.10】 一个快装锅炉，燃料为天然气（CH_4），运行时烟气中的 O_2 体积分数为 1.5%。燃料的初温为 298K，而空气被预热到 400K。求绝热燃烧温度和平衡时的 NO 浓度，已知 FGR 为 15%。FGR 为烟气占燃料和空气的总体积的百分比。循环烟气进入燃烧室的温度为 600K。将计算结果与无 FGR 时进行比较。

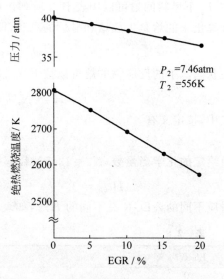

图 2.21　定容燃烧条件下，根据例 2.9 给出的燃烧产物再循环量与绝热燃烧温度和最高压力的关系图。

解　首先确定当量比。对两种运行工况，总的化学当量式是一样的，可以写为

$$CH_4 + a(O_2 + 3.76N_2) \longrightarrow CO_2 + 2H_2O + xO_2 + 3.76aN_2$$

由氧平衡得

$$2a = 2 + 2 + 2x$$

或

$$x = a - 2$$

已知 $\chi_{O_2} = 0.015$，则

$$0.015 = \frac{x}{1 + 2 + x + 3.76a}$$

同时求解上面两个关系式就有

$$x = 0.1699 \quad \text{及} \quad a = 2.1699$$

在化学当量条件下($\Phi=1$),$a=2$,由式(2.32)和式(2.33a)就可以简单地获得运行时的当量比

$$\Phi = \frac{2}{a} = \frac{2}{2.1699} = 0.9217$$

先计算没有 FGR 的工况,应用程序 HPFLAME 来计算绝热燃烧温度和 χ_{NO} 平衡值。用这一程序先求每摩尔燃料的反应物的焓

$$H_{reac} = N_F \bar{h}_F + N_{O_2} \bar{h}_{O_2} + N_{N_2} \bar{h}_{N_2}$$

式中

$$N_F = 1(\text{以 kmol 燃料为基})$$

$$N_{O_2} = a = 2.1669$$

$$N_{N_2} = 3.76a = 8.1589$$

从表 B.1,表 A.11 和表 A.7,可以获得相应温度下 CH_4,O_2 和 N_2 的摩尔焓,最后得到反应混合物的焓为

$$H_{reac} = 1 \times (-74\,831) + 2.1699 \times 3031 + 8.1589 \times 2973$$
$$= -43\,997\text{kJ}$$

由于锅炉基本上都在常压下运行,HPFLAME 所需的输入文件如下。

Adiabatic Flame Calculation for Specified Fuel,Phi,P,& Reactant

Enthalpy Using Olikara & Borman Equilibrium Routines

Problem Title:EXAMPLE 2.10 Case without FGR

01	/CARBON ATOMS IN FUEL
04	/HYDROGEN ATOMS IN FUEL
00	/OXYGEN ATOMS IN FUEL
00	/NITROGEN ATOMS IN FUEL
0.9217	/EQUIVALENCE RATIO
2000.	/TEMPERATURE(K)(Initial Guess)
101 325.0	/PRESSURE(Pa)
-43 997.0	/ENTHALPY OF REACTANTS PER KMOL FUEL(kJ/kmol-fuel)

运行 HPFLAME 得

$$T_{ad} = 2209.8\text{K}$$

$$\chi_{NO} = 0.003\,497$$

对于有 15% 的 FGR 时的工况,用本书提供的程序,可以有几种方法来计算绝热燃烧温度。下面的方法是先求出单位质量反应混合物的焓(燃料、空气和 FGR),然后采用式(2.40b)。

$$h_{reac} = h_{prod}(T_{ad})$$

先假设一个 T_{ad}，用 TPEQUIL 计算出 $h_{prod}(T_{ad})$，再迭代计算出收敛解。

前面已计算出相应的反应物燃料和空气的焓，只要计算出 FGR 焓就可以得到总的反应物焓为

$$H_{reac} = N_F \bar{h}_F + N_{O_2} \bar{h}_{O_2} + N_{N_2} \bar{h}_{N_2} + N_{FGR} \bar{h}_{FGR}$$

不必手算 $\bar{h}_{FGR}$，可以用 TPEQUIL，设 $T = 600K$，$\Phi = 0.9217$ 及 $P = 101\,325Pa$，有

$$h_{FGR} = -2.499 \times 10^3 \, kJ/kg$$

及

$$MW_{FGR} = 27.72 kg/kmol$$

于是有

$$\bar{h}_{FGR} = h_{FGR} MW_{FGR} = -67\,886 kJ/kmol$$

由定义可得 FGR 的物质的量为

$$\begin{aligned}
N_{FGR} &= (N_F + N_A)\%FGR/100\% \\
&= (1 + 2.1669 \times 4.76) \times 0.15 \\
&= 1.6993 kmol
\end{aligned}$$

反应物的焓是

$$\begin{aligned}
H_{reac} &= -43\,997 + 1.6993 \times (-67\,886) \\
&= -159\,356 kJ
\end{aligned}$$

单位质量反应物的焓为

$$\begin{aligned}
h_{reac} &= \frac{H_{reac}}{m_{reac}} = \frac{H_{reac}}{N_F MW_F + N_A MW_A + N_{FGR} MW_{FGR}} \\
&= \frac{-159\,356}{1 \times 16.043 + 10.329 \times 28.85 + 1.6993 \times 27.72} \\
&= -441.3 kJ/kg
\end{aligned}$$

下面应用式(2.40b)，采用程序 TPEQUIL。注意到 T_{ad} 应该小于没有 FGR 时的 2209.8K，先假设为 2100K。用此值作为 TPEQUIL 的输入，则 $h_{prod}(2100K)$ 的值是 $-348.0kJ/kg$。第二次假设为 2000K，则 $h_{prod}(2000K)$ 的值是 $-519.2kJ/kg$。用这两个值来算出需要的值，用线性插值，得到 $T_{ad} = 2045.5K$。进一步用 TPEQUIL 迭代，得到最终值为

$$T_{ad} = 2046.5K$$

及

$$\chi_{NO} = 0.002\,297$$

将这一结果与没有 FGR 的进行比较，我们发现 15% 的 FGR 造成了绝热燃烧温度下降了大约 163K，而平衡时的 NO 摩尔分数减少了 34%。

注：这一问题也可以直接用 HPFLAME 进行求解，前提是能给出正确的反应物的焓。由于程序中假设了反应物只是由燃料和空气组成，FGR 也必须只由燃料和空气中的元素组

成。这样,反应物中由于考虑了 FGR,燃料的物质的量将超过 1。从 FGR 来的燃料的物质的量是 FGR 的总物质的量除于燃烧每摩尔 CH_4 所产生的产物的物质的量。这可以由求解之初给出的燃烧方程来确定,即

$$N_{\text{来自FGR的燃料}} = \frac{N_{\text{FGR}}}{N_{\text{prod}}/N_{\text{CH}_4}}$$

用于 HPFLAME 的近似的焓的输入值为

$$\bar{h}_{\text{reac}} \ (\text{kJ/kmol}) = \frac{H_{\text{reac}}}{1 + N_{\text{来自FGR的燃料}}}$$

本题中,$N_{\text{来自FGR的燃料}} = 1.6993 \times 0.0883 = 0.15$,$\bar{h}_{\text{reac}} = -159\,356/1.15 = -138\,571\text{kJ/kmol}$。用这一值,运行 HPFLAME 就可以获得与上述相同的结果,但不用迭代了。对于定容燃烧过程(参见例 2.9),UVFLAME 直接基于质量,采用反应物的总物质的量和摩尔质量作为输入值,因此,在处理 FGR 或 EGR 时就不需要修正反应物的焓。

还要注意,目前计算的 NO 摩尔分数为平衡值。在实际应用中,在燃烧室或烟气中的 NO 浓度是由化学动力学决定的(参见第 4 章和第 5 章),这是由于在大多数情况下,达到平衡所需要的时间是不够的。不过,有 FGR 和没有 FGR 得到的 NO 的平衡值的不同还是提供了一个用 FGR 减少 NO 的可能。

2.9 小结

这一章中所引入的概念对于燃烧的学习是最基本的,也是最重要的。本章首先简单地复习了单质和理想气体混合物的热力学性质。然后回顾了能量守恒原理,即热力学第一定律。读者应该熟悉热力学第一定律的各种不同表达式,也应该熟练掌握当量比的概念及由当量比如何来确定富燃料、贫燃料和化学当量混合物。另外也定义了一些重要的热力学参数,包括绝对(或标准)焓,这些概念用于热力学第一定律来定义反应焓、热值及定压和定容绝热燃烧温度。读者应该能在合适的热力学坐标系($h\text{-}T$ 或 $u\text{-}T$)中画出这些特性值。在讨论化学平衡时,引入了吉布斯函数并讲解了如何用这一函数来计算理想气体的平衡产物组成。采用平衡常数(K_p)及元素守恒,应该学会计算简单混合物的平衡组成。读者也应该能计算更复杂的问题,当然,如果熟悉一两个平衡计算的计算机程序对求解会更有帮助。本章最后介绍了关于当量比变化时燃烧产物混合物组成的变化,指出了离解的重要性。应该能理解什么是主要组分,什么是次要组分,并清楚了解所涉及的 11 种重要的组分的摩尔分数的量级。本章还提及了简单且有用的水煤气平衡方程来处理富燃料时的产物混合物。应该会计算在没有离解时的燃烧产物混合物的组成。尽管讨论了许多看似不同的问题,但读者应该懂得控制这些问题的原理都是热力学第一定律和第二定律。

2.10　符号表

a	氧-燃摩尔比
A/F	质量空-燃比
$c_p, \bar{c}_p$	比定压热容，J/(kg·K)或J/(kmol·K)
$c_v, \bar{c}_v$	比定容热容，J/(kg·K)或J/(kmol·K)
E, e	总能量，J 或 J/kg
F/A	质量燃-空比
g	重力加速度，m/s²
$\bar{g}^0$	单一组分吉布斯函数，J/kmol
$\bar{g}_f^0$	吉布斯形成函数，J/kmol
$G, \bar{g}$	吉布斯函数或自由能，J 或 J/kmol
ΔG^0	标况下吉布斯函变，J/kmol，式(2.64)
$h_f^0, \bar{h}_f^0$	生成焓，J/kg 或 J/kmol
$H, h, \bar{h}$	焓，J 或 J/kg 或 J/kmol
$\Delta H_c, \Delta h_c, \Delta \bar{h}_c$	燃烧热(热值)，J 或 J/kg 或 J/kmol
$\Delta H_R, \Delta h, \Delta \bar{h}_R$	反应焓，J 或 J/kg 或 J/kmol
HHV	高位热值，J/kg
K_p	平衡常数，式(2.65)无量纲
LHV	低位热值，J/kg
m	质量，kg
$\dot{m}$	质量流量，kg/s
MW	摩尔质量，kg/kmol
N	物质的量，kmol
P	压力，Pa
Q, q	热量，J 或 J/kg
$\dot{Q}, \dot{q}$	热流，J/s＝W 或 W/kg
R	气体常数，J/(kg·K)
R_u	通用气体常数，J/(kmol·K)
$S, s, \bar{s}$	熵，J/K 或 J/(kg·K)或 J/(kmol·K)
t	时间，s
T	温度，K

$U,u,\bar{u}$	内能,J 或 J/kg 或 J/kmol
v	速度,m/s
V,v	体积,m^3 或 m^3/kg
W,w	功,J 或 J/kg
$\dot{W},\dot{w}$	功率,J/s(W) 或 W/kg
x	燃料中的碳原子数
y	燃料中的氧原子数
Y	质量分数
z	高度,m
Z	元素比

希腊符号

α	离解率
κ	比例常数,式(2.61)
ρ	密度,kg/m^3
Φ	当量比
χ	摩尔分数

下标

ad	绝热
A	空气
cv	控制体
f	最终或生成
F	燃料
g	气体
i	第 i 种组分
i	入口
init	初始
l	液体
mix	混合物
o	出口
prod	产物
reac	反应物
ref	参考状态
s	显式
sat	饱和态

| stoic | 化学当量 |
| T | 处于温度 T |

上标

| 0 | 标准压力（$P^0 = 1\text{atm}$） |

2.11 参考文献

1. Kee, R. J., Rupley, F. M., and Miller, J. A., "The Chemkin Thermodynamic Data Base," Sandia National Laboratories Report SAND87-8215 B, March 1991.

2. Moran, M. J., and Shapiro, H. N., *Fundamentals of Engineering Thermodynamics,* 5th Ed., Wiley, New York, 2004.

3. Wark, K., Jr., *Thermodynamics,* 6th Ed., McGraw-Hill, New York, 1999.

4. Turns, S. R., *Thermodynamics: Concepts and Applications,* Cambridge University Press, New York, 2006.

5. Gordon, S., and McBride, B. J., "Computer Program for Calculation of Complex Chemical Equilibrium Compositions, Rocket Performance, Incident and Reflected Shocks, and Chapman-Jouguet Detonations," NASA SP-273, 1976. See also Glenn Research Center, "Chemical Equilibrium with Applications," http://www.grc.gov/WWW/CEAWeb /ceaHome.htm. Accessed 1/27/2009.

6. Stull, D. R., and Prophet, H., "JANAF Thermochemical Tables," 2nd Ed., NSRDS-NBS 37, National Bureau of Standards, June 1971. (The 4th Ed. is available from NIST.)

7. Pope, S. B., "Gibbs Function Continuation for the Stable Computation of Chemical Equilibrium," *Combustion and Flame*, 139: 222–226 (2004).

8. Olikara, C., and Borman, G. L., "A Computer Program for Calculating Properties of Equilibrium Combustion Products with Some Applications to I. C. Engines," SAE Paper 750468, 1975.

9. Morley, C., "GASEQ—A Chemical Equilibrium Program for Windows," http://www.gaseq.co.uk/. Accessed 2/3/2009.

10. Dandy, D. S., "Chemical Equilibrium Calculation," http://navier.engr.colostate.edu/tools/equil.html. Accessed 2/3/2009.

11. Industrial Heating Equipment Association, *Combustion Technology Manual*, 4th Ed., IHEA, Arlington, VA, 1988.

2.12 复习题

1. 列出第 2 章中所有的黑体字，说明它们的意义。

2. 讨论单原子分子和多原子分子气体的比热容随温度的变化规律。其内在原因是什么？温度的影响对于燃烧有什么意义？

3. 在比较不同燃料时，为什么用当量比来描述比用空-燃比（或燃-空比）更有意义？

4. 标准参考状态的 3 个条件是什么？

5. 画出比热容不是常数时，H_{reac} 和 H_{prod} 与温度的关系图。

6. 用复习题 5 中的图，说明反应物预热对定压绝热燃烧温度的影响。

7. 说出下列反应中，压力对平衡摩尔分数的影响

$$O_2 \Longleftrightarrow 2O$$

$$N_2 + O_2 \Longleftrightarrow 2NO$$

$$CO + \frac{1}{2}O_2 \Longleftrightarrow CO_2$$

温度的影响又如何？

8. 列出高温下燃烧产物中的主要和次要的组分，按摩尔分数从高到低排列，给出 $\Phi=0.7$ 和 $\Phi=1.3$ 时的近似值，并进行比较。

9. 水煤气转换反应的意义是什么？

10. 描述温度升高对燃烧产物平衡组分的影响。

11. 描述压力升高对燃烧产物平衡组分的影响。

12. 为什么烟气再循环会降低火焰温度？如果在火焰温度下进行烟气再循环会发生什么变化？

2.13　习题

2.1　求空气中氧气和氮气的质量分数，设 O_2 的摩尔分数为 21%，N_2 的摩尔分数为 79%。

2.2　一混合物由下列物质组成，物质的量如下

组　分	物质的量/mol
CO	0.095
CO_2	6
H_2O	7
N_2	34
NO	0.005

（1）求混合物中 NO 的摩尔分数。

（2）求混合物的摩尔质量。

（3）求各个组分的质量分数。

2.3　一气态混合物由 5kmol 的氢气和 3kmol 的氧气组成。求氢气、氧气的摩尔分数，混合物的摩尔质量以及氢气、氧气的质量分数。

2.4　氧气和甲烷的混合物，其中甲烷的摩尔分数为 0.2。混合物的温度为 300K，压力为 100kPa。求混合物中甲烷的质量分数和浓度（单位取 $kmol/m^3$）。

2.5　N_2 和 Ar 的气体混合物，其中 N_2 的物质的量是 Ar 的 3 倍。求 N_2 和 Ar 的摩尔分数、混合物的摩尔质量、N_2 和 Ar 的质量分数、N_2 的浓度（单位取 $kmol/m^3$，温度为 500K，压力为 250kPa）。

2.6　CO_2 和 O_2 的混合物，其中 $\chi_{CO_2}=0.10$，$\chi_{O_2}=0.90$，温度为 400K，求混合物的绝对（标准）焓，单位取 $J/kmol$。

2.7　求化学当量比下，甲烷-空气混合物的混合摩尔质量。

2.8　求丙烷（C_3H_8）在化学当量下的空-燃比（质量比）。

2.9　丙烷预混火焰，空-燃比（质量比）为 18：1，求其当量比 Φ。

2.10　当量比 Φ 为 0.6 时，求甲烷、丙烷和癸烷的空-燃比（质量比）。

2.11　一辆燃丙烷的卡车，在发动机运行时测得尾部烟气中含氧气 3%（体积），假设完全燃烧，无离解，求发动机的空-燃比（质量比）。

2.12　假设完全燃烧，仿照式（2.30），写出任意 1mol 醇基燃料 $C_xH_yO_z$ 的化学当量反应平衡式。并求燃烧 1mol 燃料需要多少 mol 空气。

2.13　用习题 2.12 的计算结果，求甲醇（CH_3OH）在化学当量反应下的空-燃比（质量比）。并将此值与甲烷的空-燃比进行比较。你能得出什么结论？

2.14　化学当量比的异辛烷和空气混合物。计算标准状态（298.15K）混合物的焓，分别以每 kmol 燃料计、每 kmol 混合物计和每 kg 混合物计。

2.15　设温度等于 500K，重新计算习题 2.14。

2.16　设 $\Phi=0.7$，重新计算习题 2.15。并与习题 2.15 的计算结果比较。

2.17　一种由丙烷（C_3H_8）和天然气（CH_4）等物质的量混合成的燃料。写出化学当量比下在空气中完全燃烧的反应式，单位为 mol，求燃-空比。同时，求 $\Phi=0.8$ 时燃烧的空-燃摩尔比。

2.18　设异辛烷-空气混合物理想燃烧（无离解），当量比为 0.7，求产物的焓。产物温度 1000K，压力 1atm。单位以每 kmol 燃料、每 kg 燃料以及每 kg 混合物计。提示：利用式（2.68）和式（2.69），也可以根据原子守恒原理导出。

2.19　丁烷在空气中燃烧，当量比为 0.75。求燃烧每 mol 燃料需要多少 mol 空气？

2.20　一个玻璃熔炉，燃料为乙烯（C_2H_4），氧化剂为纯氧（不是空气）。炉内的当量比为 0.9，乙烯的消耗率为 30kmol/h。

(1) 按燃料的低位热值 LHV 计算，能量的输入功率是多少？单位取 kW 和 Btu/h。

(2) 求氧气的消耗速率，单位取 kmol/h 和 kg/s。

2.21　甲醇在过量的空气中燃烧，空-燃比（质量比）为 8.0。求当量比 Φ，及产物中 CO_2 的摩尔分数。假设完全燃烧（无离解）。

2.22　当 $T=298K$ 时，正癸烷蒸气的低位热值为 44 597kJ/kg。正癸烷的蒸发焓为 276.8kJ/kg。水在 298K 下的蒸发焓为 2442.2kJ/kg。

(1) 求液态正癸烷的低位热值。单位取 kJ/kg 正癸烷。

(2) 求 298K 下,正癸烷蒸气的高位热值。

2.23 已知 298K 下,甲烷的低位热值为 50016kJ/kg,求甲烷的生成焓,单位取 kJ/kmol。

2.24 设温度为 1000K,求习题 2.2 中混合物的绝对焓,单位取 kJ/kmol。

2.25 甲烷的低位热值为 50 016kJ/kg。求下列热值:

(1) 每单位质量的混合物。

(2) 每 mol 空气-燃料混合物。

(3) 每 m^3 空气-燃料混合物。

2.26 298K 下,液态辛烷的高位热值为 47 893kJ/kg,汽化潜热为 363kJ/kg。求 298K 下,辛烷蒸气的生成焓。

2.27 检验表 2.1,表头分别为 $\Delta h_{R,feul}$(kJ/kg),$\Delta h_{R,mix}$(kJ/kg),$(O/F)_{stoic}$,针对下述混合物:

(1) CH_4-空气;

(2) H_2-O_2;

(3) C(固)-空气。

注:产物中的水均设为液态。

2.28 仿照习题 2.27,列出丙烷-空气化学当量混合物反应的相应数值。

2.29 一种液态燃料。画出它的 h-T 图,解释:$h_l(T)$;$h_v(T)$;汽化潜热,h_{fg};燃料蒸气的生成热;液态燃料的生成焓;低位热值及高位热值。

2.30 化学当量比下的丙烷-空气混合物,温度 298K,设产物无离解,比定压热容取 298K 下的值,求定压燃烧的绝热燃烧温度。

2.31 在 2000K 下估计定压比热,重新计算习题 2.30。比较两题的结果并加以讨论。

2.32 用附录 A 的特性表计算显焓,重新计算习题 2.30。

*2.33[①] 用附录 F 给的 HPFLAME 或其他软件计算习题 2.30,略去上述不符合实际的假设,即,产物可以有离解,比定压热容随温度变化。比较习题 2.30~习题 2.33 的结果。解释它们之间的不同。

2.34 一台锅炉用习题 2.17 中的燃料混合物,并在习题 2.17 所给的当量比条件下运行,利用附录 A 的数据,计算其定压绝热燃烧温度。设完全燃烧,产物只有 CO_2 和 H_2O,无离解,并假设产物的比热容在 1200K 下为定值。锅炉炉内压力为 1atm,空气和燃料的初始温度均为 298K。

2.35 在定容燃烧的情况下,重新计算 2.30,并求最终的压力。

*2.36 根据习题 2.33 给定的条件,用 UVFLAME(附录 F)或其他软件计算定容绝热燃烧温度。同时,求最终压力。与习题 2.35 的结果进行比较、讨论。

2.37 式(2.35)是用来定义反应热的,试根据此方程推导第一定律的等效形式(定质

---

① 习题中,"*"表示需要使用或选用计算机软件计算,下同。

量）。设系统压力衡定，且初始温度与最终温度相等。

2.38 一个窑炉，压力为 1atm，用预热的空气来提高燃料的效率。当空气预热到 800K，空气-燃料质量比为 18 时，求其绝热燃烧温度？设燃料初始温度为 450K。其他热力学性质做如下简化：$T_{ref}=300K$，$MW_{fuel}=MW_{air}=MW_{prod}=29kg/mol$，$c_{p,fuel}=3500J/(kg \cdot K)$，$c_{p,air}=c_{p,prod}=1200J/(kg \cdot K)$，$\bar{h}_{f,air}^{0}=\bar{h}_{f,prod}^{0}=0$，$\bar{h}_{f,fuel}^{0}=1.16 \times 10^{9} J/kmol$。

2.39 定压绝热燃烧，化学当量比（$\Phi=1$）下空-燃比为 $(A/F)_{stoic}=15$。设 $T_{ref}=300K$，假设如下表所示。

	燃料	空气	产物
$c_p/(J/(kg \cdot K))$	3500	1200	1500
$h_{f,300}^{0}/(J/kg)$	2×10^7	0	-1.25×10^6

（1）求混合物初始温度为 600K 时的绝热燃烧温度。

（2）求燃料在 600K 时的热值，并给出单位。

2.40 如图所示，氢气和氧气在稳定流动的反应器中燃烧。反应器壁面单位质量的热损失（$\dot{Q}/\dot{m}$）为 187kJ/kg。已知当量比为 0.5，压力为 5atm。

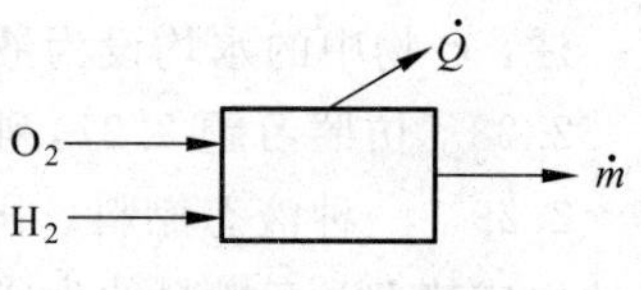

以 0K 作为参考状态时，各物质的生成焓近似如下：

$$\bar{h}_{f,H_2}^{0}(0) = \bar{h}_{f,O_2}^{0}(0) = 0kJ/mol$$

$$\bar{h}_{f,H_2O}^{0}(0) = -238\,000kJ/mol$$

$$\bar{h}_{f,OH}^{0}(0) = -386\,00kJ/mol$$

习题 2.40 图

（1）假设无离解，求出口的燃烧产物的平均摩尔质量。

（2）假设同（1），求出口气流各组分的质量分数。

（3）假设同（1），求反应器出口的产物温度。并设所有的组分都有相同的摩尔定压热容，$\bar{c}_{p,i}=40kJ/(kmol \cdot K)$。入口处氢气的温度为 300K，氧气温度为 800K。

（4）设有离解存在，但产物中的次要组分只有 OH。写出计算出口温度所需要的所有方程，列出方程中的未知数。

2.41 在下列条件下满足式（2.64）和式（2.65），

（1）$T=2000K$，$P=0.1atm$；

（2）$T=2500K$，$P=100atm$；

（3）$T=3000K$，$P=1atm$。

证明表 2.2 所给出的数值。

2.42 在一个封闭容器中发生的平衡反应：$O_2 \Longleftrightarrow 2O$。假设无离解时容器内有 1mol 氧气。在下列条件下计算 O_2 和 O 的摩尔分数：

(1) $T=2500K, P=1atm$;

(2) $T=2500K, P=3atm$。

2.43　重新计算习题 2.42(1)，并向混合物中加入 1mol 的惰性气体做稀释，如加入氩气。问稀释会对结果有何影响？并加以讨论。

2.44　针对平衡反应：$CO_2 \Longleftrightarrow CO + \frac{1}{2} O_2$，压力为 10atm，温度为 3000K，$CO_2$，$CO$ 和 O_2 混合物的平衡摩尔分数分别为 0.6783，0.2144，0.1072。求此时的平衡常数 K_p。

2.45　针对平衡反应：$H_2O \Longleftrightarrow H_2 + \frac{1}{2} O_2$，压力为 0.8atm。摩尔分数分别为 $\chi_{H_2O}=0.9, \chi_{H_2}=0.03, \chi_{O_2}=0.07$。求此时的平衡常数 K_p。

2.46　针对特定温度 T 下的平衡反应：$H_2O+CO \Longleftrightarrow CO_2+H_2$。此温度下各组分的生成焓分别为 $\bar{h}_{f,H_2O}^0 = -251\,700kJ/kmol, \bar{h}_{f,CO_2}^0 = -396\,600kJ/kmol, \bar{h}_{f,CO}^0 = -118\,700kJ/kmol, \bar{h}_{f,H_2}^0 = 0$。

(1) 压力对平衡有何影响？试解释。

(2) 温度对平衡有何影响？试解释(需要计算)。

2.47　针对反应：$H_2 + \frac{1}{2} O_2 \Longleftrightarrow H_2O$，当氢氧元素比为 1 时，计算其平衡组分。已知温度为 2000K，压力为 1atm。

*2.48　针对反应：$H_2O \Longleftrightarrow H_2 + \frac{1}{2} O_2$，其氢氧元素比为 Z。当 Z 变化时，计算其平衡组分。令 $Z=0.5, 1.0, 2.0$，温度为 2000K，压力为 1atm。画出你的结果并讨论。提示：用电子表格软件进行计算。

*2.49　针对反应：$H_2O \Longleftrightarrow H_2 + \frac{1}{2} O_2$，其氢氧元素比 Z 固定。当压力变化时，计算其平衡组分。令 $Z=2.0$，温度 2000K，压力 $P=0.5, 1.0, 2.0atm$。画出你的结果并讨论。提示：用电子表格软件进行计算。

2.50　考虑组分 OH，O 和 H 的存在，重新解习题 2.47，确认方程数和未知数个数相等。不用解出答案。

*2.51　用 STANJAN 或其他合适的软件计算习题 2.47 条件下 H-O 系统的完全平衡。

*2.52　在下列条件下，按照从高到低的顺序，列出以下组分的摩尔分数：$CO_2, CO, H_2O, H_2, OH, H, O_2, O, N_2, NO, N$，并给出其近似值。

(1) 绝热燃烧温度下，丙烷-空气定压燃烧产物，$\Phi=0.8$。

(2) 其他同(1)，$\Phi=1.2$。

(3) 指出(1)和(2)中，哪些是主要组分，哪些是次要组分。

*2.53　298.15K 下，癸烷（$C_{10}H_{22}$）在空气中定压绝热燃烧。用 HPFLAME（附录 F）计算 T_{ad} 和各组分的摩尔分数，组分有 O_2，H_2O，CO_2，N_2，CO，H_2，OH 和 NO。当量比取 0.75，1.00，1.25，压力取 1atm，10atm，100atm。将结果列表，讨论当量比和压力变化对 T_{ad} 和产物组分的影响。

*2.54　癸烷在空气中燃烧，当量比为 1.25，压力为 1atm，温度为 2200K。估计燃烧产物的组分。设无离解，只考虑水煤气变换平衡。再用 TPEQUIL 计算，比较二者结果。

*2.55　一台燃天然气的工业锅炉，由于空气过量，燃烧产物去除水分后测得的含氧量为 2%（体积）。烟气温度为 700K，未进行空气预热。

(1) 求系统的当量比，设天然气的物性与甲烷相同。

(2) 求锅炉的热效率，设空气和燃料初始温度均为 298K。

(3) 如果考虑空气预热，则烟气在通过空气预热器后温度变为 433K（320℉）。同样设空气和燃料初始温度均为 298K。再来计算锅炉的热效率。

(4) 设燃烧器采用预混燃烧方式，估计在空气预热时燃烧区域（$P=1$atm）的最高温度有多少？

2.56　燃烧过程的当量比通常通过烟气采样并测量其中的主要成分的浓度来确定。在用异辛烷（C_8H_{18}）做的燃烧实验中，连续气体分析仪测量到，尾气中 CO_2 的体积浓度为 6%，CO 的体积浓度为 1%。测量前样品未经过干燥。

(1) 求该燃烧过程中的当量比，假设燃烧过程总体上是贫燃料的。

(2) 如果用一台氧气分析仪测量尾气，会得到什么结果？

2.57　一位发明者发明了一套常压制备甲醇的方法。他宣称发明了一种催化剂，可以使 CO 和 H_2 有效反应生成甲醇，但是他需要较为便宜的 CO 和 H_2。这位发明者设计用天然气（CH_4）在氧气中富燃料燃烧，生成气体混合物：CO，CO_2，H_2O 和 H_2。

(1) 如果甲烷在氧气中以 $\Phi=1.5$ 当量比燃烧，且燃烧反应达到平衡，请问，会得到什么样的气体组分？设燃烧温度控制在 1500K。

(2) 如果燃烧温度控制在 2500K，又会得到什么？

*2.58　在 1atm 下，1kmol 的丙烷在空气中燃烧。在同一张 H-T 图中画出下列情况。

(1) 反应焓，H(kJ)，随温度的变化，温度范围取 298～800K，$\Phi=1.0$。

(2) 重复(1)，$\Phi=0.75$。

(3) 重复(1)，$\Phi=1.25$。

(4) 理想燃烧下（无离解）产物焓，H，随温度的变化，温度范围取 298～3500K，$\Phi=1.0$。

(5) 重复(4)，$\Phi=0.75$。

(6) 重复(4)，$\Phi=1.25$，用水煤气平衡来考虑不完全燃烧。

2.59　用习题 2.58 的图，估计下述各情况的定压绝热燃烧温度。

(1) 反应物温度 298K，$\Phi=0.75,1.0,1.25$。

(2) $\Phi=1.0$，反应物温度为 298,600,800K。

（3）讨论（1），（2）的结果。

*2.60　条件如习题 2.58，用 TPEQUIL（附录 F）计算产物的 H-T 曲线。取与习题 2.58 相同的温度范围，便于比较。讨论理想燃烧和平衡时两条产物焓曲线的不同。提示：注意将焓的所有单位都换算成每 mol 甲烷，TPEQUIL 计算结果需要读者手动转换单位。

2.61　用习题 2.60 的图重新计算习题 2.59 的（1）和（2），并与习题 2.59 的结果进行比较、讨论。

*2.62　用 HPFLAME（附录 F）计算习题 2.59（1）和（2）中的绝热燃烧温度，并与习题 2.59 和习题 2.61 的结果比较。讨论你的结果。

2.63　一台窑炉用预热空气的方法提高燃料的燃烧效率。当空气预热到 600K，空-燃比（质量比）为 16 时，求绝热燃烧温度。已知燃料的初始温度为 300K。其他热力学性质做如下简化：

$$T_{\text{ref}} = 300\text{K}$$
$$\text{MW}_{\text{fuel}} = \text{MW}_{\text{air}} = \text{MW}_{\text{prod}} = 29\text{kg/kmol}$$
$$c_{p,\text{fuel}} = c_{p,\text{air}} = c_{p,\text{prod}} = 1200\text{J/(kg} \cdot \text{K)}$$
$$h_{\text{f,air}}^{0} = h_{\text{f,prod}}^{0} = 0$$
$$h_{\text{f,fuel}}^{0} = 4 \times 10^{7}\text{J/kg}$$

2.64　在一种降低锅炉 NO_x 生成和排放的方法中，一部分烟气被再循环，与空气和燃料一起重新导入到炉膛中，如图 2.20（a）所示。再循环烟气的作用是降低了火焰区的最高温度，从而减小 NO_x 的生成。为了增加这一循环烟气的效果，烟气需要被冷却。你的任务是求什么样的 FGR 百分比和 T_{FGR} 组合，以使最大的（绝热）燃烧温度为 1950K。

你的设计需要满足以下条件和假设：燃料进入燃烧器时，温度为 298K，压力为 1atm；空气温度为 325K，压力为 1atm；在冷（无离解）烟气中，氧气的摩尔分数为 $\chi_{O_2} = 0.02$；烟气组分为“完全”燃烧产物，当量比由烟气中的含氧量决定；FGR 百分比由占燃料和空气的物质的量（摩尔）百分数表示；天然气可以等效为甲烷；烟气最高温度为 1200K。

用图和表格表示你的结果。同时讨论增加 FGR 的实际附加投入（循环风机的要求、设备投资等）。这些对运行工况（%FGR，T_{FGR}）的选择有何影响？

传质引论

3.1 概述

正如第 1 章中所述,学习与研究燃烧需要综合热力学(第 2 章)、传热传质学、化学反应速度理论或化学动力学(第 4 章)的知识。考虑到本书的读者可能很少接触到传质方面的知识,这一章我们将对这一问题作一简单介绍。传质,是化学工程中的一个基本而又复杂的问题,要比下面所讨论的内容复杂得多。在此,仅对传质中的基本速率定律和控制质量传递的守恒原理进行初步的介绍,第 7 章中还将更深入地介绍传质问题的求解方法,读者也可以参考文献[1~4]。为更好地理解传质过程的物理本质,我们简要地从单个分子的观点来观察这一过程。这样做带来的另一好处是可以让我们理解气体中传质与传热在物理本质上的相似性。本章最后应用传质的基本原理对液面和液滴的蒸发进行数学描述。

3.2 传质入门

想象一下,将放置在房间中间的一瓶香水打开。用你的鼻子当作一个检测器,在瓶子打开后很短的时间内,在瓶子的邻近区域可以马上感到香水分子的存在。一段时间后,你就可以感到在房间任何位置都存在香水的气味。香水分子从接近瓶子的高浓度区域传输到远离瓶子的低浓度区域的过程就是**传质**所研究的主题。与热量和动量传递一样,传质也可以由分子运动(如理想气体的碰撞)和(或)湍流来引起。分子运动过程相对较慢而且在小的空间尺度下进行,而湍流输运则决定于携带输运物质的涡的速度和大小。这一章将集中介绍分子输运方面的内容,在第 11,12 和 13 章中将介绍湍流过程。

3.2.1 传质速率定律

1. 菲克扩散定律

考虑一个仅包含两种分子组分且相互没有反应的气体混合物:组分 A 和组分 B。**菲克定律**描述了一种组分在另一种组分中扩散的速率。对于**一维双组分扩散**的情况,以质量为基准的菲克定律是

$$\underset{\text{组分A单位面积的质量流量}}{\dot{m}''_A} = \underset{\text{组分A由于宏观流动引起的单位面积的质量流量}}{Y_A(\dot{m}''_A + \dot{m}''_B)} - \underset{\text{组分A由于分子扩散引起的单位面积的质量流量}}{\rho\,\mathcal{D}_{AB}\dfrac{dY_A}{dx}}$$

$$(3.1)$$

式中，$\dot{m}''_A$ 是组分 A 的质量通量，Y_A 是组分 A 的质量分数。本书中，**质量通量**定义为组分 A 垂直于流动方向的单位面积的质量流量

$$\dot{m}''_A = \dot{m}_A/A \tag{3.2}$$

式中，$\dot{m}''_A$ 的单位是 $kg/(s \cdot m^2)$。"通量"的概念读者应该在传热学中有所了解，"热通量"表示的是单位面积上能量传输的速率，也就是 $\dot{Q}'' = \dot{Q}/A$，单位为 $J/(s \cdot m^2)$ 或 W/m^2。二元扩散系数，$\mathcal{D}_{AB}$，是混合物的一个特性参数，其单位为 m^2/s。1atm 下一些二元扩散系数的值列在附录 A 中。

式(3.1)表明组分 A 以两种方式传输：方程右侧的第一项表示的是由于流体的宏观整体流动引起的 A 的输运；第二项表示附加在宏观流上的 A 的扩散。在没有扩散存在的情况下，得到一个显然的结果为

$$\dot{m}''_A = Y_A(\dot{m}''_A + \dot{m}''_B) = Y_A\,\dot{m}'' \equiv \text{组分 A 宏观流动的通量} \tag{3.3a}$$

式中，$\dot{m}''$ 是混合物的质量通量。分子扩散通量在 A 整体质量通量上加入了一项，即

$$-\rho\,\mathcal{D}_{AB}\dfrac{dY_A}{dx} \equiv \text{组分 A 的扩散质量通量，} \dot{m}''_{A,\text{diff}} \tag{3.3b}$$

这个表达式表示 **A 的扩散质量通量** $\dot{m}''_{A,\text{diff}}$ 正比于质量分数的梯度，其比例常数为 $-\rho\,\mathcal{D}_{AB}$。

可以看出，组分 A 从高浓度区域向低浓度区域的运动，类似于能量从高温向低温传递。注意，负号是指当浓度梯度为负时，引起 x 方向的正流动。质量扩散和热量扩散（导热）之间的类比可以通过比较式(3.3b)所表示的没有宏观流动下的菲克定律和**傅里叶导热定律**来获得，即

$$\dot{Q}''_x = -k\dfrac{dT}{dx} \tag{3.4}$$

两个表达式都表示了通量($\dot{m}''_{A,\text{diff}}$ 或 $\dot{Q}''_x$)与一个标量的梯度((dY_A/dx)或(dT/dx))成正比。在后面讨论的式(3.3b)和式(3.4)中的比例系数，即**传输特性** $\rho\,\mathcal{D}_{AB}$ 和 k 的物理意义时，将进一步探求其相似性。

式(3.1)是下面所述的更一般的表达式的一维形式

$$\dot{m}''_A = Y_A(\dot{m}''_A + \dot{m}''_B) - \rho\,\mathcal{D}_{AB}\nabla Y_A \tag{3.5}$$

式中，黑体表示矢量。在许多情况下，式(3.5)以摩尔形式表达是很有用的，即

$$\dot{N}''_A = \chi_A(\dot{N}''_A + \dot{N}''_B) - c\,\mathcal{D}_{AB}\nabla\chi_A \tag{3.6}$$

式中，$\dot{N}''_A$ 是组分 A 的摩尔通量($kmol/(s \cdot m^2)$)，χ_A 是摩尔分数，c 是混合物的浓度($kmol/m^3$)。

将双组分混合物的总质量通量表达为组分 A 的质量通量和组分 B 的质量通量之和，我

们就能更清楚地理解宏观流动和扩散流动的意义。

$$\underset{\text{混合物的质量通量}}{\dot{m}''} = \underset{\text{组分A的质量通量}}{\dot{m}''_A} + \underset{\text{组分B的质量通量}}{\dot{m}''_B} \qquad (3.7)$$

式（3.7）的左侧所表示的混合物的质量通量是垂直于流动方向上单位面积的总混合物的质量流量$\dot{m}$。这就是在热力学中曾学习到的$\dot{m}$。为方便起见，假设是一维的流动，将单组分质量通量的表达式（式（3.1））代入式（3.7），得

$$\dot{m}'' = Y_A\,\dot{m}'' - \rho\,\mathcal{D}_{AB}\frac{dY_A}{dx} + Y_B\,\dot{m}'' - \rho\,\mathcal{D}_{BA}\frac{dY_B}{dx} \qquad (3.8a)$$

或

$$\dot{m}'' = (Y_A + Y_B)\,\dot{m}'' - \rho\,\mathcal{D}_{AB}\frac{dY_A}{dx} - \rho\,\mathcal{D}_{BA}\frac{dY_B}{dx} \qquad (3.8b)$$

对于双组分混合物，$Y_A + Y_B = 1$（式（2.10）），有

$$\underset{\text{组分A的扩散通量}}{-\rho\,\mathcal{D}_{AB}\frac{dY_A}{dx}} \underset{\text{组分B的扩散通量}}{-\rho\,\mathcal{D}_{BA}\frac{dY_B}{dx}} = 0 \qquad (3.9)$$

也就是说，所有组分扩散通量的和为零。一般地，满足总质量守恒定律要求：$\sum \dot{m}''_{i,\text{diff}} = 0$。

在此重点要说明的是，目前假设的是双组分气体，且组分的扩散仅是由于浓度梯度引起的，这称为**普通扩散**。燃烧中所涉及的实际混合物包含有更多的组分。然而，双组分的假设使我们易于理解许多基本的物理过程，而不必涉及多组分扩散存在的固有复杂性。温度梯度和压力梯度也可能引起组分的扩散，即**热扩散**（Soret）和**压力扩散**效应。在本书涉及的许多系统中，这些效应通常是很小的，忽略这些效应可以让我们更清晰地理解一个问题的基本物理过程。

2. 扩散的分子基础

为了深入理解质量扩散（菲克定律）和热量扩散（导热）（傅里叶定律）宏观定律的分子过程，我们将应用气体动力学的一些概念（以文献[5,6]为例）。考虑一个固定的单平面层的双组分气体混合物，混合物由刚性的、互不吸引的分子组成，且 A 组分和 B 组分的分子质量完全相等。在 x 方向上的气体层中存在着浓度（质量分数）梯度。这个浓度梯度足够小，以使得质量分数在几个分子平均自由程 λ 的距离内呈线性分布，如图 3.1 所示。有了这些假设，就可以从气体动力学理论来定义下面的平均分子特性

$$\bar{v} \equiv \text{A 分子的平均速度} = \left(\frac{8k_B T}{\pi m_A}\right)^{1/2} \qquad (3.10a)$$

$$Z'_A \equiv \text{单位面积 A 分子的碰撞频率} = \frac{1}{4}\left(\frac{n_A}{V}\right)\bar{v} \qquad (3.10b)$$

$$\lambda \equiv \text{平均自由程} = \frac{1}{\sqrt{2}\,\pi\left(\dfrac{n_{\text{tot}}}{V}\right)\sigma^2} \qquad (3.10c)$$

$$a \equiv \text{前一次碰撞的平面到下一次碰撞的平面间的平均垂直距离} = \frac{2}{3}\lambda \qquad (3.10d)$$

式中，k_B 是玻耳兹曼（Boltzman）常数，m_A 是单个 A 分子的质量，n_A/V 是单位体积 A 的分子数，n_{tot}/V 是单位体积总的分子数，σ 是分子 A 和分子 B 的直径。

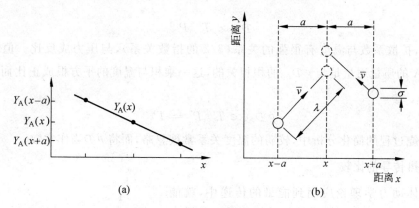

图 3.1　A 组分分子从高浓度区向低浓度区的质量扩散图示。质量分数分布在（a）图中示出。

为简单起见，假设没有宏观流动存在，A 分子在 x 平面的净流量应该等于在 $+x$ 方向的 A 分子流量和 $-x$ 方向的 A 分子流量之差，即

$$\dot{m}''_A = \dot{m}''_{A,(+)x\text{-dir}} - \dot{m}''_{A,(-)x\text{-dir}} \tag{3.11}$$

该式用碰撞频率来表示即为

$$\underset{\substack{\text{组分A的净质量通量}}}{\dot{m}''_A} = \underset{\substack{\text{单位时间和面积内，通过平面}\\x-a\text{处的A组分分子数}}}{(Z''_A)_{x-a}} \underset{\substack{\text{单个A分子的质量}}}{m_A} - \underset{\substack{\text{单位时间和面积内，通过平面}\\x+a\text{处的A组分分子数}}}{(Z''_A)_{x+a}} \underset{\substack{\text{单个A分子的质量}}}{m_A} \tag{3.12}$$

可以用密度的定义（$\rho = m_{tot}/V_{tot}$）来关联 Z''_A（式（3.10b））和 A 分子的质量分数为

$$Z''_A m_A = \frac{1}{4}\frac{n_A m_A}{m_{tot}}\rho\,\bar{v} = \frac{1}{4}Y_A\rho\,\bar{v} \tag{3.13}$$

将式（3.13）代入到式（3.12）中，并将混合物密度和平均分子速度作为常数，有

$$\dot{m}''_A = \frac{1}{4}\rho\,\bar{v}(Y_{A,x-a} - Y_{A,x+a}) \tag{3.14}$$

采用线性浓度分布的假设

$$\frac{dY_A}{dx} = \frac{Y_{A,x+a} - Y_{A,x-a}}{2a} = \frac{Y_{A,x+a} - Y_{A,x-a}}{4\lambda/3} \tag{3.15}$$

解出浓度差，并代入到式（3.14）中，得

$$\dot{m}''_A = -\rho\,\frac{\bar{v}\lambda}{3}\frac{dY_A}{dx} \tag{3.16}$$

比较式（3.16）和式（3.3b），二元扩散系统 $\mathscr{D}_{AB}$ 为

$$\mathscr{D}_{AB} = \frac{\bar{v}\lambda}{3} \tag{3.17}$$

采用平均分子速度（式（3.10a））和平均自由程（式（3.10c））的定义，并采用理想气体状态方程 $PV = nk_B T$，即有 $\mathscr{D}_{AB}$ 与温度和压力的关系为

$$\mathcal{D}_{AB} = \frac{2}{3}\left(\frac{k_B^3 T}{\pi^3 m_A}\right)^{1/2}\frac{T}{\sigma^2 P} \tag{3.18a}$$

或

$$\mathcal{D}_{AB} \propto T^{3/2} P^{-1} \tag{3.18b}$$

此式表示,扩散系数与温度有很强的关系(3/2 的指数关系),与压力成反比。值得注意的是,组分 A 的质量通量是与 $\rho\mathcal{D}_{AB}$ 的积相关的,这一乘积与温度的平方根成正比而与压力无关,即

$$\rho\mathcal{D}_{AB} \propto T^{1/2} P^0 = T^{1/2} \tag{3.18c}$$

在许多燃烧过程的简化分析中,较弱的温度关系常被忽略,而将 $\rho\mathcal{D}$ 当作常数。

3. 与热传导的比较

将气体动力学理论应用到能量的传递中,就能更清楚地看出质量传递与热量传递的关系。假设在由互不吸引的刚性分子组成的均匀气体中存在温度梯度。并假设温度梯度足够小,即在几个平均自由程内的温度分布成线性变化,如图 3.2 所示。相应地,平均分子速度和平均自由程的定义与式(3.10a)和式(3.10c)给出的相同。不同的是,分子的碰撞频率现在是基于总的分子数密度,n_{tot}/V,即

$$Z'' \equiv 单位面积内的平均碰壁频率 = \frac{1}{4}\left(\frac{n_{tot}}{V}\right)\overline{v} \tag{3.19}$$

模型中假设气体是在一定距离内无相互作用的刚性球,能量储存的模式仅是分子平移动能。写出 x 平面(见图 3.2)上的能量平衡式,在 x 方向上的单位面积的净能量通量等于从 $x-a$ 移动到 x 的分子上的动能与从 $x+a$ 移动到 x 的分子上的动能之差,即

$$\dot{Q}''_x = Z''(k_e)_{x-a} - Z''(k_e)_{x+a} \tag{3.20}$$

由于单个分子的平均动能可以由下式给定[5]

$$k_e = \frac{1}{2}m\overline{v}^2 = \frac{3}{2}k_B T \tag{3.21}$$

热通量与温度的关系是

$$\dot{Q}''_x = \frac{3}{2}k_B Z''(T_{x-a} - T_{x+a}) \tag{3.22}$$

式(3.22)中的温度差与温度梯度之间的关系,与式(3.15)有相同的形式,即

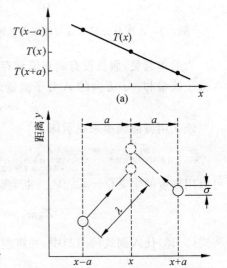

图 3.2　由气体分子运动引起的能量传递(导热)图示。温度分布在图(a)中示出。

$$\frac{\mathrm{d}T}{\mathrm{d}x} = \frac{T_{x+a} - T_{x-a}}{2a} \tag{3.23}$$

将式(3.23)代入到式(3.22)中,应用 Z'' 和 a 的定义,得到热通量的最终结果为

$$\dot{Q}''_x = -\frac{1}{2}k_B\left(\frac{n}{V}\right)\bar{v}\lambda\frac{\mathrm{d}T}{\mathrm{d}x} \tag{3.24}$$

比较上式与导热的傅里叶定律(式(3.4)),可以确定出热导系数 k 为

$$k = \frac{1}{2}k_B\left(\frac{n}{V}\right)\bar{v}\lambda \tag{3.25}$$

以温度、分子质量和尺寸来表示,则导热系数可表达为

$$k = \left(\frac{k_B^3}{\pi^3 m\sigma^4}\right)^{1/2}T^{1/2} \tag{3.26}$$

因此,导热系数与温度的平方根成正比,即

$$k \propto T^{1/2} \tag{3.27}$$

这与 $\rho\mathcal{D}_{AB}$ 一致。对于实际气体而言,与温度的相关性还要大一些。

3.2.2 组分守恒

在这一节中,首先应用组分输运速率定律(菲克定律)来导出最基本的质量守恒表达式。考虑如图3.3所示的一维控制体,其水平厚度为 Δx。组分 A 由宏观流动和扩散的联合作用流入或流出控制体。在控制体内,组分 A 也可以由于化学反应产生或消耗。

在控制体内,A 的质量净增加率与质量流量和反应速率的关系为

$$\underbrace{\frac{\mathrm{d}m_{A,cv}}{\mathrm{d}t}}_{\substack{\text{控制体内A质量的增加率}}} = \underbrace{[\dot{m}''_A A]_x}_{\substack{\text{流入控制体的A的质量流量}}} - \underbrace{[\dot{m}''_A A]_{x+\Delta x}}_{\substack{\text{流出控制体的A的质量流量}}} + \underbrace{\dot{m}'''_A V}_{\substack{\text{由于化学反应引起的}\\\text{组分A的质量生成率}}} \tag{3.28}$$

式中,组分的质量通量 $\dot{m}''_A$ 由式(3.1)给定, $\dot{m}'''_A$ 是单位体积中组分 A 的质量生成率(kg/(m³·s))。第5章将研究如何确定 $\dot{m}'''_A$。注意到控制体内 A 的质量是 $m_{A,cv} = Y_A m_{cv} = Y_A \rho V_{cv}$ 及体积 $V_{cv} = A\Delta x$,式(3.28)即为

$$A\Delta x\frac{\partial(\rho Y_A)}{\partial t} = A\left(Y_A\dot{m}'' - \rho\mathcal{D}_{AB}\frac{\partial Y_A}{\partial x}\right)_x$$
$$- A\left(Y_A\dot{m}'' - \rho\mathcal{D}_{AB}\frac{\partial Y_A}{\partial x}\right)_{x+\Delta x} + \dot{m}'''_A A\Delta x$$
$$\tag{3.29}$$

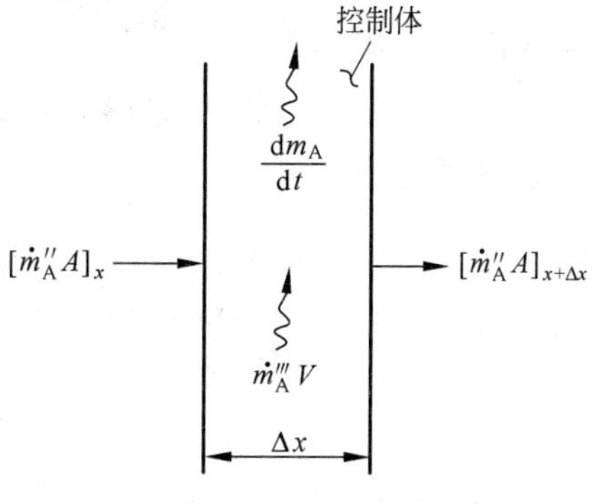

图 3.3 用于 A 组分的一维守恒分析的控制体。

用 $A\Delta x$ 来除上式,并让 $\Delta x \to 0$,式(3.29)变为

$$\frac{\partial(\rho Y_A)}{\partial t} = -\frac{\partial}{\partial x}\left(Y_A\dot{m}'' - \rho\mathcal{D}_{AB}\frac{\partial Y_A}{\partial x}\right) + \dot{m}'''_A \tag{3.30}$$

稳态流动情况下，有 $\partial(\rho Y_A)/\partial t = 0$，则

$$\dot{m}_A''' - \frac{d}{dx}\left(Y_A \dot{m}'' - \rho \, \mathcal{D}_{AB}\frac{dY_A}{dx}\right) = 0 \tag{3.31}$$

式（3.31）是稳态的、双组分气体混合物组分守恒的一维形式，且假设组分扩散仅由于浓度梯度所引起，即只考虑普通扩散。对于多维情形，其通用式为

$$\underbrace{\dot{m}_A'''}_{\text{单位体积内化学反应引起的组分A的净生成率}} - \underbrace{\nabla \cdot \dot{m}_A''}_{\text{单位体积组分A的净流出率}} = 0 \tag{3.32}$$

第7章将应用式（3.31）和式（3.32）对反应系统建立能量守恒原理。同时还将提出传质的更细致的处理方法，将目前的推导扩展到多组分（非双组分）混合物，并包括热扩散。

3.3　传质的应用实例

3.3.1　斯蒂芬问题

如图3.4所示，考虑液体A，在玻璃圆筒内保持一个固定的高度。气体A和气体B的混合物流过圆筒的顶部。如果混合物中A的浓度低于液体-蒸发表面上A的浓度，就存在传质驱动力，则组分A会从液-气界面向圆筒的开口端扩散。如果假设处于稳态（也就是说，液体以一定的速度补充以保持液面不变，或者界面下降的速度很慢以致它的移动可以忽略），且假设B在液体A中不可溶，则在管内液体中不存在B的净输运，圆柱中就产生了一个B的滞止层。

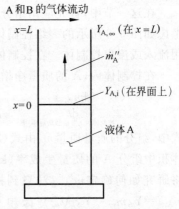

这一系统的总的质量守恒可以表达为

$$\dot{m}'''(x) = 常数 = \dot{m}_A'' + \dot{m}_B'' \tag{3.33}$$

由于 $\dot{m}_B'' = 0$，则

$$\dot{m}_A'' = \dot{m}''(x) = 常数 \tag{3.34}$$

式（3.1）就变为

$$\dot{m}_A'' = Y_A \dot{m}_A'' - \rho \, \mathcal{D}_{AB}\frac{dY_A}{dx} \tag{3.35}$$

图3.4　斯蒂芬（Stefan）问题：组分A的蒸气通过组分B的滞止区进行扩散。

整理并分离变量，有

$$-\frac{\dot{m}_A''}{\rho \, \mathcal{D}_{AB}}dx = \frac{dY_A}{1 - Y_A} \tag{3.36}$$

假设乘积 $\rho \, \mathcal{D}_{AB}$ 是常数，式（3.36）可以进行积分，得

$$-\frac{\dot{m}_A''}{\rho \, \mathcal{D}_{AB}}x = -\ln(1 - Y_A) + C \tag{3.37}$$

式中，C 是积分常数。从边界条件

$$Y_A(x = 0) = Y_{A,i} \tag{3.38}$$

消去 C,用幂消去对数项,得到质量分数的分布为

$$Y_A(x) = 1 - (1 - Y_{A,i}) \exp\left(\frac{\dot{m}''_A x}{\rho \, \mathcal{D}_{AB}}\right) \tag{3.39}$$

上式中,令 $Y_A(x=L) = Y_{A,\infty}$,就得到 A 的质量通量 $\dot{m}''_A$,有

$$\dot{m}''_A = \frac{\rho \, \mathcal{D}_{AB}}{L} \ln\left(\frac{1 - Y_{A,\infty}}{1 - Y_{A,i}}\right) \tag{3.40}$$

从式(3.40)可以看出,质量通量与密度 ρ 和质量扩散系数 $\mathcal{D}_{AB}$ 的乘积成正比,与长度 L 成反比。扩散系数越大,产生的质量通量也越大。

为了解界面处和管上端口处的浓度影响,可以令在自由流中 A 的质量分数为零,同时从 0~1 之间任意改变界面处的质量分数 $Y_{A,i}$。物理上讲,这可以看成是用干的氮气吹过管出口的试验,通过改变温度,可以改变控制液体的分压,从而控制界面上的质量分数。表 3.1 表明,在 $Y_{A,i}$ 很小时,无量纲质量通量基本上与 $Y_{A,i}$ 成正比。当 $Y_{A,i} > 0.5$ 后,质量通量增加非常快。

表 3.1 界面质量分数对质量通量的影响

$Y_{A,i}$	$\dot{m}''_A/(\rho\,\mathcal{D}_{AB}/L)$	$Y_{A,i}$	$\dot{m}''_A/(\rho\,\mathcal{D}_{AB}/L)$
0	0		
0.05	0.0513	0.50	0.6931
0.10	0.1054	0.90	2.303
0.20	0.2231	0.999	6.908

3.3.2 液-气界面的边界条件

在上面的例子中,将液-气界面上的气体质量分数 $Y_{A,i}$ 作为一个已知数。方法之一是直接测量质量分数,这不太可能。必须找到某个方法来计算或估计这一数值。可以通过假设组分 A 在界面上气液处于平衡来实现。采用这一平衡假设,同时假设气体为理想气体,则在界面的气侧,组分 A 的分压必然等于相应液体温度下的饱和分压,即

$$P_{A,i} = P_{sat}(T_{liq,i}) \tag{3.41}$$

分压 $P_{A,i}$ 可以与组分 A 的摩尔分数 $\chi_{A,i} = P_{sat}/P$ 和质量分数 $Y_{A,i}$ 相关联,有

$$Y_{A,i} = \frac{P_{sat}(T_{liq,i})}{P} \frac{MW_A}{MW_{mix,i}} \tag{3.42}$$

式中,混合物的摩尔质量也与 $\chi_{A,i}$ 相关,也就相应与 P_{sat} 相关联。

上述分析将求界面上的蒸气质量分数转化为求界面温度。在某些情况下,界面温度为给定或已知,但一般来说,界面温度可以通过写出液体和气体的能量平衡方程,给出合适的边界条件(包括界面的边界条件)来获得。下面就来建立这一边界条件,而后再来讨论气相和液相的能量平衡问题。

在液-气界面上，维持温度的连续性，则

$$T_{\text{liq},i}(x = 0^-) = T_{\text{vap},i}(x = 0^+) = T(0) \qquad (3.43)$$

且，如图 3.5 所示，在界面上的能量守恒。气相传给液相表面的热为 $\dot{Q}_{\text{g}-\text{i}}$。其中一部分能量来加热液体，这部分热计为 $\dot{Q}_{\text{i}-l}$，剩余的部分用于引起相变。能量平衡就可以表示为

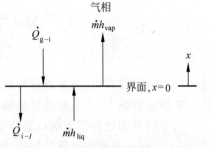

图 3.5 蒸发液体表面的能量平衡。

$$\dot{Q}_{\text{g}-\text{i}} - \dot{Q}_{\text{i}-l} = \dot{m}(h_{\text{vap}} - h_{\text{liq}}) = \dot{m}h_{\text{fg}} \qquad (3.44)$$

或

$$\dot{Q}_{\text{net}} = \dot{m}h_{\text{fg}} \qquad (3.45)$$

式(3.45)可用来计算在已知蒸发速率 $\dot{m}$ 的情况下向界面的净传热量。相反地，如果已知 $\dot{Q}_{\text{net}}$，可求得蒸发速率。

【例 3.1】 298K 的液态苯(C_6H_6)，装在直径为 1cm 的玻璃管中，且高度始终保持低于管口 10cm，管口与大气相连。已知苯的物性为：

$$T_{\text{boil}} = 353\text{K} @1\text{atm}, \quad h_{\text{fg}} = 393\text{kJ/kg} @T_{\text{boil}}, \quad \text{MW} = 78.108\text{kg/kmol},$$

$$\rho_l = 879\text{kg/m}^3, \quad D_{C_6H_6-\text{air}} = 0.88 \times 10^{-5}\text{m}^2/\text{s} @298\text{K}$$

(1) 求苯的质量蒸发速率(kg/s)。

(2) 蒸发 1cm^3 的苯需要多长时间？

(3) 比较苯和水的蒸发速率(设 $\mathcal{D}_{H_2O-\text{air}} = 2.6 \times 10^{-5}\text{m}^2/\text{s}$)。

解 (1) 求 $\dot{m}_{C_6H_6}$

由于所给工况属于斯蒂芬问题，所以引用式(3.40)，即

$$\dot{m}''_{C_6H_6} = \frac{\bar{\rho}\,\mathcal{D}_{C_6H_6-\text{air}}}{L} \ln\left(\frac{1 - Y_{C_6H_6,\infty}}{1 - Y_{C_6H_6,i}}\right)$$

式中，$\mathcal{D}$，L 和 $Y_{C_6H_6,\infty}(=0)$ 均已知；需要求界面上苯的质量分数 $Y_{C_6H_6,i}$ 及合理的平均密度 $\bar{\rho}$。

从式(3.42)，得

$$Y_{C_6H_6,i} = \chi_{C_6H_6,i} \frac{\text{MW}_{C_6H_6}}{\text{MW}_{\text{mix},i}}$$

式中

$$\chi_{C_6H_6,i} = \frac{P_{\text{sat}}(T_{\text{liq},i})}{P}$$

利用 Clausius-Clapeyron 方程式(2.19)

$$\frac{\text{d}P}{P} = \frac{h_{\text{fg}}}{R_u/\text{MW}_{C_6H_6}} \frac{\text{d}T}{T^2}$$

从参考态($P=1\text{atm}$，$T=T_{\text{boil}}=353\text{K}$)到 298K 的状态进行积分，可以求出 P_{sat}/P，即

$$\frac{P_{sat}}{P(=1atm)} = \exp\left[-\frac{h_{fg}}{R_u/MW_{C_6H_6}}\left(\frac{1}{T}-\frac{1}{T_{boil}}\right)\right]$$

代入数值解得

$$\frac{P_{sat}}{P(=1atm)} = \exp\left[-\frac{-393\,000}{8315/78.108}\times\left(\frac{1}{298}-\frac{1}{353}\right)\right] = \exp(-1.93) = 0.145$$

所以，$P_{sat}=0.145atm$，即 $\chi_{C_6H_6}=0.145$。界面上的混合物摩尔质量为

$$MW_{mix,i} = 0.145\times78.108+(1-0.145)\times28.85 = 35.99(kg/kmol)$$

其中，采用了简化空气的组分。界面处苯的质量分数为

$$Y_{C_6H_6,i} = 0.145\times\frac{78.108}{35.99} = 0.3147$$

在等温、等压条件下，可以用理想气体方程和平均混合摩尔质量来估计管内气体的平均密度为

$$\bar{\rho} = \frac{P}{(R_u/\overline{MW})T}$$

式中

$$\overline{MW} = \frac{1}{2}(MW_{mix,i}+MW_{mix,\infty}) = \frac{1}{2}\times(35.99+28.85) = 32.42$$

就有

$$\bar{\rho} = \frac{101\,325}{\left(\dfrac{8315}{32.42}\right)\times298} = 1.326(kg/m^3)$$

可计算苯的质量通量(式(3.40))为

$$\dot{m}''_{C_6H_6} = \frac{1.326\times(0.88\times10^{-5})}{0.1}\ln\left(\frac{1-0}{1-0.3147}\right)$$

$$= 1.167\times10^{-4}\ln 1.459$$

$$= 1.167\times10^{-4}\times0.378 = 4.409\times10^{-5}(kg/(s\cdot m^2))$$

及

$$\dot{m}_{C_6H_6} = \dot{m}''_{C_6H_6}\frac{\pi D^2}{4} = 4.409\times10^{-5}\times\frac{\pi\times0.01^2}{4} = 3.46\times10^{-9}kg/s$$

(2) 求蒸发 $1cm^3$ 的苯所需要的时间

由于苯的液位维持不变，在蒸发过程中，质量通量也是常数，即

$$t = \frac{m_{evap}}{\dot{m}_{C_6H_6}} = \frac{\rho_{liq}V}{\dot{m}_{C_6H_6}}$$

$$t = \frac{879(kg/m^3)\times1\times10^{-6}(m^3)}{3.46\times10^{-9}(kg/s)} = 2.54\times10^5 s \quad 或 \quad 70.6h$$

(3) 求 $\dot{m}_{C_6H_6}/\dot{m}_{H_2O}$

同理可求 $\dot{m}_{H_2O}$。298K 下的 P_{sat} 可通过查蒸气表[7]求得，而不必用 Clausius-Clapeyron

求近似解。

查表得

$$P_{sat}(298K) = 3.169kPa$$

有

$$\chi_{H_2O,i} = \frac{3169}{101\,325} = 0.031\,28$$

及

$$MW_{mix,i} = 0.031\,28 \times 18.016 + (1 - 0.031\,28) \times 28.85 = 28.51$$

就有

$$Y_{H_2O,i} = \chi_{H_2O,i} \frac{MW_{H_2O}}{MW_{mix,i}} = 0.031\,28 \times \frac{18.016}{28.51} = 0.019\,77$$

管内的平均摩尔质量和平均密度为

$$\overline{MW} = \frac{1}{2} \times (28.51 + 28.85) = 28.68$$

$$\bar{\rho} = \frac{101\,325}{\left(\frac{8315}{28.68}\right) \times 298} = 1.173(kg/m^3)$$

其中，假设管外为干空气。

蒸发质量通量为

$$\dot{m}''_{H_2O} = \frac{1.173 \times (2.6 \times 10^{-5})}{0.1} \ln\left(\frac{1-0}{1-0.019\,77}\right)$$

$$= 3.050 \times 10^{-4} \ln 1.020$$

$$= 3.050 \times 10^{-4} \times 0.019\,97 = 6.09 \times 10^{-6} kg/(s \cdot m^2)$$

则有

$$\frac{\dot{m}_{C_6H_6}}{\dot{m}_{H_2O}} = \frac{4.409 \times 10^{-5}}{6.09 \times 10^{-6}} = 7.2$$

注：比较(1)和(3)的计算步骤，可以看到，虽然水的扩散系数大，但苯的分压更大，超过了扩散系数的影响，这使得苯的蒸发速度要比水的蒸发速度高 7 倍。

3.3.3 液滴蒸发

单个液滴在静止的环境中的蒸发问题是在球对称坐标系中的斯蒂芬问题。对液滴蒸发的处理方法将为传质的概念应用于实际问题提供示例。在第 10 章中将更详细地研究液滴蒸发与燃烧的问题。在此通过引入蒸发常数和液滴寿命的概念来为第 10 章的推导作准备。

如图 3.6 所示定义了球对称坐标系。半径 r 是唯一的坐标变量，其原点在液滴中心，在液-气面上的半径用 r_s 来表示。在远离液滴表面处($r \to \infty$)，液滴蒸气的质量分数为 $Y_{F,\infty}$。

从物理上讲，周围环境的传热提供了液体蒸发需要的能量，蒸气随后从液滴的表面向周

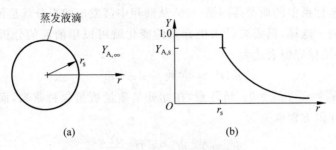

图 3.6　静止环境中的液滴蒸发。

围的气体中扩散。质量的损失引起液滴半径随时间缩小并最终全部蒸发完毕($r_s = 0$)。要解决的问题是确定在任意时刻表面的蒸气质量流量,从而可以进一步计算出液滴半径随时间的变化规律及液滴的寿命。

为在数学上全面描述这个过程,需要用到下述守恒定律:

(1) 液滴:质量守恒、能量守恒。

(2) 液滴蒸气/周围气体的混合物($r_s < r < \infty$):总的质量守恒、液滴蒸气(组分)守恒和能量守恒。

这样,对于这一全面的描述,需要至少 5 个方程。一般地,这些方程基于不同的简化条件,可能是常微分方程或偏微分方程。

1. 假设

对目前的简化处理,采用与在一维笛卡儿坐标系中相同的假设,大大减少了未知量的数目,因此可以减少方程的数目。

(1) 蒸发过程是准稳态的。这意味着在任何时刻,过程都处于稳定状态。这一假设可以避免建立偏微分方程。

(2) 液滴的温度均一,进而假设温度为低于液体的沸点的某一定值。在许多问题中,液滴的瞬态加热过程对液滴的寿命没有很大的影响。液滴表面的温度取决于向液滴的传热速率。这样,固定温度的假设就可以不用求解液滴周围气相和液滴本身的能量守恒方程了。正如在第 10 章中将分析到的,传热常常控制着整个液滴的蒸发。

(3) 液滴表面蒸气的质量分数由液滴温度下的液体-蒸气平衡确定。

(4) 假设所有的热物理参数——特别是 $\rho \mathcal{D}$ 乘积——是常数。尽管事实上液滴表面的气体向周围远处移动时物性有很大的变化,常物性的假设可产生一个简单的封闭解(解析解)。

2. 蒸发速率

有了上面的假设,可以写出液滴蒸气组分守恒方程和液滴质量守恒方程,并求出质量蒸发率 $\dot{m}$ 和液滴半径 $r_s(t)$。从组分守恒可以求出蒸发率 $\dot{m}$,已知了 $\dot{m}(t)$,就很容易求出液滴尺寸随时间的变化函数。

与在笛卡儿坐标系中的斯蒂芬问题一样,从液相中蒸发出的组分就是传输的组分,而周围的流体是静止的。这样,只需要计入坐标系的变化就可以用前面的分析了(式(3.33)~式(3.35))。总的质量守恒表达为

$$\dot{m}(r) = \text{常数} = 4\pi r^2 \dot{m}'' \tag{3.46}$$

式中,$\dot{m}'' = \dot{m}''_A + \dot{m}''_B = \dot{m}''_A, \dot{m}''_B = 0$。请注意,在此处是质量流量保持常数,而不是质量通量。液滴蒸气的组分守恒方程就变为

$$\dot{m}''_A = Y_A \dot{m}'' - \rho \mathcal{D}_{AB} \frac{dY_A}{dr} \tag{3.47}$$

将式(3.46)代入式(3.47),整理并解出蒸发速率 $\dot{m}(=\dot{m}_A)$,就有

$$\dot{m} = -4\pi r^2 \frac{\rho \mathcal{D}_{AB}}{1 - Y_A} \frac{dY_A}{dr} \tag{3.48}$$

对式(3.48)积分,并应用在液滴表面上蒸气的质量分数为 $Y_{A,s}$ 的边界条件,即

$$Y_A(r = r_s) = Y_{A,s} \tag{3.49}$$

就有

$$Y_A(r) = 1 - \frac{(1 - Y_{A,s}) \exp[-\dot{m}/(4\pi\rho \mathcal{D}_{AB}r)]}{\exp[-\dot{m}/(4\pi\rho \mathcal{D}_{AB}r_s)]} \tag{3.50}$$

根据式(3.50),在 $r \to \infty$ 时,令 $Y_A = Y_{A,\infty}$,可解出蒸发速率 $\dot{m}$ 为

$$\dot{m} = 4\pi r_s \rho \mathcal{D}_{AB} \ln\left(\frac{1 - Y_{A,\infty}}{1 - Y_{A,s}}\right) \tag{3.51}$$

这一结果(式(3.51))与笛卡儿问题的式(3.40)类似。

为了更方便地看出液滴表面的蒸气质量分数 $Y_{A,s}$ 及远离表面的 $Y_{A,\infty}$ 是如何影响蒸发速率的,用式(3.51)中的对数项来定义无量纲的**传质数** B_Y,即

$$1 + B_Y \equiv \frac{1 - Y_{A,\infty}}{1 - Y_{A,s}} \tag{3.52a}$$

或

$$B_Y = \frac{Y_{A,s} - Y_{A,\infty}}{1 - Y_{A,s}} \tag{3.52b}$$

采用传质数 B_Y,蒸发速率可以表达为

$$\dot{m} = 4\pi r_s \rho \mathcal{D}_{AB} \ln(1 + B_Y) \tag{3.53}$$

这一结果表明,当传质数为零时,蒸发速率为零。相应地,当传质数增加时,蒸发速率也增加。由于传质数定义中质量分数差 $Y_{A,s} - Y_{A,\infty}$,所以 B_Y 的物理意义可以解释为传质的"驱动势"。

3. 液滴质量守恒

写出液滴质量的减少速率等于液体蒸发速率的质量平衡,就可以得到液滴半径(或直径)随时间的变化规律为

$$\frac{\mathrm{d}m_\mathrm{d}}{\mathrm{d}t} = -\dot{m} \tag{3.54}$$

式中，液滴的质量由下式给定

$$m_\mathrm{d} = \rho_l V = \rho_l \pi D^3 / 6 \tag{3.55}$$

式中，V 和 $D(=2r_\mathrm{s})$ 分别是液滴体积和直径。

将式(3.55)和式(3.53)代入到式(3.54)，并微分整理有

$$\frac{\mathrm{d}D}{\mathrm{d}t} = -\frac{4\rho \mathcal{D}_{AB}}{\rho_l D} \ln(1 + B_Y) \tag{3.56}$$

在燃烧学的文献中，式(3.56)常表示为 D^2 的方式，其形式为

$$\frac{\mathrm{d}D^2}{\mathrm{d}t} = -\frac{8\rho \mathcal{D}_{AB}}{\rho_l} \ln(1 + B_Y) \tag{3.57}$$

式(3.57)表明，直径平方的时间导数是一个常数；因此，D^2 随时间 t 呈线性变化，其斜率为 $-(8\rho \mathcal{D}_{AB}/\rho_l)\ln(1+B_Y)$，如图 3.7(a)所示。这一斜率定义为**蒸发常数 K**，即

$$K = \frac{8\rho \mathcal{D}_{AB}}{\rho_l} \ln(1 + B_Y) \tag{3.58}$$

可以用式(3.57)(或式(3.56))计算出液滴完全蒸发所需要的时间，即从初始的尺寸求得液滴的寿命 t_d，由于

$$\int_{D_0^2}^{0} \mathrm{d}D^2 = -\int_0^{t_\mathrm{d}} K \mathrm{d}t \tag{3.59}$$

就有

$$t_\mathrm{d} = D_0^2 / K \tag{3.60}$$

改变式(3.59)的积分上限，就得到一个表示 D 随时间 t 变化的一般关系式

$$D^2(t) = D_0^2 - Kt \tag{3.61}$$

式(3.61)称为液滴蒸发的 D^2 定律。如图 3.7(b)所示的实验数据表明，在初始短暂的时间后，液滴的蒸发都符合 **D^2 定律**。D^2 定律也被用来描述燃料液滴的燃烧，这在第 10 章中将详细讨论。

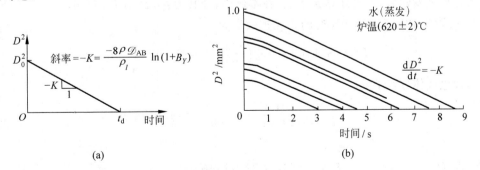

图 3.7 液滴蒸发的 D^2 定律。(a)简化分析；(b)文献[8]中水滴蒸发的实验数据，$T_\infty = 620℃$。

【例 3.2】 一燃料液滴,蒸发受质量扩散控制,其表面温度是一个重要的参数。一个正十二烷液滴,直径为 $100\mu m$,在干燥的氮气中蒸发,氮气压力为 1atm,液滴温度比其沸点低 10K,试求其寿命。再令温度降低 10K(低于沸点 20K),重新计算,比较结果。为了简化,设两个工况下平均气体密度等于氮气在平均温度为 800K 时的密度。用同样的温度来估计燃料蒸气的扩散率。液态十二烷的密度为 $749kg/m^3$。

已知:正十二烷液滴 $D=100\mu m$, $P=1atm$, $\rho_l=749kg/m^3$, $T_s=T_{boil}-10$(或 20), $\rho=\rho_{N_2}@\overline{T}=800K$。

求:液滴寿命 t_d。

解 首先通过式(3.58)计算出蒸发速度常数 K,然后用式(3.60)计算液滴的寿命。物性参数的计算对解题过程很重要。

需要的物性参数包括:

$$T_{boil}=216.3℃+273.15=489.5K(见表 B.1)$$

$$h_{fg}=256kJ/kg(见表 B.1)$$

$$MW_A=170.337$$

$$\mathcal{D}_{AB}=8.1\times10^{-6}m^2/s@399K(见表 D.1)$$

先计算 B_Y,需先求液滴表面处的燃料质量分数。类似于例 3.1,对 Clausius-Clapeyron 方程积分,计算液滴在给定温度下的饱和蒸气压。因为 $T=T_{boil}-10(=479.5K)$,有

$$\frac{P_{sat}}{P(=1atm)}=\exp\left[\frac{-256\,000}{8315/170.337}\times\left(\frac{1}{479.5}-\frac{1}{489.5}\right)\right]=0.7998$$

所以, $P_{sat}=0.7998atm$, $\chi_A(\chi_{C_{12}H_{26}})=0.7998$。用式(2.11)来计算表面的燃料质量分数为

$$Y_{A,s}=0.7998\times\frac{170.337}{0.7998\times170.337+(1-0.7998)\times28.014}=0.9605$$

从而计算出传质数 B_Y(式(3.52b))为

$$B_Y=\frac{Y_{A,s}-Y_{A,\infty}}{1-Y_{A,s}}=\frac{0.9605-0}{1-0.9605}=24.32$$

为计算蒸发常数,需先计算 $\rho\mathcal{D}_{AB}$。在本题中,令其为 $\overline{\rho}_{N_2}\mathcal{D}_{AB}(\overline{T}=800K)$。

利用式(3.18b)求出 800K 时的二元扩散率为

$$\mathcal{D}_{AB}(\overline{T})=8.1\times10^{-6}\times\left(\frac{800}{399}\right)^{3/2}=23.0\times10^{-6}m^2/s$$

用理想气体方程求 $\overline{\rho}_{N_2}$

$$\overline{\rho}_{N_2}=\frac{101\,325}{(8315/28.014)\times800}=0.4267kg/m^3$$

则

$$K=\frac{8\overline{\rho}\,\mathcal{D}_{AB}}{\rho_l}\ln(1+B_Y)=\frac{8\times0.4267\times23.0\times10^{-6}}{749}\ln(1+24.32)=3.39\times10^{-7}m^2/s$$

及液滴的寿命为

$$t_d = D^2/K = \frac{(100 \times 10^{-6})^2}{3.39 \times 10^{-7}}$$

$$t_d = 0.030\text{s}$$

对 $T = T_{boil} - 20 = 469.5\text{K}$，再代入计算，比较两次计算的结果如表 3.2 所示。

表 3.2

$\Delta T/\text{K}$	T/K	P_{sat}/atm	Y_s	B_Y	$K/(\text{m}^2/\text{s})$	t_d/s
10	479.5	0.7998	0.9605	24.32	3.39×10^{-7}	0.030
20	469.5	0.6336	0.9132	10.52	2.56×10^{-7}	0.039

表 3.2 表明液滴表面温度如果变化 2%，液滴寿命就会相应地变化 30%。温度的影响都集中在参数 B_Y 上，当 $Y_{A,s}$ 比较大时，分母 $1-Y_{A,s}$ 受温度的影响很明显。

注：高温下燃料液滴的蒸发对很多实际装置有重要意义，尤其是燃气轮机和柴油发动机。在这些装置中，当燃料液滴被射入到高温的压缩空气或正在燃烧的区域时，液滴就会开始蒸发。在同样使用燃料喷射的火花点火发动机中，入口系统的温度一般更接近于环境水平，且压力为负压。在多数情况下，强迫对流对蒸发影响很大。这些影响将在第 10 章的液滴燃烧中详细讨论。

3.4 小结

本章引入了质量扩散或质量传递的概念。在双组分的混合物中，组分的质量传递由菲克定律决定。引入了一个新的输运系数——质量扩散系数——表示组分扩散通量与组分浓度梯度的比例，它与动量传递和热量传递中的动力黏度和热导率类似。读者应熟练掌握菲克定律的物理意义，并能将其应用到简单的双组分系统中。用一个简单的双组分扩散的例子对斯蒂芬问题进行了推导与求解。这一例子应用总质量守恒方程和组分质量守恒方程来求解单个组分在另一静止组分中扩散的问题。采用合适的边界条件，可以解出液体的蒸发速率。对于液滴的球对称蒸发问题，也可以采用类似的分析方法。一方面要在物理上理解这一现象，同时应熟悉如何计算液滴的蒸发速率和液滴的寿命。

3.5 符号表

a	式(3.10d)确定的参数
A	面积，m^2
B_Y	无量纲的传质数或 Spalding 数，式(3.52)
c	(物质的量)浓度，kmol/m^3

D	直径，m
$\mathcal{D}_{AB}$	二元扩散率或扩散系数，m²/s
h	焓，J/kg
h_{fg}	汽化潜热，J/kg
k	导热系数，W/(m·K)
k_B	玻耳兹曼常数，J/K
k_e	动能，J
K	蒸发常数，m²/s，式(3.58)
L	管高，m
m	质量，kg
$\dot{m}$	质量流量，kg/s
$\dot{m}''$	质量通量，kg/(s·m²)
MW	摩尔质量，kg/kmol
n	分子数
N	物质的量，mol
$\dot{N}$	摩尔流率，kmol/s
$\dot{N}''$	摩尔通量，kmol/(s·m²)
P	压力，Pa
$\dot{Q}$	传热量，W
$\dot{Q}''$	热流或热量通量，W/m²
r	半径，m
R_u	通用气体常数
t	时间，s
T	温度，K
$\bar{v}$	分子平均速度，m/s
V	体积，m³
x	笛卡儿坐标，m
y	笛卡儿坐标，m
Y	质量分数
Z''	单位面积的分子碰撞频率，次/(m²·s)

希腊符号

λ	平均分子自由程，m
ρ	密度，kg/m³
σ	分子直径，m
χ	摩尔分数

下标

A	A 组分
B	B 组分
boil	沸点
cv	控制体
d	液滴
diff	扩散
evap	蒸发
g	气体
i	界面
l, liq	液体
mix	混合物
s	表面
sat	饱和
tot	总体
vap	蒸气
∞	自由流体或远离表面

3.6 参考文献

1. Bird, R. B., Stewart, W. E., and Lightfoot, E. N., *Transport Phenomena,* John Wiley & Sons, New York, 1960.

2. Thomas, L. C., *Heat Transfer–Mass Transfer Supplement,* Prentice-Hall, Englewood Cliffs, NJ, 1991.

3. Williams, F. A., *Combustion Theory,* 2nd Ed., Addison-Wesley, Redwood City, CA, 1985.

4. Kuo, K. K., *Principles of Combustion,* 2nd Ed., John Wiley & Sons, Hoboken, NJ, 2005.

5. Pierce, F. J., *Microscopic Thermodynamics,* International, Scranton, PA, 1968.

6. Daniels, F., and Alberty, R. A., *Physical Chemistry,* 4th Ed., John Wiley & Sons, New York, 1975.

7. Irvine, T. F., Jr., and Hartnett, J. P. (eds.), *Steam and Air Tables in SI Units,* Hemisphere, Washington, 1976.

8. Nishiwaki, N., "Kinetics of Liquid Combustion Processes: Evaporation and Ignition Lag of Fuel Droplets," *Fifth Symposium (International) on Combustion,* Reinhold, New York, pp. 148–158, 1955.

3.7 复习题

1. 列出第 3 章中所有的黑体字。理解各自的意义。

2. 设物性参数为常数，改写式(3.4)，使傅里叶定律中的比例常数为热扩散率：$\alpha = k/\rho c_p$ 而非原来的 k。请问，现在公式中出现了哪个变量的梯度（或空间导数）？

3. 不参考课本上的推导，从图 3.3 出发，试推导组分守恒方程式(3.30)。

4. 试用文字来描述斯蒂芬问题的特点。

5. 请问，液滴的蒸发与斯蒂芬问题如何相似？

6. 如果液体 A 没有热量输入（见图 3.4），液体 A 的温度会如何变化？能否用一个简单的能量守恒方程来证明你的结论？

7. 定义传质数 B_Y，用于式(3.40)。设流动面积为 A，用流体物性、几何参数和 B_Y 表示 $\dot{m}$。比较你的结果与式(3.53)的结果，并加以讨论。

8. 根据图 3.4，如果在自由流中有组分 A 存在，会怎样影响蒸发速率？为什么？

9. 在任一瞬时，一蒸发液滴表面外的质量平均速度随距离是如何变化的？

10. "准稳态"是什么意思？

11. 根据式(3.53)和式(3.54)，试推导出液滴蒸发的"D^2 定律"。

3.8 习题

3.1　400K 和 1atm 下，氧气(O_2)和氮气(N_2)等物质的量混合物。计算混合物的密度 ρ 和混合物的物质的量浓度 c。

3.2　计算习题 3.1 所述的混合物中氧气和氮气的质量分数。

3.3　利用附录 D，计算 400K，3.5atm 下正辛烷在空气中的二元扩散系数，并比较 $\mathcal{D}_{ref}/\mathcal{D}(T=400K, P=3.5atm)$ 和 $(\rho \mathcal{D})_{ref}/\rho \mathcal{D}(T=400K, P=3.5atm)$。

3.4　式(3.18a)成立的条件是分子 A 和 B 有相等的质量和尺寸。文献[1]中指出，当 $m_A \neq m_B$，$\sigma_A \neq \sigma_B$ 时，式(3.18a)可以通过下列变换推广使用

$$m = \frac{m_A m_B}{(m_A + m_B)/2}, \quad \sigma = \frac{1}{2}(\sigma_A + \sigma_B)$$

据此，求 273K 时氧气在氮气中的二元扩散系数，已知：$\sigma_{O_2} = 3.467\text{Å}$，$\sigma_{N_2} = 3.798\text{Å}$。将计算值与手册值 $1.8 \times 10^{-5} \text{m}^2/\text{s}$ 比较。是否有较好的一致性？为什么？注：计算单分子质量时需要用到阿伏伽德罗常数 6.022×10^{26} 个/kmol。

3.5　一个量筒，直径为 50mm，装有液态的正己烷。气-液界面距量筒出口 20cm。稳态正己烷的蒸发速率为 $8.2 \times 10^{-8} \text{kg/s}$，正己烷在气-液界面上的质量分数为 0.482。正己烷在空气中的扩散率为 $8.0 \times 10^{-4} \text{m}^2/\text{s}$。

(1) 求正己烷蒸气的质量通量,给出单位。

(2) 求气-液界面上正己烷蒸气的宏观整体通量。

(3) 求气-液界面上正己烷蒸气的扩散通量。

3.6　一个直径为 25mm 的试管中装有水,在 1atm 的压力下,水蒸发进入干空气中。已知气-水界面距试管口 $L=15cm$,且界面上水蒸气的质量分数为 0.0235,水蒸气相对空气的二元扩散率为 $2.6 \times 10^{-5} m^2/s$。

(1) 求水的质量蒸发速率。

(2) 求 $x=L/2$ 处水蒸气的质量分数。

(3) 求在 $x=L/2$ 处因整体流动产生的水蒸气质量通量的份额和因扩散产生的水蒸气质量通量的份额。

(4) 重复(3),分别取 $x=0$ 和 $x=L$,图示计算结果并加以讨论。

3.7　界面蒸气质量分数未知,其他条件同习题 3.6。求液态水在 21℃时的质量蒸发速率。设界面处平衡,即 $P_{H_2O}(x=0)=P_{sat}(T)$。管外为干空气。

3.8　设管外空气为 21℃,且相对湿度为 50%,重新做习题 3.6。并求使液态水保持 21℃所需要的传热量。

3.9　直径为 50mm 的量筒内装有液态的正己烷。空气横向吹过量筒口上方。气-液界面与管口的距离为 20cm。设正己烷的扩散率为 $8.8 \times 10^{-6} m^2/s$,液态正己烷的温度为 25℃。求正己烷的蒸发速率。(提示:复习例 3.1 中用到的 Clausius-Clapeyron 方程。)

3.10　一个 1mm 直径的水滴,温度为 75℃,在 500K,1atm 的干空气中蒸发,求其蒸发常数。

3.11　求环境中水蒸气的摩尔分数对水滴寿命的影响。已知,水滴直径为 $50\mu m$,空气压力为 1atm。设水滴的温度为 75℃,空气平均温度为 200℃。取 $\chi_{H_2O,\infty}=0.1,0.2,0.3$。

3.12　本章给出了菲克定律的两个一般式

$$\dot{m}''_A = Y_A(\dot{m}''_A + \dot{m}''_B) - \rho \mathcal{D}_{AB} \nabla Y_A \tag{3.5}$$

$$\dot{N}''_A = \chi_A(\dot{N}''_A + \dot{N}''_B) - c \mathcal{D}_{AB} \nabla \chi_A \tag{3.6}$$

式中 c 为物质的量浓度($=\rho/MW_{mix}$)。

第一个表达式(式(3.5))表示组分 A 的质量通量($kg/(s \cdot m^2)$),第二个表达式是组分 A 的摩尔通量($kmol/(s \cdot m^2)$)的等效表达,两个表达式均以固定的实验室环境为参照系。式(3.5)和式(3.6)的右边第一项,分别为**质量平均速度** V(式(3.5))下和**摩尔平均速率** V^*(式(3.6))下组分 A 的整体输运速率。在流体力学中,习惯用质量平均速率来描述对象。这两个速度都以固定的实验室环境为参照系。与这两个速度有关的关系式如下[1]

$$\dot{m}''_A + \dot{m}''_B = \rho V \tag{I}$$

或

$$\rho Y_A v_A + \rho Y_B v_B = \rho V \tag{II}$$

和

$$\dot{N}''_A + \dot{N}''_B = cV^* \qquad\qquad (\text{III})$$

或

$$c\chi_A v_A + c\chi_B v_B = cV^* \qquad\qquad (\text{IV})$$

式中，v_A 和 v_B 为相对固定坐标系的组分速度。

式(3.5)和式(3.6)右边第二项分别为组分 A 相对于质量平均速率 V(式(3.5))和摩尔平均速率 V^*(式(3.6))的扩散通量。

运用上述关系(式(I)~式(IV))及其他所需关系式，将式(3.6)的一维平面表达式转换为式(3.5)的一维平面表达式。(提示：除了可以用按部就班的方法外，还有一些很巧妙的方法可用。)

3.13 用菲克定律的摩尔通量形式(式(3.6))重新推导简单斯蒂芬问题的解(式(3.40))，边界条件用摩尔分数形式表示。注意：理想气体的物质的量浓度 $c(=P/R_u T)$ 为常数，而密度 ρ 则是混合物摩尔质量的函数。结果用摩尔分数来表示。

3.14 根据习题 3.13 的结果求解例 3.1 的(1)。结果有何不同？哪个更准确？为什么？

化学动力学

4.1　概述

　　学习燃烧,最基本的是理解其内在的化学过程。在许多燃烧过程中,化学反应速率控制着燃烧的速率。对于任一燃烧过程,污染物的形成与消亡都是由化学反应速率决定的。另外,着火与熄火也与化学过程密切相关。**化学动力学**,即对基元反应及其反应速率的研究,是物理化学的一个专门领域。在过去的几十年中,由于化学家们可以定义出从反应物到生成物的详细化学途径,并测定或计算它们相应的化学反应速率,从而使得燃烧研究取得了很大的进展。利用这些知识,燃烧科学家和工程师们就能够构建出计算机模型来模拟反应系统。尽管如此,在复杂流场中预测详细燃烧过程的问题并没有得到解决,也就是说,从最基本的原理出发来同时处理流体力学和化学还是比较困难的。一般而言,流体力学问题本身就要用高性能计算机(参看第 11 章),如果再加上详细的化学过程,求解将不可能实现。

　　本章将引入最基本的化学动力学概念。下一章将描述对于燃烧来说最重要的化学机理。第 6 章将结合燃烧工程师感兴趣的一些化学反应系统,研究如何将化学过程的模型与简单的热力学模型进行结合。

4.2　总包反应与基元反应

　　1mol 的燃料和 $a$mol 的氧化剂反应形成 $b$mol 的燃烧产物的总反应可以用下面的**总包反应机理**来表示

$$\mathrm{F} + a\mathrm{Ox} \longrightarrow b\mathrm{Pr} \qquad (4.1)$$

通过实验测量,反应中燃料消耗的速率可以用下式表示

$$\frac{\mathrm{d}[X_\mathrm{F}]}{\mathrm{d}t} = -k_\mathrm{G}(T)[X_\mathrm{F}]^n[X_\mathrm{Ox}]^m \qquad (4.2)$$

式中,符号 $[X_i]$ 用来表示混合物中第 i 种组分的浓度(SI 单位是 $\mathrm{kmol/m^3}$ 或 CGS 单位是 $\mathrm{mol/cm^3}$)。式(4.2)表明燃料的消耗速率与各反应物浓度的幂次方成正比。这个比例系数 k_G 叫做**总包反应速率常数**,一般来说不是常量,而是温度的高相关函数。负号表示燃料的浓度随时间变化是减小的。指数 n 和 m 分别指的是相应的**反应级数**。式(4.2)表示反应对于燃料

是 n 阶的，对于氧化剂是 m 阶的，对于总反应是 $(n+m)$ 阶的。对于总包反应，n 和 m 不一定是整数，通常通过实验数据的曲线拟合来获得。后面我们会看到，对于基元反应，反应的级数总是为整数。一般地，形如式(4.2)的一个特定的总包反应表达式只在特定的温度和压力范围适用，并且与用于确定反应速率参数的实验装置有关。例如，必须用不同的 $k_G(T)$ 表达式和不同的 n,m 以覆盖较宽的温度范围。

针对某一特定问题用总包反应来表达化学机理通常是一种"黑箱"处理方法。这一方法对于解决某些问题是有用的，但并不能真正地正确理解系统中实际的化学过程。例如，a 个氧化剂分子同时与一个燃料分子碰撞并形成 b 个产物的分子，就需要同时断裂几个键并同时形成多个新键，实际上这是不可能的。事实上，这一过程发生了一系列连续的包含许多**中间组分**的反应。例如，考虑下面的总包反应

$$2H_2 + O_2 \longrightarrow 2H_2O \tag{4.3}$$

要实现这一纯氧和氢形成水的总包反应，以下几个**基元反应**在所有反应机理中最为重要

$$H_2 + O_2 \longrightarrow HO_2 + H \tag{4.4}$$

$$H + O_2 \longrightarrow OH + O \tag{4.5}$$

$$OH + H_2 \longrightarrow H_2O + H \tag{4.6}$$

$$H + O_2 + M \longrightarrow HO_2 + M \tag{4.7}$$

在这一氢燃烧的部分反应机理中，从反应(4.4)看到，当氧分子与氢分子碰撞并反应时，不是形成水，而是形成了一个中间产物过氧羟基 HO_2 和另一自由基氢原子 H。**基团**或**自由基**是指具有反应性的分子或原子，拥有不成对的电子。H_2 和 O_2 形成 HO_2，只有一个键断裂和一个键形成。还可以想到另一种可能性，H_2 和 O_2 反应会形成两个羟基 OH，但这个反应看来是不太可能的，因为这要断裂两个键并形成两个键。从反应(4.4)产生氢原子，与氧反应形成两个新的基团，OH 和 O(反应(4.5))。下一个反应(4.6)中，羟基 OH 和氢分子反应形成水。对于 H_2 和 O_2 燃烧的完全描述，需要考虑 20 个以上的基元反应[1,2]。在第 5 章中将介绍这些反应。为了描述一个总体反应所需要的一组基元反应称为**反应机理**。反应机理可能只包括几个步骤(基元反应)，也可能多达几百个反应。目前一个活跃的研究领域就是如何选择最少量的基元反应来描述一个特定的总包反应。

4.3　基元反应速率

4.3.1　双分子反应和碰撞理论

燃烧过程涉及的大多数基元反应是**双分子反应**，即两个分子碰撞并形成另外两个不同的分子。对任一双分子反应，可以表达为

$$A + B \longrightarrow C + D \tag{4.8}$$

反应(4.4)～反应(4.6)是双分子基元反应的例子。

双分子反应进行的速率直接正比于两种反应物的浓度($kmol/m^3$),即

$$\frac{d[A]}{dt} = -k_{bimolec}[A][B] \tag{4.9}$$

所有的双分子基元反应都是二阶反应,即相应于每一反应物是一阶的。反应速率常数 $k_{bimolec}$ 仍是温度的函数,与总包反应速率常数不同的是,这个系数有其理论基础。$k_{bimolec}$ 的 SI 单位是 $m^3/(kmol \cdot s)$。但许多化学和燃烧的文献中仍在使用 CGS 单位。

采用分子碰撞理论可以对式(4.9)有更深入的理解,并可以解释双分子反应速率常数和温度的关联性。当然用于双分子的碰撞理论还存在很多缺点,然而由于历史原因,这一理论仍十分重要,而且它提供了一种可图释双分子反应的方法。在第 3 章讨论分子输运时,引入了壁面碰撞频率、平均分子速率和平均自由程(式(3.10))的概念。在讨论分子碰撞速率时,这些概念同样重要。我们从一个简单的情况出发来确定一对分子的碰撞频率。考虑一个以恒定的速率 v 运动的直径为 σ 的分子与相同的静止分子碰撞。分子的随机运动途径如图 4.1 所示。如果碰撞之间所走过的路程,即分子平均自由程是大的,那么在时间间隔 Δt 内,这一分子扫过了一个体积为 $v\pi\sigma^2\Delta t$ 的圆柱形。在这个体积范围内,可能发生碰撞。如果静止的分子是随机分布的,其数量密度为 n/V,运动中的分子在单位时间内经历的碰撞数可以表达为

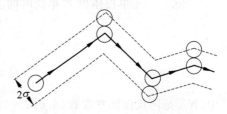

图 4.1　直径为 σ 的分子运动扫出的碰撞体积及可能碰到的分子。

$$Z \equiv 单位时间内的碰撞数 = (n/V)v\pi\sigma^2 \tag{4.10}$$

实际上,气体中所有的分子都在运动。如果假设所有分子的速率符合麦克斯韦分布,对于同一特性的分子的碰撞频率可以给出[2,3]

$$Z_c = \sqrt{2}(n/V)\pi\sigma^2\,\bar{v} \tag{4.11}$$

式中,$\bar{v}$ 是平均速率,其值是温度的函数(式(3.10a))。

式(4.11)仅适用于性质相同的分子。我们把这一分析推广到两种不同分子之间的碰撞过程。这两种分子的硬球直径分别为 σ_A 和 σ_B。碰撞所扫过的体积的直径为 $\sigma_A + \sigma_B = 2\sigma_{AB}$。这样,式(4.11)变为

$$Z_c = \sqrt{2}(n_B/V)\pi\sigma_{AB}^2\,\bar{v}_A \tag{4.12}$$

上式表示单个 A 分子与所有 B 分子碰撞的频率。而我们感兴趣的是所有的 A 和 B 分子的碰撞频率,即单位时间单位体积内的总碰撞数。因此,可以用单个 A 分子碰撞频率与单位体积内的 A 分子数乘积来得到。采用合适的平均分子速率,有

$$Z_{AB}/V = \frac{A 和 B 总的碰撞数}{单位体积 \times 单位时间}$$

$$= (n_A/V)(n_B/V)\pi\sigma_{AB}^2(\bar{v}_A^2 + \bar{v}_B^2)^{1/2} \tag{4.13}$$

以温度来表示[2,3]就有

$$Z_{AB}/V = (n_A/V)(n_B/V)\pi\sigma_{AB}^2\left(\frac{8k_B T}{\pi\mu}\right)^{1/2} \qquad (4.14)$$

式中，k_B＝玻耳兹曼常数＝1.381×10^{-23} J/K；$\mu=\dfrac{m_A m_B}{m_A+m_B}$＝折合质量，其中 m_A 和 m_B 是组分 A 和组分 B 的质量，单位是 kg；T 为热力学温度，单位是 K。

注意到平均速率是将式(3.10a)中的单个分子质量用折合质量 μ 来代替求得的。

将上述理论与反应速率问题联系起来，可以写出

$$-\frac{d[A]}{dt} = \left[\begin{array}{c}\text{A 和 B 碰撞的分子数}\\ \hline \text{单位体积} \times \text{单位时间}\end{array}\right] \times \left[\text{碰撞引起反应的概率}\right] \times \left[\begin{array}{c}\text{A 的物质的量}\\ \hline \text{A 的分子数}\end{array}\right]$$

$$(4.15a)$$

或

$$-\frac{d[A]}{dt} = (Z_{AB}/V)\,\mathcal{P}N_{AV}^{-1} \qquad (4.15b)$$

式中，N_{AV} 是阿伏伽德罗常数（6.022×10^{26} 分子数/kmol）。碰撞是否发生反应的概率可以认为是两个因素影响的结果：一个是能量因子 $\exp(-E_A/R_u T)$，表示能量高于反应所需极限值条件下发生碰撞的比例份额，这个极限值 E_A 叫做**活化能**；另一个因素是几何因素，引入**位阻因子** p，它计入了 A 和 B 之间碰撞的几何因素。例如，在 OH 和 H 形成 H_2O 的反应中，直观地，鉴于产物有 H—O—H 形式的键，可以认为 H 原子碰撞在羟基的 O 一侧比在 H 一侧更容易发生反应。一般地，位阻因子应该远小于 1，当然也有例外。这样，式(4.15b)就变为

$$-\frac{d[A]}{dt} = pN_{AV}\sigma_{AB}^2\left(\frac{8\pi k_B T}{\mu}\right)^{1/2}\exp(-E_A/R_u T)[A][B] \qquad (4.16)$$

式中，采用了 $n_A/V=[A]N_{AV}$ 和 $n_B/V=[B]N_{AV}$ 代入。比较式(4.9)和式(4.16)，可以得到基于碰撞理论的双分子反应常数是

$$k(T) = pN_{AB}\sigma_{AB}^2\left(\frac{8\pi k_B T}{\mu}\right)^{1/2}\exp(-E_A/R_u T) \qquad (4.17)$$

但是，碰撞理论并没有给出确定活化能和位阻因子的方法。通过分子结构的知识来描述键断裂和形成过程的更先进的理论，即活化络合物理论（过渡态理论），就可以从最基本的原理出发计算 $k_{bimolec}$。讨论这样的理论超出了本书的范围，有兴趣的读者可以参考文献[2,3]。

如果研究问题的温度范围不是很大，双分子反应速率常数可以用经验的**阿累尼乌斯形式**（Arrhenius form）来表示，即

$$k(T) = A\exp(-E_A/R_u T) \qquad (4.18)$$

式中，A 是一个常数，称作**指前因子**或**频率因子**。比较式(4.17)和式(4.18)，基于碰撞理论可以看出，严格来讲，A 不是常数，而是与 $T^{1/2}$ 相关。采用 k 的对数与 $1/T$ 的**阿累尼乌斯曲线**来整理实验数据，可以获得活化能的数值，这一曲线的斜率是 $-E_A/R_u$。

尽管用阿累尼乌斯形式来整理实验数据作表的方法很常见,但也常用下面的三参数函数形式来表示

$$k(T) = AT^b \exp(-E_A/R_u T) \tag{4.19}$$

式中,A,b 和 E_A 是三个经验参数。表 4.1 列出了 Warnatz[4] 推荐的 H_2-O_2 系统的三参数的值。

表 4.1 推荐适用的 H_2-O_2 反应速率系数(引自文献[4])

反　　应	A $/((cm^3/mol)^{n-1}/s)$[①]	b	E_A $/(kJ/mol)$	温度范围 $/K$
$H+O_2 \longrightarrow OH+O$	1.2×10^{17}	-0.91	69.1	$300 \sim 2500$
$OH+O \longrightarrow O_2+H$	1.8×10^{13}	0	0	$300 \sim 2500$
$O+H_2 \longrightarrow OH+H$	1.5×10^7	2.0	31.6	$300 \sim 2500$
$OH+H_2 \longrightarrow H_2O+H$	1.5×10^8	1.6	13.8	$300 \sim 2500$
$H+H_2O \longrightarrow OH+H_2$	4.6×10^8	1.6	77.7	$300 \sim 2500$
$O+H_2O \longrightarrow OH+OH$	1.5×10^{10}	1.14	72.2	$300 \sim 2500$
$H+H+M \longrightarrow H_2+M$				
M=Ar(低 P)	6.4×10^{17}	-1.0	0	$300 \sim 5000$
M=H_2(低 P)	0.7×10^{16}	-0.6	0	$100 \sim 5000$
$H_2+M \longrightarrow H+H+M$				
M=Ar(低 P)	2.2×10^{14}	0	402	$2500 \sim 8000$
M=H_2(低 P)	8.8×10^{14}	0	402	$2500 \sim 8000$
$H+OH+M \longrightarrow H_2O+M$				
M=H_2O(低 P)	1.4×10^{23}	-2.0	0	$1000 \sim 3000$
$H_2O+M \longrightarrow H+OH+M$				
M=H_2O(低 P)	1.6×10^{17}	0	478	$2000 \sim 5000$
$O+O+M \longrightarrow O_2+M$				
M=Ar(低 P)	1.0×10^{17}	-1.0	0	$300 \sim 5000$
$O_2+M \longrightarrow O+O+M$				
M=Ar(低 P)	1.2×10^{14}	0	451	$2000 \sim 10\,000$

① n 为反应级数。

【例 4.1】 求下列反应的碰撞理论位阻因子

$$O + H_2 \longrightarrow OH + H$$

温度为 2000K,硬球直径为 $\sigma_O = 3.050$Å,$\sigma_{H_2} = 2.827$Å,实验得到的反应参数见表 4.1。

解　令碰撞理论速率常数(式(4.17))等于三参数经验速率系数(式(4.19))得到

$$k(T) = p N_{AV} \sigma_{AB}^2 \left(\frac{8\pi k_B T}{\mu} \right)^{1/2} \exp(-E_A/R_u T) = AT^b \exp(-E_A/R_u T)$$

其中,设两种表示方法的活化能 E_A 相等。求解位阻因子只需直接解上式,但要注意单位的

统一，解得

$$p = \frac{AT^b}{N_{AV}\left(\dfrac{8\pi k_B T}{\mu}\right)^{1/2}\sigma_{AB}^2}$$

查表 4.1，上述公式中的参数为

$$A = 1.5 \times 10^7\, cm^3/(mol \cdot s)$$

$$b = 2.0$$

$$\sigma_{AB} = (\sigma_O + \sigma_{H_2})/2 = (3.050 + 2.827)/2 = 2.939\mathring{A} = 2.939 \times 10^{-8}\, cm$$

$$m_O = \frac{16g/mol}{6.022 \times 10^{23} \times 1/mol} = 2.66 \times 10^{-23}\, g$$

$$m_{H_2} = \frac{2.008}{6.022 \times 10^{23}} = 0.332 \times 10^{-23}\, g$$

$$\mu = \frac{m_O m_{H_2}}{m_O + m_{H_2}} = \frac{2.66 \times 0.332}{2.66 + 0.332} \times 10^{-23} = 2.95 \times 10^{-24}\, g$$

$$k_B = 1.381 \times 10^{-23}\, J/K = 1.381 \times 10^{-16}\, (g \cdot cm^2)/(s^2 \cdot K)$$

因此

$$p = \frac{1.5 \times 10^7 \times 2000^2}{6.022 \times 10^{23} \times \left(\dfrac{8\pi \times 1.381 \times 10^{-16} \times 2000}{2.95 \times 10^{-24}}\right)^{1/2} \times (2.939 \times 10^{-8})^2} = 0.075$$

单位检验

$$p[=]\frac{cm^3}{mol \cdot s}\frac{1}{\dfrac{1}{mol}\left(\dfrac{g \cdot cm^2}{s^2 \cdot K}\dfrac{K}{g}\right)^{1/2}cm^2} = 1$$

$$p = 0.075(无量纲)$$

注：正如所希望的，最终求得的 p 等于 0.075，比 1 小，值很小说明了简化理论的不足。注意计算用的是 CGS 单位，且计算组分质量时用到的阿伏伽德罗常数也是用单位 g 来表示的。同时，$k(T)$ 中的单位都来自指前因子 A，所以因子 T^b 则为无量纲数。

4.3.2 其他基元反应

单分子反应，顾名思义指包含了单个组分通过重新组合（异构化或离解）以形成一种或两种组分，即

$$A \longrightarrow B \tag{4.20}$$

或

$$A \longrightarrow B + C \tag{4.21}$$

单分子反应的例子包括对于燃烧过程来说十分重要的典型离解反应，如 $O_2 \longrightarrow O + O$，$H_2 \longrightarrow H + H$ 等。

在高压的情况下,单分子反应是一阶的,即反应速率为

$$\frac{\mathrm{d}[A]}{\mathrm{d}t} = -k_{\mathrm{uni}}[A] \tag{4.22}$$

在低压的情况下,反应速率还与任意分子 M 的浓度有关,因为反应的分子可能与其相碰撞。在这种情况下,

$$\frac{\mathrm{d}[A]}{\mathrm{d}t} = -k[A][M] \tag{4.23}$$

解释这一有趣的现象,需要采用一个三步的机理。对此机理,需要探索一些新的概念,所以这里暂时先结束关于单分子反应的讨论。

三分子反应包括三个反应物组分,相应于在低压时单分子反应的逆反应。三分子反应的一般形式是

$$A + B + M \longrightarrow C + M \tag{4.24}$$

在燃烧过程中的像 $H + H + M \longrightarrow H_2 + M$ 和 $H + OH + M \longrightarrow H_2O + M$ 这样的重组反应都是重要的三分子反应的例子。三分子反应是三阶的,其速率可以表示为

$$\frac{\mathrm{d}[A]}{\mathrm{d}t} = -k_{\mathrm{ter}}[A][B][M] \tag{4.25}$$

式中,M 同样是任意分子,通常被称为第三体。当 A 和 B 是同一组分时,如在 $H + H + M$ 中,式(4.25)的右侧必须乘上 2,这是因为在形成 C 的过程中有两个 A 分子消失。在自由基-自由基反应中,第三体的作用是携带走在形成稳定的组分时释放出来的能量。在碰撞的过程中,新形成的分子的内能传递给第三体 M,成为 M 的动能。没有这一能量的传递,新形成的分子将重新离解为组成它的原子。

4.4 多步反应机理的反应速率

4.4.1 净生成率

前几节引入了从反应物到生成物的一系列基元反应的概念,称为反应机理。在知道了如何表达基元反应的速率后,就可以用数学方法表达参与一系列基元反应的某个组分的生成或消耗的净速率。例如,回到 H_2-O_2 反应机理,即以反应(4.4)~反应(4.7)不完全表示的机理,包括正反应和逆反应,在下式中以符号 $\Longleftrightarrow$ 来表示

$$H_2 + O_2 \underset{k_{r1}}{\overset{k_{f1}}{\Longleftrightarrow}} HO_2 + H \tag{R.1}$$

$$H + O_2 \underset{k_{r2}}{\overset{k_{f2}}{\Longleftrightarrow}} OH + O \tag{R.2}$$

$$OH + H_2 \underset{k_{r3}}{\overset{k_{f3}}{\Longleftrightarrow}} H_2O + H \tag{R.3}$$

$$H + O_2 + M \underset{k_{r4}}{\overset{k_{f4}}{\Longleftrightarrow}} HO_2 + M \tag{R.4}$$

$$\vdots$$

式中，k_{fi} 和 k_{ri} 是第 i 个反应中基元的正反应和逆反应的速率常数。因此，对于 O_2 的净生成率，就可以表达成每一个生成 O_2 的基元反应速率的和减去每一个消亡 O_2 的基元反应速率的和，即

$$\begin{aligned}
\frac{d[O_2]}{dt} = {} & k_{r1}[HO_2][H] + k_{r2}[OH][O] \\
& + k_{r4}[HO_2][M] + \cdots \\
& - k_{f1}[H_2][O_2] - k_{f2}[H][O_2] \\
& - k_{f4}[H][O_2][M] - \cdots
\end{aligned} \tag{4.26}$$

对于 H 原子有

$$\begin{aligned}
\frac{d[H]}{dt} = {} & k_{f1}[H_2][O_2] + k_{r2}[OH][O] \\
& + k_{f3}[OH][H_2] + k_{r4}[HO_2][M] + \cdots \\
& - k_{r1}[HO_2][H] - k_{f2}[H][O_2] \\
& - k_{f3}[H_2O][H] - k_{f4}[H][O_2][M] - \cdots
\end{aligned} \tag{4.27}$$

对参与反应的每一个组分建立类似的表达式，就可以得到一组一阶常微分方程，这一组方程用来表达化学系统从给定的初始条件下反应过程的进展，即

$$\frac{d[X_i](t)}{dt} = f_i([X_1](t), [X_2](t), \cdots, [X_n](t)) \tag{4.28a}$$

初始条件为

$$[X_i](0) = [X_i]_0 \tag{4.28b}$$

对于任一特定的系统，式(4.28a)与可能需要的质量、动量或能量的守恒方程及状态方程一起联立，可用计算机来进行数值积分求解。IMSL 的 DGEAR 等软件包[5]可以有效地求解化学系统的**刚性方程组**。刚性方程组是指在系统中存在一个或一个以上的变量变化很快，而其他的变量变化很慢的方程组。这种时间尺度上的不一致在化学系统中是经常发生的，如与包含稳定组分的化学反应相比，包含自由基的反应是非常快速的。对于化学反应系统已专门开发了一些数值方法可供使用[1,6~8]。

4.4.2 净生成率的简洁表达式

由于反应机理可能包括多个基元步骤和多个组分，有必要开发一个同时表示机理（即 R.1~R.4…）和单个组分生成速率方程（即式(4.26)和式(4.27)）的简洁符号表达方法。对于反应机理，表达式可以写为

$$\sum_{j=1}^{N} \nu'_{ji} X_j \Longleftrightarrow \sum_{j=1}^{N} \nu''_{ji} X_j, \quad i = 1, 2, \cdots, L \tag{4.29}$$

式中,ν'_{ji} 和 ν''_{ji} 是对应于 j 组分在 i 个反应中,方程两边反应物和生成物的**化学当量系数**。例如,考虑 4 个反应 R.1~R.4,包括 8 个组分 O_2,H_2,H_2O,HO_2,O,H,OH 和 M。i 和 j 定义如下表所示。

j	组分	i	反应
1	O_2	1	R.1
2	H_2	2	R.2
3	H_2O	3	R.3
4	HO_2	4	R.4
5	O		
6	H		
7	OH		
8	M		

然后,以 j 作为列指数,i 作为行指数,就可以写出化学当量系数的矩阵为

$$\nu'_{ji} = \begin{bmatrix} 1 & 1 & 0 & 0 & 0 & 0 & 0 & 0 \\ 1 & 0 & 0 & 0 & 0 & 1 & 0 & 0 \\ 0 & 1 & 0 & 0 & 0 & 0 & 1 & 0 \\ 1 & 0 & 0 & 0 & 0 & 1 & 0 & 1 \end{bmatrix} \tag{4.30a}$$

和

$$\nu''_{ji} = \begin{bmatrix} 0 & 0 & 0 & 1 & 0 & 1 & 0 & 0 \\ 0 & 0 & 0 & 0 & 1 & 0 & 1 & 0 \\ 0 & 0 & 1 & 0 & 0 & 0 & 1 & 0 \\ 0 & 0 & 0 & 1 & 0 & 0 & 0 & 1 \end{bmatrix} \tag{4.30b}$$

由于基元反应至少包括 3 个反应物,因此当反应中包含的组分数很大时,系数矩阵将总是稀疏的(即零元素多于非零元素)。

下面 3 个关系式简洁地表示了每一个组分在多步机理中的净生成率

$$\dot{\omega}_j = \sum_{i=1}^{L} \nu_{ji} q_i, \quad j = 1, 2, \cdots, N \tag{4.31}$$

式中

$$\nu_{ji} = \nu''_{ji} - \nu'_{ji} \tag{4.32}$$

和

$$q_i = k_{ti} \prod_{j=1}^{N} [X_j]^{\nu'_{ji}} - k_{ri} \prod_{j=1}^{N} [X_j]^{\nu''_{ji}} \tag{4.33}$$

式中,生成率 $\dot{\omega}_j$,与式(4.26)和式(4.27)的左边相对应,对于只由化学反应引起组分浓度变化的系统的完全的反应机理,$\dot{\omega}_j \equiv d[X_j]/dt$;式(4.33)定义了对于 i 个基元反应的**过程变**

化率 q_i；符号 $\prod$ 表示同向反应项的乘积，而 $\sum$ 用来表示项的和。例如，对于反应式（R.1），$q_i(=q_1)$ 表示为

$$q_i = k_{f1}[O_2]^1[H_2]^1[H_2O]^0[HO_2]^0[O]^0[H]^0[OH]^0[M]^0$$
$$- k_{r1}[O_2]^0[H_2]^0[H_2O]^0[HO_2]^1[O]^0[H]^1[OH]^0[M]^0$$
$$= k_{f1}[O_2][H_2] - k_{r1}[HO_2][H] \tag{4.34}$$

对于 $i=2,3,4$ 可以写出相似的表达式，并相加（式（4.31）），不管在第 i 步骤第 j 个组分是生成、消耗还是未参与，都将计入以得到完整的 $\dot{\omega}_j$ 的总速率表达式。第 6 章将说明对于不同的反应系统如何应用这些速率表达式。

式（4.29）和式（4.31）～式（4.34）所表达的简洁表达式对于用计算机来求解化学动力学问题特别有用。CHEMKIN[1]是一个广泛用于解决化学反应动力学问题的通用软件包，是由美国 Sandia(Livermore)国家实验室开发的。

4.4.3　反应速率常数与平衡常数之间的关系

测定基元反应的速率常数是一件很困难的工作，并常常导致结果存在很大的不确定性。经常即使是一个比较可靠的速率常数也有 2 倍之大的差别，而其他速率常数差别就可能高达一个量级甚至更高。而另一方面，基于热力学测量与计算的平衡常数，在许多情况下是非常准确与精确的。如果注意到在平衡条件下，正反应和逆反应的速率是相等的话，就有可能利用精确的热力学数据来解决化学动力学问题。例如，对于任意一个双分子反应，考虑正反应和逆反应

$$A + B \underset{k_r}{\overset{k_f}{\rightleftharpoons}} C + D \tag{4.35}$$

对于组分 A，可以写出

$$\frac{d[A]}{dt} = -k_f[A][B] + k_r[C][D] \tag{4.36}$$

在平衡条件下，$A+B=C+D$，$[A]$ 的时间变化率应该为零，对于组分 B，C 和 D 也是这样。因此，平衡式可以表示如下

$$0 = -k_f[A][B] + k_r[C][D] \tag{4.37}$$

此式整理后得

$$\frac{[C][D]}{[A][B]} = \frac{k_f(T)}{k_r(T)} \tag{4.38}$$

第 2 章定义了任意一个平衡反应基于分压的平衡常数，即

$$K_p = \frac{(P_C/P^0)^c(P_D/P^0)^d \cdots}{(P_A/P^0)^a(P_B/P^0)^b \cdots} \tag{4.39}$$

式中，指数是化学当量系数，即 $\nu_i' = a, b, \cdots$ 和 $\nu_i'' = c, d, \cdots$。由于浓度与摩尔分数和分压之间的关系为

$$[X_i] = \chi_i P/R_u T = P_i/R_u T \tag{4.40}$$

定义基于浓度的平衡常数 K_c。K_c 和 K_p 之间的关系是

$$K_p = K_c (R_u T/P^0)^{c+d+\cdots-a-b-\cdots} \tag{4.41a}$$

或

$$K_p = K_c (R_u T/P^0)^{\sum v'' - \sum v'} \tag{4.41b}$$

式中

$$K_c = \frac{[C]^c [D]^d \cdots}{[A]^a [B]^b \cdots} = \frac{\prod_{\text{prod}} [X_i]^{v_i''}}{\prod_{\text{react}} [X_i]^{v_i'}} \tag{4.42}$$

从上式可以看到,正反应和逆反应的速率常数之比等于平衡常数 K_c

$$\frac{k_f(T)}{k_r(T)} = K_c(T) \tag{4.43}$$

对于双分子反应,有 $K_c = K_p$。根据式(4.43),在已知反应的正反应速率常数和平衡常数之后,就可以计算出逆反应速率常数。反之,已知逆反应速率常数可以计算正反应速率常数。在进行化学动力学计算时,应该采用在涉及的温度范围内最精确的实验速率数据,而其相反方向的反应速率就用平衡常数来计算。对于较大的温度范围,可以采用不同的数据。美国国家标准和技术研究所(前身为美国标准局)维护的化学动力学数据库,可以提供大约 6000 个反应的动力学数据。

【例 4.2】 Hanson 和 Salimian[10] 通过实验测量 N—H—O 系统的速率常数,对于反应 $\dot{N}O + \dot{O} \longrightarrow N + O_2$,他们建议用下面的速率常数

$$k_f = 3.80 \times 10^9 T^{1.0} \exp(-20\,820/T) [=] \text{cm}^3/(\text{mol} \cdot \text{s})$$

求逆反应的速率系数 k_r,即 2300K 时,$N + O_2 \longrightarrow NO + O$。

解 正、逆反应速率常数与平衡常数 K_p 有关,由式(4.43)可知

$$\frac{k_f(T)}{k_r(T)} = K_c(T) = K_p(T)$$

这样,为了求 k_r,需要估计 2300K 时 k_f 和 K_p 的值。根据式(2.66)和式(2.64)可以得到 K_p 为

$$K_p = \exp\left(\frac{-\Delta G_T^0}{R_u T}\right)$$

式中

$$\Delta G_{2300K}^0 = [\bar{g}_{f,N}^0 + \bar{g}_{f,O_2}^0 - \bar{g}_{f,NO}^0 - \bar{g}_{f,O}^0]_{2300K}$$

$$= 326\,331 + 0 - 61\,243 - 101\,627 = 163\,461 \text{kJ/kmol}$$

(表 A.8,表 A.9,表 A.11,表 A.12)

$$K_p = \exp\left(\frac{-163\,461}{8.315 \times 2300}\right) = 1.94 \times 10^{-4} \quad \text{(无量纲)}$$

2300K 时正反应速率常数为

$$k_f = 3.8 \times 10^9 \times 2300 \exp\left(\frac{-20\,820}{2300}\right) = 1.024 \times 10^9\,\mathrm{cm^3/(mol \cdot s)}$$

所以有

$$k_r = k_f/K_p = \frac{1.024 \times 10^9}{1.94 \times 10^{-4}} = 5.28 \times 10^{12}\,\mathrm{cm^3/(mol \cdot s)}$$

注：本例中用到的反应是泽利多维奇（Zeldovich）或热力型 NO 反应机理的一个部分：$O + N_2 \Longleftrightarrow NO + O$，$N + O_2 \Longleftrightarrow NO + O$。在例 4.3 和第 5 章以及第 15 章中，还会深入讨论上述机理。

4.4.4 稳态近似

在燃烧过程所涉及的许多化学反应系统中，会形成许多高反应性的中间产物，即自由基。针对这类中间产物或自由基，采用**稳态近似**，就可以大大减少对这些系统的分析工作。从物理上讲，这些自由基的浓度在一个迅速的初始增长后，其消耗与形成的速率就很快趋近，即生成和消耗速率是相等的[11]。这一状况通常发生在中间产物的生成反应很慢而其消耗反应很快时。结果就使得自由基的浓度比反应物和生成物的浓度小很多。氮氧化物形成的 Zeldovich 机理是一个很好的例子，在这一机理中，其重要的活性中间产物是 N 原子。

$$O + N_2 \xrightarrow{k_1} NO + N$$

$$N + O_2 \xrightarrow{k_2} NO + O$$

其中，第一个反应较慢，因此速率受到了限制；而第二个反应是很快的。可以写出 N 原子的净生成率为

$$\frac{d[N]}{dt} = k_1[O][N_2] - k_2[N][O_2] \tag{4.44}$$

在一个快速的过渡期后，N 原子就很快建立起一个很小的浓度，式(4.44)的右边两项相等，就是说 $d[N]/dt$ 趋于零。当 $d[N]/dt \longrightarrow 0$ 时，有可能确定 N 原子的稳定浓度，即

$$0 = k_1[O][N_2] - k_2[N]_{ss}[O_2] \tag{4.45}$$

或

$$[N]_{ss} = \frac{k_1[O][N_2]}{k_2[O_2]} \tag{4.46}$$

尽管引入了稳态近似意味着 $[N]_{ss}$ 不随时间变化，但是 $[N]_{ss}$ 是可以变化的，因为它要按式(4.46)快速地调整。可以通过对式(4.46)进行微分，而不是直接用式(4.44)，来确定其时间变化率，即

$$\frac{d[N]_{ss}}{dt} = \frac{d}{dt}\left(\frac{k_1[O][N_2]}{k_2[O_2]}\right) \tag{4.47}$$

下一节将把这一稳态近似用于单分子反应的机理分析中。

4.4.5 单分子反应机理

在前面一节中,我们没有讨论单分子反应对压力的影响,而首先学习掌握了多步反应的概念。要解释压力的影响,需要一个三步的机理

$$A + M \xrightarrow{k_e} A^* + M \tag{4.48a}$$

$$A^* + M \xrightarrow{k_{de}} A + M \tag{4.48b}$$

$$A^* \xrightarrow{k_{uni}} 产物 \tag{4.48c}$$

如式(4.48a)所示的第一步,A 分子先与第三体 M 发生碰撞,碰撞的结果是,M 的部分平动动能传递给了 A 分子,并造成 A 分子的振动和转动动能的增加。具有高内能的 A 分子记做激活的 A 分子 A^*。在 A 分子激活后,可能发生以下两个反应:A^* 与另一个分子相碰撞,其内能按激活过程的逆反应将重新转化为平动动能(式(4.48b));或者 A^* 可能飞离并进行真正的单分子反应(式(4.48c))。为了研究压力的影响,可以先写出生成物生成速率的表达式,即

$$\frac{d[产物]}{dt} = k_{uni}[A^*] \tag{4.49}$$

要计算$[A^*]$,可以采用上面讨论的稳态近似。这样 A^* 的净生成率可以表达为

$$\frac{d[A^*]}{dt} = k_e[A][M] - k_{de}[A^*][M] - k_{uni}[A^*] \tag{4.50}$$

如果假设在一个初始的快速短暂的过渡期后,$[A^*]$ 达到一个稳定态,即有 $d[A^*]/dt = 0$,我们就可以解出$[A^*]$为

$$[A^*] = \frac{k_e[A][M]}{k_{de}[M] + k_{uni}} \tag{4.51}$$

将式(4.51)代入式(4.49),有

$$\frac{d[产物]}{dt} = \frac{k_{uni}k_e[A][M]}{k_{de}[M] + k_{uni}} = \frac{k_e[A][M]}{(k_{de}/k_{uni})[M] + 1} \tag{4.52}$$

对于总的反应,有

$$A \xrightarrow{k_{app}} 产物 \tag{4.53}$$

写出

$$-\frac{d[A]}{dt} = \frac{d[产物]}{dt} = k_{app}[A] \tag{4.54}$$

式中,k_{app}定义为单分子反应的表观速率常数。联立式(4.52)和式(4.54),表观速率常数可用下面形式表示

$$k_{app} = \frac{k_e[M]}{(k_{de}/k_{uni})[M] + 1} \tag{4.55}$$

通过分析式(4.55),可以解释所关心的压力对单分子反应的影响。当压力增加时,$[M]$

（kmol/m³）增加。当压力足够高时，$k_{de}[M]/k_{uni}$ 就远大于 1，式（4.55）的分子和分母中的 $[M]$ 可以消去，因此

$$k_{app}(P \to \infty) = k_{uni}k_e/k_{de} \tag{4.56}$$

当压力足够低时，$k_{de}[M]/k_{uni}$ 就远小于 1 并且可以忽略不计，有

$$k_{app}(P \to 0) = k_e[M] \tag{4.57}$$

则反应速率随 $[M]$ 的变化变得明显。因此，可以看到三步的机理确实能对单分子反应的高压和低压极限提供合逻辑的解释。Gardiner 和 Troe[12] 讨论了介于两个极限之间的压力对速率常数影响的方法。

4.4.6 链式反应和链式分支反应

一个自由基组分生成物连续反应形成另一个自由基，而这个产生的自由基又接着反应产生另一个自由基，这一过程，即为 **链式反应**。整个过程将一直持续到两个自由基形成稳定的生成物中断了链为止。在第 5 章中将看到，在许多重要的燃烧化学过程中都存在链式反应。

下面，通过探索一个假设的链式反应来阐明链式反应的一些性质，其总包反应可以表达为

$$A_2 + B_2 \longrightarrow 2AB$$

链的激发反应 是

$$A_2 + M \xrightarrow{k_1} A + A + M \tag{C.1}$$

包含自由基 A 和 B 的 **链的传播反应** 是

$$A + B_2 \xrightarrow{k_2} AB + B \tag{C.2}$$

$$B + A_2 \xrightarrow{k_3} AB + A \tag{C.3}$$

链的终止反应 是

$$A + B + M \xrightarrow{k_4} AB + M \tag{C.4}$$

在反应的初始阶段，生成物 AB 的浓度很小，在整个反应过程中，A 和 B 的浓度也很小，因此，在这个阶段，可以忽略其逆反应来确定出稳定组分的反应速率，即

$$\frac{d[A_2]}{dt} = -k_1[A_2][M] - k_3[A_2][B] \tag{4.58}$$

$$\frac{d[B_2]}{dt} = -k_2[B_2][A] \tag{4.59}$$

$$\frac{d[AB]}{dt} = k_2[A][B_2] + k_3[B][A_2] + k_4[A][B][M] \tag{4.60}$$

对于自由基 A 和 B，我们采用稳态近似，有

$$2k_1[A_2][M] - k_2[A][B_2] + k_3[B][A_2] - k_4[A][B][M] = 0 \tag{4.61}$$

及

$$k_2[A][B_2] - k_3[B][A_2] - k_4[A][B][M] = 0 \tag{4.62}$$

同时求解式(4.61)和式(4.62),得[A]为

$$[A] = \frac{k_1}{2k_2} \frac{[A_2][M]}{[B_2]} \left\{ 1 + \left[1 + \frac{4k_2k_3}{k_1k_4} \frac{[B_2]}{[M]^2} \right]^{1/2} \right\} \tag{4.63}$$

对于[B],可以得到一个类似的复杂表达式。知道了[A]和[B]的稳态值,以及[A_2]和[B_2]的初始浓度,则初始的反应速率 $d[A_2]/dt, d[B_2]/dt$ 和 $d[AB]/dt$ 就可以确定了。在这三个反应速率中,$d[B_2]/dt$ 是最简单的,可以表达为

$$\frac{d[B_2]}{dt} = -\frac{k_1}{2}[A_2][M] \left\{ 1 + \left[1 + \frac{4k_2k_3}{k_1k_4} \frac{[B_2]}{[M]^2} \right]^{1/2} \right\} \tag{4.64}$$

考虑到式(4.63)和式(4.64)中第二项的 $4k_2k_3[B_2]/(k_1k_4[M]^2) \gg 1$,两式就可以进一步简化。这一不等式成立是由于应用了稳态近似后,基元反应速率常数 k_2 和 k_3 远大于 k_1 和 k_4。如果进一步假设 $4k_2k_3[B_2]/(k_1k_4[M]^2)$ 的平方根也远大于1,可以写出[A]和 $d[B_2]/dt$ 的表达式,该表达式便于进行分析。

$$[A] \approx \frac{[A_2]}{[B_2]^{1/2}} \left(\frac{k_1k_3}{k_2k_4} \right)^{1/2} \tag{4.65}$$

和

$$\frac{d[B_2]}{dt} \approx -[A_2][B_2]^{1/2} \left(\frac{k_1k_2k_3}{k_4} \right)^{1/2} \tag{4.66}$$

从式(4.65)可以发现,自由基的浓度与链的激发反应(C.1)的速率常数 k_1 与三分子的链的中断反应(C.4)的速率常数 k_4 之比的平方根成正比。链的激发反应速率越大,自由基的浓度也越大。反之,链的中断反应速率常数越大,自由基的浓度就越小。[B_2]的消耗速率与 k_1 和 k_2 的关系也类似。

从式(4.66)可以看出,增大链的传递反应(C.2和C.3)的速率常数 k_2 和 k_3,也会增大[B_2]的消耗速率。这一效应是直接与传递反应速率常数成正比,即 $k_{prop} \equiv (k_2k_3)^{1/2}$。链的传递步骤的速率常数对自由基的浓度影响不大。因为由于其速率常数具有相同的量级,在式(4.65)中,k_2 和 k_3 以一个比值的方式出现,所以其对自由基浓度的影响就不大。

当压力足够高时,由于假设的 $4k_2k_3[B_2]/(k_1k_4[M]^2) \gg 1$ 不再成立,则这一简单的估计也不再成立。回忆一下,当摩尔分数和温度不变的条件下,浓度(kmol/m³)与压力是直接成正比的。

链式分支反应是指消耗一个自由基而形成两个自由基组分的反应。如反应 $O + H_2O \longrightarrow OH + OH$,是链式分支反应的一个例子。在链式反应机理中,链式分支反应步骤的存在实际上会有爆炸的效果。H_2 和 O_2 混合物有趣的爆炸特性(第5章)就是链式分支反应的结果。

在有链式分支反应系统中,某个自由基的浓度可能成几何级数的增加,并引起产物的快速形成。与前面假设的例子不同,链的激发反应速率不再控制总的反应速率。在链的分支过程中,自由基反应速率占主导作用。链式分支反应对具有自传播特性的火焰起主导作用,

这也是燃烧化学中最基本的特征。

【例 4.3】 如上所述，空气中的氮气形成氮氧化物的一个著名的链式机理是 Zeldovich 机理或热力型 NO 机理，即

$$N_2 + O \xrightarrow{k_{1f}} NO + N$$

$$N + O_2 \xrightarrow{k_{2f}} NO + O$$

由于第二个反应的速率远远大于第一个，所以可用稳态近似法来计算 N 原子的浓度。另外，在高温系统中，NO 的生成反应比其他涉及 O_2 和 O 的反应都要慢得多。这样，O_2 和 O 就可以设为平衡状态，即

$$O_2 \xrightarrow{K_p} 2O$$

构造一个总包反应

$$N_2 + O_2 \xrightarrow{k_G} 2NO$$

生成速率有如下描述

$$\frac{d[NO]}{dt} = k_G [N_2]^m [O_2]^n$$

用详细反应机理中的基元反应速率常数求 k_G, m, n 等。

解 根据基元反应可以写出

$$\frac{d[NO]}{dt} = k_{1f}[N_2][O] + k_{2f}[N][O_2]$$

$$\frac{d[N]}{dt} = k_{1f}[N_2][O] - k_{2f}[N][O_2]$$

其中忽略逆反应。

根据稳态近似法，$d[N]/dt = 0$，有

$$[N]_{ss} = \frac{k_{1f}[N_2][O]}{k_{2f}[O_2]}$$

将 $[N]_{ss}$ 代入到上述的 $d[NO]/dt$ 公式中，得

$$\frac{d[NO]}{dt} = k_{1f}[N_2][O] + k_{2f}[O_2]\left(\frac{k_{1f}[N_2][O]}{k_{2f}[O_2]}\right) = 2k_{1f}[N_2][O]$$

下面用化学平衡近似消去 [O]。

$$K_p = \frac{P_O^2}{P_{O_2}P^0} = \frac{[O]^2(R_uT)^2}{[O_2](R_uT)P^0} = \frac{[O]^2(R_uT)}{[O_2]P^0}$$

或

$$[O] = \left([O_2]\frac{K_pP^0}{R_uT}\right)^{1/2}$$

就有

$$\frac{d[NO]}{dt} = 2k_{1f}\left(\frac{K_pP^0}{R_uT}\right)^{1/2}[N_2][O_2]^{1/2}$$

根据上面的计算,可以得出总包反应的参数为

$$k_G \equiv 2k_{1f} \left(\frac{K_p P^0}{R_u T} \right)^{1/2}$$

$$m = 1$$

$$n = \frac{1}{2}$$

注：许多情况下是用总包反应进行计算的,而具体的化学动力学机理却无从知晓。这个例子说明,利用详细的基元反应的知识可以得到或推出总包反应的参数。这提供了通过测量的总包反应参数来检验或确定基元反应机理的可能。同时需要注意的是,上面的总包反应机理只是用于求解 NO 初始的形成速率,因为计算中没有考虑逆反应,而当 NO 浓度增加时,逆反应就变得很重要了。

【例 4.4】 用激波将空气加热至 2500K 和 3atm。用例 4.3 的结果求：

(1) 初始 NO 生成速率。

(2) 0.25ms 内氮氧化物的生成量（摩尔分数）。

速率常数 k_{1f} 为[10]

$$k_{1f} = 1.82 \times 10^{14} \exp[-38\,370/T(K)]$$

$$[=] \mathrm{cm}^3/(\mathrm{mol} \cdot \mathrm{s})$$

解　(1) 求 $\mathrm{d}\chi_{NO}/\mathrm{d}t$。通过下式求 $\mathrm{d}[NO]/\mathrm{d}t$：

$$\frac{\mathrm{d}[NO]}{\mathrm{d}t} = 2k_{1f} \left(\frac{K_p P^0}{R_u T} \right)^{1/2} [N_2][O_2]^{1/2}$$

其中,设

$$\chi_{N_2} \cong \chi_{N_2,i} = 0.79$$

$$\chi_{O_2,e} \cong \chi_{O_2,i} = 0.21$$

由于 χ_{NO} 和 χ_O 都很小,所以在计算 χ_{N_2} 和 $\chi_{O_2,e}$ 时可以忽略。

先将摩尔分数转换为浓度（式(4.40)）为

$$[N_2] = \chi_{N_2} \frac{P}{R_u T} = 0.79 \times \frac{3 \times 101\,325}{8315 \times 2500} = 1.155 \times 10^{-2}\ \mathrm{kmol/m^3}$$

$$[O_2] = \chi_{O_2} \frac{P}{R_u T} = 0.21 \times \frac{3 \times 101\,325}{8315 \times 2500} = 3.071 \times 10^{-3}\ \mathrm{kmol/m^3}$$

则速率常数为

$$k_{1f} = 1.82 \times 10^{14} \exp(-38\,370/2500)$$

$$= 3.93 \times 10^7\,\mathrm{cm^3/(mol \cdot s)}$$

$$= 3.93 \times 10^4\,\mathrm{m^3/(kmol \cdot s)}$$

用式(2.64)和式(2.66)来计算平衡常数为

$$\Delta G_T^0 = [2 \times \bar{g}_{f,O}^0 - 1 \times \bar{g}_{f,O_2}^0]_{2500K} = 2 \times 88\,203 - 1 \times 0 = 176\,406 \mathrm{kJ/kmol}$$

（表 A. 11 和表 A. 12）

$$K_p = \frac{P_O^2}{P_{O_2} P^0} = \exp\left(\frac{-\Delta G_T^0}{R_u T}\right)$$

$$K_p P^0 = \exp \frac{-176\,406}{8.315 \times 2500} \times 1\text{atm} = 2.063 \times 10^{-4} \text{atm} = 20.90\text{Pa}$$

这样就可以计算 $d[NO]/dt$

$$\frac{d[NO]}{dt} = 2 \times 3.93 \times 10^4 \times \left(\frac{20.90}{8315 \times 2500}\right)^{1/2} \times 1.155 \times 10^{-2} \times (3.071 \times 10^{-3})^{1/2}$$

$$= 0.0505\text{kmol}/(\text{m}^3 \cdot \text{s})$$

或者用摩尔分数表示，即

$$\frac{d\chi_{NO}}{dt} = \frac{R_u T}{P} \frac{d[NO]}{dt} = \frac{8315 \times 2500}{3 \times 101\,325} \times 0.0505 = 3.45(\text{kmol/kmol})/\text{s}$$

$$\frac{d\chi_{NO}}{dt} = 3.45\text{s}^{-1}$$

读者需要对计算出来的 $d[NO]/dt$ 和 $d\chi_{NO}/dt$ 进行单位验算。

（2）求 $\chi_{NO}(t=0.25\text{ms})$。如果假设 N_2 和 O_2 的浓度不随时间变化，且在 0.25ms 内忽略逆反应的影响，则可以非常简单地对 $d[NO]/dt$ 和 $d\chi_{NO}/dt$ 进行积分求解，即

$$\int_0^{[NO](t)} d[NO] = \int_0^t k_G [N_2][O_2]^{1/2} dt$$

所以有

$$[NO](t) = k_G [N_2][O_2]^{1/2} t$$

$$= 0.0505 \times 0.25 \times 10^{-3} = 1.263 \cdot 10^{-5} \text{kmol/m}^3$$

或

$$\chi_{NO} = [NO]\frac{R_u T}{P}$$

$$= 1.263 \times 10^{-5} \times \frac{8315 \times 2500}{3 \times 101\,325} = 8.64 \times 10^{-4} \text{kmol/kmol}$$

$$\chi_{NO} = 864 \times 10^{-6}$$

注：可以把上面求出的值与一个适当的逆反应速率常数联用，来研究 Zeldovich 机理（例 4.3）中逆反应的重要性，以此来判断我们对于（2）的解是否合理。

第 5 章将讲述燃烧中几个重要的化学机理，并说明本章中提出的理论概念的作用。

4.4.7　化学时间尺度

在分析燃烧过程中，从化学时间尺度的概念可以获得更深入的认识。更确切地说，化学时间尺度与对流或混合时间尺度的量级分析是很重要的。例如，在第 12 章中，将看到用流

动时间尺度和化学时间尺度之比 Damköhler 数来确定预混燃烧的不同模式。这一节将导出用来计算基元反应的化学特征时间尺度的表达式。

1. 单分子反应

考虑如式(4.53)所示的单分子反应,其相应的反应速率表达式如式(4.54)所示。将速率方程积分,则常温下[A]的时间变化表达式为

$$[A](t) = [A]_0 \exp(-k_{app}t) \tag{4.67}$$

式中,$[A]_0$ 是组分 A 的初始浓度。

采用在简单的电阻-电容电路中定义特征时间或时间常数的方法,来定义化学时间尺度 τ_{chem} 为 A 的浓度从其初始值下降到初始值的 $1/e$ 所需要的时间,即

$$\frac{[A](\tau_{chem})}{[A]_0} = 1/e \tag{4.68}$$

结合式(4.67)和式(4.68),有

$$1/e = \exp(-k_{app}\tau_{chem}) \tag{4.69}$$

或

$$\tau_{chem} = 1/k_{app} \tag{4.70}$$

式(4.70)表明,计算简单的单分子反应的时间尺度,只需要知道表观速率常数 k_{app} 即可。

2. 双分子反应

下面考虑一个双分子反应

$$A + B \longrightarrow C + D \tag{4.8}$$

其速率表达式为

$$\frac{d[A]}{dt} = -k_{bimolec}[A][B] \tag{4.9}$$

如果没有其他反应存在,仅发生这一单个反应,A 和 B 组分的浓度可以简单地用化学当量关系关联。从式(4.8)可以看出,每消耗 1mol 的 A,就消耗 1mol 的 B,因此,[A]的任何变化在[B]中都有相应的变化,即

$$x \equiv [A]_0 - [A] = [B]_0 - [B] \tag{4.71}$$

B组分的浓度与 A 组分的浓度的关系简单地为

$$[B] = [A] + [B]_0 - [A]_0 \tag{4.72}$$

将式(4.71)代入式(4.9)并进行积分有

$$\frac{[A](t)}{[B](t)} = \frac{[A]_0}{[B]_0}\exp[([A]_0 - [B]_0)k_{bimolec}t] \tag{4.73}$$

将式(4.72)代入上式中,并以 $t = \tau_{chem}$ 时 $[A]/[A]_0 = 1/e$ 来定义特征时间尺度,结果有

$$\tau_{chem} = \frac{\ln[e + (1-e)([A]_0/[B]_0)]}{([B]_0 - [A]_0)k_{bimolec}} \tag{4.74}$$

式中，e=2.718。

经常地，其中一种反应物比另一种要大得多。如对于$[B]_0 \gg [A]_0$的情况下，式（4.74）可以简化为

$$\tau_{chem} = \frac{1}{[B]_0 k_{bimolec}} \tag{4.75}$$

从式（4.74）和式（4.75）可以看出，对于简单的双分子反应，其特征时间尺度只与初始反应物浓度和反应速率常数有关。

3. 三分子反应

对于三分子反应

$$A + B + M \longrightarrow C + M \tag{4.24}$$

处理可以很简单。对于定温简单系统，第三体浓度$[M]$是一个常数。式（4.25）所表示的反应速率表达式在数学上是与双分子速率表达式一样的。只是式中的$k_{ter}[M]$起到了与双分子反应中$k_{bimolec}$一样的作用，即

$$\frac{d[A]}{dt} = (-k_{ter}[M])[A][B] \tag{4.76}$$

三分子反应的特征时间就可以表达为

$$\tau_{chem} = \frac{\ln[e + (1-e)([A]_0/[B]_0)]}{([B]_0 - [A]_0)k_{ter}[M]} \tag{4.77}$$

且，当$[B]_0 \gg [A]_0$时，有

$$\tau_{chem} = \frac{1}{[B]_0[M]k_{ter}} \tag{4.78}$$

下面的例子给出了上述方法在燃烧中涉及的一些反应中的应用。

【例 4.5】 考虑如下的燃烧反应。

	反　应	速　率　常　数
1	$CH_4 + OH \longrightarrow CH_3 + H_2O$	$k(cm^3/(mol \cdot s)) = 1.00 \times 10^8 T(K)^{1.6} exp[-1570/T(K)]$
2	$CO + OH \longrightarrow CO_2 + H$	$k(cm^3/(mol \cdot s)) = 4.76 \times 10^7 T(K)^{1.23} exp[-35.2/T(K)]$
3	$CH + N_2 \longrightarrow HCN + N$	$k(cm^3/(mol \cdot s)) = 2.86 \times 10^8 T(K)^{1.1} exp[-10\,267/T(K)]$
4	$H + OH + M \longrightarrow H_2O + M$	$k(cm^6/(mol^2 \cdot s)) = 2.20 \times 10^{22} T(K)^{-2.0}$

反应 1 是甲烷氧化的重要步骤，反应 2 则是 CO 氧化的关键步骤。反应 3 是快速型 NO 机理的速率控制反应，反应 4 是一个典型的自由基重组反应。（这些反应以及其他一些反应的重要作用将在第 5 章中详细讨论。）

针对下述两种工况，假设任一反应所需的反应物的量是足够的，计算下列情况的化学特征时间。

工况 I（低温）	工况 II（高温）
$T=1344.3K$	$T=2199.2K$
$P=1atm$	$P=1atm$
$\chi_{CH_4}=2.012\times10^{-4}$	$\chi_{CH_4}=3.773\times10^{-6}$
$\chi_{N_2}=0.7125$	$\chi_{N_2}=0.7077$
$\chi_{CO}=4.083\times10^{-3}$	$\chi_{CO}=1.106\times10^{-2}$
$\chi_{OH}=1.818\times10^{-4}$	$\chi_{OH}=3.678\times10^{-3}$
$\chi_{H}=1.418\times10^{-4}$	$\chi_{H}=6.634\times10^{-4}$
$\chi_{CH}=2.082\times10^{-9}$	$\chi_{CH}=9.148\times10^{-9}$
$\chi_{H_2O}=0.1864$	$\chi_{H_2O}=0.1815$

设 4 个反应之间相互无关联,第三体用于碰撞的浓度为 N_2 和 H_2O 浓度之和。

解　求解每一反应的化学特征时间,对双分子反应 1,2,3,用式(4.74)(或式(4.75)),对三分子反应 4,用式(4.77)(或式(4.78))。对于工况 I 下的反应 1,令 OH 基为组分 A,其摩尔分数只略小于 CH_4。将摩尔分数转换为浓度,有

$$[OH]=\chi_{OH}\frac{P}{R_u T}$$

$$=1.818\times10^{-4}\times\frac{101\ 325}{8315\times1344.3}$$

$$=1.648\times10^{-6}kmol/m^3=1.648\times10^{-9}mol/cm^3$$

和

$$[CH_4]=\chi_{CH_4}\frac{P}{R_u T}$$

$$=2.012\times10^{-4}\times\frac{101\ 325}{8315\times1344.3}$$

$$=1.824\times10^{-6}kmol/m^3=1.824\times10^{-9}mol/cm^3$$

计算速率常数,用 CGS 单位,得

$$k_1=1.00\times10^8\times(1344.3)^{1.6}\exp(-1507/1344.3)$$

$$=3.15\times10^{12}cm^3/(mol\cdot s)$$

由于 $[CH_4]$ 和 $[OH]$ 在同一个量级上,选用式(4.74)计算 τ_{chem},即

$$\tau_{OH}=\frac{\ln[2.718-1.718\times([OH]/[CH_4])]}{([CH_4]-[OH])k_1}$$

$$=\frac{\ln[2.718-1.718\times(1.648\times10^{-9}/1.824\times10^{-9})]}{(1.824\times10^{-9}-1.648\times10^{-9})\times3.15\times10^{12}}=\frac{0.1534}{554.4}$$

$$\tau_{OH}=2.8\times10^{-4}s=0.28ms$$

假设任一反应所需的反应物的量恰好够用的条件下,反应 1,2,3 的特征时间的解法相

似,计算的结果列于下表。对于工况 Ⅰ 下的三分子反应 4,有

$$[M] = (\chi_{N_2} + \chi_{H_2O}) \frac{P}{R_u T}$$

$$= (0.7125 + 0.1864) \times \frac{101\,325}{8315 \times 1344.3}$$

$$= 8.148 \times 10^{-3}\,\text{kmol/m}^3 = 8.148 \times 10^{-6}\,\text{mol/cm}^3$$

由式(4.77),得

$$\tau_H = \frac{\ln[2.718 - 1.718 \times ([H]/[OH])]}{([OH] - [H])[M]k_4}$$

计算求得[H],[OH]和 k_4 并代入上式得

$$\tau_H = \frac{\ln[2.718 - 1.718 \times 1.285 \times 10^{-9}/(1.648 \times 10^{-9})]}{(1.648 \times 10^{-9} - 1.285 \times 10^{-9}) \times 8.149 \times 10^{-6} \times (1.217 \times 10^{16})}$$

$$\tau_H = 8.9 \times 10^{-3}\,\text{s} = 8.9\,\text{ms}$$

工况 Ⅱ 的计算与工况 Ⅰ 相似,现将最终计算结果列于下表。

工况	反应	组分 A	$k_i(T)$	τ_A/ms
Ⅰ	1	OH	3.15×10^{12}	0.28
Ⅰ	2	OH	3.27×10^{11}	0.084
Ⅰ	3	CH	3.81×10^8	0.41
Ⅰ	4	H	1.22×10^{16}	8.9
Ⅱ	1	CH$_4$	1.09×10^{13}	0.0045
Ⅱ	2	OH	6.05×10^{11}	0.031
Ⅱ	3	CH	1.27×10^{10}	0.020
Ⅱ	4	H	4.55×10^{15}	2.3

注:总结一下这些计算。第一,温度从 1344K 增加到 2199K,使得所有组分的化学时间尺度都缩短了,但最显著的是反应 1 和 3。对于反应 $CH_4 + OH$,起控制作用的因素是给定 CH_4 浓度的下降;而对于反应 $CH + N_2$,大幅度增加的速率常数是主导因素。第二,两种工况下,不同反应的化学特征时间有很大差别。请特别注意一下重组反应 $H + OH + M \longrightarrow H_2O + M$,与双分子反应相比,它的化学特征时间最长。当采用部分平衡假设来简化复杂的化学机理(见 4.4.8 节)时,重组反应相对缓慢从而起到了决定性作用。最后,看一下简化关系式(4.75),对于反应 3,无论是高温还是低温,它都有很好的精确性,对于反应 1,在高温工况下精确性较好,这是由于在上述情况下,一种反应物的量要远远高于另一反应物的量。

4.4.8 部分平衡

许多燃烧过程同时涉及快速反应和慢速反应,其中快速反应的正反应和逆反应都十分快。这些快速反应通常是链的传播反应或链式分支反应,而相应的慢速反应是三分子的重

组反应。将快速反应视作平衡态处理可以简化化学动力学机理，从而无须写出所涉及自由基的速率方程。这种处理方法叫作**部分平衡近似**。现在用下面的假设机理来加以说明。

$$A + B_2 \longrightarrow AB + B \tag{P.1f}$$

$$AB + B \longrightarrow A + B_2 \tag{P.1r}$$

$$B + A_2 \longrightarrow AB + A \tag{P.2f}$$

$$AB + A \longrightarrow B + A_2 \tag{P.2r}$$

$$AB + A_2 \longrightarrow A_2B + A \tag{P.3f}$$

$$A_2B + A \longrightarrow AB + A_2 \tag{P.3r}$$

$$A + AB + M \longrightarrow A_2B + M \tag{P.4f}$$

在这一反应机理中，反应的中间产物是 A，B 和 AB，而稳定的组分是 A_2，B_2 和 A_2B。注意到双分子反应按正反应和逆反应成对分组（如反应(P.1f)和(P.1r)）。假设在三对双分子反应中的每个反应的反应速率都比三分子重组反应(P.4f)的速率大得多。由于自由基组分在反应物和生成物之间不断转换。所以符合这一规律的双分子反应常被称作**转换反应**，进一步假设在每一对反应中的正反应和逆反应的速率相等，就有

$$k_{P.1f}[A][B_2] = k_{P.1r}[AB][B] \tag{4.79a}$$

$$k_{P.2f}[B][A_2] = k_{P.2r}[AB][A] \tag{4.79b}$$

和

$$k_{P.3f}[AB][A_2] = k_{P.3r}[A_2B][A] \tag{4.79c}$$

或可写为

$$\frac{[AB][B]}{[A][B_2]} = K_{p,1} \tag{4.80a}$$

$$\frac{[AB][A]}{[B][A_2]} = K_{p,2} \tag{4.80b}$$

和

$$\frac{[A_2B][A]}{[AB][A_2]} = K_{p,3} \tag{4.80c}$$

同时求解式(4.80a)，式(4.80b)和式(4.80c)可以得到以稳态物质 A_2，B_2 和 A_2B 来表示的 A 组分、B 组分和 AB 组分的表达式(而不必建立自由基的反应速率方程式)，即

$$[A] = K_{p,3}(K_{p,1}K_{p,2}[B_2])^{1/2} \frac{[A_2]^{3/2}}{[A_2B]} \tag{4.81a}$$

$$[B] = K_{p,3}K_{p,1} \frac{[A_2][B_2]}{[A_2B]} \tag{4.81b}$$

和

$$[AB] = (K_{p,1}K_{p,2}[A_2][B_2])^{1/2} \tag{4.81c}$$

从式(4.81a)，式(4.81b)和式(4.81c)得到了自由基浓度，就可以从反应(P.4f)计算出生成物的形成速率，即

$$\frac{d[A_2B]}{dt} = k_{P.4f}[A][AB][M] \qquad (4.82)$$

当然，对式(4.82)进行计算和积分，必须已知$[A_2]$和$[B_2]$，或者从相似的表达式进行同时积分来进行求解。

有趣的是，不管是部分平衡假设还是稳态近似假设，其最终结果是一样的：可以用代数方程来确定自由基的浓度，而不必求解常微分方程。重要的是必须记住，从物理上讲，这两种近似是完全不同的：部分平衡近似强制一个方程或一组方程处于平衡；而稳态近似是强制使一个组分或多个组分的净生成率为零。

在燃烧的文献中有许多例子采用部分平衡的方法来简化问题。两个特别重要的例子是在火花点火发动机的膨胀冲程中一氧化碳浓度的计算和在湍流射流火焰中的氮氧化物排放的计算[15,16]。在这两个例子中，慢速的重组反应使自由基的浓度达到一个很高的值，超过了完全平衡所需的值。

4.5　简化机理

我们所关注的燃烧中的复杂化学机理常包括许多基元反应。例如，第 5 章所介绍的甲烷氧化机理就包括 279 个基元步骤。在像电火花点火发动机这样的复杂系统的计算模型中，需要同时求解时间相关的守恒方程组，以获得流场、温度场、各种组分的分布场等，这是一件极困难的工作。常常是单个的解就需要几天的计算机时间。为减少这类模拟的计算量，研究人员和实践者常用**简化的化学机理**。这些简化机理抓住燃烧过程中最重要的特性，而放弃并不需要的在详细机理中固有的很多细节。

机理的简化方法包括采用敏感性分析和其他方法[18]来剔除相对不重要的组分或基元反应，以建立一个骨架机理。骨架机理与复杂机理一样，也只包括基元步骤，但步骤少得多。对特定的自由基组分采用稳态近似方法，并对另一些基元反应采用部分平衡的近似，就可以进一步简化上述的骨架机理[23]。这两个近似方法上面的章节中已经介绍。结果就形成了一组总的只包括少得多的组分的反应。如何剔除组分和基元反应的准则常常与特定的应用相关。例如，为了精确预测着火时间需要一个简化机理，而如果要预测同燃料预混火焰的火焰传播速率就需要另一个简化机理。

已开发出很多不同的方法用于机理的简化。文献[18～26]给出了这些方法的一个入门。第 5 章讨论燃烧涉及的几个重要化学机理时，我们会再次涉及简化机理。

4.6　催化与异相反应

到现在为止，讨论的化学动力学主要集中在气相中发生的反应。由于所有参与的组分，不管是反应物还是生成物都是单相（气相）的，这样的反应称为**均相反应**。下面讨论**异相反**

应。此次讨论的系统中所参与反应的组分不是单相的。这样的异相反应系统可以包括气、液、固相的各种组合。燃烧中特别重要的是气-固反应,如煤-焦燃烧(第14章),汽车发动机尾气的催化净化(第15章),以及用于燃气轮机的天然气催化燃烧新技术[27]等。

4.6.1 表面反应

异相反应的物理本质与均相反应(气相反应)有很大的不同。在均相反应中,反应物分子相互碰撞和反应,在原子之间重排键而形成产物。在本章的开始讨论过,为了让反应发生,这种碰撞需要有足够的能量,还要有合适的方向。这样的描述很简化,但直接表达了均相反应的物理本质。相对地,异相反应需要考虑气相分子在固体表面的吸附和解吸附这样另加的过程。存在着两类吸附:**物理吸附**和**化学吸附**。在物理吸附中,气体分子在范德华力作用下保持在固体表面上;而化学吸附是化学键将气体分子保持在固体表面上。在许多系统中,这两个极端情况之间分布着不同约束力的作用。物理吸附是可逆的,因此气相中的气体分子与在固体表面的分子之间达到了平衡。而相反地,化学吸附是不可逆的。在这样的情况下,化学吸附的分子强烈地固定在固体表面上而无法返回到气相中。化学吸附的这一属性对于讨论异相反应和催化是至关重要的,因为受化学吸附的分子能与相邻位置其他分子反应形成可解吸附并释放出来的产物分子。在吸附过程中,被吸附的分子可以吸附在固体层上不同的位置。例如,有些位置属于结晶层的边缘或突出部分,而另外的是平面的位置。可促进反应的特定位置的类型称为**活性位**。理解煤焦和碳烟氧化的活性位的性质是一个目前活跃的研究领域。

为了阐明这些概念,我们考虑 CO 在铂表面氧化生成 CO_2 的反应。如图 4.2 所示为一个 O_2 分子被化学吸附在两个开放位上。所代表的反应是

$$O_2 + 2Pt(s) \longrightarrow 2O(s) \tag{HR.1}$$

式中,符号 (s) 表示铂上的一个开放位,即 Pt(s);或一个被吸附的 O 原子,即 O(s)。对吸附态的 CO 和 CO_2 分子也用相同的符号表示,可写出 CO 氧化的剩余步骤

$$CO + Pt(s) \longrightarrow CO(s) \tag{HR.2}$$

$$CO(s) + O(s) \longrightarrow CO_2(s) + Pt(s) \tag{HR.3}$$

$$CO_2(s) \longrightarrow CO_2 + Pt(s) \tag{HR.4}$$

在反应(HR.2)中,一个气相的 CO 分子吸附在铂的一个开放位上。反应(HR.3)代表吸附态的 CO 分子和吸附态的 O 原子产生吸附态的 CO_2 分子的反应。要使此反应发生,吸附的组分必须足够近,以使化学键重排。最后一步反应(HR.4)表示 CO_2 分子解吸附到气相中,并在铂表面产生了一个开放位。4 个反应的总效果是

$$O_2 + 2CO \longrightarrow 2CO_2 \tag{HR.5}$$

这是将反应(HR.2)~反应(HR.4)除 2 并与反应(HR.1)相加所得。

反应(HR.5)表明,尽管铂对于反应的发生非常关键(反应(HR.1)~反应(HR.4)),但

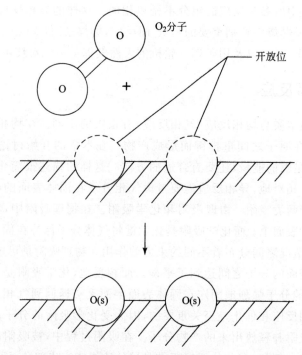

图 4.2 一个氧分子被吸附到一个固体表面，填入到两个开放位置，形成了两个可用于异相反应的氧原子。例如，CO 在铂上的催化氧化反应，一个被吸附的 O 原子与被吸附的 CO 形成 CO_2，并在铂表面提供一个开放位，即 $O(s)+CO(s) \longrightarrow CO_2(s)+Pt(s)$。

铂并没有被消耗。这一结果例证了标准的催化剂的定义。一个催化剂是一种用于增加化学反应速率而自身不改变的物质。对于 CO 氧化这一特定的反应，反应（HR.1）～反应（HR.5）所表示的反应为在第 5 章中讨论的 CO 的气相均相氧化提供了另一个不同的途径。在汽车尾气后处理的实际应用中，采用贵金属催化剂(Pt,Pd 和 Rh)可使 CO 的氧化在典型的尾气排放温度下发生。这一温度大大低于典型的气相 CO 氧化所需要的温度。

还可以注意到，催化剂的存在并不会改变混合物的平衡组成。事实上，催化剂可用于将一个慢速反应从不平衡的系统转变为平衡态。

4.6.2 复杂机理

用与均相化学相同的处理方法（参见式(4.29)～式(4.34)），异相化学的复杂机理也可用简洁方式表达。为了获得与式(4.29)类似的表达方法，将活性位（开放位）当作一个组分来处理，并将气相的和吸附在固体上的同一种气体当作不同的组分。例如，由反应（HR.1）～反应（HR.5）表示的简单机理就包括了 7 个组分：O_2,$O(s)$,$Pt(s)$,CO,$CO(s)$,CO_2 和 $CO_2(s)$。

在异相反应系统中，与表面反应相关的 j 组分的形成速率表示为 $\dot{s}_j$，单位是 $kmol/(m^2 \cdot s)$。

因此，对于一个包括 N 个组分和 L 个反应步骤的多步异相反应机理为

$$\dot{s}_j = \sum_{i=1}^{L} \nu_{ji} \dot{q}_i^s, \quad j = 1,2,\cdots,N \tag{4.83}$$

式中

$$\nu_{ji} = \nu_{ji}'' - \nu_{ji}' \tag{4.84}$$

及

$$\dot{q}_i^s = k_{fi} \prod_{j=1}^{N} [X_j]^{\nu_{ji}'} - k_{ri} \prod_{j=1}^{N} [X_j]^{\nu_{ji}''} \tag{4.85}$$

需要强调的是，式(4.83)～式(4.85)仅用于包含异相反应机理的一组反应。请注意，异相反应系统采用的过程变化率 $\dot{q}_i^s$ 的单位不是与气相的组分(如 CO)的浓度 $[X_j]$ 相关，就是与表面(如 CO(s))相应的单位相关。例如，对于反应(HR.1)～反应(HR.4)所表示的异相反应，CO 的净生成率可以表达为

$$\dot{s}_{CO} = -k_1 [CO][Pt(s)] \tag{4.86}$$

式中，对应的单位是 $\dot{s}_{CO}[=]kmol/(m^2 \cdot s)$，$[CO][=]kmol/m^3$，及 $[Pt(s)][=]kmol/m^2$。而对于这个特定的反应，速率常数 k_1 的单位是 $m^3/kmol$。一般来讲，速率常数的单位取决于特定的反应。

如图 4.3 所示为一个对均相化学和异相化学都很重要的系统。其中，气体混合物装在一个一定体积的容器中，容器的一个表面是催化活性的，其面积为 A。关注的是 CO 的氧化。假设气体混合物为均相的，这相当于用一个叶片搅拌器搅动的混合物，进一步假设在表面 A 上的表面反应是均匀的。这样，CO 的净质量生成率就可从气相的化学反应速率和表面上的化学反应速率联立获得

$$(\dot{m}_{CO})_{chem} = \dot{\omega}_{CO} MW_{CO} V + \dot{s}_{CO} MW_{CO} A \tag{4.87}$$

式中，MW_{CO} 是 CO 的摩尔质量；$\dot{\omega}_{CO}$ 是由式(4.31)定义的 CO 生成率(kmol/m³)；$\dot{s}_{CO}$ 是由式(4.83)定义的催化剂表面单位面积的 CO 生成率(kmol/m²)。当然如果 CO 是氧化的，这一净生成率为负值。

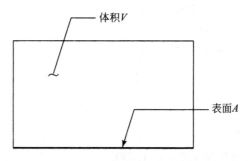

图 4.3　气相反应在体积 V 中均匀发生的同时，在催化活性表面 A 上发生均匀的异相反应。

4.7　小结

这一章探索了许多最基本的概念以理解燃烧化学。读者应该了解总包反应和基元反应的区别及其机理，并能正确理解几种典型的基元反应，如双分子反应、三分子反应和单分子反应。还应该理解分子碰撞理论和反应速率之间的关系。特别是应该理解位阻因子、指前因子和活化能的物理含义。它们起源于分子碰撞理论，是速率常数中三个最重要的参数。对于复杂机理，引入了净组分生成率的概念和建立合适方程的方法。引入了一个简洁表达式，以实现用计算机进行数值计算。应该理解链式反应机理及链的激发、链的传播、链的终止反应的概念。对于高反应性的物质，如原子和其他自由基，引入了稳态近似的方法以简化链式反应机理。还引入并讨论了部分平衡的方法。进一步介绍了简化机理的概念，即将复杂机理剔除一些不重要的组分和反应的方法，并采用稳态近似和部分平衡的方法进一步简化。采用示例的方法引入了 Zeldovich 氮氧化物形成机理来明确地阐明上述诸多概念。

4.8　符号表

A	指前因子，单位待定
b	温度指数
E_A	活化能，J/kmol
k	速率常数，单位待定
k_B	玻耳兹曼常数，1.381×10^{-23} J/K
K_c	浓度平衡常数
K_p	分压平衡常数
m	质量，kg；或反应级数
M	第三体
MW	摩尔质量，kg/kmol
n	反应级数
n/V	数密度（分子数/m³ 或 1/m³）
N_{AV}	阿伏伽德罗常数，6.022×10^{26} kmol^{-1}
p	位阻因子
P	压力
$\mathcal{P}$	概率
q	过程变化率，式(4.33)
R_u	通用气体常数，J/(kmol・K)
$\dot{s}$	表面反应中组分净生成率，kmol/(m²・s)

t	时间,s
T	温度,K
v	速率,m/s
$\bar{v}$	麦克斯韦平均速率,m/s
V	体积,m^3
X_j	式(4.29)定义的 j 组分化学式
Z_c	碰撞频率,s^{-1}

希腊符号

Δt	时间间隔,s
μ	折合质量 kg
ν'	反应物化学当量系数
ν''	产物化学当量系数
ν_{ji}	$\nu''_{ji} - \nu'_{ji}$,式(4.32)
χ	摩尔分数
$\dot{\omega}$	单位体积内组分的净生成速率,$kmol/(m^3 \cdot s)$

下标

app	显
bimolec	双分子
de	释放能量
e	赋能
f	正反应
F	燃料
G	总包或整体
i	第 i 种组分
O_x	氧化剂
Pr	产物
r	逆反应
ss	稳态
ter	三分子
uni	单分子
0	初始

其他

$[X]$	X 组分的浓度,$kmol/m^3$
$\prod$	连乘

4.9 参考文献

1. Kee, R. J., Rupley, F. M., and Miller, J. A., "Chemkin-II: A Fortran Chemical Kinetics Package for the Analysis of Gas-Phase Chemical Kinetics," Sandia National Laboratories Report SAND89-8009, March 1991.

2. Gardiner, W. C., Jr., *Rates and Mechanisms of Chemical Reactions,* Benjamin, Menlo Park, CA, 1972.

3. Benson, S. W., *The Foundations of Chemical Kinetics,* McGraw-Hill, New York, 1960.

4. Warnatz, J., "Rate Coefficients in the C/H/O System," Chapter 5 in *Combustion Chemistry* (W. C. Gardiner, Jr., ed.), Springer-Verlag, New York, pp. 197–360, 1984.

5. IMSL, Inc., "DGEAR," IMSL Library, Houston, TX.

6. Hindmarsh, A. C., "ODEPACK, A Systematic Collection of ODE Solvers," *Scientific Computing—Applications of Mathematics and Computing to the Physical Sciences* (R. S. Stapleman, ed.), North-Holland, Amsterdam, p. 55, 1983.

7. Bittker, D. A., and Soullin, V. J., "GCKP-84-General Chemical Kinetics Code for Gas Flow and Batch Processing Including Heat Transfer," NASA TP-2320, 1984.

8. Pratt, D. T., and Radhakrishnan, K., "CREK-ID: A Computer Code for Transient, Gas-Phase Combustion Kinetics," NASA Technical Memorandum TM-83806, 1984.

9. National Institute of Standards and Technology, *NIST Chemical Kinetics Database,* NIST, Gaithersburg, MD, published annually.

10. Hanson, R. K., and Salimian, S., "Survey of Rate Constants in the N/H/O System," Chapter 6 in *Combustion Chemistry* (W. C. Gardiner, Jr., ed.), Springer-Verlag, New York, pp. 361–421, 1984.

11. Williams, F. A., *Combustion Theory,* 2nd Ed., Addison-Wesley, Redwood City, CA, p. 565, 1985.

12. Gardiner, W. C., Jr., and Troe, J., "Rate Coefficients of Thermal Dissociation, Isomerization, and Recombination Reactions," Chapter 4 in *Combustion Chemistry* (W. C. Gardiner, Jr., ed.), Springer-Verlag, New York, pp. 173–196, 1984.

13. Keck, J. C., and Gillespie, D., "Rate-Controlled Partial-Equilibrium Method for Treating Reactive Gas Mixtures," *Combustion and Flame,* 17: 237–241 (1971).

14. Delichatsios, M. M., "The Kinetics of CO Emissions from an Internal Combustion Engine," S.M. Thesis, Massachusetts Institute of Technology, Cambridge, MA, June 1972.

15. Chen, C.-S., Chang, K.-C., and Chen, J.-Y., "Application of a Robust β-pdf Treatment to Analysis of Thermal NO Formation in Nonpremixed Hydrogen–Air Flame," *Combustion and Flame,* 98: 375–390 (1994).

16. Janicka, J., and Kollmann, W., "A Two-Variables Formalism for the Treatment of Chemical Reactions in Turbulent H_2–Air Diffusion Flames," *Seventeenth Symposium (International) on Combustion,* The Combustion Institute, Pittsburgh, PA, p. 421, 1979.

17. Svehla, R. A.. "Estimated Viscosities and Thermal Conductivities of Gases at High Temperature," *NASA Technical Report* R-132, 1962.

18. Tomlin, A. S., Pilling, M. J., Turanyi, T., Merkin, J. H., and Brindley, J., "Mechanism Reduction for the Oscillatory Oxidation of Hydrogen: Sensitivity and Quasi-Steady State Analyses," *Combustion and Flame,* 91: 107–130 (1992).

19. Peters, N. and Rogg, B. (eds.), *Reduced Kinetic Mechanisms for Applications in Combustion Systems,* Lecture Notes in Physics, m 15, Springer-Verlag, Berlin, 1993.

20. Sung, C. J., Law, C. K., and Chen, J.-Y., "Augmented Reduced Mechanisms for NO Emission in Methane Oxidation," *Combustion and Flame,* 125: 906–919 (2001).

21. Montgomery, C. J., Cremer, M. A., Chen, J.-Y., Westbrook, C. K., and Maurice, L. Q., "Reduced Chemical Kinetic Mechanisms for Hydrocarbon Fuels," *Journal of Propulsion and Power,* 18: 192–198 (2002).

22. Bhattacharjee, B., Schwer, D. A., Barton, P. I., and Green, W. H., Jr., "Optimally-Reduced Kinetic Models: Reaction Elimination in Large-Scale Kinetic Mechanisms," *Combustion and Flame,* 135: 191–208 (2003).

23. Lu, T., and Law, C. K., "A Directed Relation Graph Method for Mechanism Reduction," *Proceedings of the Combustion Institute,* 30: 1333–1341 (2005).

24. Brad, R. B., Tomlin, A. S., Fairweather, M., and Griffiths, J. F., "The Application of Chemical Reduction Methods to a Combustion System Exhibiting Complex Dynamics," *Proceedings of the Combustion Institute,* 31: 455–463 (2007).

25. Lu, T., and Law, C. K., "Towards Accommodating Realistic Fuel Chemistry in Large-Scale Computation," *Progress in Combustion Science and Technology,* 35: 192–215 (2009).

26. Law, C. K., *Combustion Physics,* Cambridge University Press, New York, 2006.

27. Dalla Betta, R. A., "Catalytic Combustion Gas Turbine Systems: The Preferred Technology for Low Emissions Electric Power Production and Co-generation," *Catalysis Today,* 35: 129–135 (1997).

28. Brown, T. L., Lemay, H. E., Bursten, B. E., Murphy, C. J., and Woodward, P. M., *Chemistry: The Central Science,* 11th Ed., Prentice Hall, Upper Saddle River, NJ, 2008.

4.10 思考题与习题

4.1 列出本章中所有的黑体字,讨论它们的意义。

4.2 下面给出了几种组分及其分子结构,画出分子碰撞的草图,证明反应 $2H_2 + O_2 \longrightarrow 2H_2O$ 按这些结构进行简单的碰撞是很难发生的。

$$H_2: \quad H \!-\! H$$
$$O_2: \quad O \!=\! O$$
$$H_2O: \quad H \underset{\displaystyle O}{\frown} H$$

4.3 请用习题 4.2 所述的分子结构图的方法证明反应 $H_2 + O_2 \longrightarrow HO_2 + H$ 是一个基元反应。过氧羟自由基的结构式为 $H \!-\! O \!-\! O$。

4.4　考虑反应 $CH_4 + O_2 \longrightarrow CH_3 + HO_2$。虽然甲烷分子会与氧气分子碰撞，但并不一定发生化学反应。列出碰撞中确定是否发生反应的两个重要因素。

4.5　丙烷氧化的总反应

$$C_3H_8 + 5O_2 \longrightarrow 3CO_2 + 4H_2O$$

其总包反应机理

$$反应速率 = 8.6 \times 10^{11} \exp(-30/R_u T)[C_3H_8]^{0.1}[O_2]^{1.65}$$

取 CGS(cm,s,mol,kcal,K)单位。求：

(1) 丙烷的反应级数。

(2) 氧气的反应级数。

(3) 总包反应的总级数是多少？

(4) 反应的活化能。

4.6　用一步总包反应机理研究丁烷的燃烧，丁烷的反应级数为 0.15，氧气的反应级数为 1.6。速率常数可以用 Arrhenius 形式表示：指前因子为 $4.16 \times 10^9 (kmol/m^3)^{-0.75}/s$，活化能为 125 000kJ/kmol。写出丁烷的消耗速率表达式：$d[C_4H_{10}]/dt$。

4.7　用习题 4.6 的结果，求丁烷单位体积的氧化速率，单位取 $kg/(s \cdot m^3)$，已知，燃料-空气混合物的当量比为 0.9，温度为 1200K，压力为 1atm。

4.8　试分析下列反应是总包反应还是基元反应。对于基元反应，再区分是单原子、双原子还是三原子反应。并说出你的理由。

(1) $CO + OH \longrightarrow CO_2 + H$

(2) $2CO + O_2 \longrightarrow 2CO_2$

(3) $H_2 + O_2 \longrightarrow H + H + O_2$

(4) $HOCO \longrightarrow H + CO_2$

(5) $CH_4 + 2O_2 \longrightarrow CO_2 + 2H_2O$

(6) $OH + H + M \longrightarrow H_2O + M$

4.9　下表是引用 Svehla 在文献[17]中的硬球碰撞直径 σ。

分子	$\sigma/\text{Å}$	分子	$\sigma/\text{Å}$
H	2.708	H_2O	2.641
H_2	2.827	O	3.050
OH	3.147	O_2	3.467

注：$1\text{Å} = 10^{-10}$m。

根据上面给的数据、式(4.17)以及表 4.1，求下列方程式的速率常数中的位阻因子，表示为温度的函数。并求 2500K 下位阻因子的值。注意单位的统一，且质量的消耗用 g 或 kg 描述。

$$H + O_2 \longrightarrow OH + O$$

$$OH + O \longrightarrow O_2 + H$$

4.10 在甲烷燃烧中,下面的一对反应起着重要作用

$$CH_4 + M \underset{k_r}{\overset{k_f}{\rightleftharpoons}} CH_3 + H + M$$

其中,逆反应速率常数为

$$k_r(m^6/(kmol^2 \cdot s)) = 2.82 \times 10^5 T exp(-9835/T)$$

在 1500K,参考态压力为 1atm(101 325Pa)时,平衡常数 $K_p = 0.003\,691$。写出正反应速率常数 k_f 的代数表达式。并给出 1500K 时 k_f 的值及单位。

*4.11 反应式 $O + N_2 \longrightarrow NO + N$,画出正反应速率常数随温度($1500K < T < 2500K$)的变化曲线。文献[10]给出的速率常数为 $K(T) = 1.82 \times 10^{14} exp(-38\,370/T(K))$,单位为 $cm^3/(mol \cdot s)$。从图中你能得到什么结论?

4.12 下面是氧气加热形成臭氧的机理

$$O_3 \underset{k_{1r}}{\overset{k_{1f}}{\rightleftharpoons}} O_2 + O \tag{R.1}$$

$$O + O_3 \underset{k_{2r}}{\overset{k_{2f}}{\rightleftharpoons}} 2O_2 \tag{R.2}$$

(1) 写出 ν'_{ji} 和 ν''_{ji} 的系数矩阵。按照习惯,设组分 1 为 O_3,组分 2 为 O_2,组分 3 为 O。

(2) 根据式(4.31)~式(4.33)所定义的简洁表达式,写出上述反应式中三个组分的过程变化率 $\dot{\omega}_j$。注意不要化简,保留所有的项,保留的项用 0 次方表示。

4.13 第 5 章给出了 H_2-O_2 的反应机理(反应(H.1)~反应(H.20)),试写出系数矩阵 ν'_{ji} 和 ν''_{ji}。正反应和逆反应都要考虑。不必考虑自由基碰撞壁面的消耗反应(反应(H.21))。

4.14 下面一组基元反应,正反应和逆反应都很重要

$$CO + O_2 \overset{1}{\rightleftharpoons} CO_2 + O$$

$$O + H_2O \overset{2}{\rightleftharpoons} OH + OH$$

$$CO + OH \overset{3}{\rightleftharpoons} CO_2 + H$$

$$H + O_2 \overset{4}{\rightleftharpoons} OH + O$$

根据这一机理确定系统的化学反应进程,需要多少个化学反应速率方程? 写出羟基的速率方程。

4.15 H_2 和 Br_2 反应生成稳定产物 HBr,反应机理如下

$$M + Br_2 \longrightarrow Br + Br + M \tag{R.1}$$

$$M + Br + Br \longrightarrow Br_2 + M \tag{R.2}$$

$$Br + H_2 \longrightarrow HBr + H \tag{R.3}$$

$$H + HBr \longrightarrow Br + H_2 \tag{R.4}$$

（1）判断各基元反应的类型：如单分子、双分子等，并指出其在链式反应中的作用，如哪个是链的激发反应。

（2）写出 Br 原子反应速率的完整表达式：$d[Br]/dt$。

（3）写出求解氢原子稳态浓度$[H]$的表达式。

4.16 考虑下列高温氮氧化物生成的链式反应机理，即 Zeldovich 机理

$$O + N_2 \xrightarrow{k_{1f}} NO + N \qquad\qquad (R.1)$$

$$N + O_2 \xrightarrow{k_{2f}} NO + O \qquad\qquad (R.2)$$

（1）写出 $d[NO]/dt$ 和 $d[N]/dt$ 的表达式。

（2）设 N 原子处于稳态，且 O,O$_2$ 和 N$_2$ 在给定温度和成分组成下处于平衡浓度，在忽略逆反应的情况下，对上面得到的 $d[NO]/dt$ 进行化简。（答案：$d[NO]/dt = 2k_{1f}[O]_{eq}[N_2]_{eq}$）

（3）写出（2）中用到的 N 原子的稳态浓度表达式。

（4）根据（2）的假设条件，并利用下述条件，求形成摩尔分数为 50×10^6 的 NO 需要多长时间？

$$T = 2100K, \quad \rho = 0.167kg/m^3, \quad MW = 28.778kg/kmol$$

$$\chi_{O,eq} = 7.6 \times 10^{-5}$$

$$\chi_{O_2,eq} = 3.025 \times 10^{-3}$$

$$\chi_{N_2,eq} = 0.726$$

$$k_{1f} = 1.82 \times 10^{14} \exp(-38\,370/T(K)) \text{ 单位：} cm^3/(mol \cdot s)。$$

（5）计算反应（R.1）的逆反应（O+N$_2$ ⟵—— NO+N）的速率常数，温度设为 2100K。

（6）在（4）中，忽略逆反应是否合适？试定量说明。

（7）在（4）的条件下，求$[N]$和χ_N 的数值解（注：$k_{2f} = 1.8 \times 10^{10} T \exp(-4680/T)$，单位取 $cm^3/(mol \cdot s)$）。

4.17 如果将下列反应加入到习题 4.16 的两个反应中，则 NO 的生成机理称为扩展 Zeldovich 机理

$$N + OH \xrightarrow{k_{3f}} NO + H$$

这是一个三步反应机理，设 O,O$_2$,N$_2$,H 和 OH 的浓度处于平衡值，求：

（1）忽略逆反应时，稳态 N 原子浓度的表达式。

（2）忽略逆反应时，NO 的生成速率 $d[NO]/dt$。

4.18 考虑下述 CO 的氧化反应

$$CO + OH \xrightarrow{k_1} CO_2 + H$$

$$CO + O_2 \xrightarrow{k_2} CO_2 + O$$

式中

$$k_1(cm^3/(mol \cdot s)) = 1.17 \times 10^7 T(K)^{1.35} \exp[+3000/R_u T(K)]$$

$$k_2(cm^3/(mol \cdot s)) = 2.50 \times 10^{12} \exp[-200\,000/R_u T(K)]$$

$$R_u = 8.315 J/(mol \cdot K)$$

在 $T=2000K$ 和 $P=1atm$ 的条件下,计算、比较这两个反应的特征时间。已知 CO 的摩尔分数为 0.011,OH 和 O_2 的摩尔分数分别为 3.68×10^{-3} 和 6.43×10^{-3}。

*4.19 考虑由 Zeldovich 机理生成的氮氧化物。已知甲烷-空气混合物在当量比为 0.9,$P=1atm$ 下燃烧,10ms 后,计算出的 NO 生成量如下表所示。

T/K	$\chi_{NO}/10^{-6}$
1600	0.0015
1800	0.150
2000	6.58
2200	139
2400	1823

用 TPEQUIL 计算 NO 的平衡摩尔分数。建一个表格,列出平衡浓度以及化学动力学计算出的 NO 摩尔分数与平衡浓度的比。同时,计算 NO 生成的特征时间。这里,特征时间定义为按照 NO 初始的生成速率达到平衡值时所需要的时间。如,1600K 时,初始生成速率为 $0.0015 \times 10^{-6}/0.010s = 0.15 \times 10^{-6}s$。讨论结果与温度的关系。这一关系的意义何在?

4.20 在氢气燃烧中,下述自由基的反应,无论是正反应还是逆反应,速率都很快

$$H + O_2 \underset{k_{1r}}{\overset{k_{1f}}{\Longleftrightarrow}} OH + O \qquad (R.1)$$

$$O + H_2 \underset{k_{2r}}{\overset{k_{2f}}{\Longleftrightarrow}} OH + H \qquad (R.2)$$

$$OH + H_2 \underset{k_{3r}}{\overset{k_{3f}}{\Longleftrightarrow}} H_2O + H \qquad (R.3)$$

利用部分平衡的假设,推导三种自由基(O,H,OH)的浓度的代数表达式,用动力学速率常数和反应物及产物(H_2,O_2,H_2O)的浓度来表示。

一些重要的化学机理

5.1 概述

本章将对燃烧过程及燃烧生成污染物过程中最重要的化学机理所涉及的基元反应进行阐述。对于这些机理的详细讨论,读者可以参考专门讨论化学动力学的原始文献、综述和高级教科书[1,2]。由于一般的实际系统非常复杂,这里只能简单地举例来说明这些实际系统。本章还将介绍第 4章中所讨论的基本原理对于理解这些系统的重要性。

必须指出,复杂的机理是化学家们的思想与实验推演的结果,随着时间的推延,会出现更深入的理解,机理也会随之变化。因此在谈到某个具体机理时,其意义与热力学第一定律或其他众所周知的守恒原理是不同的。

5.2 H_2-O_2 系统

H_2-O_2 系统其本身就很重要,如火箭发动机。同时,这一系统对于碳氢化合物和含湿一氧化碳的氧化是重要的子系统。H_2-O_2 动力学的详细综述可以参考文献[3~5]。下面主要依据文献[1]的工作,对氢的氧化简述如下。

初始激发反应是

$$H_2 + M \longrightarrow H + H + M (温度很高时) \qquad (H.1)$$

$$H_2 + O_2 \longrightarrow HO_2 + H (其他温度) \qquad (H.2)$$

包含有自由基 O,H 和 OH 的链式反应是

$$H + O_2 \longrightarrow O + OH \qquad (H.3)$$

$$O + H_2 \longrightarrow H + OH \qquad (H.4)$$

$$H_2 + OH \longrightarrow H_2O + H \qquad (H.5)$$

$$O + H_2O \longrightarrow OH + OH \qquad (H.6)$$

包含自由基 O,H 和 OH 自由基的链的中断反应是三分子化合反应

$$H + H + M \longrightarrow H_2 + M \qquad (H.7)$$

$$O + O + M \longrightarrow O_2 + M \qquad (H.8)$$

$$H + O + M \longrightarrow OH + M \qquad (H.9)$$

$$H + OH + M \longrightarrow H_2O + M \qquad (H.10)$$

完整地表达这一机理,需要包含过氧羟自由基 HO_2 和双氧水 H_2O_2 参与的反应,当反应

$$H + O_2 + M \longrightarrow HO_2 + M \tag{H.11}$$

变得活跃时,下列反应和反应(H.2)的逆反应则开始起作用

$$HO_2 + H \longrightarrow OH + OH \tag{H.12}$$

$$HO_2 + H \longrightarrow H_2O + O \tag{H.13}$$

$$HO_2 + O \longrightarrow O_2 + OH \tag{H.14}$$

和

$$HO_2 + HO_2 \longrightarrow H_2O_2 + O_2 \tag{H.15}$$

$$HO_2 + H_2 \longrightarrow H_2O_2 + H \tag{H.16}$$

还包括

$$H_2O_2 + OH \longrightarrow H_2O + HO_2 \tag{H.17}$$

$$H_2O_2 + H \longrightarrow H_2O + OH \tag{H.18}$$

$$H_2O_2 + H \longrightarrow HO_2 + H_2 \tag{H.19}$$

$$H_2O_2 + M \longrightarrow OH + OH + M \tag{H.20}$$

根据温度、压力和反应程度的变化,上述所有反应的逆反应都可能变得很重要。因此,要模拟 H_2-O_2 系统,要考虑多达 40 个反应,包括 8 种组分: H_2,O_2,H_2O,OH,O,H,HO_2 和 H_2O_2。

如图 5.1 所示,H_2-O_2 系统所呈现的有趣的爆炸特性可以用上述机理来解释。图 5.1 表示的是对于 H_2 和 O_2 化学当量的混合物在温度-压力坐标中爆炸和不爆炸的区域划分。此处温度与压力关系是指在充满反应物的球形容器的初始状态。取图 5.1 中的一条垂直线,比如 500℃ 这一条线来讨论爆炸行为。从最低的压力(1mmHg①)上升到几个标准大气压的压力。在到 1.5mmHg 之前,没有爆炸发生,这是由于激发的步骤(反应(H.2))和随后发生的链式反应(反应(H.3)~反应(H.6))所产生的自由基被容器的壁面反应所消耗而中断。这些壁面反应中断了链,避免了可以引起爆炸的自由基的快速累积与增加。这些壁面反应没有以显式的方式包括在机理之中,因为严格来讲,它们不是气相反应。可以表观上写出一个自由基在壁面上的消耗一阶反应式

$$自由基 \xrightarrow{k_{wall}} 被吸收产物 \tag{H.21}$$

式中,k_{wall} 是扩散(输运)和化学反应两个因素的函数,也与壁面的表面特性有关。异相(表面)反应在第 4 章和第 14 章中讨论。

当初始的压力高于 1.5mmHg 时,混合物就发生爆炸。这是气相链式反应(H.3)至反应(H.6)超过了自由基壁面的消耗速度的直接结果。请回忆一下,在介绍一般的链式反应

---

① 1mmHg=133.3224Pa。译者注。

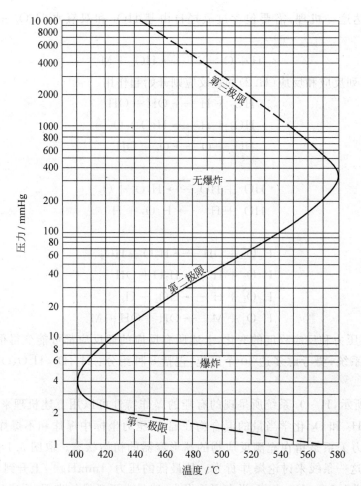

图 5.1　在球形容器中氢-氧化学当量混合物的爆炸极限。
（资料来源：文献[2]，Academic Press，允许复制。）

时提到过，压力增加导致自由基的浓度呈线性增加，相应的反应速率呈几何增加。

继续沿 500℃ 等温线向上走，压力达到 50mmHg 之前一直处于爆炸区域。在 50mmHg 这一点上，混合物停止了爆炸的特性。这一现象可以用链式分支反应（H.3）和低温下显著的链中断反应（H.11）之间的竞争来解释[1,2]。这时，由于过氧羟自由基 HO_2 相对不活跃，所以反应（H.11）可看成是一个链中断反应，从而这一自由基可以扩散到壁面处而被消耗。

在第三个极限，在 3000mmHg 处，再次进入到一个爆炸区域。这时，反应（H.16）加入到了链式分支反应中，从而引起了 H_2O_2 的链式反应过程[1,2]。

从上面对 H_2-O_2 系统的爆炸极限的讨论，可以清楚看到如何用系统的、详细的化学机理来解释实验观察到的现象。也可以清楚地看到，当化学因素影响很重要时，这一机理对于发展燃烧现象的预测模型是很基本的。

5.3　一氧化碳的氧化

尽管一氧化碳的氧化本身就很重要,但它对碳氢化合物的氧化显得更具重要性。碳氢化合物的燃烧可以简单地分为两步:第一步包括燃料断裂生成一氧化碳;第二步是一氧化碳最终氧化成为二氧化碳。

在没有含氢的组分存在时,一氧化碳的氧化是很慢的。很少量的 H_2O 或 H_2 对一氧化碳的氧化反应速率有很大的影响。这是因为含有羟基的一氧化碳的氧化步骤要比含有 O_2 和 O 的反应快得多。

如果假设水是初始的含氢组分,用下面的四步反应来描述 CO 的氧化[1]:

$$CO + O_2 \longrightarrow CO_2 + O \qquad\qquad (CO.1)$$

$$O + H_2O \longrightarrow OH + OH \qquad\qquad (CO.2)$$

$$CO + OH \longrightarrow CO_2 + H \qquad\qquad (CO.3)$$

$$H + O_2 \longrightarrow OH + O \qquad\qquad (CO.4)$$

反应(CO.1)是很慢的,对于 CO_2 的形成贡献不大,但起到了激发链式反应的作用。CO 的实际氧化通过反应(CO.3)进行,这一反应同时还是一个链式传递反应,可以产生一个氢原子。这个氢原子进一步与 O_2 反应形成 OH 和 O(反应(CO.4))。然后这些自由基又回到氧化的步骤(反应(CO.3))和第一个链式分支反应(反应(CO.2))。对于整个反应机理来说,反应 $CO + OH \longrightarrow CO_2 + H$(反应(CO.3))是最关键的反应。

如果氢代替水成为催化剂,就包括下面的反应:

$$O + H_2 \longrightarrow OH + H \qquad\qquad (CO.5)$$

$$OH + H_2 \longrightarrow H_2O + H \qquad\qquad (CO.6)$$

在存在氢的条件下,为了描述 CO 的氧化,就要包括全部的 H_2-O_2 反应系统(反应(H.1)～反应(H.21))。Glassman[1]指出,当 HO_2 存在时,还存在 CO 的氧化的另一个途径

$$CO + HO_2 \longrightarrow CO_2 + OH \qquad\qquad (CO.7)$$

但这个反应可能不像 OH 与 CO 相撞反应(反应(CO.3))那样重要。文献[5]给出了综合的 CO/H_2 氧化机理。

5.4　碳氢化合物的氧化

5.4.1　链烷烃概况

链烷烃类,或石蜡类物质,是指饱和的、直链的或支链的单键的碳氢化合物,其总化学分子式为 C_nH_{2n+2}。本节简单地讨论一下高链烷烃类($n>2$)一般的氧化过程。甲烷(和乙烷)的氧化具有独特的特性,将在下一节中讨论。

与前几节的讨论有所不同的是，对于高链烷烃类，下面不准备探索或列出许多基元反应，而是对氧化反应过程进行一个总的描述，指出其最关键的反应步骤。然后再讨论已获得成功应用的多步的总包反应。关于链烷烃类或其他碳氢化合物的详细机理的综述可参考文献[6,7]。

链烷烃的氧化可以分为以下三个相应过程[1]，如图 5.2 所示为组分和温度分布的情况。

（1）燃料分子受到 O 和 H 原子的撞击而分解，先分解成烯烃和氢。在有氧存在的情况下，氢就氧化成水。

（2）不饱和的烯烃进一步氧化成为 CO 和 H_2。所有的 H_2 应转化为水。

（3）CO 通过反应（CO.3），$CO + OH \longrightarrow CO_2 + H$ 而进一步燃尽。在总的燃烧过程中释出的热量几乎都发生在这一步。

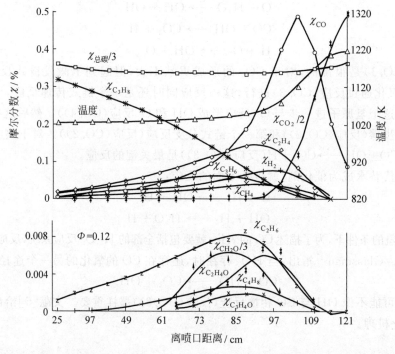

图 5.2　在稳定流动的反应器中丙烷氧化时，组分摩尔分数和温度随距喷口距离（即时间）的变化规律（资料来源：文献[7]，Gordon & Breach Science Publishers，允许复制）。

Glassman[1]将这三步的过程充实为如下所述的 1～8 步。以丙烷（C_3H_8）的氧化为例进行说明。

第 1 步：在初始的燃料分子中的一个 C—C 断裂。由于 C—C 键较弱，C—C 键比 C—H 键先断裂。例如

$$C_3H_8 + M \longrightarrow C_2H_5 + CH_3 + M \qquad (P.1)$$

第 2 步：形成的两个碳氢自由基进一步分解，产生烯烃（有双碳键的碳氢化合物）和氢原子。从碳氢化合物中分解出氢原子的过程称为**脱氢**。本例中，这一步生成了乙烯和亚甲基，即

$$C_2H_5 + M \longrightarrow C_2H_4 + H + M \qquad (P.2a)$$

$$CH_3 + M \longrightarrow CH_2 + H + M \qquad (P.2b)$$

第 3 步：从第 2 步中产生的 H 原子开始产生一批自由基，即

$$H + O_2 \longrightarrow O + OH \qquad (P.3)$$

第 4 步：随着自由基的积累，就开始了新的燃料分子被撞击的过程，即

$$C_3H_8 + OH \longrightarrow C_3H_7 + H_2O \qquad (P.4a)$$

$$C_3H_8 + H \longrightarrow C_3H_7 + H_2 \qquad (P.4b)$$

$$C_3H_8 + O \longrightarrow C_3H_7 + OH \qquad (P.4c)$$

第 5 步：与第 2 步一样，碳氢自由基再次通过脱氢反应分解为烯烃和 H 原子，即

$$C_3H_7 + M \longrightarrow C_3H_6 + H + M \qquad (P.5)$$

这一分解应依据 β-剪刀规则[1]进行。这一规则说的是断裂 C—C 或 C—H 键将是离开自由基位置的一个键，即离开不成对电子的一个位置。在自由基位置处的不成对电子加强了相邻的键，引起的结果是从这一位置向外移动了一个位置。对于从第 4 步产生的自由基 C_3H_7，有以下两种可能的途径：

$$C_3H_7 + M \quad\diagup\!\!\!\diagdown \quad \begin{matrix} C_3H_6 + H + M \\ \\ C_2H_4 + CH_3 + M \end{matrix} \qquad (P.6)$$

对自由基 C_3H_7 分解反应（P.6）应用 β-剪刀规则，如图 5.3 所示。

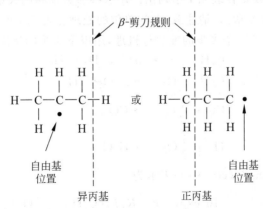

图 5.3　β-剪刀规则用于判断由于自由基位置的不同而引起的 C_3H_7 断裂方式的不同。注意，在自由基位置与断键之间插入的 C—C 键。

第 6 步：第 2 步和第 5 步所产生的烯烃的氧化是由 O 原子撞击所激发的,这会产生甲酸基（HCO）和甲醛（H_2CO）,即

$$C_3H_6 + O \longrightarrow C_2H_5 + HCO \tag{P.7a}$$

$$C_3H_6 + O \longrightarrow C_2H_4 + H_2CO \tag{P.7b}$$

第 7a 步：甲基自由基（CH_3）氧化。

第 7b 步：甲醛（H_2CO）氧化。

第 7c 步：亚甲基（CH_2）氧化。

第 7a～7c 步的详细过程可以在文献[1]中找到,但是,这些步骤都会生成一氧化碳。一氧化碳的氧化是最后一步（第 8 步）。

第 8 步：按含湿的 CO 机理进行的一氧化碳的氧化,反应（CO.1）～反应（CO.7）。

从上面的过程可以看出,高链烷烃的氧化机理实际是相当复杂的。这一机理的细节仍是需要研究的课题[6,7]。

5.4.2　总包和准总包机理

根据系列的总包和准总包反应步骤中总的特性,从 5.4.1 节（1）～（3）的过程就可导出经验的总包反应模型。针对一系列碳氢化合物,文献[6]提出了一步、两步和多步的总包反应动力学并加以评价。总包反应模型,顾名思义,就是不去涉及碳氢化合物氧化的细节。虽然有其局限性,但对于工程近似是很有用的。工程上可用下面的一步表达式进行近似：

$$C_xH_y + (x + y/4)O_2 \xrightarrow{k_G} xCO_2 + (y/2)H_2O \tag{5.1}$$

$$\frac{d[C_xH_y]}{dt} = -A\exp(-E_a/R_uT)[C_xH_y]^m[O_2]^n \tag{5.2}$$

$$[=]mol/(cm^3 \cdot s)$$

式中,参数 $A, E_a/R_u, m$ 及 n 在表 5.1 中列出。用这些参数预测的火焰传播速度和可燃极限与实验吻合得很好（见第 8 章）。请注意,A 的单位的处理在表 5.1 的表下注中说明。

Hautman 等[8]提出了一个多步的准总包机理,用以下 4 步的反应来模化丙烷的氧化：

$$C_nH_{2n+2} \longrightarrow (n/2)C_2H_4 + H_2 \tag{HC.1}$$

$$C_2H_4 + O_2 \longrightarrow 2CO + 2H_2 \tag{HC.2}$$

$$CO + \frac{1}{2}O_2 \longrightarrow CO_2 \tag{HC.3}$$

$$H_2 + \frac{1}{2}O_2 \longrightarrow H_2O \tag{HC.4}$$

式中,反应速率（单位为 $mol/(cm^3 \cdot s)$）表示为

$$\frac{d[C_nH_{2n+2}]}{dt} = -10^x\exp(-E_A/R_uT)[C_nH_{2n+2}]^a[O_2]^b[C_2H_4]^c \tag{5.3}$$

$$\frac{d[C_2H_4]}{dt} = -10^x\exp(-E_A/R_uT)[C_2H_4]^a[O_2]^b[C_nH_{2n+2}]^c \tag{5.4}$$

$$\frac{d[CO]}{dt} = -10^x \exp(-E_A/R_u T)[CO]^a[O_2]^b[H_2O]^c 7.93\exp(-2.48\Phi) \tag{5.5}$$

$$\frac{d[H_2]}{dt} = -10^x \exp(-E_A/R_u T)[H_2]^a[O_2]^b[C_2H_4]^c \tag{5.6}$$

式中，Φ 是当量比。每个方程的指数 x,a,b 和 c 在表 5.2 中列出。

请注意，在这一机理中，假定乙烯（C_2H_4）是中间的碳氢化合物；在速率方程中，相应的 C_3H_8 和 C_2H_4 的指数是负数，这表明 C_3H_8 和 C_2H_4 分别抑制了 C_2H_4 和 H_2 的氧化。还要注意到的是，速率方程并不直接与总包反应步骤相对应，如式(5.3)～式(5.6)包括了三个组分反应，而不像单独的总包反应(HC.1)～反应(HC.4)那样表示的两个组分。文献[10]讨论了简化的碳氢化合物氧化的其他方法。

表 5.1 式(5.2)所示的单步反应的速率参数(摘自文献[9])

燃 料	指前因子 $A^{①}$	活化温度 $(E_a/R_u)/K$	m	n
CH_4	1.3×10^8	$24\ 358^{②}$	-0.3	1.3
CH_4	8.3×10^5	$15\ 098^{③}$	-0.3	1.3
C_2H_6	1.1×10^{12}	$15\ 098$	0.1	1.65
C_3H_8	8.6×10^{11}	$15\ 098$	0.1	1.65
C_4H_{10}	7.4×10^{11}	$15\ 098$	0.15	1.6
C_5H_{12}	6.4×10^{11}	$15\ 098$	0.25	1.5
C_6H_{14}	5.7×10^{11}	$15\ 098$	0.25	1.5
C_7H_{16}	5.1×10^{11}	$15\ 098$	0.25	1.5
C_8H_{18}	4.6×10^{11}	$15\ 098$	0.25	1.5
C_8H_{18}	7.2×10^{12}	$20\ 131^{④}$	0.25	1.5
C_9H_{20}	4.2×10^{11}	$15\ 098$	0.25	1.5
$C_{10}H_{22}$	3.8×10^{11}	$15\ 098$	0.25	1.5
CH_3OH	3.2×10^{12}	$15\ 098$	0.25	1.5
C_2H_5OH	1.5×10^{12}	$15\ 098$	0.15	1.6
C_6H_6	2.0×10^{11}	$15\ 098$	-0.1	1.85
C_7H_8	1.6×10^{11}	$15\ 098$	-0.1	1.85
C_2H_4	2.0×10^{12}	$15\ 098$	0.1	1.65
C_3H_6	4.2×10^{11}	$15\ 098$	-0.1	1.85
C_2H_2	6.5×10^{12}	$15\ 098$	0.5	1.25

① A 的单位包括了式(5.2)中的浓度单位，浓度单位为 mol/cm^3，即有 $A[=](mol/cm^3)^{1-m-n}/s$。

② $E_a = 48.4kcal/mol$。

③ $E_a = 30kcal/mol$。

④ $E_a = 40kcal/mol$。

表 5.2 $C_n H_{2n+2}$ 多步氧化机理的常数①[8]

丙烷（$n=3$）			
速率方程	5.3	5.4	5.5	5.6
x	17.32	14.7	14.6	13.52
$(E_A/R_u)/K$	24 962	25 164	20 131	20 634
a	0.50	0.90	1.0	0.85
b	1.07	1.18	0.25	1.42
c	0.40	−0.37	0.50	−0.56

① 初始条件：$T(K)$：960～1145；$[C_3H_8]_i$(mol/cm³)：$1\times10^{-8}\sim1\times10^{-7}$；$[O_2]_i$(mol/cm³)：$1\times10^{-7}\sim5\times10^{-6}$；$\Phi$：0.03～2.0。

5.4.3 实际燃料及其替代物

许多实际的燃料，如汽油、柴油等，含有许多不同的碳氢化合物，这将在第 17 章中讨论。对实际燃料燃烧的模化方法之一是考虑用一个单一成分来代表实际的燃料混合物，或者用少量碳氢化合物的混合物来代表，并使燃料的重要性质能相匹配。模化这样的高分子质量的碳氢化合物及其混合物作为对实际燃料的替代物的燃烧而发展了其化学反应机理。表 5.3 列出了针对这一问题开展动力学模化的研究情况。

表 5.3 以实际燃料燃烧为目的的化学动力学研究

目标燃料	替代混合物①	参考文献	评 述
天然气	甲烷（CH_4） 乙烷（C_2H_6） 丙烷（C_3H_8）	Dagaut[11]	
煤油（Jet A-1）	正癸烷（$C_{10}H_{22}$）	Dagaut[11]	单一组分模型燃料
煤油（Jet A-1）	74％正癸烷（$C_{10}H_{22}$） 15％丙基苯 11％n-丙基环己烷	Dagaut[11]	207 个组分和 1592 个反应
柴油	36.5％正十六烷（$C_{16}H_{24}$） 24.5％异辛烷（C_8H_{18}） 20.4％丙基苯 18.2％n-丙基环己烷	Dagaut[11]	298 个组分和 2352 个反应
JP-8（航空煤油）	10％异辛烷 20％甲基环己烷（C_7H_{14}） 15％间二甲苯（C_8H_{10}） 30％正十二烷（C_7H_{14}） 5％四氢萘（C_7H_{14}） 20％正十四烷（$C_{14}H_{30}$）	Cooke 等[12] Violi 等[13] Ranzi 等[14] Ranzi 等[15] Ranzi 等[16]	221 个组分和 5032 个反应

续表

目标燃料	替代混合物①	参考文献	评　述
汽油	异辛烷(纯)(C_8H_{18}) 异辛烷(C_8H_{18})-正庚烷(C_7H_{16})	Curran 等[17] Curran 等[18]	单一组分模型燃料和双组分模型燃料替代物；860～990 个组分和 3600～4060 个反应
汽油	63%～69%(液体体积)异辛烷(C_8H_{18}) 14%～20%(液体体积)甲苯(C_7H_8) 17%(液体体积)正庚烷(C_7H_{16}) 及 62%(液体体积)异辛烷(C_8H_{18}) 20%(液体体积)乙醇(C_2H_5OH) 18%(液体体积)正庚烷(C_7H_{16}) 及 45%(液体体积)甲苯(C_7H_8) 25%(液体体积)异辛烷(C_8H_{18}) 20%(液体体积)正庚烷(C_7H_{16}) 10%(液体体积)二异丁烯(C_8H_{16})	Andrae 等[19] Andrae[20]	混合物的辛烷值与标准欧洲汽油相匹配
生物柴油	癸酸甲酯($C_{10}H_{22}O_2$,即 $CH_3(CH_2)_8COOCH_3$)	Herbinet 等[21]	3012 个组分和 8820 个反应

① 除标明外,组成是指摩尔分数(%)。

5.5　甲烷燃烧

5.5.1　复杂机理

由于甲烷特有的四面体的分子结构和很大的 C—H 键能,都使它显示出独特的燃烧特性。例如,它具有很高的着火温度和很低的火焰传播速度,与其他碳氢化合物相比,在光化学烟雾形成化学中呈低反应性。

甲烷化学动力学也许是研究最广泛,也是理解最清楚的。考夫曼[22]在其燃烧动力学的综述中指出,在 1970—1982 年期间,甲烷燃烧机理从含有 12 个组分的 15 个基元反应,发展到含有 25 个组分的 75 个基元反应加上相应的 75 个逆反应。最近,几个研究小组合作并提出了优化的甲烷动力学机理[23],叫做 GRI Mech 机理。它是在 Frenlach 等[24]提出的优化技术的基础上提出的。GRI Mech[23]可以在因特网上获得,并且在不断更新中。表 5.4 表示的是其 3.0 版本,总共有 53 个组分,325 个基元反应。其中列出的许多反应,作为 H_2 和 CO 氧化机理的一部分已在前面介绍过。

表 5.4　甲烷燃烧复杂机理（GRI Mech 3.0）[23]

序　号	反　　应	正反应速率常数[①]		
		A	b	E
C-H-O 反应				
1	$O+O+M \longrightarrow O_2+M$	1.20×10^{17}	-1.0	0.0
2	$O+H+M \longrightarrow OH+M$	5.00×10^{17}	-1.0	0.0
3	$O+H_2 \longrightarrow H+OH$	3.87×10^4	2.7	6260
4	$O+HO_2 \longrightarrow OH+O_2$	2.00×10^{13}	0.0	0.0
5	$O+H_2O_2 \longrightarrow OH+HO_2$	9.63×10^6	2.0	4000
6	$O+CH \longrightarrow H+CO$	5.70×10^{13}	0.0	0.0
7	$O+CH_2 \longrightarrow H+HCO$	8.00×10^{13}	0.0	0.0
8[②]	$O+CH_2(S) \longrightarrow H_2+CO$	1.50×10^{13}	0.0	0.0
9[②]	$O+CH_2(S) \longrightarrow H+HCO$	1.50×10^{13}	0.0	0.0
10	$O+CH_3 \longrightarrow H+CH_2O$	5.06×10^{13}	0.0	0.0
11	$O+CH_4 \longrightarrow OH+CH_3$	1.02×10^9	1.5	8600
12	$O+CO+M \longrightarrow CO_2+M$	1.8×10^{10}	0.0	2385
13	$O+HCO \longrightarrow OH+CO$	3.00×10^{13}	0.0	0.0
14	$O+HCO \longrightarrow H+CO_2$	3.00×10^{13}	0.0	0.0
15	$O+CH_2O \longrightarrow OH+HCO$	3.90×10^{13}	0.0	3540
16	$O+CH_2OH \longrightarrow OH+CH_2O$	1.00×10^{13}	0.0	0.0
17	$O+CH_3O \longrightarrow OH+CH_2O$	1.00×10^{13}	0.0	0.0
18	$O+CH_3OH \longrightarrow OH+CH_2OH$	3.88×10^5	2.5	3100
19	$O+CH_3OH \longrightarrow OH+CH_3O$	1.30×10^5	2.5	5000
20	$O+C_2H \longrightarrow CH+CO$	5.00×10^{13}	0.0	0.0
21	$O+C_2H_2 \longrightarrow H+HCCO$	1.35×10^7	2.0	1900
22	$O+C_2H_2 \longrightarrow OH+C_2H$	4.60×10^{19}	-1.4	$28\,950$
23	$O+C_2H_2 \longrightarrow CO+CH_2$	9.64×10^6	2.0	1900
24	$O+C_2H_3 \longrightarrow H+CH_2CO$	3.00×10^{13}	0.0	0.0
25	$O+C_2H_4 \longrightarrow CH_3+HCO$	1.25×10^7	1.83	220
26	$O+C_2H_5 \longrightarrow CH_3+CH_2O$	2.24×10^{13}	0.0	0.0
27	$O+C_2H_6 \longrightarrow OH+C_2H_5$	8.98×10^7	1.9	5690
28	$O+HCCO \longrightarrow H+CO+CO$	1.00×10^{14}	0.0	0.0
29	$O+CH_2CO \longrightarrow OH+HCCO$	1.00×10^{13}	0.0	8000
30	$O+CH_2CO \longrightarrow CH_2+CO_2$	1.75×10^{12}	0.0	1350
31	$O_2+CO \longrightarrow O+CO_2$	2.50×10^{12}	0.0	$47\,800$
32	$O_2+CH_2O \longrightarrow HO_2+HCO$	1.00×10^{14}	0.0	$40\,000$
33	$H+O_2+M \longrightarrow HO_2+M$	2.80×10^{18}	-0.9	0.0
34	$H+O_2+O_2 \longrightarrow HO_2+O_2$	2.08×10^{19}	-1.2	0.0
35	$H+O_2+H_2O \longrightarrow HO_2+H_2O$	1.13×10^{19}	-0.8	0.0
36	$H+O_2+N_2 \longrightarrow HO_2+N_2$	2.60×10^{19}	-1.2	0.0

续表

序 号	反 应	正反应速率常数[①]		
		A	b	E
C-H-O 反应				
37	$H+O_2+Ar \longrightarrow HO_2+Ar$	7.00×10^{17}	-0.8	0.0
38	$H+O_2 \longrightarrow O+OH$	2.65×10^{16}	-0.7	$17\,041$
39	$H+H+M \longrightarrow H_2+M$	1.00×10^{18}	-1.0	0.0
40	$H+H+H_2 \longrightarrow H_2+H_2$	9.00×10^{16}	-0.6	0.0
41	$H+H+H_2O \longrightarrow H_2+H_2O$	6.00×10^{19}	-1.2	0.0
42	$H+H+CO_2 \longrightarrow H_2+CO_2$	5.50×10^{20}	-2.0	0.0
43	$H+OH+M \longrightarrow H_2O+M$	2.20×10^{22}	-2.0	0.0
44	$H+HO_2 \longrightarrow O+H_2O$	3.97×10^{12}	0.0	671
45	$H+HO_2 \longrightarrow O_2+H_2$	4.48×10^{13}	0.0	1068
46	$H+HO_2 \longrightarrow OH+OH$	8.4×10^{13}	0.0	635
47	$H+H_2O_2 \longrightarrow HO_2+H_2$	1.21×10^{7}	2.0	5200
48	$H+H_2O_2 \longrightarrow OH+H_2O$	1.00×10^{13}	0.0	3600
49	$H+CH \longrightarrow C+H_2$	1.65×10^{14}	0.0	0.0
50	$H+CH_2(+M) \longrightarrow CH_3(+M)$	与压力有关		
51[②]	$H+CH_2(S) \longrightarrow CH+H_2$	3.00×10^{13}	0.0	0.0
52	$H+CH_3(+M) \longrightarrow CH_4(+M)$	与压力有关		
53	$H+CH_4 \longrightarrow CH_3+H_2$	6.60×10^{8}	1.6	$10\,840$
54	$H+HCO(+M) \longrightarrow CH_2O(+M)$	与压力有关		
55	$H+HCO \longrightarrow H_2+CO$	7.34×10^{13}	0.0	0.0
56	$H+CH_2O(+M) \longrightarrow CH_2OH(+M)$	与压力有关		
57	$H+CH_2O(+M) \longrightarrow CH_3O(+M)$	与压力有关		
58	$H+CH_2O \longrightarrow HCO+H_2$	5.74×10^{7}	1.9	2742
59	$H+CH_2OH(+M) \longrightarrow CH_3OH(+M)$	与压力有关		
60	$H+CH_2OH \longrightarrow H_2+CH_2O$	2.00×10^{13}	0.0	0.0
61	$H+CH_2OH \longrightarrow OH+CH_3$	1.65×10^{11}	0.7	-284
62[②]	$H+CH_2OH \longrightarrow CH_2(S)+H_2O$	3.28×10^{13}	-0.1	610
63	$H+CH_3O(+M) \longrightarrow CH_3OH(+M)$	与压力有关		
64[②]	$H+CH_2OH \longrightarrow CH_2(S)+H_2O$	4.15×10^{7}	1.6	1924
65	$H+CH_3O \longrightarrow H_2+CH_2O$	2.00×10^{13}	0.0	0.0
66	$H+CH_3O \longrightarrow OH+CH_3$	1.50×10^{12}	0.5	-110
67[②]	$H+CH_3O \longrightarrow CH_2(S)+H_2O$	2.62×10^{14}	0.2	1070
68	$H+CH_3OH \longrightarrow CH_2OH+H_2$	1.70×10^{7}	2.1	4870
69	$H+CH_3OH \longrightarrow CH_3O+H_2$	4.20×10^{6}	2.1	4870
70	$H+C_2H(+M) \longrightarrow C_2H_2(+M)$	与压力有关		
71	$H+C_2H_2(+M) \longrightarrow C_2H_3(+M)$	与压力有关		
72	$H+C_2H_3(+M) \longrightarrow C_2H_4(+M)$	与压力有关		

序　号	反　　应	正反应速率常数[①]		
		A	b	E
C-H-O反应				
73	$H + C_2H_3 \longrightarrow H_2 + C_2H_2$	3.00×10^{13}	0.0	0.0
74	$H + C_2H_4 (+M) \longrightarrow C_2H_5 (+M)$	与压力有关		
75	$H + C_2H_4 \longrightarrow C_2H_3 + H_2$	1.32×10^6	2.5	12 240
76	$H + C_2H_5 (+M) \longrightarrow C_2H_6 (+M)$	与压力有关		
77	$H + C_2H_5 \longrightarrow C_2H_4 + H_2$	2.00×10^{12}	0.0	0.0
78	$H + C_2H_6 \longrightarrow C_2H_5 + H_2$	1.15×10^8	1.9	7530
79[②]	$H + HCCO \longrightarrow CH_2(S) + CO$	1.00×10^{14}	0.0	0.0
80	$H + CH_2CO \longrightarrow HCCO + H_2$	5.00×10^{13}	0.0	8000
81	$H + CH_2CO \longrightarrow CH_3 + CO$	1.13×10^{13}	0.0	3428
82	$H + HCCOH \longrightarrow H + CH_2CO$	1.00×10^{13}	0.0	0.0
83	$H_2 + CO (+M) \longrightarrow CH_2O (+M)$	与压力有关		
84	$OH + H_2 \longrightarrow H + H_2O$	2.16×10^8	1.5	3430
85	$OH + OH (+M) \longrightarrow H_2O_2 (+M)$	与压力有关		
86	$OH + OH \longrightarrow O + H_2O$	3.57×10^4	2.4	−2110
87	$OH + HO_2 \longrightarrow O_2 + H_2O$	1.45×10^{13}	0.0	−500
88	$OH + H_2O_2 \longrightarrow HO_2 + H_2O$	2.00×10^{12}	0.0	427
89	$OH + H_2O_2 \longrightarrow HO_2 + H_2O$	1.70×10^{18}	0.0	29 410
90	$OH + C \longrightarrow H + CO$	5.00×10^{13}	0.0	0.0
91	$OH + CH \longrightarrow H + HCO$	3.00×10^{13}	0.0	0.0
92	$OH + CH_2 \longrightarrow H + CH_2O$	2.00×10^{13}	0.0	0.0
93	$OH + CH_2 \longrightarrow CH + H_2O$	1.13×10^7	2.0	3000
94[②]	$OH + CH_2(S) \longrightarrow H + CH_2O$	3.00×10^{13}	0.0	0.0
95	$OH + CH_3 (+M) \longrightarrow CH_3OH (+M)$	与压力有关		
96	$OH + CH_3 \longrightarrow CH_2 + H_2O$	5.60×10^7	1.6	5420
97[②]	$OH + CH_3 \longrightarrow CH_2(S) + H_2O$	6.44×10^{17}	−1.3	1417
98	$OH + CH_4 \longrightarrow CH_3 + H_2O$	1.00×10^8	1.6	3120
99	$OH + CO \longrightarrow H + CO_2$	4.76×10^7	1.2	70
100	$OH + HCO \longrightarrow H_2O + CO$	5.00×10^{13}	0.0	0.0
101	$OH + CH_2O \longrightarrow HCO + H_2O$	3.43×10^9	1.2	−447
102	$OH + CH_2OH \longrightarrow H_2O + CH_2O$	5.00×10^{12}	0.0	0.0
103	$OH + CH_3O \longrightarrow H_2O + CH_2O$	5.00×10^{12}	0.0	0.0
104	$OH + CH_3OH \longrightarrow CH_2OH + H_2O$	1.44×10^6	2.0	−840
105	$OH + CH_3OH \longrightarrow CH_3O + H_2O$	6.30×10^6	2.0	1500
106	$OH + C_2H \longrightarrow H + HCCO$	2.00×10^{13}	0.0	0.0
107	$OH + C_2H_2 \longrightarrow H + CH_2CO$	2.18×10^{-4}	4.5	−1000
108	$OH + C_2H_2 \longrightarrow H + HCCOH$	5.04×10^5	2.3	13 500

序 号	反 应	正反应速率常数[①]		
		A	b	E
C-H-O 反应				
109	$OH+C_2H_2\longrightarrow C_2H+H_2O$	3.37×10^7	2.0	14 000
110	$OH+C_2H_2\longrightarrow CH_3+CO$	4.83×10^{-4}	4.0	-2000
111	$OH+C_2H_3\longrightarrow H_2O+C_2H_2$	5.00×10^{12}	0.0	0.0
112	$OH+C_2H_4\longrightarrow C_2H_3+H_2O$	3.60×10^6	2.0	2500
113	$OH+C_2H_6\longrightarrow C_2H_5+H_2O$	3.54×10^6	2.1	870
114	$OH+CH_2CO\longrightarrow HCCO+H_2O$	7.50×10^{12}	0.0	2000
115	$HO_2+HO_2\longrightarrow O_2+H_2O_2$	1.30×10^{11}	0.0	-1630
116	$HO_2+HO_2\longrightarrow O_2+H_2O_2$	4.20×10^{14}	0.0	12 000
117	$HO_2+CH_2\longrightarrow OH+CH_2O$	2.00×10^{13}	0.0	0.0
118	$HO_2+CH_3\longrightarrow O_2+CH_4$	1.00×10^{12}	0.0	0.0
119	$HO_2+CH_3\longrightarrow OH+CH_3O$	3.78×10^{13}	0.0	0.0
120	$HO_2+CO\longrightarrow OH+CO_2$	1.50×10^{14}	0.0	23 600
121	$HO_2+CH_2O\longrightarrow HCO+H_2O_2$	5.60×10^6	2.0	12 000
122	$C+O_2\longrightarrow O+CO$	5.80×10^{13}	0.0	576
123	$C+CH_2\longrightarrow H+C_2H$	5.00×10^{13}	0.0	0.0
124	$C+CH_3\longrightarrow H+C_2H_2$	5.00×10^{13}	0.0	0.0
125	$CH+O_2\longrightarrow O+HCO$	6.71×10^{13}	0.0	0.0
126	$CH+H_2\longrightarrow H+CH_2$	1.08×10^{14}	0.0	3110
127	$CH+H_2O\longrightarrow H+CH_2O$	5.71×10^{12}	0.0	-755
128	$CH+CH_2\longrightarrow H+C_2H_2$	4.00×10^{13}	0.0	0.0
129	$CH+CH_3\longrightarrow H+C_2H_3$	3.00×10^{13}	0.0	0.0
130	$CH+CH_4\longrightarrow H+C_2H_4$	6.00×10^{13}	0.0	0.0
131	$CH+CO(+M)\longrightarrow HCCO(+M)$	与压力有关		
132	$CH+CO_2\longrightarrow HCO+CO$	1.90×10^{14}	0.0	15 792
133	$CH+CH_2O\longrightarrow H+CH_2CO$	9.46×10^{13}	0.0	-515
134	$CH+HCCO\longrightarrow CO+C_2H_2$	5.00×10^{13}	0.0	0.0
135	$CH_2+O_2\longrightarrow OH+HCO$	5.00×10^{12}	0.0	1500
136	$CH_2+H_2\longrightarrow H+CH_3$	5.00×10^5	2.0	7230
137	$CH_2+CH_2\longrightarrow H_2+C_2H_2$	1.60×10^{15}	0.0	11 944
138	$CH_2+CH_3\longrightarrow H+C_2H_4$	4.00×10^{13}	0.0	0.0
139	$CH_2+CH_4\longrightarrow CH_3+CH_3$	2.46×10^6	2.0	8270
140	$CH_2+CO(+M)\longrightarrow CH_2CO(+M)$	与压力有关		
141	$CH_2+HCCO\longrightarrow C_2H_3+CO$	3.00×10^{13}	0.0	0.0
142[②]	$CH_2(S)+N_2\longrightarrow CH_2+N_2$	1.50×10^{13}	0.0	600
143[②]	$CH_2(S)+Ar\longrightarrow CH_2+Ar$	9×10^{12}	0.0	600
144[②]	$CH_2(S)+O_2\longrightarrow H+OH+CO$	2.80×10^{13}	0.0	0.0

续表

序 号	反 应	正反应速率常数[①]		
		A	b	E
C-H-O 反应				
145[②]	$CH_2(S) + O_2 \longrightarrow CO + H_2O$	1.20×10^{13}	0.0	0.0
146[②]	$CH_2(S) + H_2 \longrightarrow CH_3 + H$	7.00×10^{13}	0.0	0.0
147[②]	$CH_2(S) + H_2O(+M) \longrightarrow CH_3OH(+M)$	与压力有关		
148[②]	$CH_2(S) + H_2O \longrightarrow CH_2 + H_2O$	3.00×10^{13}	0.0	0.0
149[②]	$CH_2(S) + CH_3 \longrightarrow H + C_2H_4$	1.20×10^{13}	0.0	-570
150[②]	$CH_2(S) + CH_4 \longrightarrow CH_3 + CH_3$	1.60×10^{13}	0.0	-570
151[②]	$CH_2(S) + CO \longrightarrow CH_2 + CO$	9.00×10^{12}	0.0	0.0
152[②]	$CH_2(S) + CO_2 \longrightarrow CH_2 + CO_2$	7.00×10^{12}	0.0	0.0
153[②]	$CH_2(S) + CO_2 \longrightarrow CO + CH_2O$	1.40×10^{13}	0.0	0.0
154[②]	$CH_2(S) + C_2H_6 \longrightarrow CH_3 + C_2H_5$	4.00×10^{13}	0.0	-550
155	$CH_3 + O_2 \longrightarrow O + CH_3O$	3.56×10^{13}	0.0	30 480
156	$CH_3 + O_2 \longrightarrow OH + CH_2O$	2.31×10^{12}	0.0	20 315
157	$CH_3 + H_2O_2 \longrightarrow HO_2 + CH_4$	2.45×10^{4}	2.47	5180
158	$CH_3 + CH_3(+M) \longrightarrow C_2H_6(+M)$	与压力有关		
159	$CH_3 + CH_3 \longrightarrow H + C_2H_5$	6.48×10^{12}	0.1	10 600
160	$CH_3 + HCO \longrightarrow CH_4 + CO$	2.65×10^{13}	0.0	0.0
161	$CH_3 + CH_2O \longrightarrow HCO + CH_4$	3.32×10^{3}	2.8	5860
162	$CH_3 + CH_3OH \longrightarrow CH_2OH + CH_4$	3.00×10^{7}	1.5	9940
163	$CH_3 + CH_3OH \longrightarrow CH_3O + CH_4$	1.00×10^{7}	1.5	9940
164	$CH_3 + C_2H_4 \longrightarrow C_2H_3 + CH_4$	2.27×10^{5}	2.0	9200
165	$CH_3 + C_2H_6 \longrightarrow C_2H_5 + CH_4$	6.14×10^{6}	1.7	10 450
166	$HCO + H_2O \longrightarrow H + CO + H_2O$	1.55×10^{18}	-1.0	17 000
167	$HCO + M \longrightarrow H + CO + M$	1.87×10^{17}	-1.0	17 000
168	$HCO + O_2 \longrightarrow HO_2 + CO$	1.35×10^{13}	0.0	400
169	$CH_2OH + O_2 \longrightarrow HO_2 + CH_2O$	1.80×10^{13}	0.0	900
170	$CH_3O + O_2 \longrightarrow HO_2 + CH_2O$	4.28×10^{-13}	7.6	-3530
171	$C_2H + O_2 \longrightarrow HCO + CO$	1.00×10^{13}	0.0	-755
172	$C_2H + H_2 \longrightarrow H + C_2H_2$	5.68×10^{10}	0.9	1993
173	$C_2H_3 + O_2 \longrightarrow HCO + CH_2O$	4.58×10^{16}	-1.4	1015
174	$C_2H_4(+M) \longrightarrow H_2 + C_2H_2(+M)$	与压力有关		
175	$C_2H_5 + O_2 \longrightarrow HO_2 + C_2H_4$	8.40×10^{11}	0.0	3875
176	$HCCO + O_2 \longrightarrow OH + CO + CO$	3.20×10^{12}	0.0	854
177	$HCCO + HCCO \longrightarrow CO + CO + C_2H_2$	1.00×10^{13}	0.0	0.0

续表

序 号	反 应	正反应速率常数[①]		
		A	b	E
含 N 反应				
178	$N+NO \longrightarrow N_2+O$	2.70×10^{13}	0.0	355
179	$N+O_2 \longrightarrow NO+O$	9.00×10^9	1.0	6500
180	$N+OH \longrightarrow NO+H$	3.36×10^{13}	0.0	385
181	$N_2O+O \longrightarrow N_2+O_2$	1.40×10^{12}	0.0	10 810
182	$N_2O+O \longrightarrow NO+NO$	2.90×10^{13}	0.0	23 150
183	$N_2O+H \longrightarrow N_2+OH$	3.87×10^{14}	0.0	18 880
184	$N_2O+OH \longrightarrow N_2+HO_2$	2.00×10^{12}	0.0	21 060
185	$N_2O(+M) \longrightarrow N_2+O(+M)$	与压力有关		
186	$HO_2+NO \longrightarrow NO_2+OH$	2.11×10^{12}	0.0	−480
187	$NO+O+M \longrightarrow NO_2+M$	1.06×10^{20}	−1.4	0.0
188	$NO_2+O \longrightarrow NO+O_2$	3.90×10^{12}	0.0	−240
189	$NO_2+H \longrightarrow NO+OH$	1.32×10^{14}	0.0	360
190	$NH+O \longrightarrow NO+H$	4.00×10^{13}	0.0	0.0
191	$NH+H \longrightarrow N+H_2$	3.20×10^{13}	0.0	330
192	$NH+OH \longrightarrow HNO+H$	2.00×10^{13}	0.0	0.0
193	$NH+OH \longrightarrow N+H_2O$	2.00×10^9	1.2	0.0
194	$NH+O_2 \longrightarrow HNO+O$	4.61×10^5	2.0	6500
195	$NH+O_2 \longrightarrow NO+OH$	1.28×10^6	1.5	100
196	$NH+N \longrightarrow N_2+H$	1.50×10^{13}	0.0	0.0
197	$NH+H_2O \longrightarrow HNO+H_2$	2.00×10^{13}	0.0	13 850
198	$NH+NO \longrightarrow N_2+OH$	2.16×10^{13}	−0.2	0.0
199	$NH+NO \longrightarrow N_2O+H$	3.65×10^{14}	−0.5	0.0
200	$NH_2+O \longrightarrow OH+NH$	3.00×10^{12}	0.0	0.0
201	$NH_2+O \longrightarrow H+HNO$	3.9×10^{13}	0.0	0.0
202	$NH_2+H \longrightarrow NH+H_2$	4.00×10^{13}	0.0	3650
203	$NH_2+OH \longrightarrow NH+H_2O$	9.00×10^7	1.5	−460
204	$NNH \longrightarrow N_2+H$	3.30×10^8	0.0	0.0
205	$NNH+M \longrightarrow N_2+H+M$	1.30×10^{14}	−0.1	4980
206	$NNH+O_2 \longrightarrow HO_2+N_2$	5.00×10^{12}	0.0	0.0
207	$NNH+O \longrightarrow OH+N_2$	2.50×10^{13}	0.0	0.0
208	$NNH+O \longrightarrow NH+NO$	7.00×10^{13}	0.0	0.0
209	$NNH+H \longrightarrow H_2+N_2$	5.00×10^{13}	0.0	0.0
210	$NNH+OH \longrightarrow H_2O+N_2$	2.00×10^{13}	0.0	0.0
211	$NNH+CH_3 \longrightarrow CH_4+N_2$	2.50×10^{13}	0.0	0.0
212	$H+NO+M \longrightarrow HNO+M$	4.48×10^{19}	−1.3	740
213	$HNO+O \longrightarrow NO+OH$	2.50×10^{13}	0.0	0.0

序 号	反 应	正反应速率常数[①]		
		A	b	E
含 N 反应				
214	$HNO+H \longrightarrow H_2+NO$	9.00×10^{11}	0.7	660
215	$HNO+OH \longrightarrow NO+H_2O$	1.30×10^7	1.9	-950
216	$HNO+O_2 \longrightarrow HO_2+NO$	1.00×10^{13}	0.0	13 000
217	$CN+O \longrightarrow CO+N$	7.70×10^{13}	0.0	0.0
218	$CN+OH \longrightarrow NCO+H$	4.00×10^{13}	0.0	0.0
219	$CN+H_2O \longrightarrow HCN+OH$	8.00×10^{12}	0.0	7460
220	$CN+O_2 \longrightarrow NCO+O$	6.14×10^{12}	0.0	-440
221	$CN+H_2 \longrightarrow HCN+H$	2.95×10^5	2.5	2240
222	$NCO+O \longrightarrow NO+CO$	2.35×10^{13}	0.0	0.0
223	$NCO+H \longrightarrow NH+CO$	5.40×10^{13}	0.0	0.0
224	$NCO+OH \longrightarrow NO+H+CO$	2.50×10^{12}	0.0	0.0
225	$NCO+N \longrightarrow N_2+CO$	2.00×10^{13}	0.0	0.0
226	$NCO+O_2 \longrightarrow NO+CO_2$	2.00×10^{12}	0.0	20 000
227	$NCO+M \longrightarrow N+CO+M$	3.10×10^{14}	0.0	54 050
228	$NCO+NO \longrightarrow N_2O+CO$	1.90×10^{17}	-1.5	740
229	$NCO+NO \longrightarrow N_2+CO_2$	3.80×10^{18}	-2.0	800
230	$HCN+M \longrightarrow H+CN+M$	1.04×10^{29}	-3.3	126 600
231	$HCN+O \longrightarrow NCO+H$	2.03×10^4	2.6	4980
232	$HCN+O \longrightarrow NH+CO$	5.07×10^3	2.6	4980
233	$HCN+O \longrightarrow CN+OH$	3.91×10^9	1.6	26 600
234	$HCN+OH \longrightarrow HOCN+H$	1.10×10^6	2.0	13 370
235	$HCN+OH \longrightarrow HNCO+H$	4.40×10^3	2.3	6400
236	$HCN+OH \longrightarrow NH_2+CO$	1.60×10^2	2.6	9000
237	$H+HCN+M \longrightarrow H_2CN+M$	与压力有关		
238	$H_2CN+N \longrightarrow N_2+CH_2$	6.00×10^{13}	0.0	400
239	$C+N_2 \longrightarrow CN+N$	6.30×10^{13}	0.0	46 020
240	$CH+N_2 \longrightarrow HCN+N$	3.12×10^9	0.9	20 130
241	$CH+N_2(+M) \longrightarrow HCNN(+M)$	与压力有关		
242	$CH_2+N_2 \longrightarrow HCN+NH$	1.00×10^{13}	0.0	74 000
243[②]	$CH_2(S)+N_2 \longrightarrow NH+HCN$	1.00×10^{11}	0.0	65 000
244	$C+NO \longrightarrow CN+O$	1.90×10^{13}	0.0	0.0
245	$C+NO \longrightarrow CO+N$	2.90×10^{13}	0.0	0.0
246	$CH+NO \longrightarrow HCN+O$	4.10×10^{13}	0.0	0.0
247	$CH+NO \longrightarrow H+NCO$	1.62×10^{13}	0.0	0.0
248	$CH+NO \longrightarrow N+HCO$	2.46×10^{13}	0.0	0.0
249	$CH_2+NO \longrightarrow H+HNCO$	3.10×10^{17}	-1.4	1270

续表

序 号	反 应	正反应速率常数[①]		
		A	b	E
含N反应				
250	$CH_2 + NO \longrightarrow OH + HCN$	2.90×10^{14}	-0.7	760
251	$CH_2 + NO \longrightarrow H + HCNO$	3.80×10^{13}	-0.4	580
252[②]	$CH_2(S) + NO \longrightarrow H + HNCO$	3.10×10^{17}	-1.4	1270
253[②]	$CH_2(S) + NO \longrightarrow OH + HCN$	2.90×10^{14}	-0.7	760
254[②]	$CH_2(S) + NO \longrightarrow H + HCNO$	3.80×10^{13}	-0.4	580
255	$CH_3 + NO \longrightarrow HCN + H_2O$	9.60×10^{13}	0.0	28 800
256	$CH_3 + NO \longrightarrow H_2CN + OH$	1.00×10^{12}	0.0	21 750
257	$HCNN + O \longrightarrow CO + H + N_2$	2.20×10^{13}	0.0	0.0
258	$HCNN + O \longrightarrow HCN + NO$	2.00×10^{12}	0.0	0.0
259	$HCNN + O_2 \longrightarrow O + HCO + N_2$	1.20×10^{13}	0.0	0.0
260	$HCNN + OH \longrightarrow H + HCO + N_2$	1.20×10^{13}	0.0	0.0
261	$HCNN + H \longrightarrow CH_2 + N_2$	1.00×10^{14}	0.0	0.0
262	$HNCO + O \longrightarrow NH + CO_2$	9.80×10^{7}	1.41	8500
263	$HNCO + O \longrightarrow HNO + CO$	1.50×10^{8}	1.6	44 000
264	$HNCO + O \longrightarrow NCO + OH$	2.20×10^{6}	2.1	11 400
265	$HNCO + H \longrightarrow NH_2 + CO$	2.25×10^{7}	1.7	3800
266	$HNCO + H \longrightarrow H_2 + NCO$	1.05×10^{5}	2.5	13 300
267	$HNCO + OH \longrightarrow NCO + H_2O$	3.30×10^{7}	1.5	3600
268	$HNCO + OH \longrightarrow NH_2 + CO_2$	3.30×10^{6}	1.5	3600
269	$HNCO + M \longrightarrow NH + CO + M$	1.18×10^{16}	0.0	84 720
270	$HCNO + H \longrightarrow H + HNCO$	2.10×10^{15}	-0.7	2850
271	$HCNO + H \longrightarrow OH + HCN$	2.70×10^{11}	0.2	2120
272	$HCNO + H \longrightarrow NH_2 + CO$	1.70×10^{14}	-0.8	2890
273	$HOCN + H \longrightarrow H + HNCO$	2.00×10^{7}	2.0	2000
274	$HCCO + NO \longrightarrow HCNO + CO$	9.00×10^{12}	0.0	0.0
275	$CH_3 + N \longrightarrow H_2CN + H$	6.10×10^{14}	-0.3	290
276	$CH_3 + N \longrightarrow HCN + H_2$	3.70×10^{12}	0.1	-90
277	$NH_3 + H \longrightarrow NH_2 + H_2$	5.40×10^{5}	2.4	9915
278	$NH_3 + OH \longrightarrow NH_2 + H_2O$	5.00×10^{7}	1.6	955
279	$NH_3 + O \longrightarrow NH_2 + OH$	9.40×10^{6}	1.9	6460
从2.11版到3.0版加入的反应				
280	$NH + CO_2 \longrightarrow HNO + CO$	1.00×10^{13}	0.0	14 350
281	$CN + NO_2 \longrightarrow NCO + NO$	6.16×10^{15}	-0.8	345
282	$NCO + NO_2 \longrightarrow N_2O + CO_2$	3.25×10^{12}	0.0	-705
283	$N + CO_2 \longrightarrow NO + CO$	3.00×10^{12}	0.0	11 300
284	$O + CH_3 \longrightarrow H + H_2 + CO$	3.37×10^{13}	0.0	0.0

序 号	反 应	正反应速率常数[①]		
		A	b	E
从 2.11 版到 3.0 版加入的反应				
285	$O+C_2H_4 \longrightarrow CH_2CHO$	6.70×10^6	1.8	220
286	$O+C_2H_5 \longrightarrow H+CH_3CHO$	1.10×10^{14}	0.0	0.0
287	$OH+HO_2 \longrightarrow O_2+H_2O$	5.00×10^{15}	0.0	17 330
288	$OH+CH_3 \longrightarrow H_2+CH_2O$	8.00×10^9	0.5	-1755
289	$CH+H_2+M \longrightarrow CH_3+M$	与压力有关		
290	$CH_2+O_2 \longrightarrow H+H+CO_2$	5.80×10^{12}	0.0	1500
291	$CH_2+O_2 \longrightarrow O+CH_2O$	2.40×10^{12}	0.0	1500
292	$CH_2+CH_2 \longrightarrow H+H+C_2H_2$	2.00×10^{14}	0.0	10 989
293[②]	$CH_2(S)+H_2O \longrightarrow H_2+CH_2O$	6.82×10^{10}	0.2	-935
294	$C_2H_3+O_2 \longrightarrow O+CH_2CHO$	3.03×10^{11}	0.3	11
295	$C_2H_3+O_2 \longrightarrow HO_2+C_2H_2$	1.34×10^6	1.6	-384
296	$O+CH_3CHO \longrightarrow OH+CH_2CHO$	2.92×10^{12}	0.0	1808
297	$O+CH_3CHO \longrightarrow OH+CH_3+CO$	2.92×10^{12}	0.0	1808
298	$O_2+CH_3CHO \longrightarrow HO_2+CH_3+CO$	3.01×10^{13}	0.0	39 150
299	$H+CH_3CHO \longrightarrow CH_2CHO+H_2$	2.05×10^9	1.2	2405
300	$H+CH_3CHO \longrightarrow CH_3+H_2+CO$	2.05×10^9	1.2	2405
301	$OH+CH_3CHO \longrightarrow CH_3+H_2O+CO$	2.34×10^{10}	0.7	-1113
302	$HO_2+CH_3CHO \longrightarrow CH_3+H_2O_2+CO$	3.01×10^{12}	0.0	11 923
303	$CH_3+CH_3CHO \longrightarrow CH_3+CH_4+CO$	2.72×10^6	1.8	5920
304	$H+CH_2CO+M \longrightarrow CH_2CHO+M$	与压力有关		
305	$O+CH_2CHO \longrightarrow H+CH_2+CO_2$	1.50×10^{14}	0.0	0.0
306	$O_2+CH_2CHO \longrightarrow OH+CO+CH_2O$	1.81×10^{10}	0.0	0.0
307	$O_2+CH_2CHO \longrightarrow OH+HCO+HCO$	2.35×10^{10}	0.0	0.0
308	$H+CH_2CHO \longrightarrow CH_3+HCO$	2.20×10^{13}	0.0	0.0
309	$H+CH_2CHO \longrightarrow CH_2CO+H_2$	1.10×10^{13}	0.0	0.0
310	$OH+CH_2CHO \longrightarrow H_2O+CH_2CO$	1.20×10^{13}	0.0	0.0
311	$OH+CH_2CHO \longrightarrow HCO+CH_2OH$	3.01×10^{13}	0.0	0.0
312	$CH_3+C_2H_5+M \longrightarrow C_3H_8+M$	与压力有关		
313	$O+C_3H_8 \longrightarrow OH+C_3H_7$	1.93×10^5	2.7	3716
314	$H+C_3H_8 \longrightarrow C_3H_7+H_2$	1.32×10^6	2.5	6756
315	$OH+C_3H_8 \longrightarrow C_3H_7+H_2O$	3.16×10^7	1.8	934
316	$C_3H_7+H_2O_2 \longrightarrow HO_2+C_3H_8$	3.78×10^2	2.7	1500
317	$CH_3+C_3H_8 \longrightarrow C_3H_7+CH_4$	9.03×10^{-1}	3.6	7154
318	$CH_3+C_2H_4+M \longrightarrow C_3H_7+M$	与压力有关		
319	$O+C_3H_7 \longrightarrow C_2H_5+CH_2O$	9.64×10^{13}	0.0	0.0
320	$H+C_3H_7+M \longrightarrow C_3H_8+M$	与压力有关		

续表

序　号	反　　应	正反应速率常数[①]		
		A	b	E
从 2.11 版到 3.0 版加入的反应				
321	$H+C_3H_7 \longrightarrow CH_3+C_2H_5$	4.06×10^6	2.2	890
322	$OH+C_3H_7 \longrightarrow C_2H_5+CH_2OH$	2.41×10^{13}	0.0	0.0
323	$HO_2+C_3H_7 \longrightarrow O_2+C_3H_8$	2.55×10^{10}	0.3	-943
324	$HO_2+C_3H_7 \longrightarrow OH+C_2H_5+CH_2O$	2.41×10^{13}	0.0	0.0
325	$CH_3+C_2H_7 \longrightarrow C_2H_5+C_2H_5$	1.93×10^{13}	-0.3	0.0

① 正反应速率常数 $k=AT^b\exp(-E/R_uT)$。R_u 是通用气体常数，T 是温度，单位为 K。A 的单位为 $mol/(cm^3 \cdot s)$，E 的单位是 cal/mol。

② $CH_2(S)$ 表示 CH_2 的单重态。

为了使这一复杂系统的意义表示得更明确，下面采用 GRI Mech 2.11 针对在全混流反应器中 CH_4 和空气混合物在高温和低温燃烧的两种反应途径来进行分析[25]。关于全混流反应器将在第 6 章中详细讨论，此处只要知道这是在均相、等温环境中进行的反应就可以了。选择全混流反应器可以避免涉及如在火焰中会碰到的组分的空间分布问题。

5.5.2　高温反应途径分析

图 5.4 所示为在高温(2200K)下甲烷转化为二氧化碳的主要化学途径。图中每个箭头代表了一个基元反应或一组基元反应，箭头的出发点表示的是初始反应物，指向的是初始生成物。附加的反应物组分沿着箭头表示，列出的编号是对应表 5.4 中的反应编号。箭头的宽度直观地表示了某个特定的反应途径的相对重要性，其中括号中的值定量地表示了反应物的消耗速率。

图 5.4 显示了一个从 CH_4 氧化成 CO_2 的主要途径，同时有几个从甲基(CH_3)出发的附加途径。主要途径或主线，是从 OH,O 和 H 自由基撞击 CH_4 分子产生甲基自由基开始的；随后，甲基自由基与一个氧原子结合形成甲醛(CH_2O)；然后，甲醛由 OH,H 和 O 撞击形成甲酸基(HCO)；甲酸基进一步通过三个反应转化为 CO；最终 CO 转化成 CO_2，如前所述，反应由 OH 激发。分子结构图可以更精确地阐明这一组基元反应，并部分解释甲烷的氧化。画出结构图的工作作为一个练习留给读者。

除了从甲基自由基来形成甲醛($CH_3+O \longrightarrow CH_2O+H$)这一直接的途径，自由基 CH_3 也可以反应形成两种可能电子结构的亚甲基(CH_2)。单重态的 CH_2 以 $CH_2(S)$ 表示，请注意与用于表示固体的同样的符号相区别。另外还有一个附加的途径，其中 CH_3 首先转变为 CH_2OH，然后再转变为 CH_2O。再加上一些其他的不重要的途径，就构成了整个机理。那些反应速率小于 $1.0 \times 10^{-7} mol/(m^3 \cdot s)$ 的途径没有在图 5.4 中表示出来。

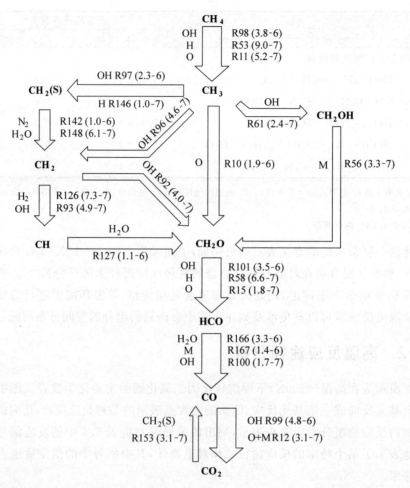

图 5.4 甲烷在全混流反应器中燃烧的高温反应途径。$T = 2200K$，$P = 1atm$，停留时间为 0.1s，反应编号如表 5.4 所列，而反应速率在括号中表示。如 2.6－7 表示 $2.6 \times 10^{-7} \, mol/(cm^3 \cdot s)$。图中结果采用的是 GRI Mech 2.11。

5.5.3 低温反应途径分析

在低温条件下（如小于 1500K），在高温下不重要的途径变得显著了。图 5.5 所示为在 1345K 下的情形。图中黑色箭头表示的是在高温反应途径中不存在而低温条件下变得重要的新途径。反应中出现了几个有趣的现象：首先，存在强的 CH_3 重新化合成 CH_4 的反应；第二，通过中间产物甲醇（CH_3OH）出现了一个从 CH_3 到 CH_2O 的新途径；更有趣的是，CH_3 自由基化合形成了乙烷（C_2H_6），这是一个比初始反应产物甲烷还高的碳氢化合物。

C_2H_6 最终通过 C_2H_4（乙烯）和 C_2H_2（乙炔）转换为 CO 和 CH_2。出现比初始碳氢化合物高的碳氢化合物是低温氧化过程的一个共同特点。

由于甲烷氧化的重要性，进行了许多研究来发展其简化机理。对于这一问题的讨论将在氮氧化物动力学中进行。

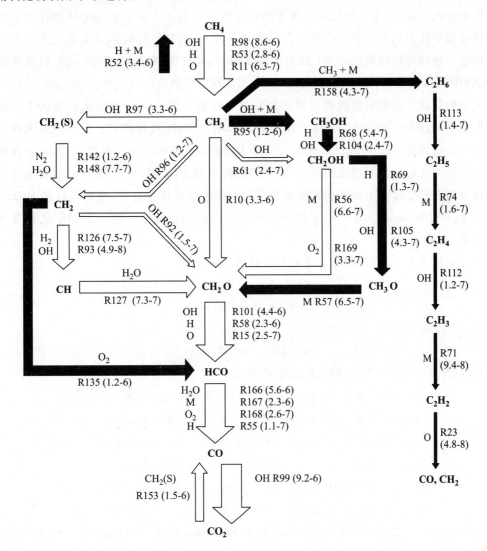

图 5.5　甲烷在全混流反应器中燃烧时的低温（<1500K）反应途径。$T=1345K$，$P=1atm$，停留时间为 0.1s，反应编号如表 5.4 所列，反应速率在括号中表示。如 2.6−7 表示的是 $2.6×10^{-7}\,mol/(cm^3 \cdot s)$。图中结果采用的是 GRI Mech 2.11。

5.6 氮氧化物的形成

第 1 章介绍了氮氧化物，在第 4 章中对其进行了更多的讨论，由于氮氧化物对空气污染有很大的影响，因此它是在燃烧中很重要的次要组分。表 5.4 的后半部分详细提供了在甲烷燃烧过程中涉及的氮化学。在没有燃料氮的条件下，氮氧化物的形成主要是由于空气中的氮通过下述四种机理氧化而成：**热力型或 Zeldovich 机理**、**费尼莫（Fenimore）或快速型机理**、**N_2O-中间体机理**和 **NNH 机理**。热力型机理在高温燃烧中起支配作用，当量比可以在很宽的范围内变化。而费尼莫机理在富燃料燃烧中特别重要。N_2O-中间体机理在很贫的燃料和低温燃烧过程中对 NO 的产生有很重要的作用。NNH 机理相对上面提到的机理是新提出的。针对预混火焰[26]和扩散火焰[27,28]多方面的研究发展了前三种机理，而对于在射流混合反应器中贫燃料预混燃烧的研究，对全部四种机理作出了相应贡献[29]。要获得比在本节中提供的在燃烧过程中氮氧化物形成与控制的化学的更详细资料，读者可以参考 Dagaut 等[30]、Dean 和 Bozzelli[31] 及 Miller 和 Bowman[32] 等的综述文章。进一步的信息和参考文献参见第 15 章。

热力型或 Zeldovich 机理包含下列两个链式反应：

$$O + N_2 \rightleftharpoons NO + N \tag{N.1}$$

$$N + O_2 \rightleftharpoons NO + O \tag{N.2}$$

加入下一个反应可以进一步扩展

$$N + OH \rightleftharpoons NO + H \tag{N.3}$$

反应(N.1)～反应(N.3)的反应速度常数为[33]

$$k_{N,1f} = 1.8 \times 10^{11} \exp[-38\,370/T(K)] [=] m^3/(kmol \cdot s)$$

$$k_{N,1r} = 3.8 \times 10^{10} \exp[-425/T(K)] [=] m^3/(kmol \cdot s)$$

$$k_{N,2f} = 1.8 \times 10^7 \exp[-4680/T(K)] [=] m^3/(kmol \cdot s)$$

$$k_{N,2r} = 3.8 \times 10^6 \exp[-20\,820/T(K)] [=] m^3/(kmol \cdot s)$$

$$k_{N,3f} = 7.1 \times 10^{10} \exp[-450/T(K)] [=] m^3/(kmol \cdot s)$$

$$k_{N,3r} = 1.7 \times 10^{11} \exp[-24\,560/T(K)] [=] m^3/(kmol \cdot s)$$

这个由三个反应组成的反应组称为**扩展的 Zeldovich 机理**。一般讲，这一机理可以通过 O_2，O 和 OH 组分与燃料的燃烧化学互相耦合。然而，通常燃烧完全后，NO 的形成才变得很明显，因此两个过程可能并不耦合。在这种情况下，如果相对的时间尺度足够长，则可以假设 N_2，O_2，O 和 OH 浓度处于它们的平衡值而 N 处于稳态中。这些假设大大地简化了计算 NO 形成的问题。如果进一步假设 NO 的浓度远小于它们的平衡值，其逆反应可以忽略不计。这样就有了下面的简单的速率表达式

$$\frac{\mathrm{d}[NO]}{\mathrm{d}t} = 2k_{N,1f}[O]_{eq}[N_2]_{eq} \qquad (5.7)$$

在第 4 章(例 4.3)中,通过以上假设得到了式(5.7)。在火焰区或后火焰区中较小的时间尺度条件下,平衡假设不再适用。此时 O 原子为超平衡浓度,比平衡浓度大几个量级,从而大大增加了形成 NO 的速率。这一**超平衡的 O 原子**(或 OH)浓度对 NO 生成率的贡献有时归结为快速型 NO 机理,然而考虑到历史的原因,只将快速型的 NO 形成机理限定为费尼莫尔机理。

反应(N.1)的活化能相当大(319 050kJ/kmol),即这一反应与温度有很强的关系(请参见习题 4.11)。作为一个经验的估计,在温度低于 1800K 时,热力型机理通常是不重要的。与燃料氧化过程的时间尺度相比,热力型机理 NO 的形成一般比较慢,这样热力型 NO 一般可以认为是在火焰后的气体中形成的。

在贫燃料($\Phi < 0.8$)和低温条件下,N_2O-中间体机理变得重要了。其三步机理是:

$$O + N_2 + M \Longleftrightarrow N_2O + M \qquad (N.4)$$

$$H + N_2O \Longleftrightarrow NO + NH \qquad (N.5)$$

$$O + N_2O \Longleftrightarrow NO + NO \qquad (N.6)$$

这一机理在包括贫燃料预混燃烧下的 NO 控制策略中变得很重要。燃气轮机制造厂商已采用这一方法[34]。

费尼莫尔机理与碳氢化合物的燃烧化学密切相关。费尼莫尔最早发现 NO 在层流预混火焰的火焰区域中快速地产生,且是在热力型 NO 形成之前就已形成。他给这种快速形成的 NO 命名为**快速型 NO**。费尼莫尔机理的一般描述是碳氢自由基与氮分子进行反应形成胺或氰基化合物,胺或氰基化合物进一步转变形成中间体,最终形成 NO。忽略形成 CH 自由基的激发机理过程,费尼莫尔机理可以写为

$$CH + N_2 \Longleftrightarrow HCN + N \qquad (N.7)$$

$$C + N_2 \Longleftrightarrow CN + N \qquad (N.8)$$

其中,反应(N.7)是一个初始步骤,在整个过程中是限制速率的步骤。在当量比小于 1.2 的情况下,氰化氢 HCN 以下面的链式过程形成 NO:

$$HCN + O \Longleftrightarrow NCO + H \qquad (N.9)$$

$$NCO + H \Longleftrightarrow NH + CO \qquad (N.10)$$

$$NH + H \Longleftrightarrow N + H_2 \qquad (N.11)$$

$$N + OH \Longleftrightarrow NO + H \qquad (N.3)$$

当当量比大于 1.2 时,开始有其他的途径出现,化学反应变得复杂得多。Miller 和 Bowman[32]指出,如果上述的过程不再快速,NO 还会还原成 HCN,而阻止 NO 的形成。进而,Zeldovich 反应与快速型机理的耦合实际上是还原而不是形成 NO,也就是 $N + NO \longrightarrow N_2 + O$。如图 5.6 所示简要绘出了上述过程。进一步更详细的信息读者可以参见文献[32,36]。

NO形成的 **NNH 机理**是新近发现的反应途径[31,37~39]。这一机理的两个关键步骤是

$$N_2 + H \longrightarrow NNH \tag{N.12}$$

和

$$NNH + O \longrightarrow NO + NH \tag{N.13}$$

表明这一途径对于氢的燃烧[40]和大碳氢比的碳氢燃料显得特别重要[29]。

有些燃料在其分子结构中含有氮。这些氮形成的 NO 常称为**燃料氮**，是除上述外的另一个 NO 形成途径。特别是煤，其含氮量可以高达 2%（质量分数）。在含氮燃料燃烧过程中，初始燃料中的氮很快转化为氰化氢 HCN 和氨 NH_3。接下去的步骤与上面讨论的快速型 NO 机理相同，如图 5.6 所示。

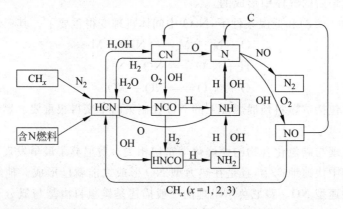

图 5.6　与费尼莫尔快速型机理相应的 NO 形成过程。（资料来源：文献[36]，Combustion Institute，允许复制）

一氧化氮进入大气后进一步氧化形成**二氧化氮**。二氧化氮在形成酸雨和光化学雾过程中起了重要作用。但在许多燃烧过程中，以 NO_2 来表示排放的大量的氮氧化物（$NO_x = NO + NO_2$）。在燃烧产物进入大气之前形成 NO_2 的主要基元反应如下：

$$NO + HO_2 \rightleftharpoons NO_2 + OH（生成） \tag{N.14}$$

$$NO_2 + H \rightleftharpoons NO + OH（消耗） \tag{N.15}$$

$$NO_2 + O \rightleftharpoons NO + O_2（消耗） \tag{N.16}$$

式中，HO_2 自由基由下述三组分反应形成

$$H + O_2 + M \rightleftharpoons HO_2 + M \tag{N.17}$$

HO_2 自由基是在相应的低温下形成的，然后，NO 分子通过流体混合从高温扩散或输运到 HO_2 富有的区域而形成 NO_2。在高温下，NO_2 的消耗反应（N.15）和反应（N.16）是很活跃的，这防止了 NO_2 在高温下的形成。

5.7 甲烷燃烧和氮氧化物形成的一个简化机理

针对甲烷燃烧已发展了很多不同的简化机理,例如,参见文献[41～43]。现在介绍一个由 Sung 等[43]提出的由 GRI Mech 3.0(表 5.4)简化而来的机理。这一简化机理也包括了氮化学,可预测 NO,NO$_2$ 和 N$_2$O。这一机理包括 21 个组分(见表 5.5)和 17 个步骤(见表 5.6)。为创建这一简化模型而进行的性能检验包括全混流反应器性能(参见第 6 章)、自燃演化(参见第 6 章)、一维层流预混火焰传播速度和详细结构(参见第 8 章)和对冲非预混火焰的特性(参见第 9 章)。几乎所有的情况下,简化机理产生的结果与完全机理的结果吻合都很好。

简化机理的实行,看起来很直接,但很复杂。更详细的内容读者可参见文献[43]。

表 5.5 文献[43]提出的甲烷氧化和氮氧化物形成的简化机理[43]

C—H—O 组分: 15	
CH$_3$	H$_2$
CH$_4$	H
CO	O$_2$
CO$_2$	OH
CH$_2$O	H$_2$O
C$_2$H$_2$	HO$_2$
C$_2$H$_4$	H$_2$O$_2$
含 N 组分: 6	
N$_2$	NO
HCN	NO$_2$
NH$_3$	N$_2$O

表 5.6 文献[43]提出的甲烷氧化和氮氧化物形成简化机理的反应步骤[43]

CH$_4$ 到 CO$_2$ 和 H$_2$O 的步骤	
CH$_4$ + H ⟷ CH$_3$ + H$_2$O	(RM.1)
CH$_3$ + OH ⟷ CH$_2$O + H$_2$	(RM.2)
CH$_2$O ⟷ CO + H$_2$	(RM.3)
C$_2$H$_6$ ⟷ C$_2$H$_4$ + H$_2$	(RM.4)
C$_2$H$_4$ + OH ⟷ CH$_3$ + CO + H$_2$	(RM.5)
C$_2$H$_2$ + O$_2$ ⟷ 2CO + H$_2$	(RM.6)

CH₄ 到 CO₂ 和 H₂O 的步骤

$COO+OH+H \longleftrightarrow CO_2+H_2$ （RM.7）

$H+OH \longleftrightarrow H_2O$ （RM.8）

$2H_2+O_2 \longleftrightarrow 2H+2OH$ （RM.9）

$2H \longleftrightarrow H_2$ （RM.10）

$HO_2+H \longleftrightarrow H_2+O_2$ （RM.11）

$H_2O_2+H \longleftrightarrow H_2+HO_2$ （RM.12）

通过热力型、快速型和 N₂O-中间体型机理形成 NO

$N_2+O_2 \longleftrightarrow 2NO$ （RM.13）

$HCN+H+O_2 \longleftrightarrow H_2+CO+NO$ （RM.14）

NH₃ 转换成 NH₂

$NH_3+3H+H_2O \longleftrightarrow 4H_2+NO$ （RM.15）

NO₂ 和 N₂O：

$HO_2+NO \longleftrightarrow HO+NO_2$ （RM.16）

$H_2+O_2+N_2 \longleftrightarrow H+OH+N_2O$ （RM.17）

5.8 小结

   本章介绍了 5 个燃烧中重要的化学反应系统的动力学机理，即 H_2 的氧化，CO 的氧化，高链烷烃类的氧化，CH_4 的氧化，以及氮氧化物（NO 和 NO_2）的形成。在 H_2-O_2 系统中，随着压力和温度的变化，反应途径相应发生变化从而形成了爆炸和无爆炸区域。在低压下，平均自由程比较长，引入了非均相反应或撞壁反应来解释自由基的消灭。在 CO 的氧化中，水分或其他含 H_2 的组分有重要作用。如果没有这些组分，CO 的氧化将非常缓慢。在 CO 的氧化中，反应 $CO+OH \longrightarrow CO_2+H$ 是关键的一步。高链烷烃（C_nH_{2n+2}，$n>2$）的氧化则可以分为三步：①燃料分子碰到自由基产生中间产物（稀烃和 H_2）；②中间产物氧化成 CO 和 H_2O；③CO 以及所有残留的 H_2 被氧化为 CO_2 和 H_2O。在工程近似计算中，采用总包或准总包反应机理。在烃类中，甲烷反应很特殊，其反应活性不强。在所有的烃类反应中，对甲烷反应的描述是最为具体详细的。本章给出了一个描述甲烷化学反应的例子，包括了 53 种组分和 325 个基元反应。并进一步给出了全混流反应器中甲烷低温氧化和高温氧化的反应途径。最后讨论了 NO 的不同形成途径，包括：扩展 Zeldovich 型或热力型，以及超平衡的 O(和 OH)对 NO 生成的影响；费尼莫尔快速型机理；N$_2$O-中间产物机理；NNH 机理；最后是燃料氮机理。虽然本章讨论了无数的反应，但读者仍需要抓住每个系统中关键的反应步骤，从而不至于陷入众多的基元反应中。另外，读完本章后，读者应该对燃烧中化学反应的重要性有了更深入的理解。

5.9　参考文献

1. Glassman, I., *Combustion*, 2nd Ed., Academic Press, Orlando, FL, 1987.

2. Lewis, B., and von Elbe, G., *Combustion, Flames and Explosions of Gases*, 3rd Ed., Academic Press, Orlando, FL, 1987.

3. Gardiner, W. C., Jr., and Olson, D. B., "Chemical Kinetics of High Temperature Combustion," *Annual Review of Physical Chemistry*, 31: 377–399 (1980).

4. Westbrook, C. K., and Dryer, F. L., "Chemical Kinetic Modeling of Hydrocarbon Combustion," *Progress in Energy and Combustion Science*, 10: 1–57 (1984).

5. Davis, S. G., Joshi, A. V., Wang, H., and Egolfopoulos, F., "An Optimized Kinetic Model of H$_2$/CO Combustion," *Proceedings of the Combustion Institute*, 30: 1283–1292 (2005).

6. Simmie, J. M., "Detailed Chemical Kinetic Models for Combustion of Hydrocarbon Fuels," *Progress in Energy and Combustion Science*, 29: 599–634 (2003).

7. Battin-Leclerc, F., "Detailed Chemical Kinetic Models for the Low-Temperature Combustion of Hydrocarbons with Application to Gasoline and Diesel Fuel Surrogates," *Progress in Energy and Combustion Science*, 34: 440–498 (2008).

8. Hautman, D. J., Dryer, F. L., Schug, K. P., and Glassman, I., "A Multiple-Step Overall Kinetic Mechanism for the Oxidation of Hydrocarbons," *Combustion Science and Technology*, 25: 219–235 (1981).

9. Westbrook, C. K., and Dryer, F. L., "Simplified Reaction Mechanisms for the Oxidation of Hydrocarbon Fuels in Flames," *Combustion Science and Technology*, 27: 31–43 (1981).

10. Card, J. M., and Williams, F. A., "Asymptotic Analysis with Reduced Chemistry for the Burning of *n*-Heptane Droplets," *Combustion and Flame*, 91: 187–199 (1992).

11. Dagaut, P., "On the Kinetics of Hydrocarbons Oxidation from Natural Gas to Kerosene and Diesel Fuel," *Physical Chemistry and Chemical Physics*, 4: 2079–2094 (2002).

12. Cooke, J. A., *et al*., "Computational and Experimental Study of JP-8, a Surrogate, and Its Components in Counterflow Diffusion Flames," *Proceedings of the Combustion Institute*, 30: 439–446 (2005).

13. Violi, A., *et al*., "Experimental Formulation and Kinetic Model for JP-8 Surrogate Mixtures," *Combustion Science and Technology*, 174: 399–417 (2002).

14. Ranzi, E., Dente, M., Goldaniga, A., Bozzano, G., and Faravelli, T., "Lumping Procedures in Detailed Kinetic Modeling of Gasification, Pyrolysis, Partial Oxidation and Combustion of Hydrocarbon Mixtures," *Progress in Energy and Combustion Science,* 27: 99–139 (2001).

15. Ranzi, E., *et al.*, "A Wide-Range Modeling Study of Iso-Octane Oxidation," *Combustion and Flame,* 108: 24–42 (1997).

16. Ranzi, E., Gaffuri, P., Faravelli, T., and Dagaut, P., "A Wide-Range Modeling Study of *n*-Heptane Oxidation," *Combustion and Flame,* 103: 91–106 (1995).

17. Curran, H. J., Gaffuri, P., Pitz, W. J., and Westbrook, C. K., "A Comprehensive Modeling Study of Iso-Octane Oxidation," *Combustion and Flame,* 129: 253–280 (2002).

18. Curran, H. J., Pitz, W. J., Westbrook, C. K., Callahan, C. V., and Dryer, F. L., "Oxidation of Automotive Primary Reference Fuels at Elevated Pressures," *Twenty-Seventh Symposium (International) on Combustion,* The Combustion Institute, Pittsburgh, PA, pp. 379–387, 1998.

19. Andrae, J. C. G., Björnbom, P., Cracknell, R. F., and Kalghatgi, G. T., "Autoignition of Toluene Reference Fuels at High Pressures Modeled with Detailed Chemical Kinetics," *Combustion and Flame,* 149: 2–24 (2007).

20. Andrae, J. C. G., "Development of a Detailed Chemical Kinetic Model for Gasoline Surrogate Fuels," *Fuel,* 87: 2013–2022 (2008).

21. Herbinet, O., Pitz, W. J., and Westbrook, C. K., "Detailed Chemical Kinetic Oxidation Mechanism for a Biodiesel Surrogate," *Combustion and Flame,* 154: 507–528 (2008).

22. Kaufman, F., "Chemical Kinetics and Combustion: Intricate Paths and Simple Steps," *Nineteenth Symposium (International) on Combustion,* The Combustion Institute, Pittsburgh, PA, pp. 1–10, 1982.

23. Smith, G. P., Golden, D. M., Frenklach, M., Moriarity, N. M., Eiteneer, B., Goldenberg, M., Bowman, C. T., Hanson, R. K., Song, S., Gardiner, W. C., Jr., Lissianski, V. V., and Qin, Z., *GRI-Mech Home Page,* http://www.me.berkeley.edu/gri_mech/.

24. Frenklach, M., Wang, H., and Rabinowitz, M. J., "Optimization and Analysis of Large Chemical Kinetic Mechanisms Using the Solution Mapping Method—Combustion of Methane," *Progress in Energy and Combustion Science,* 18: 47–73 (1992).

25. Glarborg, P., Kee, R. J., Grcar, J. F., and Miller, J. A., "PSR: A Fortran Program for Modeling Well-Stirred Reactors," Sandia National Laboratories Report SAND86-8209, 1986.

26. Drake, M. C., and Blint, R. J., "Calculations of NO_x Formation Pathways in Propagating Laminar, High Pressure Premixed CH_4/Air Flames," *Combustion Science and Technology,* 75: 261–285 (1991).

27. Drake, M. C., and Blint, R. J., "Relative Importance of Nitric Oxide Formation Mechanisms in Laminar Opposed-Flow Diffusion Flames," *Combustion and Flame,* 83: 185–203 (1991).

28. Nishioka, M., Nakagawa, S., Ishikawa, Y., and Takeno, T., "NO Emission Characteristics of Methane-Air Double Flame," *Combustion and Flame,* 98: 127–138 (1994).

29. Rutar, T., Lee, J. C. Y., Dagaut, P., Malte, P. C., and Byrne, A. A., "NO$_x$ Formation Pathways in Lean-Premixed-Prevapourized Combustion of Fuels with Carbon-to-Hydrogen Ratios between 0.25 and 0.88," *Proceedings of the Institution of Mechanical Engineers, Part A: Journal of Power and Energy,* 221: 387–398 (2007).

30. Dagaut, P., Glarborg, P., and Alzueta, M. U., "The Oxidation of Hydrogen Cyanide and Related Chemistry," *Progress in Energy and Combustion Science,* 34: 1–46 (2008).

31. Dean, A., and Bozzelli, J., "Combustion Chemistry of Nitrogen," in *Gas-phase Combustion Chemistry* (Gardiner, W. C., Jr., ed.), Springer, New York, pp. 125–341, 2000.

32. Miller, J. A., and Bowman, C. T., "Mechanism and Modeling of Nitrogen Chemistry in Combustion," *Progress in Energy and Combustion Science,* 15: 287–338 (1989).

33. Hanson, R. K., and Salimian, S., "Survey of Rate Constants in the N/H/O System," Chapter 6 in *Combustion Chemistry* (W. C. Gardiner, Jr., ed.), Springer-Verlag, New York, pp. 361–421, 1984.

34. Correa, S. M., "A Review of NO$_x$ Formation under Gas-Turbine Combustion Conditions," *Combustion Science and Technology,* 87: 329–362 (1992).

35. Fenimore, C. P., "Formation of Nitric Oxide in Premixed Hydrocarbon Flames," *Thirteenth Symposium (International) on Combustion,* The Combustion Institute, Pittsburgh, PA, pp. 373–380, 1970.

36. Bowman, C. T., "Control of Combustion-Generated Nitrogen Oxide Emissions: Technology Driven by Regulations," *Twenty-Fourth Symposium (International) on Combustion,* The Combustion Institute, Pittsburgh, PA, pp. 859–878, 1992.

37. Bozzelli, J. W., and Dean, A. M., "O + NNH: A Possible New Route for NO$_x$ Formation in Flames," *International Journal of Chemical Kinetics,* 27: 1097–1109 (1995).

38. Harrington, J. E., *et al.*, "Evidence for a New NO Production Mechanism in Flames," *Twenty-Sixth Symposium (International) on Combustion,* The Combustion Institute, Pittsburgh, PA, pp. 2133–2138, 1996.

39. Hayhurst, A. N., and Hutchinson, E. M., "Evidence for a New Way of Producing NO via NNH in Fuel-Rich Flames at Atmospheric Pressure," *Combustion and Flame,* 114: 274–279 (1998).

40. Konnov, A. A., Colson, G., and De Ruyck, J., "The New Route Forming NO via NNH," *Combustion and Flame,* 121: 548–550 (2000).

41. Peters, N., and Kee, R. J., "The Computation of Stretched Laminar Methane-Air Diffusion Flames Using a Reduced Four-Step Mechanism," *Combustion and Flame,* 68: 17–29 (1987).

42. Smooke, M. D. (ed.), *Reduced Kinetic Mechanisms and Asymptotic Approximations for Methane-Air Flames,* Lecture Notes in Physics, 384, Springer-Verlag, New York, 1991.

43. Sung, C. J., Law, C. K., and Chen, J.-Y., "Augmented Reduced Mechanism for NO Emission in Methane Oxidation, *Combustion and Flame,* 125: 906–919 (2001).

44. Lide, D. R., (ed.), *Handbook of Chemistry and Physics,* 77th Ed., CRC Press, Boca Raton, 1996.

5.10 思考题与习题

5.1 确定并讨论 H_2-O_2 系统中导致下列现象发生的过程：

(1) 第一爆炸极限(参考图 5.1)；

(2) 第二爆炸极限；

(3) 第三爆炸极限。

5.2 均相反应和非均相反应有何区别？试举例。

5.3 在 CO 的快速氧化中，为什么水分或含 H_2 的组分起着重要作用？

5.4 试确定 CO 变为 CO_2 时的第一步基元反应。

5.5 高链烷烃的氧化可以分为三个主要步骤，试说出每一步骤的特征。

5.6 说明在下面的两种烃基中，如何用 β-剪刀规则来确定 C—C 键的断裂过程。下图中的短线表示 C—H 键，黑点表示自由基位置。

(1) n-丁基—C_4H_9

$$\bullet \overset{|}{C} - \overset{|}{C} - \overset{|}{C} - \overset{|}{C} -$$

(2) 二丁基—C_4H_9

$$- \overset{|}{C} - \underset{\bullet}{\overset{|}{C}} - \overset{|}{C} - \overset{|}{C} -$$

5.7 C_3H_8 的氧化被分为 8 个较细化的步骤(P.1～P.7,加上其他步骤)。参照 C_3H_8 的例子，写出 C_4H_{10} 氧化的前 5 步。

5.8 用式(5.1)和式(5.2)给出的烃-空气燃烧一步总包反应机理，对下列的燃料，比较燃料碳转化为 CO_2 的速度，已知 $\Phi=1, P=1\text{atm}, T=1600\text{K}$。

(1) CH_4(甲烷)；

(2) C_3H_8(丙烷)；

(3) C_8H_{18}(辛烷)。

提示：在确定反应物的浓度时，别忘记考虑空气中的氮气。也要注意表 5.1 注中给出的单位的处理方法。

5.9 请问甲烷的结构对其较低的反应活性有何影响？查 CRC 出版社的《化学物理手册》[44](或其他参考书)，证明你的观点。

5.10 不含氮的燃料在空气中燃烧，氮氧化物的产生有几种机理。列出并讨论这些机理。

5.11 许多实验都证明，火焰区内氮氧化物形成的速度很快，而在焰后气体中速度就慢了下来。请问是什么因素导致在火焰区内氮氧化物的快速生成?

5.12 确定燃烧系统中,NO 转变为 NO_2 的关键自由基。为什么在高温火焰区没有发现 NO_2?

5.13 用式(5.7)给出的 Zeldovich 机理方程求解下面燃烧系统中氮氧化物(NO)的生成。(同时参看例 4.3 和例 4.4)。在每种情况下,设环境为均匀混合;O、O_2 和 N_2 为平衡值(给定);N 原子为稳态;温度不变(给定);并且忽略逆反应。计算 NO 的摩尔分数,并计算动力学 NO 摩尔分数与给定的平衡 NO 摩尔分数之比。试对忽略逆反应的假设作出评价。说说你的计算结果是否可信?

(1) 一个固定电站,未加任何污染控制系统的燃气轮机。燃气轮机燃烧室的一次区内当量比为 1.0。燃烧产物在下列条件下的平均停留时间为 7ms。

正癸烷/空气,$T=2300K$,$P=14atm$,$MW=28.47$。

$\chi_{O,eq}=7.93\times10^{-5}$, $\chi_{O_2,eq}=3.62\times10^{-3}$, $\chi_{N_2,eq}=0.7295$, $\chi_{NO,eq}=2.09\times10^{-3}$。

(2) 燃气(甲烷/空气)炉膛内一次燃烧区的滞留时间为 200ms。

$\Phi=1$, $T=2216K$, $P=1atm$, $MW=27.44$。

$\chi_{O,eq}=1.99\times10^{-4}$, $\chi_{O_2,eq}=4.46\times10^{-3}$, $\chi_{N_2,eq}=0.7088$, $\chi_{NO,eq}=1.91\times10^{-3}$。

(3) 在问题(1)中所述的一次区后加入更多的空气,形成二次燃烧区。设从一次区阶跃过渡到下述条件下的二次区内,问在二次区内又生成多少 NO? 二次区内气体的平均滞留时间为 10ms。计算中,用问题(1)中的生成的 NO 作为初始值。

$\Phi=0.55$, $T=1848K$, $P=14atm$, $MW=28.73$。

$\chi_{O,eq}=2.77\times10^{-5}$, $\chi_{O_2,eq}=0.0890$, $\chi_{N_2,eq}=0.7570$, $\chi_{NO,eq}=3.32\times10^{-3}$。

(4) 问题(2)中炉内二次燃烧区内又生成多少 NO? 二次区滞留时间为 0.5s。同样,假设瞬间混合完全。

$\Phi=0.8958$, $T=2000K$, $P=1atm$, $MW=27.72$。

$\chi_{O,eq}=9.149\times10^{-5}$, $\chi_{O_2,eq}=0.0190$, $\chi_{N_2,eq}=0.720$, $\chi_{NO,eq}=2.34\times10^{-3}$。

5.14 欲将表 5.1 中指前因子的单位转换为 SI 单位(kmol,m,s),求单位转换系数,并将表中的第一项和最后一项转换为 SI 单位。

5.15 一个实验员发现当所用的氧化剂为高纯度的 $O_2(21\%)$ 和高纯度的 $N_2(79\%)$ 时,无法点燃预混的一氧化碳火焰。当用室内空气作氧化剂时,火焰却能持续燃烧。试给出合理的解释。习题 4.18 与本题有无联系?

5.16 画出甲烷分子的分子结构图,并说明甲烷分子通过多种中间组分最后是如何被氧化为 CO_2 的。按照图 5.4 中黑色箭头指示的高温氧化途径来进行。

5.17 一个研究者做甲烷-空气火焰在冷壁面上熄火的实验时,测量到其中有痕量的乙烷和甲醇生成。为了解释乙烷和甲醇的存在,一个同事说采集的样品被污染了,而这位研究者坚持认为样品没有被污染。请问,研究者的结论是否站得住脚? 试解释。

*5.18 甲烷在绝热、定容容器中燃烧，氧化剂为空气。当量比为 0.9 且燃烧前容器内的初始温度为 298K，压力为 1atm。计算在火焰后的气体中生成的热力型氮氧化物（反应（N.1）和反应（N.2））。

(1) 推导 NO 的产生速率：$d[NO]/dt$。不要忽略逆反应。设 $[N]$ 处于稳态，$[O]$，$[O_2]$ 和 $[N_2]$ 处于平衡值，且不受 NO 浓度的影响。

(2) 建立 NO 摩尔分数随时间变化的关系。用数值积分的方法完成。用 UVFLAME 来建立初始条件 $(T, P, [O], [O_2], [N_2])$。

(3) 画出 χ_{NO} 随时间的变化曲线。通过 UVFLAME 指出曲线中的平衡摩尔分数值所在位置。并加以讨论。

(4) 试问，在分析过程中，逆反应何时开始变得重要了？并加以讨论。

反应系统化学与热力学分析的耦合

6.1 概述

第 2 章只介绍了初态和终态的反应系统的热力学。例如,从平衡原理出发,基于反应物的初态和产物的最终组分导出了绝热燃烧温度的概念。计算绝热燃烧温度并不涉及化学速率问题。本章将针对几个原型的热力学系统,把第 4 章化学动力学知识与基本的守恒原理(如质量、能量守恒等)进行耦合。通过这样的耦合就可以描述这个系统从初始反应物状态到最终产物状态的详细过程,不管其最终是否达到化学平衡。换句话说,可以计算出系统从初始反应物到产物的进程中系统温度和各种组分浓度随时间的变化趋势。

本章的分析是简化的,并没有考虑复杂的传质过程。所涉及的系统如图 6.1 所示。对系统的混合程度完全进行了大胆的假设。假设其中三个系统是充分混合的,且其组分是均匀的。而柱塞流反应器系统则完全忽略其在流动方向上(轴向)的混合与扩散,同时假设在垂直于流动方向的径向位置上是充分混合的。虽然这样建立起来的概念可用来模拟更复杂流动的模块,但更重要的是从教学角度上,可在最基本的层面上理解热力学、化学动力学和流体力学的相互作用。第 7 章将进一步把这一简单的分析推广到包含传质影响的情况。

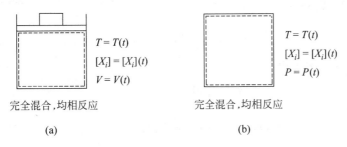

CHAPTER 6

$T = T(t)$
$[X_i] = [X_i](t)$
$V = V(t)$

完全混合,均相反应

(a)

$T = T(t)$
$[X_i] = [X_i](t)$
$P = P(t)$

完全混合,均相反应

(b)

图 6.1 简单化学反应系统:(a)定压-定质量反应器;(b)定容-定质量反应器;(c)全混流反应器;(d)柱塞流反应器。

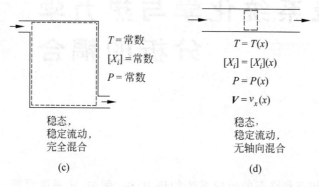

$T = $ 常数

$[X_i] = $ 常数

$P = $ 常数

稳态，
稳定流动，
完全混合

(c)

$T = T(x)$

$[X_i] = [X_i](x)$

$P = P(x)$

$V = v_x(x)$

稳态，
稳定流动，
无轴向混合

(d)

图 6.1 （续）

6.2 定压-定质量反应器

6.2.1 守恒定律的应用

考虑一个活塞-圆筒式容器内的反应物（见图 6.1(a)），在容器中任一位置中的气体都以同样的速率在进行反应。这样，在混合物中就不存在温度梯度和浓度梯度，用一个温度参数和一组组分浓度参数就可以描述这个系统的变化过程。对于放热的燃烧反应，温度与体积都将随时间增大，在反应器的壁面上还可能发生传热。

下面来推导出一组一阶常微分方程组，它的解就表示了系统温度和组分的变化。这些方程加上相应的初始条件就定义了一个初值问题。对于一个定质量系统，先写出其基于变化率形式的能量守恒方程，即

$$\dot{Q} - \dot{W} = m \frac{\mathrm{d}u}{\mathrm{d}t} \tag{6.1}$$

应用焓的定义，$h \equiv u + Pv$，微分得到

$$\frac{\mathrm{d}u}{\mathrm{d}t} = \frac{\mathrm{d}h}{\mathrm{d}t} - P \frac{\mathrm{d}v}{\mathrm{d}t} \tag{6.2}$$

假设只考虑在活塞上的容积变化功 $P\mathrm{d}v$，则

$$\frac{\dot{W}}{m} = P \frac{\mathrm{d}v}{\mathrm{d}t} \tag{6.3}$$

将式（6.2）和式（6.3）代入式（6.1）中，消去 $P\mathrm{d}v/\mathrm{d}t$ 项，则有

$$\frac{\dot{Q}}{m} = \frac{\mathrm{d}h}{\mathrm{d}t} \tag{6.4}$$

可以用系统内化学组成来表示系统的总焓为

$$h = \frac{H}{m} = \frac{\sum_{i=1}^{N} N_i \bar{h}_i}{m} \tag{6.5}$$

式中，N_i 和 $\bar{h}_i$ 分别是组分 i 的物质的量和摩尔焓。对式(6.5)进行微分得

$$\frac{\mathrm{d}h}{\mathrm{d}t} = \frac{1}{m}\Big[\sum_i \Big(\bar{h}_i \frac{\mathrm{d}N_i}{\mathrm{d}t}\Big) + \sum_i \Big(N_i \frac{\mathrm{d}\bar{h}_i}{\mathrm{d}t}\Big)\Big] \tag{6.6}$$

假设是理想气体，即 $\bar{h}_i = \bar{h}_i$(只与 T 有关)，则

$$\frac{\mathrm{d}\bar{h}_i}{\mathrm{d}t} = \frac{\partial \bar{h}_i}{\partial T}\frac{\mathrm{d}T}{\mathrm{d}t} = \bar{c}_{p,i}\frac{\mathrm{d}T}{\mathrm{d}t} \tag{6.7}$$

式中，$\bar{c}_{p,i}$ 是组分 i 的摩尔比定压热容。式(6.7)提供了与系统温度的联系；同时浓度 $[X_i]$ 的定义和质量作用表达式，$\dot{\omega}_i = \cdots$，则提供了与系统组成 N_i 和化学动力学 $\mathrm{d}N_i/\mathrm{d}t$ 的联系。其表示为

$$N_i = V[X_i] \tag{6.8}$$

$$\frac{\mathrm{d}N_i}{\mathrm{d}t} \equiv V\dot{\omega}_i \tag{6.9}$$

式中，$\dot{\omega}_i$ 可以用第 4 章所描述的详细化学机理(即式(4.31)～式(4.33))来计算。

将式(6.7)～式(6.9)代入到式(6.6)中，重新排列后得到的能量方程变为

$$\frac{\mathrm{d}T}{\mathrm{d}t} = \frac{(\dot{Q}/V) - \sum_i (\bar{h}_i\dot{\omega}_i)}{\sum_i ([X_i]\bar{c}_{p,i})} \tag{6.10}$$

式中，用下面的状态的热方程来计算焓

$$\bar{h}_i = \bar{h}_{f,i}^0 + \int_{T_{\mathrm{ref}}}^{T} \bar{c}_{p,i}\mathrm{d}T \tag{6.11}$$

可以应用质量守恒和式(6.8)中 $[X_i]$ 的定义来计算体积，有

$$V = \frac{m}{\sum_i ([X_i]\mathrm{MW}_i)} \tag{6.12}$$

作为化学反应生成和体积变化的共同结果，组分的物质的量的浓度 $[X_i]$ 随时间的变化为

$$\frac{\mathrm{d}[X_i]}{\mathrm{d}t} = \frac{\mathrm{d}[N_i/V]}{\mathrm{d}t} = \frac{1}{V}\frac{\mathrm{d}N_i}{\mathrm{d}t} - N_i\frac{1}{V^2}\frac{\mathrm{d}V}{\mathrm{d}t} \tag{6.13a}$$

或

$$\frac{\mathrm{d}[X_i]}{\mathrm{d}t} = \dot{\omega}_i - [X_i]\frac{1}{V}\frac{\mathrm{d}V}{\mathrm{d}t} \tag{6.13b}$$

式中，等式右边的第一项是化学反应生成项，第二项是体积变化项。

用理想气体方程可以略去 $\mathrm{d}V/\mathrm{d}t$ 项。在定压的条件下对下式取微分

$$PV = \sum_i N_i R_u T \tag{6.14a}$$

重新整理后则有

$$\frac{1}{V}\frac{dV}{dt} = \frac{1}{\sum_i N_i}\sum_i \frac{dN_i}{dt} + \frac{1}{T}\frac{dT}{dt} \tag{6.14b}$$

首先将式（6.9）代入到式（6.14b），然后再将结果代入到式（6.13b），整理后就获得了组分浓度变化率的最终表达式为

$$\frac{d[X_i]}{dt} = \dot{\omega}_i - [X_i]\left[\frac{\sum_j \dot{\omega}_i}{\sum_j [X_j]} + \frac{1}{T}\frac{dT}{dt}\right] \tag{6.15}$$

6.2.2　反应器模型小结

以上问题可以简洁地表示为求下面方程的解

$$\frac{dT}{dt} = f([X_i], T) \tag{6.16a}$$

$$\frac{d[X_i]}{dt} = f([X_i], T), \quad i = 1, 2, \cdots, N \tag{6.16b}$$

其初始条件是

$$T(t=0) = T_0 \tag{6.17a}$$

及

$$[X_i](t=0) = [X_i]_0 \tag{6.17b}$$

式（6.16a）和式（6.16b）的函数表达式可分别从式（6.10）和式（6.15）得到。焓可以用式（6.11）计算，体积可以从式（6.12）得到。

要对上述系统求解，就需要用求解刚性方程组的积分方法，这在第4章中已经进行了讨论。

6.3　定容-定质量反应器

6.3.1　守恒定律的应用

对于定容反应器来说，能量守恒定律的应用与前面定压反应器的情况下十分类似，不同的是，在定容反应器中做功为零。因此，从式（6.1）出发，令 $\dot{W}=0$，热力学第一定律就可以写成下面的形式

$$\frac{du}{dt} = \frac{\dot{Q}}{m} \tag{6.18}$$

注意到，当前的比内能 u 在数学上与前文分析中的比焓 h 相当，可以推出与式（6.5）～

式(6.7)类似的表达式,并代入式(6.18)。整理后有

$$\frac{\mathrm{d}T}{\mathrm{d}t} = \frac{(\dot{Q}/V) - \sum_i (\bar{u}_i \dot{\omega}_i)}{\sum_i ([X_i] \bar{c}_{v,i})} \tag{6.19}$$

注意到,对于理想气体,有 $\bar{u}_i = \bar{h}_i - R_u T$ 和 $\bar{c}_{v,i} = \bar{c}_{p,i} - R_u$,可以将式(6.19)用比焓和摩尔比定压热容来表示,即

$$\frac{\mathrm{d}T}{\mathrm{d}t} = \frac{(\dot{Q}/V) + R_u T \sum_i \dot{\omega}_i - \sum_i (\bar{h}_i \dot{\omega}_i)}{\sum_i [[X_i](\bar{c}_{p,i} - R_u)]} \tag{6.20}$$

对于一个定容爆炸的问题,我们感兴趣的是压力随时间的变化规律。为了计算 $\mathrm{d}P/\mathrm{d}t$,对理想气体状态方程进行微分,遵守体积一定的约束条件,有

$$PV = \sum_i N_i R_u T \tag{6.21}$$

和

$$V\frac{\mathrm{d}P}{\mathrm{d}t} = R_u T \frac{\mathrm{d}\sum_i N_i}{\mathrm{d}t} + R_u \sum_i N_i \frac{\mathrm{d}T}{\mathrm{d}t} \tag{6.22}$$

应用 $[X_i]$ 和 $\dot{\omega}_i$ 的定义(参照式(6.8)和式(6.9)),式(6.21)和式(6.22)就变为

$$P = \sum_i [X_i] R_u T \tag{6.23}$$

和

$$\frac{\mathrm{d}P}{\mathrm{d}t} = R_u T \sum_i \dot{\omega}_i + R_u \sum_i [X_i] \frac{\mathrm{d}T}{\mathrm{d}t} \tag{6.24}$$

这样就完成了对均相定容燃烧过程的简单分析。

6.3.2　反应器模型小结

式(6.20)可以与化学反应速率表达式同时积分,来求 $T(t)$ 和 $[X_i](t)$,即

$$\frac{\mathrm{d}T}{\mathrm{d}t} = f([X_i], T) \tag{6.25a}$$

$$\frac{\mathrm{d}[X_i]}{\mathrm{d}t} = \dot{\omega}_i = f([X_i], T), \quad i = 1, 2, \cdots, N \tag{6.25b}$$

其初始条件为

$$T(t = 0) = T_0 \tag{6.26a}$$

和

$$[X_i](t = 0) = [X_i]_0 \tag{6.26b}$$

焓值可以用式(6.11)来计算,压力用式(6.23)来计算。同样,上述方程的积分要用求解刚性方程组的方法来实现。

【例 6.1】　在电火花点火发动机中,如果在火焰到达之前,未燃燃料-空气混合物就发生均相反应,会引起敲缸,也就是自动点火。压力升高速率是决定敲缸强度和活塞曲柄机械部件损伤程度的关键参数。如图 6.2 所示给出了火花点火引擎中正常燃烧和敲缸燃烧时压力随时间的变化曲线。注意到敲缸越强烈,压力上升就越快。如图 6.3 所示给出了正常燃烧和敲缸燃烧循环的摄影照片。

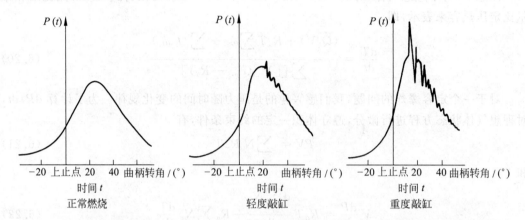

图 6.2　电火花点火发动机的汽缸内,压力随时间变化的测量曲线,分别为正常燃烧、轻度敲缸燃烧和重度敲缸燃烧循环。对应 1.67ms 的曲柄转角间隔为 40°。(资料来源：McGraw-Hill,允许改编,引自参考文献[1,17])

请建立自动点火过程的简单定容反应器模型,并求温度的变化规律及燃料和产物浓度的变化规律。最后求出 $\mathrm{d}P/\mathrm{d}t$ 随时间变化的规律。设燃料-空气混合物在未压缩状态的初始温度为 300K,压力为 1atm。将混合物压缩到上止点(TC),压缩比为 10：1。压缩前的初始体积为 $3.68\times10^{-4}\mathrm{m}^3$,发动机的汽缸直径和相应的冲程均为 75mm。燃料为乙烷。

解　为了使计算的复杂程度降到最小,对该过程的热力学和化学动力学做一些大胆假设。但是解将依然保持热化学与化学动力学的耦合作用。假设如下：

(1) 反应是一步总包动力学过程,用乙烷的速率参数(参照表 5.1)。

(2) 燃料、空气和产物有相同的摩尔质量;即,$MW_F = MW_{Ox} = MW_{Pr} = 29$。

(3) 燃料、空气和产物的比定压热容相等,且恒定,即 $c_{p,F} = c_{p,Ox} = c_{p,Pr} = 1200\mathrm{J/(kg \cdot K)}$。

(4) 空气和产物的生成焓为 0;燃料的生成焓为 $4\times10^7\mathrm{J/kg}$。

(5) 设空气-燃料的化学当量比为 16.0,燃烧是在化学当量或贫燃料燃烧条件下发生。

由于在敲缸中,详细化学动力学起着重要的作用[3],仅用总包动力学很难解释清楚像发动机敲缸这样的问题。但在这里我们会尽力阐释清楚原理,因此答案在细节上并不一定准确。假设(2)~(4)使我们可以比较科学地估计燃烧温度,而可以忽视对热力学性质的计算[4]。

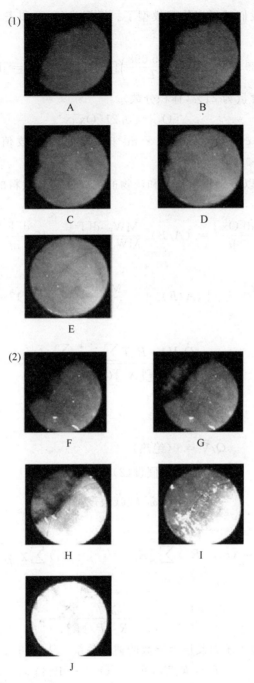

图 6.3 正常燃烧和敲缸燃烧的摄影照片：(1)正常燃烧循环；(2)敲缸
燃烧循环。(资料来源：甄旭东.火花点燃式甲醇发动机燃烧
过程及爆震机理的研究[D].天津：天津大学,2014.)

基于上面的假设，我们就可以构建模型了。根据式(5.2)和表 5.1，燃料(乙烷)的反应速率为

$$\frac{d[F]}{dt} = -6.19 \times 10^9 \exp\left(\frac{-15\,098}{T}\right) [F]^{0.1} [O_2]^{1.65} [=] kmol/(m^3 \cdot s) \qquad (I)$$

其中，设空气中的氧气含量为 21%(体积分数)。

$$[O_2] = 0.21[Ox]$$

请注意，单位从 mol · cm³ 变到 kmol · m³ 时，指前因子数值的变化($1.1 \times 10^{12} \times [1000]^{1-0.1-1.65} = 6.19 \times 10^9$)。

用化学当量原理可以分别将氧化剂和产物的反应速率与燃料的反应速率相关联(即假设(2)和(5))

$$\frac{d[Ox]}{dt} = (A/F)_s \frac{MW_F}{MW_{Ox}} \frac{d[F]}{dt} = 16 \frac{d[F]}{dt} \qquad (II)$$

和

$$\frac{d[Pr]}{dt} = -[(A/F)_s + 1] \frac{MW_F}{MW_{Pr}} \frac{d[F]}{dt} = -17 \frac{d[F]}{dt} \qquad (III)$$

再应用式(6.20)，即

$$\frac{dT}{dt} = \frac{(\dot{Q}/V) + R_u T \sum \dot{\omega}_i - \sum (\bar{h}_i \dot{\omega}_i)}{\sum [[X_i](\bar{c}_{p,i} - R_u)]}$$

就得到了完整的模型。

再根据下列关系

$$\dot{Q}/V = 0(绝热)$$

$$\sum \dot{\omega}_i = 0(假设(2) 和(5))$$

$$\sum \bar{h}_i \dot{\omega}_i = \dot{\omega}_F \bar{h}_{f,F}^0(假设(2)\sim(5))$$

以及

$$\sum [X_i](\bar{c}_{p,i} - R_u) = (\bar{c}_p - R_u) \sum [X_i] = (\bar{c}_p - R_u) \sum \chi_i \frac{P}{R_u T} = (\bar{c}_p - R_u) \frac{P}{R_u T}$$

那么式(6.20)就简化为

$$\frac{dT}{dt} = \frac{-\dot{\omega}_F \bar{h}_{f,F}^0}{(\bar{c}_p - R_u)P/(R_u T)} \qquad (IV)$$

不仅如此，还可以加入压力及压力导数的辅助关系。从式(6.23)和式(6.24)，得

$$P = R_u T([F] + [Ox] + [Pr])$$

或

$$P = P_0 \frac{T}{T_0}$$

和

$$\frac{\mathrm{d}P}{\mathrm{d}t} = \frac{P}{T}\frac{\mathrm{d}T}{\mathrm{d}t} = \frac{P_0}{T_0}\frac{\mathrm{d}T}{\mathrm{d}t}$$

在对这组一阶常微分方程(式(Ⅰ)~式(Ⅳ))进行积分前,需要给出各个变量([F],[Ox],[Pr]和T)的初始值。假设从下止点到上止点的过程为等熵压缩过程,且比热比为1.4,则初始的温度和压力为

$$T_0 = T_{\mathrm{TDC}} = T_{\mathrm{BDC}}\left(\frac{V_{\mathrm{BDC}}}{V_{\mathrm{TDC}}}\right)^{\gamma-1} = 300 \times \left(\frac{10}{1}\right)^{1.4-1} = 753(\mathrm{K})$$

和

$$P_0 = P_{\mathrm{TDC}} = P_{\mathrm{BDC}}\left(\frac{V_{\mathrm{BDC}}}{V_{\mathrm{TDC}}}\right)^{\gamma} = 1 \times \left(\frac{10}{1}\right)^{1.4} = 25.12(\mathrm{atm})$$

初始的浓度可以根据给出的化学当量比求出。氧化剂和燃料的摩尔分数为

$$\chi_{\mathrm{Ox},0} = \frac{(A/F)_s/\Phi}{[(A/F)_s/\Phi]+1}$$

$$\chi_{\mathrm{Pr},0} = 0$$

$$\chi_{\mathrm{F},0} = 1 - \chi_{\mathrm{Ox},0}$$

物质的量浓度,$[X_i] = \chi_i P/(R_u T)$为

$$[\mathrm{Ox}]_0 = \left\{\frac{(A/F)_s/\Phi}{\{(A/F)_s/\Phi\}+1}\right\}\frac{P_0}{R_u T_0}$$

$$[F]_0 = \left\{1 - \frac{(A/F)_s/\Phi}{\{(A/F)_s/\Phi\}+1}\right\}\frac{P_0}{R_u T_0}$$

$$[\mathrm{Pr}]_0 = 0$$

对式(Ⅰ)~式(Ⅳ)进行数值积分,结果如图6.4所示。从图6.4中可以看到,在最初的3ms中温度只上升了200K,而后,却在0.1ms内上升到绝热燃烧温度(大约3300K)。这一温度迅速上升并伴随快速的燃料消耗的现象称为**热爆**:在热爆过程,反应所释放的能量加入到系统中引起温度的升高。进一步由反应速率表达式$[-E_a/R_u T]$可知,大大加快了反应速率。从图6.4中还可以看出,爆炸阶段有很高的压力导数,最大可达$1.9 \times 10^{13}\mathrm{Pa/s}$。

注:虽然模型预测到了混合物在初始的缓慢燃烧后出现了爆炸(这可以在真实的敲缸中观察到),但是用一步总包反应机理并没有反映自动点火混合物的真正特性。实际上,**诱导期**或者**点火延迟**是由中间产物的形成所控制的。这些中间产物会进一步反应。回顾一下第5章给出的烃氧化的三个基本阶段。要想更为精确的模拟敲缸,需要用更详细的化学机理。目前正在进行的研究试图阐明诱导期的"低温"动力学特性[3]。

对发动机敲缸的控制一直是性能改进的十分重要的课题。近来,由于相关的法律规定不准在汽油中使用铅基抗爆剂,敲缸控制又一次引起了注意。

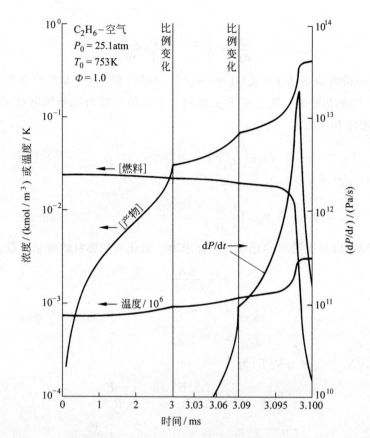

图 6.4　例 6.1 定容反应器模型计算结果。图中曲线分别代表温度、燃料浓度、产物浓度和压力上升速度（dP/dt）。注意，时间轴上 3ms 和 3.09ms 两条线，用来标识爆炸过程。

6.4　全混流反应器

　　均匀搅拌或完全搅拌的全混流反应器是一个在控制容积内达到完全混合的理想反应器，如图 6.5 所示。采用高速的入口射流的实验反应器很接近这一理想状态，常被用来研究燃烧的许多特性，如火焰稳定[5]和 NO_x 的形成[6~8]（见图 6.6）。均匀搅拌的全混流反应器也可以用来获得总包反应的反应参数值[9]。全混流反应器有时又称为朗威尔（Longwell）反应器，以纪念 Longwell 和 Weiss 等的早期工作的成果[5]。Chomiak[10] 则举例说明 Zeldovich[11] 早 10 年就描述了全混流反应器的作用。

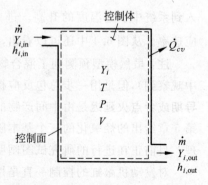

图 6.5　全混流反应器的示意图。

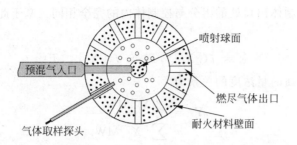

图 6.6　朗威尔反应器示意图。

6.4.1　守恒定律的应用

要推导全混流反应器的理论,首先回顾一下不同组分的质量守恒概念。在第 3 章导出了一个用于微分控制体的组分守恒方程。现在写出用于积分控制体的任意组分 i 的质量守恒方程(参考图 6.5),有

$$\underset{\text{控制体内}i\text{组分的质量积累变化率}}{\frac{\mathrm{d}m_{i,\mathrm{cv}}}{\mathrm{d}t}} = \underset{\text{控制体内}i\text{组分的化学反应生成速率}}{\dot{m}_i'''V} + \underset{\text{流入控制体的}i\text{组分质量流量}}{\dot{m}_{i,\mathrm{in}}} - \underset{\text{流出控制体的}i\text{组分质量流量}}{\dot{m}_{i,\mathrm{out}}}$$

$$(6.27)$$

式(6.27)与一般的连续性方程的差别在于其生成项 $\dot{m}_i'''V$ 的存在。这一项的出现是由于化学反应引起的一种组分转变为另一种组分。如果这一生成项为正号表示反应中这种组分的形成;负号表示反应中这种组分的消耗。在燃烧学的文献中,这一生成项常被叫作**源或汇**。将反应器中的每一个组分($i = 1, 2, \cdots, N$)写为式(6.27)的形式,这组方程的和就形成了熟悉的连续性方程,即

$$\frac{\mathrm{d}m_{\mathrm{cv}}}{\mathrm{d}t} = \dot{m}_{\mathrm{in}} - \dot{m}_{\mathrm{out}} \tag{6.28}$$

某个组分的质量生成率 $\dot{m}_i'''$,可以很容易地从第 4 章中所导出的净生成率 $\dot{\omega}_i$ 获得,即

$$\dot{m}_i''' = \dot{\omega}_i \mathrm{MW}_i \tag{6.29}$$

忽略任何的扩散通量,任何组分的质量流率可以简单地看成总的质量流量和这个组分的质量分数的乘积,即

$$\dot{m}_i = \dot{m} Y_i \tag{6.30}$$

对全混流反应器应用式(6.27),并假设稳态的条件,则方程等号左边的时间导数项为零。有了这个假设,并将式(6.29)和式(6.30)代入,式(6.27)就变为

$$\dot{\omega}_i \mathrm{MW}_i V + \dot{m}(Y_{i,\mathrm{in}} - Y_{i,\mathrm{out}}) = 0, \quad \text{对应 } i = 1, 2, \cdots, N \text{ 组分} \tag{6.31}$$

更进一步,可以确定出口处的质量分数 $Y_{i,\mathrm{out}}$ 与反应器内的质量分数相等。由于反应器内的

组分处处相等,则控制体出口处的组分与控制体内的完全相同。基于此,组分的生成率的形式为

$$\dot{\omega}_i = f([X_i]_{cv}, T) = f([X_i]_{out}, T) \tag{6.32}$$

式中,质量分数与物质的量浓度的关系为

$$Y_i = \frac{[X_i]MW_i}{\sum\limits_{j=1}^{N}[X_j]MW_j} \tag{6.33}$$

假设参数 $\dot{m}$ 和 V 已知,对每个组分都写出式(6.31),共有 N 个方程,却有 $N+1$ 个未知数。能量平衡则提供了另一个方程用于封闭这一方程组。

根据全混流反应器的稳态和稳定流动假设,则能量守恒方程(式(2.28))是

$$\dot{Q} = \dot{m}(h_{out} - h_{in}) \tag{6.34}$$

式中忽略了动能和势能的变化。对式(6.34)用每个组分的形式写出,有

$$\dot{Q} = \dot{m}\left[\sum_{i=1}^{N}Y_{i,out}h_i(T) - \sum_{i=1}^{N}Y_{i,in}h_i(T_{in})\right] \tag{6.35}$$

式中

$$h_i(T) = h_{f,i}^0 + \int_{T_{ref}}^{T}c_{p,i}dT \tag{6.36}$$

温度 T 和组分质量分数 $Y_{i,out}$ 的求解与第 2 章中平衡火焰温度的计算方法很相近。不同的是此处的生成物的组成是由化学动力学作为约束条件,而不是由化学平衡作为约束条件的。

在讨论全混流反应器的过程中,人们通常定义一个气体在反应器内的平均停留时间,即

$$t_R = \rho V / \dot{m} \tag{6.37}$$

式中,混合物的密度由理想气体的定律来进行计算为

$$\rho = PMW_{mix}/R_u T \tag{6.38}$$

混合物的摩尔质量可从混合物组成的知识来计算。6.11 节提供了 MW_{mix} 和 $Y_i, x_i,$ 和 $[X_i]$ 之间的关系。

6.4.2 反应器模型小结

由于假设全混流反应器是在稳态下工作的,所以在数学模型中就没有时间相关的项。描述反应器的方程是一组耦合的非线性代数方程组,而不像前两种反应器是一组常微分方程。这样,式(6.31)中的 $\dot{\omega}_i$ 只与 Y_i (或 $[X_i]$)和温度有关,而与时间无关。可采用广义的牛顿方法来求解这一组 $N+1$ 个方程(式(6.31)和式(6.35))(附录 E)。某些化学系统,用牛

顿方法难以得到收敛解,就需要用更高级的数值方法来求解[12]。

【例 6.2】 建立一个简化的全混流反应器模型,对化学和热力学的简化方法同例 6.1 (所有 c_p 和 MW 相等,且是常数,及一步总包反应)。用此模型研究球形反应器(直径为 80mm)的吹熄特性,采用预混的乙烷-空气混合物,入口温度为 298K。画出吹熄时当量比 ($\Phi \leqslant 1.0$)随质量流量变化的曲线图。设反应器绝热。

解　物质的量浓度与质量分数的关系为

$$[X_i] = \frac{P \mathrm{MW}_{\mathrm{mix}}}{R_u T} \frac{Y_i}{\mathrm{MW}_i}$$

总包反应速率 $\dot{\omega}_F$ 可以表示为

$$\dot{\omega}_F = \frac{\mathrm{d}[F]}{\mathrm{d}t} = -k_G \left(\frac{P \mathrm{MW}_{\mathrm{mix}}}{R_u T}\right)^{m+n} \left(\frac{Y_F}{\mathrm{MW}_F}\right)^m \left(\frac{0.233 Y_{\mathrm{Ox}}}{\mathrm{MW}_{\mathrm{Ox}}}\right)^n$$

式中,$m=0.1$,$n=1.65$,系数 0.233 是氧化剂(空气)中氧气的质量分数,混合物的摩尔质量为

$$\mathrm{MW}_{\mathrm{mix}} = \left(\frac{Y_F}{\mathrm{MW}_F} + \frac{Y_{\mathrm{Ox}}}{\mathrm{MW}_{\mathrm{Ox}}} + \frac{Y_{\mathrm{Pr}}}{\mathrm{MW}_{\mathrm{Pr}}}\right)^{-1}$$

总包速率系数同例 6.1,取

$$k_G = 6.19 \times 10^9 \exp\left(\frac{-15\,098}{T}\right)$$

根据式(6.31)可以写出燃料的组分守恒方程为

$$f_1 \equiv \dot{m}(Y_{F,\mathrm{in}} - Y_F) - k_G \mathrm{MW}_F V \left(\frac{P}{R_u T}\right)^{1.75} \times \frac{\left(\dfrac{Y_F}{\mathrm{MW}_F}\right)^{0.1} \times \left(\dfrac{0.233 Y_{\mathrm{Ox}}}{\mathrm{MW}_{\mathrm{Ox}}}\right)^{1.65}}{\left(\dfrac{Y_F}{\mathrm{MW}_F} + \dfrac{Y_{\mathrm{Ox}}}{\mathrm{MW}_{\mathrm{Ox}}} + \dfrac{Y_{\mathrm{Pr}}}{\mathrm{MW}_{\mathrm{Pr}}}\right)^{1.75}} = 0$$

根据燃料、空气和产物摩尔质量相等的假设,且注意到 $\sum Y_i = 1$,上式可进一步简化为

$$f_1 \equiv \dot{m}(Y_{F,\mathrm{in}} - Y_F) - k_G \mathrm{MW} V \left(\frac{P}{R_u T}\right)^{1.75} \times \frac{Y_F^{0.1} \times (0.233 Y_{\mathrm{Ox}})^{1.65}}{1} = 0 \qquad (\text{I})$$

对于氧化剂(空气)有

$$f_2 \equiv \dot{m}(Y_{\mathrm{Ox,in}} - Y_{\mathrm{Ox}}) - (A/F)_s k_G \mathrm{MW} V \left(\frac{P}{R_u T}\right)^{1.75} \times \frac{Y_F^{0.1} \times (0.233 Y_{\mathrm{Ox}})^{1.65}}{1} = 0 \qquad (\text{II})$$

对于产物质量分数,则有

$$f_3 \equiv 1 - Y_F - Y_{\mathrm{Ox}} - Y_{\mathrm{Pr}} = 0 \qquad (\text{III})$$

根据能量守恒式(6.35),可得到最后一个封闭方程为

$$
\begin{aligned}
f_4 \equiv & Y_F[h_{f,F}^0 + c_{p,F}(T - T_{\mathrm{ref}})] + Y_{\mathrm{Ox}}[h_{f,\mathrm{Ox}}^0 + c_{p,\mathrm{Ox}}(T - T_{\mathrm{ref}})] \\
& + Y_{\mathrm{Pr}}[h_{f,\mathrm{Pr}}^0 + c_{p,\mathrm{Pr}}(T - T_{\mathrm{ref}})] - Y_{F,\mathrm{in}}[h_{f,F}^0 + c_{p,F}(T_{\mathrm{in}} - T_{\mathrm{ref}})] \\
& - Y_{\mathrm{Ox,in}}[h_{f,\mathrm{Ox}}^0 + c_{p,\mathrm{Ox}}(T_{\mathrm{in}} - T_{\mathrm{ref}})] = 0
\end{aligned}
$$

更进一步,根据比热容相等的假设,且有 $h_{f,\mathrm{Ox}}^0 = h_{f,\mathrm{Pr}}^0 = 0$,上式可进一步简化为

$$f_4 \equiv (Y_F - Y_{F,\mathrm{in}})h_{f,F}^0 + c_p(T - T_{\mathrm{in}}) = 0 \qquad (\text{IV})$$

方程（Ⅰ）～方程（Ⅳ）构成了包含 4 个未知量 Y_F, Y_{Ox}, Y_{Pr}, T 及参数 $\dot{m}$ 的反应器的模型。为了求解反应器的吹熄特性，在给定当量比条件下，先采用一个足够小的 $\dot{m}$ 以维持燃烧，代入求解非线性方程（Ⅰ）～方程（Ⅳ）。然后，逐渐增大 $\dot{m}$，直到方程无解，或者解与初始值相等。如图 6.7 所示为 $\Phi = 1$ 时的计算结果。所用的方法为附录 E 中的广义牛顿方法。

在图 6.7 中看到，随着流量增加并逐渐接近吹熄条件（$\dot{m} > 0.193\mathrm{kg/s}$ 时），燃料转化为产物的量减少了，温度也随之降低。吹熄时的温度与绝热燃烧温度的比为 1738K/2381K＝0.73，这与文献[5]中的结果相等。

在不同的当量比下计算的吹熄特性由图 6.8 给出。注意，燃料-空气混合物越贫燃，火焰就越容易被吹熄。如图 6.8 所示的吹熄曲线的趋势与实验室反应器、燃气轮机等的实验结果一致。

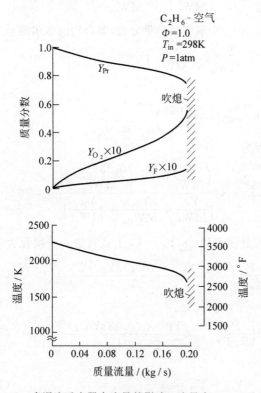

图 6.7　全混流反应器中流量的影响。流量大于 0.193kg/s 时，反应器中无法维持燃烧（吹熄）。

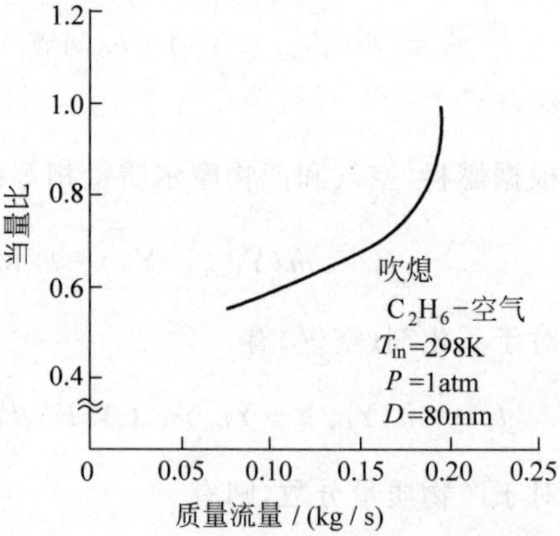

图 6.8　全混流反应器的吹熄特性。

注：全混流反应器的理论和实验在 20 世纪 50 年代被用于开发燃气轮机和喷气引擎的高强度燃烧室的指导。这道题很好地描述了反应器理论是如何被用来解决吹熄问题的。吹熄的情况和安全的要求决定了连续流动燃烧室的最大载荷。虽然均匀搅拌的全混流反应器理论可以用来描述吹熄的一些特性，但并不只有这一种理论，其他理论也被用来解释火焰稳

定问题。我们将在第12章中继续加以讨论。

【例6.3】 根据下表(氢气燃烧的详细动力学机理)来研究绝热、全混流反应器的工作情况,设压力为1atm。反应物为化学当量比($\Phi=1$)的氢气-空气混合物,温度为298K,反应器体积为$67.4cm^3$。在长停留时间(平衡)和短停留时间(吹熄)之间改变停留时间进行计算。画出温度以及H_2O,H_2,OH,O_2,O和NO的摩尔分数随停留时间的变化图。

H-O-N 机理

序号	反 应	正反应速率常数[①]		
		A	b	E_a
1[②]	$H+O_2+M \rightleftharpoons HO_2+M$	3.61×10^{17}	-0.72	0
2	$H+H+M \rightleftharpoons H_2+M$	1.0×10^{18}	-1.0	0
3	$H+H+H_2 \rightleftharpoons H_2+H_2$	9.2×10^{16}	-0.6	0
4	$H+H+H_2O \rightleftharpoons H_2+H_2O$	6.0×10^{19}	-1.25	0
5[③]	$H+OH+M \rightleftharpoons H_2O+M$	1.6×10^{22}	-2.0	0
6[③]	$H+O+M \rightleftharpoons OH+M$	6.2×10^{16}	-0.6	0
7	$O+O+M \rightleftharpoons O_2+M$	1.89×10^{13}	0	-1788
8	$H_2O_2+M \rightleftharpoons OH+OH+M$	1.3×10^{17}	0	45 500
9	$H_2+O_2 \rightleftharpoons OH+OH$	1.7×10^{13}	0	47 780
10	$OH+H_2 \rightleftharpoons H_2O+H$	1.17×10^{9}	1.3	3626
11	$O+OH \rightleftharpoons O_2+H$	3.61×10^{14}	-0.5	0
12	$O+H_2 \rightleftharpoons OH+H$	5.06×10^{4}	2.67	6290
13	$OH+HO_2 \rightleftharpoons H_2O+O_2$	7.5×10^{12}	0	0
14	$H+HO_2 \rightleftharpoons OH+OH$	1.4×10^{14}	0	1073
15	$O+HO_2 \rightleftharpoons O_2+OH$	1.4×10^{13}	0	1073
16	$OH+OH \rightleftharpoons O+H_2O$	6.0×10^{8}	1.3	0
17	$H+HO_2 \rightleftharpoons H_2+O_2$	1.25×10^{13}	0	0
18	$HO_2+HO_2 \rightleftharpoons H_2O_2+O_2$	2.0×10^{12}	0	0
19	$H_2O_2+H \rightleftharpoons HO_2+H_2$	1.6×10^{12}	0	3800
20	$H_2O_2+OH \rightleftharpoons H_2O+HO_2$	1.0×10^{13}	0	1800
21	$O+N_2 \rightleftharpoons NO+N$	1.4×10^{14}	0	75 800
22	$N+O_2 \rightleftharpoons NO+O$	6.40×10^{9}	1.0	6280
23	$OH+N \rightleftharpoons NO+H$	4.0×10^{13}	0	0

① 正反应速率常数为:$k_f=AT^b\exp(-E_a/R_uT)$,其中,A采用CGS制单位表示(cm,s,K,mol),当T的单位为K时,b是无量纲数;E_a单位为cal/mol。

② 当H_2O和H_2作为第三碰撞物体M时,速率常数要分别乘以18.6和2.86。

③ 当H_2O作为第三碰撞物体M时,速率常数要乘以5。

解 此题用 CHEMKIN 软件来解,但像进行笔算一样列出具体步骤还是很有益处的。通过查上面的化学机理表可知,反应过程有 11 种组分,它们是:H_2,H,O_2,O,OH,HO_2,H_2O_2,H_2O,N_2,N 和 NO。

这样就需要写出 11 个式(6.31)(或者如果运用 $\sum Y_{i,\text{out}} = 1$ 则只需写出 10 个方程)形式的方程。由于给定了为化学当量比混合,设入口处只有 H_2,O_2 和 N_2,$Y_{i,\text{in}}$ 即可算出。因 $\Phi = 1$,则反应 $H_2 + a(O_2 + 3.76N_2) \longrightarrow H_2O + 3.76aN_2$ 中的 $a = 0.5$,则

$$\chi_{H_2,\text{in}} = 1/3.38 = 0.2959$$

$$\chi_{O_2,\text{in}} = 0.5/3.38 = 0.1479$$

$$\chi_{N_2,\text{in}} = 1.88/3.38 = 0.5562$$

$$\chi_{H,\text{in}} = \chi_{O,\text{in}} = \chi_{OH,\text{in}} = \cdots = 0$$

用上述摩尔分数计算出来的反应混合物的摩尔质量 $\sum \chi_i MW_i$ 为 20.91。相应的质量分数 $\chi_i MW_i / MW_{\text{mix}}$ 为

$$Y_{H_2,\text{in}} = 0.0285$$

$$Y_{O_2,\text{in}} = 0.2263$$

$$Y_{N_2,\text{in}} = 0.7451$$

$$Y_{H,\text{in}} = Y_{O,\text{in}} = Y_{OH,\text{in}} = \cdots = 0$$

这里不列出所有的方程,只以氧原子的方程为例说明,根据式(6.31),有

$$\dot{\omega}_O MW_O V - \frac{P MW_{\text{mix}} V}{R_u T t_R} Y_{O,\text{out}} = 0$$

其中,结合式(6.37)和式(6.38)就可消去 $\dot{m}$,且

$$
\begin{aligned}
\dot{\omega}_O =& -k_{6f}[H][O](P/(R_u T) + 4[H_2O]) \\
& + k_{6r}[O_2](P/(R_u T) + 4[H_2O]) \\
& - k_{7f}[O]^2 P/(R_u T) + 2k_{7r}[O_2]P/(R_u T) \\
& - k_{11f}[O][OH] + k_{11r}[O_2][H] - k_{12f}[O][H_2] \\
& + k_{12r}[OH][H] - k_{15f}[O][HO_2] \\
& + k_{15r}[O_2][OH] + k_{16f}[OH]^2 - k_{16r}[O][H_2O] \\
& - k_{21f}[O][N_2] + k_{21r}[NO][N] + k_{22f}[N][O_2] - k_{22r}[NO][O]
\end{aligned}
$$

在上面的表达式中,注意已经用 $P/(R_u T)$ 来代替 $[M]$,而且在反应 6 的处理中体现了如何增强 H_2O 作为第三体的碰撞效率。请注意,所有的 $[X_i]$ 的出口值都包含在其中了。由于 $Y_{O,\text{out}}$ 和 $[O]$ 同时出现在了氧原子守恒方程中,可用式(6.33)来关联这两项。这一关联很直接,就留给读者自己完成。每一组分都需要这样做。系统有 23 个未知量(11 个 $[X_i]$,11 个 $Y_{i,\text{out}}$ 和 1 个 T_{ad}),用一个能量守恒方程来实现系统的封闭性,式(6.35)变为

$$Y_{H_2,in}h_{H_2}(298)+Y_{O_2,in}h_{O_2}(298)+Y_{N_2,in}h_{N_2}(298)$$

$$=Y_{H_2}h_{H_2}(T_{ad})+Y_Hh_H(T_{ad})+Y_{O_2}h_{O_2}(T_{ad})+Y_{OH}h_{OH}(T_{ad})+\cdots+Y_{NO}h_{NO}(T_{ad})$$

当然，需要有相应的热力学数据来建立起 h_i 和 T_{ad} 的关系。

用 Fortran 语言编写的结构嵌在计算程序 PSR 中[12]，再加上 CHEMKIN 程序库中的子程序，就可以针对此问题进行数值计算了。需要输入的量包括：化学反应机理、反应流中的组成、当量比、入口温度、反应器体积和压力。停留时间也是一个输入量。在某些实验中发现，使反应器达到平衡状态时的停留时间为 1s，而停留时间约为 $t_R=1.7\times10^{-5}$s 时发生吹熄。如图 6.9 和图 6.10 所示为在上述停留时间范围内摩尔分数和气体温度的计算值。正如所预料的，绝热温度和 H_2O 的产物浓度会随着停留时间变短而下降；相反，H_2 和 O_2 的浓度会随之上升。而 O 和 OH 基的情况则更为复杂，它们的浓度在两个停留时间之间的某一时刻达到最大值。而当停留时间小于 10^{-2}s 后，NO 的浓度会迅速下降。

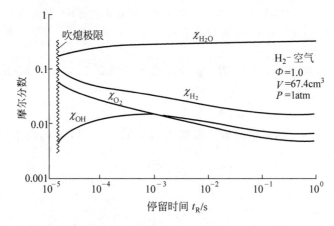

图 6.9　全混流反应器中，停留时间在吹熄（$t_R\approx1.75\times10^{-5}$s）和近平衡（$t_R=1$s）之间时，$H_2O$，$H_2$，$O_2$ 和 OH 的摩尔分数的计算值。

注：这道例题体现了相对复杂的化学机理如何与简单的热力学过程相结合。第 5 章中给出的甲烷燃烧的反应途径图也是用类似的分析方法导出的。

【例 6.4】　研究例 6.3 所述的全混流反应器中未平衡的氧原子对 NO 生成的影响程度。假设 O,O_2 和 N_2 在用完整化学动力学预测的反应器温度下处于平衡值。根据例 6.3，取下列三组值：$t_R=1$s 时，$T_{ad}=2378K$；$t_R=0.1$s 时，$T_{ad}=2366.8K$；$t_R=0.01$s 时，$T_{ad}=2298.5K$。同时，设 N 原子处于稳态，NO 的生成由简单的 Zeldovich 链式反应所决定（第 5 章，式（N.1）和式（N.2））

$$N_2+O\underset{k_{1r}}{\overset{k_{1f}}{\Longleftrightarrow}}NO+N$$

$$N+O_2\underset{k_{2r}}{\overset{k_{2f}}{\Longleftrightarrow}}NO+O$$

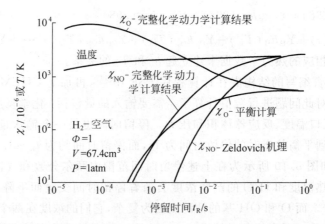

图 6.10　全混流反应器中，停留时间在吹熄（$t_R \approx 1.75 \times 10^{-5}$ s）和近平衡（$t_R = 1$s）之间时，温度、O 原子和 NO 摩尔分数的计算值。同时还列出了以完整化学动力学算出的相应温度下平衡计算的 O 原子浓度和在这一平衡 O 原子浓度下的 NO 浓度值。

解　首先建立简化的反应器模型。由于温度和平衡值 χ_O，χ_{O_2} 和 χ_{N_2} 是输入量，只需要写出 NO 组分的守恒方程即可（由式（6.31））得

$$\dot{\omega}_{NO} MW_{NO} V - \dot{m} Y_{NO} = 0$$

式中，Y_{NO} 为反应器中 NO 的质量分数。根据式（6A.3）（见 6.11 节），用浓度替代 Y_{NO}，则有

$$\dot{\omega}_{NO} - \frac{\dot{m}}{\rho V}[NO] = 0$$

或者，再简化为

$$\dot{\omega}_{NO} - [NO]/t_R = 0 \qquad\qquad （Ⅰ）$$

下面用简单 Zeldovich 机理来用已知量 T，$[O_2]_e$，$[O]_e$ 以及未知的量 $[NO]$ 来表示方程（Ⅰ）中的 $\dot{\omega}_{NO}$。结果将是只有 $[NO]$ 为唯一的未知量的复杂超越方程，即

$$\dot{\omega}_{NO} = k_{1f}[O]_e[N_2]_e - k_{2r}[NO][O]_e + [N]_{ss}(k_{2f}[O_2]_e - k_{1r}[NO]) \qquad （Ⅱ）$$

再由 N 原子稳定假设，得

$$[N]_{ss} = \frac{k_{1f}[O]_e[N_2]_e + k_{2r}[NO][O]_e}{k_{1r}[NO] + k_{2f}[O_2]_e} \qquad （Ⅲ）$$

将式（Ⅲ）代入到式（Ⅱ）中，得

$$\dot{\omega}_{NO} = k_{1f}[O]_e[N_2]_e(Z+1) + k_{2r}[NO][O]_e(Z-1) \qquad （Ⅳ）$$

式中，

$$Z = \frac{k_{2f}[O_2]_e - k_{1r}[NO]}{k_{1r}[NO] + k_{2f}[O_2]_e}$$

在我们求解方程（Ⅰ）之前，需要知道 $[O_2]_e$，$[O]_e$ 和 $[N_2]_e$ 的值。由于涉及几个平衡式，求解这些值并不容易，但是用附录 F 提供的 TPEQUIL 程序却很容易实现。由于程序

是设计用来计算 $C_xH_yO_z$ 类燃料的,因此,x 和 y 都不能等于 0,所以要计算纯氢气的反应是不可能的。但我们依然可以运用这个程序,只需设 x 等于 1,设 y 为一个很大的整数,比如 10^6 即可。很小的碳原子数可以使程序避免出现被 0 除的情况,使得在计算组分摩尔分数时不会引入很大的计算误差。比如,在这个例题中,CO 和 CO_2 的摩尔分数始终小于 1×10^{-6}。下表为用 TPEQUIL 程序计算的 O,O_2,和 N_2 的摩尔分数。

t_R/s	T_{ad}/K	$\chi_{O,e}$	$\chi_{O_2,e}$	$\chi_{N_2,e}$
1.0	2378	5.28×10^{-4}	4.78×10^{-3}	0.6445
0.1	2366.3	4.86×10^{-4}	4.60×10^{-3}	0.6449
0.01	2298.5	2.95×10^{-4}	3.65×10^{-3}	0.6468

方程（Ⅰ）用 Newton-Raphson 算法求解,即 $[NO]^{new} = [NO]^{old} - f([NO]^{old})/f'([NO]^{old})$,式中,$f([NO])(=0)$ 代表方程（Ⅰ）,用电子表格软件处理数据。利用电子表格,输入的摩尔分数可以自动转化为浓度,如：$[O]_e = \chi_{O,e} P/(R_u T)$,速率常数可以通过第 5 章给出的公式表示,即

$$k_{1f} = 1.8 \times 10^{11} \exp[-38\,370/T(K)]$$
$$k_{1r} = 3.8 \times 10^{10} \exp[-425/T(K)]$$
$$k_{2f} = 1.8 \times 10^{7} T(K) \exp[-4680/T(K)]$$
$$k_{2r} = 3.8 \times 10^{6} T(K) \exp[-20\,820/T(K)]$$

迭代求出的 3 个停留时间见下表,同时给出例 6.3 中总包化学反应结果作为比较,见图 6.10。

t_R/s	氧原子平衡假设		完整化学动力学计算	
	$\chi_{O,e}/10^{-6}$	$\chi_{NO}/10^{-6}$	$\chi_O/10^{-6}$	$\chi_{NO}/10^{-6}$
1.0	528	2473	549	2459
0.1	486	1403	665	2044
0.01	295	162	1419	744

注：图 6.10 表明,当停留时间小于 1s 时,由化学动力学推导的氧原子摩尔分数与其平衡值有着很大的差别。这是因为没有足够的化合反应时间,而由自由基形成稳定的组分。而超平衡的氧原子浓度则会导致 NO 的大量形成。如,当 $t_R = 0.01s$ 时,根据完整化学反应动力学计算的 NO 摩尔分数是根据氧原子平衡计算出来的 NO 摩尔分数的近 5 倍。

6.5 柱塞流反应器

6.5.1 假设

柱塞流反应器,又称活塞流反应器或平推流反应器,是表示具有以下属性的一种理想的

反应器：

（1）稳态、稳定流动。

（2）在轴向没有混合。这表示在流动方向上分子扩散和湍流质量扩散都可以忽略。

（3）垂直于流动方向的参数都相等，即是一维流动。这意味着在任何一个横截面上，单个参数的速度、温度、组分等就可以完全描述这一流动。

（4）理想无黏流动。这个假设可以允许用简单的欧拉方程来关联压力与速度。

（5）理想气体特性。这个假设可以允许用简单的状态方程来关联 T, P, ρ, Y_i，和 h。

6.5.2　守恒定律的应用

下面的目标是推导一组一阶常微分方程组，其解可以用来描述反应器的包括组分等的流动特性沿轴向距离 x 的变化函数关系。图 6.11(a)给出了其几何结构和坐标定义示意图。表 6.1 的分析总结，列出了其物理与化学原理，产生了 $6+2N$ 个方程和同样数目的未知数和未知函数。组分的生成率 $\dot{\omega}_i$ 可以表示为质量分数的函数（见 6.11 节）而不必单独列出 $\dot{\omega}_i$ 的方程，这样未知数的量就可以减少 N 个。但采取显式来保留它们有利于清晰地提醒分析中化学反应的重要性。虽然没有说明，要获得方程的解，表 6.1 中将 $\bar{m}, k_i(T), A(x)$ 和 $\bar{Q}''(x)$ 这样的量或函数作为已知。面积函数 $A(x)$ 定义了反应器的截面积是 x 的函数，这样的模型反应器可以表示喷嘴、扩散器，或任一特定的一维几何结构而不一定是如图 6.11(a)所示的等横截面的装置。尽管用显式来表示壁面的热流函数 $\bar{Q}''(x)$ 是已知的，但也可以从给定的壁温分布来计算。

表 6.1　N 个组分的柱塞流反应器的关系式和变量总表

方程类型	方程数	包括的变量或导数
基本守恒原理：总质量、x 方向动量、能量、组分	$3+N$	$\dfrac{\mathrm{d}\rho}{\mathrm{d}x}, \dfrac{\mathrm{d}v_x}{\mathrm{d}x}, \dfrac{\mathrm{d}P}{\mathrm{d}x}, \dfrac{\mathrm{d}h}{\mathrm{d}x}, \dfrac{\mathrm{d}Y_i}{\mathrm{d}x}(i=1,2,\cdots,N), \dot{\omega}_i(i=1,2,\cdots,N)$
化学生成质量作用定律	N	$\dot{\omega}_i(i=1,2,\cdots,N)$
状态方程	1	$\dfrac{\mathrm{d}\rho}{\mathrm{d}x}, \dfrac{\mathrm{d}P}{\mathrm{d}x}, \dfrac{\mathrm{d}T}{\mathrm{d}x}, \dfrac{\mathrm{d}MW_{\mathrm{mix}}}{\mathrm{d}x}$
状态的热方程	1	$\dfrac{\mathrm{d}h}{\mathrm{d}x}, \dfrac{\mathrm{d}T}{\mathrm{d}x}, \dfrac{\mathrm{d}Y_i}{\mathrm{d}x}(i=1,2,\cdots,N)$
混合物摩尔质量的定义	1	$\dfrac{\mathrm{d}MW_{\mathrm{mix}}}{\mathrm{d}x}, \dfrac{\mathrm{d}Y_i}{\mathrm{d}x}(i=1,2,\cdots,N)$

参考如图 6.11 所示出的控制体及相应的能量、质量、动量和组分流量，可以方便地得出相应的守恒方程。

质量守恒

$$\frac{\mathrm{d}(\rho v_x A)}{\mathrm{d}x} = 0 \tag{6.39}$$

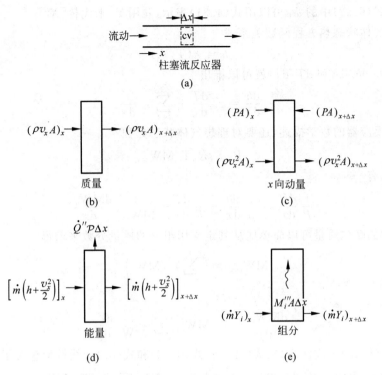

图 6.11　柱塞流中控制体的质量流量、x 向动量流量、能量流量以及组分流量示意图。

x 方向动量守恒

$$\frac{\mathrm{d}P}{\mathrm{d}x} + \rho v_x \frac{\mathrm{d}v_x}{\mathrm{d}x} = 0 \tag{6.40}$$

能量守恒

$$\frac{\mathrm{d}(h + v_x^2/2)}{\mathrm{d}x} + \frac{\dot{Q}'' \mathcal{P}}{\dot{m}} = 0 \tag{6.41}$$

组分守恒

$$\frac{\mathrm{d}Y_i}{\mathrm{d}x} - \frac{\dot{\omega}_i \mathrm{MW}_i}{\rho v_x} = 0 \tag{6.42}$$

式中,v_x 和 $\mathcal{P}$ 分别表示轴向速度和反应器的局部周长。所有其他的量都在前面进行了定义。这些方程的推导留给读者作为练习(参考习题 6.1)。

为获得有效的方程形式,以使各变量能分离,式(6.39)和式(6.41)可以扩展并重新排列,有

$$\frac{1}{\rho} \frac{\mathrm{d}\rho}{\mathrm{d}x} + \frac{1}{v_x} \frac{\mathrm{d}v_x}{\mathrm{d}x} + \frac{1}{A} \frac{\mathrm{d}A}{\mathrm{d}x} = 0 \tag{6.43}$$

$$\frac{\mathrm{d}h}{\mathrm{d}x} + v_x \frac{\mathrm{d}v_x}{\mathrm{d}x} + \frac{\dot{Q}'' \mathcal{P}}{\dot{m}} = 0 \tag{6.44}$$

出现在式(6.42)中的 $\dot{\omega}_i$ 可以用式(4.31)表示，并用 Y_i 来代替 $[X_i]$。

将理想气体状态热方程函数关系式

$$h = h(T, Y_i) \tag{6.45}$$

用链式法关联 $\mathrm{d}h/\mathrm{d}x$ 和 $\mathrm{d}T/\mathrm{d}x$，就可以推出

$$\frac{\mathrm{d}h}{\mathrm{d}x} = c_p \frac{\mathrm{d}T}{\mathrm{d}x} + \sum_{i=1}^{N} h_i \frac{\mathrm{d}Y_i}{\mathrm{d}x} \tag{6.46}$$

完成柱塞流反应器的数学描述，还要对理想气体状态方程

$$P = \rho R_u T / \mathrm{MW}_{\mathrm{mix}} \tag{6.47}$$

进行微分，就有

$$\frac{1}{P} \frac{\mathrm{d}P}{\mathrm{d}x} = \frac{1}{\rho} \frac{\mathrm{d}\rho}{\mathrm{d}x} + \frac{1}{T} \frac{\mathrm{d}T}{\mathrm{d}x} - \frac{1}{\mathrm{MW}_{\mathrm{mix}}} \frac{\mathrm{dMW}_{\mathrm{mix}}}{\mathrm{d}x} \tag{6.48}$$

式中，混合物的摩尔质量可以简单地从其定义用组分的质量分数来求得

$$\mathrm{MW}_{\mathrm{mix}} = \left(\sum_{i=1}^{N} Y_i / \mathrm{MW}_i \right)^{-1} \tag{6.49}$$

和

$$\frac{\mathrm{dMW}_{\mathrm{mix}}}{\mathrm{d}x} = -\mathrm{MW}_{\mathrm{mix}}^2 \sum_{i=1}^{N} \frac{1}{\mathrm{MW}_i} \frac{\mathrm{d}Y_i}{\mathrm{d}x} \tag{6.50}$$

式(6.40)、式(6.42)~式(6.44)、式(6.46)、式(6.48)和式(6.49)线性地包含了下面的导数：$\mathrm{d}\rho/\mathrm{d}x, \mathrm{d}v_x/\mathrm{d}x, \mathrm{d}P/\mathrm{d}x, \mathrm{d}h/\mathrm{d}x, \mathrm{d}Y_i/\mathrm{d}x (i=1,2,\cdots,N), \mathrm{d}T/\mathrm{d}x$ 和 $\mathrm{dMW}_{\mathrm{mix}}/\mathrm{d}x$。通过替代可以略去一部分微分。符合逻辑的选择是保留导数 $\mathrm{d}T/\mathrm{d}x, \mathrm{d}\rho/\mathrm{d}x$ 和 $\mathrm{d}Y_i/\mathrm{d}x$ ($i=1, 2,\cdots,N$)。这样选择后，构成的下述常微分方程组，就可以从合适的初始条件开始进行积分求解

$$\frac{\mathrm{d}\rho}{\mathrm{d}x} = \frac{\left(1 - \dfrac{R_u}{c_p \mathrm{MW}_{\mathrm{mix}}} \right) \rho^2 v_x^2 \left(\dfrac{1}{A} \dfrac{\mathrm{d}A}{\mathrm{d}x} \right) + \dfrac{\rho R_u}{v_x c_p \mathrm{MW}_{\mathrm{mix}}} \sum_{i=1}^{N} \mathrm{MW}_i \dot{\omega}_i \left(h_i - \dfrac{\mathrm{MW}_{\mathrm{mix}}}{\mathrm{MW}_i} c_p T \right)}{P \left(1 + \dfrac{v_x^2}{c_p T} \right) - \rho v_x^2} \tag{6.51}$$

$$\frac{\mathrm{d}T}{\mathrm{d}x} = \frac{v_x^2}{\rho c_p} \frac{\mathrm{d}\rho}{\mathrm{d}x} + \frac{v_x^2}{c_p} \left(\frac{1}{A} \frac{\mathrm{d}A}{\mathrm{d}x} \right) - \frac{1}{v_x \rho c_p} \sum_{i=1}^{N} h_i \dot{\omega}_i \mathrm{MW}_i \tag{6.52}$$

$$\frac{\mathrm{d}Y_i}{\mathrm{d}x} = \frac{\dot{\omega}_i \mathrm{MW}_i}{\rho v_x} \tag{6.53}$$

请注意，为了简化，在式(6.41)和式(6.52)中，$\dot{Q}''$ 设定为零。

也可以定义停留时间 t_R，这样又增加一个方程

$$\frac{\mathrm{d}t_R}{\mathrm{d}x} = \frac{1}{v_x} \tag{6.54}$$

求解式(6.51)~式(6.54)所需要的初始条件是

$$T(0) = T_0 \tag{6.55a}$$

$$\rho(0) = \rho_0 \tag{6.55b}$$

$$Y_i(0) = Y_{i0}, \quad i = 1, 2, \cdots, N \tag{6.55c}$$

$$t_R(0) = 0 \tag{6.55d}$$

总的来说,柱塞流反应器的数学描述与定压和定容反应器类似,都是一组耦合的常微分方程组。不同的是柱塞流反应器的变量是空间坐标的函数而不是时间的函数。

6.6　在燃烧系统建模中的应用

对于更复杂的燃烧系统,常用全混流反应器和柱塞流反应器的不同组合来近似。这一方法如图 6.12 所示。图中,燃气轮机燃烧室被模化为串联的两个全混流反应器(WSR$_1$ 和 WSR$_2$)和一个柱塞流反应器(PFR)。第一个反应器代表的是初始区域(如第 10 章中的图 10.4(a)),其中存在燃烧产物的回流。第二个区域和随后的稀释区域,则分别用第二个全混流反应器和柱塞流反应器来模化。要精确地模化一个实际的燃烧设备,需要许多反应器,且需认真仔细地选择通过每一个反应器的各物质流。这一方法很大程度上取决于有经验的设计师的艺术与技巧才能获得有用的结果。反应器模型方法常用来作为对燃气轮机、炉窑和锅炉等更复杂的有限差分和有限元数值模型的补充。

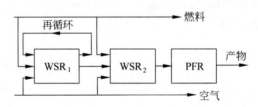

图 6.12　由全混流反应器和柱塞流反应器组成的燃气轮机的概念模型。(资料来源:文献[13])

6.7　小结

这一章介绍了四种模型反应器:定压反应器、定容反应器、全混流反应器和柱塞流反应器。从最基本的守恒原理和化学动力学出发,对每个反应器进行了描述。读者应该对这些原理很熟悉,并能将它们应用到模型反应器中。本章给出了一个定容反应器的数值计算算例。算例中采用的是三个组分(燃料、氧化剂、产物)和一步总包反应动力学及简化的热化学方法。本章还通过建模,探究了热爆的特性并用其解释了往复式发动机中自动点火(敲缸)的现象。第二个例子,推导出了一个同样简化了的全混流反应器。并用这一模型解释了吹熄的概念以及当量比对吹熄质量流率的影响。熟练掌握这些简化模型后,读者便可以进一步理解燃烧系统更复杂、更严格的系统分析。虽然如此,这些简单的模型仍然是分析许多实际设备系统的第一步。

6.8 符号表

A	面积,m^2
A/F	空气-燃料质量比,kg/kg
$c_p, \bar{c}_p$	比定压热容,J/(kg·K) 或 J/(kmol·K)
$c_v, \bar{c}_v$	比定容热容,J/(kg·K) 或 J/(kmol·K)
$h_f^0, \bar{h}_f^0$	生成焓,J/kg 或 J/kmol
$h, \bar{h}, H$	焓,J/kmol,J/kg 或 J
k	化学动力学速率常数(多种单位)
m	质量,kg;燃料的反应级数
$\dot{m}$	质量流量,kg/s
$\dot{m}'''$	单位体积的质量生成率,kg/(s·m^3)
MW	摩尔质量,kg/kmol
n	氧气的反应级数
N	物质的量,mol
P	压力,Pa
$\mathcal{P}$	周长,m
$\dot{Q}$	传热量,W
$\dot{Q}''$	热通量,W/m^2
R_u	通用气体常数,J/(kmol·K)
t	时间,s
T	温度,K
$u, \bar{u}, U$	内能,J/kmol 或 J/kg 或 J
v	速度,m/s
v	比体积,m^3/kg
V	体积,m^3
$\mathbf{V}$	速度矢量,m/s
$\dot{W}$	功率,W
x	距离,m

Y	质量分数

希腊符号

γ	比热比，c_p/c_v
ρ	密度，kg/m^3
Φ	当量比
χ	摩尔分数
$\dot{\omega}$	组分生成率，$kmol/(s \cdot m^3)$

下标

ad	绝热
BDC	下止点
cv	控制容积
e	平衡
f	正反应
F	燃料
G	总包
i	第i种组分
in	入口
mix	混合物
out	出口
Ox	氧化剂
Pr	产物
r	逆反应
ref	标准参考状态
R	停留
s	化学当量
ss	稳态
TDC	上止点
x	x方向
0	初始值

其他符号

$[X]$	组分X的浓度，$kmol/m^3$

6.9 参考文献

1. Douaud, A., and Eyzat, P., "DIGITAP—An On-Line Acquisition and Processing System for Instantaneous Engine Data—Applications," SAE Paper 770218, 1977.

2. Nakajima, Y., *et al.*, "Analysis of Combustion Patterns Effective in Improving Anti-Knock Performance of a Spark-Ignition Engine," *Japan Society of Automotive Engineers Review*, 13: 9–17 (1984).

3. Litzinger, T. A., "A Review of Experimental Studies of Knock Chemistry in Engines," *Progress in Energy and Combustion Science*, 16: 155–167 (1990).

4. Spalding, D. B., *Combustion and Mass Transfer*, Pergamon, New York, 1979.

5. Longwell, J. P., and Weiss, M. A., "High Temperature Reaction Rates in Hydrocarbon Combustion," *Industrial & Engineering Chemistry*, 47: 1634–1643 (1955).

6. Glarborg, P., Miller, J. A., and Kee, R. J., "Kinetic Modeling and Sensitivity Analysis of Nitrogen Oxide Formation in Well-Stirred Reactors," *Combustion and Flame*, 65: 177–202 (1986).

7. Duterque, J., Avezard, N., and Borghi, R., "Further Results on Nitrogen Oxides Production in Combustion Zones," *Combustion Science and Technology*, 25: 85–95 (1981).

8. Malte, P. C., Schmidt, S. C., and Pratt, D. T., "Hydroxyl Radical and Atomic Oxygen Concentrations in High-Intensity Turbulent Combustion," *Sixteenth Symposium (International) on Combustion*, The Combustion Institute, Pittsburgh, PA, p. 145, 1977.

9. Bradley, D., Chin, S. B., and Hankinson, G., "Aerodynamic and Flame Structure within a Jet-Stirred Reactor," *Sixteenth Symposium (International) on Combustion*, The Combustion Institute, Pittsburgh, PA, p. 1571, 1977.

10. Chomiak, J., *Combustion: A Study in Theory, Fact and Application*, Gordon & Breach, New York, p. 334, 1990.

11. Zeldovich, Y. B., and Voyevodzkii, V. V., *Thermal Explosion and Flame Propagation in Gases*, Izd. MMI, Moscow, 1947.

12. Glarborg, P., Kee, R. J., Grcar, J. F., and Miller, J. A., "PSR: A Fortran Program for Modeling Well-Stirred Reactors," Sandia National Laboratories Report SAND86-8209, 1986.

13. Swithenbank, J., Poll, I., Vincent, M. W., and Wright, D. D., "Combustion Design Fundamentals," *Fourteenth Symposium (International) on Combustion*, The Combustion Institute, Pittsburgh, PA, p. 627, 1973.

14. Dryer, F. L., and Glassman, I., "High-Temperature Oxidation of CO and H_2," *Fourteenth Symposium (International) on Combustion*, The Combustion Institute, Pittsburgh, PA, p. 987, 1972.

15. Westbrook, C. K., and Dryer, F. L., "Simplified Reaction Mechanisms for the Oxidation of Hydrocarbon Fuels in Flames," *Combustion Science and Technology*, 27: 31–43 (1981).

16. Kee, R. J., Rupley, F. M., and Miller, J. A., "Chemkin-II: A Fortran Chemical Kinetics Package for the Analysis of Gas-Phase Chemical Kinetics," Sandia National Laboratories Report SAND89-8009, March 1991.

17. Heywood, J. B., *Internal Combustion Engine Fundamentals*, McGraw-Hill, New York, 1988.

18. Incropera, F. P., and DeWitt, D. P., *Fundamentals of Heat and Mass Transfer*, 3rd Ed., John Wiley & Sons, New York, p. 496, 1990.

6.10 习题

6.1 根据图 6.11,推导柱塞流反应器基本的微分守恒方程(式(6.39)～式(6.42))。提示:推导过程相对比较直接,不需要做太多的变换。

6.2 证明:$\dfrac{\mathrm{d}(\rho v_x A)}{\mathrm{d}x}=0=\dfrac{1}{\rho}\dfrac{\mathrm{d}\rho}{\mathrm{d}x}+\cdots$(参考式(6.43))。

6.3 证明:$\dfrac{\mathrm{d}}{\mathrm{d}x}\left(P=\rho\,\dfrac{R_u T}{\mathrm{MW}_{\mathrm{mix}}}\right)\Rightarrow\dfrac{1}{P}\dfrac{\mathrm{d}P}{\mathrm{d}x}=\dfrac{1}{\rho}\dfrac{\mathrm{d}\rho}{\mathrm{d}x}+\cdots$(参考式(6.48))。

6.4 证明:$\dfrac{\mathrm{dMW}_{\mathrm{mix}}}{\mathrm{d}x}=-\mathrm{MW}_{\mathrm{mix}}^2\sum_i(\mathrm{d}Y_i/\mathrm{d}x)\mathrm{MW}_i^{-1}$

*6.5 (1) 用 MATHEMATICA 或其他符号运算软件检验式(6.51)～式(6.53)。

(2) 在式(6.51)～式(6.53)定义的问题中加入热流分布 $\dot{Q}''(x)$。

6.6 在有关全混流反应器的文献中,经常引用"反应器荷载参数"。这个参数集中了压力、质量流量和反应器体积三个因素的影响效果。请给出例 6.2 中全混流反应器模型的反应器载荷参数。提示:参数形式类似于 $P^a \dot{m}^b V^c$。确定指数 a,b,c 即可。

6.7 一个非绝热的全混流反应器,采用简化的化学机理,即只考虑燃料、氧化剂和单一产物。反应物中包括燃料($Y_F=0.2$)和氧化剂($Y_{Ox}=0.8$),温度为298K,流量为 0.5kg/s,流入 0.003m³ 大小的反应器。反应器压力为 1atm,热损失为 2000W。假设具有下列简化热力学特性:$c_p=1100\mathrm{J/(kg\cdot K)}$(所有组分),$\mathrm{MW}=29\mathrm{kg/kmol}$(所有组分),$h_{f,F}^0=-2000\mathrm{kJ/kg}$,$h_{f,Ox}^0=0$ 以及 $h_{f,Pr}^0=-4000\mathrm{kJ/kg}$。出口处燃料和氧化剂的质量分数分别为 0.001 和 0.003。求反应器温度和停留时间。

6.8 一个等横截面的绝热柱塞流反应器,燃料与氧化剂在其中燃烧。假设反应为一步反应,当量比和化学动力学特性如下

$$1\mathrm{kg_F} + v\mathrm{kg_{Ox}} \longrightarrow (1+v)\mathrm{kg_{Pr}}$$

$$\dot{\omega}_F = -A\exp(-E_a/R_u T)[\mathrm{F}][\mathrm{Ox}]$$

同时对热力学性质做如下假设:$\mathrm{MW_F}=\mathrm{MW_{Ox}}=\mathrm{MW_{Pr}}$,$c_{p,F}=c_{p,Ox}=c_{p,Pr}=C$(常数),$h_{f,Ox}^0=$

$h_{f,Pr}^0 = 0$ 以及 $h_{f,F}^0 = \Delta h_c$。

建立能量守恒关系，其中温度 T 为因变量。用质量分数 Y_i 表示所有的浓度变量，或者由浓度决定的参数。在最终公式中的未知参数是 T, Y_i 和轴向速度 v_x，且都可表示为轴向坐标 x 的函数。为了简化，忽略动能变化，且设压力恒定。提示：可能用到组分守恒。

*6.9 根据例 6.1 中的简单定容反应器，设计相应的计算机程序，使其能重复图 6.4 的数据，然后用该模型计算 P_0, T_0 和 Φ 对燃烧时间和最大压力升高速率的影响。讨论你的结果。提示：当燃烧速度很快时，需要减小输出记录的时间步长。

*6.10 用与例 6.1 中相同的化学和热力学特性建立一个定压反应器模型。初始体积为 0.008m^3，求解 P 和 T_0 对燃烧持续时间的影响。计算中，假设 $\Phi = 1$ 且反应器是绝热的。

*6.11 用与例 6.1 中相同的化学和热力学特性建立一个柱塞流反应器模型。设反应器绝热。用该模型做下列工作：

（1）一个圆管，直径为 3cm，$T_{in} = 1000\text{K}$，$P_{in} = 0.2\text{atm}$，$\Phi = 0.2$，设反应在 10cm 内完成 99%。求质量流量。

（2）根据（1）的已知和计算结果，试分析 P_{in}，T_{in} 和 Φ 对完成 99% 反应所需的流动长度的影响。

*6.12 一个定容绝热反应器，建立一氧化碳在湿空气中燃烧的模型。取 Dryer 和 Glassman[14] 采用的总包反应

$$\text{CO} + \frac{1}{2}\text{O}_2 \underset{k_r}{\overset{k_f}{\rightleftharpoons}} \text{CO}_2$$

其中正向和逆向反应速率表示为

$$\frac{\text{d}[\text{CO}]}{\text{d}t} = -k_f[\text{CO}][\text{H}_2\text{O}]^{0.5}[\text{O}_2]^{0.25}$$

$$\frac{\text{d}[\text{CO}_2]}{\text{d}t} = -k_r[\text{CO}_2]$$

式中

$$k_f = 2.24 \times 10^{12} \left[\left(\frac{\text{kmol}}{\text{m}^3}\right)^{-0.75} \frac{1}{s}\right] \exp\left[\frac{-1.674 \times 10^8 \, (\text{J/kmol})}{R_u T (\text{K})}\right]$$

$$k_r = 5.0 \times 10^8 \left(\frac{1}{s}\right) \exp\left[\frac{-1.674 \times 10^8 \, (\text{J/kmol})}{R_u T (\text{K})}\right]$$

在你所建立的模型中，设各个物质的比热容为常数（但不相等），并均取 2000K 时的值。

（1）写出描述模型所需要的所有方程，并将它们用 $\text{CO}, \text{CO}_2, \text{H}_2\text{O}, \text{O}_2$ 和 N_2 的物质的量浓度表示；用各自的 $\bar{c}_{p,CO}, \bar{c}_{p,CO_2}$ 等以及用各自的生成焓来表示。注意 H_2O 是催化剂，所以其质量分数守恒。

（2）用建立的模型确定初始 H_2O 的摩尔分数（0.1%~3.0%）对燃烧过程的影响。用最大压力升高速率和燃烧持续时间来描述燃烧过程。初始条件如下：$T_0 = 1000\text{K}$，$P = 1\text{atm}$，$\Phi = 0.25$。

*6.13　将习题 6.12 中 CO 氧化的总包反应用于全混流反应器模型中。设各个物质的比热容为常数(但不相等)并均取 2000K 时的值。

(1) 写出描述模型所需要的所有方程,并将它们用 CO,CO_2,H_2O,O_2 和 N_2 的物质的量浓度表示;用各自的 $\bar{c}_{p,CO},\bar{c}_{p,CO_2}$ 等以及用各自的生成焓来表示。

(2) 用建立的模型确定初始 H_2O 的摩尔分数(0.1%～3.0%)对吹熄极限质量流量的影响。输入的气体为化学当量比的 CO 和空气(加水分),温度为 298K。反应器压力为常压。

*6.14　将 Zeldovich 机理的 NO 生成动力学特性引入例 6.2 的全混流反应器中。设 NO 生成动力学机理不与燃烧过程耦合,即由 NO 反应产生或散失的热量忽略不计,同样质量的小变化也可忽略。设氧原子处于平衡浓度。

(1) 写出描述模型所需要的所有方程。

(2) 求 NO 的质量分数随 Φ 变化的函数,Φ 取 0.8～1.1。已知 $\dot{m}=0.1\text{kg/s}$,$T_{in}=298\text{K}$,$P=1\text{atm}$。氧原子方程式为

$$\frac{1}{2}O_2 \underset{}{\overset{K_p}{\rightleftharpoons}} O$$

其平衡常数 $K_p=3030\exp(-30\,790/T)$。

*6.15　建立一个由两个全混流反应器组成的燃气轮机模型,其中,第一个反应器代表一次反应区,第二个反应器代表二次区。设燃料为癸烷。用下面的两步烃氧化机理[15]

$$C_xH_y + \left(\frac{x}{2}+\frac{y}{4}\right)O_2 \xrightarrow{k_F} xCO + \frac{y}{2}H_2O$$

$$CO + \frac{1}{2}O_2 \underset{k_{CO,r}}{\overset{k_{CO,f}}{\rightleftharpoons}} CO_2$$

其中,习题 6.12 已经给出了 CO 氧化的速率,癸烷转换成 CO 的速率由下式给出

$$\frac{d[C_{10}H_{22}]}{dt} = -k_F[C_{10}H_{22}]^{0.25}[O_2]^{1.5}$$

式中

$$k_F = 2.64\times10^9\exp\left(\frac{-15\,098}{T}\right) \quad \text{(SI 单位)}$$

(1) 假设两个区域的当量比 Φ_1,Φ_2 为已知,写出所有的控制方程。设各物质的比热容为常数(但不相等)。

(2) 写出具体表达实现(1)所述的模型的计算机程序。根据教师提出的目标和约束条件进行设计练习。

*6.16　针对下述系统,用 CHEMKIN[16] 子程序建立氢气-空气燃烧模型和热力型 NO 生成模型,其中氧原子浓度分布采用超平衡值:

(1) 定容反应器。

(2) 柱塞流反应器。

(3) 根据教师给出的初始条件和(或)流动条件用你的模型进行练习。

*6.17 考虑一个如习题 6.17 图所示的简单管状炉，入口处装有快速混合燃烧器，燃气为天然气（甲烷）-空气的混合物（$\Phi=0.9$）。热量则从燃烧产物传递给恒温炉壁（$T_w=600K$）。设烧嘴产生的一氧化氮相对于焰后生成的一氧化氮可以忽略不计。天然气的质量流量为 0.0147kg/s。设燃烧产物进入炉膛的温度为 2350K，出口处温度为 1700K，根据下面的约束条件解题。

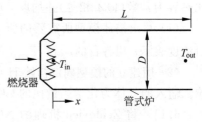

习题 6.17 图

（1）如果炉膛的直径为 0.30m，求炉膛的长度。

（2）出口处 NO 的摩尔分数是多少？

（3）在相等的燃料质量流量和化学当量比下，改变炉膛的直径可否降低 NO 的生成？（注意，为了维持出口温度 1700K，炉膛的长度 L 要相应改变）。如果炉膛入口的平均速度相对原始设计点的上下变化限定在 2 倍的范围内，请问，要降低 NO 生成，D 和 L 应取多少？ 在同一张图中，画出每一种情况下 χ_{NO} 随炉管长度的变化。

条件和假设如下：

（1）压力恒为 1atm。

（2）管式炉内流动的水动力学特性和热力学特性都处于完全发展段。

（3）在传热分析时，运用 Dittus-Boelter 方程[18] $Nu_D=0.023Re_D^{0.8}Pr^{0.3}$，其中在温度 $(T_{in}+T_{out})/2$ 下估计各物性参数。用空气的特性来简化计算。

（4）运用 Zeldovich NO 生成机理。不要忽略逆反应。对于 N 原子，用稳态近似并设 O_2 和 O 处于平衡状态。另外，设 O_2 的摩尔分数恒为 0.02，且忽略随温度的微小变化。对于平衡反应 $\frac{1}{2}O_2 \Longleftrightarrow O$，平衡常数取 $K_p=3.6\times10^3\exp[-31\,090/T(K)]$。

6.11　附录 6A

关于质量分数、摩尔分数、浓度和混合物摩尔质量的换算关系式

摩尔分数与质量分数

$$\chi_i = Y_i MW_{mix}/MW_i \tag{6A.1}$$

$$Y_i = \chi_i MW_i/MW_{mix} \tag{6A.2}$$

质量分数与浓度

$$[X_i] = PMW_{mix}Y_i/(R_u TMW_i) = Y_i\rho/MW_i \tag{6A.3}$$

$$Y_i = \frac{[X_i]MW_i}{\sum_j [X_j]MW_j} \tag{6A.4}$$

摩尔分数与浓度

$$[X_i] = \chi_i P / R_u T = \chi_i \rho / MW_{mix} \qquad (6A.5)$$

$$\chi_i = [X_i] / \sum_j [X_j] \qquad (6A.6)$$

质量浓度

$$\rho_i = \rho Y_i = [X_i] MW_i \qquad (6A.7)$$

用质量分数定义的 MW_{mix}

$$MW_{mix} = \frac{1}{\sum_i Y_i / MW_i} \qquad (6A.8)$$

用摩尔分数定义的 MW_{mix}

$$MW_{mix} = \sum_i \chi_i MW_i \qquad (6A.9)$$

用摩尔浓度定义的 MW_{mix}

$$MW_{mix} = \frac{\sum_i [X_i] MW_i}{\sum_i [X_i]} \qquad (6A.10)$$

反应流的简化守恒方程①

7.1 概述

撰写本书的一个目的就是尽可能地以最简单的方式来揭示燃烧过程中最基本的物理和化学特性。当考虑多组分反应混合物的细节时，物理上或者数学上的描述都变得很复杂，这对初学者来说是不小的障碍。本章的首要任务是给出表述反应流质量、组分、动量和能量守恒的简化控制方程。特别对以下三种情况进行处理。

(1) 一维平面(仅 x 轴)的稳定流(定常流)。

(2) 一维球形(仅 r 轴)的稳定流(定常流)。

(3) 二维轴对称(r 轴和 x 轴)的稳定流(定常流)。

基于第一种情况，第 8 章将对层流预混火焰展开分析；基于第二种情况，第 10 章将对燃料液滴的蒸发和燃烧展开分析；而基于第三种情况，将对层流(第 9 章)或湍流(第 13 章)的轴对称射流火焰进行分析。这三个系统及其坐标系见图 7.1。

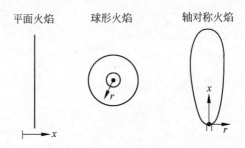

平面火焰　　　球形火焰　　　　轴对称火焰

图 7.1　平面火焰、球形对称火焰(液滴燃烧)和轴对称火焰(射流燃烧)的坐标系统。

首先，通常针对一维笛卡儿坐标系列出形式相对简单的守恒方程，来阐明每个守恒原理的物理本质。然后，通过对所感兴趣的极坐标系或轴对称坐标系下基本守恒方程的推导，得到更普遍的关系式。虽然许多物理特性都能够从这种简化分析中得到，但要特别注意，还有相当一部分有趣和重要的现象没有在简化分析中涉及。比如，最近的一项研究[1]表明，预混火

---

① 本章可以全部跳过而不会对后续章节的阅读产生任何影响。若干后续章节中用到简化的基本守恒关系时，可以将本章作为参考文献来阅读。

焰中由温度梯度引起的组分间扩散（热扩散）速率的不同对湍流火焰的传播具有深远的影响。因此，为了更加全面地解释上述现象，本章还介绍了包括热扩散在内的多组分扩散。另外，还推导出了能量守恒方程的新形式，使之可以作为火焰详细数值模型的一个起始点。

在已有文献中使用"守恒标量"来简化、分析特定的燃烧问题是十分常见的。为了介绍这一概念，本章还讨论并导出了混合物分数及混合物焓的守恒标量方程。

7.2   总质量守恒（连续性方程）

考虑如图 7.2 所示的一维微元控制体，即厚度为 Δx 的平面薄层。质量从 x 处进入，从 $x+\Delta x$ 处流出，其进、出口的质量流量差别，正是控制体内质量的积累速率，即

$$\underset{\text{控制体内质量增加}}{\frac{\mathrm{d}m_{\mathrm{cv}}}{\mathrm{d}t}} = \underset{\text{流入控制体的质量}}{[\dot{m}]_x} - \underset{\text{流出控制体的质量}}{[\dot{m}]_{x+\Delta x}} \tag{7.1}$$

控制体内的质量应为 $m_{\mathrm{cv}} = \rho v_{\mathrm{cv}}$，其中 $v_{\mathrm{cv}} = A\Delta x$，因此质量流量为 $\dot{m}=\rho v_x A$，则式(7.1)变为

$$\frac{\mathrm{d}(\rho A\Delta x)}{\mathrm{d}t} = [\rho v_x A]_x - [\rho v_x A]_{x+\Delta x} \tag{7.2}$$

两边同时除以 $A\Delta x$，并令 $\Delta x \to 0$，则式(7.2)变为

$$\frac{\partial \rho}{\partial t} = -\frac{\partial(\rho v_x)}{\partial x} \tag{7.3}$$

在稳态流中，$\partial\rho/\partial t=0$，即

$$\frac{\partial(\rho v_x)}{\partial x} = 0 \tag{7.4a}$$

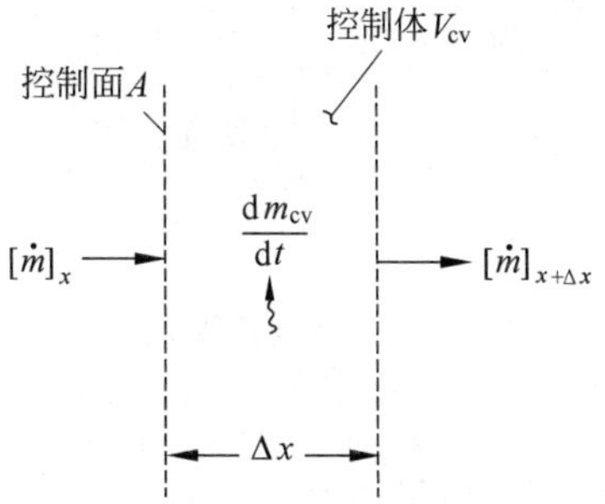

或者

$$\rho v_x = 常数 \tag{7.4b}$$

图 7.2　一维质量守恒分析中的控制体。

在燃烧系统中，流动中的密度随着位置的不同变化会很大。因此，从式(7.4)中就可以看出，速度也必须有很大的变化才能保证反应产物的 ρv_x 和质量通量 $\dot{m}''$ 守恒。在更通用的形式中，某一个固定点的质量守恒可以写成

$$\underset{\text{单位体积质量增加速率}}{\frac{\partial\rho}{\partial t}} + \underset{\text{单位体积流出的质量净流量}}{\nabla\cdot(\rho\boldsymbol{V})} = 0 \tag{7.5}$$

假设流动为稳态流，并在所选定的坐标系内做适当的矢量变换（详见文献[2]），在球坐标系中可以得到

$$\frac{1}{r^2}\frac{\partial}{\partial r}(r^2\rho v_r) + \frac{1}{r\sin\theta}\frac{\partial}{\partial\theta}(\rho v_\theta \sin\theta) + \frac{1}{r\sin\theta}\frac{\partial(\rho v_\phi)}{\partial\phi} = 0$$

在一维球对称坐标系中，$v_\theta = v_\phi = 0$，且 $\partial()/\partial\theta = \partial()/\partial\phi = 0$，因此，上式简化为

$$\frac{1}{r^2}\frac{\mathrm{d}}{\mathrm{d}r}(r^2\rho v_r) = 0 \tag{7.6a}$$

或者

$$r^2 \rho v_r = \text{常数} \qquad\qquad (7.6b)$$

式(7.6b)相当于 $\dot{m} = \text{常数} = \rho v_r A(r)$，其中 $A(r) = 4\pi r^2$。

对于轴对称系统的稳态流动，在完全的柱坐标方程下可以设 $v_\theta = 0$，则通用的连续性方程式(7.5)此时可写成

$$\frac{1}{r}\frac{\partial}{\partial r}(r\rho v_r) + \frac{\partial}{\partial x}(\rho v_x) = 0 \qquad\qquad (7.7)$$

特别指出的是，以往分析中只有一个速度参数，现在开始出现两个速度参数 v_r 和 v_x。

7.3 组分质量守恒（组分连续性方程）

第 3 章推导了一维的组分守恒方程，但是假设混合物中只含有两种组分即二元混合物，而且组分的扩散只由浓度梯度引起。这里，只将当时推导的结果式(3.31)列出，对于稳态流动，可写为

$$\frac{\mathrm{d}}{\mathrm{d}x}\left[\dot{m}''Y_A \quad - \quad \rho\,\mathcal{D}_{AB}\frac{\mathrm{d}Y_A}{\mathrm{d}x}\right] = \dot{m}'''_A$$

或

$$\underbrace{\frac{\mathrm{d}}{\mathrm{d}x}(\dot{m}''Y_A)}_{\substack{\text{单位体积内由对流（宏观流动的平流）}\\ \text{引起的A组分的质量流率(kg/(s\cdot m^3))}}} - \underbrace{\frac{\mathrm{d}}{\mathrm{d}x}\left(\rho\,\mathcal{D}_{AB}\frac{\mathrm{d}Y_A}{\mathrm{d}x}\right)}_{\substack{\text{单位体积内由分子扩散引起的}\\ \text{A组分的质量流率(kg/(s\cdot m^3))}}} = \underbrace{\dot{m}'''_A}_{\substack{\text{单位体积内由化学反应引起的A组}\\ \text{分的质量净生成率(kg/(s\cdot m^3))}}} \qquad (7.8)$$

式中，$\dot{m}''$ 是质量通量 ρv_x，$\dot{m}'''_A$ 是化学反应引起的单位体积内 A 组分的净质量生成率。组分连续性方程更为通用的一维形式可表示为

$$\frac{\mathrm{d}\dot{m}''_i}{\mathrm{d}x} = \dot{m}'''_i, \quad i = 1, 2, \cdots, N \qquad\qquad (7.9)$$

下标 i 表示第 i 种组分。在式(7.9)的形式下，描述组分质量通量 $\dot{m}''_i$ 时没有了前面的约束条件，如菲克扩散定律所控制的二元扩散的限制。

第 i 项组分的质量守恒的通用矢量形式可表示为

$$\underbrace{\frac{\partial(\rho Y_i)}{\partial t}}_{\substack{\text{单位体积内}i\text{组分的}\\ \text{质量随时间变化率}}} + \underbrace{\nabla\cdot\dot{m}''_i}_{\substack{\text{单位体积内由分子扩散及}\\ \text{宏观流动引起的组分的净流率}}} = \underbrace{\dot{m}'''_i}_{\substack{\text{单位体积内由化学反应引起}\\ \text{的A组分的质量净生成率}}}, \quad i = 1, 2, \cdots, N \qquad (7.10)$$

在介绍下一部分前，有必要再一次仔细地讨论组分质量通量的定义。第 i 组分的质量通量 $\dot{m}''_i$ 是根据 i 组分的平均质量流速定义的，可以表示为

$$\dot{m}''_i \equiv \rho Y_i \boldsymbol{v}_i \qquad\qquad (7.11)$$

式中，**组分速度** $\boldsymbol{v}_i$ 通常是考虑了浓度梯度引起的质量扩散（**常规扩散**）以及其他形式扩散（见 7.4 节）的共同作用的一个相当复杂的参量。混合物质量通量等于各个组分质量通量的总和，即

$$\sum \dot{m}_i'' = \sum \rho Y_i \boldsymbol{v}_i = \dot{m}'' \tag{7.12}$$

这样,鉴于满足 $\dot{m}'' \equiv \rho \boldsymbol{V}$,则平均质量流速为

$$\boldsymbol{V} = \sum Y_i \boldsymbol{v}_i \tag{7.13}$$

这就是读者们所熟悉的流体速度,定义为质量平均**宏观整体速度**。组分速度和整体速度的差则定义为**扩散速度**,即 $\boldsymbol{v}_{i,\text{diff}} \equiv \boldsymbol{v}_i - \boldsymbol{V}$,也就是说单个组分的速度是与整体速度有关的。扩散质量通量也可以用扩散速度来表示为

$$\dot{m}_{i,\text{diff}}'' \equiv \rho Y_i (\boldsymbol{v}_i - \boldsymbol{V}) = \rho Y_i \boldsymbol{v}_{i,\text{diff}} \tag{7.14}$$

根据第 3 章的讨论结果,总的组分通量是宏观整体流动和分子扩散运动的和,即

$$\dot{m}_i'' = \dot{m}'' Y_i + \dot{m}_{i,\text{diff}}'' \tag{7.15a}$$

或者用速度的形式来表达,即

$$\rho Y_i \boldsymbol{v}_i = \rho Y_i \boldsymbol{V} + \rho Y_i \boldsymbol{v}_{i,\text{diff}} \tag{7.15b}$$

根据组分浓度梯度的方向,扩散通量或速度可以与宏观整体流动反向或者同向。例如,下游方向组分的高浓度使得上游方向的扩散通量与整体流动的方向相反。采用式(7.11)和式(7.14),则通用的组分守恒方程(式(7.10))可以重写成组分扩散速度 $\boldsymbol{v}_{i,\text{diff}}$ 和质量分数 Y_i 的形式

$$\frac{\partial(\rho Y_i)}{\partial t} + \boldsymbol{\nabla} \cdot \left[\rho Y_i (\boldsymbol{V} + \boldsymbol{v}_{i,\text{diff}}) \right] = \dot{m}_i''', \quad i = 1, 2, \cdots, N \tag{7.16}$$

此形式不仅在文献中频繁出现,而且用作美国 Sandia 国家实验室所开发的一些燃烧模拟编码的基本公式(见文献[3,4])。关于组分质量通量就先介绍到这里,下面回到主题,继续讨论球坐标和轴对称坐标下简化组分守恒方程的推导过程。

对于二元混合物中常规的扩散(不发生热扩散或压力扩散),下面给出的菲克扩散定律的通用形式可以用来计算组分守恒方程(式(7.10))中的组分质量通量 $\dot{m}_i''$

$$\dot{m}_A'' = \dot{m}'' Y_A - \rho \mathcal{D}_{AB} \nabla Y_A \tag{7.17}$$

对于稳定流动的球对称坐标系,式(7.10)可变为

$$\frac{1}{r^2} \frac{\mathrm{d}}{\mathrm{d}r} (r^2 \dot{m}_i'') = \dot{m}_i''', \quad i = 1, 2, \cdots, N \tag{7.18}$$

同时,根据二元扩散,式(7.17)可写为

$$\frac{1}{r^2} \frac{\mathrm{d}}{\mathrm{d}r} \left[r^2 \left(\rho v_r Y_A - \rho \mathcal{D}_{AB} \frac{\mathrm{d}Y_A}{\mathrm{d}r} \right) \right] = \dot{m}_A''' \tag{7.19}$$

上述公式的物理意义与前文所述的式(7.8)类似,只是 A 组分质量流动的方向是沿半径方向而不再是 x 轴方向。

对于轴对称坐标系(r 轴和 x 轴),对应的二元混合物的组分守恒方程是

$$\underbrace{\frac{1}{r} \frac{\partial}{\partial r} (r \rho_r Y_A)}_{\substack{\text{单位体积内由径向对流} \\ \text{(宏观流动的径向平流)} \\ \text{引起的A组分的质量} \\ \text{流率(kg/(s·m}^3))}} + \underbrace{\frac{1}{r} \frac{\partial}{\partial x} (r \rho_x Y_A)}_{\substack{\text{单位体积内由轴向对流} \\ \text{(宏观流动的轴向平流)} \\ \text{引起的A组分的质量} \\ \text{流率(kg/(s·m}^3))}} - \underbrace{\frac{1}{r} \frac{\partial}{\partial r} \left(r \rho \mathcal{D}_{AB} \frac{\partial Y_A}{\partial r} \right)}_{\substack{\text{单位体积内由径向分子} \\ \text{扩散引起的A组分} \\ \text{的质量流率(kg/(s·m}^3\text{ A}))}} = \underbrace{\dot{m}_A'''}_{\substack{\text{单位体积内由化学反应} \\ \text{引起的A组分的质量} \\ \text{净生成率(kg/(s·m}^3))}} \tag{7.20}$$

上述方程中,假设轴向扩散与径向扩散、轴向对流和径向对流等相比是可以忽略的。

7.4　多组分扩散

在诸多燃烧系统详细的建模和理解过程中,尤其对于层流预混和非预混火焰结构的研究,其问题不宜采用二元混合物来做简化。在这种情况下,组分传递定律的公式必须同时考虑系统存在着大量组分,而且每一组分的性质又差别巨大。例如,可以推断,大燃料分子的扩散要远慢于氢原子的扩散。此外,火焰中典型的大温度梯度形成了浓度梯度之外另一个推动传质过程的作用力。这种温度梯度引起的扩散作用被称为**热扩散**或者**索雷特(Soret)效应**,它导致了较轻的分子从低温区扩散到高温区,反之,较重的分子则从高温区扩散到低温区。

本节先给出一些描述单个组分质量扩散通量和(或)扩散速度的最通用的关系式;随后将这些关系式简化为可用于实际燃烧设备上的形式;再通过一些限制性的假设,可以得到相对比较简单的用于描述火焰系统内多元扩散的近似表达式。

7.4.1　通用方程

多元混合物中组分扩散一般有四种不同的形式:由浓度梯度引起的**常规扩散**,由温度梯度引起的**热扩散(Soret 扩散)**,由压力梯度引起的**压力扩散**以及由组分中不平等的单位质量的体积力引起的**强制扩散**。扩散质量通量可以写成以上四种扩散的总和形式,即

$$\dot{m}''_{i,\text{diff}} = \dot{m}''_{i,\text{diff},\chi} + \dot{m}''_{i,\text{diff},T} + \dot{m}''_{i,\text{diff},P} + \dot{m}''_{i,\text{diff},f} \tag{7.21a}$$

等式右边各项下标 χ,T,P,f 分别表示常规扩散、热扩散、压力扩散和体积力扩散。类似的可以得到扩散速度的矢量关系,即

$$\boldsymbol{v}_{i,\text{diff}} = \boldsymbol{v}_{i,\text{diff},\chi} + \boldsymbol{v}_{i,\text{diff},T} + \boldsymbol{v}_{i,\text{diff},P} + \boldsymbol{v}_{i,\text{diff},f} \tag{7.21b}$$

在典型的燃烧系统中,压力梯度很小而不足以引起压力扩散,因此这一项可以忽略。体积力扩散最初是由荷电组分(如离子)和电场作用而引起的,虽然火焰中确实存在一定浓度的离子,但体积力扩散并不是很明显。因此,只保留常规扩散和热扩散两项。四项都考虑的方法在文献[2,5~7]中可以找到。

假设组分为理想气体,通常将常规扩散简化为以下形式[2]

$$\dot{m}''_{i,\text{diff},\chi} = \frac{P}{R_u T} \frac{MW_i}{MW_{\text{mix}}} \sum_{j=1}^{N} MW_j D_{ij} \, \nabla \chi_j, \quad i = 1,2,\cdots,N \tag{7.22}$$

式中,MW_{mix} 是混合摩尔质量,D_{ij} 是**常规多元扩散系数**。需要注意的是,多元扩散系数 D_{ij} 与二元扩散系数 $\mathcal{D}_{ij}$ 是不同的。下面的章节将更全面地对多元扩散系数 D_{ij} 进行讨论。与式(7.22)对应的扩散速度公式为

$$\boldsymbol{v}_{i,\text{diff},\chi} = \frac{1}{\chi_i MW_{\text{mix}}} \sum_{j=1}^{N} MW_j D_{ij} \, \nabla \chi_j, \quad i = 1,2,\cdots,N \tag{7.23}$$

Stefan-Maxwell 方程是式(7.23)的另一种表达形式,它通过将 $\nabla\chi_i$ 表示为多种组分扩散速度差的形式消除了方程计算 D_{ij} 的要求[2],得

$$\nabla\chi_i = \sum_{j=1}^{N}\left[\frac{\chi_i\chi_j}{\mathcal{D}_{ij}}(\boldsymbol{v}_{j,\mathrm{diff},\chi} - \boldsymbol{v}_{i,\mathrm{diff},\chi})\right], \quad i = 1,2,\cdots,N \tag{7.24}$$

在式(7.23)中,N 个组分方程($i=1,2,\cdots,N$)的任何一个,所有组分的摩尔分数梯度都会出现,而扩散速度只有在第 i 个组分出现;相反的,在式(7.24)中,N 个组分方程中任何一个,所有组分的扩散速度都会出现,而摩尔分数梯度则只在第 i 个组分出现。

第 i 个组分的**热扩散速度**可以表示为[2]

$$\boldsymbol{v}_{i,\mathrm{diff},T} = -\frac{D_i^T}{\rho Y_i}\frac{1}{T}\nabla T \tag{7.25}$$

式中,D_i^T 为热扩散系数,可能为正也可能为负,分别表示扩散向冷区域或热区域进行。有兴趣的读者可以详读文献[8]。

7.4.2 多元扩散系数的计算

由分子动力学原理[7,9]可知,常规扩散的多元扩散系数 D_{ij} 可以表示为

$$D_{ij} = \chi_i\frac{\mathrm{MW}_{\mathrm{mix}}}{\mathrm{MW}_j}(F_{ij} - F_{ii}) \tag{7.26}$$

式中 F_{ij} 和 F_{ii} 为矩阵 $[F_{ij}]$ 的元素。$[F_{ij}]$ 是 $[L_{ij}]$ 的逆矩阵,即

$$[F_{ij}] = [L_{ij}]^{-1} \tag{7.27}$$

$[L_{ij}]$ 矩阵中的元素为

$$[L_{ij}] = \sum_{k=1}^{K}\frac{\chi_k}{\mathrm{MW}_i\,\mathcal{D}_{ik}}[\mathrm{MW}_j\chi_j(1-\delta_{ik}) - \mathrm{MW}_i\chi_i(\delta_{ij} - \delta_{jk})] \tag{7.28}$$

式中,δ_{mn} 为 Kronecker delta 函数,当 $m=n$ 时取 1,其他情况为 0。总和 $k(1\sim K)$ 代表所有的组分。多元扩散系数具有如下性质

$$D_{ii} = 0 \tag{7.29a}$$

$$\sum_{i=1}^{N}(\mathrm{MW}_i\mathrm{MW}_h D_{ih} - \mathrm{MW}_i\mathrm{MW}_k D_{ik}) = 0 \tag{7.29b}$$

注意,多元扩散系数由两个参数决定:一是混合物中组分的摩尔分数 χ_i,二是两两组分之间的二元扩散系数 $\mathcal{D}_{ij}$。一般来说,只有在二元混合物中,多元扩散系数才等于二元扩散系数。二元扩散系数的数值可以通过附录 D 中的方法得出,同时文献[10]中所给的软件是 CHEMKIN 的一部分,可以用它来确定多元扩散系数及其他传递特性。

【**例 7.1**】 氢气、氧气、氮气的混合物,其中 $\chi_{\mathrm{H}_2}=0.15$,$\chi_{\mathrm{O}_2}=0.20$,$\chi_{\mathrm{N}_2}=0.65$,试确定所有的多元扩散系数。$T=600\mathrm{K}$,$P=1\mathrm{atm}$。

解 直接运用式(7.26)来确定多元扩散系数 D_{ij}。理论上是简单的,但是计算量相当

大。首先写出矩阵 $[L_{ij}]_{3\times3}$（式（7.28）），令 i 和 j 的 1,2,3 分别代表 H_2，O_2，N_2，即

$$[L_{ij}] = \begin{bmatrix} L_{11} & L_{12} & L_{13} \\ L_{21} & L_{22} & L_{23} \\ L_{31} & L_{32} & L_{33} \end{bmatrix}$$

其中，根据第 3 章的知识，有 $\mathcal{D}_{ij} = \mathcal{D}_{ji}$

$$L_{11} = L_{22} = L_{33} = 0$$

$$L_{12} = \chi_2(MW_2\,\chi_2 + MW_1\,\chi_1)/(MW_1\,\mathcal{D}_{12}) + \chi_3(MW_2\,\chi_2)/(MW_1\,\mathcal{D}_{13})$$

$$L_{13} = \chi_3(MW_3\,\chi_3 + MW_1\,\chi_1)/(MW_1\,\mathcal{D}_{13}) + \chi_2(MW_3\,\chi_3)/(MW_1\,\mathcal{D}_{12})$$

$$L_{21} = \chi_1(MW_1\,\chi_1 + MW_2\,\chi_2)/(MW_2\,\mathcal{D}_{21}) + \chi_3(MW_1\,\chi_1)/(MW_2\,\mathcal{D}_{23})$$

$$L_{23} = \chi_3(MW_3\,\chi_3 + MW_2\,\chi_2)/(MW_2\,\mathcal{D}_{23}) + \chi_1(MW_3\,\chi_3)/(MW_2\,\mathcal{D}_{21})$$

$$L_{31} = \chi_1(MW_1\,\chi_1 + MW_3\,\chi_3)/(MW_3\,\mathcal{D}_{31}) + \chi_2(MW_1\,\chi_1)/(MW_3\,\mathcal{D}_{32})$$

$$L_{32} = \chi_2(MW_2\,\chi_2 + MW_3\,\chi_3)/(MW_3\,\mathcal{D}_{32}) + \chi_1(MW_2\,\chi_2)/(MW_3\,\mathcal{D}_{31})$$

为了得到上述矩阵的值，我们需要先用附录 D 中的方法求出二元扩散系数 $\mathcal{D}_{12}$，$\mathcal{D}_{13}$，$\mathcal{D}_{23}$ 的值。表 D.2 中莱纳德-琼斯长度 σ_i 和能量 ε_i 列于下表。

i	组分	χ_i	MW_i	$\sigma_i/\text{Å}^{①}$	$(\varepsilon_i/k_B)/K$
1	H_2	0.15	2.016	2.827	59.17
2	O_2	0.20	32.000	3.467	106.7
3	N_2	0.65	28.014	3.798	71.4

① $1\text{Å} = 10^{-10}\,\text{m}$。

为了利用表 D.2 计算出 $\mathcal{D}_{H_2\text{-}O_2}$，我们需要首先计算出 H_2 和 O_2 的碰撞积分 Ω_D，而 Ω_D 则需要首先计算出 $\varepsilon_{H_2\text{-}O_2}/k_B$ 和 T^*，得

$$\varepsilon_{H_2\text{-}O_2}/k_B = [(\varepsilon_{H_2}/k_B)(\varepsilon_{O_2}/k_B)]^{1/2} = (59.7 \times 106.7)^{1/2} = 79.8(K)$$

$$T^* = k_B T/\varepsilon_{H_2\text{-}O_2} = 600/79.8 = 7.519$$

碰撞积分 Ω_D（式（D.3））为

$$\Omega_D = \frac{1.060\,36}{(7.519)^{0.156\,10}} + \frac{0.193\,000}{\exp(0.476\,35 \times 7.519)} + \frac{1.035\,87}{\exp(1.529\,96 \times 7.519)}$$

$$+ \frac{1.764\,74}{\exp(3.894\,1 \times 7.519)} = 0.7793$$

其他参数为

$$\sigma_{H_2\text{-}O_2} = \frac{\sigma_{H_2} + \sigma_{O_2}}{2} = \frac{2.827 + 3.467}{2} = 3.147\text{Å}$$

$$MW_{H_2\text{-}O_2} = 2[(1/MW_{H_2}) + (1/MW_{O_2})]^{-1} = 2[(1/2.016) + (1/32.000)]^{-1} = 3.793$$

因此有

$$\mathscr{D}_{\mathrm{H_2\text{-}O_2}} = \frac{0.0266 T^{3/2}}{P \mathrm{MW}_{\mathrm{H_2\text{-}O_2}}^{1/2} \sigma_{\mathrm{H_2\text{-}O_2}}^2 \Omega_{\mathrm{D}}}$$

$$= \frac{0.0266 \times 600^{3/2}}{101\,325 \times 3.793^{1/2} \times 3.147^2 \times 0.7793} = 2.5668 \times 10^{-4}\,\mathrm{m^2/s}$$

或 $2.5668\mathrm{cm^2/s}$。

另外两个二元扩散系数 $\mathscr{D}_{\mathrm{H_2\text{-}N_2}}$ 和 $\mathscr{D}_{\mathrm{O_2\text{-}N_2}}$ 也如此计算(可以用电子表格软件),得

$$\mathscr{D}_{\mathrm{H_2\text{-}N_2}} = 2.4095\mathrm{cm^2/s}$$

$$\mathscr{D}_{\mathrm{O_2\text{-}N_2}} = 0.6753\mathrm{cm^2/s}$$

对于矩阵 $\boldsymbol{L}$,以 L_{12} 为例进行计算,其他元素类似,得

$$L_{12} = \chi_2(\mathrm{MW}_2\,\chi_2 + \mathrm{MW}_1\,\chi_1)/(\mathrm{MW}_1\,\mathscr{D}_{12}) + \chi_3(\mathrm{MW}_2\,\chi_2)/(\mathrm{MW}_1\,\mathscr{D}_{13})$$

$$= 0.20 \times (32.000 \times 0.20 + 2.016 \times 0.15)/(2.016 \times 2.5668)$$

$$+ 0.65 \times (32.000 \times 0.20)/(2.016 \times 2.4095) = 1.1154$$

同样地,可以得到其他元素为

$$[\boldsymbol{L}] = \begin{bmatrix} 0 & 1.1154 & 3.1808 \\ 0.0213 & 0 & 0.7735 \\ 0.0443 & 0.2744 & 0 \end{bmatrix}$$

$[\boldsymbol{L}]$ 的逆矩阵可由计算机或计算器算出为

$$[\boldsymbol{L}]^{-1} = [F_{ij}] = \begin{bmatrix} -3.7319 & 15.3469 & 15.1707 \\ 0.6030 & -2.4796 & 1.1933 \\ 0.1029 & 0.8695 & -0.4184 \end{bmatrix}$$

有了上面的结果,就可以通过式(7.26)来最终计算出多元扩散系数 D_{ij},其中混合物摩尔质量 $\mathrm{MW_{mix}} = 24.9115 [= 0.15 \times 2.016 + 0.20 \times 32.000 + 0.65 \times 28.014]$。比如

$$D_{12} = D_{\mathrm{H_2\text{-}O_2}} = \chi_1 \frac{\mathrm{MW_{mix}}}{\mathrm{MW}_2}(F_{12} - F_{11})$$

$$= 0.15 \times \frac{24.9115}{32.000} \times (15.3469 + 3.7319)$$

$$= 2.228(\mathrm{cm^2/s})$$

同样可以得出如下整个多元扩散系数矩阵

$$[D_{ij}] = \begin{bmatrix} 0 & 2.228 & 2.521 \\ 7.618 & 0 & 0.653 \\ 4.188 & 0.652 & 0 \end{bmatrix} [=]\mathrm{cm^2/s}$$

注:在这个例子中,多组分系统只包含三个组分,用一点代数的技巧也可以解出多元扩散系数的解析解,如

$$D_{12} = \mathcal{D}_{12}\left[1 + \chi_3 \frac{(\mathrm{MW_3/MW_2})\,\mathcal{D}_{13} - \mathcal{D}_{12}}{\chi_1\,\mathcal{D}_{23} + \chi_2\,\mathcal{D}_{13} + \chi_3\,\mathcal{D}_{12}}\right]$$

在所研究的大多数燃烧系统中，通常包含多种组分，所以通常情况下上述所有的计算都是在计算机上完成的[10]。为了更好的评价多元扩散系数 D_{ij} 和二元扩散系数 $\mathcal{D}_{ij}$ 的不同，可以将上述计算的多元扩散系数矩阵与下面的二元扩散系数矩阵相比

$$[\mathcal{D}_{ij}] = \begin{bmatrix} 4.587 & 2.567 & 2.410 \\ 2.567 & 0.689 & 0.675 \\ 2.410 & 0.675 & 0.661 \end{bmatrix} [=]\mathrm{cm}^2/\mathrm{s}$$

从比较中可以看出，首先 $[\mathcal{D}_{ij}]$ 中的元素都非零，$[D_{ij}]$ 则不然；另外，$[\mathcal{D}_{ij}]$ 是对称矩阵，而 $[D_{ij}]$ 中所有非零的元素则各不相等。

多组分系统热扩散系数的计算不像计算常规扩散系数那样直接。热扩散将比常规扩散多出 6 个矩阵。前面提到过，利用 Chemkin 软件[10] 也可以在计算热传导和黏度等多元传递特性参数的同时，计算热扩散系数。

7.4.3　简化方法

在处理多组分混合物扩散问题时，比较常用的近似方法是将组分扩散通量或扩散速度方程（式（7.22）和式（7.23））变为与二元扩散菲克扩散定律类似的表达式，而且只需要写出 $N-1$ 个公式即可

$$\dot{m}''_{i,\mathrm{diff},\chi} = -\rho\,\mathcal{D}_{im}\nabla Y_i, \quad i = 1,2,\cdots,N-1 \tag{7.30}$$

及

$$\boldsymbol{v}_{i,\mathrm{diff},\chi} = -\frac{\mathcal{D}_{im}}{Y_i}\nabla Y_i, \quad i = 1,2,\cdots,N-1 \tag{7.31}$$

式中，$\mathcal{D}_{im}$ 为混合物 m 中第 i 个组分的**有效二元扩散系数**，下面会给出定义。式（7.30）和式（7.31）只需计算 $N-1$ 项的原因为，由于总质量是守恒的，所以各个组分的扩散通量之和为零，运用这一特性，就可以推出第 N 种组分的扩散速度为

$$\sum_{i=1}^{N} \rho Y_i \boldsymbol{v}_{i,\mathrm{diff},\chi} = 0 \tag{7.32}$$

或

$$\boldsymbol{v}_{N,\mathrm{diff},\chi} = -\frac{1}{Y_N}\sum_{i=1}^{N-1} Y_i \boldsymbol{v}_{i,\mathrm{diff},\chi} \tag{7.33}$$

Kee 等[10] 建议用式（7.33）用来计算过量的组分，而在许多燃烧系统中，氮气都是过量的，所以一般将氮气设为第 N 种组分。用这种方法可以达到某种简化，因为有效二元扩散系数 $\mathcal{D}_{im}$ 是比较容易计算的，则 $\mathcal{D}_{im}$ 可以表示为[5]

$$\mathcal{D}_{im} = \frac{1 - \chi_i}{\sum\limits_{j \neq i}^{N} (\chi_j / D_{ij})}, \quad i = 1, 2, \cdots, N-1 \tag{7.34}$$

注意：严格地讲，上述公式只有在除 i 以外的其他组分速度均相等时才真正成立[2]。

除第 N 种组分以外，其他组分含量很小时（痕量），可有简化为

$$\mathcal{D}_{im} = \mathcal{D}_{iN} \tag{7.35}$$

运用上述简化，我们只需要计算出 $N-1$ 个二元扩散系数就可以确定所有组分的扩散速度。

【例 7.2】　氢气、氧气、氮气的混合物，混合物摩尔分数与例 7.1 相同。

(1) 分别计算出三种组分的有效二元扩散系数。

(2) 用计算出的有效二元扩散系数求出各组分的扩散速度。假设几何结构为一维平面。再用多元扩散系数精确计算出扩散速度，比较这两种结果。

解　仿照例 7.1，直接用式 (7.34) 计算三种组分的 $\mathcal{D}_{im}$。二元扩散率 $\mathcal{D}_{H_2\text{-}O_2}$，$\mathcal{D}_{H_2\text{-}N_2}$，$\mathcal{D}_{O_2\text{-}N_2}$ 则与前面计算出的结果相同，即

$$\mathcal{D}_{H_2\text{-}m} = \frac{1 - \chi_{H_2}}{\dfrac{\chi_{O_2}}{\mathcal{D}_{H_2\text{-}O_2}} + \dfrac{\chi_{N_2}}{\mathcal{D}_{H_2\text{-}N_2}}} = \frac{1 - 0.15}{\dfrac{0.20}{2.567} + \dfrac{0.65}{2.410}} = 2.445 \text{cm}^2/\text{s}$$

$$\mathcal{D}_{O_2\text{-}m} = \frac{1 - \chi_{O_2}}{\dfrac{\chi_{H_2}}{\mathcal{D}_{O_2\text{-}H_2}} + \dfrac{\chi_{N_2}}{\mathcal{D}_{O_2\text{-}N_2}}} = \frac{1 - 0.20}{\dfrac{0.15}{2.567} + \dfrac{0.65}{0.675}} = 0.783 \text{cm}^2/\text{s}$$

$$\mathcal{D}_{N_2\text{-}m} = \frac{1 - \chi_{N_2}}{\dfrac{\chi_{H_2}}{\mathcal{D}_{N_2\text{-}H_2}} + \dfrac{\chi_{O_2}}{\mathcal{D}_{N_2\text{-}O_2}}} = \frac{1 - 0.65}{\dfrac{0.15}{2.410} + \dfrac{0.20}{0.675}} = 0.976 \text{cm}^2/\text{s}$$

氮气的摩尔分数为 0.65，称为过剩组分；这样，用式 (7.31) 来计算 H_2 和 O_2 的组分扩散速度，用式 (7.33) 来计算 N_2 的组分扩散速度，得

$$v_{H_2,\text{diff}} = -\frac{\mathcal{D}_{H_2\text{-}m}}{Y_{H_2}} \frac{dY_{H_2}}{dx}$$

$$v_{O_2,\text{diff}} = -\frac{\mathcal{D}_{O_2\text{-}m}}{Y_{O_2}} \frac{dY_{O_2}}{dx}$$

$$v_{N_2,\text{diff}} = -\frac{\mathcal{D}_{H_2\text{-}m}}{Y_{N_2}} \frac{dY_{H_2}}{dx} + \frac{\mathcal{D}_{O_2\text{-}m}}{Y_{N_2}} \frac{dY_{O_2}}{dx}$$

下面，用含有多元扩散系数的式 (7.23) 精确计算扩散速度，与上面的结果比较。

$$v_{H_2,\text{diff}} = \frac{1}{\chi_{H_2} \text{MW}_{\text{mix}}} \left(\text{MW}_{O_2} D_{H_2\text{-}O_2} \frac{d\chi_{O_2}}{dx} + \text{MW}_{N_2} D_{H_2\text{-}N_2} \frac{d\chi_{N_2}}{dx} \right)$$

$$v_{\mathrm{O_2,diff}} = \frac{1}{\chi_{\mathrm{O_2}} \mathrm{MW_{mix}}} \left(\mathrm{MW_{H_2}} D_{\mathrm{O_2\text{-}H_2}} \frac{\mathrm{d}\chi_{\mathrm{H_2}}}{\mathrm{d}x} + \mathrm{MW_{N_2}} D_{\mathrm{O_2\text{-}N_2}} \frac{\mathrm{d}\chi_{\mathrm{N_2}}}{\mathrm{d}x} \right)$$

$$v_{\mathrm{N_2,diff}} = \frac{1}{\chi_{\mathrm{N_2}} \mathrm{MW_{mix}}} \left(\mathrm{MW_{H_2}} D_{\mathrm{N_2\text{-}H_2}} \frac{\mathrm{d}\chi_{\mathrm{H_2}}}{\mathrm{d}x} + \mathrm{MW_{O_2}} D_{\mathrm{N_2\text{-}O_2}} \frac{\mathrm{d}\chi_{\mathrm{O_2}}}{\mathrm{d}x} \right)$$

注：用有效二元计算方法可以做到如下简化：第一，与 D_{ij} 的计算量相比，$\mathcal{D}_{im}$ 的计算量是非常小的；第二，除了第 N 种组分外，其他所有组分的扩散速度都可以用该组分的浓度来单独表示。相比来讲，用严格的多元扩散系数方程来表示，每种组分的扩散速度都需要 $N-1$ 项来表示，且其中每一项都含有不同的浓度梯度。

7.5 动量守恒

7.5.1 一维形式

由于忽略了黏性力和重力，所以一维平面坐标系和球坐标系的动量守恒是非常简单的。如图 7.3 所示，在一维平面系统中，唯一向控制体施加作用的只有压力。同时由于结构简单，所以流入、流出控制体的动量分别只有一股。稳态下，动量守恒的一般描述是：同一方向上，控制体所受力的总和等于这一方向上动量的净流出量，即

$$\sum \boldsymbol{F} = \dot{m} \boldsymbol{v}_{\mathrm{out}} - \dot{m} \boldsymbol{v}_{\mathrm{in}} \tag{7.36}$$

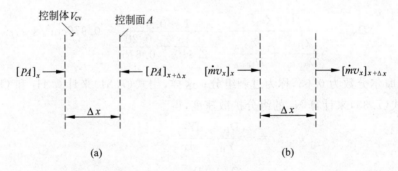

图 7.3　一维动量守恒控制体示意图，忽略所有黏性作用。(a)力；(b)动量流。

对于图 7.3 所示的一维系统，式(7.36)可写为

$$[PA]_x - [PA]_{x+\Delta x} = \dot{m} \left([v_x]_{x+\Delta x} - [v_x]_x \right) \tag{7.37}$$

式(7.34)左右两边同时除以 Δx，并令 $\Delta x \to 0$，且注意到 A 和 $\dot{m}$ 都是常数，我们将得到下面的常微分方程：

$$-\frac{\mathrm{d}P}{\mathrm{d}x} = \dot{m}'' \frac{\mathrm{d}v_x}{\mathrm{d}x} \tag{7.38a}$$

将质量通量表示为密度与速度的乘积($\dot{m}'' = \rho v_x$),式(7.38a)变为

$$-\frac{\mathrm{d}P}{\mathrm{d}x} = \rho v_x \frac{\mathrm{d}v_x}{\mathrm{d}x} \tag{7.38b}$$

读者可能比较熟悉这个方程,这就是一维的欧拉方程。对于球对称坐标系下的流动,会得到类似的结果,只是 r 和 v_r 分别代替了 x 和 v_x。对于第 8 章中的一维层流预混火焰和第 10 章中的液滴燃烧,假设火焰区内动能变化很小,即

$$\frac{\mathrm{d}(v_x^2/2)}{\mathrm{d}x} = v_x \frac{\mathrm{d}v_x}{\mathrm{d}x} \approx 0$$

相应地,动量方程简化为

$$\frac{\mathrm{d}P}{\mathrm{d}x} = 0 \tag{7.39}$$

式(7.39)表示流场中的压力为常数。球形系统中也可以得到同样的结果。

7.5.2　二维形式

在讨论轴对称问题之前,首先列出笛卡儿坐标系下(x, y)二维黏性流的动量守恒的必要元素。相对于柱坐标系,在笛卡儿坐标系中,可以更直接地观察和组合动量守恒方程中的各个子项。在此基础上,可推导出类似的轴对称坐标系的公式,并针对边界层射流问题对其进行简化。

如图 7.4 所示,二维稳态流中的一个微元控制体,宽为 Δx,高为 Δy,厚度为单位长度,图中给出了作用在控制体 x 方向上的各种力。垂直作用在 x 面上的力是黏性应力 τ_{xx} 和压力 P,每个力还要乘上它们各自的作用面积 $\Delta y \times 1$。作用在 y 面上的是 x 方向的黏性切应力 τ_{yx},同样乘上所作用的面积 $\Delta x \times 1$。控制体的质量中心作用力为由重力引起的体积力, $m_{cv}g_x (= \rho \Delta x \Delta y \times 1 \times g_x)$。图 7.5 所示为同一控制体内 x 方向上动量进、出的速率,每一项都由对应面上的质量流量和 x 方向的速度相乘得到。应用动量守恒原理,则 x 方向上力的总和应该等于净流出控制体的动量的流率,因此得

$$([\tau_{xx}]_{x+\Delta x} - [\tau_{xx}]_x)\Delta y \times 1 + ([\tau_{yx}]_{y+\Delta y} - [\tau_{yx}]_y)\Delta x \times 1$$
$$+ ([P]_x - [P]_{x+\Delta x})\Delta y \times 1 + \rho \Delta x \Delta y \times 1 \times g_x$$
$$= ([\rho v_x v_x]_{x+\Delta x} - [\rho v_x v_x]_x)\Delta y \times 1 + ([\rho v_y v_x]_{y+\Delta y} - [\rho v_y v_x]_y)\Delta x \times 1 \tag{7.40}$$

式(7.40)两边同时除以 $\Delta x \Delta y$,且令 $\Delta x \to 0$,$\Delta y \to 0$,根据偏导数的定义,式(7.40)可以改写为

$$\frac{\partial(\rho v_x v_x)}{\partial x} + \frac{\partial(\rho v_y v_x)}{\partial y} = \frac{\partial \tau_{xx}}{\partial x} + \frac{\partial \tau_{yx}}{\partial y} - \frac{\partial P}{\partial x} + \rho g_x \tag{7.41}$$

这样方程左边为动量进、出的速率，而右边为力的总和。

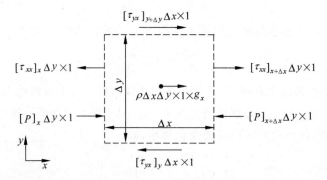

图 7.4　作用在单位厚度（垂直纸面）的二维控制体 x 和 y 表面上 x 方向的作用力。

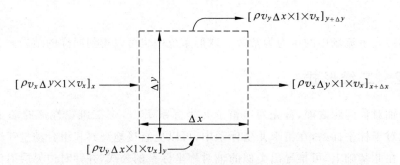

图 7.5　单位厚度（垂直纸面）的二维控制体 x 和 y 表面上的动量流。

同样，可以得到 y 方向上的动量守恒方程为

$$\frac{\partial(\rho v_x v_y)}{\partial x} + \frac{\partial(\rho v_y v_y)}{\partial y} = \frac{\partial \tau_{xy}}{\partial x} + \frac{\partial \tau_{yy}}{\partial y} - \frac{\partial P}{\partial y} + \rho g_y \tag{7.42}$$

因此，柱坐标系下轴对称流动所对应的轴向和径向动量守恒方程可表示为

轴向（x）

$$\frac{\partial(r\rho v_x v_x)}{\partial x} + \frac{\partial(r\rho v_x v_r)}{\partial r} = \frac{\partial(r\tau_{rx})}{\partial r} + r\frac{\partial \tau_{xx}}{\partial x} - r\frac{\partial P}{\partial x} + \rho g_x r \tag{7.43}$$

径向（r）

$$\frac{\partial(r\rho v_r v_x)}{\partial x} + \frac{\partial(r\rho v_r v_r)}{\partial r} = \frac{\partial(r\tau_{rr})}{\partial r} + r\frac{\partial \tau_{rx}}{\partial x} - r\frac{\partial P}{\partial r} \tag{7.44}$$

为了确保重力场作用下流动保持轴对称，假设重力加速度方向沿 x 轴方向。

对于牛顿流体，上述公式中的黏性应力可以表示为

$$\tau_{xx} = \mu\left[2\frac{\partial v_x}{\partial x} - \frac{2}{3}(\nabla \cdot \boldsymbol{V})\right] \tag{7.45a}$$

$$\tau_{rr} = \mu\left[2\frac{\partial v_r}{\partial r} - \frac{2}{3}(\nabla \cdot \boldsymbol{V})\right] \tag{7.45b}$$

$$\tau_{rx} = \mu\left[2\frac{\partial v_x}{\partial r} + \frac{\partial v_r}{\partial x}\right] \tag{7.45c}$$

式中，μ 是流体的黏度，且满足

$$(\nabla \cdot \boldsymbol{V}) = \frac{1}{r}\frac{\partial}{\partial r}(rv_r) + \frac{\partial v_x}{\partial x}$$

推导轴对称流的动量守恒方程是为了在后面章节中讨论射流火焰做准备。射流与流体流过固体表面产生的边界层有着极其相似的特性。首先，边界层的厚度要远小于其长度，同样地，射流的宽度也远小于其长度。其次，径向速度变化要远远快于轴向速度的变化，即 $\partial(\ )/\partial r \gg \partial(\ )/\partial x$。最后，轴向速度远远大于径向速度，即，$v_x \gg v_r$。由于射流（边界层流动）具有以上性质，所以式(7.43)的 x 轴分量可以通过量纲分析（数量级）进行化简。针对 x 轴分量，$r(\partial\tau_{xx}/\partial x)$ 可以忽略，这是因为

$$\frac{\partial}{\partial r}(r\tau_{rx}) \gg r\frac{\partial\tau_{xx}}{\partial x}$$

而由于 $\dfrac{\partial v_x}{\partial r} \gg \dfrac{\partial v_r}{\partial x}$，故 τ_{rx} 可以化简为

$$\tau_{rx} = \mu\frac{\partial v_x}{\partial r}$$

基于这样的化简，轴向的动量方程可以变为

$$\frac{\partial(r\rho v_x v_x)}{\partial x} + \frac{\partial(r\rho v_x v_r)}{\partial r} = \frac{\partial}{\partial r}\left(r\mu\frac{\partial v_x}{\partial r}\right) - r\frac{\partial P}{\partial x} + \rho g_x r \tag{7.46}$$

同样地，用量纲分析法来分析径向动量方程，可以得出 $\partial P/\partial r$ 是非常小的结论（参见文献[11]）。这说明，任意轴向位置射流的压力等于同样轴向位置上环境流体的压力。因此，就可以认为轴向动量方程中的 $\partial P/\partial x$ 等于环境流体的静压力梯度；故速度分量 v_x 和 v_r 就可以通过联立求解方程总连续性方程式(7.7)和轴向动量方程式(7.46)得出，而并不需要再联立径向动量方程。

在第 9 章和第 13 章中的推导中，将假设射流方向竖直向上，而重力向下，此时由于浮力向上，所以取正号。或者在某些情况下，浮力与重力将一起被忽略。对于不忽略浮力和重力的情况，有

$$\frac{\partial P}{\partial x} \approx \frac{\partial P_\infty}{\partial x} = -\rho_\infty g \tag{7.47}$$

式中，$g(=-g_x)$ 是重力加速度的数值（标量，9.81m/s^2），P_∞ 和 ρ_∞ 是环境流体的压力和密度。联立式(7.47)和式(7.46)就可以得到最终的轴向动量方程为

$$\underbrace{\frac{1}{r}\frac{\partial}{\partial x}(r\rho v_x v_x)}_{\substack{\text{单位体积内由轴向对流}\\\text{引起的}x\text{方向动量增加速率}}} + \underbrace{\frac{1}{r}\frac{\partial}{\partial r}(r\rho v_x v_r)}_{\substack{\text{单位体积内由径向对流引起的}\\x\text{方向动量增加速率}}} = \underbrace{\frac{1}{r}\frac{\partial}{\partial r}\left(r\mu\frac{\partial v_x}{\partial r}\right)}_{\substack{\text{单位体积所受}\\\text{的黏性力}}} + \underbrace{(\rho_\infty - \rho)g}_{\substack{\text{单位体积所受}\\\text{的浮力}}} \tag{7.48}$$

注意：上述公式中，密度是可变的，这正是流体燃烧固有的特征，黏度也是变化的，这是由温度变化引起的。

7.6 能量守恒

7.6.1 一维通用形式

首先来讨论一维笛卡儿坐标系，控制体（如图 7.6 所示）内长度为 Δx 的平面层中有各种能量流进和流出。根据式(2.28)，热力学第一定律可以表示为

$$(\dot{Q}''_x - \dot{Q}''_{x+\Delta x})A - \dot{W}_{cv} = \dot{m}''A\left[\left(h + \frac{v_x^2}{2} + gz\right)_{x+\Delta x} - \left(h + \frac{v_x^2}{2} + gz\right)_x\right] \tag{7.49}$$

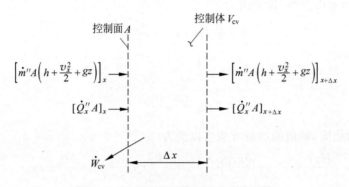

图 7.6 一维稳态守恒分析中的控制体

假设是稳态，这样控制体内就没有能量的积累。同时假设控制体不做功（左边第二项为 0）以及进、出口之间没有势能的变化。有了上述假设，方程两边同时除以 A，整理后得

$$-(\dot{Q}''_{x+\Delta x} - \dot{Q}''_x) = \dot{m}''\left[\left(h + \frac{v_x^2}{2}\right)_{x+\Delta x} - \left(h + \frac{v_x^2}{2}\right)_x\right] \tag{7.50}$$

式(7.50)两边再同时除以 Δx，并令 $\Delta x \to 0$，根据微分的定义，可以得到下述微分方程：

$$-\frac{d\dot{Q}''_x}{dx} = \dot{m}''\left(\frac{dh}{dx} + v_x\frac{dv_x}{dx}\right) \tag{7.51}$$

如果系统中没有组分的扩散，可以简化地用傅里叶导热定律来替代热通量 $\dot{Q}''_x$。然而，如果系统中假设有组分扩散，则热通量不仅包括传导，也包括组分扩散引起附加的焓通量变化。假设系统没有辐射效应，则热通量的通用矢量式可以写为

$$\underset{\text{热通量矢量}}{\dot{Q}''} = \underset{\text{热传导的贡献}}{-k\,\nabla T} + \underset{\text{组分扩散的贡献}}{\sum \dot{m}''_{i,\text{diff}}h_i} \tag{7.52a}$$

式中, $\dot{m}''_{i,\text{diff}}$ 为第 i 组分的扩散质量通量,在讨论组分守恒时曾做过相应介绍。对于一维平面层,热通量为

$$\dot{Q}''_x = -k\frac{\mathrm{d}T}{\mathrm{d}x} + \sum \rho Y_i(v_{ix} - v_x)h_i \tag{7.52b}$$

式中采用式(7.14)将扩散通量和扩散速度关联起来。到此,有了式(7.52b),式(7.51)中需要考虑的所有物理量都明确了。

下面的推导过程需要用到组分守恒中的一些概念和定义,并需要先做一些基本的数学变换。

在将 $\dot{Q}''_x$ 代回到总能量守恒方程之前,先将式(7.52b)表示成如下整体质量通量和组分质量通量的形式

$$\begin{aligned}
\dot{Q}''_x &= -k\frac{\mathrm{d}T}{\mathrm{d}x} + \sum \rho v_{ix}Y_i h_i - \rho v_x \sum Y_i h_i \\
&= -k\frac{\mathrm{d}T}{\mathrm{d}x} + \sum \dot{m}''_i h_i - \dot{m}''h
\end{aligned} \tag{7.53}$$

式中 $\dot{m}''_i = \rho v_{ix}Y_i$, $\rho v_x = \dot{m}''$, $\sum Y_i h_i = h$。现在,将式(7.53)代入(7.51),消去两边的 $\dot{m}''\mathrm{d}h/\mathrm{d}x$,整理后得

$$\frac{\mathrm{d}}{\mathrm{d}x}\left(\sum h_i \dot{m}''_i\right) + \frac{\mathrm{d}}{\mathrm{d}x}\left(-k\frac{\mathrm{d}T}{\mathrm{d}x}\right) + \dot{m}''v_x\frac{\mathrm{d}v_x}{\mathrm{d}x} = 0 \tag{7.54}$$

将式(7.54)中左边第一项展开得

$$\frac{\mathrm{d}}{\mathrm{d}x}\left(\sum h_i \dot{m}''_i\right) = \sum \dot{m}''_i\frac{\mathrm{d}h_i}{\mathrm{d}x} + \sum h_i\frac{\mathrm{d}\dot{m}''_i}{\mathrm{d}x}$$

其中出现了 $\mathrm{d}\dot{m}''_i/\mathrm{d}x$,根据前面的组分守恒方程式(7.9)可以得到

$$\frac{\mathrm{d}\dot{m}''_i}{\mathrm{d}x} = \dot{m}'''_i$$

将这些变换代入能量守恒方程式(7.54)可以看出,能量守恒显然与化学反应中各组分的产生速率有关。这样,给出一维能量守恒方程的最终形式为

$$\sum \dot{m}''_i\frac{\mathrm{d}h_i}{\mathrm{d}x} + \frac{\mathrm{d}}{\mathrm{d}x}\left(-k\frac{\mathrm{d}T}{\mathrm{d}x}\right) + \dot{m}''v_x\frac{\mathrm{d}v_x}{\mathrm{d}x} = -\sum h_i \dot{m}'''_i \tag{7.55}$$

式(7.55)经常作为进一步化简的起点,对二元和多组分扩散系统都适用。还应该注意的是,到目前为止,对于热物理性质 (k, ρ, c_p, d) 没有做任何的假设,但是假设没有辐射效应、没有黏性耗散、没有势能变化(见表7.1)。

表 7.1　能量方程的假设

方程	基本假设和忽略	特　　性	传质规律	几何特性
式(7.55)	1. 稳态流动 2. 忽略重力 3. 无轴功或黏性耗散 4. 无辐射热传递	各种与温度有关的变量	常规(浓度梯度引起的)扩散	定面积一维笛卡儿平面层
式(7.62)	1. 稳态流动 2. 忽略重力 3. 无轴功或黏性耗散 4. 无辐射热传递 5. $\alpha = \mathcal{D}$，即 $Le = 1$	各种与温度有关的变量	常规(浓度梯度引起的)扩散和菲克扩散定律决定的二元(或者有效二元)扩散	定面积一维笛卡儿平面层
式(7.63)	1. 稳态流动 2. 忽略重力 3. 无轴功或黏性耗散 4. 无辐射热传递 5. $\alpha = \mathcal{D}$，即 $Le = 1$ 6. 忽略动能变化,即压力恒定	各种与温度有关的变量	常规(浓度梯度引起的)扩散和菲克扩散定律决定的二元(或者有效二元)扩散	定面积一维笛卡儿平面层
式(7.65)	1. 稳态流动 2. 忽略重力 3. 无轴功或黏性耗散 4. 无辐射热传递 5. $\alpha = \mathcal{D}$，即 $Le = 1$ 6. 忽略动能变化,即压力恒定	各种与温度有关的变量	常规(浓度梯度引起的)扩散和菲克扩散定律决定的二元(或者有效二元)扩散	一维球对称
式(7.66)	1. 稳态流动 2. 忽略重力 3. 无轴功或黏性耗散 4. 无辐射热传递 5. $\alpha = \mathcal{D}$，即 $Le = 1$ 6. 忽略动能变化,即压力恒定 7. 忽略 x 轴向扩散	各种与温度有关的变量	常规(浓度梯度引起的)扩散和菲克扩散定律决定的二元(或者有效二元)扩散	二维轴对称
式(7.67)	1. 稳态流动 2. 忽略重力 3. 无轴功或黏性耗散 4. 无辐射热传递 5. 忽略动量变化	各种与温度有关的变量	多组分扩散	定面积一维笛卡儿平面层

7.6.2 Shvab-Zeldovich 形式

（施凡伯-泽利多维奇 Shvab-Zeldovich）能量方程由 Shvab 和 Zeldovich 首先推导出的。它的作用在于可将式(7.55)左边含有组分质量通量和焓变的项消掉，并转化为只与温度有关的项。Shvab-Zeldovich 能量方程关键的一个假设是**路易斯（Lewis）数**（$Le=k/\rho c_p \, \mathcal{D}$）为 1。**刘易斯数为 1 的假设**经常用在燃烧问题的分析中，它可以使方程大为简化。另一项重要的假设是菲克扩散定律可以用来描述组分质量通量。

首先对式(7.52a)的反应热通量进行变换为

$$\dot{Q}''_x = -k \frac{dT}{dx} + \sum \dot{m}''_{i,\text{diff}} h_i \tag{7.56}$$

运用组分质量通量的定义(式(7.15a))和菲克扩散定律(式(3.1)或式(7.17))，则式(7.56)可变为

$$\dot{Q}''_x = -k \frac{dT}{dx} - \sum \rho \, \mathcal{D} \frac{dY_i}{dx} h_i \tag{7.57a}$$

或假设用一个扩散系数来表征混合物，有

$$\dot{Q}''_x = -k \frac{dT}{dx} - \rho \, \mathcal{D} \sum h_i \frac{dY_i}{dx} \tag{7.57b}$$

根据产物项微分的定义，可有

$$\frac{d \sum h_i Y_i}{dx} = \sum h_i \frac{dY_i}{dx} + \sum Y_i \frac{dh_i}{dx}$$

热通量就可以表示为

$$\dot{Q}''_x = -k \frac{dT}{dx} - \rho \, \mathcal{D} \frac{d \sum h_i Y_i}{dx} + \rho \, \mathcal{D} \sum Y_i \frac{dh_i}{dx} \tag{7.57c}$$

进一步定义 $h \equiv \sum h_i Y_i$ 以简化式(7.57e)右边的第二项。而第三项则可以表示为含 c_p 和 T 的形式，可得

$$\sum Y_i \frac{dh_i}{dx} = \sum Y_i c_{p,i} \frac{dT}{dx} = c_p \frac{dT}{dx}$$

经过上述变换，热通量可以表示为三项形式

$$\dot{Q}''_x = -k \frac{dT}{dx} - \rho \, \mathcal{D} \frac{dh}{dx} + \rho \, \mathcal{D} c_p \frac{dT}{dx} \tag{7.57d}$$

根据热扩散率的定义，$\alpha \equiv k/\rho c_p$，代入上式右边第一项中，消掉导热系数，因而得到

$$\dot{Q}''_x = -\rho \alpha c_p \frac{dT}{dx} - \rho \, \mathcal{D} \frac{dh}{dx} + \rho \, \mathcal{D} c_p \frac{dT}{dx} \tag{7.58}$$

上式各项的物理意义是：右边第一项是由传导引起的显焓的变化；第二项是由组分扩散引起的绝对焓的变化；第三项是由组分扩散引起的显焓的变化。一般来说，三项都对总的热

通量有贡献，但是，在特殊的情况下，比如 $\alpha = \mathcal{D}$ 时，由传导引起的显焓通量变小了，而相应的由组分扩散引起的显焓通量增大了。在这种特殊情况下，根据路易斯数的定义有

$$Le \equiv \frac{\alpha}{\mathcal{D}} = 1 \tag{7.59}$$

在燃烧过程中，许多组分的路易斯数量纲都是 1，所以令 $\alpha = \mathcal{D}$ 是有一定物理根据的，有了上述关系，式(7.58)中的第一项、第三项就可以相互抵消，热通量方程就简化为

$$\dot{Q}'' = -\rho\, \mathcal{D} \frac{\mathrm{d}h}{\mathrm{d}x} \tag{7.60}$$

将上面的结果代入到基本能量守恒方程式(7.51)中去，得到

$$\frac{\mathrm{d}}{\mathrm{d}x}\left(\rho\, \mathcal{D} \frac{\mathrm{d}h}{\mathrm{d}x}\right) = \dot{m}''\left(\frac{\mathrm{d}h}{\mathrm{d}x} + v_x \frac{\mathrm{d}v_x}{\mathrm{d}x}\right) \tag{7.61}$$

根据绝对焓（或标准焓）的定义有

$$h = \sum Y_i h_{\mathrm{f},i}^0 + \int_{T_{\mathrm{ref}}}^{T} c_p \mathrm{d}T$$

式(7.61)变为

$$\frac{\mathrm{d}}{\mathrm{d}x}\left(\rho\, \mathcal{D} \sum h_{\mathrm{f},i}^0 \frac{\mathrm{d}Y_i}{\mathrm{d}x} + \rho\, \mathcal{D} \frac{\mathrm{d}\int c_p \mathrm{d}T}{\mathrm{d}x}\right) = \dot{m}'' \sum h_{\mathrm{f},i}^0 \frac{\mathrm{d}Y_i}{\mathrm{d}x} + \dot{m}'' \frac{\mathrm{d}\int c_p \mathrm{d}T}{\mathrm{d}x} + \dot{m}'' v_x \frac{\mathrm{d}v_x}{\mathrm{d}x}$$

整理后得

$$\dot{m}'' \frac{\mathrm{d}\int c_p \mathrm{d}T}{\mathrm{d}x} - \frac{\mathrm{d}}{\mathrm{d}x}\left(\rho\, \mathcal{D} \frac{\mathrm{d}\int c_p \mathrm{d}T}{\mathrm{d}x}\right) + \dot{m}'' v_x \frac{\mathrm{d}v_x}{\mathrm{d}x} = -\frac{\mathrm{d}}{\mathrm{d}x}\left[\sum h_{\mathrm{f},i}^0\left(\dot{m}'' Y_i - \rho\, \mathcal{D} \frac{\mathrm{d}Y_i}{\mathrm{d}x}\right)\right]$$

方程右边可用菲克扩散定律和组分守恒方程式(7.9)简化得

$$-\frac{\mathrm{d}}{\mathrm{d}x}\left[\sum h_{\mathrm{f},i}^0\left(\dot{m}'' Y_i - \rho\, \mathcal{D} \frac{\mathrm{d}Y_i}{\mathrm{d}x}\right)\right] = -\frac{\mathrm{d}}{\mathrm{d}x}\left(\sum h_{\mathrm{f},i}^0 \dot{m}_i''\right) = -\sum h_{\mathrm{f},i}^0 \dot{m}_i'''$$

经过整理化简，最后的形式为

$$\dot{m}'' \frac{\mathrm{d}\int c_p \mathrm{d}T}{\mathrm{d}x} - \frac{\mathrm{d}}{\mathrm{d}x}\left(\rho\, \mathcal{D} \frac{\mathrm{d}\int c_p \mathrm{d}T}{\mathrm{d}x}\right) + \dot{m}'' v_x \frac{\mathrm{d}v_x}{\mathrm{d}x} = -\sum h_{\mathrm{f},i}^0 \dot{m}_i''' \tag{7.62}$$

以上各式一直保持着动能项的完整，但是这一项通常很小，而且在 Shvab-Zeldovich 能量方程中一般被忽略掉。忽略了这一项后，可以得到如下结果，其物理意义也非常明确，即显焓（热能）的对流（平流）速率与扩散速率的和等于由化学反应中化学能转化成热能的速率

$$\underbrace{\dot{m}'' \frac{\mathrm{d}\int c_p \mathrm{d}T}{\mathrm{d}x}}_{\substack{\text{单位体积内由对流（平流）}\\ \text{引起的显焓变化率}(\mathrm{W/m^3})}} + \underbrace{\frac{\mathrm{d}}{\mathrm{d}x}\left(-\rho\, \mathcal{D} \frac{\mathrm{d}\int c_p \mathrm{d}T}{\mathrm{d}x}\right)}_{\substack{\text{单位体积内由扩散引起的}\\ \text{显焓变化率}(\mathrm{W/m^3})}} = \underbrace{-\sum h_{\mathrm{f},i}^0 \dot{m}_i'''}_{\substack{\text{单位体积内由化学反应引起}\\ \text{的生成焓变化率}(\mathrm{W/m^3})}} \tag{7.63}$$

Shvab-Zeldovich 能量方程的通用形式为

$$\nabla \cdot \left[\dot{m}'' \int c_p \mathrm{d}T - \rho \, \mathcal{D} \nabla \left(\int c_p \mathrm{d}T \right) \right] = - \sum h_{\mathrm{f},i}^0 \dot{m}_i''' \tag{7.64}$$

可以应用矢量算子的定义来推导球坐标和轴对称坐标系下的 Shvab-Zeldovich 能量方程。一维球坐标系的方程为

$$\frac{1}{r^2} \frac{\mathrm{d}}{\mathrm{d}r} \left[r^2 \left(\rho v_r \int c_p \mathrm{d}T - \rho \, \mathcal{D} \frac{\mathrm{d} \int c_p \mathrm{d}T}{\mathrm{d}r} \right) \right] = - \sum h_{\mathrm{f},i}^0 \dot{m}_i''' \tag{7.65}$$

轴对称坐标系的方程为

$$\underbrace{\frac{1}{r} \frac{\partial}{\partial x} \left(r \rho v_x \int c_p \mathrm{d}T \right)}_{\substack{\text{由轴向水平对流引起的单位}\\\text{体积显焓的输运率(W/m}^3)}} + \underbrace{\frac{1}{r} \frac{\partial}{\partial r} \left(r \rho v_r \int c_p \mathrm{d}T \right)}_{\substack{\text{由径向水平对流引起的单位}\\\text{体积显焓的输运率(W/m}^3)}} - \underbrace{\frac{1}{r} \frac{\partial}{\partial r} \left(r \rho \, \mathcal{D} \frac{\partial \int c_p \mathrm{d}T}{\partial r} \right)}_{\substack{\text{由轴向扩散引起的单位体积}\\\text{显焓的输运率(W/m}^3)}} = \underbrace{- \sum h_{\mathrm{f},i}^0 \dot{m}_i'''}_{\substack{\text{由化学反应引起的单位体积}\\\text{生成焓的变化率(W/m}^3)}}$$

$$\tag{7.66}$$

7.6.3　用于火焰计算的形式

在稳态层流预混[3]和非预混[4]火焰的数值模型中,能量方程采用组分扩散速率项,$v_{i,\mathrm{diff}}$ $(= v_{i,\mathrm{diff},\chi} + v_{i,\mathrm{diff},T})$,这给计算带来方便。对于一维问题,从式(7.55)出发,并忽略动能变化,可以得到

$$\dot{m}'' c_p \frac{\mathrm{d}T}{\mathrm{d}x} + \frac{\mathrm{d}}{\mathrm{d}x} \left(- k \frac{\mathrm{d}T}{\mathrm{d}x} \right) + \sum_{i=1}^{N} \rho Y_i v_{i,\mathrm{diff}} c_{p,i} \frac{\mathrm{d}T}{\mathrm{d}x} = - \sum_{i=1}^{N} h_i \dot{m}_i''' \tag{7.67}$$

式中,$c_p \equiv \sum Y_i c_{p,i}$;$N$ 是混合物中组分的种类。

为了得到上述结果,需要联合理想气体状态的热方程(式(6.11))、稳态组分守恒方程(式(7.16))、以组分形式表示的混合物性质的定义表达式(式(2.15))以及导数的乘法定则。有了上述提示,读者可自行推导式(7.67)作为课后练习。

注意,在上面给出的所有能量方程中,没有假设哪个物性为常数。但是在许多燃烧系统的简化分析中,假设 c_p 和产物的 $\rho \, \mathcal{D}$ 为常数是很有用的,这将在第8章介绍。表7.1总结了在推导各种能量守恒方程时所采用的假设。

7.7　守恒标量的概念

守恒标量的概念大大简化了反应流问题的求解(即速度场、组分场和温度场的确定),尤其是非预混火焰问题。守恒标量定义为流场内满足守恒的任一标量。例如:在特定的条件下,没有热量源(或汇)的流体中,即流场中没有辐射流入或流出、没有黏性耗散,则各个位置的绝对焓满足守恒。在这种情况下,绝对焓可以视为守恒标量。化学反

应不会创造或消灭元素，所以，元素的质量分数也是一个守恒标量。另外，还有许多其他守恒标量[12]；这里只讨论其中的两个：一个是下面定义的混合物分数，另一个是前面提到的混合物绝对焓。

7.7.1　混合物分数的定义

如果将所研究的流动系统定义为只有一股纯燃料输入流和一股纯氧化剂输入流，且反应后只有一种产物，则守恒标量**混合物分数**可以定义为

$$f \equiv \frac{\text{源于燃料的质量}}{\text{混合物总质量}} \tag{7.68}$$

由于式(7.68)对应无限小的体积，所以 f 只是一种特殊的质量分数，由燃料、氧化剂和产物的质量分数组成。比如，在燃料中 $f=1$，在氧化剂中 $f=0$，而在流场中 f 在 0 和 1 之间。

就三"组分"系统来说，可以定义流体中任意一点的燃料、氧化剂和产物的质量分数。当

$$1\text{kg 燃料} + \nu\text{kg 氧化剂} \rightarrow (1+\nu)\text{kg 产物} \tag{7.69}$$

就有

$$\underset{\substack{\text{源于燃料}\\\text{的质量分数}}}{f} = \underset{\substack{\text{含有燃料的物质(kg)}\\\text{燃料(kg)}}}{1} \times \underset{\substack{\text{燃料(kg)}\\\text{混合物(kg)}}}{Y_F} + \underset{\substack{\text{含有燃料的物质(kg)}\\\text{产物(kg)}}}{\left(\frac{1}{\nu+1}\right)} \times \underset{\substack{\text{产物(kg)}\\\text{混合物(kg)}}}{Y_{Pr}} + \underset{\substack{\text{含有燃料的物质(kg)}\\\text{氧化剂(kg)}}}{0} \times \underset{\substack{\text{氧化剂(kg)}\\\text{混合物(kg)}}}{Y_{Ox}}$$

$$\tag{7.70}$$

式中，"含有燃料的物质"是指混合物中源于燃料流的真正能燃烧的物质。对于烃类燃料，即为碳和氢。式(7.70)可以简单化为

$$f = Y_F + \left(\frac{1}{\nu+1}\right)Y_{Pr} \tag{7.71}$$

这一守恒标量尤其适用于研究扩散火焰，因为在扩散火焰中，燃料流和氧化剂流在初始状态时是分开的。对于预混燃烧，如果假设各个组分的扩散率相等则混合物分数处处相等，这样，混合物分数守恒方程并不会带来求解所需的新信息。

7.7.2　混合物分数的守恒

守恒标量 f 的作用是，它可以用来推导不含化学反应速率项的组分守恒方程，即该方程是"无源"的。现在，用一维笛卡儿组分方程来举例说明。运用式(7.8)，分别代入燃料和产物组分的值，得到

$$\dot{m}'' \frac{dY_F}{dx} - \frac{d}{dx}\left(\rho \mathcal{D} \frac{dY_F}{dx}\right) = \dot{m}'''_F \tag{7.72}$$

和

$$\dot{m}'' \frac{dY_{Pr}}{dx} - \frac{d}{dx}\left(\rho \mathcal{D} \frac{dY_{Pr}}{dx}\right) = \dot{m}'''_{Pr} \tag{7.73}$$

对式(7.73)除以($\nu+1$)得到

$$\dot{m}''\frac{\mathrm{d}(Y_{Pr}/(\nu+1))}{\mathrm{d}x} - \frac{\mathrm{d}}{\mathrm{d}x}\left[\rho\,\mathcal{D}\frac{\mathrm{d}(Y_{Pr}/(\nu+1))}{\mathrm{d}x}\right] = \frac{1}{\nu+1}\dot{m}'''_{Pr} \tag{7.74}$$

同时,由质量守恒方程式(7.69)得

$$\dot{m}'''_{Pr}/(\nu+1) = -\dot{m}'''_{F} \tag{7.75}$$

式中的负号表示燃料是消耗的,而产物是增加的。将式(7.75)代入式(7.74),再代入式(7.72)得

$$\dot{m}''\frac{\mathrm{d}(Y_F+Y_{Pr}/(\nu+1))}{\mathrm{d}x} - \frac{\mathrm{d}}{\mathrm{d}x}\left[\rho\,\mathcal{D}\frac{\mathrm{d}(Y_F+Y_{Pr}/(\nu+1))}{\mathrm{d}x}\right] = 0 \tag{7.76}$$

注:式(7.76)是"无源"的,也就是说,方程右边为0,左边微分内的标量即为守恒标量混合物分数 f。因此,式(7.76)可以写为

$$\dot{m}''\frac{\mathrm{d}f}{\mathrm{d}x} - \frac{\mathrm{d}}{\mathrm{d}x}\left(\rho\,\mathcal{D}\frac{\mathrm{d}f}{\mathrm{d}x}\right) = 0 \tag{7.77}$$

用类似的方法,可以得到一维球坐标系和二维轴对称坐标系的守恒方程。

对于球坐标系,有

$$\frac{\mathrm{d}}{\mathrm{d}r}\left[r^2\left(\rho v_r f - \rho\,\mathcal{D}\frac{\mathrm{d}f}{\mathrm{d}r}\right)\right] = 0 \tag{7.78}$$

而对于轴对称坐标系,则有

$$\frac{\partial}{\partial x}(r\rho v_x f) + \frac{\partial}{\partial r}(r\rho v_r f) - \frac{\partial}{\partial r}\left(r\rho\,\mathcal{D}\frac{\partial f}{\partial r}\right) = 0 \tag{7.79}$$

【例7.3】　考虑非预混乙烷-空气火焰,燃烧过程中各个组分(C_2H_6,CO,CO_2,H_2,H_2O,N_2,O_2,OH)的摩尔分数可利用各种技术测得,其他成分忽略。定义混合物分数,用测出的各项摩尔分数表示。

解　先将 f 表示为组分质量分数的形式,然后再转化为摩尔分数。根据式(7.68),有

$$f = \frac{\text{源于燃料的质量}}{\text{混合物总质量}} = \frac{[m_C+m_H]_{mix}}{m_{mix}}$$

由于燃料中只含有碳和氢,并假设氧化剂中无碳或氢,则空气中只含有 N_2 和 O_2。

在火焰中,碳元素集中在所有未燃烧的燃料和 CO_2,CO 中;氢元素则集中在未燃烧的燃料及 H_2,H_2O 和 OH 中。将每一项中碳和氢的质量分数汇总,得到

$$f = Y_{C_2H_6}\frac{2MW_C}{MW_{C_2H_6}} + Y_{CO}\frac{MW_C}{MW_{CO}} + Y_{CO_2}\frac{MW_C}{MW_{CO_2}}$$

$$+ Y_{C_2H_6}\frac{3MW_{H_2}}{MW_{C_2H_6}} + Y_{H_2} + Y_{H_2O}\frac{MW_{H_2}}{MW_{H_2O}} + Y_{OH}\frac{0.5MW_{H_2}}{MW_{OH}}$$

式中,分子摩尔质量的权重比表示每个组分中碳或氢元素的质量分数。代入 $Y_i = \chi_i MW_i / MW_{mix}$ 得

$$f = \chi_{C_2H_6} \frac{MW_{C_2H_6}}{MW_{mix}} \frac{2MW_C}{MW_{C_2H_6}} + \chi_{CO} \frac{MW_{CO}}{MW_{mix}} \frac{MW_C}{MW_{CO}} + \cdots$$

$$= \frac{(2\chi_{C_2H_6} + \chi_{CO} + \chi_{CO_2})MW_C + (3\chi_{C_2H_6} + \chi_{H_2} + \chi_{H_2O} + 0.5\chi_{OH})MW_{H_2}}{MW_{mix}}$$

式中

$$MW_{mix} = \sum \chi_i MW_i$$

$$= \chi_{C_2H_6} MW_{C_2H_6} + \chi_{CO} MW_{CO} + \chi_{CO_2} MW_{CO_2}$$

$$+ \chi_{H_2} MW_{H_2} + \chi_{H_2O} MW_{H_2O} + \chi_{N_2} MW_{N_2} + \chi_{O_2} MW_{O_2} + \chi_{OH} MW_{OH}$$

注：从此题中可以看到，虽然混合物分数概念比较简单，但是，用实验的方法测出 f 时，需要对每一种相关组分进行测量。当然，也可以通过忽略那些难于测量的微量组分来得到 f 的近似值。

【例 7.4】 根据例 7.3，下面给出了实验测得的火焰中某点各组分的摩尔分数，试确定混合物分数。

$$\chi_{CO} = 949 \times 10^{-6}, \quad \chi_{H_2O} = 0.1488,$$

$$\chi_{CO_2} = 0.0989, \quad \chi_{O_2} = 0.0185,$$

$$\chi_{H_2} = 315 \times 10^{-6}, \quad \chi_{OH} = 1350 \times 10^{-6}。$$

假设混合物的其余组分为氮气。试用计算出的 f 求出混合物的当量比 Φ。

解 应用例 7.3 的结果，可以直接计算混合物分数。首先求出氮气的摩尔分数为

$$\chi_{N_2} = 1 - \sum \chi_i$$

$$= 1 - 0.0989 - 0.1488 - 0.0185 - (949 + 315 + 1350) \times 1 \times 10^{-6}$$

$$= 0.7312$$

混合物的摩尔分子质量为

$$MW_{mix} = \sum \chi_i MW_i = 28.16 \text{kg/kmol}$$

将数值代入例 7.3 的 f 公式中，得到

$$f = \frac{(949 \times 10^{-6} + 0.0989) \times 12.011 + (315 \times 10^{-6} + 0.1488 + 0.5 \times 1350 \times 10^{-6}) \times 2.016}{28.16}$$

$$= 0.0533$$

计算当量比，首先需要注意，根据定义，混合物分数与燃-空比是有关系的，即

$$F/A = f/(1-f)$$

且

$$\Phi = (F/A)/(F/A)_{stoic}$$

对于任意的 C_xH_y，化学当量的燃-空比可通过式(2.32)求出，得

$$(F/A)_{\text{stoic}} = \left[4.76 \times \left(x + \frac{y}{4} \right) \times \frac{MW_{\text{air}}}{MW_{C_xH_y}} \right]^{-1} = \left[4.76 \times \left(2 + \frac{6}{4} \right) \times \frac{28.85}{30.07} \right]^{-1} = 0.0626$$

所以有

$$\Phi = \frac{f/(1-f)}{(F/A)_{\text{stoic}}} = \frac{0.0533/(1-0.0533)}{0.0626} = 0.90$$

注：这一例题表现了混合物分数与以前定义的化学当量的关系。今后需要做到能够根据基本的定义，推导 f, A/F、(F/A) 以及 Φ 的相互关系。

【例 7.5】 非预混射流火焰（见图 9.6 和图 13.3），燃料为 C_3H_8，氧化剂为等摩尔的 O_2 和 CO_2 混合物。火焰中存在的组分为 C_3H_8，CO，CO_2，O_2，H_2，H_2O，和 OH。试确定系统的化学当量混合物分数 f_{stoic}，并用 Y_i 表示出火焰中任意位置的局部混合物分数 f。假设所有两两对应的二元扩散系数都相等，即无不同分子间的扩散差异。

解　为确定化学当量混合物分数，只需计算化学当量混合反应物下燃料的质量分数 $Y_{C_3H_8}$，反应式如下：

$$C_3H_8 + a(O_2 + CO_2) \longrightarrow bCO_2 + cH_2O$$

根据 H，C 和 O 原子守恒，可以得到

$$H：\quad 8 = 2c$$
$$C：\quad 3 + a = b$$
$$O：\quad 2a + 2a = 2b + c$$

解得

$$a = 5, \quad b = 8, \quad c = 4$$

所以

$$f_{\text{stoic}} = Y_F = \frac{MW_{C_3H_8}}{MW_{C_3H_8} + 5(MW_{O_2} + MW_{CO_2})}$$
$$= \frac{44.096}{44.096 + 5 \times (32.000 + 44.011)}$$
$$= 0.1040$$

在计算局部混合组分前，要注意，不是所有的碳元素都来源于燃料，由于氧化剂中有 CO_2，所以还有一部分碳是源于氧化剂的。但是，火焰中唯一的氢的来源是 C_3H_8；所以，局部的混合物分数必与局部的 H 质量分数成比例，这种关系表示为

$$f = \left(\frac{\text{燃料质量}}{\text{H 的质量}} \right) \times \left(\frac{\text{H 的质量}}{\text{混合物质量}} \right) = \frac{44.096}{8 \times 1.008} Y_H = 5.468 Y_H$$

其中，Y_H 由含氢组分质量分数的加权得到

$$Y_H = \frac{8 \times 1.008}{44.096} Y_{C_3H_8} + Y_{H_2} + \frac{2.016}{18.016} Y_{H_2O} + \frac{1.008}{17.008} Y_{OH}$$
$$= 0.1829 Y_{C_3H_8} + Y_{H_2} + 0.1119 Y_{H_2O} + 0.0593 Y_{OH}$$

局部混合物分数最终可以写成

$$f = Y_{C_3H_8} + 5.468 Y_{H_2} + 0.6119 Y_{H_2O} + 0.3243 Y_{OH}$$

注：虽然燃料中的碳元素可能会转化为 CO 和 CO_2，但在这里并不需要特别关注。另外，如果含氢组分存在扩散差异，那么火焰中局部的 $\dfrac{H}{燃料 C}$ 就不会处处相等了，因而上述结果就只能是近似值了。虽然固体碳（soot）在例题中没有考虑，但是实际的烃-空气非预混火焰中是有碳烟存在的，这将使火焰组分的测量和混合物分数的确定变得更为复杂。

7.7.3 守恒标量能量方程

根据 Shvab-Zeldovich 能量方程（式（7.63）～式（7.66））中所作的全部假设，则混合物焓 h 也是一个守恒标量，即

$$h \equiv \sum Y_i h_{f,i}^0 + \int_{T_{ref}}^{T} c_p \mathrm{d}T \tag{7.80}$$

这一点从能量守恒方程（7.61）中（假设忽略动能项 $\dot{m}'' v_x \dfrac{\mathrm{d}v_x}{\mathrm{d}x}$）可以直接看出。下面，就三种坐标系：一维平面、一维球坐标和二维轴对称坐标系分别给出如下守恒标量形式的能量守恒方程：

$$\dot{m}'' \frac{\mathrm{d}h}{\mathrm{d}x} - \frac{\mathrm{d}}{\mathrm{d}x}\left(\rho \mathscr{D} \frac{\mathrm{d}h}{\mathrm{d}x}\right) = 0 \tag{7.81}$$

$$\frac{\mathrm{d}}{\mathrm{d}r}\left[r^2\left(\rho v_r h - \rho \mathscr{D}\frac{\mathrm{d}h}{\mathrm{d}r}\right)\right] = 0 \tag{7.82}$$

以及

$$\frac{\partial}{\partial x}(r\rho v_x h) + \frac{\partial}{\partial r}(r\rho v_r h) - \frac{\partial}{\partial r}\left(r\rho \mathscr{D}\frac{\partial h}{\partial r}\right) = 0 \tag{7.83}$$

式（7.82）和式（7.83）的推导留给读者作为课后练习。

7.8 小结

这一章给出了质量、组分、动量和能量守恒方程的通用形式，并做了简要描述。读者需要认识这些方程并且要理解每一项的物理意义。本章针对三种几何坐标系给出了相应的简化方程，并将其总结成表 7.2 以便查询。这些方程将作为后面章节讨论的起点。本章还提出了守恒标量的概念。两个守恒标量混合物分数和混合物焓的守恒方程也列在了表 7.2 中。

表 7.2 反应流守恒方程的总结

守恒量	通用式	一维平面坐标系	一维球坐标系	二维轴对称坐标系
质量	式(7.5)	式(7.4)	式(7.6)	式(7.7)
组分	式(7.10)	式(7.8)和式(7.9)	式(7.19)	式(7.20)
动量	无	式(7.38)和式(7.39)	式(7.39)讨论	式(7.48)
能量	式(7.64) Shvab-Zeldovich 形式	式(7.55) 式(7.63)(Shvab-Zeldovich 形式)	式(7.65)(Shvab-Zeldovich 形式)	式(7.66)(Shvab-Zeldovich 形式)
混合物分数	—	式(7.77)	式(7.78)	式(7.79)
混合物焓	—	式(7.81)	式(7.82)	式(7.83)

注：混合物分数和混合物焓两组只是组分和能量守恒的另一种表达形式，不是独立的守恒原理。

7.9　符号表

A	面积, m^2	
c_p	比定压热容, $J/(kg \cdot K)$	
D_{ij}	多元扩散系数, m^2/s	
D_j^T	热扩散系数, $kg/(m \cdot s)$	
$\mathcal{D}_{ij}$	二元扩散系数, m^2/s	
f	混合物分数, 式(7.68)	
F	力, N	
F_{ij}	式(7.27)中矩阵的元素	
g	重力加速度, m/s^2	
h	焓, J/kg	
h_f^0	生成焓, J/kg	
k	导热系数, $W/(m \cdot K)$	
k_B	玻耳兹曼常数, $1.381 \times 10^{-23} J/K$	
L_{ij}	式(7.28)中矩阵的元素	
Le	路易斯数, 式(7.59)	
m	质量, kg	
$\dot{m}$	质量流量, kg/s	
$\dot{m}''$	质量通量, $kg/(s \cdot m^2)$	
$\dot{m}'''$	单位体积内质量生成率, $kg/(s \cdot m^3)$	
MW	摩尔质量, $kg/kmol$	

P	压力，Pa
$\dot{Q}''$	热通量，W/m^2，式(7.52)
r	径向坐标，m
R_u	通用气体常数，J/(kmol·K)
t	时间，s
T	温度，K
v_i	第 i 组分的速度，m/s，式(7.12)
v_r, v_θ, v_x	柱坐标系下速度分量，m/s
v_r, v_θ, v_Φ	球坐标系下速度分量，m/s
v_x, v_y, v_z	笛卡儿坐标系下的速度分量，m/s
V	体积，m^3
$\boldsymbol{V}$	速度矢量，m/s
x	笛卡儿坐标系或柱坐标系的轴向坐标，m
y	笛卡儿坐标系下的轴向坐标，m
Y	质量分数
z	笛卡儿坐标系坐标，m

希腊符号

α	热扩散率，m^2/s
δ_{ij}	Kronecker delta 函数
ε_i	Lennard-Jones 特征能量
θ	球坐标下圆周角，(°)
μ	绝对黏度或动力黏度，(N·s)/m^2
ν	运动黏度 μ/ρ，m^2/s；或化学当量空-燃比
ρ	密度，kg/m^3
τ	黏性应力，N/m^2
ϕ	球坐标系下方位角，(°)
χ	摩尔分数

下标

A	组分 A
B	组分 B
cv	控制体
diff	扩散
f	体积力
F	燃料

i	组分 i
m, mix	混合物
Ox	氧化剂
p	压力
Pr	产物
ref	参比态
stoic	化学当量
T	热（扩散）
χ	常规浓度（扩散）
∞	环境条件

7.10　参考文献

1. Tseng, L.-K., Ismail, M. A., and Faeth, G. M., "Laminar Burning Velocities and Markstein Numbers of Hydrocarbon/Air Flames," *Combustion and Flame*, 95: 410–426 (1993).

2. Bird, R. B., Stewart, W. E., and Lightfoot, E. N., *Transport Phenomena*, John Wiley & Sons, New York, 1960.

3. Kee, R. J., Grcar, J. F., Smooke, M. D., and Miller, J. A., "A Fortran Program for Modeling Steady Laminar One-Dimensional Premixed Flames," Sandia National Laboratories Report SAND85-8240, 1991.

4. Lutz, A. E., Kee, R. J., Grcar, J. F., and Rupley, F. M., "OPPDIF: A Fortran Program for Computing Opposed-Flow Diffusion Flames," Sandia National Laboratories Report SAND96-8243, 1997.

5. Williams, F. A., *Combustion Theory*, 2nd Ed., Addison-Wesley, Redwood City, CA, 1985.

6. Kuo, K. K., *Principles of Combustion*, John Wiley & Sons, New York, 1986.

7. Hirschfelder, J. O., Curtis, C. F., and Bird, R. B., *Molecular Theory of Gases and Liquids*, John Wiley & Sons, New York, 1954.

8. Grew, K. E., and Ibbs, T. L., *Thermal Diffusion in Gases*, Cambridge University Press, Cambridge, 1952.

9. Dixon-Lewis, G., "Flame Structure and Flame Reaction Kinetics, II. Transport Phenomena in Multicomponent Systems," *Proceedings of the Royal Society of London, Series A*, 307: 111–135 (1968).

10. Kee, R. J., Dixon-Lewis, G., Warnatz, J., Coltrin, M. E., and Miller, J. A., "A Fortran Computer Code Package for the Evaluation of Gas-Phase Multicomponent Transport Properties," Sandia National Laboratories Report SAND86-8246, 1990.

11. Schlichting, H., *Boundary-Layer Theory*, 6th Ed., McGraw-Hill, New York, 1968.

12. Bilger, R. W., "Turbulent Flows with Nonpremixed Reactants," in *Turbulent Reacting Flows* (P. A. Libby and F. A. Williams, eds.), Springer-Verlag, New York, 1980.

7.11 复习题

1. 质量扩散有哪三种形式,我们在讨论中忽略了哪一个?

2. 讨论热通量 $\dot{Q}''$ 在多组分扩散混合物和单组分气体中,应用有什么不同。

3. 定义路易斯数 Le 并讨论它的物理意义。在简化能量守恒方程时,假设路易斯数为 1 的意义是什么?

4. 在讨论组分守恒时,考虑了三个质量平均速度:宏观流速、组分流速和组分的扩散速度。试着说出各个速度的定义和物理意义。这三个速度之间有什么联系?

5. 守恒方程中"无源"是什么意思。举例说明有源和无源的控制方程。

6. 讨论守恒标量的意义。

7. 试定义混合物分数。

7.12 习题

7.1 根据下面给出柱坐标系下物质导数算子

$$\frac{\mathrm{D}(\ )}{\mathrm{D}t} \equiv \frac{\partial(\ )}{\partial t} + v_r \frac{\partial(\ )}{\partial r} + \frac{v_\theta}{r} \frac{\partial(\ )}{\partial \theta} + v_x \frac{\partial(\ )}{\partial x}$$

通过整体连续性方程式(7.7)的辅助,将轴向动量方程式(7.48)等号左边转化为物质(或材料)导数的形式。

7.2 式(7.55)是一维笛卡儿坐标系反应流的能量守恒关系,其中,没有关于组分传递定律的假设(即没有运用菲克扩散定律),也没有特性之间关系的假设(即没有假设 $Le=1$),从这个方程出发,运用有效二元扩散的菲克扩散定律并假设 $Le=1$,推导 Shvab-Zeldovich 能量方程(式(7.63))。

7.3 从式(7.65)出发,试推导一维球坐标系(式(7.82))下混合物焓的守恒标量方程。

7.4 从式(7.66)出发,试推导轴对称坐标系(式(7.83))下混合物焓的守恒标量方程。

7.5 考虑丙烷-空气燃烧,产物是 CO,CO_2,H_2O,H_2,O_2 和 N_2。用产物的摩尔分数 χ_i 来表示混合物分数。

*7.6 所谓的"状态关系"经常用来分析扩散火焰。这些状态关系把许多混合物性质与混合物分数或其他适当的守恒标量联系起来。已知 1atm 下,丙烷-空气的理想火焰(无离解),试构建绝热燃烧温度 T_{ad} 和密度 ρ 的状态关系式,当 $0 \leqslant f \leqslant 0.12$ 时,画出二者与混合物分数的对应关系图。

7.7 激光诊断技术用于测量氢气-空气射流湍流火焰中的主要组分 N_2，O_2，H_2 和 H_2O（自发拉曼散射），以及次要组分 OH 和 NO（激光诱导荧光光谱）。在某些情况下，氢气用氦气进行稀释。混合物分数定义如下：

$$f = \frac{(MW_{H_2} + \alpha MW_{He})([H_2O] + [H_2]) + \left(MW_H + \frac{\alpha}{2}MW_{He}\right)[OH]}{A + B}$$

式中

$$A = MW_{N_2}[N_2] + MW_{O_2}[O_2] + (MW_{H_2O} + \alpha MW_{He})[H_2O]$$

$$B = (MW_{H_2} + \alpha MW_{He})[H_2] + \left(MW_{OH} + \frac{\alpha}{2}MW_{He}\right)[OH]$$

浓度 $[\chi_i]$ 的单位为 $kmol/m^3$；α 是燃料中氦气与氢气的摩尔比。这里，假设没有微分扩散且忽略 NO 浓度。

证明上述情况的混合物分数与式(7.68)定义的源于燃料的质量/混合物总质量是一致的。

7.8 根据式(7.51)，推导能量守恒方程式(7.67)的扩展式。忽略动能变化。

7.9 一维反应流的热通量为

$$\dot{Q}''_x = \dot{Q}''_{对流} + \dot{Q}''_{扩散}$$

用温度和近似质量通量来表示上述方程右边的热通量。用其结果证明热通量可以简化为

$$\dot{Q}''_x = \rho \mathcal{D} c_p (1 - Le) \frac{dT}{dx} - \rho \mathcal{D} \frac{dh}{dx}$$

假设整个混合物有相同的二元扩散系数 $\mathcal{D}$。

7.10 考虑射流扩散火焰，燃料为甲醇（CH_3OH）蒸气，氧化剂为空气。火焰中的物质为 CH_3OH，CO，CO_2，O_2，H_2，H_2O，N_2 和 OH。

(1) 试确定化学当量混合物分数。

(2) 用火焰组分质量分数 Y_i 表示混合物分数 f。假设所有二元扩散系数都相等，即无微分扩散效应。

*7.11 考虑 Stefan 问题（见图 3.4），液态的正己烷（$n\text{-}C_6H_{14}$）经过燃烧产物的混合物后蒸发。产物可视为己烷燃烧的理想产物（无离解），氧化剂为空气（21% 的氧气和 79% 的氮气），当量比为 0.3。温度固定在 32℃，压力为 1atm。管子长 $L = 20cm$，$Y_{C_6H_{14}}(L) = 0$。

(1) 试确定单位面积己烷的蒸发速度 $\dot{m}''_{C_6H_{14}}$，假设有效二元扩散系数为 $\mathcal{D}_{im} \approx \mathcal{D}_{C_6H_{14}\text{-}N_2}$。用 Stefan 问题的质量通量（非摩尔通量）解。仿照例 3.1 估计出密度值。

(2) 考虑所有五种组分的有效二元扩散系数，确定 $\dot{m}''_{C_6H_{14}}$。用平均摩尔分数 $\chi_i = 0.5(\chi_i(0) + \chi_i(L))$ 计算 $\mathcal{D}_{im}$，也采用质量通量解的形式。将所得结果与(1)进行对比。

7.12 一个混合物中含有相同物质的量的 He，O_2 和 CH_4。试确定混合物的多元扩散系数。温度 500K，压力 1atm。

第 8 章

层流预混火焰

8.1 概述

前面几章介绍了传质(第 3 章)和化学动力学(第 4 章和第 5 章)的概念;并在第 6 章和第 7 章中,把这两个概念与早已熟悉的热力学和传热学的概念联合起来。用这些概念就可以理解层流预混火焰。本章从第 7 章中导出的反应流的一维守恒方程出发,来分析层流预混火焰。

层流预混火焰常常和扩散火焰一起出现,应用于许多住宅、商业和工业的设备与过程中,例如煤气炉灶、加热炉及本生(Bunsen)灯等。一种先进的煤气灶燃烧喷嘴的结构如图 8.1 所示。在玻璃制品的制造中也通常会使用层流预混天然气火焰。正如上面的例子中提到的那样,层流预混火焰本身就很重要,而且也许更重要的是,要研究湍流火焰必须首先对层流预混火焰有深入的理解。在层流和湍流中,发生着同样的物理过程。许多湍流火焰理论都基于对下层层流火焰结构的理解。本章首先定性地描述层流预混火焰的基本特性;然后用一个简化分析方法确定影响火焰的速度和厚度的因素;接着用一个反映目前水平的详细分析方法来展示如何用数值模拟方法来理解火焰结构;同时还将介绍和分析实验数据,以确定当量比、温度、压力和燃料特性是如何影响火焰传播速度和火焰厚度的。本章特别强调了火焰传播速度的重要性,因为它决定了火焰的形状和重要的火焰稳定特性,如吹熄和回火。本章还讨论了可燃极限、着火和熄火现象。

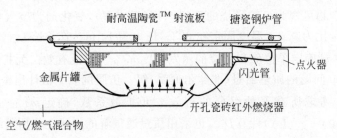

图 8.1 先进的民用燃气灶的灶头。(资料来源:Gas Research Institute 提供)

8.2　物理描述

8.2.1　定义

首先,给火焰下个定义。**火焰**是一个以亚音速、自维持传播的局部燃烧区域。在此定义中有几个关键词,首先,要求火焰是局部的,即火焰在任何时候都只占可燃混合物的很小部分,这与在第6章中研究的假设反应在整个反应容器中处处均匀地发生相反。第二个关键词是亚音速,以音速传播的不连续的燃烧波称为**缓燃波**。燃烧波以超音速传播也是可能的,这种超音速的燃烧波称为**爆震波**。由于缓燃和爆震的基本传播机理是不同的,所以两者是完全不同的现象。爆震现象将在第 16 章中讨论。

8.2.2　重要特征

火焰中的温度分布可能是其最重要的特征。图 8.2 所示为一个典型的火焰剖面的温度分布及其他基本特征。

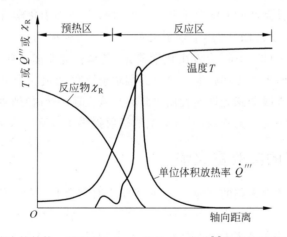

图 8.2　层流火焰结构。基于 Friedman 和 Burke 实验[1]得出的温度和释热率图。

要分析这一示意图,需要为坐标系确定一个参考系。火焰是可以自由传播的,如可燃气体混合物在管中被点燃后的火焰传播。将参考坐标系固定在传播的燃烧波上是恰当的选择。随着火焰移动的观察者可以感受到未燃的混合物以一定的速度向其流动,这个速度就是**火焰传播速度 S_L**。这相当于是在燃烧器上稳定的扁平火焰。这一火焰相对于实验室参考系是静止的。于是,反应物向火焰流动的速度和火焰传播速度 S_L 相等。上述例子中,假定火焰是一维的而且未燃气体以垂直于火焰面的方向流向火焰。由于反应产物被加热,产物的密度小于反应物的密度,因此,连续性要求燃烧产物的速度大于未燃气体

的速度，即

$$\rho_u S_L A \equiv \rho_u \, v_u A = \rho_b v_b A \tag{8.1}$$

式中，下标 u 和 b 分别表示未燃和已燃气体。对典型的常压烃-氧火焰，燃烧前后的气体的密度比大约为 7。因而，气流在火焰前后有明显的加速。

可以把火焰分成两个区域：**预热区**和**反应区**。在预热区几乎没有热量释放出来，而在反应区释放出大量的化学能。在常压下，火焰的厚度很小，只有毫米量级。把反应区进一步划分成一个很窄的快速反应区和一个紧随其后的较宽的慢速反应区是非常有用的。燃料分子的消耗和许多中间组分的生成发生在快速反应区，这一区域发生的主要反应是双分子反应。在常压下，快速反应区很薄，典型的厚度小于 1mm。因此，这个区域内的温度梯度和组分的浓度梯度都很大。这些梯度提供了火焰自维持的驱动力：热量和自由基组分从反应区扩散到预热区。慢速反应区由三个自由基的合成反应支配着，反应速度比典型的双分子反应要慢得多，CO 最终的燃尽通过反应 $CO + OH \longrightarrow CO_2 + H$ 来完成。在 1atm 下的火焰中，慢速反应区可以延伸到几毫米。本章后面将对火焰的结构作更加详细的描述，以进一步解释这一过程，更多的信息可以在文献[2]中找到。

烃类火焰的另一个特征是可见的辐射。在空气过量时，快速反应区呈蓝色。蓝色的辐射来源于在高温区域被激活的 CH 自由基。当空气减少到小于化学计量比的时候，快速反应区呈蓝绿色，这是由于被激活的 C_2 辐射之故。在这两种火焰中，OH 都会发出可见光。另外，反应 $CO + O \longrightarrow CO_2 + h\nu$ 会发出化学荧光，只是程度要弱一些[3]。如果火焰更加缺氧的话，就会生成碳烟，形成黑体辐射。尽管碳烟辐射强度的最大值处于光谱的红外区（回忆一下维恩定律），但人眼的感光性使我们看到的是从亮黄（近白）到暗橘色的发射光，具体的颜色取决于火焰的温度。文献[4,5]就火焰的辐射提供了丰富的信息。

8.2.3 典型的实验室火焰

本生灯作为层流预混火焰的有趣例子，很多学生对它会有一种亲切感，而且很容易在教室里演示。本生灯及其产生的火焰如图 8.3(a) 所示。试管底部的燃料射流从一个面积可调的入口将一股空气引射入管内，在管内向上流动的过程中，燃料和空气充分混合。典型的本生灯火焰是竞争火焰：里面是富燃料的预混火焰，外面包着扩散火焰。当富燃料火焰产生的一氧化碳和氢气遇到周围空气时，就形成了第二层的扩散火焰。火焰的速度分布和向管壁的热量损失的共同作用决定了火焰的形状。因为火焰静止不动，火焰传播速度和未燃气流速度在火焰面法线方向的分量处处相等，如图 8.3(b) 的矢量图所示。因此，有

$$S_L = v_u \sin\alpha \tag{8.2}$$

式中，S_L 是层流火焰传播速度。这一原则使得火焰呈圆锥形的特征。

一维扁平层流火焰也常在实验室中加以研究，也常用在某些辐射加热燃烧器中（见

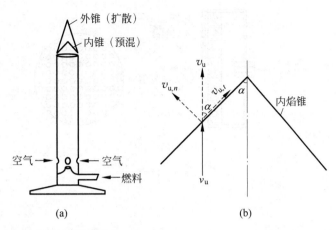

图 8.3 (a)本生灯示意图；(b)层流火焰传播速度等于未燃气体流速在火焰面法线方向分量 $v_{u,n}$。

图 8.4）。实验室的燃烧器类型如图 8.5 所示。在绝热燃烧器中，燃料和空气的混合物以层流状态流过一束小管子，在管出口上方形成一稳定的火焰。此时，要产生稳定的扁平火焰，条件十分苛刻。若在非绝热的燃烧器中采用一个水冷面，将火焰产生的热量散发出去，就可以降低火焰的速度，产生稳定火焰的条件也就可以放宽许多[7]。

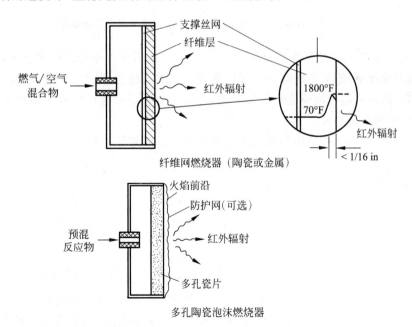

图 8.4 直接加热辐射燃烧器可以产生均匀的热流且效率很高。(资料来源：Center for Advanced Materials，Newsletter，(1)1990，Penn State University 授权复制)

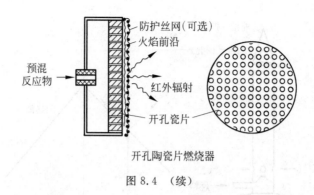

开孔陶瓷片燃烧器

图 8.4　（续）

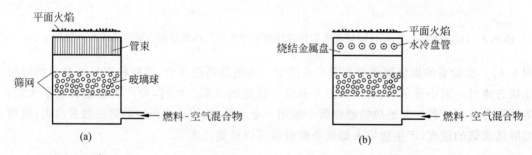

图 8.5　(a)绝热平面火焰燃烧器；(b)非绝热平面火焰燃烧器。

【例 8.1】　如图 8.6 的下半部分所示，一个一维气流形成一个稳定的预混火焰，未燃气体流动的垂直速度 v_u 随水平坐标 x 呈线性变化。试求火焰的形状和从垂直方向火焰局部角度的分布。假设火焰传播速度与位置无关，并等于 $0.4\,\mathrm{m/s}$，这可以看成是化学当量比下甲烷-空气火焰的名义速度。

解　如图 8.7 所示，火焰面与垂直面形成的火焰局部角度 α 为

$$\alpha = \arcsin(S_L/v_u)$$

式中，如图 8.6 所示，有

$$v_u = 800 + \frac{1200-800}{20}x$$

因此

$$\alpha = \arcsin\left(\frac{400}{800+20x}\right)$$

结果如图 8.6 的上半部分所示，α 值在 $x=0$ 时的 30°到 $x=20\,\mathrm{mm}$ 时的 19.5°之间变化。

为了计算火焰的位置，先求在 x-z 平面上火焰面的局部斜率，然后将这一表达式对 x 进行积分，以得到 $z(x)$。从图 8.7 可以看出，

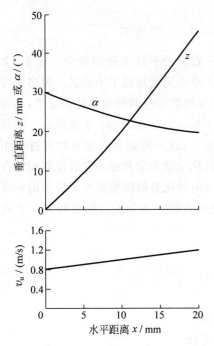

图 8.6　例 8.1 中的流动速度、火焰位置及火焰面切线与垂直方向之间的夹角。

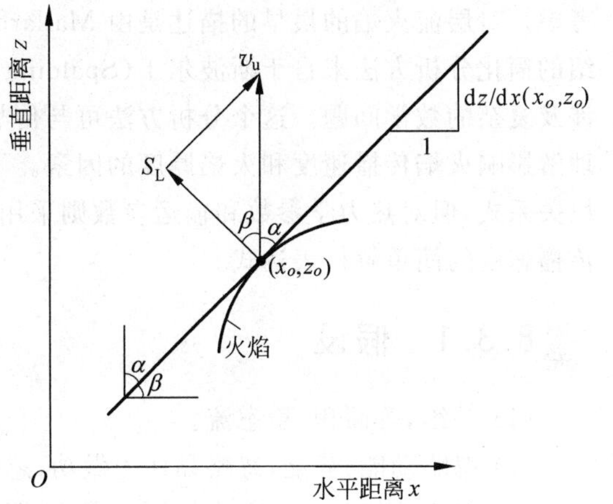

图 8.7　例 8.1 中火焰几何结构的定义。

$$\frac{\mathrm{d}z}{\mathrm{d}x} = \tan\beta = \left(\frac{v_u^2(x) - S_L^2}{S_L^2}\right)^{1/2}$$

进一步，由于 $v_u \equiv A + Bx$，上式变为

$$\frac{\mathrm{d}z}{\mathrm{d}x} = \left[\left(\frac{A}{S_L} + \frac{Bx}{S_L}\right)^2 - 1\right]^{1/2}$$

积分并取 $A/S_L = 2$ 及 $B/S_L = 0.05$，有

$$z(x) = \int_0^x \left(\frac{\mathrm{d}z}{\mathrm{d}x}\right)\mathrm{d}x$$

$$= (x^2 + 80x + 1200)^{1/2}\left(\frac{x}{40} + 1\right)$$

$$- 10\ln\left[(x^2 + 80x + 1200)^{1/2} + (x + 40)\right]$$

$$- 20\sqrt{3} + 10\ln(20\sqrt{3} + 40)$$

火焰位置 $z(x)$ 画在图 8.6 的上半部。从图 8.6 可以看出，火焰面是相当陡地倾斜的。

　　注：从这一例子可以看出，火焰的形状是与未燃气流的速度分布紧密相连的。

　　下一节将建立一个理论基础，从而探讨各种不同的参数如压力、温度、燃料类型等是如何影响层流火焰传播速度的。

8.3 简化分析

层流火焰的理论很丰富，许多研究者数十年来一直致力于这方面的研究。比如，文献[8]引用的关于层流火焰理论的主要论文从 1940—1980 年的就超过了十多篇。很多研究假设传热和传质都不起支配作用，而另一些更详细的研究则假定这两种现象都很重要，并加以考虑。对层流火焰的最早的描述是由 Mallard 和 Le Chatelier[9] 在 1883 年完成的。本章介绍的简化分析方法来自于斯波尔丁（Spalding）的理论[10]，这一理论只陈述其物理过程而不涉及复杂的数学问题。这个分析方法可与传热、传质、化学动力学和热力学的原理相结合来理解影响火焰传播速度和火焰厚度的因素。下面介绍的简化分析依据第 6 章导出的一维守恒关系式，但对热力学参数和输运参数则采用了简化的方法。本节的目标是找到一个火焰传播速度的简单解析表达式。

8.3.1 假设

（1）一维，等面积，稳态流。

（2）忽略动能、势能，忽略黏性力做功，忽略热辐射。

（3）忽略火焰前后的很小的压力变化，即压力是常数。

（4）热扩散和质量扩散分别服从傅里叶定律和菲克扩散定律。假定是二元扩散。

（5）路易斯数，即 Le，表示热扩散系数和质量扩散系数的比值，定义为

$$Le \equiv \frac{\alpha}{\mathcal{D}} = \frac{k}{\rho c_p \mathcal{D}} \tag{8.3}$$

并假定 $Le=1$，从而 $k/c_p = \rho \mathcal{D}$，这将大大简化能量方程。

（6）混合物的比热容与温度及其组成无关。即假设各种组分的比热容都相等，且是与温度无关的常数。

（7）燃料和氧化剂通过一步放热反应生成产物。

（8）氧化剂等于化学当量或者过量混合。因此，燃料在火焰中完全被消耗。

8.3.2 守恒定律

为了理解火焰的传播，对如图 8.8 所示的微分控制体应用质量、组分、能量守恒定律。根据第 7 章中的关系式，这些守恒定律的表达式如下。

1. 质量守恒

$$\frac{\mathrm{d}(\rho v_x)}{\mathrm{d}x} = 0$$

或

$$\dot{m}'' = \rho v_x = 常数$$

2. 组分守恒

$$\frac{\mathrm{d}\dot{m}''_i}{\mathrm{d}x} = \dot{m}'''_i$$

或者,应用菲克扩散定律为

$$\frac{\mathrm{d}\left(\dot{m}'' Y_i - \rho \mathcal{D}\dfrac{\mathrm{d}Y_i}{\mathrm{d}x}\right)}{\mathrm{d}x} = \dot{m}'''_i$$

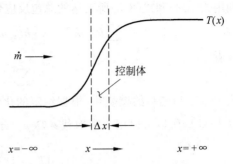

图 8.8 火焰分析中的控制体。

式中,$\dot{m}'''_i$是第 i 种组分在单位体积内的质量生成速率($\mathrm{kg/(s \cdot m^3)}$)。

式(7.8)可以写成每种组分的形式,其中氧化剂和产物的质量生成速率和燃料的质量生成速率有关。显然,燃料的生成速率$\dot{m}'''_F$和氧化剂的生成速率$\dot{m}'''_{Ox}$是负值,因为这两种组分只被消耗,没有生成。简化的总包反应方程式为

$$1\mathrm{kg}\ 燃料 + \nu\mathrm{kg}\ 氧化剂 \longrightarrow (\nu+1)\mathrm{kg}\ 产物 \tag{8.4}$$

因而

$$\dot{m}'''_F = \frac{1}{\nu}\dot{m}'''_{ox} = -\frac{1}{\nu+1}\dot{m}'''_{Pr} \tag{8.5}$$

对每一种组分,式(7.8)的表达式分别为:

对于燃料

$$\dot{m}''\frac{\mathrm{d}Y_F}{\mathrm{d}x} - \frac{\mathrm{d}\left(\rho\mathcal{D}\dfrac{\mathrm{d}Y_F}{\mathrm{d}x}\right)}{\mathrm{d}x} = \dot{m}'''_F \tag{8.6a}$$

对于氧化剂

$$\dot{m}''\frac{\mathrm{d}Y_{Ox}}{\mathrm{d}x} - \frac{\mathrm{d}\left(\rho\mathcal{D}\dfrac{\mathrm{d}Y_{Ox}}{\mathrm{d}x}\right)}{\mathrm{d}x} = \nu\dot{m}'''_F \tag{8.6b}$$

对于产物

$$\dot{m}''\frac{\mathrm{d}Y_{Pr}}{\mathrm{d}x} - \frac{\mathrm{d}\left(\rho\mathcal{D}\dfrac{\mathrm{d}Y_{Pr}}{\mathrm{d}x}\right)}{\mathrm{d}x} = -(\nu+1)\dot{m}'''_F \tag{8.6c}$$

在分析中,组分守恒关系仅仅用于简化能量方程。由于假定质量扩散是由菲克扩散定律控制的二元扩散,且 $Le=1$,这样就不必解组分方程了。

3. 能量守恒

分析中采纳了和能量守恒方程的 Shvab-Zeldovich 形式(方程(7.630))同样的假设,即

$$\dot{m}'' c_p \frac{\mathrm{d}T}{\mathrm{d}x} - \frac{\mathrm{d}}{\mathrm{d}x}\left[(\rho\mathcal{D}c_p)\frac{\mathrm{d}T}{\mathrm{d}x}\right] = -\sum h^0_{f,i}\dot{m}'''_i \tag{8.7a}$$

利用式(8.4)和式(8.5)所表达的总包反应化学当量关系，上式的右边部分可变成下面的形式：

$$-\sum h_{f,i}^0 \dot{m}_i''' = -\left[h_{f,F}^0 \dot{m}_F''' + h_{f,Ox}^0 \nu \dot{m}_F''' - h_{f,Pr}^0 (\nu+1) \dot{m}_F'''\right]$$

或者

$$-\sum h_{f,i}^0 \dot{m}''' = -\dot{m}_F''' \Delta h_c$$

式中 Δh_c 为燃料的燃烧热，根据给定的化学计量数，$\Delta h_c = h_{f,F}^0 + \nu h_{f,Ox}^0 - (\nu+1) h_{f,Pr}^0$。因为假设 $Le=1$，所以可以用 k 来取代 $\rho \mathcal{D} c_p$。分别代入式(8.7a)变为以下形式：

$$\dot{m}'' \frac{dT}{dx} - \frac{1}{c_p} \frac{d\left(k \dfrac{dT}{dx}\right)}{dx} = -\frac{\dot{m}_F''' \Delta h_c}{c_p} \tag{8.7b}$$

本节目标是找到层流火焰传播速度的一个有用表达式，而层流火焰传播速度和式(8.7b)中出现的质量流量 $\dot{m}''$ 的关系非常简单，如下式：

$$\dot{m}'' = \rho_u S_L \tag{8.8}$$

为了达到这个目标，下面继续应用 Spalding 的分析方法进行分析。

8.3.3　求解

为了确定质量燃烧速度，先假设一个满足下面的边界条件的温度分布，并利用假设的温度分布对式(8.7b)作积分运算。火焰上游无穷远处的边界条件为

$$T(x \to -\infty) = T_u \tag{8.9a}$$

$$\frac{dT}{dx}(x \to -\infty) = 0 \tag{8.9b}$$

火焰下游无穷远处的边界条件为

$$T(x \to +\infty) = T_b \tag{8.9c}$$

$$\frac{dT}{dx}(x \to +\infty) = 0 \tag{8.9d}$$

为简化起见，如图 8.9 所示，假设在一很小的距离 δ 内，温度从 T_u 变化到 T_b，且满足简单的线性关系。把 δ 定义为火焰厚度。从数学的角度看，式(8.7b)是一个二阶常微分方程，含有两个未知数 $\dot{m}''$ 和 δ，也就是燃烧学文献中的特征值。已知的四个边界条件，而不是两个，使得我们可以确定**特征值**。（有趣的是目前的分析方法和在流体力学中学习的冯·卡门(von Karman)对平板边界层的积分分析很相似。在流体力学中，通过假设速度分布，获得了合理的边界层厚度和剪切应力的解。）

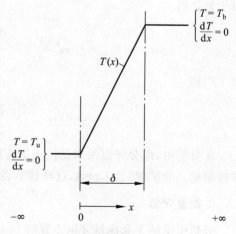

图 8.9　在层流预混火焰分析中假设的温度分布。

式(8.7b)对 x 积分,注意消去 dT/dx 在 $x=0$ 到 $x=\delta$ 处的不连续性,应用 $-\infty\sim+\infty$ 的条件,有

$$\dot{m}''[T]_{T=T_u}^{T=T_b} - \frac{k}{c_p}\left[\frac{dT}{dx}\right]_{dT/dx=0}^{dT/dx=0} = \frac{-\Delta h_c}{c_p}\int_{-\infty}^{\infty}\dot{m}'''_F dx \tag{8.10}$$

求得四个边界值,简化为

$$\dot{m}''(T_b - T_u) = \frac{-\Delta h_c}{c_p}\int_{-\infty}^{\infty}\dot{m}'''_F dx \tag{8.11}$$

由于 $\dot{m}'''_F$ 只在区域 δ 内的 T_u 和 T_b 之间不等于 0,因此可以把式(8.11)右边的反应速度的积分限从距离变成温度,即

$$\frac{dT}{dx} = \frac{T_b - T_u}{\delta} \quad 或 \quad dx = \frac{\delta}{T_b - T_u}dT \tag{8.12}$$

利用这一变换,得到

$$\dot{m}''(T_b - T_u) = \frac{-\Delta h_c}{c_p}\frac{\delta}{T_b - T_u}\int_{T_u}^{T_b}\dot{m}'''_F dT \tag{8.13}$$

且注意到平均反应速度的定义,有

$$\bar{\dot{m}}'''_F \equiv \frac{1}{T_b - T_u}\int_{T_u}^{T_b}\dot{m}'''_F dT \tag{8.14}$$

从而可以获得简化的结果为

$$\dot{m}''(T_b - T_u) = \frac{-\Delta h_c}{c_p}\delta\,\bar{\dot{m}}'''_F \tag{8.15}$$

这一结果,即式(8.15)是含有两个未知参数 $\dot{m}''$ 和 δ 的简单代数方程,需要再找一个方程才能求解。利用和上面一样的方法,只是从 $x=-\infty$ 到 $x=\delta/2$ 积分,就可以得到另一个方程。因为火焰反应区处于高温区域,所以假设在区间 $-\infty<x\leqslant\delta/2$ 上 $\dot{m}'''_F=0$ 是合理的。注意,在 $x=\delta/2$ 处有

$$T = \frac{T_b + T_u}{2} \tag{8.16}$$

并且

$$\frac{dT}{dx} = \frac{T_b - T_u}{\delta} \tag{8.12}$$

改变式(8.10)的积分限就可以得到

$$\dot{m}''\delta/2 - k/c_p = 0 \tag{8.17}$$

同时解式(8.15)和式(8.17),得到

$$\dot{m}'' = \left[2\frac{k}{c_p^2}\frac{(-\Delta h_c)}{(T_b - T_u)}\bar{\dot{m}}'''_F\right]^{1/2} \tag{8.18}$$

和

$$\delta = 2k/(c_p\dot{m}'') \tag{8.19}$$

应用火焰传播速度和热扩散系数的定义,$S_L \equiv \dot{m}''/\rho_u$ 和 $\alpha \equiv k/\rho_u c_p$,并且注意到 $\Delta h_c =$

$(\nu+1)c_p(T_b-T_u)$，可获得如下最终解：

$$S_L = \left[-2\alpha(\nu+1)\frac{\bar{\dot{m}}'''_F}{\rho_u}\right]^{1/2} \tag{8.20}$$

$$\delta = \left[\frac{-2\rho_u\alpha}{(\nu+1)\bar{\dot{m}}'''_F}\right]^{1/2} \tag{8.21a}$$

或者，用 S_L 表示为

$$\delta = 2\alpha/S_L \tag{8.21b}$$

利用式(8.20)和式(8.21)，可以从理论上分析燃料-空气混合气性质是如何影响 S_L 和 δ 的。本章的 8.5 节将进行这一分析，并和实验观察到的结果进行比较。

【例 8.2】 用式(8.20)所表示的简化方法计算化学当量下的丙烷-空气混合物的层流火焰传播速度。采用总包的一步反应机理(表 5.1 中的式(5.2))来计算平均反应速度。

解 从式(8.20)计算层流火焰传播速度为

$$S_L = \left[-2\alpha(\nu+1)\frac{\bar{\dot{m}}'''_F}{\rho_u}\right]^{1/2}$$

问题的本质是如何求得 $\bar{\dot{m}}'''_F$ 和 α。由于上述简化理论假设反应是在火焰厚度的后半部分进行的($\delta/2<x<\delta$)，因此采用下述的平均温度来计算反应速度：

$$\bar{T} = \frac{1}{2}\left[\frac{1}{2}(T_b+T_u)+T_b\right] = 1770\text{K}$$

式中，假设 $T_b=T_{ad}=2260\text{K}$(第 2 章)及 $T_u=300\text{K}$。假设在生成物中既无燃料也无氧气，则计算速度方程中的平均质量分数为

$$\bar{Y}_F = \frac{1}{2}(Y_{F,u}+0) = 0.06015/2 = 0.0301$$

和

$$\bar{Y}_{O_2} = \frac{1}{2}\times[0.2331\times(1-Y_{F,u})+0] = 0.1095$$

式中，化学当量的丙烷-空气混合物的 $A/F=15.625(=\nu)$，而 O_2 的质量分数为 0.233。

反应速度可以用下式求得：

$$\dot{\omega}_F \equiv \frac{d[C_3H_8]}{dt} = -k_G[C_3H_8]^{0.1}[O_2]^{1.65}$$

式中

$$k_G = 4.836\times10^9\exp\left(\frac{-15\,098}{T}\right)[=]\left(\frac{\text{kmol}}{\text{m}^3}\right)^{-0.75}\frac{1}{\text{s}}$$

进一步可表示为

$$\dot{\omega}_F = -k_G(\bar{T})\bar{\rho}^{1.75}\left(\frac{\bar{Y}_F}{MW_F}\right)^{0.1}\left(\frac{\bar{Y}_{O_2}}{MW_{O_2}}\right)^{1.65}$$

式中，采用了仔细选择的平均值。从表 5.1 中取值(请参见表中的脚注①和习题 5.14)，采用合适的单位制变换有

$$k_G = 4.836 \times 10^9 \exp\left(\frac{-15\,098}{1770}\right) = 9.55 \times 10^5 \left(\left(\frac{\text{kmol}}{\text{m}^3}\right)^{-0.75} \frac{1}{\text{s}}\right)$$

$$\bar{\rho} = \frac{P}{(R_u/\text{MW})\overline{T}} = \frac{101\,325}{(8315/29) \times 1770} = 0.1997\,\text{kg/m}^3$$

$$\bar{\omega}_F = -9.55 \times 10^5 \times 0.1997^{1.75} \times \left(\frac{0.0301}{44}\right)^{0.1} \times \left(\frac{0.1095}{32}\right)^{1.65}$$

$$= -2.439\,(\text{kmol/(s \cdot m}^3))$$

从式(6.29)有

$$\bar{m}'''_F = \bar{\omega}_F \text{MW}_F = -2.439 \times 44 = -107.3\,\text{kg/(s \cdot m}^3)$$

式(8.20)中的热扩散率定义为

$$\alpha = \frac{k(\overline{T})}{\rho_u c_p(\overline{T})}$$

合理的平均温度应该是在整个火焰厚度($0 \leqslant x \leqslant \delta$)的平均,因为导热发生在整个火焰区域,而不仅在反应的半个区域内,则

$$\overline{T} = \frac{1}{2}(T_b + T_u) = 1280\,\text{K}$$

和

$$\alpha = \frac{0.0809}{1.16 \times 1186} = 5.89 \times 10^{-5}\,\text{m}^2/\text{s}$$

式中,采用空气的特性来估算 k, c_p 和 ρ。

最后将各值代入到式(8.20)来计算 S_L

$$S_L = \left[\frac{-2 \times (5.89 \times 10^{-5}) \times (15.625 + 1) \times (-107.3)}{1.16}\right]^{1/2}$$

$$= 0.425\,\text{m/s} = 42.5\,\text{cm/s}$$

注:从 8.6 节将要讨论的式(8.33)[11] 可知,对这一混合物,S_L 的实验值是 38.9cm/s。考虑到目前理论分析的粗糙性,这与计算值 42.5cm/s 相符是偶然的。当然,若用更严格的理论并采用详细的化学动力学将得到更精确的预测值。注意,采用分析中所用的假设,燃料和氧化剂的浓度与温度是线性关系,所以只要对单步不可逆的总包反应速度进行积分,就可以精确地计算 $\bar{m}'''_F$,而不必像在例题中那样用平均的浓度和温度来进行计算。还应注意到没有直接采用表 5.1 中指前因子的数字,而是先转换为 SI 单位制。

8.4 详细分析[①]

对燃烧工程师和科学家来说,利用详细的化学动力学和混合气体的输运性质对层流预混火焰作数值模拟已经成为标准的研究工具了。许多模拟都是基于由 Fortran 主程序和子

---

① 本节中的数学推导可以略过而不影响连续性,读者也可以在阅读了简介后略过详细的火焰结构的讨论。

程序组成的 CHEMKIN 库。下面的分析是基于参考文献[12~16]所述及的程序。

8.4.1　控制方程

描述一维稳态火焰的基本守恒方程已在第 7 章导出，下面重新列出。

连续性方程

$$\frac{\mathrm{d}\,\dot{m}''}{\mathrm{d}x} = 0$$

组分守恒方程

简化成一维稳态流，并用 $\dot{\omega}_i \mathrm{MW}_i$ 替换 $\dot{m}_i'''$，式(7.16)就变为

$$\dot{m}'' \frac{\mathrm{d}Y_i}{\mathrm{d}x} + \frac{\mathrm{d}}{\mathrm{d}x}(\rho Y_i v_{i,\mathrm{diff}}) = \dot{\omega}_i \mathrm{MW}_i, \quad i = 1,2,\cdots,N \tag{8.22}$$

式中，组分的物质的量的生成速率 $\dot{\omega}_i$ 由式(4.31)~式(4.33)定义。

能量守恒方程

再用 $\dot{\omega}_i \mathrm{MW}_i$ 替换 $\dot{m}_i'''$，式(7.67)就变成下面的形式

$$\dot{m}'' c_p \frac{\mathrm{d}T}{\mathrm{d}x} + \frac{\mathrm{d}}{\mathrm{d}x}\left(-k\frac{\mathrm{d}T}{\mathrm{d}x}\right) + \sum_{i=1}^{N}\rho Y_i v_{i,\mathrm{diff}} c_{p,i}\frac{\mathrm{d}T}{\mathrm{d}x} = -\sum_{i=1}^{N} h_i \dot{\omega}_i \mathrm{MW}_i \tag{8.23}$$

注意：和作简化的分析时一样，假设压力是常数，因而并不需要动量守恒方程。除了这些守恒方程外，还需要下面的辅助方程和数据：

(1) 理想气体状态方程：式(2.2)。

(2) 扩散速率的基本关系：式(7.23)和式(7.25)或式(7.31)。

(3) 组分性质与温度的关系：$h_i(T)$，$c_{p,i}(T)$，$k_i(T)$ 和 $\mathcal{D}_{i,j}(T)$。

(4) 根据组分性质及摩尔(或质量)分数来计算混合物的性质 $\mathrm{MW}_{\mathrm{mix}}$，$k$，$D_{ij}$ 以及 D_i^T 等的关系式。(例如为了计算 D_{ij} 的式(7.26))。

(5) 可计算 $\dot{\omega}_i$ 的详细化学动力学机理(例如表5.3)。

(6) χ_i，Y_i 和 $[X_i]$ 之间的相互转换关系式(式(6A.1)~式(6A.10))。

8.4.2　边界条件

守恒方程组(式(7.4)，式(8.22)和式(8.23))是一个**边界值问题**，也就是说，给定未知函数 (T, Y_i) 在上游某处(边界)和下游某处(边界)的信息，来确定边界之间的函数 $T(x)$ 和 $Y_i(x)$。要完成对火焰的详细的数学描述，需要为组分守恒方程和能量守恒方程确定适当的边界条件。在下述的分析中，假设火焰是自由传播的，因此可以将坐标系固定在火焰上。

式(8.23)简单明了，是 T 的二阶微分方程，因而，需要以下两个边界条件

$$T(x \to -\infty) = T_u \tag{8.24a}$$

$$\frac{\mathrm{d}T}{\mathrm{d}x}(x \to +\infty) = 0 \tag{8.24b}$$

当然,在数值解中,区域 $-\infty < x < +\infty$ 的绝大部分都截断了,留下分离出的只有几厘米的边界。

Y_i 和 $v_{i,\text{diff}}$ 同时出现在导数项中,使得组分守恒方程(式(8.22))对 Y_i 和 $v_{i,\text{diff}}$ 都是一阶的。但请注意,在定义 $v_{i,\text{diff}}$ 的基本关系中,$v_{i,\text{diff}}$ 和浓度梯度 $\text{d}\chi_i/\text{d}x$ 或 $\text{d}Y_i/\text{d}x$ 有关,因而,也可把式(8.22)看做 Y_i 的二阶微分方程。适当的边界条件是:已知上游各组分的 Y_i,下游各组分的质量分数梯度趋于零,即

$$Y_i(x \to -\infty) = Y_{i,0} \tag{8.25a}$$

$$\frac{\text{d}Y_i}{\text{d}x}(x \to +\infty) = 0 \tag{8.25b}$$

和前面讨论预混火焰的简化分析时一样,质量流量 $\dot{m}''$ 预先并不知道,而是要求解的特征值,其值是这个问题的解的一部分。确定 $\dot{m}''$ 及函数 $T(x)$ 和 $Y_i(x)$,需要同时求解总的连续性方程,即式(7.4)以及组分守恒方程和能量守恒方程。求解总的连续性方程需要增加一个边界条件。在 Sandia 的程序代码中[16],通过确定自由传播的火焰在某固定位置的温度,即和火焰一起移动的坐标系中的一个固定位置的温度,作为边界条件[①],即

$$T(x_1) = T_1 \tag{8.26}$$

以此建立了一维火焰自由传播模型。求解这个模型的数值计算技巧请参考文献[16]。

在用这一分析对特定火焰的模拟应用之前,应该指出的是,求解的问题可以是非稳态的,但需要的是其稳态解。因此,非稳态项 $\partial\rho/\partial t$,$\partial(\rho Y_i)/\partial t$ 和 $c_p \partial(\rho T)/\partial t$ 就分别加入到质量守恒方程(式(7.4)),组分守恒方程(式(8.22))和能量守恒方程(式(8.23))中。要更多地了解这一方法,请读者参考文献[17]。

8.4.3　甲烷-空气火焰的结构

现在用上面的分析来理解预混火焰的详细结构。针对在 1atm,化学当量比下的甲烷-空气火焰,采用 GRI-Mech 2.11 甲烷燃烧的化学动力学机理[18]、利用 CHEMKIN 库代码[14~16]进行模拟,如图 8.10 所示为其温度分布和选定组分的摩尔分数分布。主要的含 C 组分 CH_4,CO 和 CO_2 的分布如图 8.10(a)所示。可以看出燃料组分的消耗、中间组分 CO 的出现以及 CO 燃尽生成 CO_2 的过程。近似的,在 CH_4 的浓度达到零的位置,CO 的浓度达到峰值;CO_2 浓度的增大过程起初落后于 CO,而在此位置后,由于 CO 的氧化作用,CO_2 的浓度持续增大。如图 8.11 所示为 CH_4,CO,CO_2 等组分的生成(消耗)速率的分布,从此图可以更深入地理解 $CH_4 \longrightarrow CO \longrightarrow CO_2$ 这一反应过程。从图 8.11 中可以看出,燃料消耗速率的峰值与 CO 生成速率的峰值同时出现,而 CO_2 的生成速率最初落后于 CO 的生成速率。即使在 CH_4 未燃烧完还有新的 CO 生成时,CO 的净生成速率已经成为负值,也就是

---

①　Sandia 实验室的程序代码中可以对附着在燃烧器的火焰进行模拟,对此及其他问题有兴趣的读者可以参考文献[16]。

说，CO 开始被消耗。CO 消耗速率的最大值刚好发生在 CO_2 的生成速率达到峰值位置的下游。大量的化学反应发生在 $0.5\sim1.5mm$ 的区间内。类似地，图 8.10(b)显示了含 C 的中间组分 CH_3，CH_2O 和 HCO 的生成和消耗都发生在一个狭小区间内（$0.4\sim1.1mm$），CH 自由基也是这样（见图 8.10(d)）。含 H 的中间组分 HO_2 和 H_2O_2 的分布范围比含碳的组分要稍宽一些，并且其浓度峰值在火焰中出现的位置也稍微靠前一些（见图 8.10(c)）。还可以注意到，达到其平衡摩尔分数的 80%，H_2O 比 CO_2 要快得多，大约是 0.9mm 对 2mm。

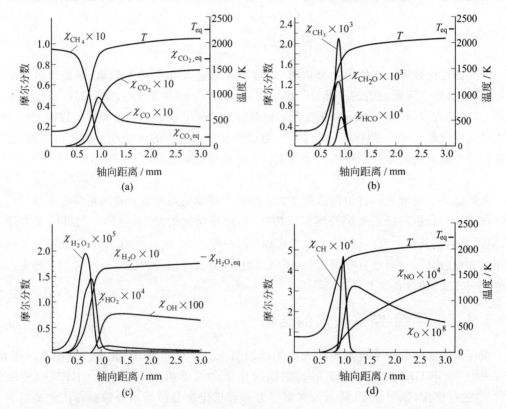

图 8.10　计算得出的在层流、化学当量比下甲烷-空气预混火焰中，组分的摩尔分数和温度分布。(a) T，χ_{CH_4}，χ_{CO}，χ_{CO_2}；(b) T，χ_{CH_3}，χ_{CH_2O}，χ_{HCO}；(c) χ_{H_2O}，χ_{OH}，$\chi_{H_2O_2}$，χ_{HO_2}；(d) T，χ_{CH}，χ_O，χ_{NO}。

燃料大约在 1mm 内就彻底燃尽了，温度升高的主要部分（73%）也发生在这一区域，但达到平衡条件则相对要慢一些，并超出这一区域，实际上，从图 8.10 中可以看出，大约到 3mm 的位置才达到平衡状态。达到平衡状态过程缓慢的主要原因正如本章开始所提到的，这个区域是由三分子重组反应控制的。图 8.10 中将摩尔分数表示为距离而不是时间的函数，夸大了达到平衡状态的缓慢性，这是通过连续性（$\rho v_x =$ 常数）表示的距离-时间关系（$\mathrm{d}x = v_x \mathrm{d}t$）的自然结果。比如说，在同一时间段中，在热的、高速火焰区域中的流体分子移

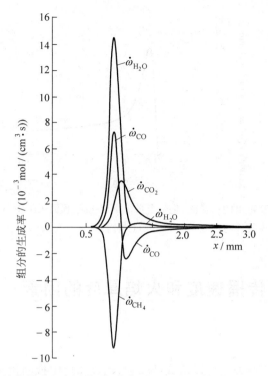

图 8.11　计算得出的在层流、化学当量下甲烷-空气预混火焰中,组分的生成率。反应条件与图 8.10 相同。

动的距离比在冷的、低速火焰中要大得多。

　　图 8.10(d)表示了氮氧化物的生成。在火焰中存在 CH 自由基的同一区域内,可以看到 NO 的摩尔分数也在快速增大;然后,NO 的摩尔分数则持续的、几乎线性的增大。在后一区域,NO 的生成是由 Zeldovich 机理(参阅第 5 章)支配的。当然,NO 的摩尔分数曲线在下游某点一定会出现转折,此时逆反应显得更重要并逐渐达到平衡状态。通过研究 NO 在火焰区域中的生成速率 $\dot{\omega}_{NO}$(见图 8.12),可以更好地理解 NO 摩尔分数的分布。根据图 8.12,由于 NO 在火焰区域(见图 8.10(d)中 0.5～0.8mm)的生成速率是零,所以,开始时出现在这一区域的 NO 是纯扩散作用的结果。有趣的是,我们观察到和 NO 相关的第一个化学反应是 NO 的消耗过程(0.8～0.9mm)。在 CH 和 O 原子的浓度达到峰值点之间的轴向位置上,氮氧化物的生成速率达到最大值。此处,很有可能 Fenimore 和 Zeldovich 机理都很重要。在 O 原子浓度达到峰值 $x=1.2$mm(见图 8.10(d))后,NO 的生成速率开始迅速下降,然后,缓慢下降。由于这一区域温度持续上升,因而,NO 净生成速率的下降一定是 O 原子浓度下降和逆反应共同作用的结果。

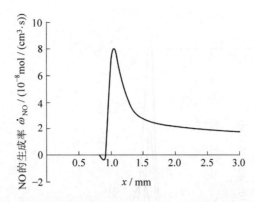

图 8.12　计算得出的在层流、化学当量下甲烷-空气预混火焰中 NO 的生成率。
反应条件与图 8.10 和图 8.11 相同。

8.5　影响火焰传播速度和火焰厚度的因素

8.5.1　温度

S_L 和 δ 对温度的依赖关系可以从式(8.20)、式(8.21)中推断出来。可以选用下述不同的温度来表示。为简化起见，用 T_b 来估算 $\dot{m}'''_F$，下式也给出了它们与压力的关系

$$\alpha \propto T_u \overline{T}^{0.75} P^{-1} \tag{8.27}$$

$$\dot{m}'''_F / \rho_u \propto T_u T_b^{-n} P^{n-1} \exp(-E_A/R_u T_b) \tag{8.28}$$

式中，指数 n 是总包反应级数，且 $\overline{T} \equiv 0.5(T_u + T_b)$。综合上面表示的不同温度，得

$$S_L \propto \overline{T}^{0.375} T_u T_b^{-n/2} \exp(-E_A/2R_u T_b) P^{(n-2)/2} \tag{8.29}$$

和

$$\delta \propto \overline{T}^{0.375} T_b^{n/2} \exp(+E_A/2R_u T_b) P^{-n/2} \tag{8.30}$$

由于烃类总包反应级数大约是 2，而且表观活化能近似是 1.67×10^8 J/kmol(40kcal/mol)(参见表 5.1)，所以层流火焰传播速度对温度有很强的依赖性。例如，根据式(8.29)可以推断出，未燃气体的温度从 300K 升高到 600K 时，层流火焰传播速度增大为原来的 3.64 倍。如果忽略离解作用和比热容对温度的依赖性，那么升高未燃气体的温度，会使已燃气体的温度升高同样的值。表 8.1 比较了三种不同状况下的火焰传播速度和火焰厚度，即参考状态下的工况 A，刚刚提到的工况 B，以及未燃气体的温度不变、已燃气体的温度下降 300K 的工况 C。工况 C 给出的情形可以看作是考虑已燃气体的温度由于热传递的作用或者改变当量比使其成为贫燃料燃烧或富燃料燃烧时，对温度的影响。在这种情况下，火焰传播速度下降了，而火焰厚度有明显的增加。

表 8.1　用式(8.29)和式(8.30)计算的未燃气体和已燃气体对层流火焰传播速度和厚度的影响

状况	A	B	C
T_u/K	300	600	300
T_b/K	2000	2300	1700
$S_L/S_{L,A}$	1	3.64	0.46
δ/δ_A	1	0.65	1.95

可以用文献[19]提出的化学当量条件下甲烷-空气火焰的经验关系式对温度对火焰传播速度的影响进行简单的计算,即

$$S_L(\text{cm/s}) = 10 + 3.71 \times 10^{-4} [T_u(\text{K})]^2 \tag{8.31}$$

其结果如图 8.13 所示,同时也给出了几组实验数据进行比较。根据式(8.31),T_u 从 300K 升高到 600K 就会使 S_L 增大到原来的 3.3 倍,这和估算的 3.64 吻合得很好(见表 8.1)。

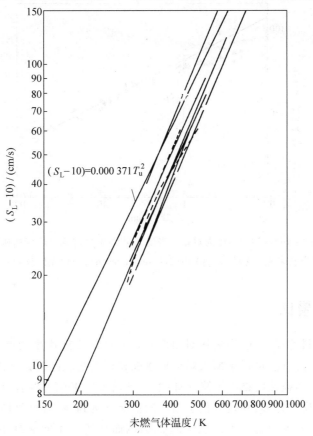

图 8.13　1atm 下,未燃气体温度对化学当量下甲烷-空气层流预混火焰速度的影响。图中不同的数据线由不同的研究者得出。(资料来源:文献[19]© 1972,Elsevier Science 公司允许复制)

Metghalchi 和 Keck[11] 给出了火焰传播速度和未燃气体的温度之间的有用关系式，这将在 8.6 节介绍。

8.5.2 压力

式(8.30)表明 $S_L \propto P^{(n-2)/2}$。因此，如果假设总包反应级数是 2，那么火焰传播速度应该和压力无关。不过实验测量通常表明火焰传播速度和压力成负相关性。Andrews 和 Bradley[19] 发现当 $P>5\text{atm}$ 时，甲烷-空气火焰的实验数据符合下面的关系

$$S_L(\text{cm/s}) = 43[P(\text{atm})]^{-0.5} \tag{8.32}$$

结果如图 8.14 所示。Law[20] 总结了 H_2，CH_4，C_2H_2，C_2H_4，C_2H_6 和 C_3H_8 在一系列压力（$\leqslant 5\text{atm}$）下的火焰传播速度的数据。前面引述到的 Metghalchi 和 Keck 也在文献[11]中对选定的燃料给出了火焰传播速度和压力的关系。

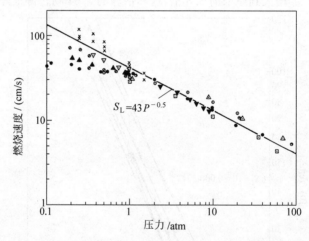

图 8.14　$T_u = 16 \sim 27℃$ 时，压力对化学当量下甲烷-空气层流火焰传播速度的影响。

（资料来源：文献[19]ⓒ 1972，Elsevier Science 公司允许复制）

8.5.3 当量比

除了非常富燃料的混合气，当量比对相似燃料的火焰传播速度的首要影响是由它影响火焰温度而引起的。因此，可以预期火焰传播速度在稍稍缺氧的情况下达到最大值，而在这种情况的两边，火焰传播速度都会下降。如图 8.15 所示以甲烷为例表明了这种特点。而火焰厚度则呈现出相反的趋势，在接近化学当量的情况下达到最小值（见图 8.16）。值得注意的是，在不同的实验测量中定义了许多不同的 δ，因而在比较不同文献中的数值时，应该保持谨慎。

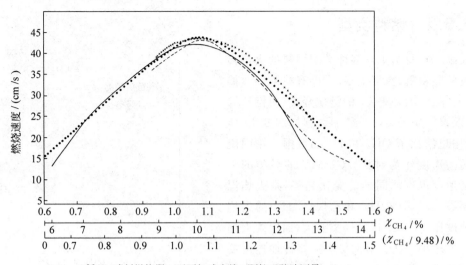

图 8.15 在环境压力下,当量比对甲烷-空气预混火焰传播速度的影响。(资料来源:文献 [19]ⓒ 1972,Elsevier Science 公司允许复制)

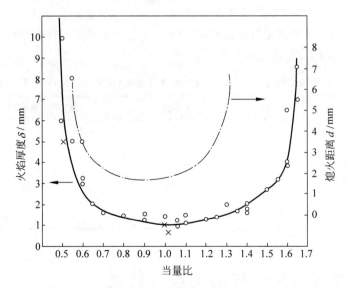

图 8.16 环境压力下,甲烷-空气层流火焰的火焰厚度。同时给出了熄火距离。
(资料来源:文献[19]ⓒ 1972,Elsevier Science 公司允许复制)

8.5.4 燃料类型

文献[21]总结了许多种类型燃料的火焰传播速度的测量值，数据很多，可能有些陈旧。摘自这份文献中的 $C_2 \sim C_6$ 的链烷烃类（单键）、烯烃类（双键）、炔烃类（三键）的数据如图 8.17 所示，图中也给出了 CH_4 和 H_2 的数据。用丙烷火焰传播速度作为对比。$C_3 \sim C_6$ 的烃类的火焰传播速度也遵循同样的变化趋势，是火焰温度的函数。乙烯（C_2H_4）和乙炔（C_2H_2）的火焰传播速度比 $C_3 \sim C_6$ 这组烃类要大，而甲烷火焰的速率要略小一些。氢的最大火焰传播速度要比丙烷的要大许多倍，这是几种因素共同作用的结果。第一，纯 H_2 的热扩散率比烃类大很多倍。第二，H_2 的质量扩散率同样比烃类燃料大得多；第三，在氢的燃烧中，反应速度很快，而在烃类燃烧中，影响反应速率的主要因素是 $CO \longrightarrow CO_2$，这个反应步骤相当慢。Law[20] 汇总了各种纯燃料以及混合气的层流火焰传播速度数据，这些数据被认为是截至目前获得的比较可靠的结果。表 8.2 的数据就是从中选取的。

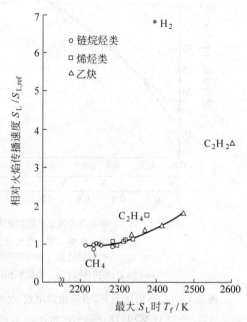

图 8.17 $C_1 \sim C_6$ 碳氢化合物燃料的相对火焰传播速度。参考火焰传播速度为用圆柱管法[21]测量的丙烷火焰传播速度。

表 8.2 几种纯燃料在空气中的层流火焰传播速度，其中 $\Phi = 1$, 1atm（T_u = 室温）

燃料	分子式	层流火焰传播速度 $S_L/(\text{cm/s})$
甲烷	CH_4	40
乙炔	C_2H_2	136
乙烯	C_2H_4	67
乙烷	C_2H_6	43
丙烷	C_3H_8	44
氢	H_2	210

资料来源：文献[20]

8.6 选定燃料的火焰传播速度计算式

在往复式内燃机和燃气轮机燃烧室的一系列典型的压力、温度下，Metghalhi 和 Kech[11]用实验方法确定了各种燃料-空气混合物层流火焰传播速度。他们尝试了好几种形式的关系式,其中之一和式(8.29)相似,而最有用的是在 $T_u \geqslant 350\text{K}$ 情况下的关系式

$$S_L = S_{L,\text{ref}} \left(\frac{T_u}{T_{u,\text{ref}}} \right)^\gamma \left(\frac{P}{P_{\text{ref}}} \right)^\beta (1 - 2.1Y_{\text{dil}}) \tag{8.33}$$

式中,下标 ref 所指的参考状态如下

$$T_{u,\text{ref}} = 298\text{K}$$

$$P_{\text{ref}} = 1\text{atm}$$

而且

$$S_{L,\text{ref}} = B_M + B_2(\Phi - \Phi_M)^2$$

式中,常数 B_M,B_2 和 Φ_M 是由燃料类型确定的常数,由表8.3给出。温度指数 γ 和压力指数 β 是化学当量比的函数,表达式如下

$$\gamma = 2.18 - 0.8(\Phi - 1)$$

和

$$\beta = -0.16 + 0.22(\Phi - 1)$$

而 Y_{dil} 是空气-燃料混合气中稀释剂的质量分数,它在式(8.33)中用来特指再循环的燃烧产物。在许多燃烧系统中,废气或烟气再循环是用来控制氮氧化物的一项通用技术(见第15章)。在内燃机的大多数工况下,剩余的燃烧产物都会和新进入的气体进行混合。

表8.3 用于方程式(8.33)的 B_M,B_2,Φ_M 的值[11]

燃 料	Φ_M	$B_M/(\text{cm/s})$	$B_2/(\text{cm/s})$
甲醇	1.11	36.92	−140.51
丙烷	1.08	34.22	−138.65
异辛烷	1.13	26.32	−84.72
RMFD-303	1.13	27.58	−78.34

【例8.3】 针对下述工况,对汽油-空气混合物在 $\Phi = 0.8$ 条件下的层流火焰传播速度进行比较:

(1) 在参考状态 $T = 298\text{K}$,$P = 1\text{atm}$ 下。

(2) 在典型的电火花点火的条件下,即全开节流状态:$T = 685\text{K}$,$P = 18.38\text{atm}$。

(3) 条件与(2)相当,但有 15% 的废气回流量。

解 对于 RMFD-303,采用 Metghalchi 和 Keck 关系式(8.33)来进行计算。这种用于研究的燃料(也叫作吲哚烯液)是模拟典型的汽油组分。在 298K 和 1atm 下的火焰传播速度可用下式确定

$$S_{L,\text{ref}} = B_M + B_2(\Phi - \Phi_M)^2$$

式中各值可从表8.3获得,即

$$B_M = 27.58\text{cm/s}$$

$$B_2 = -78.38\text{cm/s}$$

$$\Phi_M = 1.13$$

因此有

$$S_{L,ref} = 27.58 - 78.34 \times (0.8 - 1.13)^2$$
$$= 19.05 \text{cm/s}$$

求非参考状态下不同温度和压力下的火焰传播速度,可用式(8.33),即

$$S_L(T_u, P) = S_{L,ref} \left(\frac{T_u}{T_{u,ref}}\right)^{\gamma} \left(\frac{P}{P_{ref}}\right)^{\beta}$$

式中

$$\gamma = 2.18 - 0.8(\Phi - 1) = 2.34$$
$$\beta = -0.16 + 0.22(\Phi - 1) = -0.204$$

得

$$S_L(685K, 18.38atm) = 19.05 \times \left(\frac{685}{298}\right)^{2.34} \times \left(\frac{18.38}{1}\right)^{-0.204}$$
$$= 19.05 \times 7.012 \times 0.552$$
$$= 73.8 \text{cm/s}$$

当用尾气再循环进行稀释后,火焰传播速度以因子$(1 - 2.1 Y_{dil})$减少,即

$$S_L(685K, 18.38atm, 15\%EGR) = 73.8 \times (1 - 2.1 \times (0.15))$$
$$= 50.6 \text{cm/s}$$

注:在内燃机条件下的层流火焰传播速度要比参考状态下大很多,最重要的影响因素是温度。在第12章中将介绍在电火花点火的内燃机中,层流火焰传播速度是控制燃烧速度的湍流火焰传播速度的重要因素。本例题也表明,稀释可减少火焰传播速度,如果太多的烟气回流,可能成为内燃机性能的决定性因素。注意,本题用到的T_u小于式(8.33)推荐的温度的最小值(350K),这会引起在298K下的S_L的低估。

8.7 熄火、可燃性、点火

上面只讨论了层流预混火焰的稳态传播过程。下面将介绍一些基本的瞬态过程,即熄火和点火。虽然这些过程是瞬时的,但这里只研究其极限性质,也就是说,在什么条件下火焰熄灭或不熄灭,在什么条件下火焰点燃或者不能点燃,而忽略了熄火和点火过程中非稳态过程的细节。

火焰熄灭的途径很多,例如,当火焰通过狭窄的通道时就会熄灭。这一现象是许多目前使用的火焰熄灭装置的基础。早在1815年,Davey发明的安全矿工照明灯就是这一原理第一次投入使用。熄灭预混火焰的其他方法是增加稀释剂或抑制剂。稀释剂(如水)主要是通过热作用熄火,而抑制剂(如卤素)则可以改变化学动力学特性。把火焰从反应物吹开也是一种有效的熄灭火焰的方法,用微弱的本生灯火焰就很容易演示。这一方法的更实际的应用是用炸药熄灭油井的火,虽然在这种情况下,火焰可能具有强烈的非预混特性,而不是

预混的。

下面简单讨论三个概念：熄火距离，可燃极限，最小点火能量。在讨论中，假定这三种现象都是受热损失控制的。读者若想获得更详细的分析和讨论，请参考文献[8,22～32]。

8.7.1　冷壁熄火

正如上文提到的那样，当火焰进入一个足够小的通道中时，就会熄灭。如果通道不是太小，火焰就会传播过去。火焰进入一个圆管中熄灭而无法传播的临界直径，称为**熄火距离**。实验中，对一特定直径的管子，在反应物流突然停止的时候，通过观察稳定在管子上方的火焰是否**回火**来确定熄火距离。也可以用高长宽比的矩形扁口来确定熄火距离。此时，熄火距离是指两个长边之间的距离，即开口的开度。基于圆管测量的熄火距离值比基于矩形口的测量值大一些（20％～30％）[21]。

1. 点火和熄火准则

Williams[22]给出了确定着火和熄火的两个基本准则。第二个准则可用于冷壁熄火问题。

准则1：仅当足够多的能量加入到可燃气体中，使和稳定传播的层流火焰一样厚的一层气体的温度升高到绝热燃烧温度，才能点燃。

准则2：板形区域内化学反应的放热速率必需近似平衡于由于热传导从这个区域散热的速率。

下面用这些准则对火焰熄灭作一个简单的分析。

2. 简化的熄火分析

如图8.18所示，火焰进入到两平行板组成的一个狭缝中。利用Williams的第二个准则，按照Friedman[28]的方法，可以写出反应生成的热量与由于壁面导热损失的热量相等的能量平衡式，即

$$\dot{Q}''' V = \dot{Q}_{\text{cond,tot}} \tag{8.34}$$

式中，单位体积的放热率$\dot{Q}'''$和前面定义的$\bar{m}''_F$的关系是

$$\dot{Q}''' = -\bar{m}''_F \Delta h_c \tag{8.35}$$

在继续分析之前，应注意分析中取的薄层气体（见图8.18）的厚度为δ，这即式(8.21)表示的绝热层流火焰厚度。下面的目的是求满足式(8.34)所表达的熄火准则的距离d，即熄火距离。

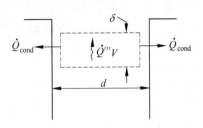

图8.18　两平行壁间火焰的熄灭示意图。

根据傅里叶定律，从火焰区域损失到壁面的热量是

$$\dot{Q}_{cond} = -kA\frac{dT}{dx}\Big|_{\text{壁面处气体}}$$ (8.36)

式中，热导率 k 和温度梯度都是用壁面处的气体来估算的。面积 A 可表示成 $2\delta L$，其中 L 是狭缝的宽度（垂直于纸面），乘以 2 是因为火焰和两边的壁面接触。然而，想得到温度梯度 dT/dx 的近似值要难得多。合理的 dT/dx 的最小值是 $(T_b - T_w)/(d/2)$，这是假设中心面的温度 T_b 到壁面温度 T_w 是线性变化的结果。由于 dT/dx 很可能远大于这个数值，所以引入一个任意常数 b，由下式定义

$$\left|\frac{dT}{dx}\right| \equiv \frac{T_b - T_w}{d/b}$$ (8.37)

式中，b 通常是一个比 2 大很多的数。利用式（8.35）～式（8.37），熄火判别式（式（8.34））变成下面的形式

$$(-\bar{m}'''_F \Delta h_c)(\delta dL) = k(2\delta L)\frac{T_b - T_w}{d/b}$$ (8.38a)

或

$$d^2 = \frac{2kb(T_b - T_w)}{-\bar{m}'''_F \Delta h_c}$$ (8.38b)

假设 $T_w = T_u$，利用前面推导出的 $\bar{m}'''_F$ 和 S_L 之间的关系式（式（8.20）），再利用关系式 $\Delta h_c = (\nu+1)c_p(T_b - T_u)$，式（8.38b）变为

$$d = 2\sqrt{b}\alpha/S_L$$ (8.39a)

或者，用 δ 表示为

$$d = \sqrt{b}\delta$$ (8.39b)

式（8.39b）表明，熄火距离比火焰厚度 δ 大，这和图 8.16 所示的甲烷的实验结果是一致的。多种燃料的熄灭距离如表 8.4 所示。应该指出，利用式（8.30）可以估算出温度和压力对熄火距离的影响。

表 8.4　不同燃料的可燃极限、熄火距离和最小点火能[1]

燃　料	可燃极限			熄火距离/mm		最小点火能/10^{-5}J	
	Φ_{min}（贫或下限）	Φ_{max}（富或上限）	化学当量下质量空-燃比	$\Phi=1$ 时	绝对最小值	$\Phi=1$ 时	绝对最小值
乙炔(C_2H_2)	0.19[2]	∞[2]	13.3	2.3	—	3	—
一氧化碳(CO)	0.34	6.76	2.46				
异癸烷($C_{10}H_{22}$)	0.36	3.92	15.0	2.1[3]			
乙烷(C_2H_6)	0.50	2.72	16.0	2.3	1.8	42	24
乙烯(C_2H_4)	0.41	>6.1	14.8	1.3	—	9.6	—

续表

燃 料	可燃极限			熄火距离/mm		最小点火能/10^{-5}J	
	Φ_{min} (贫或下限)	Φ_{max} (富或上限)	化学当量下质量空-燃比	$\Phi=1$ 时	绝对最小值	$\Phi=1$ 时	绝对最小值
氢(H_2)	0.14[2]	2.54[2]	34.5	0.64	0.61	2.0	1.8
甲烷(CH_4)	0.46	1.64	17.2	2.5	2.0	33	29
甲醇(CH_3OH)	0.48	4.08	6.46	1.8	1.5	21.5	14
异辛烷(C_8H_{18})	0.51	4.25	15.1	—	—	—	—
丙烷(C_3H_8)	0.51	2.83	15.6	2.0	1.8	30.5	26

① 数据来源：除另有标记外，数据来自文献[21]；

② Zabetakis(美国矿产局,公报 627 号,1965)；

③ Chomiak[25]。

【例 8.4】 考虑设计一个层流绝热平面火焰燃烧器，用薄壁管组成如例 8.4 图所示的正方形。燃料-空气混合物流过管子及其缝隙。设计要求为化学当量的甲烷-空气混合物，在管子出口的温度为 300K，压力为 5atm。

(1) 求在设计条件下单位横截面积的混合物质量流量。

(2) 估计为了避免回火允许的最大管径。

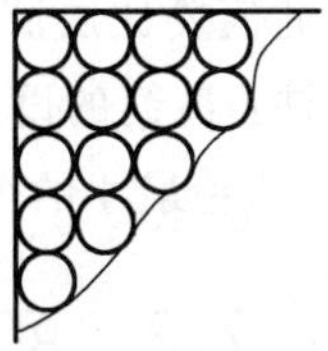

解 (1) 要建立一个平面火焰，就要求在设计温度与压力下其平均流速与层流火焰传播速度相等，从图 8.14 有

燃料器管布置

例 8.4 图

$$S_L(300K,5atm) = 43/\sqrt{P(atm)} = 43/\sqrt{5} = 19.2cm/s$$

质量通量 $\dot{m}''$ 为

$$\dot{m}'' = \dot{m}/A = \rho_u S_L$$

假设是理想气体混合物，其密度可以近似计算出，即

$$MW_{mix} = \chi_{CH_4}MW_{CH_4} + (1-\chi_{CH_4})MW_{air}$$
$$= 0.095 \times 16.04 + 0.905 \times 28.85$$
$$= 27.6kg/kmol$$

及

$$\rho_u = \frac{P}{(R_u/MW_{mix})T_u} = \frac{5 \times 101\ 325}{(8315/27.6) \times 300} = 5.61kg/m^3$$

得质量通量为

$$\dot{m}'' = \rho_u S_L = 5.61 \times 0.192 = 1.08kg/(s \cdot m^2)$$

(2) 假设如果管径小于熄火距离，并有一定的安全系数，燃烧器可以避免回火而安全运行。这里要计算在设计条件下的熄火距离。从图 8.16 可知在 1atm 下扁口的熄火距离大约是 1.7mm。由于扁口的熄火距离比圆口的要小 20%～50%，用这一不同当作安全系数直接

计算。只要将这个熄火距离修正到5atm条件下的值。从式(8.29a)，有

$$d \propto \alpha / S_{\mathrm{L}}$$

且，从式(8.27)有

$$\alpha \propto T^{1.75} / P$$

考虑了压力对 α 和 S_{L} 的影响，有

$$d_2 = d_1 \frac{\alpha_1}{\alpha_2} \frac{S_{\mathrm{L},1}}{S_{\mathrm{L},2}} = d_1 \frac{P_1}{P_2} \frac{S_{\mathrm{L},1}}{S_{\mathrm{L},2}}$$

$$d(5\mathrm{atm}) = 1.7\mathrm{mm} \times \frac{1\mathrm{atm}}{5\mathrm{atm}} \times \frac{43\mathrm{cm/s}}{19.2\mathrm{cm/s}}$$

则

$$d_{\mathrm{design}} \leqslant 0.76\mathrm{mm}$$

若采用这一直径，需要验证在管内是否处于层流状态，即 $Re_{\mathrm{d}} < 2300$。采用空气的黏性系数计算，有

$$Re_{\mathrm{d}} = \frac{\rho_{\mathrm{u}} d_{\mathrm{design}} S_{\mathrm{L}}}{\mu} = \frac{5.61 \times 0.00076 \times 0.192}{15.89 \times 10^{-6}} = 51.5$$

此值要比层流向湍流转捩的值小很多，因此可以认为是熄火准则确定了设计值。

注：最终的设计应该基于最坏的情形来进行，此时的熄火直径处于最小值。从图8.16可知，这一最小的熄火直径是接近于 $\Phi = 0.8$ 时的值。

8.7.2　可燃极限

实验表明，只有在所谓的可燃上、下限之间的特定浓度范围内的混合气中，火焰才能传播。**可燃下限**是允许稳态火焰传播的燃料含量最低的混合气体（$\Phi < 1$），而**可燃上限**则指允许火焰传播的燃料含量最高的混合气体（$\Phi > 1$）。可燃极限通常用混合气中燃料体积百分数的形式表示，或者用当量比百分数，即 $\Phi \times 100\%$ 来表示。

表8.4给出了各种燃料-空气混合物在大气压下的可燃极限，这些数据是用"管内方法"实验获得的。这一方法，通过实验观察在一垂直管内（直径大约50mm，长约1.2m）底部引燃的火焰能否传播通过整个管子来确定其可燃极限的。能维持火焰通过的混合气体就称之为可燃的。通过调整混合气的浓度，可燃极限就可以确定了。压力对可燃下限的影响相对较弱。如图8.19所示为在一个封闭的燃烧容器中，甲烷-空气混合物测出的这一特征[33]。

尽管可燃极限可以通过燃料-空气混合气的物理化学性质来定义，但实验测得的可燃极限除了和混合物的性质有关外，还和系统的热量损失有关，因此，可燃极限通常和实验装置相关[31]。

尽管热传导损失的热量很小，但由辐射引起的热量损失可以解释可燃极限的存在性。

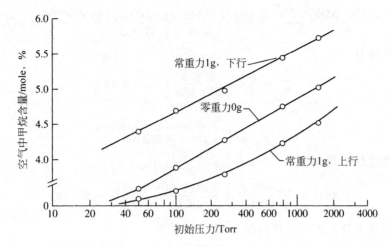

图 8.19 不同压力下甲烷-空气混合物的低(贫)可燃极限。注意到在 5% 的甲烷摩尔分数对应的当量
比是 0.476。实验在常重力和零重力下进行。(来自文献[33],得到 Elsevier 许可复制)

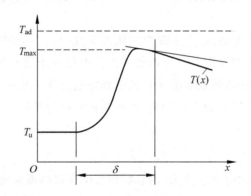

图 8.20 火焰区由于热量损失引起的温度分布。

如图 8.20 所示的是火焰在管中传播时,沿着管中心线的瞬时温度沿轴向的分布。因为高温
的产物气体向低温环境辐射散热,使得它们得以冷却。这一冷却作用使得火焰区域后面的
温度梯度为负值;然后进一步通过热传导失去火焰中的热量。当损失的热量足够多,不再
满足 Williams 准则的时候,火焰传播就终止了。Williams[22] 对图 8.20 中的情形作了理论
上的分析,对这一问题的讨论超出了本书的范围。

【例 8.5】 一便携式炉子的圆筒中充满了丙烷气体,约 1.02lb(0.464kg) 的燃料渗漏到
一个 12ft×14ft×8ft(3.66m×4.27m×2.44m) 的房间中,房间的温度为 20℃ 和 1atm。很
长一段时间后,燃料气与空气充分混合了。请问房间中的混合物是否可燃?

解 从表 8.4 可知,丙烷-空气混合物的可燃限为 $0.51 < \Phi < 2.83$。本题就成为计算房
间中混合物的当量比了。假设是理想气体,可以来计算出丙烷的分压为

$$P_F = \frac{m_F(R_u/MW_F)T}{V_{room}} = \frac{0.464 \times (8315/44.094) \times (20 + 273)}{3.66 \times 4.27 \times 2.44} = 672.3\mathrm{Pa}$$

丙烷的摩尔分数为

$$\chi_F = \frac{P_F}{P} = \frac{672.3}{101\,325} = 0.006\,64$$

及

$$\chi_{air} = 1 - \chi_F = 0.993\,36$$

房间内混合物的空气-燃料比为

$$A/F = \frac{\chi_{air}MW_{air}}{\chi_F MW_F} = \frac{0.993\,36 \times 28.85}{0.006\,64 \times 44.094} = 97.88$$

根据 Φ 的定义及从表 8.4 获得的 $(A/F)_{stoic}$，就有

$$\Phi = \frac{15.6}{97.88} = 0.159$$

由于 $\Phi = 0.159$ 远小于可燃极限的下限($\Phi_{min} = 0.51$)，因此在房间内的混合物不可能支持火焰的传播。

注：尽管题中的计算表明，在完全混合的状态下混合物不会燃烧，但在泄漏过程中，在房间内的某个地方是可能存在混合物可燃的情形。丙烷分子比空气的要重，因此会趋于在房间底部积累，直到由于宏观流动和分子扩散达到完全混合。在有可燃气体存在的地方，在低处和高处都应放置监控器，以相应检测重燃料和轻燃料的泄漏。

8.7.3 点火

这一节,仅限于讨论用电火花点火,而且特别集中在**最小点火能量**的概念上。电火花点火可能是实际装置中应用最普遍的点火方法。例如,电火花点火的内燃机和燃气轮机,各种工业的、商业的和住宅的燃烧器。电火花点火安全度高,而且不像引燃点火一样需要预先存在火焰。下面用一个简单的分析确定压力和温度对最小点火能量的影响。同时介绍一些实验数据,以便和根据这个简单理论预测的数据作比较。

1. 简化的点火分析

将 Williams 的第二个准则用于球形体内的气体,这相当于由电火花引燃的初始火焰传播过程。利用这个准则,可以定义临界半径的概念,即如果实际半径小于临界半径,火焰就不会传播了。分析的第二步是假设由电火花提供的最小点火能量等于临界体积内的气体从最初的状态升至火焰温度所需的热量。

为了确定临界半径 R_{crit},令反应释放热量的速率和由导热向冷气体损失热量的速率相等,如图 8.21 所示,即

$$\dot{Q}'''V = \dot{Q}_{\text{cond}} \qquad (8.40)$$

或

$$-\bar{m}'''_F \Delta h_c 4\pi R^3_{\text{crit}}/3 = -k 4\pi R^2_{\text{crit}} \frac{\mathrm{d}T}{\mathrm{d}r}\bigg|_{R_{\text{crit}}} \qquad (8.41)$$

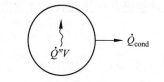

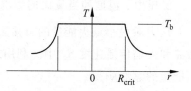

其中,已经用式(8.35)替代了 $\dot{Q}'''$,也利用了傅里叶定律,而球形体的表面积和体积都用临界半径 R_{crit} 来表示。

由边界条件 $T(R_{\text{crit}}) = T_b$ 和 $T(\infty) = T_u$ 可确定球形体外($R_{\text{crit}} \leqslant r \leqslant \infty$)的温度分布,也就可以计算在球形体边界的冷气体中的温度梯度$(\mathrm{d}T/\mathrm{d}r)_{\text{crit}}$了。(众所周知的 $Nu = 2$ 的结论就是从这一分析中得出的,其中 Nu 是努塞尔(Nusselt)数)。由此可得

图 8.21　火花点火的临界气体体积。

$$\frac{\mathrm{d}T}{\mathrm{d}r}\bigg|_{R_{\text{crit}}} = -\frac{T_b - T_u}{R_{\text{crit}}} \qquad (8.42)$$

把式(8.42)代入式(8.41),得到

$$R^2_{\text{crit}} = \frac{3k(T_b - T_u)}{-\bar{m}'''_F \Delta h_c} \qquad (8.43)$$

通过式(8.20)解出 $\bar{m}'''_F$,并代入到式(8.43)中,就可建立临界半径和火焰传播速度 S_L 以及火焰厚度 δ 的关系式。利用这个关系式,再加上 $\Delta h_c = (\nu+1)c_p(T_b - T_u)$,就有

$$R_{\text{crit}} = \sqrt{6}\,\frac{\alpha}{S_L} \qquad (8.44\text{a})$$

式中,$\alpha = k/\rho_u c_p$,k 和 c_p 用适当的平均温度来计算。临界半径也可以用 δ(式(8.21b))来表示,即

$$R_{\text{crit}} = (\sqrt{6}/2)\delta \qquad (8.44\text{b})$$

由于分析中采用了简化近似,因此不应该把常数$\sqrt{6}/2$看作任何情况下都适用的精确数字,而只是表示数量级的大小。因而,从式(8.44b)可以看到临界半径大约等于层流火焰的厚度,或至多比层流火焰厚度大几倍而已。相反的,用式(8.3)表示的熄火距离 d,却可能比火焰厚度大很多倍。

了解了临界半径,下面将确定最小点火能量 E_{ign}。假设火花增加的能量把临界体积中的气体加热到已燃气体温度,则很容易把 E_{ign} 表示出来,即

$$E_{\text{ign}} = m_{\text{crit}} c_p (T_b - T_u) \qquad (8.45)$$

式中,临界体积的气体的质量 m_{crit} 等于 $\rho_b 4\pi R^3_{\text{crit}}/3$,或

$$E_{\text{ign}} = 61.6 \rho_b c_p (T_b - T_u)(\alpha/S_L)^3 \qquad (8.46)$$

用理想混合气体的状态方程消去 ρ_b，就得到最终结果为

$$E_{ign} = 61.6P\left(\frac{c_p}{R_b}\right)\left(\frac{T_b - T_u}{T_b}\right)\left(\frac{\alpha}{S_L}\right)^3 \tag{8.47}$$

式中，$R_b = R_u/MW_b$。

2. 压力、温度和当量比的影响

压力对最小点火能量的直接影响在式(8.47)中显而易见，间接的影响隐含在热扩散系数 α 和火焰传播速度 S_L 中。利用式(8.27)、式(8.29)($n \approx 2$)以及式(8.47)，压力对最小点火能量的总影响是

$$E_{ign} \propto P^{-2} \tag{8.48}$$

这和实验结果吻合的相当好。如图 8.22 所示为实验确定的最小点火能量和压力的函数关系[29]，同时也给出了式(8.48)表示的幂律关系，以便和主要的实验数据点进行比较。

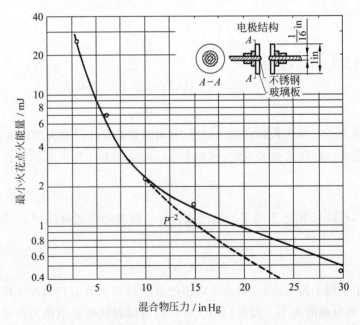

图 8.22　压力对最小火花点火能量的影响。（资料来源：文献[29]，美国物理学会允许复制）

一般来说，升高混合气体的初始温度会降低最小点火能量，如表 8.5 所示。根据这一章的简化分析，可以确定初始温度对最小点火能量的影响，把这个问题作为练习留给有兴趣的读者。

　　在足够贫燃料当量比的条件下,点燃混合物所需要的最小点火能量增加。如图8.23所示为这一影响[34]。在接近贫燃料可燃极限的当量比下,最小点火能量比化学当量条件下的值高一个量级以上。这一性质与式(8.47)是一致的,式(8.47)表明了其对层流火焰传播速度的强相关性,即 S_L^{-3}。如图8.15所示为当接近贫燃极限时,层流火焰传播速度减小。

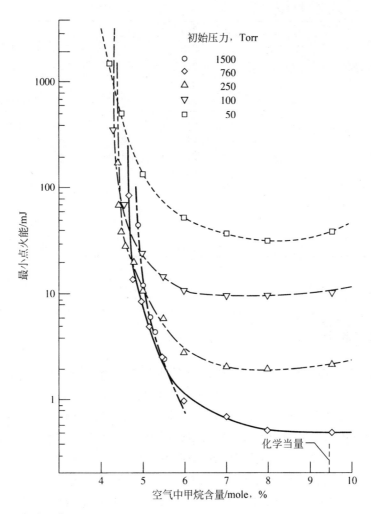

图8.23　在接近贫可燃极限时最小点火能急剧增加。(来自文献[34],得到 Elsevier 许可复制)

表 8.5 温度对电火花点火能的影响[30]

燃料	初温/K	E_{ign}/mJ[①]
异庚烷	298	14.5
	373	6.7
	444	3.2
辛烷	298	27.0
	373	11.0
	444	4.8
异戊烷	243	45.0
	253	14.5
	298	7.8
	373	4.2
	444	2.3
丙烷	233	11.7
	243	9.7
	253	8.4
	298	5.5
	331	4.2
	356	3.6
	373	3.5
	477	1.4

① $P = 1atm$。

8.8 火焰稳定

避免**回火**和**火焰推举**是设计气体燃烧器的重要标准。当火焰进入燃烧器管中和喷口内继续传播而不熄灭的现象就是回火。火焰和燃烧器管子或喷口不接触，而是稳定在离喷口一定距离的位置，这种现象则称之为火焰推举。回火不仅有害，更有安全危险。在燃气装置中，火焰通过进口传播能引燃和进口相通的混合器中的大量燃气，可能引起爆炸。反过来，火焰从引燃火焰到喷口通过"回火管"传播，则可用来点火。在实际燃烧器中，通常不希望出现火焰推举的现象，这有好几个原因[35]。首先，火焰推举可能引起未燃气体的逃逸，即形成不完全燃烧；其次，超过了推举极限，则很难点火；另外，精确地控制推举火焰的位置是很困难的，还会导致传热变差；而且，推举火焰有噪声。

回火和火焰推举都和局部的层流火焰传播速度与局部的气流速度之间的匹配有关。速度矢量（见图 8.24）简要地描绘了这一匹配情形。回火通常是瞬态的，发生在燃料气流减小或关闭时。当局部火焰传播速度超过局部气流速度时，火焰会通过管子或喷口逆向传播（见

图 8.24)。当燃料气流停止时,火焰就会通过任何比熄火距离大的管子或喷口而发生回火。因此,控制回火的参数和影响熄火的因素是一样的,即燃料类型、化学当量比、气流速度以及燃烧器形状。

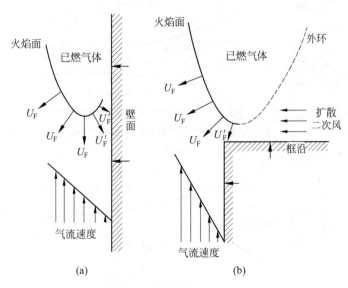

图 8.24 气流速度和局部火焰传播速度矢量图。(a)回火;(b)火焰推举。(资料来源:文献[33]© 1995,美国化学学会允许复制)

图 8.25 描绘了两种不同的燃料对同一几何形状的燃烧器(直线排列的一排直径为 2.7mm 的喷口,相邻两个的距离为 6.35mm)的回火稳定性,这两种燃料是天然气(见图 8.25(a))和含氢的人工煤气(见图 8.25(b))。对同一燃气和喷口尺寸,横坐标正比于气流的喷口速度。在回火线左边区域的情况下运行就会发生回火;而回火线右边的气流速度相对较大不会发生回火。从图 8.25 中可以看出,正如我们预期的那样,由于在稍稍富燃料的情况下层流火焰传播速度最大(见图 8.15),也就最易出现回火。从图 8.25 中还可以观察到,主要成分是甲烷的天然气的回火稳定性比人工煤气强得多,这主要是由人工煤气中含氢而火焰传播速度较高所致。(参见表 8.2,H_2 的火焰传播速度比 CH_4 大 5 倍以上。)

火焰推举依赖于燃烧器喷口附近的局部火焰和气流的性质。考虑稳定在圆形管口的火焰,气流速度较低时,火焰的边缘离燃烧器开口很近,即所谓附着。当气流速度上升时,根据式(8.2),即 $\alpha = \arcsin(S_L/v_u)$,导出的火焰锥形角随之减少,则火焰的边缘移动到下游一小段距离的地方。随着气流速度的进一步增加,会达到一个临界速度,使火焰边缘跳离到距燃烧器喷口较远的位置,这就称火焰被推举了。此后进一步增加气体速度使火焰推举距离增加,最终,火焰会突然彻底吹离管口,显然,这是不希望看到的情形。

火焰推举和吹离可用下述两种变化的相互抵消作用来解释。当气流速度增加时,一方面是气流向燃烧器管子的散热和自由基损失减少,另一方面是周围流体对气流的稀释增强。

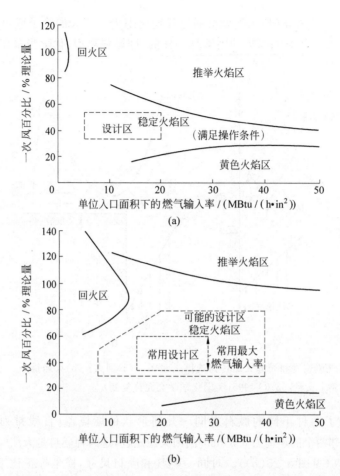

图 8.25　一排间距 6.35mm、直径 2.7mm 喷口的燃烧器，其回火、推举、黄色火焰区的特性。(a)天然气；(b)人工煤气。(资料来源：文献[23]，Industrial Press 允许复制)

对稳定在离燃烧器边缘很近的火焰，由于在管内形成的边界层的作用，在稳定位置的局部气流速度很小。在管道里面，壁面处的气流速度为零。因为火焰离冷壁很近，热量和活性组分扩散到壁面，使得在稳定位置的局部层流火焰传播速度变小。这样，由于火焰传播速度和气流速度相等，而且数值很小，火焰的边缘就贴近燃烧器喷管。气流速度增加时，火焰的稳定位置向下游移动，但此时，火焰离冷壁变远，热量和自由基损失减少，S_L 却增加了。燃烧速度的增加使火焰稳定位置又往回调整了一点点；因而，火焰仍保持附着。然而，再增大气流速度时，由于另一种作用即扩散作用，周围流体对混合气的稀释作用变得重要起来。由于稀释作用补偿了热量损失的影响，火焰被推举，如图 8.24(b)所示。继续增大气流速度时，会达到某个点，此时整个气流中的气流速度都不可能等于局部的火焰传播速度，于是，火焰就被吹离了管口。

如图 8.25 所示为不发生推举的运行区域随化学当量(一次风的百分比)和气流速度(单位入口面积的燃气输入率)变化的关系。可以看出,天然气火焰推举的倾向比人工煤气火焰大。还是可用人工煤气中含氢使火焰传播速度较大来解释人工煤气稳定性好的原因。要了解更多的层流火焰稳定性的内容,请读者参阅参考文献[3,21]。

8.9　小结

本章讨论了层流火焰的如下性质:火焰传播速度和火焰厚度,熄火距离,可燃极限,以及最小点火能量。并介绍了一些简化的理论来说明这些火焰的基本物理、化学性质。利用这些简化分析得出的结论:$S_L \propto (\alpha \dot{m}_F''' / \rho_u)^{1/2}$,可以来探究火焰传播速度和火焰厚度随压力和温度的变化关系,并发现 S_L 随温度升高迅速增大,和压力之间则有较弱的反比关系。我们还看到,和绝热燃烧温度最大值一样,烃类层流火焰传播速度的最大值一般发生在稍微富燃料的混合气中。本章还给出了几种燃料的层流火焰传播速度关系式。这些关系式对估算实际装置(比如发动机等)的性质很有用,应该熟练掌握其应用。本章还介绍了判断火焰熄灭和点燃的简单准则,并用这些准则建立了这些现象的简单模型。分析结果表明,熄火距离正比于热扩散系数,反比于火焰传播速度。我们还定义了可燃上限和可燃下限,并介绍了几种燃料的可燃上、下限的值。在对点火过程的分析中,引入了临界半径以及产生自传播所需要的最小点火能量的概念。最小点火能量和压力呈很强的反比关系,这一点很重要,如在发动机中,要在很宽的压力范围内,发动机点火都要确保安全可靠。在本章的最后,讨论了层流火焰的稳定性,即火焰的回火和推举性质,这在实际中是很重要的。

8.10　符号表

A	面积,m^2
b	式(8.37)中的无量纲参数
B_M , B_2	表 8.3 中定义的参数
c_p	比定压热容,$J/(kg \cdot K)$
d	熄火距离,m
D_{ij}	多元扩散系数,m^2/s
D_i^T	热扩散系数,$kg/(m \cdot s)$
$\mathcal{D}_{ij}$	二元扩散系数,m^2/s
E_A	活化能,$J/kmol$

E_{ign}	最小点火能量，J
h	焓，J/kg
k	导热系数，W/(m·K)
L	缝宽，m
Le	路易斯数，$\alpha/\mathcal{D}$
m	质量，kg
$\dot{m}$	质量流量，kg/s
$\dot{m}''$	质量通量，kg/(s·m²)
$\dot{m}'''$	单位体积内质量生成率，kg/(s·m³)
MW	摩尔质量，kg/kmol
Nu	努塞尔数
P	压力，Pa
$\dot{Q}$	传热量，W
$\dot{Q}'''$	单位体积放热率，W/m³
r	径向坐标，m
R	半径，m；或比气体常数，J/(kg·K)
R_{u}	通用气体常数，J/(kmol·K)
Re_{d}	雷诺数
S_{L}	层流火焰传播速度，m/s
T	温度，K
v	速度，m/s
x	距离，m
Y	质量分数

希腊符号

α	角，(°)；热扩散率，m²/s
β	压力指数，式(8.33)
γ	温度指数，式(8.33)
δ	层流火焰厚度，m
Δh_{c}	燃烧热，J/kg
ν	氧化剂-燃料的质量比
ρ	密度，kg/m³
Φ	当量比
Φ_{M}	表8.3定义的参数

$\dot{\omega}$	组分产生速率,$kmol/(m^3 \cdot s)$

下标

ad	绝热
b	已燃气体
cond	导热
crit	临界
dil	稀释
F	燃料
i	第 i 种组分
max	最大值
mix	混合物
Ox	氧化剂
Pr	产物
ref	参比态
u	未燃气体

其他符号

$\overline{(\ )}$	反应区平均值
$[X]$	X 组分的摩尔浓度($kmol/m^3$)

8.11 参考文献

1. Friedman, R., and Burke, E., "Measurement of Temperature Distribution in a Low-Pressure Flat Flame," *Journal of Chemical Physics,* 22: 824–830 (1954).

2. Fristrom, R. M., *Flame Structure and Processes,* Oxford University Press, New York, 1995.

3. Lewis, B., and Von Elbe, G., *Combustion, Flames and Explosions of Gases,* 3rd Ed., Academic Press, Orlando, FL, 1987.

4. Gordon, A. G., *The Spectroscopy of Flames,* 2nd Ed., Halsted Press, New York, 1974.

5. Gordon, A. G., and Wolfhard, H. G., *Flames: Their Structure, Radiation and Temperature,* 4th Ed., Halsted Press, New York, 1979.

6. Powling, J., "A New Burner Method for the Determination of Low Burning Velocities and Limits of Inflammability," *Fuel,* 28: 25–28 (1949).

7. Botha, J. P., and Spalding, D. B., "The Laminar Flame Speed of Propane–Air Mixtures with Heat Extraction from the Flame," *Proceedings of the Royal Society of London Series A,* 225: 71–96 (1954).

8. Kuo, K. K., *Principles of Combustion,* 2nd Ed., John Wiley & Sons, Hoboken, NJ, 2005.

9. Mallard, E., and Le Chatelier, H. L., *Annals of Mines,* 4: 379–568 (1883).

10. Spalding, D. B., *Combustion and Mass Transfer,* Pergamon, New York, 1979.

11. Metghalchi, M., and Keck, J. C., "Burning Velocities of Mixtures of Air with Methanol, Isooctane, and Indolene at High Pressures and Temperatures," *Combustion and Flame,* 48: 191–210 (1982).

12. Kee, R. J., and Miller, J. A., "A Structured Approach to the Computational Modeling of Chemical Kinetics and Molecular Transport in Flowing Systems," Sandia National Laboratories Report SAND86-8841, February 1991.

13. Kee, R. J., Rupley, F. M., and Miller, J. A., "Chemkin-II: A Fortran Chemical Kinetics Package for the Analysis of Gas-Phase Chemical Kinetics," Sandia National Laboratories Report SAND89-8009/UC-401, March 1991.

14. Kee, R. J., Dixon-Lewis, G., Warnatz, J., Coltrin, M. E., and Miller, J. A., "A Fortran Computer Code Package for the Evaluation of Gas-Phase Multicomponent Transport Properties," Sandia National Laboratories Report SAND86-8246/UC-401, December 1990.

15. Kee, R. J., Rupley, F. M., and Miller, J. A., "The Chemkin Thermodynamic Data Base," Sandia National Laboratories Report SAND87-8215B/UC-4, March 1991 (supersedes SAND87-8215).

16. Kee, R. J., Grcar, J. F., Smooke, M. D., and Miller, J. A., "A Fortran Program for Modeling Steady Laminar One-Dimensional Premixed Flames," Sandia National Laboratories Report SAND85-8240/UC-401, March 1991.

17. Warnatz, J., Maas, U., and Dibble, R. W., *Combustion,* Springer-Verlag, Berlin, 1996.

18. Bowman, C. T., Hanson, R. K., Davidson, D. F., Gardiner, W. C., Jr., Lissianski, V., Smith, G. P., Golden, D. M., Frenklach, M., Wang, H., and Goldenberg, M., *GRI-Mech 2.11 Home Page,* access via http://www.me.berkeley.edu/gri_mech/, 1995.

19. Andrews, G. E., and Bradley, D., "The Burning Velocity of Methane–Air Mixtures," *Combustion and Flame,* 19: 275–288 (1972).

20. Law, C. K., "A Compilation of Experimental Data on Laminar Burning Velocities," in *Reduced Kinetic Mechanisms for Applications in Combustion Systems* (N. Peters and B. Rogg, eds.), Springer-Verlag, New York, pp. 15–26, 1993.

21. Barnett, H. C., and Hibbard, R. R. (eds.), "Basic Considerations in the Combustion of Hydrocarbon Fuels with Air," NACA Report 1300, 1959.

22. Williams, F. A., *Combustion Theory,* 2nd Ed., Addison-Wesley, Redwood City, CA, 1985.

23. Glassman, I., *Combustion,* 3rd Ed., Academic Press, San Diego, CA, 1996.

24. Strehlow, R. A., *Fundamentals of Combustion,* Krieger, Huntington, NY, 1979.

25. Chomiak, J., *Combustion: A Study in Theory, Fact and Application,* Gordon & Breach, New York, 1990.

26. Frendi, A., and Sibulkin, M., "Dependence of Minimum Ignition Energy on Ignition Parameters," *Combustion Science and Technology,* 73: 395–413 (1990).

27. Lovachev, L. A., *et al.,* "Flammability Limits: An Invited Review," *Combustion and Flame,* 20: 259–289 (1973).

28. Friedman, R., "The Quenching of Laminar Oxyhydrogen Flames by Solid Surfaces," *Third Symposium on Combustion and Flame and Explosion Phenomena,* Williams & Wilkins, Baltimore, p. 110, 1949.

29. Blanc, M. V., Guest, P. G., von Elbe, G., and Lewis, B., "Ignition of Explosive Gas Mixture by Electric Sparks. I. Minimum Ignition Energies and Quenching Distances of Mixtures of Methane, Oxygen, and Inert Gases," *Journal of Chemical Physics,* 15(11): 798–802 (1947).

30. Fenn, J. B., "Lean Flammability Limit and Minimum Spark Ignition Energy," *Industrial & Engineering Chemistry,* 43(12): 2865–2868 (1951).

31. Law, C. K., and Egolfopoulos, F. N., "A Unified Chain-Thermal Theory of Fundamental Flammability Limits," *Twenty-Fourth Symposium (International) on Combustion,* The Combustion Institute, Pittsburgh, PA, p. 137, 1992.

32. Andrews, G. E., and Bradley, D., "Limits of Flammability and Natural Convection for Methane–Air Mixtures," *Fourteenth Symposium (International) on Combustion,* The Combustion Institute, Pittsburgh, PA, p. 1119, 1973.

33. Ronney, P. D., and Wachman, H. Y., "Effect of Gravity on Laminar Premixed Gas Combustion I: Flammability Limits and Burning Velocities," *Combustion and Flame,* 62: 107–119 (1985).

34. Ronney, P. D., "Effect of Gravity on Laminar Premixed Gas Combustion II: Ignition and Extinction Phenomena," *Combustion and Flame,* 62: 121–133 (1985).

35. Weber, E. J., and Vandaveer, F. E., "Gas Burner Design," *Gas Engineers Handbook,* Industrial Press, New York, pp. 12/193–12/210, 1965.

36. Dugger, G. L., "Flame Stability of Preheated Propane–Air Mixtures," *Industrial & Engineering Chemistry,* 47(1): 109–114, 1955.

37. Wu, C. K., and Law, C. K., "On the Determination of Laminar Flame Speeds from Stretched Flames," *Twentieth Symposium (International) on Combustion,* The Combustion Institute, Pittsburgh, PA, p. 1941, 1984.

8.12　复习题

1. 列出第 8 章中所有黑体字，讨论它们的意义。

2. 说出爆燃和爆震的区别。

3. 本生灯管内的空气-燃料混合物处于富燃料状态，讨论火焰的结构/外观。

4. Lewis 数的物理意义是什么？在分析层流火焰传播时，假设 $Le=1$ 的目的是什么？

5. 在讨论层流火焰理论，什么可以作为一个特征值？试讨论。

6. 讨论层流火焰传播速度与压力和温度相关的原因。提示：参考第 5 章关于烃氧化的总包机理的介绍。

7. 点火和熄火的基本评判标准是什么？

8.13 习题

8.1 球形层流火焰沿径向向外传播，周围均是未燃气体。假设 S_L,T_u,T_b 均为常数，在以球心为原点的固定坐标系下，推导火焰峰面的径向速度的表达式。提示：采用积分控制体用的质量守恒定律。

8.2 第8章中的火焰传播速度理论用到了简化的热力学，请证明：
$$\Delta h_c = (\nu+1)c_p(T_b-T_u)$$

8.3 用简化理论估计甲烷层流火焰传播速度，已知 $\Phi=1,T_u=300K$。运用第5章中介绍的总包、单步动力学。将计算结果与实验值进行比较，再与例8.2中的丙烷火焰作比较。注意要将指前因子的单位转化为 SI 制。

8.4 考虑一维的绝热层流平面火焰在烧嘴上稳定燃烧，如图8.5(a)所示。燃料为丙烷，混合比例为化学当量。求常压下的已燃气体速度，已知未燃气体温度为300K。

8.5 考虑圆管上稳定燃烧的预混火焰，如果火焰是锥形的(固定的 α 角)，问管口处速度分布是什么样的？试给出解释。

8.6 丙烷-空气预混气体从圆形喷嘴喷出，各处速度均为75cm/s。其层流火焰传播速度为35cm/s。现在出口点燃火焰，请问，火焰的锥顶角是多少？什么原理决定了锥顶角的大小？

*8.7 推导圆管上稳定燃烧的预混层流火焰的理论火焰形状，假设未燃混合物的速度呈抛物线分布，$v(r)=v_0(1-r^2/R^2)$，其中 v_0 为中心线速度，R 为圆管半径。计算中不考虑接近管壁处的 S_L 大于 $v(r)$ 的区域。讨论你的计算结果。

8.8 从式(8.20)出发，利用式(8.27)推导层流火焰传播速度与压力和温度的关系式(8.29)。

*8.9 用 Metghalchi 和 Keck[11]关系式，计算在 $P=1atm$ 和 $T_u=400K$ 条件下，下列燃料化学当量比下的层流火焰传播速度。燃料分别为丙烷；异辛烷；一种汽油参考燃料：吲哚烯液(RMFD-303)。

*8.10 一台电火花点火内燃机，火花放电后产生火焰，刚刚开始传播，利用式(8.33)求此时层流小火焰的层流火焰传播速度。其已知条件为：

燃料：吲哚烯液(汽油)，$\Phi=1.0,P=13.4atm,T=560K$。

*8.11 其他条件不变，将 Φ 改为0.8，重复习题8.10的计算。比较两题的计算结果，讨论结果的实际意义。

*8.12 利用式(8.33)，计算下列情况下丙烷层流火焰传播速度，并根据计算结果讨论 T_u,P 和 Φ 对 S_L 的影响。

	1	**2**	**3**	**4**
P/atm	1	1	1	10
T_u/K	350	700	350	350
Φ	0.9	0.9	1.2	0.9

8.13　结合关联式和简化理论,计算丙烷-空气火焰厚度,已知,$P=1,10,100\text{atm}$。$\Phi=1,T_u=300\text{K}$。讨论你的计算结果对于电器防爆外壳的设计有何意义?

8.14　甲烷-空气混合物,$0.6\leqslant\Phi\leqslant1.2$,计算熄火理论中的参数$b$。作图并加以讨论。

8.15　计算1atm下化学当量比的丙烷-空气混合物点火时的临界半径。

8.16　海平面上$P=1\text{atm}$,$T=298\text{K}$;而在海拔6000m(19 685ft)的地方,$P=47\,166\text{Pa}$,$T=248\text{K}$。请问,海拔升高后点燃燃料-空气混合物,需要增加多少倍的点火能量? 讨论你的计算对于高海拔地区飞机引擎的重复点火设计的意义。

*8.17　用CHEMKIN程序库求解分析预混氢气-空气火焰的结构。已知,火焰自由传播,层流,反应物初始温度为298K,$P=1\text{atm}$,$\Phi=1$。

(1)以轴向距离为横坐标,画出温度变化曲线。

(2)以轴向距离为横坐标,画出下列组分的摩尔分数变化曲线:O,OH,O_2,H,H_2,HO_2,H_2O_2,H_2O 及 NO。绘图时要设计组合好,以便更好地找到并解释相互间的对应关系。

(3)以轴向距离为横坐标,画出下列组分的摩尔产生速率$\dot{\omega}_i$:OH,O_2,H_2,H_2O,NO。

(4)讨论上述结果。

*8.18　自由传播的层流预混氢气-空气火焰,试用CHEMKIN程序库求解并分析当量比对其火焰传播速度的影响。已知反应物温度为298K,$P=1\text{atm}$。当量比的范围从0.7~3.0。将你的计算结果与文献[37]中的图8的测量结果做比较。

层流扩散火焰

9.1 概述

本章从燃料的射流燃烧开始学习层流扩散火焰。层流射流火焰不仅是许多基础研究的课题,近年来还用于分析理解扩散燃烧中碳烟的形成[1~9]。第 8 章曾经提到过的本生灯的外焰就是一个常见的非预混火焰。炊具、烤炉等许多家用的煤气用具都是层流射流火焰。不过在这些应用中,为了防止碳烟的形成,燃料通常是和空气进行了部分预混。尽管人们已经对层流射流火焰进行了许多解析[10~17]和数值[6,18~22]分析,但现阶段在很大程度上对燃烧器的实际设计还是依靠于一些经验性工艺和技术[23,24]。当然,出于对室内空气质量以及污染排放的考虑,人们开始采用更高级的设计方法。特别是针对二氧化氮(NO_2)和一氧化碳(CO)这两种有毒气体的排放。

在设计任何一个使用层流射流火焰的系统时,首先需要考虑的是火焰的几何形状,通常都希望能有较短的火焰。另一个关注的问题是燃料种类的影响。例如,某些器具就是专门设计来燃用天然气(主要成分为甲烷)或丙烷的。在后面各节中,将首先分析影响火焰的大小和形状参数的因素,并分析层流射流火焰中影响碳烟形成的主要因素。最后则对对冲火焰进行分析和讨论。

9.2 无反应的恒定密度层流射流

9.2.1 物理描述

在讨论射流火焰之前,首先考虑一种较为简单的情况,在一个无限大的容器里面充满着静止的流体(氧化剂),一股无反应的流体(燃料)喷入。在这种情况下,没有化学反应发生,因此可以理解层流射流中的基本流动和扩散过程。

如图 9.1 所述为燃料射流从半径为 R 的喷嘴中喷射入静止的空气中的基本特性。为简化起见,假设管子出口气体速度都相同。在靠近喷嘴的地方,存在着一个叫做**气流核心**的区域。在这一区域里面,由于黏性力和扩散还不起作用,因而流体的速度和射流流体的质量分数保持不变,均匀且等于喷嘴出口的值。这种情况类似于管内流动的发展段,不同的是,管内流动中质量守恒定律决定了均匀流动的气流核心速度会加速。

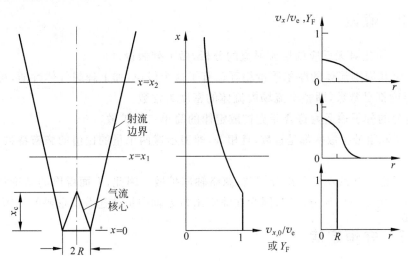

图 9.1　喷入无限大静止空气中的层流无反应燃料射流。

在气流核心和射流边界之间,燃料的速度和浓度(质量分数)都单调减小,并在边界处减小为零。在气流核心之外($x>x_c$),黏性力和质量扩散在整个射流宽度的范围内都起作用。

在整个流场中,初始的射流动量是守恒的。当燃料喷入周围的空气中,它的一部分动量就传给了空气,因此射流的速度减小;同时随着射流向下游流动,进入(entrain)射流区域里的空气量越来越多。这可以用动量守恒的积分表达式来表示,即

射流在任意 x 处的动量流量 J＝喷嘴出口处动量流量 J_e。

即:

$$2\pi\int_0^\infty \rho(r,x)v_x^2(r,x)r\mathrm{d}r = \rho_e v_e^2\pi R^2 \tag{9.1}$$

式中,ρ_e 和 v_e 分别是燃料在喷嘴出口处的密度和速度。图 9.1 的中间一幅图描述了气流核心区外中心线上速度随着距离的衰减趋势,右边的一幅图则是描述了速度沿径向从中心线处的最大值到射流边界处为零的衰减趋势。

影响流场的是动量的对流和扩散,影响燃料浓度场的是组分的对流和扩散,这两者具有相似性。因此燃料的质量分数 $Y_F(r,x)$ 和无量纲速度 $v_x(r,x)/v_e$ 也应该具有相似的分布规律,如图 9.1 所示。因为燃料在射流中心的浓度比较高,根据菲克扩散定律,燃料分子会沿径向向外扩散。而沿轴向的流动增加了扩散发生所需的时间,因此随着轴向距离 x 的增大,含有燃料的宽度不断增加,中心线的燃料浓度不断减小。和初始射流动量类似,从喷嘴流入的燃料质量也是守恒的,即

$$2\pi \int_0^\infty \rho(r,x) v_x(r,x) Y_F(r,x) r \, \mathrm{d}r = \rho_e v_e \pi R^2 Y_{F,e} \tag{9.2}$$

式中，$Y_{F,e} = 1$。下面需要确定的就是速度场和燃料质量分数的具体分布。

9.2.2 假设

为了尽量简化对无反应的层流射流的分析，做下列假设。

（1）射流和周围流体的摩尔质量相等。有了这个假设，加上理想气体性质，可进一步假设压力和温度都是常数，即整个流场内流体的密度为常数。

（2）组分的分子输运为符合菲克扩散定律的简单二元扩散。

（3）动量和组分扩散率都是常数，且相等，即表示这两个量的比值的**施密特数**（$Sc \equiv \nu / \mathcal{D}$）等于 1。

（4）只考虑径向的动量和组分扩散，忽略轴向扩散。因此，下面得出的结论只在距离喷嘴出口下游一定距离的地方适用，因为在喷嘴出口处轴向扩散起着很重要的作用。

9.2.3 守恒定律

由第 7 章可知，通过对运动和组分守恒方程一般形式的化简，可以得到一组质量、动量和组分守恒的基本控制方程，用于求解上述问题。这些方程称为**边界层方程**。在上面做的假设条件下，密度、黏度和质量扩散率均为常数，因此相关的方程式（7.7）、式（7.48）和式（7.20）可以简化为

质量守恒

$$\frac{\partial v_x}{\partial x} + \frac{1}{r} \frac{\partial (v_r r)}{\partial r} = 0 \tag{9.3}$$

轴向动量守恒

$$v_x \frac{\partial v_x}{\partial x} + v_r \frac{\partial v_x}{\partial r} = \nu \frac{1}{r} \frac{\partial}{\partial r} \left(r \frac{\partial v_x}{\partial r} \right) \tag{9.4}$$

组分守恒　对于喷射流体，即燃料，有

$$v_x \frac{\partial Y_F}{\partial x} + v_r \frac{\partial Y_F}{\partial r} = \mathcal{D} \frac{1}{r} \frac{\partial}{\partial r} \left(r \frac{\partial Y_F}{\partial r} \right) \tag{9.5}$$

此外，由于只存在燃料和氧化剂两种组分，因此二者的质量分数和为 1，即

$$Y_{Ox} = 1 - Y_F \tag{9.6}$$

9.2.4 边界条件

由上述方程组求解 $v_x(r,x)$，$v_r(r,x)$，$Y_F(r,x)$，一共需要 7 个边界条件，其中关于 v_x 和 Y_F 的各有三个（两个是在给定 r 下的 x 的函数，一个是给定 x 下的 r 的函数），还有一个是关于 v_r 的（给定 r 下 x 的函数），如下所示

沿着中心线（$r=0$）有

$$v_r(0,x)=0 \tag{9.7a}$$

$$\frac{\partial v_x}{\partial r}(0,x)=0 \tag{9.7b}$$

$$\frac{\partial Y_F}{\partial r}(0,x)=0 \tag{9.7c}$$

式中，第一个条件（式（9.7a））意味着在射流轴线上，流体既不产生也不消失；后两个式子（式（9.7b）和式（9.7c））则是根据对称性得出的。在半径无穷大处，流体静止，并且没有燃料，即

$$v_x(\infty,x)=0 \tag{9.7d}$$

$$Y_F(\infty,x)=0 \tag{9.7e}$$

在射流出口（$x=0$）处，假设喷嘴内部（$r \leqslant R$）的轴向速度和燃料质量分数都均匀并相等，而在喷嘴外部其值均为零，即

$$\begin{cases} v_x(r \leqslant R,0)=v_e \\ v_x(r > R,0)=0 \end{cases} \tag{9.7f}$$

$$\begin{cases} Y_F(r \leqslant R,0)=Y_{F,e}=1 \\ Y_F(r > R,0)=0 \end{cases} \tag{9.7g}$$

9.2.5　求解

求解速度场可以通过**相似理论**来实现，相似性是指速度的内在分布在流场内的各处都相同。对于现在讨论的情况来说，这就意味着 $v_x(r,x)$ 的径向分布用局部中心线上的速度 $v_x(0,x)$ 无量纲化后，得到的无量纲速度仅仅是**相似变量** r/x 的通用函数。轴向速度和径向速度的解为[25]

$$v_x = \frac{3}{8\pi}\frac{J_e}{\mu x}\left(1+\frac{\xi^2}{4}\right)^{-2} \tag{9.8}$$

$$v_r = \left(\frac{3J_e}{16\pi\rho_e}\right)^{\frac{1}{2}}\frac{1}{x}\frac{\xi-\frac{\xi^3}{4}}{\left(1+\frac{\xi^2}{4}\right)^2} \tag{9.9}$$

式中，J_e 是射流初始动量流量，即

$$J_e = \rho_e v_e^2 \pi R^2 \tag{9.10}$$

ξ 包含着相似变量 r/x，即

$$\xi = \left(\frac{3\rho_e J_e}{16\pi}\right)^{1/2}\frac{1}{\mu}\frac{r}{x} \tag{9.11}$$

将式（9.10）代入式（9.8）并整理，即可得到轴向速度分布的无量纲形式为

$$v_x/v_e = 0.375(\rho_e v_e R/\mu)(x/R)^{-1}(1+\xi^2/4)^{-2} \tag{9.12}$$

再令 $r=0(\xi=0)$，可得到如下的中心线速度的衰减关系式

$$v_{x,0}/v_e = 0.375(\rho_e v_e R/\mu)(x/R)^{-1} \qquad (9.13)$$

式(9.12)表明，速度 v_x/v_e 和轴向距离成反比，和射流的雷诺数（$Re_j \equiv \rho_e v_e R/\mu$）成正比。从式(9.13)还可以看出，这个解在靠近喷嘴的地方并不适用，因为 v_x/v_e 不能大于 1。由式(9.13)作出的中心线速度衰减曲线如图 9.2 所示。从图 9.2 可以看到，射流的雷诺数越小，中心线速度的衰减就越快。这是由于雷诺数减小时，射流的初始动量和黏性剪切力作用相比，其重要性变小。

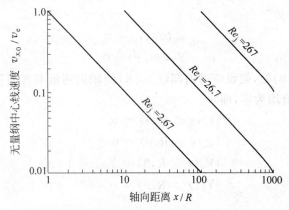

图 9.2 层流射流的中心线速度衰减曲线。

其他常用的射流参数有**扩张率**和**扩张角** α。下面先引入**射流半宽** $r_{1/2}$ 这一概念，即在射流的某一轴向距离处，当射流速度减小到该轴向距离处中心线速度一半时的径向距离为此轴向距离处的射流半宽，如图 9.3 所示。射流半宽的表达式可以通过联立式(9.12)和式(9.13)，并令 $v_x/v_{x,0}=1/2$ 得到。接下来就可以这样来定义扩张率和扩张角：扩张率是射流半宽和轴向距离的比值，正切值等于扩张率的角度，即为扩张角，其表达式分别如下所示

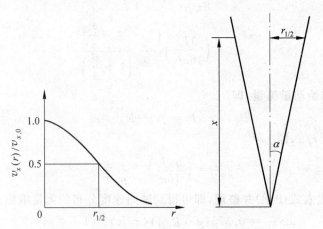

图 9.3 射流半宽 $r_{1/2}$ 和射流扩散角 α 的定义。

$$r_{1/2}/x = 2.97 \left(\frac{\mu}{\rho v_e R} \right) = 2.97 Re_j^{-1} \tag{9.14}$$

及

$$\alpha \equiv \arctan(r_{1/2}/x) \tag{9.15}$$

从这两个式子中可以看出,高雷诺数射流比低雷诺数射流窄,这和前面得出的速度衰减和雷诺数的关系是一致的。

下面来求解浓度场。对比式(9.4)和式(9.5)可以看出,如果 $\nu=\mathcal{D}$,则燃料质量分数 Y_F 和无量纲速度 v_x/v_e 的数学表达式完全相同。而 $\nu=\mathcal{D}$ 正是本章开始做的简化假设之一:$Sc=\nu/\mathcal{D}=1$,则浓度场 Y_F 的解的形式和无量纲速度场 v_x/v_e 的解的形式完全相同,即

$$Y_F = \frac{3}{8\pi} \frac{Q_F}{\mathcal{D}x} (1+\xi^2/4)^{-2} \tag{9.16}$$

式中,Q_F 是燃料在喷口处的体积流量($Q_F = v_e \pi R^2$)。

对于式(9.16),由 $Sc=1(\nu=\mathcal{D})$ 可以得到以射流雷诺数为参数的表达式为

$$Y_F = 0.375 Re_j (x/R)^{-1} (1+\xi^2/4)^{-2} \tag{9.17}$$

中心线的质量分数为

$$Y_{F,0} = 0.375 Re_j (x/R)^{-1} \tag{9.18}$$

同前面的速度解一样,这个解只在距离喷嘴一定距离以外才适用,这个范围的无量纲轴向距离和雷诺数的关系为

$$x/R > 0.375 Re_j \tag{9.19}$$

由于式(9.18)和式(9.13)是一样的,因此图9.2也表示了中心线质量分数的衰减曲线。

【例9.1】 一股乙烯(C_2H_4)射流从一个 10mm 直径的喷口喷入到静止的空气中,温度为 300K,压力为 1atm。初始射流速度分别为 10cm/s 和 1.0cm/s。请分别比较其扩张角的大小和当射流中心线上的燃料质量分数下降到化学当量时的轴向位置。乙烯在 300K 的黏度为 $102.3 \times 10^{-7} Pa \cdot s$。

解 因为乙烯的摩尔质量和空气的摩尔质量基本相等(分别为 28.05,28.85kg/kmol),因此假设可以用常密度射流的解(式(9.8)~式(9.15))来解此问题。设速度为 10cm/s 的情况称作工况 I,速度为 1cm/s 的为工况 II,分别计算得到其雷诺数为

$$Re_{j,I} = \frac{\rho v_{e,I} R}{\mu} = \frac{1.14 \times 0.10 \times 0.005}{102.3 \times 10^{-7}} = 55.7$$

及

$$Re_{j,II} = \frac{\rho v_{e,II} R}{\mu} = \frac{1.14 \times 0.01 \times 0.005}{102.3 \times 10^{-7}} = 5.57$$

式中,密度按理想气体来计算,即

$$\rho = \frac{P}{(R_u/MW)T} = \frac{101\,325}{(8315/28.05) \times 300} = 1.14 (kg/m^3)$$

（1）将式(9.14)和式(9.15)结合可以计算扩张角，即

$$\alpha = \arctan(2.97/Re_j)$$

则

$$\alpha_I = \arctan(2.97/55.7) = 3.05°$$

及

$$\alpha_{II} = \arctan(2.97/5.57) = 28.1°$$

注：从计算结果可以看到低速射流要宽得多，其扩张角可达高速射流的9倍。

（2）化学当量的燃料质量分数可以用下式计算

$$Y_{F,stoic} = \frac{m_F}{m_A + m_F} = \frac{1}{(A/F)_{stoic} + 1}$$

式中

$$(A/F)_{stoic} = [x + (y/4)] \times 4.76 \times \frac{MW_A}{MW_F}$$

$$= [2 + (4/4)] \times 4.76 \times \frac{28.85}{28.05} = 14.7$$

则

$$Y_{F,stoic} = \frac{1}{14.7 + 1} = 0.0637$$

要找到中心线上的燃料质量分数为化学当量值的轴向位置，可以在式(9.18)中令 $Y_{F,0} = Y_{F,stoic}$，并解出 x，得

$$x = \left(\frac{0.375 Re_j}{Y_{F,stoic}}\right) R$$

分别对两个工况计算得到不同的值

$$x_I = \frac{0.375 \times 55.7 \times 0.005}{0.0637} = 1.64m$$

及

$$x_{II} = \frac{0.375 \times 5.57 \times 0.005}{0.0637} = 0.164m$$

注：从上述结果可以看出，低速射流的燃料浓度衰减到与高速射流相同的值时，其轴向距离只是高速射流时的1/10。

【例9.2】 用例9.1中的工况 II（$v_e = 1.0$cm/s，$R = 5$mm）作为基本工况，出口速度提高10倍，即达到10cm/s，但维持同样的燃料流量，求此时的喷口半径。同时求此条件下 $Y_{F,0} = Y_{F,stoic}$ 的轴向距离并与基本工况进行比较。

解 （1）速度及喷口半径与流量的关系为

$$Q = v_{e,1}A_1 = v_{e,2}A_2$$

$$Q = v_{e,1}\pi R_1^2 = v_{e,2}\pi R_2^2$$

则有

$$R_2 = \left(\frac{v_{e,1}}{v_{e,2}}\right)^{1/2} R_1 = \left(\frac{1}{10}\right)^{1/2} \times 5 = 1.58\text{mm}$$

（2）对于高速、小直径的射流，其雷诺数为

$$Re_j = \frac{\rho v_{e,2}R}{\mu} = \frac{1.14 \times 0.1 \times 0.00158}{102.3 \times 10^{-7}} = 17.6$$

则从式（9.18）有

$$x = \left(\frac{0.375Re_j}{Y_{F,\text{stioc}}}\right)R = \frac{0.375 \times 17.6 \times 0.00158}{0.0637} = 0.164\text{m}$$

注：（2）中计算的距离与例9.1中的工况Ⅱ计算的距离值是完全相同的。这表明对于给定的燃料（μ/ρ 为常数），燃料质量分数的空间分布只与初始的体积流量有关。

9.3 射流火焰的物理描述

层流射流的燃烧情况在很大程度上和前面讨论的等温射流相同，其基本特点如图9.4所示。燃料沿着轴向流动时快速向外扩散，而氧化剂（如空气）迅速向内扩散。在流场中，燃料和氧化剂之比为化学当量的点就构成了火焰面，即

$$火焰表面 \equiv 当量比 \ \Phi \ 等于 1 \ 的点的轨迹 \tag{9.20}$$

需要注意的是，虽然燃料和氧化剂在火焰处都消耗了，但是产物的组分只和 Φ 的取值有关，因此当量比仍然有意义。产物在火焰表面形成后，就向内、外侧快速扩散。对于**富氧燃烧**，周围存在着过量的氧化剂，火焰长度 L_f 定义为

$$\Phi(r = 0, x = L_f) = 1 \tag{9.21}$$

在整个火焰中，发生化学反应的区域通常是很窄的，如图9.4所示，在到达火焰顶部以前，高温的反应区是一个环形的区域。这个区域可以通过一个简单的实验显示出来，即在本生灯的火焰中垂直于轴线放置一个金属滤网，在火焰区对应的地方滤网就会受热而发光，可以看到这种环形的结构。

在垂直火焰的上部，由于气体较热，就必须考虑浮力的作用。由质量守恒定律可知，当速度变大时，流体的流线将变得彼此靠近。因此浮力在加快气体流动的同时，也使火焰变窄，这导致了燃料的浓度梯度 dY_F/dr 的增大，增强了扩散作用。这两种作用对圆喷嘴火焰长度的影响互相抵消[11,13]，因此下面推导的简化理论虽然忽略了浮力，也能够合理地计算出圆口或方口射流的火焰长度。

在碳氢化合物的燃烧火焰中，常有碳烟存在，火焰就可能呈现为橙色或黄色。如果有充

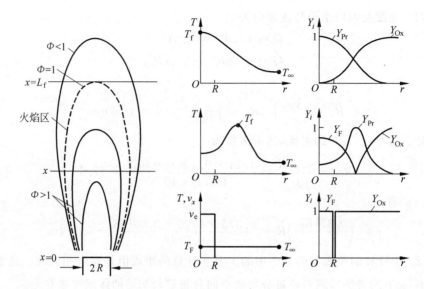

图 9.4 层流扩散火焰的结构。

分的时间，碳烟就会在反应区的燃料侧形成，并在流向氧化区过程中不断被氧化、消耗。如图 9.5 所示为简单射流火焰焰舌处的碳烟形成区和消耗区。由于燃料和火焰停留时间的不同，在燃料侧形成的碳烟在向高温氧化区移动的过程中可能不能被完全氧化，而冲出火焰而形成碳烟的"翼"，这部分从火焰中出来的碳烟通常称为烟。图 9.6 是乙烯火焰的照片，在图中可以看到火焰顶部出现了碳烟烟翼。本章后面还将对碳烟的形成和消失做较为详细的讨论。

层流射流扩散火焰的另一个突出的特点是火焰长度和初始条件之间的关系。对于圆口火焰来说，火焰长度和初始速度以及管径都无关，而是和初始体积流量 Q_F 有关。由于 $Q_F = v_e \pi R^2$，则不同 v_e 和 R 的组合可以得到相同的火焰长度，这一点的合理性可以从前面无反应层流射流的分析结果（见例 9.2）中得到验证。如果忽略反应放热，并将式（9.16）中的 Y_F 改为 $Y_{F,stoic}$，则式（9.16）就可以作为火焰边界的粗略描述方程。如果再令 $r=0$，就可以得到火焰长度为

$$L_f \approx \frac{3}{8\pi} \frac{Q_F}{\mathcal{D} Y_{F,stoic}} \tag{9.22}$$

由此可以看出，火焰长度确实是和体积流量成正比，而且还和燃料的化学当量质量分数成反比。这就意味着如果燃料完全燃烧需要空气越少，燃烧的火焰也就越短。Faeth 和他的同事[15,16]采用这一模型（式（9.22））对在静止空气中的不考虑浮力（零重力）的火焰进行计算并得到了合理的结果，对由于射流出口处的非相似行为进行了长度修正，同时还加入了一个总的经验修正系数。林和 Faeth[17]还将此方法用于同轴射流空气中的无浮力火焰。9.5 节将导出更确切的火焰长度近似解，以便于在工程计算中使用。

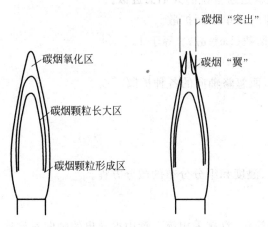

图 9.5 层流射流火焰中碳烟形成区与消耗区。

图 9.6 层流乙烯射流火焰,火焰顶部边缘出现碳烟。

9.4 简化理论描述

最早的层流射流扩散火焰的理论描述是伯克(Burke)和舒曼(Schumann)[10]于 1928 年发表的。他们做了很多假设,例如假设速度场在各处的分布都是恒定的并且都和火焰轴平行,但其理论能够合理地对轴对称(如圆口)火焰的火焰长度进行预测。在此之后,其他的研究者对其理论进行扩展细化,但一直保留着恒速这一假设。1977 年,罗帕(Roper)[12~14]发表了他的理论学说,其中保留了伯克-舒曼理论中的基本简化,但是去掉了恒速这一假设,他的结论给出了圆口和方口喷嘴燃烧的火焰长度的合理解。9.5 节将推导这个适用于工程计算的结论。本节将从数学上描写这一问题,以便看出其固有的复杂性及简化分析的优点。首先给出的是几个通用公式,其中包含了速度、质量分数和温度这些读者熟悉的变量,然后根据合理的假设,得到用守恒量来表示的关系式,再对这两个偏微分方程求解,就可以得到该问题的解了。读者要了解更多更详细的数学描述可以参见参考文献[27,21]。

9.4.1 基本假设

和第 8 章相同,可以对守恒方程做很大的简化,保留其基本物理描述,而做下列假设。

(1) 流动为稳定的轴对称层流,燃料由半径为 R 的圆形喷嘴喷出,在静止、无限大、充满氧化剂的空间里燃烧。

（2）只有燃料、氧化剂和产物三种组分存在，火焰内部只存在燃料和产物，火焰外部只存在氧化剂和产物。

（3）在火焰表面，燃料和氧化剂按化学当量比进行反应。化学动力学速度无限快，这就意味着火焰只存在于一个无限薄的薄层里，这就是通常说的**火焰面近似**。

（4）组分之间的扩散为服从菲克扩散定律的简单二元扩散。

（5）热扩散率和质量扩散率相等，即路易斯数（$\mathrm{Le}=\alpha/\mathcal{D}$）等于1。

（6）忽略辐射换热。

（7）只考虑径向的动量、热量和物质扩散，而忽略轴向的各种扩散。

（8）火焰的轴线垂直向上。

9.4.2　基本守恒方程

根据上面这些假设，可以导出流场中速度、温度和组分分布的微分方程。

1. 质量守恒

根据上述火焰的假设，可不必作进一步的简化，直接采用第7章中推导出的轴向对称连续方程式（7.7），得到质量守恒方程，即

$$\frac{1}{r}\frac{\partial(r\rho v_r)}{\partial r}+\frac{\partial(\rho v_x)}{\partial x}=0 \tag{9.23}$$

2. 轴向动量守恒

类似地，轴向动量方程式（7.48）也同前面的推导相同。

$$\frac{1}{r}\frac{\partial}{\partial x}(r\rho v_x v_x)+\frac{1}{r}\frac{\partial}{\partial r}(r\rho v_x v_r)-\frac{1}{r}\frac{\partial}{\partial r}\left(r\mu\frac{\partial v_x}{\partial r}\right)=(\rho_\infty-\rho)g \tag{9.24}$$

这个方程适用于整个空间，即火焰面内、外都适用，并且在火焰面处保持连续。

3. 组分守恒

根据火焰面假设，守恒方程中的化学反应源项（$\dot{m}_i'''$）均为零。所有的化学反应现象都体现在边界条件中，因此式（7.20）可以写作

$$\frac{1}{r}\frac{\partial}{\partial x}(r\rho v_x Y_i)+\frac{1}{r}\frac{\partial}{\partial r}(r\rho v_r Y_i)-\frac{1}{r}\frac{\partial}{\partial r}\left(r\rho\,\mathcal{D}\frac{\partial Y_i}{\partial r}\right)=0 \tag{9.25}$$

式中，i 分别代表火焰面内、外的燃料和氧化剂。由于只有三种组分存在，产物的质量分数可以表示为

$$Y_{\mathrm{Pr}}=1-Y_{\mathrm{F}}-Y_{\mathrm{Ox}} \tag{9.26}$$

4. 能量守恒

能量守恒方程的 Shvab-Zeldovich 形式（式（7.66））与上面所做的各种假设是一致的，同

样可以按组分守恒方程一样进行简化。即除了在火焰边界上，式中的源项 $\left(\sum h_{\mathrm{f},i}^{0}\dot{m}_{i}'''\right)$ 处处为零，因此式(7.66)可以写为

$$\frac{\partial}{\partial x}\left(r\rho v_{x}\int c_{p}\mathrm{d}T\right)+\frac{\partial}{\partial r}\left(r\rho v_{r}\int c_{p}\mathrm{d}T\right)-\frac{\partial}{\partial r}\left(r\rho\,\mathcal{D}\frac{\partial\int c_{p}\mathrm{d}T}{\partial r}\right)=0 \tag{9.27}$$

这个式子在火焰面内、外都适用，但是在火焰面处不连续。反应放出的热量必将以边界条件的形式给出。在这里，边界指的是火焰面。

9.4.3 附加关系式

为了完整地描述所研究的问题，还需引入状态方程来给出密度和温度的关系，即

$$\rho=\frac{P\mathrm{MW}_{\mathrm{mix}}}{R_{\mathrm{u}}T} \tag{9.28}$$

式中的混合物摩尔质量由各组分的质量分数决定(见式(2.12b))，即

$$\mathrm{MW}_{\mathrm{mix}}=\left(\sum Y_{i}/\mathrm{MW}_{i}\right)^{-1} \tag{9.29}$$

在进一步推导之前，有必要对射流火焰模型的方程进行小结，并指出求解这些方程的固有困难，正是由于这些固有难点，使我们要用守恒标量的形式来表述上述方程。上面一共给出了质量、轴向动量、能量、燃料以及氧化剂 5 个守恒方程，包含了 $v_{r}(r,x)$，$v_{x}(r,x)$，$T(r,x)$，$Y_{\mathrm{F}}(r,x)$，$Y_{\mathrm{Ox}}(r,x)$ 5 个未知函数。这 5 个函数需要同时满足上面的 5 个方程和问题中所描述的边界条件，联立求解这 5 个偏微分方程的工作量十分巨大，且需要获得火焰面处的边界条件求解燃料和氧化剂的组分守恒方程和能量方程，而火焰面的位置还不知道，这就使问题更加复杂化了。为了解决火焰面位置未知带来的麻烦，将对这些控制方程进行重整，即使用守恒标量的形式，这就只需要火焰轴线($r=0,x$)、远离火焰($r\rightarrow\infty,x$)和喷嘴出口($r,x=0$)处的边界条件即可。

9.4.4 守恒标量的推导

1. 混合物分数

用在第 7 章中导出的含有混合物分数的方程式(7.79)来代替两个组分守恒方程，可以在不减小太多问题复杂性的情况下减少边界条件所带来的困难，即

$$\frac{\partial}{\partial x}(r\rho v_{x}f)+\frac{\partial}{\partial r}(r\rho v_{r}f)-\frac{\partial}{\partial r}\left(r\rho\,\mathcal{D}\frac{\partial f}{\partial r}\right)=0 \tag{9.30}$$

在前面所作的假设条件下，这个方程是成立的，并且在火焰面连续。在第 7 章中，混合物分数 f 定义为源于燃料的质量与混合物总质量之比(见式(7.68)和式(7.70))，它在喷嘴出口处取最大值 1，在远离火焰处取最小值 0。f 的边界条件为

$$\frac{\partial f}{\partial r}(0,x) = 0 \text{(对称性)} \tag{9.31a}$$

$$f(\infty,x) = 0 \text{(氧化剂里不含燃料)} \tag{9.31b}$$

$$\begin{cases} f(r \leqslant R,0) = 1 \\ f(r > R,0) = 0 \end{cases} \text{(喷口截面上)} \tag{9.31c}$$

因为在火焰面处 $f = f_{\text{stoic}}$，所以只要知道了 $f(r,x)$ 的分布，也就能得到火焰面的位置。

2. 标准焓

下面对能量方程进行处理。这里也不需要更多的简化假设，而仅仅将显示包含 $T(r,x)$ 的 Shvab-Zeldovich 能量方程用其守恒标量形式(式(7.83))来替代即可，这样温度不再以显式形式出现，取而代之的是标准焓 $h(r,x)$，即

$$\frac{\partial}{\partial x}(r\rho v_x h) + \frac{\partial}{\partial r}(r\rho v_r h) - \frac{\partial}{\partial r}\left(r\rho \mathcal{D}\frac{\partial h}{\partial r}\right) = 0 \tag{9.32}$$

和混合物分数一样，h 在火焰面连续，其边界条件为

$$\frac{\partial h}{\partial r}(0,x) = 0 \tag{9.33a}$$

$$h(\infty,x) = h_{\text{Ox}} \tag{9.33b}$$

$$\begin{cases} h(r \leqslant R,0) = h_F \\ h(r > R,0) = h_{\text{Ox}} \end{cases} \tag{9.33c}$$

不受上述需要用守恒标量来代替组分守恒方程和能量方程的影响，对连续方程和轴向动量方程，直接采用前面得到的式(9.23)和式(9.24)的形式。速度的边界条件和无反应射流的边界条件相同

$$v_r(0,x) = 0 \tag{9.34a}$$

$$\frac{\partial v_x}{\partial r}(0,x) = 0 \tag{9.34b}$$

$$v_x(\infty,x) = 0 \tag{9.34c}$$

$$\begin{cases} v_x(r \leqslant R,0) = v_e \\ v_x(r > R,0) = 0 \end{cases} \tag{9.34d}$$

因为每个守恒方程中都含有密度 $\rho(r,x)$，因此在对上面的方程组(式(9.23)、式(9.24)、式(9.30)和式(9.32))进行求解以前，还需要根据合理的状态关系式来确定密度。在此以前，先将控制方程写成无量纲的形式，来简化求解。

3. 无量纲方程

通过定义无量纲变量，并将其代入控制方程，常常可以得到有价值的信息。这一处理方法可得到很多重要的无量纲参数，如雷诺数。在这里，使用喷嘴半径 R 为特征长度，喷嘴出口速度 v_e 为特征速度来定义下面的无量纲空间坐标和速度

$$x^* \equiv 无量纲轴向距离 = x/R \tag{9.35a}$$

$$r^* \equiv 无量纲径向距离 = r/R \tag{9.35b}$$

$$v_x^* \equiv 无量纲轴向速度 = v_x/v_e \tag{9.35c}$$

$$v_r^* \equiv 无量纲径向速度 = v_r/v_e \tag{9.35d}$$

混合物分数 $f(0 \leqslant f \leqslant 1)$ 本身就是一个无量纲变量,可以直接使用。而混合物的标准焓 h 具有量纲,因此定义

$$h^* \equiv 无量纲标准焓 = \frac{h - h_{Ox,\infty}}{h_{F,e} - h_{Ox,\infty}} \tag{9.35e}$$

注意,在喷嘴出口,$h = h_{F,e}$,即 $h^* = 1$;在环境中($r \to \infty$),$h = h_{ox,\infty}$,即 $h^* = 0$。

为使控制方程组完全无量纲化,进一步定义无量纲密度

$$\rho^* \equiv 无量纲密度 = \frac{\rho}{\rho_e} \tag{9.35f}$$

式中,ρ_e 是喷嘴出口处的燃料密度。

将这些无量纲变量和参数与其对应的物理量相关联,再代入前面的基本守恒方程中,得到下面的无量纲控制方程。

连续性

$$\frac{\partial}{\partial x^*}(\rho^* v_x^*) + \frac{1}{r^*}\frac{\partial}{\partial r^*}(r^* \rho^* v_r^*) = 0 \tag{9.36}$$

轴向动量

$$\frac{\partial}{\partial x^*}(r^* \rho^* v_x^* v_x^*) + \frac{\partial}{\partial r^*}(r^* \rho^* v_r^* v_x^*) - \frac{\partial}{\partial r^*}\left[\left(\frac{\mu}{\rho_e v_e R}\right)r^* \frac{\partial v_x^*}{\partial r^*}\right] = \frac{gR}{v_e^2}\left(\frac{\rho_\infty}{\rho_e} - \rho^*\right)r^* \tag{9.37}$$

混合物分数

$$\frac{\partial}{\partial x^*}(r^* \rho^* v_x^* f) + \frac{\partial}{\partial r^*}(r^* \rho^* v_r^* f) - \frac{\partial}{\partial r^*}\left[\left(\frac{\rho \mathcal{D}}{\rho_e v_e R}\right)r^* \frac{\partial f}{\partial r^*}\right] = 0 \tag{9.38}$$

无量纲焓

$$\frac{\partial}{\partial x^*}(r^* \rho^* v_x^* h^*) + \frac{\partial}{\partial r^*}(r^* \rho^* v_r^* h^*) - \frac{\partial}{\partial r^*}\left[\left(\frac{\rho \mathcal{D}}{\rho_e v_e R}\right)r^* \frac{\partial h^*}{\partial r^*}\right] = 0 \tag{9.39}$$

相应的无量纲边界条件分别为

$$v_r^*(0, x^*) = 0 \tag{9.40a}$$

$$v_x^*(\infty, x^*) = f(\infty, x^*) = h^*(\infty, x^*) = 0 \tag{9.40b}$$

$$\frac{\partial v_x^*}{\partial r^*}(0, x^*) = \frac{\partial f}{\partial r^*}(0, x^*) = \frac{\partial h^*}{\partial r^*}(0, x^*) = 0 \tag{9.40c}$$

$$\begin{cases} v_x^*(r^* \leqslant 1, 0) = f(r^* \leqslant 1, 0) = h^*(r^* \leqslant 1, 0) = 1 \\ v_x^*(r^* > 1, 0) = f(r^* > 1, 0) = h^*(r^* > 1, 0) = 0 \end{cases} \tag{9.40d}$$

观察这些无量纲控制方程和边界条件，可以发现一些有意思的特征。首先，混合物分数和无量纲焓的方程以及边界条件的形式完全相同，就是说 f 和 h^* 在各自的控制方程里所处的地位是一样的。因此只需要对式(9.38)和式(9.39)中的一个进行求解就可以了，例如已经解出了 $f(r^*, x^*)$，那么就有 $h^*(r^*, x^*) = f(r^*, x^*)$。

4. 附加假设

如果忽略浮力的作用，那么轴向动量方程式(9.37)的右边项就为零，这个方程和混合物分数以及无量纲焓方程对比，只有前者的 μ 和后者中的 $\rho \mathcal{D}$ 不同。如果再假设 μ 和 $\rho \mathcal{D}$ 相等，那么问题就可以得到进一步的简化。**施密特数** Sc 定义如下：

$$Sc \equiv \frac{动量扩散率}{质量扩散率} = \frac{\nu}{\mathcal{D}} = \frac{\mu}{\rho \mathcal{D}} \tag{9.41}$$

如果 $\mu = \rho \mathcal{D}$，那么施密特数为 1($Sc = 1$)。前面已经做了热扩散率和质量扩散率相等的假设($Le = 1$)，在此，与之类似地假设动量扩散率和质量扩散率相等，即 $Sc = 1$。

忽略了浮力的作用，并作了 $Sc = 1$ 这个假设，则前面的轴向动量、混合物分数(组分质量)和焓(能量)方程(式(9.37)～式(9.39))就可以用下面这个统一的式子来表达

$$\frac{\partial}{\partial x^*}(r^* \rho^* v_x^* \xi) + \frac{\partial}{\partial r^*}(r^* \rho^* v_r^* \xi) - \frac{\partial}{\partial r^*}\left(\frac{1}{Re} r^* \frac{\partial \xi}{\partial r^*}\right) = 0 \tag{9.42}$$

式中，通用变量 $\xi = v_x^* = f = h^*$，雷诺数 $Re = \rho_e v_e R / \mu$。尽管 v_x^*，f 和 h^* 都满足式式(9.42)，但 ρ^* 和 v_x^* 还必须满足连续性方程式(9.36)，ρ^* 和 $f(h^*)$ 之间还必须满足下面将要推导的状态关系式。

5. 状态关系式

为了对上述射流火焰的问题进行求解，需要将无量纲密度 $\rho^* (= \rho/\rho_e)$ 和混合物分数或其他任何一个守恒标量相关联。为此将引入理想气体状态方程(9.28)，但是这又必须知道各组分的质量分数和温度，因此接下来要做的，就是将各组分的 Y_i 和 T 表示为混合物分数的函数，然后就可以得到所需要的函数关系式 $\rho = \rho(f)$ 了。对于所考虑的简单系统，即在火焰内只有燃料和产物，火焰外只有氧化剂和产物(参见基本假设(2))，需要确定的是下面的**状态关系式**

$$Y_F = Y_F(f) \tag{9.43a}$$

$$Y_{Pr} = Y_{Pr}(f) \tag{9.43b}$$

$$Y_{Ox} = Y_{Ox}(f) \tag{9.43c}$$

$$T = T(f) \tag{9.43d}$$

$$\rho = \rho(f) \tag{9.43e}$$

由火焰面假设(基本假设(3))，对于火焰内、火焰面处和火焰外的 Y_F，Y_{Ox} 和 Y_{Pr}，都可以用混合物分数的定义将其同 f 联系起来，如图 9.7 所示，其关系为

火焰内部($f_{stoic} < f \leqslant 1$)

$$Y_F = \frac{f - f_{stoic}}{1 - f_{stoic}} \tag{9.44a}$$

$$Y_{Ox} = 0 \tag{9.44b}$$

$$Y_{Pr} = \frac{1 - f}{1 - f_{stoic}} \tag{9.44c}$$

火焰面处($f = f_{stoic}$)

$$Y_F = 0 \tag{9.45a}$$

$$Y_{Ox} = 0 \tag{9.45b}$$

$$Y_{Pr} = 1 \tag{9.45c}$$

火焰外部($0 \leqslant f < f_{stoic}$)

$$Y_F = 0 \tag{9.46a}$$

$$Y_{Ox} = 1 - f/f_{stoic} \tag{9.46b}$$

$$Y_{Pr} = f/f_{stoic} \tag{9.46c}$$

以上各式中,化学当量混合物分数和化学当量(质量)系数 ν 的关系为

$$f_{stoic} = \frac{1}{\nu + 1} \tag{9.47}$$

从以上各式可以看出,各组分的质量分数都与混合物分数呈线性关系,如图 9.8(a)所示。

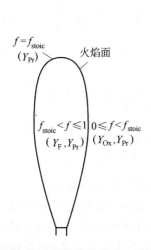

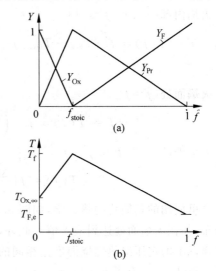

图 9.7 用火焰面假设的扩散射流火焰简化模型,在火焰内部只存在燃料和产物,在火焰面外部只存在氧化剂和产物。

图 9.8 (a)组分质量分数的简单状态关系 $Y_F(f)$,$Y_{Ox}(f)$ 和 $Y_{Pr}(f)$;(b)混合物温度的简化状态关系式 $T(f)$。

　　为了将混合物的温度表示为混合物分数的函数,还需要引入热量状态方程(2.4)。像前面几章那样,这里也应用 Spalding 方法[28],并作下面的假设。

（1）各组分的比热容均为常数，并且彼此相等，即 $c_{p,F} = c_{p,Ox} = c_{p,Pr} \equiv c_p$。

（2）氧化剂和产物的生成焓均为零，即 $h_{f,Ox}^0 = h_{f,Pr}^0 = 0$。这就使得燃料的生成焓和燃烧热相等。

这些假设对于模型中的基本概念来说并非必要，在这里只是用来简化状态关系式。根据这些假设，热量状态方程可以简化为下面的形式

$$h = \sum Y_i h_i = Y_F \Delta h_c + c_p (T - T_{ref}) \tag{9.48}$$

将式（9.48）代入无量纲焓 h^* 的定义式（9.35e）中，并利用控制方程中 $h^* = f$ 这一相似性，可以得到

$$h^* = \frac{Y_F \Delta h_c + c_p (T - T_{Ox,\infty})}{\Delta h_c + c_p (T_{F,e} - T_{Ox,\infty})} \equiv f \tag{9.49}$$

式中用到了 $h_{Ox,\infty} \equiv c_p (T_{Ox,\infty} - T_{ref})$ 和 $h_{F,e} \equiv \Delta h_c + c_p (T_{F,e} - T_{ref})$ 这两个焓定义式。从式（9.49）解出 T，并注意到 Y_F 也是混合物分数 f 的函数，就可以得到 $T = T(f)$ 的状态关系式

$$T = (f - Y_F) \frac{\Delta h_c}{c_p} + f(T_{F,e} - T_{Ox,\infty}) + T_{Ox,\infty} \tag{9.50}$$

将 Y_F 在火焰内、火焰面处和火焰外的表达式（式（9.44a）、式（9.45a）和式（9.46a））代入式（9.50），就可以得到

火焰内部（$f_{stoic} < f \leqslant 1$）

$$T = T(f) = f\left[(T_{F,e} - T_{Ox,\infty}) - \frac{f_{stoic}}{1 - f_{stoic}} \frac{\Delta h_c}{c_p} \right] + T_{Ox,\infty} + \frac{f_{stoic}}{(1 - f_{stoic})c_p} \Delta h_c \tag{9.51a}$$

火焰面处（$f = f_{stoic}$）

$$T \equiv T(f) = f_{stoic}\left(\frac{\Delta h_c}{c_p} + T_{F,e} - T_{Ox,\infty} \right) + T_{Ox,\infty} \tag{9.51b}$$

火焰外部（$0 \leqslant f < f_{stoic}$）

$$T = T(f) = f\left(\frac{\Delta h_c}{c_p} + T_{F,e} - T_{Ox,\infty} \right) + T_{Ox,\infty} \tag{9.51c}$$

这里使用的是简化的热力学，如图 9.8（b）所示，温度在火焰面内部和外部均随 f 呈线性分布，并在火焰面处达到最大值。此外，式（9.51b）所给出的火焰处温度和根据热力学第一定律得出的定压绝热燃烧温度是相同的（见式（2.40）），其中燃料和氧化剂的温度分别取为 $T_{F,e}$ 和 $T_{Ox,\infty}$。有了 $Y_F(f)$，$Y_{ox}(f)$，$Y_{Pr}(f)$ 和 $T(f)$ 这几个状态关系式，混合物的密度就可以通过理想气体状态方程式（9.28）用混合物分数 f 来表示了。需要强调的是，这里认为只存在有燃料、氧化剂和产物这三种组分，并且对其热力学过程进行了很大程度的简化，才得到了上面这几个简单的、封闭的状态关系式，并由此对扩散火焰中引入守恒标量模型所用到的基本概念和一些步骤进行了阐述。对于复杂的混合物，则需要用到根据平衡式或部分平衡式推导的更复杂的状态关系式，或者是实验状态关系式。尽管如此，这里体现的基本概

念是相同的。

对层流扩散射流火焰中的守恒标量模型的推导均列于表 9.1 中。下面将讨论针对这个问题的各种不同解法。

表 9.1 层流射流扩散火焰的守恒标量方法小结

假 设	所求的变量	守恒方程	状态关系式①
守恒方程的初始假设＋状态关系的简化热力学	$v_r^*(r^*,x^*)$, $v_x^*(r^*,x^*)$, $f(r^*,x^*)$ 或 $h^*(r^*,x^*)$	式(9.36)、式(9.37)、式(9.38)、式(9.39)	式(9.28)、式(9.44)、式(9.45)、式(9.46)及式(9.51)(或对应方程)
初始假设＋无浮力及 Sc=1＋状态关系的简化热力学	$v_r^*(r^*,x^*)$, $\zeta(r^*,x^*)$，即 v_x^* 或 f 或 h^*	式(9.36)和式(9.42)	式(9.28)、式(9.44)、式(9.45)、式(9.46)及式(9.51)(或对应方程)

① 若有与温度相关的参数 μ 及 $\rho \mathcal{D}$，则需要附加的关系式。

9.4.5 各种不同的解法

1. 伯克-舒曼解

前面已经提到过,伯克和舒曼在对圆口、二维的燃料喷入同轴氧化剂流的模型进行分析之后,得到了层流射流火焰问题的近似解[10],这也是历史上对该问题的最早的解。对于轴对称和二维问题,他们采用了火焰面近似,并简单地认为流体的速度不变,即 $v_x = v$, $v_r = 0$。这一假设就可以不必求解轴向动量方程(9.24),自然也忽略了浮力的作用。虽然那个时候(1929 年)还没有正式地提出守恒标量这个概念,但他们对组分方程的处理得到了和守恒标量方程类似的形式。由于 $v_r = 0$,质量守恒定律(式(9.23))决定了 ρv_x 为常数,因此变密度的组分守恒方程式(9.25)可写为

$$\rho v_x \frac{\partial Y_i}{\partial x} - \frac{1}{r} \frac{\partial}{\partial r}\left(r\rho \mathcal{D}\frac{\partial Y_i}{\partial r}\right) = 0 \tag{9.52}$$

这个方程里面不包含组分生成源项,因此对它的求解还需要知道火焰边界。为了回避火焰边界的问题,伯克和舒曼将燃料质量分数的定义扩展到整个流场里面,认为燃料质量分数在燃料中取 1,火焰面处取 0,纯氧化剂中取 $-1/\nu$,或 $-f_{\text{stoic}}/(1-f_{\text{stoic}})$。这样,在火焰外面就出现了为负值的燃料浓度。按现在的知识中可以知道,他们定义的燃料质量分数 Y_F 可以用混合物分数表示如下

$$Y_\text{F} = \frac{f - f_{\text{stoic}}}{1 - f_{\text{stoic}}} \tag{9.53}$$

将这个定义式代入式(9.52)中,就可以还原到前面的守恒标量方程式(9.30)。尽管伯克和舒曼做了热物性和 v_x 均为常数这一假定。但我们只要做一个不严格的假设,认为密度和质量扩散率的乘积为常数,即 $\rho \mathcal{D} = 常数 = \rho_{\text{ref}} \mathcal{D}_{\text{ref}}$,仍然可以还原他们得到的控制方程。

在第 3 章中，我们已知 $\rho \mathcal{D}$ 和 $T^{1/2}$ 近似成正比，因此这只是一个近似的假设。用 $\rho_{\mathrm{ref}} \mathcal{D}_{\mathrm{ref}}$ 替换式（9.52）中的 $\rho \mathcal{D}$，并将其从微分符号里面提出，再注意到 $\rho v_x = 常数 = \rho_{\mathrm{ref}} \, v_{x,\mathrm{ref}}$，就可以从中消去 ρ_{ref}，从而得到下面这个式子

$$v_{x,\mathrm{ref}} \frac{\partial Y_{\mathrm{F}}}{\partial x} = \mathcal{D}_{\mathrm{ref}} \frac{1}{r} \frac{\partial}{\partial r} \left(r \frac{\partial Y_{\mathrm{F}}}{\partial r} \right) \tag{9.54}$$

式中，$v_{x,\mathrm{ref}}$ 和 $\mathcal{D}_{\mathrm{ref}}$ 分别为速度和质量扩散率在相同温度下的参考值。

这个偏微分方程的解 $Y_{\mathrm{F}}(x,r)$ 的表达式比较复杂，并含有**贝塞耳函数**。火焰长度 L_{f} 并不能由这个方程直接解出，而需要求解下面的超越方程

$$\sum_{m=1}^{\infty} \frac{J_1(\lambda_m R)}{\lambda_m \left[J_0(\lambda_m R_{\mathrm{o}}) \right]^2} \exp\left(-\frac{\lambda_m^2 D}{v} L_{\mathrm{f}} \right) - \frac{R_{\mathrm{o}}^2}{2R} \left(1 + \frac{1}{S} \right) + \frac{R}{2} = 0 \tag{9.55}$$

式中，J_0 和 J_1 分别为第 0 阶和第 1 阶贝塞耳函数，可参见相应的数学参考书（如文献[29]）；λ_m 为方程 $J_1(\lambda_m R_{\mathrm{o}}) = 0$ 的所有正根[29]；R 和 R_{o} 分别为燃料和外部流的半径；S 为外部流中氧化剂和喷嘴内燃料之间的化学当量摩尔比。由于作了一些互补的假设，伯克和舒曼理论得出的火焰长度和圆管燃烧器理论得出的结果是基本一致的。浮力的存在会使火焰变窄，而进一步使扩散作用增强。伯克和舒曼也许已经认识到了这一可能性，并预示了罗帕[12]的观点的正确性。基（Kee）和米勒（Miller）[19]对有无浮力作用的情况作了数值分析并进行了对比，也精确地给出了浮力所带来的双重效果。

2. 罗帕解

罗帕[12]沿用了伯克-舒曼法的主要思想，并加以扩展，考虑了在浮力的作用下特征速度随着轴向距离的变化，并保持其连续性。除了圆形喷口以外，罗帕还分析了长方形口和弧形口[12,14]燃烧器。他给出的解析解和经过实验修正后的解将在 9.5 节列出。

3. 常密度解

如果假设流体的密度为常数，则方程组式（9.23）、式（9.24）和式（9.30）的解和非反应射流的解一样。此时，火焰长度由式（9.22）给出，即

$$L_{\mathrm{f}} \approx \frac{3}{8\pi} \frac{1}{\mathcal{D}} \frac{Q_{\mathrm{F}}}{Y_{\mathrm{F,stoic}}} \tag{9.56}$$

4. 变密度近似解

费怡（Fay）[11]对变密度的层流射流火焰问题进行了求解。在他的解中，忽略浮力而简化了轴向动量方程。对于热物性参数，假设施密特数和路易斯数都为 1，这和建立控制方程过程中的假设是一致的，并设绝对黏度 μ 和温度成正比，即

$$\mu = \mu_{\mathrm{ref}} T / T_{\mathrm{ref}}$$

Fay 给出的火焰长度的解为

$$L_{\mathrm{f}} \approx \frac{3}{8\pi} \frac{1}{Y_{\mathrm{F,stoic}}} \frac{\dot{m}_{\mathrm{F}}}{\mu_{\mathrm{ref}}} \frac{\rho_{\infty}}{\rho_{\mathrm{ref}}} \frac{1}{I(\rho_{\infty}/\rho_{\mathrm{f}})} \tag{9.57}$$

式中，$\dot{m}_F$ 是喷嘴的质量流量，ρ_∞ 是远离火焰处环境流体的密度，$I(\rho_\infty/\rho_f)$ 是 Fay 解里面通过数值积分得到的函数。对应不同的环境与火焰密度比 ρ_∞/ρ_f 下的 ρ_∞/ρ_{ref} 和 $I(\rho_\infty/\rho_f)$ 的值列于表 9.2 中。

表 9.2　变密度层流射流火焰的动量积分计算值①

ρ_∞/ρ_f	ρ_∞/ρ_{ref}	$I(\rho_\infty/\rho_f)$	ρ_∞/ρ_f	ρ_∞/ρ_{ref}	$I(\rho_\infty/\rho_f)$
1	1	1	7	4	5.2
3	2	2.4	9	5	7.2
5	3	3.7			

① 从文献[5]的图 3 得到的估计值。

由于 $\dot{m}_F=\rho_F Q_F$ 和 $\mu_{ref}=\rho_{ref}\mathcal{D}(Sc=1)$，则式(9.57)可以写成和常密度的解式(9.56)相似的形式，即

$$L_f \approx \frac{3}{8\pi}\frac{1}{\mathcal{D}_{ref}}\frac{Q_F}{Y_{F,stoic}}\frac{\rho_F\rho_\infty}{\rho_{2\,ref}}\frac{1}{I(\rho_\infty/\rho_f)} \tag{9.58}$$

因此变密度理论获得的火焰长度结果比常密度理论的解大，二者之间相差的倍数为

$$\frac{\rho_F\rho_\infty}{\rho_{2\,ref}}\frac{1}{I(\rho_\infty/\rho_f)}$$

对于碳氢化合物在空气中燃烧火焰，可取 $\rho_\infty/\rho_f=5$，$\rho_F=\rho_\infty$，此时根据变密度理论求得的火焰长度约为常密度解的 2.4 倍。不管哪种计算的结果更接近实际数值，这两种理论都表明火焰长度和喷嘴的体积流量成正比，和射流流体的当量质量分数成反比，而与喷嘴直径的大小无关。

5. 数值解

采用计算机和有限差分法，可以建立比上述解析解更精确的层流射流火焰模型。例如，前面作的认为火焰面内、外均为**冻结流**的火焰面近似，可以用由化学动力学(见第 4 章)确定的反应混合物来代替。基和米勒[18,19]对氢气在空气中燃烧进行建模，用到了 16 个可逆反应，其中包含了 10 种组分；斯穆克(Smooke)等人[22]对 CH_4 在空气中燃烧的建模中，用到了 79 个反应，涉及 26 种组分，后来，又用 476 个反应涉及 66 个组分的化学机理模拟了 C_2H_4-空气火焰[6]。这一工作中还包括了碳烟形成的化学动力学和化学模型。化学反应的作用不再在边界条件中体现了，因而组分守恒方程式(9.25)中将会出现组分产生与分解的源和汇项(见第 7 章)。数值模型的建立同时也可以减小了对简单二元扩散假设的依赖性，如海斯(Heys)等人[21]和斯穆克(Smooke)等人[6,22]的解均使用了多组分扩散的模型。类似地，在数值建模中，热物性参数也可以认为是温度的函数[6,18~22]。在米切尔(Mitchell)等人[20]和斯穆克等人[6,22]建立的模型中，都保留了轴向动量方程中的径向扩散项和轴向扩散项，从而避免了边界层近似。最后，海斯等人[21]还在他们的 CH_4-空气火焰模型中考虑了热辐射，得出的结论是，考虑热辐射得到的火焰温度比不考虑辐射时的火焰温度低大约 150K。

这个数量级的温度差会在很大程度上影响那些对温度敏感的化学反应的速率，如氮氧化物的生成反应（见第5章）。斯穆克等人[6]在他们的模型中包含了辐射的发射与再吸收。戴维斯(Davis)等[26]采用组分和能量的守恒标量模型研究了浮力的影响，同时在轴向动量方程中考虑了重力、体积力的影响。（无量纲的体积力项出现在方程式(9.37)的右边）。他们的分析表明，在保持燃料和同轴空气射流的流量的条件下，可以用改变压力的方法来模拟重力的影响。特别是他们发现当 $\rho_e v_e =$ 常数的条件下，无量纲的重力与压力的平方成正比，即 $gR/v_e^2 \propto P^2$。他们的数值解表明，在压力高于大气压时，火焰显出的闪烁和脉动是由于在高压下浮力的作用加强的原因。

9.5 圆口和槽形口燃烧器的火焰长度

9.5.1 罗帕关联式

对于各种几何形状（圆形、方形、槽形和弧形）的燃烧器，罗帕都作了研究[12,14]，得出了对应于不同流态（动量控制、浮力控制和过渡区）下的层流射流火焰长度，并且通过实验进行了校核[13,14]。表9.3中简单列举了罗帕[12,13]得到的结果，下面将对这些结果进行较为详细的讨论。

表 9.3 垂直射流火焰长度计算的经验与理论关系式

喷口几何尺寸		条　件	可用的方程①
○ (2R)	圆口	动量或浮力控制	圆口方程：式(9.59)和式(9.60)
□ (b)	方口	动量或浮力控制	方口方程：式(9.61)和式(9.62)
▭ (b, h)	槽形口	动量控制 浮力控制 混合动量-浮力控制	式(9.63)和式(9.64) 式(9.65)和式(9.66) 式(9.70)

① 对于圆形和方形喷口，列出的方程适用于静止和同轴射流的氧化剂情形，而槽形口只适用于静止的氧化剂情形。

对于圆口和方口燃烧器，可以用下面的表达式来计算火焰长度。这些结果适用于氧气过量的情况，即富氧燃烧的情况，而不管燃烧中动力因素和浮力因素哪个占的地位更重，也不管燃料喷射进入的是静止的氧化剂空间还是和燃料氧化剂同轴射流。

1. **圆口**

$$L_{f,thy} = \frac{Q_F(T_\infty/T_F)}{4\pi \, \mathcal{D}_\infty \ln(1+1/S)} \left(\frac{T_\infty}{T_f}\right)^{0.67} \tag{9.59}$$

$$L_{f,expt} = 1330 \frac{Q_F(T_\infty/T_F)}{\ln(1+1/S)} \tag{9.60}$$

式中,S 是化学当量氧化剂-燃料摩尔比;$\mathcal{D}_\infty$ 是氧化剂在其温度 T_∞ 下的平均扩散系数;T_F 和 T_f 分别是燃料流温度和火焰平均温度。式(9.60)中,所有量均使用 SI 单位(m,m³/s 等)。在这两个式子中,并没有出现燃烧器的直径这一变量。

2. 方口

$$L_{f,thy} = \frac{Q_F(T_\infty/T_F)}{16\,\mathcal{D}_\infty[\mathrm{inverf}((1+S)^{-0.5})]^2}\left(\frac{T_\infty}{T_f}\right)^{0.67} \tag{9.61}$$

$$L_{f,expt} = 1045 \frac{Q_F(T_\infty/T_F)}{[\mathrm{inverf}((1+S)^{-0.5})]^2} \tag{9.62}$$

式中,inverf 是**反误差函数**。表 9.4 中列出了**误差函数** erf 的取值。从误差函数表中查取反误差函数和查反三角函数的方法一样,即 $\omega = \mathrm{inverf}(\mathrm{erf}\omega)$。同样,式中的所有量均采用 SI 单位。

表 9.4 高斯误差函数[①]

ω	erfω	ω	erfω	ω	erfω
0.00	0.000 00	0.36	0.389 33	1.04	0.858 65
0.02	0.022 56	0.38	0.409 01	1.08	0.873 33
0.04	0.045 11	0.40	0.428 39	1.12	0.886 79
0.06	0.067 62	0.44	0.466 22	1.16	0.899 10
0.08	0.090 08	0.48	0.502 75	1.20	0.910 31
0.10	0.112 46	0.52	0.537 90	1.30	0.934 01
0.12	0.134 76	0.56	0.571 62	1.40	0.952 28
0.14	0.156 95	0.60	0.603 86	1.50	0.966 11
0.16	0.179 01	0.64	0.634 59	1.60	0.976 35
0.18	0.200 94	0.68	0.663 78	1.70	0.983 79
0.20	0.222 70	0.72	0.691 43	1.80	0.989 09
0.22	0.244 30	0.76	0.717 54	1.90	0.992 79
0.24	0.265 70	0.80	0.742 10	2.00	0.995 32
0.26	0.286 90	0.84	0.765 14	2.20	0.998 14
0.28	0.307 88	0.88	0.786 69	2.40	0.999 31
0.30	0.328 63	0.92	0.806 77	2.60	0.999 76
0.32	0.349 13	0.96	0.825 42	2.80	0.999 92
0.34	0.369 36	1.00	0.842 70	3.00	0.999 98

① 高斯误差函数定义为

$$\mathrm{erf}\omega \equiv \frac{2}{\sqrt{\pi}} \int_0^\omega e^{-v^2}\,\mathrm{d}v$$

其误差余函数定义为

$$\mathrm{erfc}\omega \equiv 1 - \mathrm{erf}\omega$$

3. 槽形口-动量控制

$$L_{f,thy} = \frac{b\beta^2 Q_F}{hI \, \mathcal{D}_\infty Y_{F,stioc}} \left(\frac{T_\infty}{T_F}\right)^2 \left(\frac{T_f}{T_\infty}\right)^{0.33} \tag{9.63}$$

$$L_{f,expt} = 8.6 \times 10^4 \, \frac{b\beta^2 Q_F}{hI Y_{F,stioc}} \left(\frac{T_\infty}{T_F}\right)^2 \tag{9.64}$$

式中，b 为槽的宽度，h 为槽的长度（参见表 9.3），β 由下面的函数给出

$$\beta = \frac{1}{4\,\mathrm{inverf}[1/(1+S)]}$$

I 为实际流动时槽流出的初始动量流率与均匀流动时动量流率的比值，即

$$I = \frac{J_{e,act}}{\dot{m}_F v_e}$$

如果流动是均匀的，则有 $I=1$；若 $h \gg b$，则在流动充分发展时，速度为抛物形分布，有 $I=1.5$。式（9.63）和式（9.64）仅适用于氧化剂静止的情况。对于氧化剂为同轴射流的情况，读者可以参考文献[12,13]。

4. 槽形口-浮力控制

$$L_{f,thy} = \left(\frac{9\beta^4 Q_F^4 T_\infty^4}{8 \, \mathcal{D}_\infty^2 ah^4 T_F^4}\right)^{1/3} \left(\frac{T_f}{T_\infty}\right)^{2/9} \tag{9.65}$$

$$L_{f,expt} = 2 \times 10^3 \left(\frac{\beta^4 Q_F^4 T_\infty^4}{ah^4 T_F^4}\right)^{1/3} \tag{9.66}$$

式中，a 为平均浮力加速度，由下面的式子来计算

$$a \approx 0.6g\left(\frac{T_f}{T_\infty} - 1\right) \tag{9.67}$$

式中，g 为重力加速度。在计算重力加速度时，罗帕等人[12]选取平均火焰温度 $T_f = 1500K$。从式（9.65）和式（9.66）中可以看到，火焰长度随着 a 的变化不大，仅和 a 的 $-1/3$ 次方成正比。

5. 槽形口-过渡区控制

为了判断火焰是受动量控制还是受浮力控制，需要计算火焰的**弗劳德数**，Fr_f。从物理意义上来说，弗劳德数为射流初始动量流率和火焰受到的浮力作用之比。对于喷入静止介质中的层流射流火焰，有

$$Fr_f \equiv \frac{(v_e I Y_{F,stoic})^2}{aL_f} \tag{9.68}$$

而流动为何种控制则可以由下面的标准来判断

$$Fr_f \gg 1 \quad \text{动量控制} \tag{9.69a}$$

$$Fr_f \approx 1 \quad \text{混合（过渡区）} \tag{9.69b}$$

$$Fr_f \ll 1 \quad \text{浮力控制} \tag{9.69c}$$

在判断流动区域的时候，需要用到 L_f，因此需要对 L_f 进行预估并校验，判断选取的控

制区域是否正确。

对过渡区，动量和浮力都起着比较重要的作用，罗帕[12,13]给出了下面的处理方法

$$L_{f,T} = \frac{4}{9} L_{f,M} \left(\frac{L_{f,B}}{L_{f,M}} \right)^3 \left\{ \left[1 + 3.38 \left(\frac{L_{f,M}}{L_{f,B}} \right)^3 \right]^{2/3} - 1 \right\} \tag{9.70}$$

式中，下角标 M，B 和 T 分别代表动量控制、浮力控制和过渡混合控制区。

【例 9.3】 在实验室中，希望得到一个 50mm 高的火焰，采用方形喷口扩散火焰燃烧器。燃料采用丙烷，试求需要的体积流量。并确定火焰的释热率($\dot{m}\Delta h_c$)。如果用甲烷代替丙烷，体积流量变为多少？

解 对于方形喷口，我们采用罗帕关系式（式(9.62)）来计算体积流量，即

$$L_{f,\text{expt}} = 1045 \frac{Q_F(T_\infty/T_F)}{[\text{inverf}((1+S)^{-0.5})]^2}$$

如果假设 $T_\infty = T_F = 300K$，在计算 Q_F 之前唯一要计算的参数只有摩尔化学当量空-燃比 S 了。从第 2 章可知 $S = (x + y/4) \times 4.76$，则对于丙烷($C_3H_8$)有

$$S = (3 + 8/4) \times 4.76 = 23.8 \left(\frac{\text{kmol}}{\text{kmol}} \right)$$

这样就有

$$\text{inverf}[(1 + 23.8)^{-0.5}] = \text{inverf}(0.2008) = 0.18$$

上式采用表 9.4 来估计得到 inverf(0.2008)并用式(9.62)来计算 Q_F，得

$$Q_F = \frac{0.050 \times (0.18)^2}{1045 \times (300/300)} = 1.55 \times 10^{-6} \, \text{m}^3/\text{s}$$

或

$$Q_F = 1.55 \text{cm}^3/\text{s}$$

进一步采用理想气体状态关系计算丙烷的密度($P = 1\text{atm}, T = 300K$)，其热值从附录 B 中查得，则其释热率为

$$\dot{m}\Delta h_c = \rho_F Q_F \Delta h_c = 1.787 \times 1.55 \times 10^{-6} \times 46\,357\,000 = 128(\text{W})$$

对于甲烷，重复上述计算，此时 $S = 9.52$，$\rho_F = 0.65$，及 $\Delta h_c = 50\,016\,000\text{J/kg}$，则有

$$Q_F = 3.75 \text{cm}^3/\text{s}$$

及

$$\dot{m}\Delta h_c = 122\text{W}$$

注：从计算结果可以看出，尽管 CH_4 的体积流量是 C_3H_8 的 2.4 倍，但火焰的释热率几乎是相等的。

下面两节将用上面的关联式分析哪些重要的参数对火焰长度会有影响。

9.5.2 流量和几何形状的影响

如图 9.9 所示，将圆口燃烧器和不同长宽比的槽形口燃烧器产生的火焰长度进行了对比，所有燃烧器的喷口面积都相等，其平均出口速度也都相等。从图 9.9 中可以看到，圆口

燃烧器的火焰长度和燃料的体积流率呈线性关系，而槽形口燃烧器的火焰长度对燃料体积流量的变化率呈比线性更强的趋势。对图 9.9 中所列举的几种情况，火焰的弗劳德数都很小，即火焰是受浮力控制的。当体积流量一定时，槽形口燃烧器的喷口变窄（h/b 变大）时，其火焰会明显地变短。

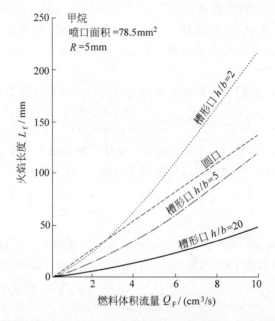

图 9.9　具有相同喷口面积的圆喷口和槽形口燃烧器的火焰长度计算值。

9.5.3　影响化学当量的因素

在上述式子中，用到了化学当量摩尔比 S 这个概念，它是用喷射流体和环境流体来定义的

$$S = \left(\frac{\text{环境流体的物质的量}}{\text{喷射流体的物质的量}} \right)_{\text{stoic}} \tag{9.71}$$

可以看出，S 取决于喷射流体和环境流体的化学组成。例如，对于纯燃料和用氮气稀释后的燃料在空气中燃烧这两种情况，它们的 S 的取值就不同。类似地，环境流体中的氧气的物质的量也会影响到 S。在大多数的应用中，我们关心的主要是下面的几个参数对 S 的影响。

1. 燃料类型

对于纯燃料，化学当量摩尔空‐燃比可以根据简单的原子平衡来计算（参考第 2 章）。对于碳氢化合物 C_xH_y，这个比值根据下面的式子来计算

$$S = \frac{x + y/4}{\chi_{O_2}} \tag{9.72}$$

式中，χ_{O_2} 是空气中的氧气摩尔分数。

图 9.10 给出了由圆口表达式(9.60)计算得出的氢气、一氧化碳以及含 1~4 个碳的烷烃的火焰相对长度，其中的每种情况均有相同的燃料流量，并都以甲烷的火焰长度为标准。式(9.60)假设各种混合物具有相等的平均扩散系数，这只是一个近似的假设，而对于氢气来说，这个假设可能根本就不合理。

从图 9.10 中可以看出，当燃料的氢碳比减少时，火焰长度随之增加，如丙烷的火焰长度大概是甲烷火焰长度的 2.5 倍。对同一类的高碳氢化合物来说，当碳原子数增加时，高碳氢化合物氢碳比的变化比低碳氢化合物的变化要小得多，因此彼此之间的火焰长度相差不大。在图 9.10 中还可以看到，一氧化碳和氢气的火焰和碳氢化合物的相比要短得多。

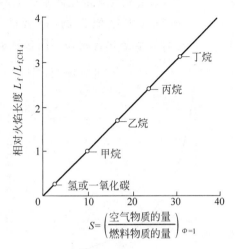

图 9.10　火焰长度与燃料化学当量比的关系。不同燃料的火焰长度表示为相对于甲烷的相对值。

2. 一次风

层流射流扩散火焰的燃气设备，通常在气体燃料燃烧以前要和空气进行部分预混，这部分预混的空气就是**一次风**。一次风率一般为完全燃烧所需空气量的 40%~60%，它使燃烧的火焰变短，防止碳烟的形成，通常会产生蓝色的火焰。引入一次风量的最大值受到安全性的限制，如果加入的量过大，就可能超过可燃上限，此时燃烧产生的就是预混火焰。根据流动情况和燃烧器几何形状的不同，火焰有可能会向着流动的上游传播，这就是**回火**。如果流速大于发生回火的临界流速，扩散火焰的边界内就会形成一个内预混火焰，如本生灯的情形。图 8.25 中给出了回火极限。

图 9.11 中给出了一次风对圆口燃烧器甲烷火焰长度的影响情况。在一次风率为 40%~60% 时，火焰长度和不加一次风相比，减小了 85%~90%。在加入一次风的情况下，可以将喷射流体当作是纯燃料和空气的混合物，来计算式(9.71)定义的化学当量摩尔比 S

$$S = \frac{1 - \psi_{pri}}{\psi_{pri} + (1/S_{pure})} \tag{9.73}$$

式中，ψ_{pri} 是一次风量占所需空气的百分比，即一次风率；S_{pure} 是纯燃料对应的化学当量摩尔比。

燃烧学导论：概念与应用（第3版）

3. 氧化剂的含氧量

氧化剂中的含氧量对火焰长度的影响很大，这一点可以从图9.12中看到。空气中的含氧量为21％，如果氧气含量在此基础上减少一点，所产生的火焰长度就会大大增加。以甲烷在纯氧和空气中燃烧为例，前者的火焰长度就只有后者的1/4左右。可以通过式(9.72)来计算碳氢化合物在不同含氧量下的化学当量摩尔比，看出含氧量的影响作用。

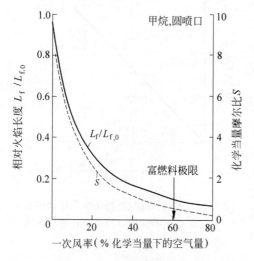

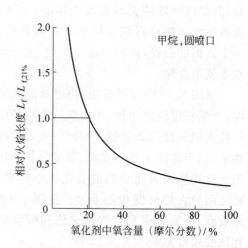

图9.11 一次风对层流射流火焰长度的影响。在一次风量大于富燃料极限的条件下，可能出现预混燃烧（和回火）。

图9.12 氧化气流中氧含量对火焰长度的影响。

4. 燃料中加入惰性气体稀释

用惰性气体来对燃料进行稀释，也会影响到化学当量比，从而影响到火焰长度。对碳氢燃料来说

$$S = \frac{x + y/4}{\left(\dfrac{1}{1 - \chi_{dil}}\right)\chi_{O_2}} \tag{9.74}$$

式中，χ_{dil}是燃料流中稀释剂（惰性气体）的摩尔分数。

【例9.4】 为商用的烹饪用炉设计了一个天然气燃烧器，用小圆形喷口沿一个圆周布置，圆周的直径为160mm(6.3in)。满负荷时燃烧器的功率为2.2kW，一次风率为40％。为稳定运行，每个小圆形喷口的功率不大于10W/m²（喷口面积）（参看图8.25，这是天然气的典型设计）。同时还要求满负荷时的火焰高度不能超过20mm。请计算喷口的直径与个数。

解 先设天然气的成分为甲烷，当然在实际的设计中，要按实际的天然气的特性来计算。首先将喷口数 N 及其直径 D 与喷口的功率要求联系起来；然后选择任意满足这一功

率要求的 D 和 N，计算其是否满足火焰长度的要求。在满足了这两个要求以后，再来判断这样的设计是否总体上合理可行。

第一步：先按喷口功率要求进行设计。总的喷口面积是

$$A_{tot} = N\pi D^2/4$$

功率要求的条件是

$$\frac{\dot{m}_F \Delta h_c}{A_{tot}} = \frac{2200W}{A_{tot}(mm^2)} = 10W/mm^2$$

即有

$$ND^2 = \frac{4 \times 2200}{10\pi} = 280mm^2$$

可以选择（有点任意性）一个 N（或 D）来计算出 D（或 N）作为设计计算的第一步。比如先选 $N=36$，计算得到的 $D=2.79mm$。

第二步：确定流量。用设计的热功率来确定出流量，即

$$\dot{Q} = 2200W = \dot{m}_F \Delta h_c$$

$$\dot{m}_F = \frac{2200W}{50\,016\,000J/kg} = 4.4 \times 10^{-5} kg/s$$

用一次风率来确定出与燃料混合的空气量为

$$\dot{m}_{A,pri} = 0.40(A/F)_{stoic} \dot{m}_F = 0.40 \times 17.1 \times 4.4 \times 10^{-5} = 3.01 \times 10^{-4} kg/s$$

总的体积流量为

$$Q_{tot} = (\dot{m}_{A,pri} + \dot{m}_F)/\bar{\rho}$$

这就要求先求 $\bar{\rho}$，用理想气体方程从空气-燃料混合物组成来计算出混合物的平均摩尔分数，即

$$\chi_{A,pri} = \frac{N_A}{N_A + N_F} = \frac{Z}{Z+1}$$

式中，Z 是一次空气-燃料的摩尔比

$$\begin{aligned}Z &= (x+y/4) \times 4.76(\% \text{一次风率}/100) \\ &= (1 + 4/4) \times 4.76 \times (40/100) \\ &= 3.81\end{aligned}$$

则有

$$\chi_{A,pri} = \frac{3.81}{3.81+1} = 0.792$$

$$\chi_{F,pri} = 1 - \chi_{A,pri} = 0.208$$

$$MW_{mix} = 0.792 \times 28.85 + 0.208 \times 16.04 = 26.19$$

$$\bar{\rho} = \frac{P}{\left(\frac{R_u}{MW_{mix}}\right)T} = \frac{101\,325}{\frac{8315}{26.19} \times 300} = 1.064 kg/m^2$$

及

$$Q_{tot} = \frac{3.01 \times 10^{-4} + 4.4 \times 10^{-5}}{1.064} = 3.24 \times 10^{-4}\,\text{m}^3/\text{s}$$

第三步：检验火焰长度。每个喷口的体积流量为

$$Q_{port} = Q_{tot}/N = 3.24 \times 10^{-4}/36 = 9 \times 10^{-6}\,\text{m}^3/\text{s}$$

再用式(9.73)来计算出周转空气-喷口燃料的化学当量摩尔比有

$$S = \frac{1 - \psi_{pri}}{\psi_{pri} + (1/S_{pure})} = \frac{1 - 0.40}{0.40 + (1/9.52)} = 1.19$$

用式(9.60)来计算火焰长度为

$$L_f = 1330 \times \frac{Q_F(T_\infty/T_F)}{\ln(1 + 1/S)} = \frac{1330 \times 9 \times 10^{-6} \times (300/300)}{\ln(1 + 1/1.19)} = 0.0196\,\text{m} = 19.6\,\text{mm}$$

即火焰的高度为 19.6mm，满足火焰高度 $L_f \leqslant 20$mm 的要求。

第四步：验证设计的实际可行性。在直径为 160mm 的圆周上布置 36 个喷口，每个喷口之间的距离为

$$l = r\theta = \frac{160}{2}(\text{mm})\,\frac{2\pi}{36}(\text{rad}) = 14\,\text{mm}$$

注：这一距离应该是合理的，尽管火焰之间是独立的还是合并的还无法确定。如果火焰合并起来了，则关于火焰高度的计算方法可能就无效了。上述假设 36 个小喷口的设计满足了所有的条件，不必再进行迭代计算了。

9.6 碳烟的形成和分解

在本章开头对层流射流火焰的概述中，提到过碳烟的形成和分解，这是碳氢化合物-空气非预混火焰的一个重要特点。火焰中的碳烟受热后会发光，这是扩散火焰发光体的主要来源，古代的油灯是实际应用的最早例子。碳烟还能导致火焰的辐射热损失，其发出的波长主要处于红外区域。虽然在燃气炉等层流扩散火焰的实际应用中，应该尽量避免碳烟的形成，但是层流扩散火焰常用于燃烧中碳烟形成的基础研究，并产生了大量的文献。文献[30～36]对燃烧中碳烟的形成进行了综述。

现在的研究普遍认为碳烟是在一定的温度范围内的扩散火焰中形成的，这个范围大致为 1300K<T<1600K，如图 9.13 所示以乙烯为例描述了这种现象。图中给出了燃烧器和焰舌之间的两条变化曲线，一条是在某轴向位置温度沿径向的变化曲线，另一条是碳烟颗粒发出的光强曲线，而在后一条曲线的两个峰值所处区域对应存在着大量的碳烟。碳烟含量峰值对应的温度大约为 1600K，并且位于温度峰值的径向的内侧。含有碳烟的区域很窄，并且只存在于一定的温度范围内。尽管扩散火焰中碳烟形成的化学物理过程非常复杂，但有一种观点给出了这个过程中的 4 个步骤：

(1) 前体物的形成；

(2) 开始形成颗粒；

(3) 颗粒的长大和聚合；

(4) 颗粒被氧化。

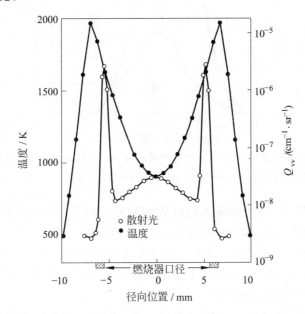

图9.13 层流乙烯射流扩散火焰的温度和散射光的径向分布。碳烟存在于散射光强度高的区域。（资料来源：文献[1]© 1987，Gordon&Breach Science 出版社，许可复制）

第(1)个步骤是碳烟前体物的形成。在这一步里，多环芳烃(PAH)是燃料分子向初始碳烟颗粒转变过程中的一种重要的中间产物[31]，其中化学动力学起着很重要的作用。虽然这一步中所包含的详细化学机理和确切的前体物还有待研究，但是已经确定了其中的一个重要步骤，即环状结构的形成及其与乙炔反应长大。在第(2)步骤颗粒的形成中，通过化学和凝结作用，形成了临界尺寸(3000~10 000 原子质量单位)的小颗粒。通过这一步，大分子转变成颗粒。接下来的第(3)步骤中，小的初始碳烟颗粒在随着燃料流向火焰运动的过程中，不断暴露在热解燃料形成的组分中，并不断长大和聚合。在特定的时刻，碳烟进入并通过火焰的某个氧化区。对于射流火焰来说，这个氧化区就是指焰舌[1]，碳烟总是在火焰下的反应区内形成，并且其流动的流线在接近焰舌时才能和反应区相交。如果所有的碳烟颗粒都被完全氧化，火焰中就不会产生烟；相反地，碳烟颗粒的不完全氧化会导致烟的产生。图9.14给出了丙烯和丁烷的层流非预混火焰有烟和无烟的不同情况。在焰舌外面($x/x_{\text{stoic}} \geqslant 1.1$)，如果碳烟的体积流量不为零，就意味着该火焰会产生烟。

从图9.14中可以看出，扩散火焰中是否会有烟的形成和燃料类型有很大的关系。燃料的发烟倾向，即所谓的**发烟点**，是通过试验来测定的。发烟点实验最初是用来测量液体燃料

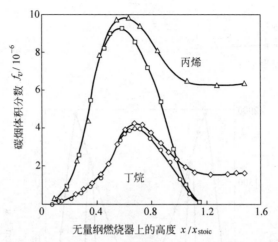

图 9.14　在成烟和不成烟条件下，燃烧丁烷和丙烯时测到的碳烟体积分数随燃烧器高度的变化。
（资料来源：得到 Elsevier 科学公司的复制许可，见文献[37]。）

的，后来也用于气体燃料。实验的基本思想是逐渐增大燃料的流量，直到焰舌处开始出现烟
为止。在刚开始有烟产生时，燃料流量越大，这种燃料就越不容易发烟。有时发烟点也用刚
开始产生烟时的火焰长度来表示。对于一定的流量，火焰越长，就说明燃料越不容易发烟。
表 9.5 中列出了很多燃料的发烟点，表中数据取自文献[37]。因为甲烷的层流火焰不会产
生稳定的烟，因此表中没有出现甲烷。

　　如果将表 9.5 中的燃料进行分类，就可以看到不同种类燃料的发烟趋势从小到大依次
为烷烃、烯烃、炔类和芳香烃，表 9.6 中给出了这些燃料的分类，显然燃料的分子结构对其发
烟趋势很重要。这一分类与烟形成的化学机理的重要特征是一致的，即环状化合物及其通
过和乙炔反应而长大这一重要特征。在实际燃烧器的设计中，一般需要避免烟的形成。针
对天然气和人工煤气，图 8.25 显示了一次风量和喷口流量对"黄色火焰区"的条件，即在火
焰中形成碳烟的条件的影响规律。

表 9.5　不同燃料的发烟点 $\dot{m}_{sp}$，最大碳烟体积分数 $f_{v,m}$ 及最大碳烟产生率 Y_s[1]

	燃料	$\dot{m}_{sp}/(mg/s)$	$f_{v,m}/10^{-6}$	$Y_s/\%$
乙炔	C_2H_2	0.51	15.3	23
乙烯	C_2H_4	3.84	5.9	12
丙烯	C_3H_6	1.12	10.0	16
丙烷	C_3H_8	7.87	3.7	9
丁烷	C_4H_{10}	7.00	4.2	10
环己胺	C_6H_{12}	2.23	7.8	19
正庚烷	C_7H_{16}	5.13	4.6	12
环辛烷	C_8H_{16}	2.07	10.1	20
异辛烷	C_8H_{18}	1.57	9.9	27

续表

燃料		$\dot{m}_{sp}/(\mathrm{mg/s})$	$f_{v,m}/10^{-6}$	$Y_s/\%$
萘烷	$C_{10}H_{18}$	0.77	15.4	31
4-甲基环己烯	C_7H_{12}	1.00	13.3	22
1-辛烯	C_8H_{16}	1.73	9.2	25
1-癸烯	$C_{10}H_{20}$	1.77	9.9	27
1-十六烯	$C_{16}H_{32}$	1.93	9.2	22
1-庚炔	C_7H_{12}	0.65	14.7	30
1-癸炔	$C_{10}H_{18}$	0.80	14.7	30
甲苯	C_7H_8	0.27	19.1	38
苯乙烯	C_8H_8	0.22	17.9	40
邻二甲苯	C_8H_{10}	0.28	20.0	37
1-苯基-1-丙炔	C_9H_8	0.15	24.8	42
茚	C_9H_8	0.18	20.5	33
n-丁基苯	$C_{10}H_{14}$	0.27	14.5	29
1-甲基萘	$C_{11}H_{10}$	0.17	22.1	41

① 数据来自文献[37]。

表 9.6　不同碳氢化合物类的发烟点[①]

烷烃类		烯烃类		炔烃类		脂族芳香烃类	
燃料	$\dot{m}_{sp}$[②]	燃料	$\dot{m}_{sp}$[②]	燃料	$\dot{m}_{sp}$[②]	燃料	$\dot{m}_{sp}$[②]
丙烷	7.87	乙烯	3.87	乙炔	0.51	甲苯	0.27
丁烷	7.00	丙烯	1.12	1-庚炔	0.65	苯乙烯	0.22
正庚烷	5.13	1-辛烯	1.73	1-癸炔	0.80	邻二甲苯	0.28
异辛烷	1.57	1-癸烯	1.77			n-丁基苯	0.27
		1-十六碳烯	1.93				

① 数据来自文献[37]。
② 发烟点的单位是 mg/s。

9.7　对冲火焰[*]

　　在过去的几十年里,人们对如图 9.15 所示的对冲火焰,即燃料和氧化剂对射产生的火焰,做了大量的理论和实验研究。这种火焰可以近似看作是一维的,并且其火焰区的停留时间较容易调节,因此被用作基础研究而被人们所重视。前面讨论的二维(轴对称)射流火焰是很复杂的,而一维对冲火焰在实验和计算等方面都较容易实现。例如在实验中,只需要测

——————————

　　* 这一节略过不读不会影响阅读的连贯性。

量一条线上的温度和组分浓度；而在理论研究中，即使是使用复杂的化学动力学（见表 5.3）来计算，也不需要太多的时间。在对冲火焰中，对扩散火焰的详细结构及其熄火特性给出了更为本质的理解。此外，层流对冲火焰还可作为湍流非预混火焰的结构（见第13 章）中的一个基本组成部分[38]。关于对冲火焰的文献很多，如文献[39～42]，并还在增加之中。

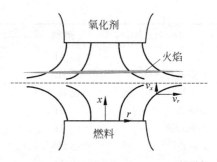

图 9.15　由对冲的燃料和氧化剂气流产生的流动滞止面（虚线）上的对冲扩散火焰。

在对对冲火焰进行数学描述以前，有必要知道它的一些基本特点。典型的对冲火焰实验布置如图 9.15 所示，燃料和氧化剂相对喷射，在两个喷嘴之间形成了一个静止面（$v_x = 0$），其位置由燃料和氧化剂的初始喷射动量通量的相对大小来决定。如果二者的动量通量相等，即 $\dot{m}_F v_F = \dot{m}_{Ox} v_{Ox}$，那么这个静止面就位于两个喷嘴的中点处，否则，当一股射流的动量增大时，静止面就会向低动量通量的流体侧移动。给定条件下，就可以确定火焰在喷嘴之间的位置，即位于混合物分数为化学当量比下取值的位置。对于大多数在空气中燃烧的碳氢化合物来说，其化学当量比时混合物分数 $f_{\text{stoic}} \approx 0.06$，因此需要空气量大于燃料量才能满足这个条件。在这种情况下，燃料就必然从通过静止面向火焰面扩散，如图 9.15 所示。相反地，如果按化学当量比混合，所需的燃料量大于氧化剂量，即 $f_{\text{stoic}} > 0.5$，那么火焰面就位于静止面的燃料侧。这种对冲流动的重要特点就是喷嘴之间的火焰为一个平面（对于圆口喷嘴来说是一个圆盘），并且是一维的，也就是说仅和 x 方向有关。

9.7.1　数学描述

对对冲火焰的建模有两种不同的处理方法。第一种是将由无限远处的点源产生的静止点的位势流和边界层分析结合起来[42]，这种方法，无法考虑喷嘴之间的有限分离。第二种方法[43,44]明确指出了流体是从喷嘴流出的，而不是由无限远处的点源产生的。这个模型最初是针对预混火焰建立的[43]，后来才扩展到了非预混火焰[44]。下面将对第二种方法做简单的概述，对该方法的详细说明可以参见参考文献[43,44]。在介绍完模型后，将用一个数值解来详细考察 CH_4-空气扩散火焰的结构。

分析的总目标是将用于轴对称的偏微分控制方程组转换为常微分方程组，并把它看作边界值问题来求解。首先从连续性和动量守恒方程开始，其轴对称形式的方程均在第 7 章中给出，其中连续性方程为式（7.7），轴向和径向动量守恒方程分别为式（7.43）和式（7.44）。为了实现方程组的转换，引入下面的流函数

$$\Psi \equiv r^2 F(x) \tag{9.75}$$

式中

$$\frac{\partial \Psi}{\partial r} = r\rho v_x = 2rF \tag{9.76a}$$

及

$$-\frac{\partial \Psi}{\partial x} = r\rho v_r = -r^2 \frac{\mathrm{d}F}{\mathrm{d}x} \tag{9.76b}$$

可以看出,流函数式(9.75)满足连续性方程式(7.7)。在下面的讨论中,为了降低径向动量方程的阶次,再引入一个新的变量 G,其定义方程是一个一阶常微分方程,即

$$\frac{\mathrm{d}F}{\mathrm{d}x} = G \tag{9.77}$$

将式(9.76a)、式(9.76b)和式(9.77)代入动量守恒方程式(7.43)和式(7.44)中,再忽略浮力的作用,就可以得到下面的式子

$$\frac{\partial P}{\partial x} = f_1(x) \tag{9.78a}$$

$$\frac{1}{r}\frac{\partial P}{\partial r} = f_2(x) \tag{9.78b}$$

通过这两个式子可以获得关于径向压力梯度的特征方程。经数学运算,上两式左边的表达式之间的关系为

$$\frac{\partial}{\partial x}\left(\frac{1}{r}\frac{\partial P}{\partial r}\right) = \frac{1}{r}\frac{\partial}{\partial x}\left(\frac{\partial P}{\partial r}\right) = \frac{1}{r}\frac{\partial}{\partial r}\left(\frac{\partial P}{\partial x}\right)$$

而该问题为一维的,$\partial P/\partial x$ 和 $(1/r)(\partial P/\partial r)$ 都只是 x 的函数,因此可得

$$\frac{\partial}{\partial x}\left(\frac{1}{r}\frac{\partial P}{\partial r}\right) = \frac{1}{r}\frac{\partial}{\partial r}\left(\frac{\partial P}{\partial x}\right) = 0 \tag{9.79}$$

及

$$\frac{1}{r}\frac{\partial P}{\partial r} = \text{常数} \equiv H \tag{9.80}$$

式中,H 为径向压力梯度的特征值,它在常微分方程组里以下面的形式出现

$$\frac{\mathrm{d}H}{\mathrm{d}x} = 0 \tag{9.81}$$

当流体的马赫数较低时,可以近似认为流场里各处的压力均相等,因此可以去掉轴向动量方程式(9.78a),而只保留径向动量方程。将式(9.80)代入式(9.78b)并充实等式右边,整理可得

$$\frac{\mathrm{d}}{\mathrm{d}x}\left[\mu\frac{\mathrm{d}}{\mathrm{d}x}\left(\frac{G}{\rho}\right)\right] - 2\frac{\mathrm{d}}{\mathrm{d}x}\left(\frac{FG}{\rho}\right) + \frac{3}{\rho}G^2 + H = 0 \tag{9.82}$$

相应的能量和组分守恒方程分别为

$$2Fc_p\frac{\mathrm{d}T}{\mathrm{d}x} - \frac{\mathrm{d}}{\mathrm{d}x}\left(k\frac{\mathrm{d}T}{\mathrm{d}x}\right) + \sum_{i=1}^{N}\rho Y_i v_{i,\text{diff}}c_{p,i}\frac{\mathrm{d}T}{\mathrm{d}x} - \sum_{i=1}^{N}h_i\dot{\omega}_i\text{MW}_i = 0 \tag{9.83}$$

及

$$2F \frac{dY_i}{dx} + \frac{d}{dx}(\rho_{Y_i} v_{i,\text{diff}}) - \dot{\omega}_i MW_i = 0, \quad i = 1, 2, \cdots, N \tag{9.84}$$

总的来说，五个常微分方程式(9.77)、式(9.81)、式(9.82)、式(9.83)和式(9.84)组成了对冲扩散火焰模型的常微分方程组，其中含有 4 个未知函数 $F(x), G(x), T(x), Y_i(x)$ 和特征值 H。除此之外，还需要用到下面这些关系及数据。

(1) 理想气体状态方程式(2.2)。

(2) 扩散速度关系式(7.23)、式(7.25)或式(7.31)。

(3) 各组分物性与温度的关系式：$h_i(T), c_{p,i}(T), k_i(T)$ 和 $\mathcal{D}_{ij}(T)$。

(4) 根据各组分的物性参数、摩尔(或质量)分数来计算混合物的特性 $MW_{\text{mix}}, k, \mathcal{D}_{ij}$ 和 $\mathcal{D}_i^T$ 的表达式，如计算 $\mathcal{D}_{ij}$ 的式(7.26)。

(5) 计算各组分 $\dot{\omega}_i$ 的详细化学动力学机理，如表 5.3。

(6) χ_i, Y_i 和 $[X_i]$ 之间的相互关系式(6A.1)～式(6A.10)。

写出燃料喷嘴出口($x \equiv 0$)处，氧化剂出口($x \equiv L$)处的边界条件(见图 9.15)，就可以封闭整个边界值问题。边界值条件包括这两个出口处的流体速度、速度梯度、温度以及各组分的质量分数(或质量通量分数)等，即

$$x = 0 \text{ 处：} \qquad\qquad x = L \text{ 处：} \tag{9.85}$$

$$F = \rho_F v_{e,F}/2 \qquad\qquad F = \rho_{Ox} v_{e,Ox}/2$$

$$G = 0 \qquad\qquad\qquad G = 0$$

$$T = T_F \qquad\qquad\qquad T = T_{Ox}$$

$$\rho v_x Y_i + \rho Y_i v_{i,\text{diff}} = (\rho v_x Y_i)_F \qquad \rho v_x Y_i + \rho Y_i v_{i,\text{diff}} = (\rho v_x Y_i)_{Ox}$$

9.7.2　甲烷-空气火焰结构

下面将用对冲火焰模型来分析甲烷-空气扩散火焰的结构。采用 OPPDIF 软件[44]和 CHEMKIN 库代码[45]，并采用米勒(Miller)和鲍曼(Bowman)[46]提供的化学动力学分析，计算得到的温度和速度分布如图 9.16 所示，其中左边为燃料侧，右边为空气侧。主要组分的摩尔分数分布见图 9.17。图 9.16 中还给出了由碳氧平衡计算出来的当量比曲线。

首先分析图 9.16 中的速度分布曲线，因为空气的密度较大，当燃料和空气具有相同出口速度(50cm/s)时，空气流具有较大的动量通量，因此静止面($v_x = 0$)将位于两个喷嘴中间偏左的地方。在图 9.6 中还可以看到，火焰放热区的速度达到了最小值($v_x = -57.6$cm/s)，并且位于温度峰值处稍靠空气侧一点的地方，同时这点也是速度绝对值最大的点，速度向左为负值。简单地说，这是由连续性所决定的，当气体密度减小时，其速度必然增加。在对冲火焰中，还经常用速度梯度 dv_x/dx 来描述应变率。对于双喷嘴的情况，常用速度达到最小值以前的相对长的区域的斜率作为特征梯度。以图 9.16 为例，其速度梯度的值大概为 $360s^{-1}$。

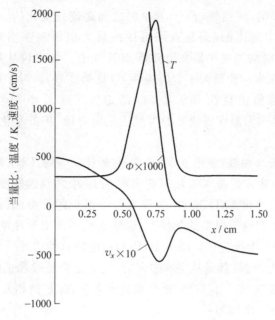

图 9.16 甲烷-空气对冲扩散火焰中当量比、温度和速度的分布,甲烷和空气出口气流的速度为 50cm/s,L=1.5cm。

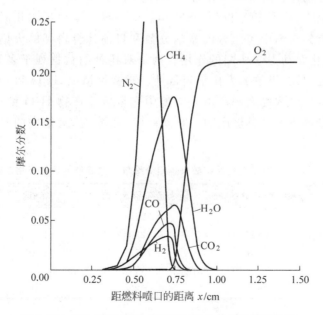

图 9.17 CH_4-空气对冲火焰主要组分的摩尔分数分布。

非预混火焰的另一个重要特征是：混合物分数 f 和当量比 Φ 在左边喷嘴（纯燃料，$f=1,\Phi\rightarrow\infty$）和右边喷嘴（纯空气，$f=0,\Phi=0$）之间是连续变化的。图 9.16 表明，当量比是在 $0\sim2$ 范围内连续变化的，而且火焰温度的最大值出现在当量比稍大于 1 的地方（$\Phi=1.148$），而 $\Phi=1$ 时的温度比最大值要低 40K 左右。如果仅从热力学的角度来考虑，温度的峰值应该出现在当量比稍大于 1 的条件下（见第 2 章）。对于这个甲烷-空气燃烧系统，绝热燃烧温度的峰值出现在 $\Phi=1.035$ 的地方。这个 Φ 显然比扩散火焰中的值（$\Phi=1.148$）要小，这是因为温度峰值处的当量比是由对流、扩散和化学动力学的联合作用所决定的。

下面来分析组分分布曲线（见图 9.17）。首先来看反应物，CH_4 和 O_2 的摩尔分数在轴向距离约为 0.75cm 的地方都基本降为 0，这和图 9.16 中看到的温度峰值出现的地方是基本一致的。在温度峰值之前 CH_4 和 O_2 曲线有一个很小的重叠区，即存在着一个 CH_4 和 O_2 的共存区，这是由于在这个模型的条件下，燃烧的化学动力学速度还不足以满足火焰面近似，因此必定存在着一个反应区。图 9.17 中和反应物有关的另一个特点是 N_2 会深入到燃料侧中。因为火焰中的 N_2 都是从空气中来的，它必定会通过静止面扩散，因而在火焰的燃料侧会出现较高浓度的 N_2。相应地，燃料也会向着和 N_2 扩散相反的方向扩散，因此静止面（$x=0.58$cm）右侧也会出现燃料。

在图 9.17 中，还可以看到各组分摩尔分数最大值从左到右出现，表 9.7 中列出了这些数据，以便能够更清楚地进行对比。从表 9.7 可以看到，在所有的组分中，H_2 最大摩尔分数出现地方为当量比最大的位置，接下来是 CO,H_2O 和 CO_2。这些最大值都出现在当量比大于 1 的地方，除了 CO_2 以外，都和预想的一样。可以使用相同温度和当量比得到的平衡值计算得到火焰中各组分的摩尔分数和目前计算得到的火焰中各组分摩尔分数对比，可以看出化学动力学所起的作用。两个对比处的数据列于表 9.8 中，其中一组数据为最大温度处，另一组数据为化学当量处。对两种情况，H_2O 和 CO_2 在火焰中的浓度都比平衡条件得出的浓度要小。由于火焰中完全氧化产物 H_2O 和 CO_2 的数量较少，就必然会出现大量的不完全燃烧产物。对 $\Phi=1.0$ 的情况，火焰中的 CO,H_2 和 O_2 浓度大概要高出 $15\sim20$ 倍。

表 9.7　计算 CH_4-空气对冲扩散火焰组分摩尔分数峰值的位置及相应的温度

组分	最大摩尔分数	最大值位置 $x/$cm	Φ	$T/$K
H_2	0.0345	0.7074	1.736	1786.5
CO	0.0467	0.7230	1.411	1862.6
H_2O	0.1741	0.7455	1.165	1926.8
$T_{max}=1925.8$K 在 $x=0.7468$cm,$\Phi=1.148$ 时				
CO_2	0.0652	0.7522	1.085	1913.8

表 9.8　最大温度位置和化学当量混合（$\Phi=1$）位置绝热平衡下的火焰中各组分的比较

条件	O_2	CO	H_2	CO_2	H_2O	N_2
	$T=T_{max}(1925.8K),\Phi=1.148$					
火焰计算	0.0062	0.0394	0.0212	0.0650	0.174	0.686
绝热平衡	2.15×10^{-6}	0.0333	0.0207	0.0714	0.189	0.686
	$\Phi=1.000,T=1887.5K$					
火焰计算	0.0148	0.0280	0.0132	0.0648	0.170	0.697
绝热平衡	0.0009	0.0015	0.0007	0.0934	0.189	0.714

9.8　小结

　　本章开头介绍了常密度层流射流,这和射流火焰在很大程度上是一样的,但其数学描述要简单得多。通过这部分的学习,读者应该掌握分析层流射流的速度场和喷射流体浓度场的分布等基本特性的方法,理解射流特性参数和雷诺数关系。只要喷射流体的流量相等,那么其浓度分布也相等,也就是说只要给定了燃料和氧化剂,那么火焰长度就只和流量有关。对于层流射流火焰,应该掌握其温度、燃料和氧化剂的质量分数和速度场的分布特点,以及用当量比来确定火焰外形。接着本章强调并推导了层流扩散火焰问题的守恒标量形式,其表达在数学上得到了简化。从历史发展的角度,书中先介绍了伯克-舒曼理论和费怡对层流射流火焰得到的解,然后主要集中给出了罗帕的简化分析,给出了圆形、方形、槽形燃烧器的火焰长度计算关系式。读者应该熟悉如何应用这些关系式。在罗帕的理论分析中,由燃料种类决定的周边环境氧化剂和燃料之间的化学当量比、氧化剂中的氧气含量、一次风量,以及燃料中惰性气体稀释率都是重要的参数。本章中还介绍了扩散火焰中的一个重要特点,即碳烟的形成和分解,尽管停留时间(火焰长度)足够短时可以避免碳烟的形成。读者应该熟悉火焰中碳烟形成和分解中的 4 个步骤,并且能够根据燃料类型(结构)来判断其发烟趋势。在本章的最后,对对冲火焰进行了讨论。

9.9　符号表

a	浮力加速度,式(9.67),m/s²	
A/F	质量空燃比	
b	喷口宽度,表 9.3,m	

c_p	比定压热容,J/(kg·K)
D_{ij}	多元扩散系数,m²/s
D_i^T	热扩散系数,kg/(m·s)
$\mathcal{D}_{ij}$	二元扩散系数,m²/s
f	混合物分数
f_v	碳烟体积分数
F	式(9.76)中定义的函数
Fr	弗劳德数,式(9.68)
g	重力加速度,m/s²
G	式(9.77)中定义的函数
h	焓,J/kg；或喷口长度,表 9.3,m
h_f^0	生成焓,J/kg
H	径向压力梯度特征值,式(9.80)
I	动量比或动量积,表 9.2
J	动量,式(9.1),(kg·m)/s²
J_0,J_1	贝塞耳函数
k	导热系数,W/(m·K)
L_f	火焰长度,m
Le	路易斯数
m	质量,kg
$\dot{m}$	质量流量,kg/s
MW	摩尔质量,kg/kmol
N	物质的量,kmol
P	压力,Pa
Pr	普朗特数
Q	体积流量,m³/s
r	径向坐标,m
$r_{1/2}$	射流半宽,m
R	半径,m
R_0	外部流体半径,式(9.55),m
R_u	通用气体常数,J/(kmol·K)
Re	雷诺数
S	燃料和氧化剂的化学当量摩尔比
Sc	施密特数

T	温度,K
v	速度,m/s
v_r, v_x	径向、轴向速度分量,m/s
x	轴向坐标(m);或燃料分子中的碳原子数
y	燃料分子中的氢原子数
Y	质量分数

希腊符号

α	射流角,rad;或热扩散率,m²/s
β	由式(9.64)定义
ζ	通用守恒变量,式(9.42)
μ	[动力]黏度,N·s/m²
ν	运动黏度,m²/s;或化学当量空-燃比
ξ	由式(9.11)定义
ρ	密度,kg/m³
Φ	当量比
χ	摩尔分数
ψ	一次风率
Ψ	流函数
$\dot{\omega}$	组分产生速率,kmol/(m³·s)

下标

act	实际
A	空气
B	浮力控制
c	核
diff	扩散
dil	稀释
e	出口
expt	实验
f	火焰
F	燃料
i	第 i 种组分
j	射流
m	最大值
mix	混合物

M	动量控制
Ox	氧化剂
Pr	产物
pri	一次
pure	纯燃料
ref	参考
sp	发烟点
stoic	化学当量
thy	理论
T	过渡
0	中心线
∞	环境

上标

*	无量纲量

其他符号

[X]	X 组分的摩尔浓度，$kmol/m^3$

9.10　参考文献

1. Santoro, R. J., Yeh, T. T., Horvath, J. J., and Semerjian, H. G., "The Transport and Growth of Soot Particles in Laminar Diffusion Flames," *Combustion Science and Technology,* 53: 89–115 (1987).

2. Santoro, R. J., and Semerjian, H. G., "Soot Formation in Diffusion Flames: Flow Rate, Fuel Species and Temperature Effects," *Twentieth Symposium (International) on Combustion,* The Combustion Institute, Pittsburgh, PA, p. 997, 1984.

3. Santoro, R. J., Semerjian, H. G., and Dobbins, R. A., "Soot Particle Measurements in Diffusion Flames," *Combustion and Flame,* 51: 203–218 (1983).

4. Puri, R., Richardson, T. F., Santoro, R. J., and Dobbins, R. A., "Aerosol Dynamic Processes of Soot Aggregates in a Laminar Ethene Diffusion Flame," *Combustion and Flame,* 92: 320–333 (1993).

5. Quay, B., Lee, T.-W., Ni, T., and Santoro, R. J., "Spatially Resolved Measurements of Soot Volume Fraction Using Laser-Induced Incandescence," *Combustion and Flame,* 97: 384–392 (1994).

6. Smooke, M. D., Long, M. B., Connelly, B. C., Colket, M. B., and Hall, R. J., "Soot Formation in Laminar Diffusion Flames," *Combustion and Flame,* 143: 613–628 (2005).

7. Thomson, K. A., Gülder, Ö. L., Weckman, E. J., Fraser, R. A., Smallwood, G. J., and Snelling, D. R., "Soot Concentration and Temperature Measurements in Co-Annular, Nonpremixed, CH_4/Air Laminar Flames at Pressures up to 4 MPa," *Combustion and Flame,* 140: 222–232 (2005).

8. Bento, D. S., Thomson, K. A., and Gülder, Ö. L., "Soot Formation and Temperature Field Structure in Laminar Propane–Air Diffusion Flames at Elevated Pressures," *Combustion and Flame,* 145: 765–778 (2006).

9. Williams, T. C., Shaddix, C. R., Jensen, K. A., and Suo-Antilla, J., M., "Measurement of the Dimensionless Extinction Coefficient of Soot within Laminar Diffusion Flames," *International Journal of Heat and Mass Transfer,* 50: 1616–1630 (2007).

10. Burke, S. P., and Schumann, T. E. W., "Diffusion Flames," *Industrial & Engineering Chemistry,* 20(10): 998–1004 (1928).

11. Fay, J. A., "The Distributions of Concentration and Temperature in a Laminar Jet Diffusion Flame," *Journal of Aeronautical Sciences,* 21: 681–689 (1954).

12. Roper, F. G., "The Prediction of Laminar Jet Diffusion Flame Sizes: Part I. Theoretical Model," *Combustion and Flame,* 29: 219–226 (1977).

13. Roper, F. G., Smith, C., and Cunningham, A. C., "The Prediction of Laminar Jet Diffusion Flame Sizes: Part II. Experimental Verification," *Combustion and Flame,* 29: 227–234 (1977).

14. Roper, F. G., "Laminar Diffusion Flame Sizes for Curved Slot Burners Giving Fan-Shaped Flames," *Combustion and Flame,* 31: 251–259 (1978).

15. Lin, K.-C., Faeth, G. M., Sunderland, P. B., Urban, D. L., and Yuan, Z.-G., "Shapes of Nonbuoyant Round Luminous Hydrocarbon/Air Laminar Jet Diffusion Flames," *Combustion and Flame,* 116: 415–431 (1999).

16. Aalburg, C., Diez, F. J., Faeth, G. M., Sunderland, P. B., Urban, D. L., and Yuan, Z.-G., "Shapes of Nonbuoyant Round Hydrocarbon-Fueled Laminar-Jet Diffusion Flames in Still Air," *Combustion and Flame,* 142: 1–16 (2005).

17. Lin, K.-C., and Faeth, G. M., "Shapes of Nonbuoyant Round Luminous Laminar-Jet Diffusion Flames in Coflowing Air," *AIAA Journal,* 37: 759–765 (1999).

18. Miller, J. A., and Kee, R. J., "Chemical Nonequilibrium Effects in Hydrogen–Air Laminar Jet Diffusion Flames," *Journal of Physical Chemistry,* 81(25): 2534–2542 (1977).

19. Kee, R. J., and Miller, J. A., "A Split-Operator, Finite-Difference Solution for Axisymmetric Laminar-Jet Diffusion Flames," *AIAA Journal,* 16(2): 169–176 (1978).

20. Mitchell, R. E., Sarofim, A. F., and Clomburg, L. A., "Experimental and Numerical Investigation of Confined Laminar Diffusion Flames," *Combustion and Flame,* 37: 227–244 (1980).

21. Heys, N. W., Roper, F. G., and Kayes, P. J., "A Mathematical Model of Laminar Axisymmetrical Natural Gas Flames," *Computers and Fluids,* 9: 85–103 (1981).

22. Smooke, M. D., Lin, P., Lam, J. K., and Long, M. B., "Computational and Experimental Study of a Laminar Axisymmetric Methane-Air Diffusion Flame," *Twenty-Third Symposium (International) on Combustion,* The Combustion Institute, Pittsburgh, PA, p. 575, 1990.

燃烧学导论：概念与应用（第 3 版）

23. Anon., *Fundamentals of Design of Atmospheric Gas Burner Ports,* Research Bulletin No. 13, American Gas Association Testing Laboratories, Cleveland, OH, August 1942.

24. Weber, E. J., and Vandaveer, F. E., "Gas Burner Design," Chapter 12 in *Gas Engineers Handbook,* The Industrial Press, New York, pp. 12/193–12/210, 1965.

25. Schlichting, H., *Boundary-Layer Theory,* 6th Ed., McGraw-Hill, New York, 1968.

26. Davis, R. W., Moore, E. F., Santoro, R. J., and Ness, J. R., "Isolation of Buoyancy Effects in Jet Diffusion Flames," *Combustion Science and Technology,* 73: 625–635 (1990).

27. Kuo, K. K., *Principles of Combustion,* 2nd Ed., John Wiley & Sons, Hoboken, NJ, 2005.

28. Spalding, D. B., *Combustion and Mass Transfer,* Pergamon, New York, 1979.

29. Beyer, W. H. (ed.), *Standard Mathematical Tables,* 28th Ed., The Chemical Rubber Co., Cleveland, OH, 1987.

30. Kennedy, I. M., "Models of Soot Formation and Oxidation," *Progress in Energy and Combustion Science,* 23: 95–132 (1997).

31. Glassman, I., "Soot Formation in Combustion Processes," *Twenty-Second Symposium (International) on Combustion,* The Combustion Institute, Pittsburgh, PA, p. 295, 1988.

32. Wagner, H. G., "Soot Formation–An Overview," in *Particulate Carbon Formation during Combustion* (D. C. Siegla and G. W. Smith, eds.), Plenum Press, New York, p. 1, 1981.

33. Calcote, H. F., "Mechanisms of Soot Nucleation in Flames—A Critical Review," *Combustion and Flame,* 42: 215–242 (1981).

34. Haynes, B. S., and Wagner, H. G., "Soot Formation," *Progress in Energy and Combustion Science,* 7: 229–273 (1981).

35. Wagner, H. G., "Soot Formation in Combustion," *Seventeenth Symposium (International) on Combustion,* The Combustion Institute, Pittsburgh, PA, p. 3, 1979.

36. Palmer, H. B., and Cullis, C. F., "The Formation of Carbon in Gases," *The Chemistry and Physics of Carbon* (P. L. Walker, Jr., ed.), Marcel Dekker, New York, p. 265, 1965.

37. Kent, J. H., "A Quantitative Relationship between Soot Yield and Smoke Point Measurements," *Combustion and Flame,* 63: 349–358 (1986).

38. Marble, F. E., and Broadwell, J. E., "The Coherent Flames Model for Turbulent Chemical Reactions," *Project SQUID,* 29314-6001-RU-00, 1977.

39. Tsuji, H., and Yamaoka, I., "The Counterflow Diffusion Flame in the Forward Stagnation Region of a Porous Cylinder," *Eleventh Symposium (International) on Combustion,* The Combustion Institute, Pittsburgh, PA, p. 979, 1967.

40. Hahn, W. A., and Wendt, J. O. L., "The Flat Laminar Opposed Jet Diffusion Flame: A Novel Tool for Kinetic Studies of Trace Species Formation," *Chemical Engineering Communications,* 9: 121–136 (1981).

41. Tsuji, H., "Counterflow Diffusion Flames," *Progress in Energy and Combustion Science,* 8: 93–119 (1982).

42. Dixon-Lewis, G., *et al.*, "Calculation of the Structure and Extinction Limit of a Methane–Air Counterflow Diffusion Flame in the Forward Stagnation Region of a Porous Cylinder," *Twentieth Symposium (International) on Combustion,* The Combustion Institute, Pittsburgh, PA, p. 1893, 1984.

43. Kee, R. J., Miller, J. A., Evans, G. H., and Dixon-Lewis, G., "A Computational Model of the Structure and Extinction of Strained, Opposed-Flow, Premixed Methane–Air Flames," *Twenty-Second Symposium (International) on Combustion,* The Combustion Institute, Pittsburgh, PA, p. 1479, 1988.

44. Lutz, A. E., Kee, R. J., Grcar, J. F., and Rupley, F. M., "OPPDIF: A Fortran Program for Computing Opposed-Flow Diffusion Flames," Sandia National Laboratories Report SAND96-8243, 1997.

45. Kee, R. J., Rupley, F. M., and Miller, J. A., "Chemkin-II: A Fortran Chemical Kinetics Package for the Analysis of Gas-Phase Chemical Kinetics," Sandia National Laboratories Report SAND89-8009, March 1991.

46. Miller, J. A., and Bowman, C. T., "Mechanism and Modeling of Nitrogen Chemistry in Combustion," *Progress in Energy and Combustion Science,* 15: 287–338 (1989).

9.11 复习题

1. 列出第 9 章中出现的所有黑体字,并给出它们的定义。

2. 描述常密度层流射流的速度场和喷嘴流体浓度场。

3. 描述层流射流火焰的温度场以及燃料、氧化剂和产物各自的质量分数。

4. 试解释为什么 $\Phi=1$ 的轮廓线即为火焰边界。提示:考虑如果火焰边界稍微移向 $\Phi=1$ 的轮廓线的内部($Y_{Ox}=0,Y_F>0$)或外部($Y_F=0,Y_{Ox}>0$)会怎样。

5. 路易斯数和施密特数均假设为 1,如何对层流火焰的守恒控制方程起到简化作用?

6. 对于射流火焰来讲,请解释什么叫做浮力控制或动量控制。哪一个无量纲参数决定流动的状态? 这个参数的物理意义是什么?

7. 点燃一个丁烷打火机,令打火机与垂直方向成一定角度,注意不要烧到手,请问火焰形状有什么变化? 试解释。

8. 列出并讨论扩散火焰中碳烟形成和分解的 4 个步骤。

9. 试解释守恒标量如何简化对层流射流火焰的数学描述。化简前,需要做什么假设?

9.12 习题

9.1 从更一般的轴向动量方程出发,研究轴对称反应流(式(7.48)),推导出物性定密度形式的守恒方程式(9.4)。提示:需要用到连续性方程。

9.2 继续习题 9.1 的工作,根据式(7.20)推导出组分守恒方程式(9.5)。

9.3 运用体积流量($Q=v_e\pi R^2$)的定义,证明层流射流的中心线质量分数 $Y_{F,0}$(式(9.18))

只与 Q 和 ν 有关。

*9.4　两种射流，一个初始速度分布为钟形（式（9.13）），另一个为抛物线形（抛物线方程为 $v(r)=2v_e[1-(r/R)^2]$，v_e 为平均速度）。两个射流流量相同。计算这两个射流的速度衰减。以轴向距离为横坐标画出你的计算结果，并讨论。

9.5　两股等温（300K，1atm）的空气喷入空气的层流射流，直径不同但体积流量相同。

（1）求两股射流雷诺数比的表达式，用 R 表示。

（2）已知 $Q=5\mathrm{cm}^3/\mathrm{s}$，$R_1=3\mathrm{mm}$，$R_2=5\mathrm{mm}$，计算并比较两股射流的 $r_{1/2}/x$ 和 α。

（3）分别求中心线处速度衰减到出口速度的 1/10 时的轴向位置。

9.6　层流射流的扩展率，$r_{1/2}/x$ 由式（9.14）给出，主要依据了 $r_{1/2}$ 的概念、即：速度值为中心线速度一半时的径向位置。

（1）计算扩展率，$r_{1/10}/x$，注意此时的值为速度值是中心轴向速度 1/10 的径向位置，比较 $r_{1/10}/x$ 和 $r_{1/2}/x$。

（2）在 $0 \leqslant r \leqslant r_{1/10}$ 的范围内，求平均速度，用中心线速度进行无量纲化，即求 $\bar{v}_x/v_{x,0}$。

9.7　根据混合物分数 f 的定义，证明式（9.44a）。

9.8　用等温射流理论，估计乙烷-空气扩散火焰的长度，已知初始速度为 5cm/s。设出口速度相等，出口直径为 10mm，空气和乙烷均为 300K，1atm。乙烷的黏度约为 $9.5\times10^{-6}(\mathrm{N}\cdot\mathrm{s})/\mathrm{m}^2$。用平均黏度 $(\mu_{空气}+\mu_{乙烷})/2$ 进行计算，并与罗帕的实验关系式得到的预测值作比较。

9.9　一个圆口燃烧器和一个方形燃烧器，平均速度相等，且火焰长度相等。求圆形烧嘴直径 D 和方形烧嘴边长 b 的比值。燃料为甲烷。

9.10　一个槽形喷口燃烧器，长宽比 $h/b=10$，槽形喷口的宽度 $b=2\mathrm{mm}$。喷口具有入口均流装置，可以使出口流速均匀。燃料为甲烷，燃烧器的放热率为 500W。求火焰长度。

9.11　两个圆形烧嘴具有相等的平均速度 $\bar{v}_e$，但是其中一个烧嘴的速度场是均匀的，另一个却呈抛物线形分布，抛物线方程为 $v(r)=2\bar{v}_e[1-(r/R)^2]$。求两个烧嘴动量之比。

9.12　在研究层流射流火焰中一氧化氮的形成时，丙烷燃料用氮气稀释以抑制碳烟的形成。喷嘴处氮气的质量分数为 60%。烧嘴出口为圆形。燃料、氮气和空气均为 300K，1atm。比较下面两种情况下火焰的长度与无稀释情况下（$\dot{m}_F=5\times10^{-6}\mathrm{kg/s}$）的火焰长度。讨论结果的物理意义。

（1）稀释流的总流量（$\mathrm{C_3H_8}+\mathrm{N_2}$）为 $5\times10^{-6}\mathrm{kg/s}$。

（2）稀释流中丙烷的流量为 $5\times10^{-6}\mathrm{kg/s}$。

9.13　为了确定实验火焰长度式（9.60）中的常数，罗帕设火焰温度为 1500K。问，要得到式（9.60）中的常数值，式（9.59）中的平均扩散系数 $\mathcal{D}_\infty$ 要取多少？比较它与 298K 下，氧气在空气中的二元扩散系数的值。（$\mathcal{D}_{\mathrm{O_2\text{-}air}}=2.1\times10^{-5}\ \mathrm{m}^2/\mathrm{s}$）

9.14　在 298K，1atm 下，试估计氧气-空气稀释混合物的路易斯数和斯密特数。设该情况下，$\mathcal{D}_{O_2\text{-air}} = 2.1 \times 10^{-5}$ m²/s。讨论所得结果的含义。

9.15　求空气在下面各状态下的普朗特数(Pr)，斯密特数(Sc)和路易斯数(Le)：

(1) $P = 1$atm，$T = 298$K；

(2) $P = 1$atm，$T = 2000$K；

(3) $P = 10$atm，$T = 298$K。

设 1atm，298K 下的二元扩散系数 $D_{O_2\text{-air}} = 2.1 \times 10^{-5}$ m²/s。

9.16　乙炔、乙烯、丁烷和异辛烷 4 种燃料以层流射流火焰形式燃烧，每一种的质量流率均为 3mg/s。问哪几种火焰在顶端有碳烟放出？讨论你的答案。

9.17　一个温度传感器沿着甲烷-空气射流火焰的中心线放在火焰的上方。希望传感器离火焰越近越好，但是，传感器的温度上限为 1200K。系统压力为 1atm，空气和燃料温度均为 300K。

(1) 用扩散火焰简化状态关系确定温度传感器温度达到上限 1200K 时的混合物分数。假设比定压热容为 1087J/(kg·K)。

(2) 用常密度层流射流方程，确定(1)情况下传感器距离喷嘴出口的中心线高度。取射流雷诺数 $(\rho_e v_e R/\mu)$ 为 30，射流半径 R 为 1mm。

9.18　设计一个多射流燃烧器，使其在 5min 内，可将一壶水从室温(25℃)加热到沸点(100℃)。假设燃料能量的 30% 传给了水。设计要求为在不大于 160mm 的圆环上均匀分布多个大小相同的扩散火焰。燃料为甲烷(天然气)。火焰高度越小越好。要用到一次风，但烧嘴要在纯扩散方式下运行。需要确定的参数为：燃料流量、火焰数、燃烧环直径、每个火焰出口的直径、一次风量及火焰高度。列出计算中用到的所有假设。

液滴的蒸发和燃烧

10.1　概述

本章将研究第二种非预混燃烧系统：球形液滴的蒸发和燃烧。在适当的假设下，这个系统相对很容易进行分析，这样就可以看清不同的物理现象是怎样相互关联的。无论是液滴蒸发还是液滴燃烧，通过简化后的守恒方程可求其解析解，以研究液滴大小及边界条件对液滴蒸发或燃烧时间的影响。液滴气化速率和寿命的知识对设计和运行实际设备是很重要的。除了研究简单液滴气化模型外，本章还将这个模型应用到燃烧器的一维分析中去。在开始各分析之前，先考察一些与液滴蒸发、燃烧有关或受其影响的实际应用例子。

10.2　一些应用

液滴燃烧关系到许多实用燃烧设备，包括内燃机、火箭、燃气轮机以及燃油的锅炉、窑炉和加热器等。更准确地说，在这些设备中，它们的基本特征是喷雾燃烧而不仅是单个液滴的燃烧。但是，了解单个液滴燃烧不仅有时其本身就很重要，而且是处理更复杂火焰的必要前提。

10.2.1　内燃发动机

内燃机有两种基本类型：间接喷射型和直接喷射型。分别见图 10.1和图 10.2。在**间接喷射**内燃机中，燃料在高压下喷入预燃室，在这里燃料液滴开始蒸发，形成蒸气和空气混合。一部分燃料空气混合物自燃(例 6.1)形成非预混燃烧。随着热量的释放，预燃室压力升高，将混合物通过一小窄口或小孔压入主燃室。在主燃室里，这些部分反应后的燃料空气混合物及燃料液滴，与新加入的空气混合并完全燃烧。在**直喷**内燃机里，燃料是由一个多孔燃料喷射器来导入的。燃料空气的混合是在燃烧区里由喷射过程和空气流动同时控制的。从前面可以看出，内燃机燃烧既有预混模式又有扩散模式。柴油比汽油挥发性差，但更容易点燃(参见第 17 章)。燃料蒸发及其与空气混合的速率与导致自燃的化学反应速率互相竞争。因此，最先注入燃烧室的燃料先预混，并形成预混火焰而成为点火源(已经自燃

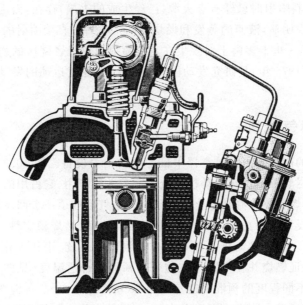

图 10.1　轻型非直喷柴油发动机。剖面显示了带火花塞的预混室,用于启动和燃料喷入。
(资料来源:从文献[1]复制,获得汽车工程师协会的复制许可)

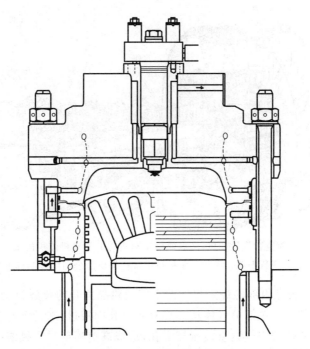

图 10.2　大型直喷柴油发动机的燃烧室和活塞的切面图。(资料
来源:获得美国机械工程师协会的复制许可)

的气体）；由于当燃料喷射时已经有点火源（已经生成的火焰）存在，而后注入的燃料就会在扩散模式下燃烧。很明显，液滴的蒸发和燃烧在间接喷射和直接喷射的发动机里都很重要。10.11 节收录了哈里·里卡多爵士对发生在直接喷射内燃机燃烧区的物理过程的形象的描述。里卡多（1885—1974 年）是研究发动机的开拓人，对往复运动的发动机内的燃烧现象研究做出了重大贡献。

10.2.2　燃气轮机

使用液体燃料的燃气轮机是航空器中最主要的动力设备。图 10.3 就是一个航空燃气轮的内部结构图。尽管燃烧器在发动机系统中起着关键作用，它占用的空间小得令人惊讶。在环形的燃烧器中，燃料喷入并被雾化。由于旋转空气形成了一个回流区，火焰稳定。航空燃气轮机燃烧器的设计要考虑以下几个因素：燃烧效率、燃烧稳定性、高空重新点火的能力、污染物形成等[7]。航空发动机一般采用非预混燃烧系统，由接近化学当量的一次火焰区，结合二次风以保证燃烧并在产物进入透平前稀释到合适温度（见图 10.4(a)）。某些设计和实验系统采用不同程度的预混来避免高温 NO_x 形成区[4~7]。预混燃烧要先将燃料气化并混合部分空气，然后混合物进入高温燃烧区，点燃并燃烧。如图 10.4(a)所示为一个航空燃气轮机燃烧器的**一次燃烧区**、**二次燃烧区**以及**稀释区**。

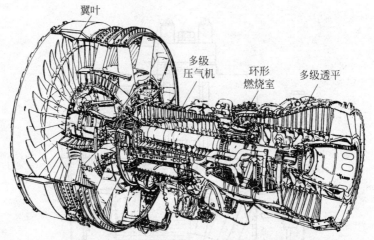

图 10.3　航空燃气发动机，注意燃烧室只占总的发动机体积的很小部分。
（资料来源：获得戈登和布雷奇科学出版公司的复制许可）

图 10.4(b)所示为把内部燃烧室与外部空气通路隔离开的金属衬套。有一部分气体用来冷却衬套的高温部分。这部分气体从环形分布小孔中流过，平行于衬套流动，形成冷却边界层流动。而用于燃烧的空气则直接流经大孔，形成高速喷射进入燃烧区中心，并很快与热气体混合。见图 10.5。燃气轮机燃烧器的设计中的一个关键因素是气体进入透平时气体温度的径向分布。在稀释区注入空气就是为了控制这一分布。必须避免会损害叶片的高温

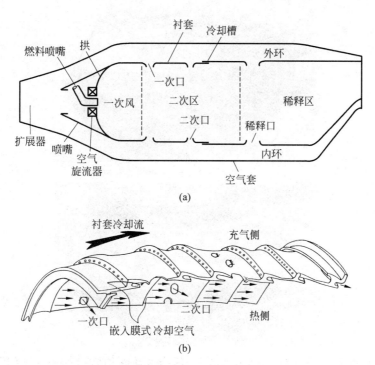

图 10.4 （a）表示了一次区、二次区和稀释区的环形燃气轮机燃烧室简图；（b）燃烧室衬套墙的嵌镶模式冷却示意图。（资料来源：（a）获得泰勒和弗朗西斯公司的复制许可；（b）获得戈登和布雷奇科学出版公司的复制许可）

点,同时气体温度分布符合从叶片根部逐渐先增大到一个最大值,然后逐渐减小到叶片顶端。在根部,叶片应力最高,因此,根部的冷却气要使这一部分的叶片比其他部分更冷。这很重要,因为叶片材料的强度随温度上升而降低。优化后的温度分布能够使叶轮平均入口温度最大并获得高效率。燃烧器出口的温度分布经常被称作**形态因子**。

10.2.3　液体火箭发动机

在所有涉及的燃烧设备中,现代火箭发动机中的燃烧过程是最剧烈的,也就是说,单位体积的燃烧空间释放了最多的能量。有两种类型的液体火箭：**压力给料**,这类火箭的燃料和氧化剂在高压气体作用下被送入燃烧室；**泵给料**,这类火箭由涡轮泵提供火箭燃料。这两种方法如图 10.6 所示。两种系统中,泵送系统的性能高,但是也更复杂。如图 10.7 所示为泵压式液体火箭发动机系统简图。

发动机的推力来自于在燃烧室燃料和氧化剂的燃烧产生的高温高压气体并通过超音速缩放喷嘴加速。与前面讨论过的其他燃烧设备不同,液体火箭发动机的氧化剂是液体。燃烧之前要求燃料和氧化剂都汽化。通常的一个方案是由两种液体喷射撞击形成一个液体膜

燃烧学导论：概念与应用（第 3 版）

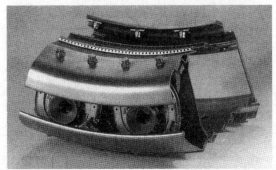

图 10.5　CFM56-7 涡轮风扇喷气发动机的局部一段，该发动机由法国 Shecman 和美国通用电气公司合资的 CFM 国际公司制造。燃料喷嘴（未显示）安装在后部（下部板）的大孔中。请注意在燃烧室内衬的顶窗处有冷却空气的孔。CFM56-7 发动机用于波音 737 飞机上。

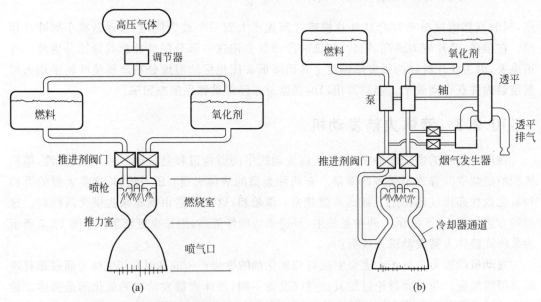

图 10.6　两种液体火箭发动机的示意简图：(a)压力给料；(b)泵给料系统。
（资料来源：获得喷射推进实验室的复制许可）

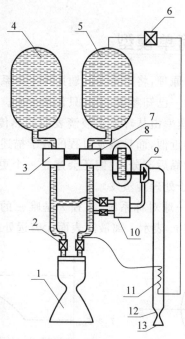

图 10.7 泵压式液体火箭发动机系统简图。(资料来源:杨月诚.火箭发动机
理论基础[M].西安:西北工业大学出版社,2010.)

(见图 10.8)。这个膜很不稳定,先发散成线状或带状,然后分裂成液滴。另外,需要用很多
喷射器来分配燃烧室直径方向的推进剂及氧化剂。预混和扩散燃烧在火箭发动机燃烧中都
很重要。由于燃烧器的内部检测非常困难,对燃烧过程的细节知道得很少。使用激光探测
器及其他技术研究火箭燃烧室中燃烧过程的工作仍在进行[10,11]。

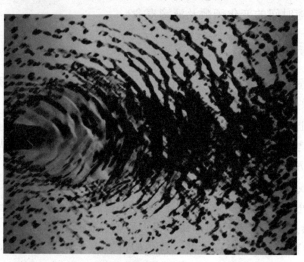

图 10.8 撞击水流形成不稳定的液片、液带和液滴。

10.3　液滴蒸发的简单模型

第3章中为了说明传质的原理,将斯蒂芬问题用球坐标系表示,建立了一个液滴蒸发模型。当时假设液滴表面温度为一已知参数,因此只包括传质。在目前的分析中,假设液滴表面温度接近液滴沸点,而蒸发速率由从环境到液滴表面的热传递速率决定。这对周围温度很高的燃烧环境是一个很好的近似,而且蒸发过程的数学描述可能是最简单的形式,这对工程计算非常有用。在这一章的靠后部分,我们还会建立一个更一般(普适)的液滴传热和传质耦合的燃烧模型(也可以用于处理纯蒸发)。

如图10.9所示定义了这一球对称系统,半径 r 是唯一的自变量。坐标原点在液滴中心。液气表面处的液滴半径用 r_s 表示。离液滴表面无穷远处($r \rightarrow \infty$)的温度为 T_∞。

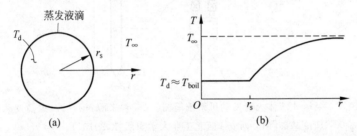

图10.9　液体燃料在静止环境中的蒸发,假设液滴表面温度近似等于液滴的沸点。

从原理上讲,从周围环境得到的热量提供了液体燃料蒸发必需的能量,然后燃料蒸气从液滴表面扩散到周围空气。质量的减少导致液滴半径随时间减少,直到液滴完全蒸发($r_s = 0$)。我们希望解决的问题是求任一时刻液滴表面燃料蒸发的质量流率。这就使我们可以计算液滴半径随时间的变化函数及液滴寿命。

10.3.1　基本假设

热气体中液滴蒸发问题,经常做如下假设,这些假设可以避开对传质问题的求解而仍与实验结果符合得很好,从而使得问题大大简化。

(1) 液滴在静止、无穷大的介质中蒸发。

(2) 蒸发过程是准稳态的。这意味着蒸发过程在任一时刻都可以认为是稳态的。这一假设避免了偏微分方程的求解。

(3) 燃料是单成分液体,且其气体溶解度为零。

(4) 液滴内各处温度均匀一致,并假定该温度是燃料的沸点,$T_d = T_{boil}$。在许多问题中,液体短暂的加热过程不会对液滴寿命有很大影响。而且许多严密的计算表明,液体表面温度只比液体在燃烧条件下的沸点略低。这一假设可以不用求解液相(液滴)能量方程,而且更重要的是,可以不必求解气相中燃料蒸气(组分)输运方程。这一假设的隐含条件是

$T_\infty > T_{boil}$。在随后的分析中,当去掉液滴处于沸点这一假设后,会发现分析起来要复杂得多。

(5) 假设二元扩散的路易斯数为 $1(\alpha = \mathcal{D})$。这使得在分析中可以使用第 7 章导出的简单的 Shvab-Zeldovich 能量方程。

(6) 假设所有的热物性,如热导率、密度、比热容等都是常数。虽然从液滴到周围远处的气相中,这些属性的变化很大,但常属性的假定可以求得简单解析。在最后的分析中,合理地选择平均值可以得到相当精确的结果。

10.3.2 气相分析

有了上面的假设,可以通过气相质量守恒方程、气相能量方程、液滴-气相边界能量平衡方程及液滴液相质量守恒方程来求解质量蒸发率 $\dot{m}$ 和液滴半径随时间的关系 $r_s(t)$。气相能量方程提供了气相中的温度分布,由此可以计算气体对表面液滴的导热。必须求解界面能量平衡方程来得到蒸发率 $\dot{m}$。得知 $\dot{m}(t)$ 后,就很容易得到液滴大小与时间的关系。

1. 质量守恒

由准稳态燃烧的假设可知,质量流率 $\dot{m}(r)$ 是一个与半径无关的常数,因此有

$$\dot{m} = \dot{m}_F = \rho v_r 4\pi r^2 = 常数 \tag{10.1}$$

及

$$\frac{\mathrm{d}(\rho v_r r^2)}{\mathrm{d}r} = 0 \tag{10.2}$$

式中,v_r 是宏观流动速度。

2. 能量守恒

由前面第 7 章可得,如图 10.10(a)所示情形的能量守恒可用式(7.65)来表示。运用常物性及路易斯数 $=1$ 的假设,该方程可改写为

$$\frac{\mathrm{d}\left(r^2 \dfrac{\mathrm{d}T}{\mathrm{d}r}\right)}{\mathrm{d}r} = \frac{\dot{m}c_{pg}}{4\pi k}\frac{\mathrm{d}T}{\mathrm{d}r} \tag{10.3}$$

其中反应速率为零,因为纯蒸发过程中没有化学反应发生。

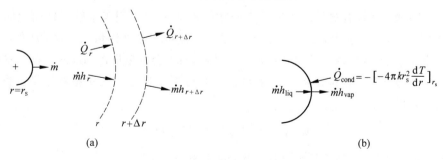

图 10.10 蒸发液滴的能量平衡。(a)气相;(b)液体表面。

为了以下研究的方便，定义 $Z \equiv c_{pg}/4\pi k$，则

$$\frac{\mathrm{d}\left(r^2\dfrac{\mathrm{d}T}{\mathrm{d}r}\right)}{\mathrm{d}r} = Z\dot{m}\frac{\mathrm{d}T}{\mathrm{d}r} \tag{10.4}$$

求解式(10.4)可以得到气相温度分布 $T(r)$。这个方程有两个边界条件

$$边界条件 1：T(r \rightarrow \infty) = T_\infty \tag{10.5a}$$

$$边界条件 2：T(r = r_s) = T_{boil} \tag{10.5b}$$

式(10.4)很容易求解，只需两次分离变量并积分。第一次积分后可解得

$$r^2\frac{\mathrm{d}T}{\mathrm{d}r} = Z\dot{m}T + C_1$$

式中 C_1 是积分常数。第二次分离变量并积分后可得到通解

$$\frac{1}{Z\dot{m}}\ln(Z\dot{m}T + C_1) = -\frac{1}{r} + C_2 \tag{10.6}$$

式中 C_2 是第二个积分常数。将式(10.5a)代入式(10.6)，将 C_2 用 C_1 表示

$$C_2 = \frac{1}{Z\dot{m}}\ln(Z\dot{m}T_\infty + C_1)$$

将 C_2 代回到式(10.6)，应用边界条件2(式(10.5b))，并用指数代替对数，可以解出 C_1，即

$$C_1 = \frac{Z\dot{m}\left[T_\infty(-Z\dot{m}/r_s) - T_{boil}\right]}{1 - \exp(-Z\dot{m}/r_s)}$$

将 C_1 代入 C_2 的表达式，便可得到第二个积分常数

$$C_2 = \frac{1}{Z\dot{m}}\ln\left[\frac{Z\dot{m}(T_\infty - T_{boil})}{1 - \exp(-Z\dot{m}/r_s)}\right]$$

最后，将 C_1，C_2 代回式(10.6)的通解中，便可以得到温度分布。得到的结果有一些复杂，如下所示

$$T(r) = \frac{(T_\infty - T_{boil})\exp(-Z\dot{m}/r) - T_\infty\exp(-Z\dot{m}/r_s) + T_{boil}}{1 - \exp(-Z\dot{m}/r_s)} \tag{10.7}$$

3. 液-气两相界面能量平衡

式(10.7)本身并没有提供求解蒸发率 $\dot{m}$ 的方法，但它可以用来求解气体向液滴表面的传递，如图10.10(b)所示的界面(表面)能量平衡。热量从热气体传入界面，因为假定液滴温度均匀为 T_{boil}，所有这些热量都会用来蒸发燃料，而不会有热量传到液滴内部。这比要考虑液滴短暂加热过程要相对容易一些，在液滴燃烧分析中将考虑液滴短暂加热过程。表面能量平衡方程可写成

$$\dot{Q}_{cond} = \dot{m}(h_{vap} - h_{liq}) = \dot{m}h_{fg} \tag{10.8}$$

将傅里叶定律代入 $\dot{Q}_{cond}$，注意到正负号变化，可得

$$4\pi k_g r_s^2 \frac{dT}{dr}\bigg|_{r_s} = \dot{m} h_{fg} \tag{10.9}$$

对式(10.7)求导,得液滴表面处的气相温度梯度为

$$\frac{dT}{dr}\bigg|_{r_s} = \frac{Z\dot{m}}{r_s^2}\left[\frac{(T_\infty - T_{boil})\exp(-Z\dot{m}/r_s)}{1 - \exp(-Z\dot{m}/r_s)}\right] \tag{10.10}$$

将此结果代入式(10.9),并解出 $\dot{m}$,有

$$\dot{m} = \frac{4\pi k_g r_s}{c_{pg}}\ln\left[\frac{c_{pg}(T_\infty - T_{boil})}{h_{fg}} + 1\right] \tag{10.11}$$

在燃烧学文献中,方括号中的第一项常定义为

$$B_q = \frac{c_{pg}(T_\infty - T_{boil})}{h_{fg}} \tag{10.12}$$

则

$$\dot{m} = \frac{4\pi k_g r_s}{c_{pg}}\ln[B_q + 1] \tag{10.13}$$

参数 B 是一个无量纲参数,就像雷诺数一样,在燃烧学中有很重要的意义,经常出现在这一领域的文献中。有时它被称为**斯波尔丁数**,或简单称作**传递数** B。回忆一下,在第 3 章中曾导出过在传质控制下液滴蒸发的类似表达式。式(10.12)所定义的 B 仅适用于上述假设条件下,下标 q 表示它仅基于传热控制的情况。还有一些其他形式的定义,其函数形式取决于各自所做出的假设。例如,如果假设液滴周围为球形火焰,B 的定义就会不同。这种情况会在后面详述。

我们对气相的分析就到此。对瞬时(准稳态)蒸发率的了解使我们可以来计算液滴寿命。

10.3.3　液滴寿命

按照与第 3 章对传质控制的蒸发过程相同的分析,可以由质量平衡得到液滴半径(或直径)随时间的变化规律。该质量平衡表示为液滴质量的减小速率等于液体的蒸发速率,即

$$\frac{dm_d}{dt} = -\dot{m} \tag{10.14}$$

式中,液滴质量 m_d 由下式给出

$$m_d = \rho_l V = \rho_l \pi D^3/6 \tag{10.15}$$

式中,V 和 D 分别是液滴的体积和直径。

将式(10.15)和式(10.13)代入到式(10.14)并进行求导,可得

$$\frac{dD}{dt} = -\frac{4k_g}{\rho_l c_{pg} D}\ln(B_q + 1) \tag{10.16}$$

前面曾讨论过(见第 3 章),式(10.16)经常表达成 D^2 的形式,即

$$\frac{dD^2}{dt} = -\frac{8k_g}{\rho_l c_{pg}} \ln(B_q + 1) \qquad (10.17)$$

式（10.17）表明，液滴直径的平方对时间的导数为常数。因此 D^2 随 t 线性变化，斜率为 $-(8k_g/\rho_l c_{pg})\ln(B_q+1)$，如图 10.11 所示。该斜率被定义为**蒸发常数** K，即

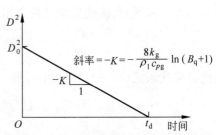

图 10.11　从简化分析获得的液滴蒸发的 D^2 规律。

$$K = \frac{8k_g}{\rho_l c_{pg}} \ln(B_q + 1) \qquad (10.18)$$

注意，这个方程与式（3.58）的相似之处：方程的形式相似，而且当路易斯数是 $1(k_g/c_{pg}=\rho\mathcal{D})$ 时，两个方程就完全一样了，尽管 B 的定义不同。结合式（10.17）来得到 D（或 D^2）随 t 变化的更一般的关系式

$$\int_{D_0^2}^{D^2} d\hat{D}^2 = -\int_0^t K d\hat{t}$$

由此可得

$$D^2(t) = D_0^2 - Kt \qquad (10.19)$$

式（10.19）与第 3 章介绍过的液滴蒸发的 D^2 **定律**相同。实验（如文献[12]）证明，液滴在加热到沸点的初始的短暂时间之后，D^2 定律都适用（见图 3.7(b)）。

使 $D^2(t_d)=0$，便可得到液滴从初始直到完全蒸发所需的时间，即液滴寿命

$$t_d = D_0^2/K \qquad (10.20)$$

使用式（10.19）及式（10.20）就可以直接预测液滴的蒸发。下面的问题是如何合适地选择出现在蒸发常数中的气相比热容 c_{pg} 和热导率 k_g 的平均值。在以上分析中，假定 c_{pg} 和 k_g 都是常数，而实际上从液滴表面到远离表面的气流，它们的变化很大。在罗（Law）和威廉姆斯（Williams）关于液滴燃烧的论述中[13]，c_{pg} 和 k_g 由下面的方法近似

$$c_{pg} = c_{pF}(\overline{T}) \qquad (10.21)$$

$$k_g = 0.4k_F(\overline{T}) + 0.6k_\infty(\overline{T}) \qquad (10.22)$$

式中，下标 F 代表燃料蒸气，$\overline{T}$ 为燃料沸点和无穷远处气流温度的平均值，即

$$\overline{T} = (T_{boil} + T_\infty)/2 \qquad (10.23)$$

另外，还有一些对物性的更精确的估计方法[14]，但上述是最容易的一种。

【例 10.1】　考虑一个直径为 $500\mu m$ 的正己烷（C_6H_{14}）液滴在静止的热氮气中蒸发。氮气的压力为 1atm，氮气的温度为 850K。求液滴的寿命，假设液滴的温度处于其沸点。

解　要求 t_d。液滴寿命的计算公式为

$$t_d = D_0^2/K \qquad (10.20)$$

式中

$$K = \frac{8k_g}{\rho_l c_{pg}} \ln(B_q + 1) \qquad (10.18)$$

及

$$B_q = \frac{c_{pg}(T_\infty - T_{boil})}{h_{fg}} \tag{10.12}$$

求解可以直接进行,也许最复杂的部分是物性的估计。正已烷的物性估计如下

$$\overline{T} = \frac{1}{2}(T_{boil} + T_\infty) = \frac{1}{2}(342 + 850) = 596(K)$$

式中,沸点$(T_{boil} = 342K)$可在表 B.1 中查到,同时还可查到液滴的密度和蒸发潜热。从表 B.2 和表 B.3 提供的拟合系数来计算正已烷的比定压热容和热导率。

$$c_{pg} = c_{pC_6H_{14}}(\overline{T}) = 2872J/(kg \cdot K)(表 B.2)$$

$$k_F = k_{C_6H_{14}}(\overline{T}) = 0.0495W/(m \cdot K)(表 B.3)$$

$$k_\infty = k_{N_2}(\overline{T}) = 0.0444W/(m \cdot K)(表 C.2)$$

合适的平均热导率可取为(式(10.22))

$$k_g = 0.4 \times 0.0495 + 0.6 \times 0.0444 = 0.0464(W/(m \cdot K))$$

正已烷的蒸发潜热和密度分别为

$$h_{fg} = 335\,000J/kg(表 B.1)$$

$$\rho_l = 659kg/m^3(表 B.1)$$

用上述物性参数就可以计算出无量纲传递数为

$$B_q = \frac{2872 \times 850 - 342}{335\,000} = 4.36$$

蒸发常数 K 为

$$K = \frac{8 \times 0.0464}{659 \times 2872}\ln(1 + 4.36)$$

$$= 1.961 \times 10^{-7} \times 1.679 = 3.29 \times 10^{-7}(m^3/s)$$

则液滴寿命为

$$t_d = D_0^2/K = \frac{(500 \times 10^{-6})^2}{3.29 \times 10^{-7}} = 0.76(s)$$

注:这一例子的结果给了我们一个关于液滴蒸发时间尺度的基本概念。采用上述计算的蒸发常数,如果液滴直径为 $50\mu m$,则 t_d 是 10ms 的量级。在许多液雾燃烧系统中,平径的液滴直径在 $50\mu m$ 的量级或更小。

10.4 液滴燃烧的简化模型

下面在上述讨论的基础上进一步推导在液滴周围有球对称扩散火焰的情形。首先,仍保留静止环境及球对称的假设。随后,将球对称的结果进行修正,并推广到考虑火焰产生的自然对流或强制对流导致的燃烧加强的情形。最后,去掉液滴处于沸点这一限制,这就需要考虑气相中各组分的守恒方程。

10.4.1 假设

下面的假设会大大简化液滴燃烧模型，但仍然保留着基本的物理特征，且和实验结果符合得很好。

（1）被球对称火焰包围着的燃烧液滴，存在于静止、无限的介质中。不考虑与其他液滴的相互影响，也不考虑对流的影响。

（2）和前面的分析一样，燃烧过程是准稳态的。

（3）燃料是单组分液体，对任何气体都没有溶解性。液气交界处存在相平衡。

（4）压力均匀一致且为常数。

（5）气相中只包含三种组分：燃料蒸气、氧化剂[①]和燃烧产物。气相可以分成两个区。在液滴表面与火焰之间的内区仅包含燃料蒸气和产物，而外区包含氧化剂和产物。这样，每个区域中均为二元扩散。

（6）在火焰处，燃料和氧化剂以等化学当量比反应。假设化学反应动力学无限快，则火焰表现为一个无限薄的面。

（7）路易斯数，$Le = \alpha / \mathcal{D} = k_g / \rho_c c_{pg} \mathcal{D} = 1$。

（8）忽略辐射散热。

（9）气相热导率 k_g、比定压热容 c_{pg} 以及密度和二元扩散率的乘积 $\rho \mathcal{D}$ 都是常数。

（10）液体燃料液滴是唯一的凝结相，没有碳烟和液体水存在。

包括上述假设的基本模型见图 10.12，图中显示了处于液滴表面到火焰之间的内区、$(r_s \leqslant r \leqslant r_f)$ 和火焰外的外区 $(r_f \leqslant r < \infty)$ 的温度和组分分布。可以看出有三个重要的温度：液滴表面温度 T_s，火焰温度 T_f 和无穷远处介质的温度 T_∞。燃料蒸气质量分数 Y_F 在液滴表面处最大，单调递减到被完全消耗的火焰处为零。氧化剂质量分数 Y_{Ox} 与燃料对应，在远离火焰处有最大值（为 1），递减到火焰处为零。燃烧产物在火焰处有最大值（为 1），同时朝着液滴向里和背离火焰向外两个方向扩散。根据假设（3）产物不会溶于液体，在火焰到液滴表面之间产物没有净流动。这样，当燃料蒸气流动时，产物在内区形成了一个滞止层，这种内区的组分流动在某种意义上很像第 3 章中讨论过的斯蒂芬问题。

10.4.2 问题的表述

下面分析和计算的首要目标是，在给定初始液滴大小和液滴外无穷远处温度的条件下，即已知温度 T_∞ 和氧化剂质量分数 $Y_{Ox,\infty}(=1)$，求液滴质量燃烧率 $\dot{m}_F$。为了达到这个目的，要得到两个区域中温度和组分分布的表达式，以及计算火焰半径 r_f、火焰温度 T_f、液滴表面

---

① 氧化剂可以是混合气体，而其中一部分是惰性的。例如，空气作为氧化剂时，只有大约 21% 的空气是参与反应的。在火焰面处，氮气尽管没有参与反应，也认为从氧化剂变成了产物。

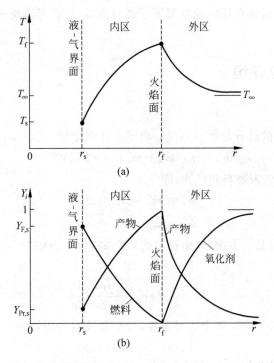

图 10.12　简单液滴燃烧模型(a)温度分布图;(b)组分分布图。

温度 T_s 和液滴表面的燃料蒸气质量分数 $Y_{F,s}$ 的关系式。总之,要计算一共 5 个参数:$\dot{m}_F$,$Y_{F,s}$,T_s,T_f 和 r_f。

　　一般来说,要求解 5 个未知数,需要求解 5 个关系式,分别可以从以下关系式中得到:①液滴表面的能量平衡;②火焰面处的能量平衡;③外区的氧化剂分布;④内区的燃料蒸气分布;⑤在液-气界面的相平衡,比如使用克劳修斯-克拉珀龙方程。最后,知道了瞬时质量燃烧率后,液滴寿命可以用在蒸发分析中所使用的方法来计算。在液滴燃烧分析中,仍可应用 D^2 定律。

　　液滴燃烧方面的问题已被广泛研究过,有许多关于这方面的论著,如前几十年中大量的综述文献[15~21]。下面介绍的物理模型起始于 20 世纪 50 年代[22~23]。这里采用的求解方法并不是最精确的,但能在保持重要物理变量如温度和组分质量分数的同时,对物理过程有一个整体的理解。在更高级的教材(例如参考文献[24])中会提到更精确的求解方法,通过结合组分和能量方程来得到一个守恒标量。

10.4.3　质量守恒

　　总气相质量守恒方程在前面已经有过论述(见式(10.1)和式(10.2)),即

$$\dot{m}(r) = \dot{m}_F = 常数 \tag{10.1}$$

值得注意的是，总流量在任何地方都等于燃料流量，也就是燃烧速率。这在应用组分守恒方程时很重要。

10.4.4　组分守恒

1.内区

在内区，重要的扩散组分是燃料蒸气。将菲克扩散定律（式（3.5））应用到内区，即

$$\dot{m}''_A = Y_A(\dot{m}''_A + \dot{m}''_B) - \rho \mathcal{D}_{AB} \nabla Y_A \tag{3.5}$$

式中下标 A 和 B 分别代表燃料和产物，即

$$\dot{m}''_A \equiv \dot{m}''_F = \dot{m}_F / 4\pi r^2 \tag{10.24}$$

$$\dot{m}''_B \equiv \dot{m}''_{Pr} = 0 \tag{10.25}$$

因为唯一的自变量是 r 方向，球坐标下的 ∇ 操作符定义为 $\nabla() = \mathrm{d}()/\mathrm{d}r$。则菲克扩散律可写成

$$\dot{m}_F = -4\pi r^2 \frac{\rho \mathcal{D}}{1 - Y_F} \frac{\mathrm{d}Y_F}{\mathrm{d}r} \tag{10.26}$$

这个一阶常微分方程必须满足两个边界条件，分别是液滴表面处液气平衡，即

$$Y_F(r_s) = Y_{F,s}(T_s) \tag{10.27a}$$

和火焰处的完全燃烧，即

$$Y_F(r_f) = 0 \tag{10.27b}$$

由于这两个边界条件的存在，可以将燃烧速率 $\dot{m}_F$ 作为一个特征值，即 $\dot{m}_F$ 是能从式（10.26）结合其边界条件式（10.27a）和式（10.27b）求解得到的一个参数。定义 $Z_F \equiv 1/4\pi\rho\mathcal{D}$，则式（10.26）的一般解为

$$Y_F(r) = 1 + C_1 \exp(-Z_F \dot{m}_F / r) \tag{10.28}$$

应用液滴表面条件（式（10.27a））来求解 C_1，得

$$Y_F(r) = 1 - \frac{(1 - Y_{F,s}) \exp(-Z_F \dot{m}_F / r)}{\exp(-Z_F \dot{m}_F / r_s)} \tag{10.29}$$

应用火焰边界条件（式（10.27b）），可以得到包括三个未知数 $Y_{F,s}$，$\dot{m}_F$ 和 r_f 的关系式

$$Y_{F,s} = 1 - \frac{\exp(-Z_F \dot{m}_F / r_s)}{\exp(-Z_F \dot{m}_F / r_f)} \tag{10.30}$$

完善内区的组分守恒的解——尽管对达到我们的目标来说不是必需的——燃烧产物的质量分数可以表达为

$$Y_{Pr}(r) = 1 - Y_F(r) \tag{10.31}$$

2.外区

在外区，重要的扩散组分是沿径向向火焰扩散的氧化剂。在火焰处，氧化剂和燃料以等

化学当量比结合,其化学反应方程式为

$$1\text{kg 燃料} + \nu\text{kg 氧化剂} = (\nu + 1)\text{kg 产物} \tag{10.32}$$

式中,ν 是化学当量(质量)比,而且包括可能存在于氧化剂中的不反应气体。这个关系参见图 10.13。于是菲克扩散定律中的质量通量矢量如下

$$\dot{m}_A'' \equiv \dot{m}_{Ox}'' = -\nu\,\dot{m}_F'' \tag{10.33a}$$

$$\dot{m}_B'' \equiv \dot{m}_{Pr}'' = +(\nu + 1)\,\dot{m}_F'' \tag{10.33b}$$

外区的菲克扩散定律为

$$\dot{m}_F = +4\pi r^2\,\frac{\rho\,\mathcal{D}}{\nu + Y_{Ox}}\,\frac{\mathrm{d}Y_{Ox}}{\mathrm{d}r} \tag{10.34}$$

其边界条件为

$$Y_{Ox}(r_f) = 0 \tag{10.35a}$$

$$Y_{Ox}(r \to \infty) = Y_{Ox,\infty} \equiv 1 \tag{10.35b}$$

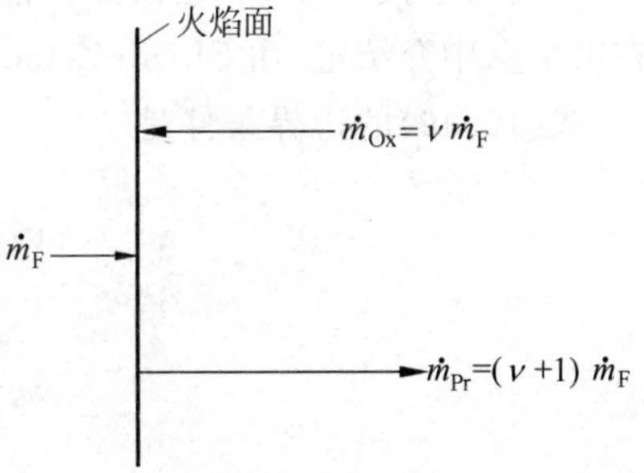

对式(10.34)积分,得

图 10.13 火焰面上的质量流关系图,注意内部区域和外部区域的净质量流都等于燃料的流量 $\dot{m}_f$。

$$Y_{Ox}(r) = -\nu + C_1\exp(-Z_F\,\dot{m}_F/r) \tag{10.36}$$

应用火焰处的边界条件(式(10.35a))消去 C_1,得

$$Y_{Ox}(r) = \nu\left[\frac{\exp(-Z_F\,\dot{m}_F/r)}{\exp(-Z_F\,\dot{m}_F/r_f)} - 1\right] \tag{10.37}$$

应用 $r \to \infty$ 处的边界条件(式(10.35b)),可以得到燃烧速率 $\dot{m}_F$ 和火焰半径 r_f 之间的代数关系

$$\exp(+Z_F\,\dot{m}_F/r_f) = (\nu + 1)/\nu \tag{10.38}$$

利用与氧化剂分布(式(10.37))为互补关系,产物的质量分数分布为

$$Y_{Pr}(r) = 1 - Y_{Ox}(r) \tag{10.39}$$

10.4.5 能量守恒

仍然使用能量方程的 Shvab-Zeldovich 形式。既然限定化学反应只发生在边界即火焰面处,那么在火焰内和火焰外的反应速率均为零。因此,由纯蒸发得到的能量方程同样适用于液滴燃烧,即

$$\frac{\mathrm{d}\left(r^2\,\dfrac{\mathrm{d}T}{\mathrm{d}r}\right)}{\mathrm{d}r} = \frac{\dot{m}_F c_{pg}}{4\pi k_g}\,\frac{\mathrm{d}T}{\mathrm{d}r} \tag{10.3}$$

为了方便起见,同样定义 $Z_T = c_{pg}/4\pi k_g$,则控制方程为

$$\frac{\mathrm{d}\left(r^2\,\dfrac{\mathrm{d}T}{\mathrm{d}r}\right)}{\mathrm{d}r} = Z_T\,\dot{m}_F\,\frac{\mathrm{d}T}{\mathrm{d}r} \tag{10.40}$$

补充一点，当路易斯数等于 1，即 $c_{pg}/k_g = \dfrac{1}{\rho \mathcal{D}}$ 时，组分守恒分析中定义的参数 Z_F 与 Z_T 相等。而由于式(10.40)是在热扩散与质量扩散相等的基础上得到的，即路易斯数等于 1（在第 7 章中介绍过，由 Shvab-Zeldovich 能量方程导出），所以 $Z_F = Z_T$。

式(10.40)的边界条件是

$$
\text{内区}\begin{cases} T(r_s) = T_s & (10.41\text{a}) \\ T(r_f) = T_f & (10.41\text{b}) \end{cases}
$$

$$
\text{外区}\begin{cases} T(r_f) = T_f & (10.41\text{c}) \\ T(r \to \infty) = T_\infty & (10.41\text{d}) \end{cases}
$$

在上式的三个温度中，只有 T_∞ 是已知的；T_s 和 T_f 是问题中 5 个未知数中的两个。

1. 温度分布

式(10.40)的通解为

$$
T(r) = \frac{C_1 \exp(-Z_T \dot{m}_F/r)}{Z_T \dot{m}_F} + C_2 \tag{10.42}
$$

在内区($r_s \leqslant r \leqslant r_f$)，由式(10.41a)和式(10.41b)可解得温度分布为

$$
T(r) = \frac{(T_s - T_f)\exp(-Z_T \dot{m}_F/r) + T_f \exp(-Z_T \dot{m}_F/r_s) - T_s \exp(-Z_T \dot{m}_F/r_f)}{\exp(-Z_T \dot{m}_F/r_s) - \exp(-Z_T \dot{m}_F/r_f)}
$$

$$
\tag{10.43}
$$

在外区($r_f \leqslant r < \infty$)，将式(10.41c)和式(10.41d)应用到式(10.42)，可解得温度分布为

$$
T(r) = \frac{(T_f - T_\infty)\exp(-Z_T \dot{m}_F/r) + \exp(-Z_T \dot{m}_F/r_f)T_\infty - T_f}{\exp(-Z_T \dot{m}_F/r_f) - 1} \tag{10.44}
$$

2. 液滴表面能量平衡方程

如图 10.14 所示为蒸发液滴表面处的导热通量和焓通量。热是从火焰通过气相导热传到液滴表面的。这些能量一部分用来蒸发燃料，其余的传到液滴内部。其数学描述为

$$
\dot{Q}_{g\text{-}i} = \dot{m}_F(h_{vap} - h_{liq}) + \dot{Q}_{i-1} \tag{10.45a}
$$

或

$$
\dot{Q}_{g\text{-}i} = \dot{m}_F h_{fg} + \dot{Q}_{i-1} \tag{10.45b}
$$

向液滴内部的导热 $\dot{Q}_{i-1}$ 可以用几种方法来得到。一种常用的方法是将模拟的液滴分为两个区：一个各处均处于初始温度 T_0 的内部区和一个处于表面温度 T_s 的表面薄层区，这被称为"葱皮"模型，即

$$
\dot{Q}_{i-1} = \dot{m}_F c_{pl}(T_s - T_0) \tag{10.46}
$$

即蒸发的燃料从 T_0 加热到 T_s 所需的能量。为方便起见，定义

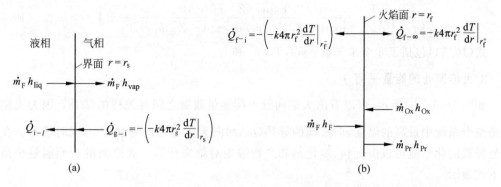

图 10.14 (a)液滴液-气界面的表面能量平衡；(b)火焰面上的表面能量平衡。

$$q_{i-1} \equiv \dot{Q}_{i-1}/\dot{m}_F \tag{10.47}$$

则在"葱皮"模型中

$$q_{i-1} = c_{pl}(T_s - T_0) \tag{10.48}$$

另一种处理$\dot{Q}_{i-1}$的常用方法是假设液滴行为是集总参数，也就是说，液滴在一个瞬时加热期有着均匀一致的温度。对于集总参数，有

$$\dot{Q}_{i-1} = m_d c_{pl} \frac{dT_s}{dt} \tag{10.49}$$

及

$$q_{i-1} = \frac{m_d c_{pl}}{\dot{m}_F} \frac{dT_s}{dt} \tag{10.50}$$

式中m_d是液滴质量。为了得到dT_s/dt，集总参数模型还需要对液滴的能量和质量守恒方程进行整体求解。

第三种方法，也是最简单的方法，是认为液滴很快就加热到一个稳定的温度T_s，也就是说，液滴的热惯性被忽略掉了。在忽略热惯性的假设下，有

$$q_{i-1} = 0 \tag{10.51}$$

回到由式(10.45b)描述的表面能量平衡方程上来，从气相传出的热量$\dot{Q}_{g-i}$可以通过傅里叶定律和由内区温度分布得到的温度梯度来计算，即

$$-\left(-k_g 4\pi r^2 \left.\frac{dT}{dr}\right|_{r_s}\right) = \dot{m}_F(h_{fg} + q_{i-1}) \tag{10.52}$$

式中

$$\frac{dT}{dr} = \frac{(T_s - T_f)Z_T \dot{m}_F \exp(-Z_T \dot{m}_F/r)}{r^2[\exp(-Z_T \dot{m}_F/r_s) - \exp(-Z_T \dot{m}_F/r_f)]} \tag{10.53}$$

适用于$r_s \leqslant r \leqslant r_f$。

为了计算$r = r_s$处的传热量，将式(10.52)重新整理并代入Z_T的定义式，可得

$$\frac{c_{pg}(T_{\mathrm{f}} - T_{\mathrm{s}})}{(q_{i-1} + h_{\mathrm{fg}})} \frac{\exp(-Z_{\mathrm{T}}\, \dot{m}_{\mathrm{F}}/r_{\mathrm{s}})}{[\exp(-Z_{\mathrm{T}}\, \dot{m}_{\mathrm{F}}/r_{\mathrm{s}}) - \exp(-Z_{\mathrm{T}}\, \dot{m}_{\mathrm{F}}/r_{\mathrm{f}})]} + 1 = 0 \qquad (10.54)$$

式(10.54)包括了 4 个未知数：$\dot{m}_{\mathrm{F}}$，T_{f}，T_{s} 和 r_{f}。

3. 火焰面处的能量平衡

如图 10.14(b)所示，可以看出火焰面处不同能量通量之间有怎样的联系。因为火焰温度是整个系统中最高的温度，向液滴的导热 $\dot{Q}_{\mathrm{f-i}}$ 和向无穷远处的导热 $\dot{Q}_{\mathrm{f-\infty}}$ 同时进行。在火焰处释放的化学能可以由燃料、氧化剂和产物的绝对焓来计算。火焰面的表面能量平衡可用下式表示

$$\dot{m}_{\mathrm{F}} h_{\mathrm{F}} + \dot{m}_{\mathrm{Ox}} h_{\mathrm{Ox}} - \dot{m}_{\mathrm{Pr}} h_{\mathrm{Pr}} = \dot{Q}_{\mathrm{f-i}} + \dot{Q}_{\mathrm{f-\infty}} \qquad (10.55)$$

式中各个焓的定义为

$$h_{\mathrm{F}} \equiv h_{\mathrm{f,F}}^{0} + c_{pg}(T - T_{\mathrm{ref}}) \qquad (10.56\mathrm{a})$$

$$h_{\mathrm{Ox}} \equiv h_{\mathrm{f,Ox}}^{0} + c_{pg}(T - T_{\mathrm{ref}}) \qquad (10.56\mathrm{b})$$

$$h_{\mathrm{Pr}} \equiv h_{\mathrm{f,Pr}}^{0} + c_{pg}(T - T_{\mathrm{ref}}) \qquad (10.56\mathrm{c})$$

单位质量燃料的燃烧热 Δh_{c} 由下式给出

$$\Delta h_{\mathrm{c}}(T_{\mathrm{ref}}) \equiv h_{\mathrm{f,F}}^{0} + (\nu) h_{\mathrm{f,Ox}}^{0} - (1 + \nu) h_{\mathrm{f,Pr}}^{0} \qquad (10.57)$$

燃料、氧化剂和产物的质量流量与化学当量比相关（参见式(10.32)、式(10.33a)及式(10.33b)）。尽管内区有产物存在，但在液滴表面与火焰之间并没有产物的净流动，因此，所有的产物都从火焰向外流出去。因此式(10.55)变成

$$\dot{m}_{\mathrm{F}}[h_{\mathrm{F}} + \nu h_{\mathrm{Ox}} - (\nu + 1) h_{\mathrm{Pr}}] = \dot{Q}_{\mathrm{f-i}} + \dot{Q}_{\mathrm{f-\infty}} \qquad (10.58)$$

将式(10.56)和式(10.57)代入上式，得

$$\dot{m}_{\mathrm{F}} \Delta h_{\mathrm{c}} + \dot{m}_{\mathrm{F}} c_{pg}[(T_{\mathrm{f}} - T_{\mathrm{ref}}) + \nu(T_{\mathrm{f}} - T_{\mathrm{ref}}) - (\nu + 1)(T_{\mathrm{f}} - T_{\mathrm{ref}})] = \dot{Q}_{\mathrm{f-i}} + \dot{Q}_{\mathrm{f-\infty}}$$

$$(10.59)$$

由于假设 c_{pg} 是常数，则 Δh_{c} 不受温度的影响。于是，可以选择火焰温度作为参考状态来简化式(10.59)

$$\underset{\substack{\text{火焰中化学能转化}\\\text{成热能的速率}}}{\dot{m}_{\mathrm{F}} \Delta h_{\mathrm{c}}} = \underset{\substack{\text{从火焰向外导热}\\\text{的速率}}}{\dot{Q}_{\mathrm{f-i}} + \dot{Q}_{\mathrm{f-\infty}}} \qquad (10.60)$$

再一次利用傅里叶定律和前面得到的温度分布来计算导热量 $\dot{Q}_{\mathrm{f-i}}$ 和 $\dot{Q}_{\mathrm{f-\infty}}$，即

$$\dot{m}_{\mathrm{F}} \Delta h_{\mathrm{c}} = k_{\mathrm{g}} 4\pi r_{\mathrm{f}}^{2} \left.\frac{\mathrm{d}T}{\mathrm{d}r}\right|_{r_{\mathrm{f}}^{-}} - k_{\mathrm{g}} 4\pi r_{\mathrm{f}}^{2} \left.\frac{\mathrm{d}T}{\mathrm{d}r}\right|_{r_{\mathrm{f}}^{+}} \qquad (10.61)$$

可以采用式(10.53)来计算 $r = r_{\mathrm{f}}^{-}$ 处的温度梯度。对于 $r = r_{\mathrm{f}}^{+}$ 处的温度梯度，将外区的温度分布式微分可得

$$\frac{\mathrm{d}T}{\mathrm{d}r} = \frac{Z_{\mathrm{T}}\, \dot{m}_{\mathrm{F}}(T_{\infty} - T_{\mathrm{f}}) \exp(-Z_{\mathrm{T}}\, \dot{m}_{\mathrm{F}}/r)}{r^{2}[1 - \exp(-Z_{\mathrm{T}}\, \dot{m}_{\mathrm{F}}/r_{\mathrm{f}})]} \qquad (10.62)$$

然后计算该处的温度梯度。代入这些条件并整理，火焰面处的能量平衡可表达为

$$\frac{c_{pg}}{\Delta h_c}\left[\frac{(T_s - T_f)\exp(-Z_T \dot{m}_F/r_f)}{\exp(-Z_T \dot{m}_F/r_s) - \exp(-Z_T \dot{m}_F/r_f)} - \frac{(T_\infty - T_f)\exp(-Z_T \dot{m}_F/r_f)}{1 - \exp(-Z_T \dot{m}_F/r_f)}\right] - 1 = 0$$

$$(10.63)$$

式(10.63)是一个非线性代数方程，包含的未知数与式(10.54)中的 4 个未知数($\dot{m}_F$，T_f，T_s 和 r_f)相同。

4. 液-气平衡

推导至此，已经有了 4 个方程和 5 个未知数。假设燃料表面液体和蒸气处于平衡，应用克劳修斯-克拉珀龙方程，可以得到封闭问题求解的第 5 个方程。当然，还有其他更精确的公式来表达这个平衡，但是克劳修斯-克拉珀龙方程的方法很容易使用。在液-气分界处，燃料蒸气的分压由下式给出

$$P_{F,s} = A\exp(-B/T_s) \tag{10.64}$$

式中 A 和 B 是克劳修斯-克拉珀龙方程中的常数，对不同的燃料取不同的值。燃料的分压与燃料摩尔分数和质量分数之间的关系如下

$$\chi_{F,s} = P_{F,s}/P \tag{10.65}$$

及

$$Y_{F,s} = \chi_{F,s}\frac{MW_F}{\chi_{F,s}MW_F + (1 - \chi_{F,s})MW_{Pr}} \tag{10.66}$$

将式(10.64)和式(10.65)代入式(10.66)，得到 $Y_{F,s}$ 与 T_s 之间的直接关系，即

$$Y_{F,s} = \frac{A\exp(-B/T_s)MW_F}{A\exp(-B/T_s)MW_F + [P - A\exp(-B/T_s)]MW_{Pr}} \tag{10.67}$$

对简单液滴燃烧模型的数学描述就到此为止。值得注意的是，如果令 $T_f \rightarrow T_\infty$ 和 $r_f \rightarrow \infty$，就会得到一个纯蒸发模型，但是由于结合了热量传递和质量传递的影响，其和前面忽略热量或质量传递得到的简单模型不同。

【例 10.2】 针对正己烷，求式(10.64)中的克劳修斯-克拉珀龙方程中的常数 A 和 B。正己烷在 1atm 下的沸点是 342K，蒸发潜热为 334 922J/kg，摩尔质量为 86.178kg/kmol。

解 对于理想气体，蒸气压和温度之间的克劳修斯-克拉珀龙关系式为

$$\frac{dP_v}{dT} = \frac{P_v h_{fg}}{RT^2}$$

分离变量并积分得

$$\frac{dP_v}{P_v} = \frac{h_{fg}}{R}\frac{dT}{T^2}$$

及

$$\ln P_v = -\frac{h_{fg}}{R}\frac{1}{T} + C$$

或

$$P_v = \exp(C)\exp\left(\frac{-h_{fg}}{RT}\right)$$

令 $P_v = 1\text{atm}$ 及 $T = T_{boil}$，则

$$\exp(C) = \exp\left(\frac{h_{fg}}{RT_{boil}}\right)$$

这就是要求的常数 A。同时有

$$B = h_{fg}/R$$

接下来就可以获得 A 和 B 的定量值为

$$A = \exp\left(\frac{334\,922}{\dfrac{8315}{86.178} \times 342}\right) = 25\,580\,\text{atm}$$

$$B = \frac{334\,922}{\dfrac{8315}{86.178}} = 3471.2\,\text{K}$$

注：对于偏离正常沸点不远的条件下，上述的蒸气压方程，以及计算的 A 和 B，应该是一个有用的近似。

10.4.6 总结和求解

表 10.1 总结了求解 5 个未知数 $\dot m_F$，r_f，T_f，T_s 和 $Y_{F,s}$ 所需的 5 个方程。先将 T_s 作为已知参数，同时求解方程（Ⅱ），（Ⅲ），（Ⅳ）来得到 $\dot m_F$，r_f 和 T_f，使非线性方程的这个系统能够求解。通过这种方式，可得燃烧速率为

$$\dot m_F = \frac{4\pi k_g r_s}{c_{pg}} \ln\left[1 + \frac{\Delta h_c/\nu + c_{pg}(T_\infty - T_s)}{q_{i-1} + h_{fg}}\right] \tag{10.68a}$$

或者，引入**传递数** $B_{o,q}$，定义如下

$$B_{o,q} = \frac{\Delta h_c/\nu + c_{pg}(T_\infty - T_s)}{q_{i-1} + h_{fg}} \tag{10.68b}$$

$$\dot m_F = \frac{4\pi k_g r_s}{c_{pg}} \ln(1 + B_{o,q}) \tag{10.68c}$$

火焰温度为

$$T_f = \frac{q_{i-1} + h_{fg}}{c_{pg}(1+\nu)}(\nu B_{o,q} - 1) + T_s \tag{10.69}$$

及火焰半径为

$$r_f = r_s \frac{\ln(1 + B_{o,q})}{\ln[(\nu + 1)/\nu]} \tag{10.70}$$

液滴表面的燃料质量分数为

$$Y_{F,s} = \frac{B_{o,q} - 1/\nu}{B_{o,q} + 1} \tag{10.71}$$

表 10.1　液滴燃烧模型小结

方程编号	方程涉及的未知量	表示的基本原理
Ⅰ 式(10.30)	$\dot{m}_F, r_f, Y_{F,S}$	内区燃料组分守恒
Ⅱ 式(10.38)	$\dot{m}_F, r_f$	外区氧化剂组分守恒
Ⅲ 式(10.54)	$\dot{m}_F, r_f, T_f, T_s$	液滴液-气界面能量平衡
Ⅳ 式(10.63)	$\dot{m}_F, r_f, T_f, T_s$	火焰面上的能量平衡
Ⅴ 式(10.67)	$T_s, Y_{F,s}$	采用克劳修斯-克拉珀龙方程的界面液-气相平衡

假设一个 T_s 值,式(10.68)~式(10.71)就可以计算。方程(Ⅴ)(式(10.67))可以用来得到一个更好的 T_s 值(见下面的式(10.72),T_s 只出现在方程左边),然后式(10.68)~式(10.71)再被重新计算,重复这一过程,直到得到一个收敛的结果,即

$$T_s = \frac{-B}{\ln\left[\dfrac{-Y_{F,s}PMW_{Pr}}{A(Y_{F,s}MW_F - Y_{F,s}MW_{Pr} - MW_F)}\right]} \tag{10.72}$$

就像在纯蒸发分析中的那样,如果假设燃料处于沸点,问题就会大大简化。在这一假设下,式(10.68)~式(10.70)不用迭代就可以计算出 $\dot{m}_F$,T_f 和 r_f,而且由于当 $T_s = T_{boil}$ 时,$Y_{F,s} = 1$,所以式(10.71)可以不用。当液滴经过了初始加热阶段后处于稳定燃烧时,这个假设还是很合理的。

10.4.7　燃烧速率常数和液滴寿命

式(10.68c)中传递数 $B_{o,q}$ 表示的液滴质量燃烧速率与蒸发速率的表达式(参见式(10.13))具有相同的形式。因此,不需要进一步推导,就可以很快定义**燃烧速率常数** K 为

$$K = \frac{8k_g}{\rho_l c_{pg}}\ln(1 + B_{o,q}) \tag{10.73}$$

只有当表面温度稳定不变时,由于此时 $B_{o,q}$ 是一个常数,燃烧速率常数才是一个常数。

假设短暂的加热过程与液滴寿命相比短得多,对于液滴燃烧就可以运用 D^2 **定律**,即

$$D^2(t) = D_0^2 - Kt \tag{10.74}$$

令 $D^2(t_d) = 0$,可以求得液滴寿命 t_d,即

$$t_d = D_0^2/K \tag{10.75}$$

由图 10.15 可以看出,在加热的短暂过程之后,D^2 定律与实验结果相符得很好[25]。

与纯蒸发问题相同,需要定义出现在式(10.73)中的物性 c_{pg},k_g 和 ρ_l 的合理值。罗和威廉斯[11]提出了以下的经验公式

$$c_{pg} = c_{pF}(\overline{T}) \tag{10.76a}$$

$$k_g = 0.4k_F(\overline{T}) + 0.6k_{Ox}(\overline{T}) \tag{10.76b}$$

$$\rho_l = \rho_l(T_s) \tag{10.76c}$$

式中

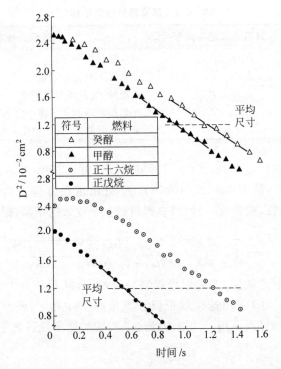

图 10.15　燃烧中液滴在初始一个很短的瞬态后，呈现的 D^2 规律的实验数据。

（资料来源：获得 AIAA 许可，从文献[25]复制）

$$\overline{T} = 0.5(T_s + T_f) \tag{10.76d}$$

【例 10.3】　考虑一个正己烷液滴的燃烧，其直径为 $100\mu m$。当 $P = 1atm$ 及 $T_\infty = 300K$ 时，求：(1)质量燃烧速率；(2)火焰温度；(3)火焰直径与液滴直径比。假设周围环境静止且液滴处于其沸点。

解　需要分别用式(10.68)、式(10.69)和式(10.70)来计算 $\dot{m}_F$，T_f 和 r_f/r_s。第一步计算平均的物性(式(10.76))。

根据第 2 章的知识，可以估计出火焰温度大约为 2200K，有

$$\overline{T} = 0.5(T_s + T_f) = 0.5 \times (371.5 + 2200) \approx 1285K$$

式中，$T_{boil}(= T_s)$ 可从表 B.1 中获得。

从附录 B 和附录 C 可以得到

$$k_{Ox}(\overline{T}) = 0.081 W/(m \cdot K)（表 C.1）$$

$$k_F(\overline{T}) = k_F(1000K)\left(\frac{\overline{T}}{1000K}\right)^{1/2}$$

$$= 0.0971 \times \left(\frac{1285}{1000}\right)^{1/2} = 0.110 W/(m \cdot K)（表 B.3）$$

式中，用 $T^{1/2}$ 关系式来从 1000K 推出 1285K 的值。因此有

$$k_g = 0.4 \times 0.110 + 0.6 \times 0.081 = 0.0926 \text{W}/(\text{m} \cdot \text{K})$$

及

$$c_{pF}(\overline{T}) = 4.22 \text{kJ}/(\text{kg} \cdot \text{K})(表 B.3)$$

$$h_{fg}(T_{boil}) = 316 \text{kJ}/\text{kg}(表 B.1)$$

$$\Delta h_c = 44\,926 \text{kJ}/\text{kg}(表 B.1)$$

化学当量空-燃比 ν 为(式(2.31)和式(2.32))

$$\nu = (x + y/4) \times 4.76 \times \frac{\text{MW}_{Ox}}{\text{MW}_F}$$

$$= (7 + 16/4) \times 4.76 \times \frac{28.85}{100.20} = 15.08$$

接下来就可以计算传质数 $B_{o,q}$ 为

$$B_{o,q} = \frac{\Delta h_c/\nu + c_{pg}(T_\infty - T_s)}{q_{i-1} + h_{fg}} = \frac{44\,926/15.08 + 4.22 \times (300 - 371.5)}{0 + 316} = 8.473$$

式中,忽略了液滴的初始加热($q_{i-1} = 0$)。

(1) 质量燃烧速率为(式(10.68))

$$\dot{m}_F = \frac{4\pi k_g r_s}{c_{pg}} \ln(1 + B_{o,q}) = \frac{4\pi \times 0.0926 \times \left(\frac{100 \times 10^{-6}}{2}\right)}{4220} \ln(1 + 8.473)$$

$$= 3.10 \times 10^{-8} \text{kg/s}$$

(2) 火焰温度为(式(10.69))

$$T_f = \frac{q_{i-1} + h_{fg}}{c_{pg}(1 + \nu)}(\nu B_{o,q} - 1) + T_s$$

$$= \frac{0 + 316}{4.22 \times (1 + 15.08)} \times (15.08 \times 8.473 - 1) + 371.5$$

$$= 590.4 + 371.5 = 961.9 \text{K}$$

此值非常低,在下面的注中将进一步讨论。

(3) 无量纲的火焰半径为(式(10.70))

$$\frac{r_f}{r_s} = \frac{\ln(1 + B_{o,q})}{\ln[(\nu + 1)/\nu]} = \frac{\ln(1 + 8.473)}{\ln(16.08/15.08)} = 35$$

注:计算得到的火焰温度要比开始的估计值 2200K 低得多!不幸的是,问题不是由于估计不对,而是理论过于简化了。采用 $c_{pg} = c_{pF}(\overline{T})$ 对计算 $\dot{m}_F$ 来说很好,但用这一过大的值($c_{pF} = 4.22 \text{kJ}/(\text{kg} \cdot \text{K})$)来计算 T_f 就不合适了。合理的估计方法是采用空气(或产物)的值。例如,用 $c_{pg}(\overline{T}) = c_{p,air} = 1.187 \text{kJ}/(\text{kg} \cdot \text{K})$,此时计算的 $T_f = 2470 \text{K}$,就是一个更合理的温度结果。

实验获得的无量纲火焰直径(~ 10)比目前的计算值要小得多。罗[17]指出,是由于燃料蒸气的积累效应引起了这一不同。

【例 10.4】 采用例 10.3 的条件，计算直径 $100\mu m$ 的正庚烷液滴的寿命。请与 $T_\infty = 2200K$ 条件下纯蒸发的结果进行一下比较。

解 我们采用液体的密度为 $684kg/m^3$（附表 B.1）来估计燃烧速率常数：

$$K = \frac{8k_g}{\rho_l c_{pg}} \ln(1 + B_{o,q})$$

$$= \frac{8 \times 0.0926}{684 \times 4220} \ln(1 + 8.473) = 5.77 \times 10^{-7} \, m^3/s$$

采用式（10.75）计算得到液滴燃烧的寿命为

$$t_d = D_0^2/K = (100 \times 10^{-6})^2/(5.77 \times 10^{-7}) = 0.0173s$$

对于纯蒸发问题，我们可以用同样的表达式来计算，但此时的传递数的计算要采用式（10.12）

$$B = \frac{c_{pg}(T_\infty - T_{boil})}{h_{fg}} = \frac{4.220 \times (2200 - 371.5)}{316} = 24.42$$

计算得到的蒸发常数 $K = 8.30 \times 10^{-7} \, m^2/s$，则液滴寿命为

$$t_d = 0.0120s$$

注： 当 $T_f = T_\infty$ 时，我们设想在纯蒸发时的液滴寿命要长一些，但"理论"温度的计算值（例 10.2）的结果是 961.9K，比环境温度 2200K 要低很多。如果采用环境温度 $T_\infty = 961.9K$ 来进行纯蒸发的计算，液滴寿命为 0.0178s，这样就得到了比液滴燃烧长一点的寿命，这与设想的一致。

10.4.8　扩展到对流条件

在上面的分析中，为获得球对称燃烧的边界条件，假设是在静止介质中，即液滴与气流之间没有相对运动，并无浮力存在。后者只适用于无重力或者无重力作用的自由落体情况。对无浮力燃烧的研究已经有很长的历史了（如参考文献[26～28]所列的研究），而且随着航天飞机的出现及对近地轨道的永久空间站的期待，人们对此又重新关注。

有好几种方法来研究带对流的液滴燃烧问题[21,29～32]。本章采用的是化学工程中的"薄膜理论"，这种方法简明直接，也符合我们简化的初衷。

薄膜理论的本质是将无穷远处的传热、传质边界条件用所谓的薄膜半径的边界条件替代，且其值相同。而薄膜半径，对组分定义为 δ_M，而对能量定义为 δ_T。从图 10.16 中可看出，薄膜半径使浓度梯度和温度梯度变陡，从而增加了液滴表面的传质和传热速率，也就意味着对流提高了液滴燃烧速率，即减少了燃烧时间。

对传热的薄膜半径的定义可用**努塞尔数** Nu 来表示，而对传质的薄膜半径的定义可用**舍伍德数** Sh 来表示。从物理上来讲，努塞尔数是液滴表面处的无量纲温度梯度，而舍伍德数是表面的无量纲浓度（质量分数）梯度。薄膜半径的定义式是

$$\frac{\delta_T}{r_s} = \frac{Nu}{Nu - 2} \tag{10.77a}$$

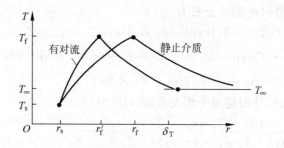

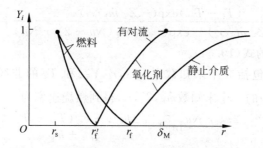

图 10.16　带对流和不带对流时温度和组分分布的比较，理论的薄膜厚度用 δ_T（温度）和 δ_M（组分）表示。

$$\frac{\delta_M}{r_s} = \frac{Sh}{Sh - 2} \tag{10.77b}$$

对于静止的介质，$Nu = 2$，即没有对流时就回到了 $\delta_T \to \infty$。与路易斯数 $=1$ 的假设相对应，假设 $Sh = Nu$。对于强制对流下的燃滴燃烧，费思[16]推荐使用下面的关系式来计算 Nu

$$Nu = 2 + \frac{0.555 Re^{1/2} Pr^{1/3}}{[1 + 1.232/(RePr^{4/3})]^{1/2}} \tag{10.78}$$

式中，雷诺数 Re 用液滴直径和相对速度来计算。为了简单起见，热物性可用平均温度下的数据来计算（式(10.76d)）。

根据基本守恒定律，受对流影响的主要有外区的组分守恒关系式（氧化剂分布，式(10.37)和式(10.38)）和包括外区的能量守恒关系式（外区的温度分布式(10.44)和火焰面的能量平衡式(10.63)）。

将由薄膜理论得到的组分守恒边界条件

$$Y_{Ox}(\delta_M) = 1 \tag{10.79}$$

代入式(10.37)，得

$$\frac{\exp\{- Z_M \dot{m}_F/[r_s Nu/(Nu - 2)]\}}{\exp(- Z_M \dot{m}_F/r_f)} - \frac{\nu + 1}{\nu} = 0 \tag{10.80}$$

式(10.80)（考虑对流）与式(10.38)（不考虑对流）相对应。

将由薄膜理论得到的能量守恒边界条件

$$T(\delta_T) = T_\infty \tag{10.81}$$

代入式（10.40），得到外区的温度分布为

$$T(r) = \left[(T_\infty - T_f)\exp(-Z_T \dot{m}_F/r) + T_\infty \exp(-Z_T \dot{m}_F/r_f)\right.$$
$$\left. - T_f \exp(-Z_T \dot{m}_F(Nu-2)/r_s Nu)\right]/\left[\exp(-Z_T \dot{m}_F/r_f)\right.$$
$$\left. - \exp(-Z_T \dot{m}_F(Nu-2)/r_s Nu)\right] \tag{10.82}$$

用式（10.82）来建立火焰处的能量平衡关系（式（10.61）），得

$$\frac{c_{pg}}{\Delta h_c}\left[\frac{(T_f - T_s)\exp(-Z_T \dot{m}_F/r_f)}{\exp(-Z_T \dot{m}_F/r_f) - \exp(-Z_T \dot{m}_F/r_s)}\right.$$
$$\left. - \frac{(T_f - T_\infty)\exp(-Z_T \dot{m}_F/r_f)}{\exp(-Z_T \dot{m}_F/r_f) - \exp(-Z_T \dot{m}_F(Nu-2)/r_s Nu)}\right] - 1 = 0 \tag{10.83}$$

上式相当于静止介质中的式（10.54）。

又一次建立了一个包括 5 个未知数 $\dot{m}_F$，T_f，r_f，$Y_{F,s}$ 和 T_s 的非线性代数方程组（参见表 10.1）。同时求解其中的 3 个未知数 $\dot{m}_F$，T_f，r_f，得到燃烧速率为

$$\dot{m}_F = \frac{2\pi k_g r_s Nu}{c_{pg}}\ln\left[1 + \frac{\Delta h_c/\nu + c_{pg}(T_\infty - T_s)}{q_{i-l} + h_{fg}}\right] \tag{10.84a}$$

或

$$\dot{m}_F = \frac{2\pi k_g r_s Nu}{c_{pg}}\ln(1 + B_{o,q}) \tag{10.84b}$$

式中的传递数在前面已介绍（参见式（10.68b））。值得注意的是，这个方程与静止介质的方程之间的区别仅在于努塞尔数的出现。在静止介质情况下，$Nu=2$，两者得到的结果完全相同。

10.5　其他因素

在实际液滴燃烧中还有很多复杂的因素，这在前面的简化理论中忽略掉了。详细讨论这些问题已超出了本书的范围。这里仅列举其中的一部分并引用一些文献作为进一步研究的起点。

在简化模型中，认为所有的物性都是常数，为得到与实验相符的结果，就要合理地选择其平均值。实际上，许多物性与温度和组分有很大的关系。对**变物性**的研究有许多不同的方法，其中最全面的方法可参见参考文献[33,34]。文献[14]中对各种不同的简化方法与综合数值解进行了比较。还应该指出，当环境温度或压力大于蒸发液体的热力学临界点时，只有用变物性才能获得守恒方程的正确表达式，这在模拟柴油机和火箭发动机中的液滴燃烧时很重要。**超临界液滴燃烧和蒸发**的问题可参考文献[35,36]。

由 D^2 定律计算得到的火焰与液滴的距离（参见例 10.3）不正确。参见罗等的文章[37]，这是由于忽略了液滴表面和火焰之间的**燃料蒸气积聚**的不稳态效应引起的。考虑这一效应的 D^2 定律修正模型结果就可以获得在实验中观察到的火焰移动[17,37]。

已有更复杂的考虑液滴中温度场随时间变化的**液滴加热模型**[38]。对**多组分燃料液滴**

的蒸发和燃烧,其液相的正确处理[39,40]显得很重要。与此相关的还有对流环境下液滴由内部剪切引起的流动,也就是所谓的**内环流**[19,40]。

近来,用于单个液滴汽化的方法之一为数值模型方法,这类方法将这一问题放在适当的轴对称系统中来处理。这种方法可以直接考虑对流的影响,而不必先假设球对称,然后做修正[40]。最近,有的模型[41]还考虑了火焰中详细的化学动力学,不再用火焰面和一步化学反应的近似简化。

在近零重力下的一个有趣且未意想到的实验结果是发现在液滴和火焰之间形成了碳烟壳[31]。在常重力下,浮力作用下的流动通过对流将碳烟带离液滴。而在零重力下,没有浮力引起的流动来去掉碳烟,便形成了**碳烟壳**。这个壳大大地改变了燃烧过程,使辐射效应在燃烧和熄火中起着重要的作用[30,32]。

最后来讨论一下**多个液滴间的相互作用**,这一现象出现在燃料喷雾中。喷雾蒸发和燃烧有着很大的实用意义,而且有大量相应的研究文献资料。要深入研究喷雾,可以从文献[18,24,42]开始。喷雾燃烧中的基本问题是环境条件变化和液滴蒸发速率的相互作用,而且在此条件下存在的液滴不断蒸发并消失。

10.6 一维蒸发控制燃烧

本节中将用上述概念来分析一个简单的、一维、稳定流动的液体燃料燃烧器。单独列出这一节的原因是这是一个将液滴蒸发和平衡的概念(第2章)结合起来解决喷雾燃烧的例子,比如燃气轮机和火箭发动机中的燃烧器(见图10.4(a)和图10.6),可以很简单地将前面介绍的理论和应用结合起来。这一节的基本目的是提供一个可研究不同设计或工程问题的基本框架,因此不再引入新的燃烧基本概念。由于读者的目的不同,可以跳过本节而不会影响对以后章节的理解。

10.6.1 物理模型

图10.17(a)是一个简单的等截面积燃烧器的示意图。燃料液滴在燃烧器中任一截面均匀分布,并随氧化剂一起流动、蒸发。假设燃料蒸气混入气相中会同时燃烧,这将导致气体温度上升,并使液滴的蒸发加快。由于液滴蒸发,或者可能存在二次氧化剂的加入从而增加了气相的质量,以及燃烧降低了气体密度,都会导致气体速度的增加。

显而易见,上述模型忽略了实际燃烧器中的许多细节。但是,对于没有烟气回流和再混合的流动,或者在这些区域后面的流动,其混合和燃烧的速率比燃料蒸发速率快得多,此模型是很好的一次近似。普伦和海德曼[43]还有迪普雷[9]曾将一维蒸发控制模型应用到液体燃料发动机的燃烧中去,特纳斯和费思[44]运用这种方法去模拟燃气轮机中浆状燃料的燃烧。下面将提供一个易于编成计算机程序的一维燃烧器的分析。

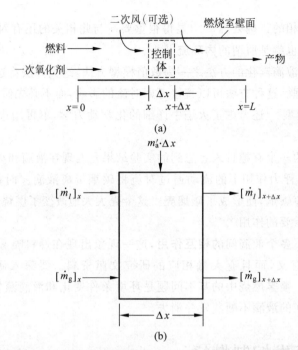

图 10.17　(a)一维燃烧器的简图；(b)分析总质量守恒用的控制体。

10.6.2　基本假设

用于液体燃料燃烧器简单分析的假设如下所述。

(1) 整个系统只包括气液两相：由燃烧产物组成的气相；单组分燃料组成的液相。

(2) 气相和液相的物性只沿流动方向的坐标变化，即流动是一维的。这表示在任一轴向位置 x 处，垂直于流动方向的半径方向的气相物性均匀一致。尽管轴向存在浓度梯度，但扩散仍被忽略。

(3) 不考虑摩擦的影响和由压力引起的速度变化，即压力为常数，$dP/dx = 0$，这简化了蒸发问题。

(4) 燃料作为单一直径液滴的均匀弥散流进入，即在任一轴向位置上，所有的液滴都有相同的直径和速度。

(5) 所有的液滴服从本章稍前论述的液滴蒸发理论，液滴温度假设为沸点。

(6) 气相物性由热力学平衡确定，或者选用无分解的水-气变换平衡模型（参见第 2 章）。

10.6.3　数学表述

在给定的一组气相和液相的初始条件下，希望获得以下函数：

气相：$T_g(x)$，温度；

　　$\dot{m}_g(x)$，质量流量；

$\Phi_{\mathrm{g}}(x)$，当量比；

$v_{\mathrm{g}}(x)$，速度。

液相：$D(x)$，液滴直径；

$\dot{m}_{\mathrm{l}}(x)$，燃料蒸发速率；

$v_{\mathrm{d}}(x)$，液滴速度。

下面将根据基本守恒原理（质量、动量和能量守恒）来求解上述函数。

10.6.4　分析

对此问题，用稳态、稳定流动的控制体来进行分析。所选择的控制体为沿燃烧器轴向的长为 Δx 的一段（见图 10.17(a)）。

1. 质量守恒

图 10.17(b) 显示了进、出控制体的液相和气相的质量流。由于控制体中的质量不变，流入和流出控制体的总质量应该相等，即

$$[\dot{m}_{\mathrm{l}}]_x + [\dot{m}_{\mathrm{g}}]_x + \dot{m}'_{\mathrm{a}}\Delta x = [\dot{m}_{\mathrm{l}}]_{x+\Delta x} + [\dot{m}_{\mathrm{g}}]_{x+\Delta x}$$

式中，$\dot{m}_{\mathrm{l}}$ 和 $\dot{m}_{\mathrm{g}}$ 分别是液体和气体的质量流量（kg/s）；$\dot{m}'_{\mathrm{a}}$ 是单位长度进入控制体的二次风的质量通量（kg/(s·m)），且假设 $\dot{m}'_{\mathrm{a}}$ 是一个已知的 x 的函数。

整理上式，可得

$$\frac{[\dot{m}_{\mathrm{l}}]_{x+\Delta x} - [\dot{m}_{\mathrm{l}}]_x}{\Delta x} + \frac{[\dot{m}_{\mathrm{g}}]_{x+\Delta x} - [\dot{m}_{\mathrm{g}}]_x}{\Delta x} = \dot{m}'_{\mathrm{a}}$$

取极限 $\Delta x \to 0$，结合微分的定义，可以得到总质量守恒的控制方程为

$$\frac{\mathrm{d}\bar{m}_{\mathrm{l}}}{\mathrm{d}x} + \frac{\mathrm{d}\bar{m}_{\mathrm{g}}}{\mathrm{d}x} = \bar{m}'_{\mathrm{a}} \qquad (10.85)$$

对式（10.85）积分，可得 $\dot{m}_{\mathrm{g}}(x)$ 的表达式为

$$\dot{m}_{\mathrm{g}}(x) = \dot{m}_{\mathrm{g}}(0) + \dot{m}_{\mathrm{l}}(0) - \dot{m}_{\mathrm{l}}(x) + \int_0^x \dot{m}'_{\mathrm{a}}\mathrm{d}x$$

$$(10.86)$$

下面集中考虑液相。如图 10.18(a) 所示的控制体只包括液体。$\dot{m}'_{\mathrm{lg}}$ 是单位长度的从液相进入气相的质量流量，即燃料蒸发速率。这样，液体燃料在 $x+\Delta x$ 处离开控制体的流量比在 x 处进入控制体的流量少了 $\dot{m}'_{\mathrm{lg}}\Delta x$，即

$$[\dot{m}_{\mathrm{l}}]_x - [\dot{m}_{\mathrm{l}}]_{x+\Delta x} = \dot{m}'_{\mathrm{lg}}\Delta x$$

整理，并取极限 $\Delta x \to 0$，得

$$\frac{\mathrm{d}\dot{m}_{\mathrm{l}}}{\mathrm{d}x} = -\dot{m}'_{\mathrm{lg}}$$

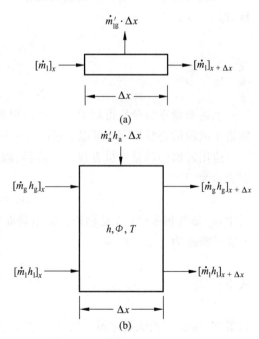

图 10.18　控制体分析(a)燃料质量守恒；
　　　　　(b)总能量守恒。

可将通过燃烧器的液体流量表示为单位时间进入燃烧器的液滴数 $\dot{N}$ 及单个液滴的质量 m_d 的乘积，即

$$\dot{m}_l = \dot{N} m_d \tag{10.87}$$

或

$$\dot{m}_l = \dot{N} \rho_l \pi D^3 / 6 \tag{10.88}$$

式中，ρ_l 和 D 分别是液滴密度和直径。

式(10.88)微分后，可得

$$\frac{d\dot{m}_l}{dx} = (\pi/4)\,\dot{N}\rho_l D \frac{dD^2}{dx} \tag{10.89}$$

D^2 对 x 的微分可以从其对时间的微分和液滴速度 v_d 计算获得，即 $dx = v_d dt$，则

$$\frac{dD^2}{dx} = \frac{1}{v_d}\frac{dD^2}{dt} \tag{10.90}$$

在前面得到了 dD^2/dt 的表达式。将式(10.17)代入式(10.90)，可得

$$\frac{dD^2}{dx} = -K/v_d \tag{10.91}$$

式中，K 是蒸发常数(参见式(10.18))。

单位时间进入燃烧器的液滴数很容易用初始燃料流量和假定的初始液滴大小 D_0 来计算，即

$$\dot{m}_{l,0} = \dot{N}\rho_l \pi D_0^3 / 6 \tag{10.92a}$$

或

$$\dot{N} = 6\dot{m}_{l,0}/(\pi\rho_l D_0^3) \tag{10.92b}$$

上述质量守恒分析得到了一个可以用来求解 $D^2(x)$ 或 $D(x)$ 的常微分方程式(10.91)。知道了液滴的直径后，$\dot{m}_g$ 可以通过式(10.86)及一些其他条件来计算。

应用液滴的动量守恒方程，可得到液滴速度与轴向坐标的关系 $v_d(x)$。气相的速度可以表示为

$$v_g = \dot{m}_g / \rho_g A \tag{10.93}$$

式中，ρ_g 是气相密度；A 是燃烧器的横截面积。通过理想气体方程，可以从气体温度和压力计算其密度为

$$\rho_g = P/R_g T_g \tag{10.94}$$

式中

$$R_g = R_u / MW_g \tag{10.95}$$

求解 T_g 需要气相能量守恒。另外，气体在向下游流动时，成分连续变化，其分子量 MW_g 也随之变化。将式(10.94)和式(10.95)代入式(10.93)，可得

$$v_g = \dot{m}_g R_u T_g / (MW_g PA) \tag{10.96}$$

2. 气相能量守恒

参见图 10.18(b)，采用与分析质量守恒相同的步骤，控制体的能量守恒可以表达为

$$\frac{\mathrm{d}(\dot{m}_{\mathrm{g}}h_{\mathrm{g}})}{\mathrm{d}x} + \frac{\mathrm{d}(\dot{m}_{\mathrm{l}}h_{\mathrm{l}})}{\mathrm{d}x} = \dot{m}_{\mathrm{a}}'h_{\mathrm{a}} \tag{10.97}$$

式中假设没有功热转换。展开上述微分，并注意到液体焓为常数，则式(10.97)重新整理后可得

$$\frac{\mathrm{d}h_{\mathrm{g}}}{\mathrm{d}x} = \left(\dot{m}_{\mathrm{a}}'h_{\mathrm{a}} - h_{\mathrm{g}}\frac{\mathrm{d}\dot{m}_{\mathrm{g}}}{\mathrm{d}x} - h_{\mathrm{l}}\frac{\mathrm{d}\dot{m}_{\mathrm{l}}}{\mathrm{d}x} \right)\Big/ \dot{m}_{\mathrm{g}} \tag{10.98}$$

想要得到温度分布 $T(x)$，将焓表示为温度和其他热力学参数的关系，即

$$h_{\mathrm{g}} = f(T_{\mathrm{g}}, P_{\mathrm{g}}, \varPhi_{\mathrm{g}}) \tag{10.99}$$

其中各变量之间的关系可以由热力学平衡来得到。应用链式法则，注意到 P_{g} 为常数，$\mathrm{d}h_{\mathrm{g}}/\mathrm{d}x$ 可以表达为

$$\frac{\mathrm{d}h_{\mathrm{g}}}{\mathrm{d}x} = \frac{\partial h_{\mathrm{g}}}{\partial T}\frac{\mathrm{d}T}{\mathrm{d}x} + \frac{\partial h_{\mathrm{g}}}{\partial \varPhi}\frac{\mathrm{d}\varPhi}{\mathrm{d}x} \tag{10.100}$$

式中，下标 g 已经从 T 和 $\varPhi$ 中去掉。

令式(10.98)和式(10.100)的等号右边相等，并解出 $\mathrm{d}T/\mathrm{d}x$，可得

$$\frac{\mathrm{d}T}{\mathrm{d}x} = \left[\left(\dot{m}_{\mathrm{a}}'h_{\mathrm{a}} - h_{\mathrm{g}}\frac{\mathrm{d}\dot{m}_{\mathrm{g}}}{\mathrm{d}x} - h_{\mathrm{l}}\frac{\mathrm{d}\dot{m}_{\mathrm{l}}}{\mathrm{d}x} \right)\Big/ \dot{m}_{\mathrm{g}} - \frac{\partial h_{\mathrm{g}}}{\partial \varPhi}\frac{\mathrm{d}\varPhi}{\mathrm{d}x} \right]\Big/ \frac{\partial h_{\mathrm{g}}}{\partial T} \tag{10.101}$$

如果 $T, P, \varPhi$ 的平衡状态已知，则气体焓 h_{g} 和其偏微分 $\partial h_{\mathrm{g}}/\partial T$ 及 $\partial h_{\mathrm{g}}/\partial \varPhi$ 都可以计算。Olikara 和博尔曼的热平衡计算程序[45]（参见附录 F）可以进行这一计算。式(10.101)可以用式(10.85)来消去 $\mathrm{d}\dot{m}_{\mathrm{g}}/\mathrm{d}x$ 作进一步的简化，即

$$\frac{\mathrm{d}T}{\mathrm{d}x} = \left\{ \left[(h_{\mathrm{a}} - h_{\mathrm{g}})\dot{m}_{\mathrm{a}}' + (h_{\mathrm{g}} - h_{\mathrm{l}})\frac{\mathrm{d}\dot{m}_{\mathrm{l}}}{\mathrm{d}x} \right]\Big/ \dot{m}_{\mathrm{g}} - \frac{\partial h_{\mathrm{g}}}{\partial \varPhi}\frac{\mathrm{d}\varPhi}{\mathrm{d}x} \right\}\Big/ \frac{\partial h_{\mathrm{g}}}{\partial T} \tag{10.102}$$

至此，有必要进行一下小结，以便知道已进行到什么程度，以及还需进行什么工作。已经得到了 $\mathrm{d}D^2/\mathrm{d}x$ 和 $\mathrm{d}T_{\mathrm{g}}/\mathrm{d}x$ 的一阶常微分方程。给定初始条件，这些方程可以通过积分（数值上的）来得到 $D(x)$ 和 $T_{\mathrm{g}}(x)$。剩下的就是要找到求解 $\varPhi$ 和 $\mathrm{d}\varPhi/\mathrm{d}x$ 的关系式，以及用于求解液滴速度 $v_{\mathrm{d}}(x)$ 的微分方程。

3. 气相成分

现在的目标是求当量比 $\varPhi(x)$ 的轴向分布。这一计算是质量守恒的一个推论，因为只要知道任一轴向位置的燃料和氧化剂的质量就可以了。

假设在燃烧器入口 $x=0$ 处有一初始气流。这一气流可能是已燃或未燃的氧化剂和燃料的混合物（或者是纯氧化剂或纯燃料），可以用下式表示

$$\dot{m}_{\mathrm{g}}(0) = \dot{m}_{\mathrm{F}}(0) + \dot{m}_{\mathrm{a}}(0) \tag{10.103}$$

任意位置 x 的燃料-氧化剂比率等于由初始燃料产生的气相质量流量与由初始氧化剂产生的气相质量流量之比，即

$$(F/O)_x = \frac{\dot{m}_{\mathrm{F},x}}{\dot{m}_{\mathrm{a},x}} = \frac{\dot{m}_{\mathrm{g}}(x) - \dot{m}_{\mathrm{a},0} - \displaystyle\int_0^x \dot{m}_{\mathrm{a}}'\mathrm{d}x}{\dot{m}_{\mathrm{a},0} + \displaystyle\int_0^x \dot{m}_{\mathrm{a}}'\mathrm{d}x} \tag{10.104a}$$

式（10.104a）整理后可得

$$(F/O)_x = \dot{m}_g \left(\dot{m}_{a,0} + \int_0^x \dot{m}'_a \mathrm{d}x \right)^{-1} - 1 \tag{10.104b}$$

对 x 求导，得

$$\frac{\mathrm{d}(F/O)_x}{\mathrm{d}x} = \frac{\mathrm{d}\dot{m}_g}{\mathrm{d}x} \left(\dot{m}_{a,0} + \int_0^x \dot{m}'_a \mathrm{d}x \right)^{-1} - \dot{m}_g \dot{m}'_a \left(\dot{m}_{a,0} + \int_0^x \dot{m}'_a \mathrm{d}x \right)^{-2} \tag{10.105}$$

当量比和其微分可以很容易地由定义求出

$$\Phi(x) \equiv (F/O)_x / (F/O)_{\Phi=1} \tag{10.106}$$

及

$$\frac{\mathrm{d}\Phi(x)}{\mathrm{d}x} \equiv \frac{1}{(F/O)_{\Phi=1}} \frac{\mathrm{d}(F/O)_x}{\mathrm{d}x} \tag{10.107}$$

式中，假设以气相进入燃烧室的燃料（$\dot{m}_F(0)$）与喷入的燃料（$\dot{m}_l(0)$）有着相等的碳氢比。否则，$(F/O)_{\Phi=1}$ 也会随位置而变化，而这些变化必须加以考虑。

4. 液滴动量守恒

高速喷入的燃料液滴在低速气流中由于阻力而减速。当燃料蒸发和燃烧时，气流速度会增加，这可能会使液滴减速减慢甚至加速，这取决于气体和液滴的相对速度。相对速度还会影响蒸发速率。假设空气阻力是作用在液滴上唯一的力，且这个力与 V_{rel} 同向。图 10.19(a) 给出了相对速度 V_{rel} 的定义。对液滴使用牛顿第二定律（$F = ma$），得

$$F_d = m_d \frac{\mathrm{d}v_d}{\mathrm{d}t} \tag{10.108}$$

由 $\mathrm{d}x = v_d \mathrm{d}t$，将上式从时间域变到空间域，可得

$$F_d = m_d v_d \frac{\mathrm{d}v_d}{\mathrm{d}x} \tag{10.109}$$

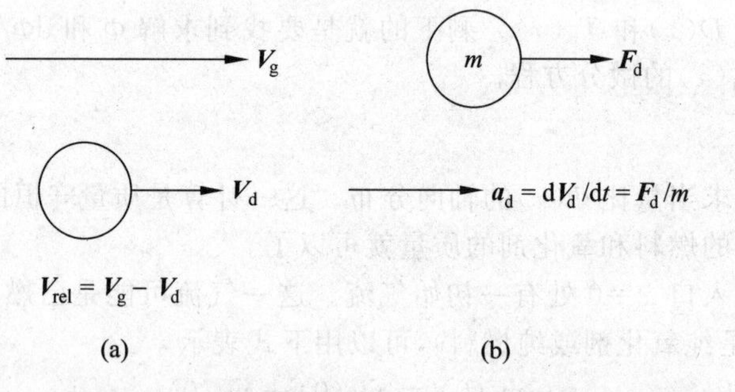

$$V_{rel} = V_g - V_d$$

(a)　　　　　　　　(b)

图 10.19　(a)液滴在气流中相对速度的定义；(b)用于液滴的牛顿第二定律。

空气阻力可以用一个合适的空气阻力系数来得到[46]，即

$$C_D = f(Re_{D,rel}) \approx \frac{24}{Re_{D,rel}} + \frac{6}{1 + \sqrt{Re_{D,rel}}} + 0.4 \tag{10.110}$$

式中，$0 \leqslant Re_{D,rel} \leqslant 2 \times 10^5$，$C_D$ 定义为

$$C_D = \frac{F_d/(\pi D^2/4)}{\rho_g v_{rel}^2/2} \tag{10.111}$$

将式(10.111)代入式(10.109),并整理得

$$\frac{dv_d}{dx} = \frac{3C_D\rho_g v_{rel}^2}{4\rho_l Dv_d} \tag{10.112}$$

式中,dv_d/dx 的符号与 v_{rel} 相同,或者表示为

$$\frac{dv_d}{dx} = \frac{3C_D\rho_g(v_g-v_d)\mid v_g-v_d\mid}{4\rho_l Dv_d} \tag{10.113}$$

10.6.5　模型小结

我们导出了由一组常微分方程和相应的代数关系式组成的数学模型,来描述蒸发控制的一维燃烧器的过程。从数学上讲,这是一个初值问题,要先给出在入口($x=0$)处的温度和流量。为了使求解过程清晰,将控制方程和相应的初始条件总结如下。

(1) 液体质量(液滴直径)

$$\frac{dD^2}{dx} = f_1 \tag{10.91}$$

及

$$D(0) = D_0$$

(2) 气体质量

$$\dot{m}_g(x) = \dot{m}_g(0) + \dot{m}_l(0) - \dot{m}_l(x) + \int_0^x \dot{m}'_a dx \tag{10.86}$$

式中

$$\dot{m}_g(0) = \dot{m}_{F,0} + \dot{m}_{a,0}$$

(3) 气体能量

$$\frac{dT_g}{dx} = f_2 \tag{10.102}$$

及

$$T_g(0) = T_{g,0}$$

(4) 液滴动量(速度)

$$\frac{dv_d}{dx} = f_3 \tag{10.113}$$

及

$$v_d(0) = v_{d,0}$$

除了上面的方程外,还需要几个纯代数方程和 C-H-O-N 系统复杂热力学平衡关系才能使方程组封闭。

上面的控制方程很容易使用一些已有的计算程序[47,48]来进行积分。要计算气相平衡组分的物性,可以使用第 2 章提到的方法,也可以用一些已有的程序或子程序就可以达到这一目的,例如参考文献[45]。Olikara 和博尔曼计算程序使用起来很方便,它在计算平衡组

分的同时,也可以计算不同的偏微分(例如$\partial h/\partial T,\partial h/\partial \Phi$等)。

【例 10.5】 如图 10.20 所示的一个液体火箭发动机,在一个缩放喷管之前有一个圆筒式燃烧室。一部分的燃料通过蒸发来冷却喷嘴,因此燃料包括液体和气体两种,与气体的氧化剂一起进入燃烧室。液体燃料在喷射板处(燃烧室的头部,$x=0$处)被雾化成小液滴。用下面给出的参数,并用上面导出的一维分析方法,来分析初始液滴直径 D_0 对沿燃烧室轴向的温度分布 $T(x)$ 和气体当量比分布 $\Phi(x)$ 的影响。同时还要计算液滴直径随时间的变化和液相、气相的速率。

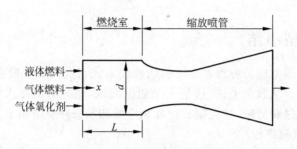

图 10.20 带圆筒燃烧室的液体燃料火箭发动机示意图。

燃烧室截面积	$0.157 m^2$
燃烧室长度	$0.725 m$
燃料喷射总面积	$0.0157 m^2$
燃料	正庚烷(C_7H_{16})
总当量比,Φ_{OA}	2.3
预混当量比,$\Phi(0)$	0.45
初始温度,$T(0)$	801K
燃烧室压力	3.4474MPa
初始液滴速度,$v_d(0)$	10m/s

解 用 Fortran 语言对上述的一维燃烧数学模型(式(10.91),式(10.86),式(10.102)和式(10.113))编程。用一个主程序计算在给定的输入参数下的初始条件,并采用 IMSL 程序 DGEAR[47] 来进行常微分方程的积分。用 Olikara 和博尔曼的一个用于无氮氧化剂的程序来计算热力学平衡物性和热力学参数的偏微分[45]。从附录 B 中获得正庚烷蒸气的物性(k,μ 和 c_p)的曲线拟合关系,正庚烷的蒸发潜热用克劳修斯-克拉珀龙方程从蒸气压力计算得到[50]。为简化起见,气相的输运特性假设为纯氧气的物性,用曲线拟合的方法获得[49]。忽略对流引起的蒸发加强。

针对 5 个初始的液滴直径(30~200μm)进行计算的结果如图 10.21 和图 10.22 所示。从图中看到,对于最小的两个初始直径($D_0=30,50\mu$m),在燃烧室长度内燃烧完全,即在一

个小于 $L(=725\text{mm})$ 的距离内 D/D_0 变为零。但对于较大的液滴,在燃料室内只是部分蒸发后就离开了。如图 10.21 所示,要使液滴在燃烧室内完全燃烧,液滴的初始直径应小于 $80\mu\text{m}$。由于燃烧室整体上是富燃料燃烧的,所以气相当量比 Φ_g 单调上升,其初始值取决于进入燃烧室的燃料蒸气的初始值。最高温度达到 3400K,出现在 $\Phi_g=1$ 处(参见第 2 章)。从图 10.21 看到,对于小液滴($30\mu\text{m}$),其温度最高点出现在喷射面板附近。而对于大液滴($200\mu\text{m}$),在燃烧室的出口还没有达到温度的最大值。实际上,燃烧烟气的热量过多地传给喷射面板会引起其损坏,因此,既要保证在燃烧室内的燃烧完全,又要尽可能地将最高温度尽可能地远离喷射面板,存在一个最佳的初始液滴尺寸。图 10.22 表明,伴随着液滴的蒸发和燃烧,气体的速度急剧增加。在初始液滴速度假设为 10m/s 的条件下,液滴速度总是小于气体速度,从而一直处于被加速的状态。也可以看到,对于存在这么大的相对滑移速度时,忽略对流对蒸发的加强作用是不合适的。

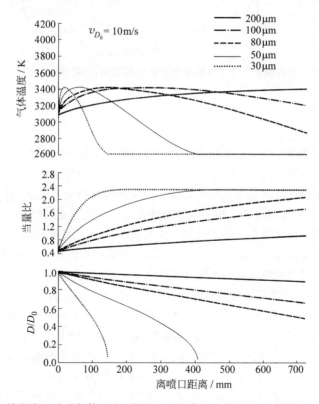

图 10.21 初始液滴尺寸对气体温度、当量比和液滴尺寸的影响,初始液滴速度为 10m/s。

注:这个例子表明即使是一个简单的模型也可以用于获得对复杂情况的深入理解。由于变参数影响易于进行,这样的模型可以成为用于发动机设计和开发的指南。但是我们必须小心的是,在计算中这样一个模型可以很好地描述所包含的物理过程,但往往是不完整的,因此,在实际的燃烧系统的设计与开发过程中,经常要用到比这更复杂的计算程序。

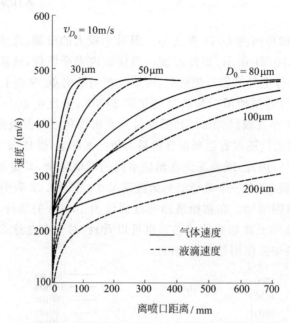

图 10.22 初始液滴尺寸对气体和液滴速度的影响，初始液滴速度为 10m/s。

10.7 小结

  本章首先介绍了许多实际设备是如何通过燃料液滴蒸发或燃烧来工作的。随后建立了几个数学模型来描述这些过程。第一个模型是一个简单的热气体中传热控制的液滴蒸发模型，这个模型与第 3 章介绍的传质控制的蒸发模型类似。假设液滴表面处于沸点，就可以不考虑与传质耦合，并得到非常简单且易用的计算蒸发速率和液滴寿命的表达式。第二个模型是一个更通用的有球对称火焰包围着的液滴蒸发分析模型。火焰假定为一无限薄的面，燃料液滴蒸发出来的蒸气在该处和扩散进来的氧化剂瞬时反应。这个简单的模型可以预测液滴燃烧速率、火焰半径、液滴表面及火焰温度以及液滴表面的燃料蒸气浓度。读者应熟悉各个守恒定律及其用于这一问题的求解，特别要对不同的质量流关系有物理上更深的理解。在燃烧液滴模型中，将传热和传质耦合起来，而不像第 3 章中只有传质分析（斯蒂芬问题）和本章中传热分析模型（液滴蒸发）。当然，如果假设液滴表面处于沸点，就又回到了传热控制的问题。读者应该会应用克劳修斯-克拉珀龙方程的温度-压力关系式来求液滴表面的燃料蒸气浓度。将简单气相理论的结果用于计算液滴寿命，可以得到液滴燃烧的 D^2 定律。集总参数和葱皮模型可以用来处理液滴加热的瞬态过程。应用薄膜理论，可以分析液滴在对流环境下的燃烧，可以看出，对流可以提高燃烧速率并缩短液滴寿命。本章还对许多在简化模型中忽略的复杂的因素作了简单的讨论。

  本章最后给出了一个简单但具有普遍意义的燃烧器的一维模型，其中燃烧速率是由喷入燃烧器的燃料液滴的蒸发速率决定的。这一模型的实际应用包括液体火箭发动机和燃气轮机燃烧室。此外，还介绍了结合液滴蒸发理论和化学平衡（第 2 章）的稳流控制体的分析方法。稳流控制体的分析法（质量、能量及液滴动量）很简单，读者完全可以自己来做相似的分析。将这个一维模型应用于液体碳氢燃料火箭发动机中,并考察了液滴初始大小对燃烧器设计关键参数的影响。使用合适的计算机代码,可以进行类似的设计分析。

10.8 符号表

A	克劳修斯-克拉珀龙常数,式(10.64)(Pa 或 atm);燃烧器流动面积,m^2
B	克劳修斯-克拉珀龙常数,式(10.64),K
B_q,$B_{o,q}$	传递数,或者称为斯波尔丁数
c_p	比定压热容,$J/(kg \cdot K)$
C_D	阻力系数
C_1,C_2	积分常数
D	直径,m
D	二元质量扩散率,m^2/s
F	力,N
F/O	燃料-氧化剂质量比
h	焓,J/kg
h_f^0	生成焓,J/kg
h_{fg}	蒸发潜热,J/kg
k	导热系数,$W/(m \cdot K)$
K	蒸发速率常数,m^2/s
L	燃烧器长度,m
Le	路易斯数 $\alpha/\mathcal{D}$
m	质量,kg
$\dot{m}$	质量流量,kg/s
$\dot{m}'$	燃烧器单位长度上的质量流量,$kg/(s \cdot m)$
$\dot{m}''$	质量通量,$kg/(s \cdot m^2)$
MW	摩尔质量,$kg/kmol$
$\dot{N}$	单位时间的液滴数,$1/s$
Nu	努塞尔数
P	压力,Pa 或 atm
Pr	普朗特数
q	单位质量热量,J/kg
$\dot{Q}$	传热速率,W
r	径向坐标,m;半径,m
R	气体常数,$J/(kg \cdot K)$

R_u	通用气体常数，$J/(kmol \cdot K)$
Re	雷诺数
Sh	舍伍德数
t	时间，s
T	温度，K
v	速度，m/s
v_r	径向速度分量，m/s
V	体积，m^3
$\mathbf{V}$	速度矢量，m/s
x	燃料分子中的碳原子数；轴向坐标，m
y	燃料分子中的氢原子数
Y	质量分数，kg/kg
Z, Z_T	$c_{pg}/(4\pi k_g)$，$(m \cdot s)/kg$
Z_F	$1/(4\pi\rho \mathcal{D})$，$(m \cdot s)/kg$

希腊符号

α	热扩散率，m^2/s
δ_T, δ_M	分别基于传热和传质的薄膜厚度，m
Δh_c	燃烧焓，J/kg
ν	化学当量空-燃比，kg/kg
ρ	密度，kg/m^3
Φ	当量比
χ	摩尔分数，kmol/kmol

下标

a	氧化剂（空气）
boil	沸点
cond	导热
d	液滴
f	火焰
F	燃料
g	气体
i	分界面
l, liq	液体
lg	液-气
Ox	氧化剂
Pr	产物
ref	参考状态

rel	相对
s	表面
sat	饱和
vap	蒸气
∞	自由气流或无穷远处
0	初始条件

10.9　参考文献

1. Hoffman, H., "Development Work on the Mercedes-Benz Commercial Diesel Engine, Model Series 400," SAE Paper 710558, 1971.

2. Eberle, M. L., "The Marine Diesel Engine—The Answer to Low-Grade Fuels," ASME Paper 80-DGP-16, 1980.

3. Correa, S. M., "A Review of NO_x Formation Under Gas-Turbine Combustion Conditions," *Combustion Science and Technology*, 87: 329–362 (1992).

4. Davis, L. B., and Washam, R. M., "Development of a Dry Low NO_x Combustor," ASME 89-GT-255, Gas Turbine and Aeroengine Congress and Exposition, Toronto, ON, 4–8 June 1988.

5. Shaw, R. J., "Engine Technology Challenges for a 21st Century High Speed Civil Transport," NASA Technical Memorandum 104363, 1991.

6. Mongia, H. C., "TAPS—A 4th Generation Propulsion Technology for Low Emissions," AIAA Paper 2003-2657, AIAA/ICAS International Air and Space Symposium and Exposition, Dayton, OH, 14–17 July 2003.

7. McDonell, V., "Lean Combustion in Gas Turbines," Chapter 5 in *Lean Combustion: Technology and Control,* (D. Dunn-Rankin, ed.), Academic Press, London, pp. 121–160, 2007.

8. Lefebvre, A. H., *Gas Turbine Combustion,* 2nd Ed., Taylor & Francis, Philadelphia, PA, 1999.

9. Dipprey, D. F., "Liquid Rocket Engines," in *Chemistry in Space Research* (R. F. Landel and A. Rembaum, eds.), Elsevier, New York, pp. 464–597, 1972.

10. Santoro, R. J., "Applications of Laser-Based Diagnostics to High Pressure Rocket and Gas Turbine Combustor Studies," AIAA Paper 98-2698, 1998.

11. Chehroudi, B., Talley, D., Mayer, W., Branam, R., Smith, J. J., Schik, A., and Oschwald, M., "Understanding Injection into High Pressure Supercritical Environments," Fifth International Conference on Liquid Space Propulsion, Chattanooga, TN, 28 [1/n] October 2003.

12. Nishiwaki, N., "Kinetics of Liquid Combustion Processes: Evaporation and Ignition Lag of Fuel Droplets," *Fifth Symposium (International) on Combustion,* Reinhold, New York, pp. 148–158, 1955.

13. Law, C. K., and Williams, F. A., "Kinetics and Convection in the Combustion of Alkane Droplets," *Combustion and Flame,* 19(3): 393–406 (1972).

14. Hubbard, G. L., Denny, V. E., and Mills, A. F., "Droplet Evaporation: Effects of Transients and Variable Properties," *International Journal of Heat and Mass Transfer,* 18: 1003–1008 (1975).

15. Williams, A., "Combustion of Droplets of Liquid Fuels: A Review," *Combustion and Flame,* 21: 1–21 (1973).

16. Faeth, G. M., "Current Status of Droplet and Liquid Combustion," *Progress in Energy and Combustion Science,* 3: 191–224 (1977).

17. Law, C. K., "Recent Advances in Droplet Vaporization and Combustion," *Progress in Energy and Combustion Science,* 8: 171–201 (1982).

18. Faeth, G. M., "Evaporation and Combustion of Sprays," *Progress in Energy and Combustion Science,* 9: 1–76 (1983).

19. Sirignano, W. A., "Fuel Droplet Vaporization and Spray Combustion Theory," *Progress in Energy and Combustion Science,* 9: 291–322 (1983).

20. Chiu, H. H., "Advances and Challenges in Droplet and Spray Combustion. I. Toward a Unified Theory of Droplet Aerothermochemistry," *Progress in Energy and Combustion Science,* 16: 381–416 (2000).

21. Choi, M. Y., and Dryer, F. L., "Microgravity Droplet Combustion," Chapter 4 in *Microgravity Combustion: Fire in Free Fall,* (H. D. Ross, ed.), Academic Press, London, pp. 183–298, 2001.

22. Godsave, G. A. E., "Studies of the Combustion of Drops in a Fuel Spray: The Burning of Single Drops of Fuel," *Fourth Symposium (International) on Combustion,* Williams & Wilkins, Baltimore, MD, pp. 818–830, 1953.

23. Spalding, D. B., "The Combustion of Liquid Fuels," *Fourth Symposium (International) on Combustion,* Williams & Wilkins, Baltimore, MD, pp. 847–864, 1953.

24. Kuo, K. K., *Principles of Combustion,* 2nd Ed., John Wiley & Sons, Hoboken, NJ, 2005.

25. Faeth, G. M., and Lazar, R. S., "Fuel Droplet Burning Rates in a Combustion Gas Environment," *AIAA Journal,* 9: 2165–2171 (1971).

26. Kumagai, S., and Isoda, H., "Combustion of Fuel Droplets in a Falling Chamber," *Sixth Symposium (International) on Combustion,* Reinhold, New York, pp. 726–731, 1957.

27. Faeth, G. M., "The Kinetics of Droplet Ignition in a Quiescent Air Environment," Ph.D. Thesis, The Pennsylvania State University, University Park, PA, 1964.

28. Kumagai, S., Sakai, T., and Okajima, S., "Combustion of Free Fuel Droplets in a Freely Falling Chamber," *Thirteenth Symposium (International) on Combustion,* The Combustion Institute, Pittsburgh, PA, pp. 779–785, 1971.

29. Hara, H., and Kumagai, S., "Experimental Investigation of Free Droplet Combustion Under Microgravity," *Twenty-Third Symposium (International) on Combustion.* The Combustion Institute. Pittsburgh, PA, pp. 1605–1610, 1990.

30. Dietrick, D. L., Haggard, J. B., Dryer, F. L., Nayagam, V., Shaw, B. D., and Williams, F. A., "Droplet Combustion Experiments in Spacelab," *Twenty-Sixth Symposium (International) on Combustion,* The Combustion Institute, Pittsburgh, PA, pp. 1201–1207, 1996.

31. Avedisian, C. T., "Soot Formation in Spherically Symmetric Droplet Combustion," in *Physical and Chemical Aspects of Combustion: A Tribute to Irvin Glassman* (F. L. Dryer and R. F. Sawyer, eds.), Gordon & Breach, Amsterdam, pp. 135–160, 1997.

32. Jackson, G. S., and Avedisian, C. T., "Experiments of the Effect of Initial Diameter in Spherically Symmetric Droplet Combustion of Sooting Fuel," *Proceedings of the Royal Society of London*, A466: 257–278 (1994).

33. Law, C. K., and Law, H. K., "Theory of Quasi-Steady One-Dimensional Diffusional Combustion with Variable Properties Including Distinct Binary Diffusion Coefficients," *Combustion and Flame*, 29: 269–275 (1977).

34. Law, C. K., and Law, H. K., "Quasi-Steady Diffusion Flame Theory with Variable Specific Heats and Transport Coefficients," *Combustion Science and Technology*, 12: 207–216 (1977).

35. Shuen, J. S., Yang, V., and Hsiao, C. C., "Combustion of Liquid-Fuel Droplets in Supercritical Conditions," *Combustion and Flame*, 89: 299–319 (1992).

36. Canada, G. S., and Faeth, G. M., "Combustion of Liquid Fuels in a Flowing Combustion Gas Environment at High Pressures," *Fifteenth Symposium (International) on Combustion*, The Combustion Institute, Pittsburgh, PA, pp. 419–428, 1975.

37. Law, C. K., Chung, W. H., and Srinivasan, N., "Gas-Phase Quasi-Steadiness and Fuel Vapor Accumulation Effects in Droplet Burning," *Combustion and Flame*, 38: 173–198 (1980).

38. Law, C. K., and Sirignano, W. A., "Unsteady Droplet Combustion and Droplet Heating II: Conduction Limit," *Combustion and Flame*, 28: 175–186 (1977).

39. Law, C. K., "Multicomponent Droplet Combustion with Rapid Internal Mixing," *Combustion and Flame*, 26: 219–233 (1976).

40. Megaridis, C. M., and Sirignano, W. A., "Numerical Modeling of a Vaporizing Multicomponent Droplet," *Twenty-Third Symposium (International) on Combustion*, The Combustion Institute, Pittsburgh, PA, pp. 1413–1421, 1990.

41. Cho, S. Y., Yetter, R. A., and Dryer, F. L., "Computer Model for Chemically Reactive Flow with Coupled Chemistry/Multi-component Molecular Diffusion/Heterogeneous Processes," *Journal of Computational Physics*, 102: 160–179 (1992).

42. Sirignano, W. A., "Fluid Dynamics of Sprays—1992 Freeman Scholar Lecture," *Journal of Fluids Engineering*, 115: 345–378 (1993).

43. Priem, R. J., and Heidmann, M. F., "Propellant Vaporization as a Design Criterion for Rocket-Engine Combustion Chambers," NASA Technical Report R-67, 1960.

44. Turns, S. R., and Faeth, G. M., "A One-Dimensional Model of a Carbon-Black Slurry-Fueled Combustor," *Journal of Propulsion and Power*, 1(1): 5–10 (1985).

45. Olikara, C., and Borman, G. L., "A Computer Program for Calculating Properties of Equilibrium Combustion Products with Some Application to I. C. Engines," SAE Paper 750468, 1975.

46. White, F. M., *Viscous Fluid Flow*, McGraw-Hill, New York, p. 209, 1974.

47. Visual Numerics, Inc., "DGEAR," IMSL Numerical Library, Houston, TX.

48. Press, W. H., Teukolsky, S. A., Vetterling, W. T., and Flannery, B. P., *Numerical Recipes 3rd Edition—The Art of Scientific Computing*, Cambridge University Press, New York, 2007.

49. Andrews, J. R., and Biblarz, O., "Temperature Dependence of Gas Properties in Polynomial Form," Naval Postgraduate School, NPS67-81-00l, January 1981.

50. Weast, R. C. (ed.), *CRC Handbook of Chemistry and Physics,* 56th Ed., CRC Press, Cleveland, OH, 1975.

51. Evans, A. F., *The History of the Oil Engine: A Review in Detail of the Development of the Oil Engine from the Year 1680 to the Beginning of the Year 1930,* Sampson Low Marston & Co., London, pp. vii–x (Foreword by Sir Dugald Clerk), undated (1932).

10.10　习题

10.1　计算一直径 1mm 的水滴在 500K,1atm 的干热空气中的蒸发速率常数。

10.2　计算正己烷液滴在静止空气(800K,1atm)中蒸发时的寿命,液滴直径分别为 1000,100,10μm。同时,计算平均蒸发速率 m_0/t_d,其中 m_0 为初始液滴质量。假设液体密度为 664kg/m^3。

10.3　试确定环境温度对液滴寿命的影响。用习题 10.2 中确定的正己烷液滴,$D_0=100\mu$m,$T=800$K 为基本工况。温度取 600,800,1000K。为了区分出温度本身的影响和温度变化引起的物性变化的影响,首先计算假设其物性与基本工况($D_0=100\mu$m,$T=800$K)下的物性相同时的液滴寿命,然后考虑改变温度条件带来的物性变化,再进行计算,作图并讨论计算结果。

10.4　试用直径为 500μm 的水滴确定压力对液滴寿命的影响。液滴周围环境为 1000K 的干燥空气。分别取压力为 0.1,0.5,1.0MPa。作图并讨论计算结果。

10.5　一个直径 1mm 的正己烷液滴,在常压空气中燃烧,试估计其质量燃烧速率。假设没有热量传导到液滴内部,且液滴温度等于液体的沸点。环境空气温度为 298K。

10.6　根据习题 10.5,计算火焰半径与液滴半径之比以及火焰温度。

*10.7　根据习题 10.5 和习题 10.6 的已知条件,在 $r_s \leqslant r \leqslant 2r_f$ 的范围内画出温度分布。根据所画的结果,试比较从火焰传给液滴的热量与火焰传给环境的热量,哪个更多。讨论结果的物理意义。

10.8　去除液滴温度等于液体沸点的假设后,重新做习题 10.5 和习题 10.6。正己烷的克劳修斯-克拉珀龙常数为:$A=25\,591$atm,$B=3471.2$K。分别将计算结果与习题 10.5 和习题 10.6 的结果进行比较,并讨论。

10.9　设有一个燃料液滴从燃气轮机的一次燃烧区飞出。如果燃气和液滴都以 50m/s 的速度在燃烧器中流动。试估计要将该液滴燃尽所需要的燃烧器长度,并讨论计算结果的含义。

为了简化物性计算,假设燃烧产物的物性与空气一致。对于燃料液滴,用正己烷的物性。假设液滴密度为 664kg/m^3。同时,假设 $T_s=T_{boil}$,在给定压力下,用克劳修斯-克拉珀龙常数来估计 T_{boil}。相关参数还有 $P=10$atm,$T_\infty=1400$K,液滴直径 $D=200\mu$m。

10.10　在习题 10.9 中,如果在液滴和气流之间引入一个 10m/s 的滑移速度,结果又会怎样? 通过比较有、无滑移速度下初始燃烧速率的差异来分析。

10.11　推导对流环境下,液滴燃烧的幂指数关系

$$D^n(t) = D_0^n(t) - K't$$

式中,n 的值需要通过读者分析确定。同时,读者还需要定义一个合适的燃烧速率常数 K'。为了简化分析过程,假设

$$Nu = CRe^{0.8} Pr^{1/3}$$

式中,C 为已知常数,而不必用式(10.78)求解。

10.12　试计算考虑加热过程对液滴寿命的影响。将习题 10.5 的计算结果(忽略加热)作为比较对象,并用"葱皮模型"计算加热过程的影响,进行比较。对于液滴加热模型,假设液滴的整体温度为 300K,液体的比热容为 2265J/(kg · K)。

10.13　从式(10.69)出发,假设传入液滴内部的热量 q_{i-1} 为 0,证明:

$$\Delta h_c = c_{pg}(T_f - T_s) + \nu c_{pg}(T_f - T_\infty) + h_{fg}$$

并讨论上式中各项的物理意义。

10.10.1　大作业

需要用相应的软件来完成各个大作业。要有程序来计算物质的平衡物性,且有相应的偏导数(附录 F)和数值积分程序。

1. 对燃气轮机燃烧筒的一次燃烧区进行建模,假设模型为一维,并应用第 10 章的其他假设。已知:

$\Phi_{supplied} = 1.0, \dot{m}_{a,0} = 0.66kg/s, A = 0.0314 \ m^2, L = 0.30m, P = 10atm, T_{inlet, air} = 600K$。

(1) 如果燃料在一次燃烧区燃烧 95%,试确定液滴所允许的最大直径。为了简化蒸发计算,运用下面的近似参数值,并假设它们与温度无关:

$C_{12}H_{26}$(正十二烷)

$\rho_l = 749 \ kg/m^3, h_{fg} \approx 263kJ/kg, k_g = 0.05W/(m \cdot K), c_{pg} = 1200J/(kg \cdot K), T_b = 447K$。用 1600K 下空气的物性来求 Re,Pr 和 Nu。

(2) 根据(1)的结果,画出 $D(x)$,$T_g(x)$,$v_g(x)$ 和 $\Phi_g(x)$,讨论你的结果。

2. 有一个直径为 0.2m 的燃气轮机燃烧筒。假设燃料可以近似为正十二烷,物性与大作业 1 相同。一次区出口处的烟气条件为:

$\Phi_g = 1.0$

$P = 10atm$

$T_g = 2500K$

$\dot{m}_g = 0.6997kg/s$

不是所有喷入燃烧器的燃料都是在一次区燃尽的,余下的燃料会以液滴的形式进入二次燃烧区,流量为 0.00441kg/s,直径为 25μm。

如果余下的燃料全部在二次区燃尽,请计算二次区需要多长?其中,假设二次风以单位

长度固定的速率$\dot{m}_a'$加入，二次风总流量为 1.32kg/s。

要将液滴燃尽，需要多长时间（提示：$dt = dx/v_d$）？同时计算二次区尾部的温度和当量比。

讨论计算结果，并绘制一系列重要参数随 x 轴向距离变化的图来加以佐证。

10.11　附录 10A

10.11.1　哈利 R.里卡多爵士关于柴油机燃烧的描述[51]

"在结束之前，我要再给大家上一堂对于技术课程来说是非传统的课。现在请大家想象一下，跟我一起进到柴油机的汽缸中。让我们好像很舒适地坐在一台柴油机引擎的活塞顶部，此时正是压缩冲程刚刚结束或快要结束的时候。四周一片漆黑，空气令人窒息，而温度也已超过 500℃，几乎达到暗红的热度，而且空气的密度很大。如果将这样的空气装满一个中等大小的起居室，重量可达 1 吨。缸内气流强大，就好比秋天大风中的落叶一样，会被这强大的气流轻易卷起。就在这时，我们头顶的一个阀门突然打开，燃料像暴雨般倾盆而落。称其为暴雨，但液滴的速度实际上比雨滴快得多，就像来复枪的子弹一样快。有一阵子，什么也没有发生，燃料雨一直还在下着，周围一片漆黑。突然，或许就在我们的右边，一道亮光出现了，并且迅速、自发地移动着。一瞬间，在我们周围出现了无数道大大小小的亮光，直到我们周围充满了耀眼闪烁的光线。随着时间的推移，稍小一点的火球暗淡下去，最终熄灭了；而大一点的则像彗星一样，产生一条火红的焰尾。这些小火球也会偶尔碰到壁面上，由于有燃烧的蒸气包围着，这些小火球会像水滴打到炙热的板上一样飞弹开来。在我们头顶上方，依然是漆黑一片，燃料雨继续下着，周围越来越热。现在请注意，变化正在发生。在我们周围，许多小火球消失了，但不断有新的出现，且向头顶聚集，并沿着喷嘴的射流方向向下游和外部迅速流动。再看我们的周围，亮光正在变黄，且不再定向移动，而开始漫无目的地飘来飘去。在各个地方，它们汇集成浓雾，火焰苍白，且冒着黑烟，显然是缺少所需的氧气。现在，在我们头顶上已经令人眼花缭乱。朝上看去，原来完全黑暗的燃料雨落下的地方已经成了一个火焰喷流，就像从火箭喷射一样。这样的景色持续了一会儿，随着燃料阀门的关闭而消失了。一些未燃尽的火球还在我们的上方和周围，它们拖着长长的焰尾，寻找最后残存的氧气，并燃烧殆尽。如果真是如此，一切就算结束；如果不是，气缸外面那些僵硬死板的工程师会抱怨尾气有点脏，然后提前一点关闭燃料阀门。镜头结束了，或说是我的故事结束了。不过还想请你注意的是，刚才我花五分钟讲述的过程实际上只发生在五百分之一秒，或者更短的时间之内。"

湍流概论

11.1　概述

　　在涉及流体的实际设备中,湍流的情形要远多于层流,像往复式内燃机、燃气轮机、窑炉、锅炉、火箭发动机等燃烧设备中的流动都属湍流。但对于湍流的数学描述及其控制守恒方程的求解要比层流情况难得多。湍流的解析解和数值解都属于工程近似方法,即便是最简单的几何结构也不例外,而且会有很大的误差。相对而言,许多层流问题,特别是对于较为简单的几何结构问题,可以获得精确解;而对于更复杂的几何结构问题,则可用数值方法得到相当准确的解。即使能描述湍流所需的所有信息,求解湍流问题至今仍然有着本质的障碍,那就是世界上还没有足够大的计算机用以求解;另一方面,即使问题可以简化到目前的计算机可以计算的程度,误差又会非常大,尤其是对那些未经实验研究的流动情况。即便如此,这一前沿研究中仍取得了相当的进展。由于湍流在工程及其他用途中所具有的突出重要性,多年来,研究者们竭尽全力来研究湍流,并提出了湍流的描述和预测方法,并用于实际设备的设计。

　　根据本书的目的,本书只作初步和有限的讨论。首先,我们回顾一下流体力学课上讲到的与湍流有关的几个重要概念,包括湍流中速度和标量(如温度和组分)的特性,湍流的物理意义,湍流尺度的定义以及最简单的数学描述。本章的第二个任务是讨论自由(不受限)湍流射流的基本性质。这种原型流动形式常常出现在许多实际的燃烧设备中。因此,对其进行研究对更为复杂的流动形式很有用。例如,在火花点火发动机的进气冲程中,进气阀门打开,气体通过很窄的进气通道进入气缸产生的流动形态就类似于射流。在汽缸中,进气射流以及活塞运动引起的其他流动会与汽缸壁和顶部发生相互作用。在燃气轮机中,二次反应区与稀释区中的流动由射流和壁流组成(参看图 10.4)。需要同时考虑湍流射流和壁流的实际设备还有工业燃烧器和窑炉等。当然,在所有设备中,实际的流动要比在本章学到的简单情况复杂很多,但是,清楚地了解简单流动的性质是进一步研究复杂流动的基础。

　　这一章只讨论无反应(无燃烧)、不可压缩流体湍流的基本特性。后边两章则主要集中讨论火花点火发动机中的预混湍流火焰(第 12 章)和非预混湍流射流火焰（第 13 章）。

11.2　湍流的定义

当流体的流动不稳定性不因黏性作用衰减，且流体中每一点的速度都随机脉动时，就会产生湍流。学习过流体力学的读者应熟悉奥斯本·雷诺[1]的著名实验，他通过向流体中加入染料的方法观察到管内流体从层流转变为湍流的过程，并用一个无量纲数加以描述。现在用这位早期的流体力学家的名字命名这个无量纲数，即**雷诺数**。各种不同流体特性的随机不稳定性是湍流的一大特征，图 11.1 显示了轴向速度的随机不稳定性。描述湍流流场的一个很重要方法是定义**平均量**和**脉动量**。平均量定义为足够大时间间隔内（$\Delta t = t_2 - t_1$）流体特性的时间平均量，即

$$\bar{p} \equiv \frac{1}{\Delta t} \int_{t_1}^{t_2} p(t) \mathrm{d}t \tag{11.1}$$

式中，p 是任意一种流体特性，如速度、温度、压力等。脉动量 $p'(t)$ 是瞬时值 $p(t)$ 与平均值 $\bar{p}$ 之差，即

$$p(t) = \bar{p} + p'(t) \tag{11.2}$$

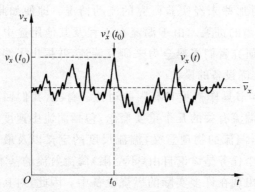

图 11.1　在湍流流动中某点速度随时间的变化。

图 11.1 给出了在特定时刻 t_0 时 v_x 的脉动特性，即 $v_x(t_0) = \bar{v}_x + v'_x(t_0)$。在湍流燃烧中，温度、密度和组分通常也有很大的脉动，定义如下：

$$T(t) = \bar{T} + T'(t)$$
$$\rho(t) = \bar{\rho} + \rho'(t)$$
$$Y_i(t) = \bar{Y}_i + Y'_i(t)$$

这种将变量表示为平均量与脉动量之和的方法称为**雷诺分解**。

经常将湍流脉动的**强度**用其均方根来表示，即

$$p'_{\mathrm{rms}} \equiv \sqrt{\overline{p'^2}} \tag{11.3a}$$

则**相对强度**定义为

$$p'_{\text{rms}} \big/ \bar{p} \qquad\qquad (11.3b)$$

相对强度常用百分数表示。

　　湍流流动的物理特性是什么？图11.2可以做出部分解释。从图11.2中可以看到，流体团块和流体丝线缠绕在一起。在流体力学中有一个常用的概念：**流体旋涡**。一个旋涡被视为一个宏观的流体微团，而其中组成旋涡的微观流体——微团单元则具有一致的特性。比如，嵌在流体中的**涡流**就可以视为一个旋涡。一个湍流状态下的流体包括许多尺寸大小和**涡量**（度量角速度的物理量）不同的旋涡。一个大涡中还可能包含许多小涡。充分湍流流动的一个特性就是有各种尺度的旋涡的存在。对于湍流来说，雷诺数可以用来衡量湍流尺度涉及的范围，即雷诺数越大，说明最小的旋涡与最大的旋涡尺寸差别越大。正是由于湍流尺度的范围很大，才使得很难从基本原理出发直接对湍流进行计算。11.3节还会更为细致地讨论湍流尺度。

　　流动微团之间的快速缠绕是湍流区别于层流的特性之一。流动微团的湍流运动使得动量、组分和能量能迅速地在穿过其流线的方向上传输，远比层流中由分子扩散控制的传输速度快得多。因此，极大部分实际应用的燃烧设备都采用湍流方式来实现在很小的体积内的快速混合和释热。

11.3　湍流的几何尺度

　　为了更好地理解湍流结构的性质，可以进一步讨论描述湍流的一些几何尺度。而且，对湍流的重要几何尺度的理解有利于理解对预混湍流火焰的讨论（第12章），正是不同尺度之间的关系决定了湍流燃烧的本质特性。

11.3.1　4个几何尺度

　　在有关湍流的文献中，定义了许多几何尺度，但其中最常用的是下面要讨论的4个。按照尺度的大小降序排列，分别为：

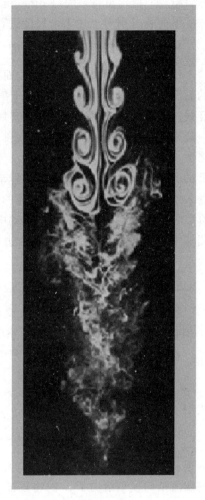

图11.2　无反应射流流场中的拟序结构。（资料来源：杜闰萍.液体快速射流混合过程的PLIF实验研究[D].北京：清华大学.）

L——流动的特征宽度或宏观尺度;

ℓ_0——湍流的积分尺度或宏观尺度;

ℓ_λ——泰勒(Taylor)微尺度;

ℓ_K——柯尔莫哥洛夫(Kolmogorov)微尺度。

下面将分别对上述 4 个尺度进行分析,给出它们的物理解释,拓宽对湍流结构的认识。

1. 流动的特征宽度或宏观尺度

L 是系统中最大的一个尺度,而且也是最大可能旋涡的上边界。比如,在管流中,最大的旋涡尺寸等于管道的直径;对于射流,L 则表示任意轴向位置上射流的局部宽度。在往复式内燃机中,L 则将被定义为随时间变化的活塞头与汽缸头部的间距,或者为汽缸内径。一般来讲,这一尺度根据实际的硬件或设备来确定。这一尺度常用来定义平均流速下的雷诺数,而不用于定义湍流雷诺数,湍流雷诺数要用其他三种尺度来定义。燃烧学一个特别注重的研究就是流动中最大的结构搅动流体的能力。比如,燃料射流中最大的旋涡能很好地**卷入**或**搅动**空气,将空气带入射流的中心区域。这种大尺度的卷入或搅动过程在图 11.2 中可以看得很清楚。在某些湍流流动中,持久有组织的运动与随机运动可以同时存在。这类湍流中最常见的例子是二维混合边界层,其中,沿宽度方向黏附的旋涡结构支配着大尺度运动[4,5]。

2. 湍流的积分尺度或宏观尺度

积分尺度 ℓ_0 表示了湍流中大旋涡的平均尺寸,这些涡的频率低、波长大。ℓ_0 永远小于 L,但量级相同。将空间两点脉动速度之间的相关系数表示为两点之间距离的函数,并对其进行积分,可求得积分尺度,所用到的公式为

$$\ell_0 = \int_0^\infty R_x(r)\,\mathrm{d}r \tag{11.4a}$$

式中

$$R_x(r) \equiv \frac{\overline{v_x'(0)v_x'(r)}}{v_{x,\mathrm{rms}}'(0)v_{x,\mathrm{rms}}'(r)} \tag{11.4b}$$

不很精确地说,ℓ_0 可以看成是流体中脉动速度不再相关的两点间的距离。文献[6]用可能的湍流结构模型给出了 ℓ_0 的物理描述:一种模型将 ℓ_0 表示形成流体细微结构的狭小涡管间的间距[7];另一种则将 ℓ_0 表示薄涡层间的间距[8]。图 11.3 给出了基于涡管之间距离中积分尺度的可视化图例。

3. 泰勒微尺度

泰勒微尺度 ℓ_λ 是介于 ℓ_0 和 ℓ_K 之间的几何尺度,但是更偏向于小尺度。这一尺度与平均应变率有关,数学表达式为[6]

$$\ell_\lambda = \frac{v_{x,\mathrm{rms}}'}{\left[\overline{\left(\frac{\partial v_x}{\partial x}\right)^2}\right]^{1/2}} \tag{11.5}$$

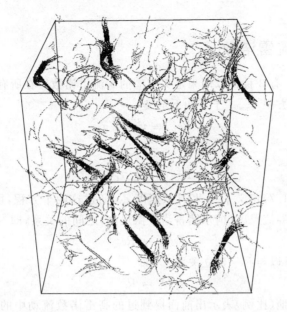

图 11.3　各向同性湍流的直接数值模拟结果表示了强涡（黑线）的管状结构，而此时中
　　　　等强度的涡（灰线）显示结构化不明显。$\mathrm{Re}_{\ell_\lambda} \approx 77$。（资料来源：参考文
　　　　献[13]，获得复制许可）

式中，分母即为平均应变率。从物理上讲，泰勒微尺度是黏性耗散开始影响旋涡的长度
尺度[9]。

4. 柯尔莫哥洛夫微尺度

柯尔莫哥洛夫微尺度 ℓ_K 是湍流流动中最小的尺度，代表了湍流动能耗散为流体内能的
尺度。因此，在柯尔莫哥洛夫微尺度下，分子作用（运动黏度）非常重要。量纲分析[10,11]显
示，ℓ_K 可以与耗散率 ϵ_0 建立联系，即

$$\ell_K \approx (\nu^3 / \epsilon_0)^{1/4} \tag{11.6}$$

式中，ν 是分子的运动黏度，耗散率可以近似地表示为

$$\epsilon_0 \equiv \frac{\delta(\mathrm{ke}_{\mathrm{turb}})}{\delta t} \approx \frac{3 v'^2_{\mathrm{rms}}/2}{\ell_0 / v'_{\mathrm{rms}}} \tag{11.7}$$

注意，积分尺度出现在了耗散率的估计值中，这样就建立起了两种尺度之间的联系。下面还
将给出各种尺度之间的关系。另外，对于刚刚开始学习湍流的读者来说，量纲分析是很有益
处的，有时是启发性的。式(11.6)和式(11.7)就是一个例子。

最后要指出的是，ℓ_K 可以给出具体的物理解释。在文献[7]的湍流模型中，ℓ_K 表示整个
湍流中最小涡管或涡线的厚度，而在文献[8]中，ℓ_K 则表示流动中嵌入的涡流层厚度。直接
数值模拟（见图 11.3）表明，最强的涡量出现在具有柯尔莫哥洛夫微尺度直径的涡

管中[12,13]。

11.3.2 湍流雷诺数

上述 4 种尺度中,有 3 种可以用来定义相应的湍流雷诺数。在所有的雷诺数中,特征速度都是脉动速度的均方根 v'_{rms}。于是如下定义

$$Re_{\ell_0} \equiv v'_{rms}\ell_0/\nu \tag{11.8a}$$

$$Re_{\ell_\lambda} \equiv v'_{rms}\ell_\lambda/\nu \tag{11.8b}$$

$$Re_{\ell_K} \equiv v'_{rms}\ell_K/\nu \tag{11.8c}$$

式(11.6)和式(11.7)定义了 ℓ_K 和耗散速度 ϵ_0,通过这两个方程,可以导出最大湍流尺度(积分尺度)和最小湍流尺度(柯尔莫哥洛夫微尺度)之间的关系,即

$$\ell_0/\ell_K = Re_{\ell_0}^{3/4} \tag{11.9}$$

泰勒微尺度,ℓ_λ 同样可以与 Re_{ℓ_0} 建立关系[11],即

$$\ell_0/\ell_\lambda = Re_{\ell_0}^{1/2} \tag{11.10}$$

式(11.9)半定量地(比例)表示出前面提到过的高雷诺数流动中的湍流尺度跨度很大。比如,当 $Re_{\ell_0}=1000$ 时,$\ell_0/\ell_K\approx178:1$;但是当 Re_{ℓ_0} 增加到 10 000 时,即增加平均速度,比例变为 $1000:1$。如图 11.4 所示为随着雷诺数增加而引起更小尺度湍流发展的情况,但流动中最大的尺度却没有什么变化。在第 12 章将会介绍湍流尺度与层流火焰厚度的相对关系将决定湍流火焰的性质。

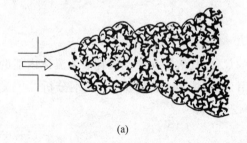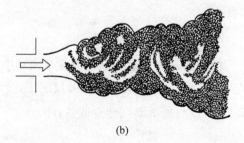

(a)　　　　　　　　　　　　　　(b)

图 11.4　(a)低雷诺数下的湍流射流；(b)高雷诺数下的湍流射流。阴影部分表示了小尺度湍流的结构。(资料来源：文献[10],得到 MIT 出版社的复制许可)

【例 11.1】　一台烧天然气的工业燃气轮机,其额定功率为 3950kW,性能规格如下：

空气流速＝15.9kg/s,$F/A＝0.017$,一次风/二次风＝45/55,燃烧器压力＝10.2atm,燃烧器入口温度＝600K,一次反应区温度＝1900K,稀释区温度＝1300K。

如图 11.5 所示,燃气轮机的燃烧室可以有几种不同的结构。例题中描述的燃气轮机是环管燃烧器,配有 8 个直径为 0.20m 的燃烧器。图 2.4 就是单个燃烧器的照片。燃烧器的长径比为 1.5。

假设相对湍流强度约为 10%,而积分尺度约为燃烧器直径的 1/10,试估计不同位置的

柯尔莫哥洛夫微尺度：(1)燃烧器入口；(2)一次燃烧区；(3)稀释区尾部。

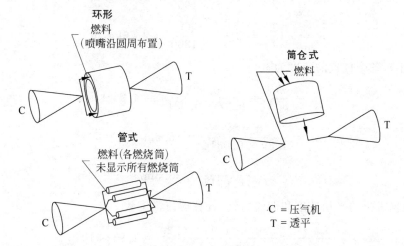

图 11.5 大型电站用燃气轮机的燃烧室的三种不同结构示意图。(资料来源：文献[14]，得到戈登和布雷奇科学出版公司的复制许可)

解 可以用式(11.9)来计算柯尔莫哥洛夫微尺度 ℓ_K。但首先要根据积分尺度 ℓ_0 求出湍流雷诺数。另外，为了得到每个燃烧筒所求位置的平均速度，要用到如下整体连续性方程

$$v_j = \frac{\dot{m}_j}{\rho_j A} \tag{I}$$

式中，下标 j 表示所求位置的编号。3 个位置的流速为

$$\dot{m}_j = \frac{(j \,处空气占总空气量的质量分数)\dot{m}_A + (F/A)\dot{m}_A}{燃烧器个数}$$

这样，在燃烧器入口和一次燃烧区，有

$$\dot{m}_1 = \dot{m}_2 = \frac{0.45 \times 15.9 + 0.017 \times 15.9}{8} = 0.928\text{kg/s}$$

在稀释区尾部，即透平入口有

$$\dot{m}_3 = \frac{1.0 \times 15.9 + 0.017 \times 15.9}{8} = 2.02\text{kg/s}$$

流动的横截面积为

$$A = \frac{\pi D^2}{4} = \frac{\pi \times 0.20^2}{4} = 0.0314\text{m}^2$$

各个位置的密度通过空气的理想气体状态方程求出，即

$$\rho_j = \frac{P}{(R_u/\text{MW})T_j}$$

因此得

$$\rho_1 = \frac{10.2 \times 101\,325}{(8315/28.85) \times 600} = 5.97\text{kg/m}^3$$

$$\rho_2 = \rho_1 \frac{T_1}{T_2} = 5.97 \times \frac{600}{1900} = 1.89 \mathrm{kg/m^3}$$

$$\rho_3 = \rho_1 \frac{T_1}{T_3} = 5.97 \times \frac{600}{1300} = 2.76 \mathrm{kg/m^3}$$

根据方程（Ⅰ），各个位置的速度为

$$v_1 = \frac{\dot{m}_1}{\rho_1 A} = \frac{0.928}{5.97 \times 0.0314} = 4.95 \mathrm{m/s}$$

$$v_2 = \frac{0.928}{1.89 \times 0.0314} = 15.6 \mathrm{m/s}$$

$$v_3 = \frac{2.02}{2.76 \times 0.0314} = 23.3 \mathrm{m/s}$$

下面根据求出的平均速度和湍流特性，计算湍流雷诺数

$$Re_{L,1} = \frac{\rho_1 v_1 D}{\mu_1} = \frac{5.97 \times 4.95 \times 0.20}{305.8 \times 10^{-7}} = 1.93 \times 10^5$$

$$Re_{L,2} = \frac{1.89 \times 15.6 \times 0.20}{663 \times 10^{-7}} = 8.89 \times 10^4$$

$$Re_{L,3} = \frac{2.76 \times 23.3 \times 0.20}{496 \times 10^{-7}} = 2.59 \times 10^5$$

$$Re_{\ell_0,1} = \frac{\rho_1 v'_{\mathrm{rms}} \ell_0}{\mu_1} = \frac{5.97 \times 0.1 \times 4.95 \times (0.20/10)}{305.8 \times 10^{-7}} = 1930$$

$$Re_{\ell_0,2} = \frac{1.89 \times 0.1 \times 15.6 \times (0.20/10)}{663 \times 10^{-7}} = 889$$

$$Re_{\ell_0,3} = \frac{2.76 \times 0.1 \times 23.3 \times (0.20/10)}{496 \times 10^{-7}} = 2590$$

在上述计算中，黏度值按空气查得，$v'_{\mathrm{rms}} = 0.1v$，$\ell_0 = L/10$。下面将求出的量代入式(11.9)计算柯尔莫哥洛夫微尺度为

$$\ell_{\mathrm{K}} = \ell_0 \, Re_{\ell_0}^{-3/4}$$

$$\ell_{\mathrm{K},1} = \frac{20 \mathrm{mm}}{10} \times 1930^{-0.75} = 0.069 \mathrm{mm}$$

$$\ell_{\mathrm{K},2} = \frac{20 \mathrm{mm}}{10} \times 889^{-0.75} = 0.123 \mathrm{mm}$$

$$\ell_{\mathrm{K},3} = \frac{20 \mathrm{mm}}{10} \times 2590^{-0.75} = 0.055 \mathrm{mm}$$

注：从结果可以看到，在所求的环管燃烧器中，柯尔莫哥洛夫微尺度是非常小的，量级为0.1mm，且最小值出现在透平的入口处。

11.4 湍流流动分析

在层流流动中用到的几个基本守恒方程同样适用于描述湍流流动,当然,是针对非定常的湍流情况。比如,可以写出如下非定常、常密度、牛顿流体的连续性(质量守恒)和纳维-斯托克斯 Navier-Stokes(动量守恒)方程(参照第 7 章)。

质量守恒:

$$\frac{\partial v_x}{\partial x} + \frac{\partial v_y}{\partial y} + \frac{\partial v_z}{\partial z} = 0 \tag{11.11}$$

x 方向的动量守恒:

$$\frac{\partial}{\partial t}\rho v_x + \frac{\partial}{\partial x}\rho v_x v_x + \frac{\partial}{\partial y}\rho v_y v_x + \frac{\partial}{\partial z}\rho v_z v_x$$

$$= \mu\left(\frac{\partial^2 v_x}{\partial x^2} + \frac{\partial^2 v_x}{\partial y^2} + \frac{\partial^2 v_x}{\partial z^2}\right) - \frac{\partial P}{\partial x} + \rho g_x \tag{11.12}$$

理论上,对上述方程加上另两个方向的动量方程、能量守恒和组分守恒方程数值求解,可得到流体中离散点上的函数 $v_x(t)$,$v_y(t)$,$v_z(t)$,$T(t)$ 和 $Y_i(t)$。但是,要求解流动中的细节(请注意前述的湍流中固有的很宽的几何尺度变化范围)问题则需要设置数量巨大的网格点。比如,文献[15]中指出,要处理积分尺度雷诺数为 200 的流动需要用 20 亿个网格点才能求解。用一台达到 10^9 个浮点计算能力的计算机(1 个浮点计算是指每秒进行 1 个浮点计算)来进行计算,需要 20 个月的计算时间。现在最快的计算机的计算能力是达到万亿次(10^{12})的速度。

11.4.1 雷诺平均和湍流应力

和以往完全依靠经验的实验方式不同,应用现在的技术已经可以对湍流进行分析得出有用的信息,并且对湍流进行预测。一种显著有效的分析湍流的方法是写出包含基本守恒原理(质量、动量、能量、组分)的偏微分方程,并对其进行雷诺分解,然后对方程的进行时间平均,得到的控制方程称为**雷诺平均**方程。求平均会产生两个主要的结果:第一,它消去了流动细节,比如,用时均方程无法获得如图 11.1 中所示的某点复杂的速度随时间的变化规律;第二,时均方程中出现了新的项,且在原来的时间相关方程中找不到对应项。寻找计算或估计这些新的项通常被称为湍流的**封闭问题**。

1. 二维边界层

为了体会时间平均方法,下面推导平板上二维边界层流动的 x 方向的动量方程。其中,x 轴与流动同向,y 轴垂直于平板。式(11.12)简化为

$$\underbrace{\frac{\partial}{\partial t}\rho v_x}_{①} + \underbrace{\frac{\partial}{\partial x}\rho v_x v_x}_{②} + \underbrace{\frac{\partial}{\partial y}\rho v_y v_x}_{③} = \underbrace{\mu\frac{\partial^2 v_x}{\partial y^2}}_{④} \tag{11.13}$$

求解的第一步是将方程中的每一个瞬时值用雷诺分解得到的平均量与脉动量的和代入，即 $v_x = \bar{v}_x + v'_x$，$v_y = \bar{v}_y + v'_y$。然后对式(11.13)中的每一项做时间平均，在表达式上加一个横杠表示时间平均量，这样，第①项就变为

$$\overline{\frac{\partial}{\partial t} \rho(\bar{v}_x + v'_x)} = \overline{\frac{\partial}{\partial t} \rho \bar{v}_x} + \overline{\frac{\partial}{\partial t} \rho v'_x} = 0 \tag{11.14}$$

式(11.14)中，第一个等号右边的每一项都等于 0。第一项为 0 是因为假设流动都是稳态的，即 $\bar{v}_x$ 是常数。而第二项为 0 是因为一个随机函数时均值为 0，那么，这个函数的时间导数平均值依然为 0。

式(11.13)中的第③项最为有趣，因为通过对它求时间平均，从速度的脉动中得到了附加动量通量，且在方程中占有支配地位，即

$$\overline{\frac{\partial}{\partial y} \rho(\bar{v}_y + v'_y)(\bar{v}_x + v'_x)} = \overline{\frac{\partial}{\partial y} \rho(\bar{v}_x \bar{v}_y + \bar{v}_x v'_y + v'_x v'_y + \bar{v}_y v'_x)} \tag{11.15}$$

将上式右边项中大横杠下的每一项单独分开列出并求平均，得

$$\overline{\frac{\partial}{\partial y} \rho \bar{v}_x \bar{v}_y} = \frac{\partial}{\partial y} \rho \bar{v}_x \bar{v}_y \tag{11.16a}$$

$$\overline{\frac{\partial}{\partial y} \rho \bar{v}_x v'_y} = 0 \tag{11.16b}$$

$$\overline{\frac{\partial}{\partial y} \rho v'_x v'_y} = \frac{\partial}{\partial y} \rho \overline{v'_x v'_y} \tag{11.16c}$$

$$\overline{\frac{\partial}{\partial y} \rho \bar{v}_y v'_x} = 0 \tag{11.16d}$$

可用同样的方法处理式(11.13)中的第②项和第④项，这个工作留给读者自己完成。经过变换、整理，时间平均方程式(11.13)可以表示为

$$\frac{\partial}{\partial x} \rho \bar{v}_x \bar{v}_x + \frac{\partial}{\partial y} \rho \bar{v}_y \bar{v}_x + \boxed{\frac{\partial}{\partial x} \rho \overline{v'_x v'_x}} + \boxed{\frac{\partial}{\partial y} \rho \overline{v'_x v'_y}} = \mu \frac{\partial^2 \bar{v}_x}{\partial y^2} \tag{11.17}$$

式中，虚线框中的项是由于流体的湍流特性引起的新项。在层流中，v'_x 和 v'_y 为 0，即在定常流动情况下，式(11.17)实际上等于式(11.13)。

一般习惯上做如下定义

$$\tau_{xx}^{\text{turb}} \equiv -\rho \overline{v'_x v'_x} \tag{11.18a}$$

$$\tau_{xy}^{\text{turb}} \equiv -\rho \overline{v'_x v'_y} \tag{11.18b}$$

表示由湍流脉动引起的附加动量通量。式(11.18a)和式(11.18b)分别称为**湍流动量通量**（单位面积动量）、**湍流应力**或**雷诺应力**。在雷诺平均动量方程的一般形式中，共有 9 项雷诺应力，类似于层流黏性切应力的 9 项，即 $\tau_{ij}^{\text{turb}} = -\rho \overline{v'_i v'_j}$，式中，$i$ 和 j 代表不同的坐标轴方向。

整理式(11.17)，并应用连续性方程求解速度乘积的导数，得到二维湍流边界层方程的最后形式为

$$\rho\left(\bar{v}_x \frac{\partial \bar{v}_x}{\partial x} + \bar{v}_y \frac{\partial \bar{v}_x}{\partial y}\right) = \mu \frac{\partial^2 \bar{v}_x}{\partial y^2} - \frac{\partial}{\partial y} \rho \overline{v'_x v'_y} \tag{11.19}$$

式中假设 $(\partial/\partial x)\tau_{xx}^{\mathrm{turb}}$ 可以忽略。

2. 轴对称射流

湍流轴对称射流是燃烧中非常重要的一种流动形式,所以与上面的二维笛卡儿边界层相似,下面介绍轴对称射流动量方程的雷诺平均形式。对于常密度射流,稳态流场的连续性方程和轴向动量方程已经在第 9 章中给出(式(9.3)和式(9.4))。对于轴对称射流,同样对轴向动量方程进行速度的雷诺分解和求时间平均,化简得

$$\rho\left(\bar{v}_x \frac{\partial \bar{v}_x}{\partial x} + \bar{v}_r \frac{\partial \bar{v}_x}{\partial r}\right) = \mu \frac{1}{r} \frac{\partial}{\partial r}\left(r \frac{\partial \bar{v}_x}{\partial r}\right) - \frac{1}{r} \frac{\partial}{\partial r}(r\rho \overline{v'_r v'_x}) \tag{11.20}$$

从式(11.20)中可以清楚地看出,湍流切应力与轴向和径向速度脉动的关系为 $\tau_{rx}^{\mathrm{turb}} = -\rho \overline{v'_r v'_x}$。

11.4.2 节将会介绍如何利用式(11.20)求出自由(无限制)湍流射流的速度分布。

11.4.2 封闭问题

在上面讨论的雷诺平均中,运动方程中引入了新的未知项,即湍流应力项: $-\rho \overline{v'_i v'_j}$。求解这些应力项以及其他可能被引入的未知项的工作称为求解湍流的**封闭问题**。目前,有许多方法可以来"封闭"控制方程系统。有最直接的,也有相当复杂的[16~19]。下面就运用最简单的方法使控制方程达到封闭,并用它们来解决自由射流这一原型流动问题。

1. 旋涡黏度

首先要研究的概念叫做**旋涡黏度**。当用湍流应力的形式描述湍流动量通量时,就人为地引入一个旋涡黏度。比如,可以用层流(牛顿)应力和湍流(雷诺)应力的形式重新写出式(11.20),即

$$\rho\left(\bar{v}_x \frac{\partial \bar{v}_x}{\partial x} + \bar{v}_r \frac{\partial \bar{v}_x}{\partial r}\right) = \frac{1}{r} \frac{\partial}{\partial r}\left[r(\tau_{\mathrm{lam}} + \tau_{\mathrm{turb}})\right] \tag{11.21}$$

进一步可以假设应力与平均速度梯度成正比,即

$$\tau_{\mathrm{lam}} = \mu \frac{\partial \bar{v}_x}{\partial r} \tag{11.22a}$$

$$\tau_{\mathrm{turb}} = \rho\varepsilon \frac{\partial \bar{v}_x}{\partial r} \tag{11.22b}$$

式中, μ 为分子黏度; ε 为旋涡运动黏度($\varepsilon = \mu_{\mathrm{turb}}/\rho$,式中, μ_{turb} 是表观湍流黏度)。式(11.22a)表示的是符合牛顿流体关系的一种常见表达式;而式(11.22b)表示的则就是所谓的旋涡黏度的定义式,它由布辛涅斯克(Boussinesq)在 1877 年首先提出[20]。在讨论的笛卡儿坐标系中(参考式(11.19)),应力为

$$\tau_{lam} = \mu \frac{\partial \bar{v}_x}{\partial y} \tag{11.23a}$$

$$\tau_{turb} = \rho\varepsilon \frac{\partial \bar{v}_x}{\partial y} \tag{11.23b}$$

定义有效黏度 μ_{eff} 为

$$\mu_{eff} = \mu + \mu_{turb} = \mu + \rho\varepsilon \tag{11.24}$$

则

$$\tau_{tot} = (\mu + \rho\varepsilon) \frac{\partial \bar{v}_x}{\partial y} \tag{11.25}$$

对于远离壁面的湍流，$\rho\varepsilon \gg \mu$，有 $\mu_{eff} \approx \rho\varepsilon$；但是在靠近壁面时，$\mu$ 和 $\rho\varepsilon$ 都会对总应力有贡献，两个都要考虑。

注意，旋涡黏度的引入本身并不能使系统方程封闭，问题只是变为如何确定 ε 或其表达式。分子黏度 μ 是流体本身的热物理性质，与其不同的是，旋涡黏度 ε 与流动有关，而且 ε 对于不同的流动一般是不同的。比如，带回流的受限的旋流与自由射流应该有不同的值。另外，由于 ε 取决于局部的流动性质，所以对于流动中不同的位置，ε 也不相同。所以，请读者注意，虽然式(11.22a)和式(11.22b)以及式(11.23a)和式(11.23b)所表示的层流、湍流在形式上相似，但这并不意味着其内在含义的相似。另外，在某些流动中，湍流应力并不像式(11.22b)和式(11.23b)表示的那样，与平均速度梯度成正比[17]。

2. 混合长度假设

最简单的封闭方法莫过于假设旋涡黏度在整个流场中为常数，但是实验证明，这个假设并不像想象的那样有效，因此，需要更为复杂合理的假设。其中，最为实用的，也相对简单的假设是由普朗特[21]提出的。普朗特根据气体动力学原理，假设旋涡黏度与流体密度、一种特征尺度——**混合长度**——以及湍流特征速度成比例，即

$$\mu_{turb} = \rho\varepsilon = \rho\ell_m v_{turb} \tag{11.26}$$

普朗特[21]进一步假设湍流速度 v_{turb} 与混合长度 ℓ_m 与平均速度梯度的绝对值 $|\partial \bar{v}_x / \partial y|$ 的积成比例。这样，式(11.26)可变为

$$\mu_{turb} = \rho\varepsilon = \rho\ell_m^2 \left| \frac{\partial \bar{v}_x}{\partial y} \right| \tag{11.27}$$

式(11.27)对于分析接近壁面的流动很有效。对于自由（无限制）湍流，普朗特[22]提出了求式(11.26)中特征湍流速度的另一个假设，即：$v_{turb} \propto (\bar{v}_{x,max} - \bar{v}_{x,min})$。则相应的湍流黏度为

$$\mu_{turb} = \rho\varepsilon = 0.1365\rho\ell_m (\bar{v}_{x,max} - \bar{v}_{x,min}) \tag{11.28}$$

式中，等式右边的常数是根据实验结果确定的。式(11.28)是下面解决射流问题的关键表达式。但是注意，现在仍然解决不了封闭问题，因为为了获得封闭，又引入了另一个未知参数！到目前为止，所做的所有工作只是先用未知的旋涡黏度表达式来替换未知的关联速度 $\overline{v'_x v'_y}$，

然后又进一步将未知的旋涡黏度与未知的混合长度建立了联系。只有进一步确定了混合长度,才算最终解决封闭问题。由于混合长度与流动本身有关,所以每一种流动都有自己特定的混合长度表达式。文献[17]中给出了各种不同流动的混合长度公式,这里只讨论射流和壁面流动问题的混合长度。

对于一个自由轴对称射流,有

$$\ell_m = 0.075\delta_{99\%} \tag{11.29}$$

式中,$\delta_{99\%}$ 是射流的半宽,定义为在沿射流轴线的某一位置 x 处的平均速度从中心线沿径向衰减到轴线上速度的 1‰时的径向距离。注意,随着距出口的轴向距离的增加,$\delta_{99\%}$ 会随之增加,相应的混合长度 ℓ_m 也增加。另外,混合长度沿径向不变,这样,式(11.29)表明在任一轴向位置的射流宽度上,混合长度 ℓ_m 是常数。

在靠近壁面的流动中,ℓ_m 的表达式有所不同,此处,混合长度本身与垂直于流线的距离相关。对于一个壁面的边界层,流动可分为三个区域:贴近壁面的**黏性底层(层流底层)**,**过渡层**和远离壁面的**充分发展**湍流区。下面给出各个区域中混合长度的公式[17]。

层流底层

$$\ell_m = 0.41y\left[1 - \exp\left(-\frac{y\sqrt{\rho\tau_w}}{26\mu}\right)\right] \tag{11.30a}$$

过渡层

$$\ell_m = 0.41y, \quad 其中, \quad y \leqslant 0.2195\delta_{99\%} \tag{11.30b}$$

充分发展区

$$\ell_m = 0.99\delta_{99\%} \tag{11.30c}$$

式中,τ_w 为局部壁面切应力;$\delta_{99\%}$ 为局部边界层厚度,定义为速度等于自由流动速度 99%处的 y 轴坐标。注意,式(11.30a)由范·德里斯特(van Driest)[23]提出,当距壁面的距离 $y=0$ 时,混合长度也变为0,此时 $\mu_{eff}=\mu$。当 y 很大时,则式(11.30a)可以简化为式(11.30b)。

对于圆管中的湍流流动,常用尼古拉兹(Nikuradse)[24]提出的混合长度公式表示

$$\ell_m/R_0 = 0.14 - 0.08\,(r/R_0)^2 - 0.06\,(r/R_0)^4 \tag{11.31}$$

式中,R_0 是管道半径。由此,混合长度得以确定,也就是说,封闭问题得到了解决,可以来求解控制方程,获得所选择的射流流场的速度分布了。具体求解过程在 11.5 节给出。

【例 11.2】 空气的自由射流,在 x 轴向某一位置平均轴线速度降为出口速度的 60%,即 $\bar{v}_{x,0}/v_e = 0.6$,确定湍流黏度 μ_{turb}。

在这一位置上,射流宽度 $\delta_{99\%} = 15\text{cm}$,初始射流速度为 70m/s,压力为 1atm,温度为 300K。将求出的湍流黏度与分子(层流)黏度作对比。

解 要计算 μ_{turb},运用定义关系式(11.28),以及定义射流混合长度的式(11.29)。首先计算混合长度为

$$\ell_m = 0.075\delta_{99\%} = 0.075 \times 0.15 = 0.01125\text{m}$$

根据理想气体状态方程,求出密度为

$$\rho = \frac{P}{(R_u/MW)T} = \frac{101\,325}{(8315/28.85) \times 300} = 1.17 \text{kg/m}^3$$

湍流黏度为（式（11.28））

$$\mu_{turb} = 0.1365 \rho \ell_m (\bar{v}_{x,max} - \bar{v}_{x,min})$$

$$= 0.1365 \times 1.17 \times 0.011\,25 \times (0.6 \times 70 - 0) = 0.0755$$

单位检验：

$$\mu_{turb} [=] \frac{\text{kg}}{\text{m}^3} \times \text{m} \times \frac{\text{m}}{\text{s}} = \left(\frac{\frac{\text{N} \cdot \text{s}^2}{\text{m}}}{\text{m}^3} \right) \times \text{m} \times \left(\frac{\text{m}}{\text{s}} \right) = \frac{\text{N} \cdot \text{s}}{\text{m}^2}$$

$$\mu_{turb} = 0.0755 (\text{N} \cdot \text{s})/\text{m}^2$$

从附录表 C.1 中查得，300K 时空气的分子黏度为 $184.6 \times 10^{-7} \text{N} \cdot \text{s/m}^2$，因此

$$\frac{\mu_{turb}}{\mu_{lam}} = \frac{0.0755}{184 \times 10^{-7}} = 4090$$

注：这道例题说明，湍流黏度要比分子黏度大得多，即在流动中，湍流黏度起主导作用，$\mu_{eff} \approx \mu_{turb}$。而且还可以看出，射流宽度接近混合长度的 13 倍（$\delta_{99\%}/\ell_m = 1/0.075$）。

11.5 轴对称湍流射流

描述湍流流动的几个基本守恒方程（质量守恒和轴向动量守恒）与第 9 章中描述层流射流的方程本质上是一样的。只不过在湍流中，平均速度代替了瞬时速度，有效黏度取代了分子黏度。正如例 11.2 的结果那样，湍流射流中，相比于旋涡黏度而言，分子黏度很小，可以忽略。这样，轴向动量方程式（9.4）可以变为

$$\bar{v}_x \frac{\partial \bar{v}_x}{\partial x} + \bar{v}_r \frac{\partial \bar{v}_x}{\partial r} = \frac{1}{r} \frac{\partial}{\partial r} \left(r \varepsilon \frac{\partial \bar{v}_x}{\partial r} \right) \tag{11.32}$$

而质量守恒方程式（9.3）变为

$$\frac{\partial (\bar{v}_x r)}{\partial x} + \frac{\partial (\bar{v}_r r)}{\partial r} = 0 \tag{11.33}$$

平均速度的边界条件与求解层流射流问题时一致，即式（9.7a）、式（9.7b）和式（9.7d）。

欲求旋涡黏度 ε，联立混合长度关系方程式（11.28）和式（11.29），得

$$\varepsilon = 0.0102 \delta_{99\%}(x) \bar{v}_{x,max}(x) \tag{11.34}$$

式中，射流宽度 $\delta_{99\%}(x)$ 和最大轴向速度 $\bar{v}_{x,max}(x)$ 都是轴向坐标 x 的函数。最大轴向速度出现在射流中心轴线上，所以 $\bar{v}_{x,max}(x) = \bar{v}_{x,0}(x)$。而且射流是射入静止介质中，在获得式（11.34）时，假设 $\bar{v}_{x,min} = 0$。在此，还要用一些经验关系式[25]。首先，实验表明，对于湍流射流，$\delta_{99\%} \approx 2.5 r_{1/2}$，式中，$r_{1/2}$ 是射流半径，在这一半径上，轴向速度恰降低到中心轴线速度的一半。如图 11.6 所示是 $r_{1/2}$ 和 $\delta_{99\%}$ 的实验测量结果。要引入的另一个实验结果是，$r_{1/2}$ 与 x 成正比，而 $\bar{v}_{x,0}$ 与 x 成反比，即

$$r_{1/2} \propto x^1 \tag{11.35a}$$

$$\bar{v}_{x,0} \propto x^{-1} \tag{11.35b}$$

这样,式(11.34)可以变为与 x 无关的形式,即

$$\varepsilon = 0.0256 r_{1/2}(x) \bar{v}_{x,0}(x) = 常数 \tag{11.36}$$

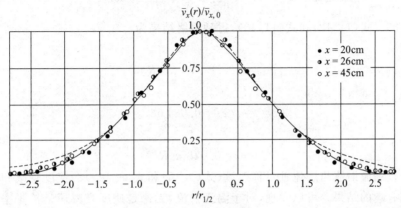

图 11.6　湍流射流轴向速度的径向分布。(资料来源:文献[25],获得© McGraw-Hill 公司复制许可)

这是一个相当好用的结果,可以应用层流射流方程式(9.8)和式(9.9),而只需要将其中为常数的分子黏度替换为以上得出的为常数的旋涡黏度(乘以密度)$\rho\varepsilon$。这样,平均速度分量可以表示为

$$\bar{v}_x = \frac{3}{8\pi} \frac{J_e}{\rho\varepsilon x} \left(1 + \frac{\xi^2}{4}\right)^{-2} \tag{11.37}$$

$$\bar{v}_r = \left(\frac{3J_e}{16\pi\rho_e}\right)^{1/2} \frac{1}{x} \frac{\xi - \frac{\xi^3}{4}}{\left(1 + \frac{\xi^2}{4}\right)^2} \tag{11.38}$$

式中,J_e 是由均一的出口速度 v_e 计算出的射流初始动量,即

$$J_e = \rho_e v_e^2 \pi R^2 \tag{11.39}$$

且

$$\xi = \left(\frac{3J_e}{16\rho_e\pi}\right)^{1/2} \frac{1}{\varepsilon} \frac{r}{x} \tag{11.40}$$

下面暂时不去求未知常数 ε,而首先求出 $r_{1/2}(x)$ 与 $\bar{v}_{x,0}(x)$ 的关系式。通过上述关系式和式(11.37),可以用 v_e 和 R 这两个已知的射流参数来分别表示出 ε,$r_{1/2}(x)$ 以及 $\bar{v}_{x,0}(x)$ 的关系式,从而完成理论推导工作。

假设出口速度一致为 v_e,用它来无量纲化轴向速度,即将式(11.39)代入式(11.37),整理得

$$\bar{v}_x/v_e = 0.375(v_e R/\varepsilon)(x/R)^{-1}(1 + \xi^2/4)^{-2} \tag{11.41}$$

令 $r=0(\xi=0)$,得到无量纲中心轴线速度的衰减公式为

$$\bar{v}_{x,0}(x)/v_e = 0.375(v_e R/\varepsilon)(x/R)^{-1} \qquad (11.42)$$

为了得到 $r_{1/2}$，用式(11.41)除以式(11.42)，令结果等于 $1/2$，即：$\bar{v}_x/\bar{v}_{x,0} = 1/2$，代入 $r = r_{1/2}$，得

$$r_{1/2} = 2.97\left(\frac{v_e R}{\varepsilon x}\right)^{-1} \qquad (11.43)$$

联立式(11.36)、式(11.42)和式(11.43)，得到最终结果为

射流速度衰减

$$\bar{v}_{x,0}/v_e = 13.15\,(x/R)^{-1} \qquad (11.44)$$

射流扩张率

$$r_{1/2}/x = 0.084\,68 \qquad (11.45)$$

旋涡黏度

$$\varepsilon = 0.0285 v_e R \qquad (11.46)$$

通过比较湍流射流与层流轴对称射流(式(9.13)和式(9.14))的速度衰减和扩张率，可以得到一些有趣的结果。可以发现，对于湍流射流，无论是速度衰减还是扩张率，都与射流雷诺数无关；但在层流射流中，速度衰减正比于射流雷诺数 Re_j(式(9.13))，而射流扩张率则是反比于射流雷诺数 Re_j(式(9.14))。所以，如果雷诺数大到可以确保流动形式进入完全湍流阶段，那么，湍流射流的性质就与出口条件无关。在第 13 章分析湍流射流火焰时会用到这一有趣的特性。

11.6 最简化模型的扩展

前面提到过，求解封闭问题的方法中，除了本章介绍的比较简单的混合长度模型外，还有许多更为复杂的模型。比混合长度模型稍稍复杂一点的是所谓的湍流的**双方程模型**。双方程模型由平均速度 $\bar{v}_x$ 和 $\bar{v}_r$ 的雷诺平均运动方程和一组由两个湍流变量的偏微分方程组成。其中一个变量一般公认地取湍流动能 k，而第二个变量并没有一个统一的取法。在诸多的选择中，最有名的(但并不一定是最好的)是采用湍流动能的耗散率 ϵ [19](参见式(11.7))。这种搭配即为 **k-ϵ 模型**。平均和湍动量的数值解主要是通过对耦合的控制方程的有限差分方法来获得。相比之下，双方程模型可以直接计算流场中各点的局部混合长度，而不需要事先人为确定。与混合长度模型相似，时间平均动量方程中出现的雷诺应力是需要模拟的量，即用布辛涅斯克近似：$-\overline{v_x'v_y'} = \mu_{\text{turb}}\partial\bar{v}_x/\partial y$(式(11.22b))，而局部湍流黏度由 k 和 ϵ 计算得出：$\mu_{\text{turb}} = C_\mu k^2/\epsilon$，式中 C_μ 为常数。文献[26]对双方程模型的发展提出了一些具一定历史意义的有趣观点，而文献[19]则深入浅出地讨论了此类模型的构建和实现。

双方程模型是对雷诺应力建模来解决问题的，而**高阶模型**则用附加的偏微分方程直接计算出雷诺应力。在这种所谓的**雷诺应力模型**中，封闭性的问题转变为对雷诺应力输运方

程中高阶项的建模问题,比如像 $\overline{\rho v_x' v_y' v_z'}$ 和 $\overline{p' v_x'}$ 这样的高阶项。这是基于这样的考虑:将对模型的假设延后到对高阶项的建模假设,会得到对流体物理过程更真实的描述。关于雷诺应力模型的讨论可以在文献[19,27,28]中找到。

双方程模型和高阶模型都源于求解流动的时间平均数学表达式。这一领域的研究人员也意识到,统计近似和相应作出的有启发性的封闭性假设在模拟近似真实的流动物理过程时的缺陷[19,27]。但在实际工程应用中采用了大量此类模型计算出的数据,并取得显著的效果。

除了时间平均或统计方法,还有一类求解封闭问题的方法,称为**直接数值模拟**(DNS)。在开始讨论雷诺平均时曾经提到过这种方法。运用 DNS,可以将整个流场中速度随时间的完整变化精确到在柯尔莫哥洛夫时、空尺度上进行求解。由于对计算机的要求过高,在工程实际流动计算中还不能用 DNS 求解,但是 DNS 可用来检验湍流模型,并为探求湍流真实的物理过程提供依据。如图 11.3 所示即为 DNS 的一个算例。文献[29]及文献[30]分别就 DNS 的研究发展做了很好的综述。

概率密度函数(pdf)方法[15]已经可以用来封闭动量方程中的雷诺应力项。而且,这一方法对于反应流的封闭问题特别有用。文献[31]给出了 pdf 方法的很好的综述。

大涡模拟结合了直接数值模拟和统计湍流模型方法。**大涡模拟(LES)**对流动的时间分布和空间分布性质求解的尺度要远大于柯尔莫哥洛夫微尺度,但是对湍流的建模尺度却小于解的尺度。LES 吸引人的地方在于流体中所有大尺度的、含能量的运动都被直接计算而不是模拟出来,即保留了流动的真实物理状态。前面介绍过,这对于混合和反应是极为重要的。虽然 LES 相比于直接数值模拟要经济得多,但也仍然需要运算能力很强的计算机,目前还难以用于解决常规的工程问题。随着计算能力的提高,LES 将会成为一个常用的工程工具。关于 LES 方法的综述请读者参看文献[15,30,32~34]。

11.7 小结

本章所介绍的内容将作为后面讨论预混(第 12 章)和非预混(第 13 章)湍流燃烧的基础。本章给出了湍流的定义,并介绍了湍流的平均特性和脉动特性以及湍流强度的概念。比较简略地讨论了湍流流动的结构,并给出了表征湍流结构的 4 个特征几何尺度。读者需要熟悉这 4 种湍流尺度并了解其随湍流雷诺数变化的相互联系。要特别注意 4 种尺度随雷诺数而增大的范围(最大涡旋与最小涡旋尺度的差距)。随后,本章通过引入雷诺平均的数学概念,使时间平均守恒方程中出现了湍流应力或雷诺应力项,从而引出了封闭问题。对这一类问题,读者要能做出正确的估计判断。作为封闭问题的一个例子,本章引入了普朗特混合长度假设,给出了自由射流和壁面限制流的公式。然后将混合长度理论应用于自由射流,并由此导出了初始射流半径下无量纲化的、对所有湍流射流都适用(与雷诺数无关)的速度场表达式($v(r,x)/v_e$)。此时,扩张角为常数,与层流情况明显不同,这种特性的不同造成了湍流射流火焰(第 13 章)的特性与层流射流火焰的巨大差异。

11.8　符号表

A	面积，m^2
C_μ	阻力系数
D	直径，m
g	重力加速度，m/s^2
J	动量流量，$(\text{kg}\cdot\text{m})/\text{s}^2$
k,k_e	单位质量动能，m^2/s^2
ℓ_0	湍流的积分尺度或宏观尺度，m
ℓ_λ	泰勒微尺度，m
ℓ_K	柯尔莫哥洛夫微尺度，m
ℓ_m	混合长度，m
$\dot{m}$	质量流量，kg/s
MW	摩尔质量，kg/kmol
L	流动的特征宽度或宏观尺度，m
p	任意性能
P	压力，Pa
r	径向坐标，m
$r_{1/2}$	半高处的射流半宽，m
R	初始射流半径，m
R_u	通用气体常数，$\text{J}/(\text{kmol}\cdot\text{K})$
R_x	式(11.4)定义的相关系数
R_0	管道半径，m
Re	雷诺数
t	时间，s
T	温度，K
v	速度，m/s
v_r,v_x	分别为径向速度和轴向速度分量，m/s
v_x,v_y,v_z	在直角坐标系中的速度分量，m/s
x,y,z	直角坐标系中的三个坐标，m
Y	质量分数

希腊符号

$\delta_{99\%}$	射流宽度，m
ε	旋涡黏度，m^2/s

ϵ_0	式(11.7)定义的耗散率，m^2/s^3
μ	绝对(分子)黏度，$(N \cdot s)/m^2$
μ_{eff}	式(11.24)定义的有效黏度，$(N \cdot s)/m^2$
ν	运动黏度，m^2/s
ρ	密度，kg/m^3
τ	剪切应力，Pa

下标

e	出口
lam	层流
max	最大
min	最小
rms	均方根
turb	湍流
w	壁面

其他符号

$\overline{(\ \ )}$	时均量
$(\ \ )'$	脉动量

11.9　参考文献

1. Reynolds, O., "An Experimental Investigation of the Circumstances which Determine Whether the Motion of Water shall be Direct or Sinuous, and of the Law of Resistance in Parallel Channels," *Phil. Trans. Royal Society of London*, 174: 935–982, 1883.

2. Dimotakis, P. E., Lye, R. C., and Papantoniou, D. Z., "Structure and Dynamics of Round Turbulent Jets," *Fluid Dynamics Transactions*, 11: 47–76 (1982).

3. Van Dyke, M., *An Album of Fluid Motion*, Parabolic Press, Stanford, CA, p. 95, 1982.

4. Brown, G. L., and Roshko, A., "On Density Effects and Large Structure in Turbulent Mixing Layers," *Journal of Fluid Mechanics*, 64: 775–816 (1974).

5. Wygnanski, I., Oster, D., Fiedler, H., and Dziomba, B., "On the Perseverance of a Quasi-Two-Dimensional Eddy-Structure in a Turbulent Mixing Layer," *Journal of Fluid Mechanics*, 93: 325–335 (1979).

6. Andrews, G. E., Bradley, D., and Lwakabamba, S. B., "Turbulence and Turbulent Flame Propagation—A Critical Appraisal," *Combustion and Flame*, 24: 285–304 (1975).

7. Tennekes, H., "Simple Model for the Small-Scale Structure of Turbulence," *Physics of Fluids*, 11: 669–671 (1968).

8. Townsend, A. A., "On the Fine-Scale Structure of Turbulence," *Proceedings of the Royal Society of London, Series A,* 208: 534–542 (1951).

9. Glickman, T. S., *Glossary of Meteorology,* 2nd Ed., American Meteorological Society, Boston, MA, 2000.

10. Tennekes, H., and Lumley, J. L., *A First Course in Turbulence,* MIT Press, Cambridge, MA, 1972.

11. Libby, P. A., and Williams F. A., "Fundamental Aspects," in *Turbulent Reacting Flows* (P. A. Libby and F. A. Williams, eds.), Springer-Verlag, New York, 1980.

12. She, Z.-S., Jackson, E., and Orsag, S. A., "Intermittent Vortex Structures in Homogeneous Isotropic Turbulence," *Nature,* 344: 226–228 (1990).

13. She, Z.-S., Jackson, E., and Orsag, S. A., "Structure and Dynamics of Homogeneous Turbulence: Models and Simulations," *Proceedings of the Royal Society of London, Series A,* 434: 101–124 (1991).

14. Correa, S. M., "A Review of NO_x Formation Under Gas-Turbine Combustion Conditions," *Combustion Science and Technology,* 87: 329–362 (1992).

15. Pope, S. B., *Turbulent Flows,* Cambridge University Press, New York, 2000.

16. Patankar, S. V., and Spalding, D. B., *Heat and Mass Transfer in Boundary Layers,* 2nd Ed., International Textbook, London, 1970.

17. Launder, B. E., and Spalding, D. B., *Lectures in Mathematical Models of Turbulence,* Academic Press, New York, 1972.

18. Schetz, J. A., *Injection and Mixing in Turbulent Flow,* Progress in Astronautics and Aeronautics, Vol. 68, American Institute of Aeronautics and Astronautics, New York, 1980.

19. Wilcox, D. C., *Turbulence Modeling for CFD,* 3rd Ed., DCW Industries, Inc., La Cañada, CA, 2006.

20. Boussinesq, T. V., "Théorie de l'écoulement Tourbillant," *Mém. prés. Acad. Sci.,* Paris, XXIII, 46 (1877).

21. Prandtl, L., "Über die ausgebildete Turbulenze," *Z.A.M.M,* 5: 136–139 (1925).

22. Prandtl, L., "Bemerkungen zur Theorie der Freien Turbulenz," *Z.A.M.M.,* 22: 241–243 (1942).

23. van Driest, E. R., "On Turbulent Flow Near a Wall," *Journal of the Aeronautical Sciences,* 23: 1007 (1956).

24. Nikuradse, J., "Laws of Flow in Rough Pipes," English Translation in NACA Technical Memorandum 1292, November 1950. (Original published in German, 1933.)

25. Schlichting, H., *Boundary-Layer Theory,* 6th Ed., McGraw-Hill, New York, 1968.

26. Spalding, D. B., "Kolmogorov's Two-Equation Model of Turbulence," *Proceedings of the Royal Society of London, Series A,* 434: 211–216 (1991).

27. Libby, P. A., *Introduction to Turbulence,* Taylor & Francis, Washington, DC, 1996.

28. Hanjalic, K., "Advanced Turbulence Closure Models: A View of Current Status and Future Prospects," *International Journal of Heat and Fluid Flow,* 15: 178–203 (1994).

29. Moin, P., and Mahesh, K., "Direct Numerical Simulation: A Tool in Turbulence Research," *Annual Review of Fluid Mechanics,* 30: 539–578 (1998).

30. Rogallo, R. S., and Moin, P., "Numerical Simulation of Turbulent Flows," *Annual Review of Fluid Mechanics,* 16: 99–137 (1984).

31. Haworth, D. C., "Progress in Probability Density Function Methods for Turbulent Reacting Flows," *Progress in Energy and Combustion Science,* 36:168–259 (2010).

32. Lesieur, M., and Métais, O., "New Trends in Large-Eddy Simulations of Turbulence," *Annual Review of Fluid Mechanics,* 28: 45–82 (1996).

33. Sagaut, P., *Large Eddy Simulation for Incompressible Flows: An Introduction,* 3rd Ed., Springer, New York, 2005.

34. Lesieur, M., Métais, O., and Comte, P., *Large-Eddy Simulations of Turbulence,* Cambridge University Press, Cambridge, 2005.

11.10 思考题与习题

11.1 整理第 11 章中出现的所有黑体字,并给出其定义。

11.2 流场中某点的轴向速度为

$$v_x(t) = A\sin(\omega_1 t + \phi_1) + B\sin(\omega_2 t + \phi_2) + C$$

(1) 求时均速度 $\bar{v}_x$ 的表达式;

(2) 求 v_x' 的表达式;

(3) 求 $v_{x,\text{rms}}'$ 的表达式。

11.3 对式(11.13)中的第②项和第④项做雷诺平均,将结果与式(11.17)做比较。

11.4 在湍流理论中,试讨论封闭性指什么? 以自由射流为例,具体讨论封闭性问题,引用合适的方程。

11.5 在火花点火发动机中,积分尺度 ℓ_0 近似等于净高的 1/3。在上止点(TDC),残余的入射流速度为 30m/s,相对湍流强度为 30%。试估计发动机空转(无着火)时,TDC 处的泰勒微尺度和柯尔莫哥洛夫微尺度(mm)。假设空气压力 $P = 1\text{atm}$,$T = 300\text{K}$,等熵压缩,体积压缩比 7∶1。TDC 净空高度为 10mm。

11.6 一个孩子用一根直径为 6mm 的吸管对着自己的同伴吹气。设速度为 3m/s 时,同伴能有所感觉,而吹气的孩子可以保持 35m/s 的吹气速度。请问,要想使同伴感受到气流,吹气的孩子最远可以站到哪里? 并验证该气流为湍流。

湍流预混火焰

12.1　概述

本章将讨论的湍流预混火焰在实际应用中具有极其重要的地位,会在许多有用的设备中遇到,但是湍流预混火焰的理论描述却仍是不确定的或者至少是充满矛盾和争论的。由于还没有公认的、通用的湍流预混火焰的理论,而且已有的很多描述又是高度数学化的,因此与前面几章的做法不同,我们不推导或讨论某一理论的具体细节,而是从更现象和经验的角度来讨论,重点讨论一些对精确理解预混燃烧复杂化起重要作用的问题。在过去的几十年中,许多人做了这方面的综述,对于希望进一步深入研究的读者来说,可以将这些综述作为入门[1~12]。最新的综述[9~11]提供了一个理解湍流预混燃烧各个方面的框架。

12.2　一些应用

12.2.1　电火花点火发动机

预混燃烧的一个基本应用就是电火花点火发动机。图 12.1 列出了三种电火花点火汽车发动机燃烧室的结构图。空气-燃料混合物由气化系统生成,或者由燃油喷射系统(在美国广泛应用)生成。即使燃料最初是液态的,由于其高挥发性,液体燃料也有足够的时间蒸发并在点燃前与空气混合均匀。对于电火花点火发动机来讲,燃烧的持续时间是一个重要的参数,其长短由湍流火焰传播速度和燃烧区域分布所决定。比较紧凑的燃烧室会有比较短的燃烧时间(如图 12.1(a)所示)。燃烧时间很大程度上决定了稳定燃烧下限、已燃气体的再循环量、热效率和氮氧化物的生成。有关电火花点火发动机的知识可参看文献[13,14]等内燃机教科书。

12.2.2　燃气轮机

燃气轮机用于航空动力,目前已逐渐被广泛应用到地面动力系统中。如今,在设计透平燃烧器时,还需要同时考虑到对碳烟、一氧化碳和氮氧化物的控制。老式的燃气轮机采用不预混的燃烧系统。在火焰区域接近化学

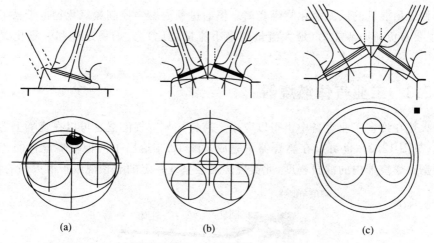

图 12.1　电火花点火发动机燃烧室的几种不同结构。(a)楔形；(b)四气门屋脊形；(c)半球
　　　　形。(资料来源：选自文献[13]，并获得允许使用)

当量，然后通入二次风使之燃烧完全，并将产物稀释，使其在进入透平前达到合适的温度。
现代的设计和实验系统则采用不同程度的预混来避免氮氧化物高温生成区的形成[15~17]。
图 12.2 给出了一个可在预混条件下运行的烧天然气的筒仓式燃烧室(参考图 11.5)。图 2.4

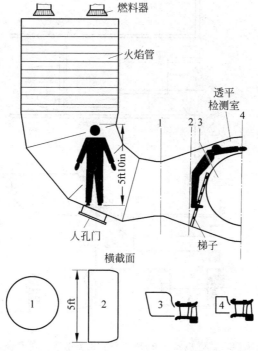

图 12.2　筒仓式带有陶瓷砖衬的燃气轮机燃烧室示意图，图中的人孔门可用于燃烧室和透平入口的
　　　　检修。(资料来源：美国机械工程师协会允许，从文献[16]复制)

给出了一种带预混管的低氮氧化物燃烧筒。但通过预混燃烧控制氮氧化物也带来了一系列的问题，主要有负荷调节能力（最大流量与最小流量之比）、火焰稳定性和一氧化碳的排放问题。

12.2.3 工业气体燃烧器

预混火焰在许多工业设备中也得以应用。燃料气与空气的混合可以在烧嘴上游的混合器中完成（见图12.3），也可以在燃烧器中完成。图12.4给出了两种喷嘴混合的燃烧器示意图。根据在燃烧器内的混合程度，此类燃烧器会呈现一定的非预混或扩散火焰的特性。

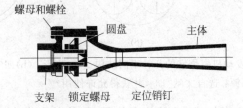

图 12.3　吸入式混合器，采用高压气体来携带空气。混合过程发生在燃料-空气混合物流入到燃烧器的文丘里管喉口后（未在图中显示）。（资料来源：北美制造公司允许，从文献[18]复制）

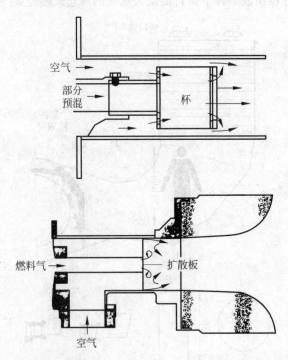

图 12.4　工业用喷嘴混合式燃烧器。（资料来源：北美制造公司允许，从文献[19]复制）

图 12.5 所示的是完全预混燃烧器。小孔或多孔燃烧器(见图 12.5(a))用在空气加热器、干燥炉、烤箱、烘箱和热油槽等家用和工业设备中[19]。和喷嘴混合燃烧器一样,大孔或压力式燃烧器(见图 12.5(b))在工业中也有许多应用,比如,烧砖、瓷、瓦的窑以及热处理、煅烧、熔化的炉子中都会用到[19]。

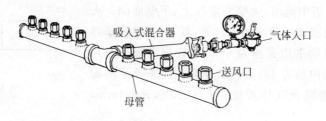

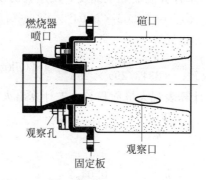

图 12.5 预混燃烧器的例子。上面的图包含如图 12.3 所示的吸入式混合器。(资料来源:北美制造公司允许,从文献[18]复制)

12.3 湍流火焰传播速度定义

在层流火焰中,其传播速度只与混合物的热力学和化学性质有关,而湍流火焰的传播速度不仅与混合物的性质有关,而且还与气流的流动特性有关。这与第 11 章中讨论的湍流基本特性相一致。以火焰为参考系,定义**湍流火焰传播速度** S_t,即未燃气体沿火焰面法线方向进入火焰区的速度。由于高温反应区的瞬态位置在不断脉动,因此在计算中用其平均值为火焰面位置。直接测量接近湍流火焰的某个点上的未燃气体流速是非常困难的,通常用测量反应物流速来确定火焰传播速度。这样,湍流火焰传播速度就可以表示为

$$S_t = \frac{\dot{m}}{A\rho_u} \tag{12.1}$$

式中,$\dot{m}$ 是反应物的质量流量;ρ_u 是未燃气体密度;$\overline{A}$ 是时间平滑后的火焰面积。文献[11]称这一表达式为**通用消耗速度**。对于其面有一定的厚度并不断弯曲变化的火焰,会使湍流

火焰传播速度的测定变得复杂。确定这一火焰面积存在的争议,增大了湍流燃烧速度的测量结果的不确定性。尽管式(12.1)是常用的湍流燃烧速度的定义,文献[11]还给出了其他的一些定义。

【例 12.1】 欲测量湍流火焰传播速度。如例 12.1 图所示,空气-燃气混合物从边长为40mm 的正方形管道中流出,火焰驻定在上、下壁面间。火焰在石英玻璃壁面组成的侧面的出口处,其上、下壁面暴露在实验室中。反应物平均流速为 68m/s,根据满曝光照片估计的楔形火焰的内角为 13.5°。试计算在此条件下的湍流燃烧速度。未燃混合气体温度: $T = 293\text{K}$, $P = 1\text{atm}$, $MW = 29\text{kg/kmol}$。

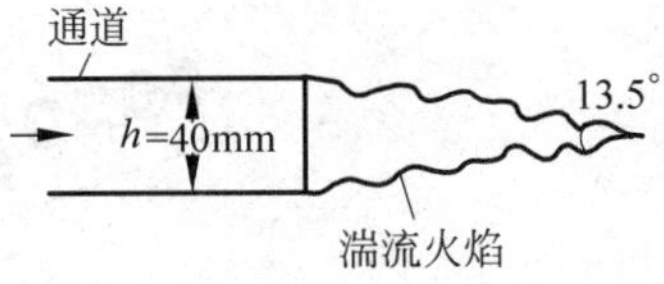

例 12.1 图

解 可以直接用式(12.1)来计算湍流燃烧速度。反应物的质量流量为

$$\dot{m} = \rho_u A_{duct} \bar{v}_{duct} = 1.206 \times 0.04^2 \times 68 = 0.131\text{kg/s}$$

式中,反应物密度用理想气体方程计算

$$\rho_u = \frac{P}{RT} = \frac{101\,325}{(8315/29) \times 293} = 1.206\text{kg/m}^3$$

将火焰面视为锥形,可以计算表观火焰面积 $\bar{A}$。先计算出火焰的长度 L,有

$$\frac{h/2}{L} = \sin(13.5°/2)$$

或

$$L = \frac{h/2}{\sin 6.75°} = \frac{0.04/2}{\sin 6.75°} = 0.17\text{m}$$

则

$$\bar{A} = 2hL = 2 \times 0.04 \times 0.17 = 0.0136\text{m}^2$$

则湍流燃烧速度为

$$S_t = \frac{\dot{m}}{\bar{A}\rho_u} = \frac{0.131}{0.0136 \times 1.206} = 8.0\text{m/s}$$

注:本题计算结果是整个火焰的平均湍流燃烧速度。这里假设火焰面是理想的锥形,而且近似认为未燃气体混合物以同一速度进入反应区。而实际上,各个局部的湍流燃烧速度不同于这一平均值。

12.4 湍流预混火焰结构

12.4.1 实验观察

图 12.6 给出了观察到的一种湍流火焰结构。如图 12.6(a)所示是用纹影照相法在不同时刻记录下的火焰图像,是用较大温度梯度处绘出图形获得的卷曲的薄反应区叠加在一

起的各瞬时轮廓线。气体混合物在管子中从下向上流动,进入到大气环境中,火焰稳定在管子出口上方。瞬时火焰前沿面高度卷曲,这一卷曲现象在火焰顶部达到最大。反应区的位置在空间迅速变化,其时均的视觉效果是呈现出很厚的火焰区域,如图12.6(b)所示。我们称这一有明显厚度的反应区为**湍流火焰刷**。瞬时的图像说明,实际的反应区像层流预混火焰一样,相对是很薄的。这些反应区有时也称为**层流火焰片**。

前面曾提及,电火花点火发动机采用的是湍流预混火焰。近来随着激光技术的发展,使得研究者们可以更加细致地研究内燃机燃烧室的恶劣环境。图12.7是文献[22]研究获得的电火花点火发动机内二维燃烧火焰的时间序列图像,火焰从火花塞处开始向外传播,并向整个燃烧室传播,直到气体消耗殆尽。从图中可以看到,已燃与未燃气体的分界面距离很小,而火焰前沿被两种大小不同的褶皱所扭曲。在图12.7所表明的特定条件下,已燃和未燃气体是简单相连的,即在已燃气体中,几乎没有未燃气体团块,反之亦然。但是随着发动机转速的提高(2400r/min),两种气体间互相渗入的气体团块会明显增多。

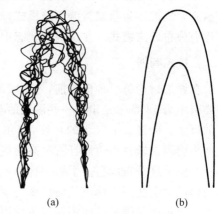

(a)   (b)

图12.6　(a)在不同时刻得到的瞬时反应锋面的叠合图;(b)这种火焰的时均图称为湍流火焰"刷"。(资料来源:得到 Academic Press 允许,(a)从文献[20],(b)从文献[21]复制)

曲轴转角	试验结果	模拟结果
燃烧上止点前 15°CA	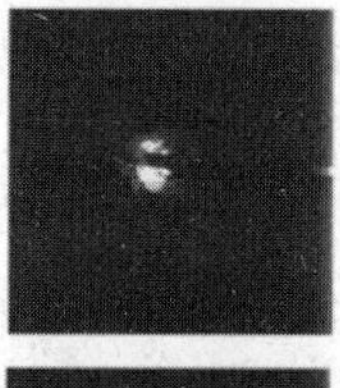	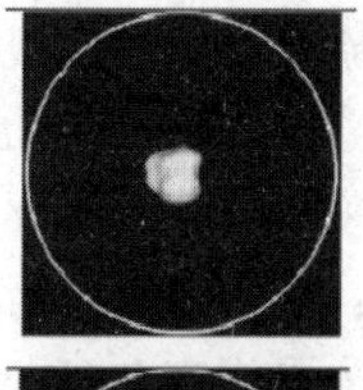
燃烧上止点前 10°CA	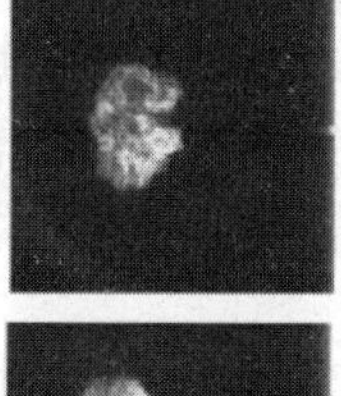	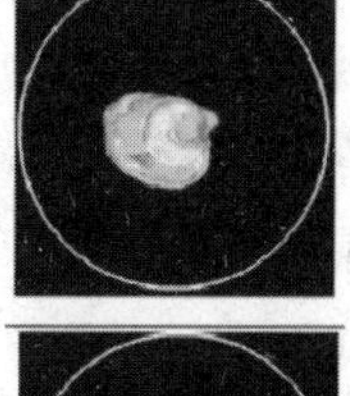
燃烧上止点前 5°CA	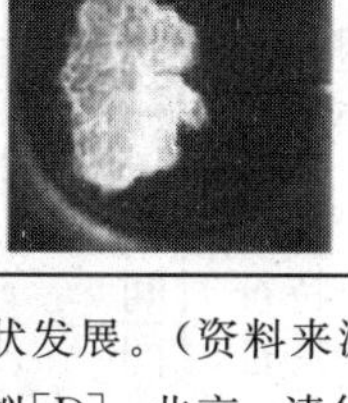	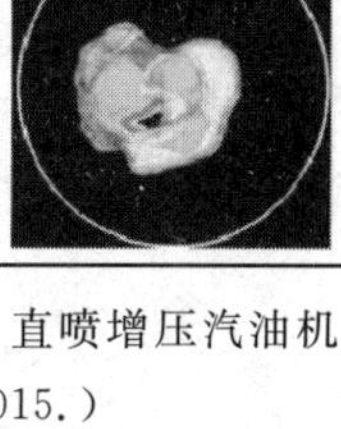

图12.7　湍流发动机点火火焰形状发展。(资料来源:王方.直喷增压汽油机火焰传播及爆震燃烧过程的多维数值模拟[D]. 北京:清华大学,2015.)

12.4.2 三种火焰模式

图 12.6 和图 12.7 表示湍流可使层流火焰前沿面（第 8 章）发生褶皱和扭曲。这一类型的湍流火焰被称为**褶皱层流火焰模式**。这是湍流预混火焰的一种极端状态，另一种极端状态称为**分布反应模式**。在这两种状态中间的态称为**旋涡小火焰模式**。

1. 模式判据

在详细讨论每一种模式前，先要对区分这三种模式的主要因素有一个基本了解。为此，需要引用第 11 章中给出的一些湍流的基本概念，特别是关于在湍流中同时存在不同几何尺度的概念。回忆一下最小的尺度，柯尔莫哥洛夫微尺度 ℓ_K，代表流体中最小的旋涡尺度。这些小旋涡旋转得很快而且有很高的旋涡强度，使得流体的动能由于摩擦升温而转化为内能。几何尺度分布的另一个极端称为积分尺度 ℓ_0，它代表最大的旋涡尺度。湍流火焰的基本结构就由上述两个湍流几何尺度与层流火焰厚度 δ_L（参见第 8 章）的关系决定。层流火焰厚度表示仅是受分子而不是湍流作用下的传热传质控制的反应区。更明确地，这三个火焰模式可以定义为

褶皱层流火焰模式

$$\delta_L \leqslant \ell_K \tag{12.2a}$$

旋涡小火焰模式

$$\ell_0 > \delta_L > \ell_K \tag{12.2b}$$

分布反应模式

$$\delta_L > \ell_0 \tag{12.2c}$$

式（12.2a）和式（12.2c）有明确的物理解释。当层流火焰厚度 δ_L 比湍流最小尺度 ℓ_K 薄得多时（式（12.2a）），湍流运动只能使很薄的层流火焰区域发生褶皱变形。判断褶皱层流火焰存在的判据（式（12.2a））有时也称为**威廉斯-克里莫夫（Williams-Klimov）判据**[5]。另一方面，如果所有的湍流尺度都小于反应区厚度 δ_L，则反应区内的输运现象就不仅受分子运动的控制，同时也受湍流运动的控制，或者至少要受湍流运动的影响。上述判断分布式反应模式区的判据有时也被称为**丹姆克尔（Damköhler）判据**[23]。

在讨论火焰结构时，用一些无量纲的参数会比较方便。湍流尺度和层流火焰厚度可以转化为两个无量纲参数：ℓ_K/δ_L 和 ℓ_0/δ_L。另外引入湍流雷诺数 Re_{ℓ_0}（第 11 章）和丹姆克尔数。这样，用上述 4 个无量纲数来描述湍流火焰结构。

2. 丹姆克尔数

丹姆克尔数 Da 是燃烧中一个很重要的无量纲参数。在许多燃烧问题的描述中都会用到，对于理解湍流预混火焰则尤为重要。**丹姆克尔数** Da 的基本含义是流体的流动特征时间或混合时间与化学特征时间的比值，即

$$Da \equiv \frac{\text{流动特征时间}}{\text{化学特征时间}} = \frac{\tau_{\text{flow}}}{\tau_{\text{chem}}} \tag{12.3}$$

与雷诺数类似,计算 Da 的具体方法与研究的状况相关,其基本含义是惯性力与黏性力之比,具体则有其特定定义的计算式。在研究预混火焰时,特别有用的时间尺度是流体中最大旋涡的存在时间($\tau_{\text{flow}} \equiv \ell_0/v'_{\text{rms}}$)和根据层流火焰定义出的化学特征时间($\tau_{\text{chem}} \equiv \delta_L/S_L$)。根据上述定义的特征时间,得到**丹姆克尔数**为

$$Da = \frac{\ell_0/v'_{\text{rms}}}{\delta_L/S_L} = \left(\frac{\ell_0}{\delta_L}\right)\left(\frac{S_L}{v'_{\text{rms}}}\right) \tag{12.4}$$

当化学反应速率比流体的混合速度快时,即 $Da \gg 1$,这称为**快速化学反应模式**。相对地,当化学反应比较慢时,$Da \ll 1$。注意特征反应速率与其相应的时间尺度呈反比。式(12.4)中 Da 的定义还可以表示为几何尺度比 ℓ_0/δ_L 与相对湍流强度 v'_{rms}/S_L 的倒数的乘积。这样,如果固定几何尺度比,则丹姆克尔数将随湍流强度的增加而减小。

至此,已经定义了 ℓ_K/δ_L,ℓ_0/δ_L,Re_{ℓ_0},Da 和 v'_{rms}/S_L 共 5 个无量纲数。根据其基本定义,这 5 组数据可以互相关联起来。图 12.8[23] 显示了这些关系。如果已知表示湍流流场的参数,就可以通过图 12.8 来估计实际设备中火焰所处的模式。图 12.8 中,纵坐标是丹姆克尔数 Da,横坐标是湍流雷诺数 Re_{ℓ_0},两条粗实线将图分为了三个区域,分别对应关系式(12.2a)~式(12.2c)所定义的三种模式。在 $\ell_K/\delta_L = 1$ 的粗线上方,反应发生在很薄的片内,即是褶皱层流火焰模式;在另一 $\ell_0/\delta_L = 1$ 粗线下方,反应发生在空间分布相对较厚的区域中;两条

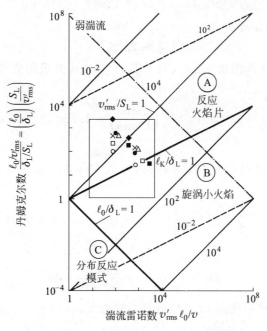

图 12.8 湍流预混燃烧特性的一些重要参数。粗实线上方($\ell_K = \delta_L$)的是满足威廉斯-克里莫夫判据的褶皱层流火焰存在的条件;粗实线下方($\ell_0 = \delta_L$)的是满足丹姆克尔判据的分布反应模式存在的条件。(资料来源:文献[23],汽车工程师协会允许从 SAE 论文编号 850345 ⓒ 1985 复制)

粗线之间就是所谓的旋涡小火焰模式。方框中的数据是对电火花点火发动机火焰状态做的估计[23]。可以看到，根据特定的条件，燃烧状态可能是褶皱层流火焰模式，也可能是旋涡小火焰模式。有趣的是，有实验证据显示，即使在高湍流强度的条件下，层流小火焰结构也仍然存在[11]，因此，在使用类似图12.8的图、表来预测真实的火焰行为时需十分小心。随着激光火焰诊断技术和利用第一原理，即直接数值模拟（DNS）方法的进展，本章所提供的想法在不久的将来将被更严密的湍流火焰物理的理解所替代。

【例12.2】 试计算电站燃气轮机燃烧室中的丹姆克尔数 Da 和柯尔莫哥洛夫微尺度与层流火焰厚度之比 ℓ_K/δ_L。判断该火焰所处的状态。假设未燃气体温度为650K，已燃气体温度为2000K，压力为15atm，平均流速为100m/s，化学当量比为1，燃料为异辛烷，燃烧筒直径为0.3m。设相对湍流强度为10%，积分尺度为燃烧筒直径的1/10。假设燃料和空气完全混合。

解 可根据式（12.4）来计算丹姆克尔数，其中流动特征时间为

$$\tau_{\text{flow}} = \frac{\ell_0}{v'_{\text{rms}}} = \frac{D/10}{0.10\,\bar{v}} = \frac{0.30/10}{0.10/100} = 0.003\text{s 或 3ms}$$

化学特征时间 $\tau_{\text{chem}} \equiv \delta_L/S_L$。用第8章的式（8.33）来计算 S_L，用简化理论结果（式（8.21b））来计算层流火焰厚度 δ_L。仿照例8.3，假设燃料为异辛烷，可以计算出层流火焰传播速度

$$S_L = S_{L,\text{ref}} \left(\frac{T_u}{T_{u,\text{ref}}}\right)^\gamma \left(\frac{P}{P_{\text{ref}}}\right)^\beta = 24.9 \times \left(\frac{650}{298}\right)^{2.18} \times \left(\frac{15}{1}\right)^{-0.16} = 88.4\text{cm/s}$$

由式（8.21b），得层流火焰厚度为

$$\delta \approx 2\alpha/S_L$$

式中，热扩散率 α 根据平均温度 $0.5 \times (T_b + T_u) = 1325$K 并采用空气的物性（附录表C.1），并进行压力修正，得

$$\alpha = 254 \times 10^{-6} \times \left(\frac{1\text{atm}}{15\text{atm}}\right) = 1.7 \times 10^{-5}\,\text{m}^2/\text{s}$$

因此有

$$\delta_L \approx 2 \times (1.7 \times 10^{-5})/0.884 = 3.85 \times 10^{-5}\text{m} \approx 0.039\text{mm}$$

则，化学特征时间为

$$\tau_{\text{chem}} = \frac{\delta_L}{S_L} = \frac{3.85 \times 10^{-5}}{0.884} = 4.4 \times 10^{-5}\text{s} = 0.0435\text{ms}$$

丹姆克尔数可计算得

$$Da = \frac{\tau_{\text{flow}}}{\tau_{\text{chem}}} = \frac{3\text{ms}}{0.0435\text{ms}} = 69$$

计算湍流雷诺数 Re_{ℓ_0}，然后在图12.8中找到对应点

$$Re_{\ell_0} = \frac{\rho v'_{\text{rms}}\ell_0}{\mu} = \frac{(P/RT_b)(0.1\,\bar{v})(D/10)}{\mu_b}$$

$$= \frac{15 \times 101\,325/(288.3 \times 2000) \times 0.1 \times 100 \times (0.30/10)}{689 \times 10^{-7}} = 11\,477$$

对应点近似在图 12.8 的粗线($\ell_K/\delta_L=1$)上,正好处于褶皱火焰模式和旋涡小火焰模式的交界处。若再精确计算,可以根据例 11.1,通过式(11.9)估计 ℓ_K,计算出 ℓ_K/δ_L

$$\ell_K = \ell_0 \, Re_{\ell_0}^{-3/4} = \left(\frac{0.30}{10}\right) \times 11\,477^{-0.75} = 2.7 \times 10^{-5} \, m$$

$$\ell_K/\delta_L = 2.7 \times 10^{-5}/(3.85 \times 10^{-5}) = 0.70$$

$$\ell_K/\delta_L = 0.70 \approx 1$$

这与从图 12.8 得到的估计值大体一致。

注:根据图 12.8,本例中的燃气轮机火焰模式落在代表往复式发动机的方框的右边。可以看出,这两种设备的湍流燃烧模式相差不大。另外,在估计热扩散率时,采用了平均温度下的密度,而不是用第 8 章中理论计算要求的未燃气体密度。如果用未燃气体密度 ρ_u 来代替平均密度 $\rho(\overline{T})$ 估计 $\alpha(\overline{T})$,所得到的热扩散率为 $\alpha(T_u) = 8.8 \times 10^{-6} \, m^2/s$,大约为本例中计算数值的一半。不管热扩散率的数值如何取,估计值依然在褶皱火焰模式和旋涡小火焰模式的交界处。

12.5 褶皱层流火焰模式

在褶皱层流火焰模式下,化学反应会在很薄的区域内进行。如图 12.8 中所示,只有当 $Da > 1$ 时,才会有上述现象,并且与湍流雷诺数有关,这清楚表明反应薄层由快速化学反应特征所确定(与流体机械混合相比)。例如,发动机中反应薄层典型的丹姆克尔数约为 500,此时湍流雷诺数 Re_{ℓ_0} 约为 100。在这种情况下,湍流强度 v'_{rms} 与层流火焰传播速度 S_L 在同一数量级上。

分析湍流燃烧的褶皱层流火焰模式的最简单方法是假设小火焰为一维的平面层流火焰,并以相同的速度传播。这样,湍流唯一的作用就是使得火焰面褶皱,从而增大火焰面积。因此,湍流火焰传播速度与层流火焰传播速度的比值就相当于褶皱火焰面积与式(12.1)中确定的时间平均火焰面积之比。如图 12.9 所示,可以将湍流燃烧速率 $\dot{m}$,表示为小火焰面积和速度、密度的乘积形式,即

$$\dot{m} = \rho_u \overline{A} S_t = \rho_u A_{小火焰} S_L \tag{12.5}$$

则

$$S_t/S_L = A_{小火焰}/\overline{A} \tag{12.6}$$

实际上,层流火焰传播速度并非一成不变,而是与局部的流动性质相关。特别地,火焰曲率、流动速度梯度以及已燃气体的回流都可以改变局部的层流火焰传播速度[1]。

基于褶皱层流小火焰的概念而建立的许多理论将湍流火焰传播速度与流动特性联系起来。比如,文献[1]于 1975 年回顾列举了 13 种不同的模型,后来又提出了许多新模型[8~12]。本书不准备对所有的模型作介绍,而以其中三个为例。第一个模型由丹姆克尔[24]提出,表达式为

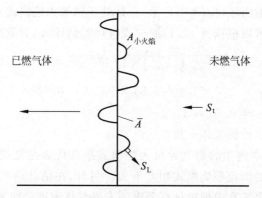

图 12.9　褶皱层流小火焰的结构,同时示出了瞬时小火焰面积与平均面积 $\overline{A}$,用于定义湍流火焰传播速度 S_t。

$$S_t/S_L = 1 + v'_{rms}/S_L \tag{12.7}$$

第二个模型,由克拉文和威廉斯[25]最近提出

$$S_t/S_L = \{0.5[1 + (1 + 8Cv'^2_{rms}/S^2_L)^{0.5}]\}^{0.5} \tag{12.8a}$$

式中,C 是接近 1 的常数,如果 v'_{rms}/S_L 比较小,式(12.8a)可化简为

$$S_t/S_L = 1 + Cv'^2_{rms}/S^2_L \tag{12.8b}$$

第三个模型由克里莫夫[26]提出

$$S_t/S_L = 3.5\ (v'_{rms}/S_L)^{0.7} \tag{12.9}$$

此式在 $v'_{rms}/S_L \gg 1$ 时成立。

　　丹姆克尔模型(式(12.7))是基于以下事实而建立的,即在纯层流流动中,层流火焰传播速度为常数,而火焰面积 $A_{火焰}$ 正比于流速 v_u,即: $\dot{m} = \rho_u v_u A = \rho_u S_L A_{火焰}$。根据第 8 章层流火焰概念,即有 $A_{火焰}/A = v_u/S_L$,式中 A 为流动横截面积。与之类似,将上述关系假设扩展到湍流中,并假设

$$A_{褶皱}/\overline{A} = v'_{rms}/S_L \tag{12.10}$$

式中,褶皱面积定义为小火焰面积减去时间平均面积的差: $A_{褶皱} \equiv A_{小火焰} - \overline{A}$。根据湍流火焰传播速度的定义式(12.5),可以获得丹姆克尔模型公式(12.7)的表达式

$$S_t = \frac{A_{小火焰}}{\overline{A}} S_L = \frac{\overline{A} + A_{褶皱}}{\overline{A}} S_L = \left(1 + \frac{v'_{rms}}{S_L}\right) S_L \tag{12.11}$$

　　克拉文-威廉斯的模型(式(12.8a),式(12.8b))是针对小 v'_{rms},从更加严格的褶皱层流火焰动力学处理而导出的。更深入的讨论超出了本书的范围,读者可参考文献[6,7,25]。在克里莫夫的模型中,函数形式是根据理论推导得出的,但其中的比例常数和指数则是克里莫夫根据俄罗斯学者的试验(文献[27]和其他)整理获得的[26]。

　　图 12.10 显示了湍流火焰传播速度的试验数据[27]以及由丹姆克尔(式(12.7))和克里莫夫(式(12.9))褶皱层流火焰模型得出的计算值。由于克里莫夫模型[26]中的常数部分源

于试验结果,因此我们看到其计算数据与试验数据吻合较好,而丹姆克尔模型得出的是一条直线,与试验数据变化趋势有较大不同。对于克拉文-威廉斯的模型(式(12.8)),由于其只适用于 v'_{rms} 非常小的情况,因此未在图 12.10 中表示。

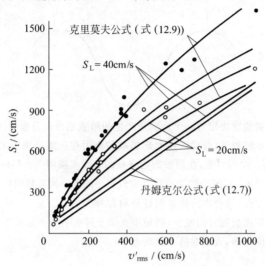

图 12.10 S_t 和 v'_{rms} 的实验关系,同时与湍流火焰传播的褶皱层流火焰理论进行了比较。
(资料来源:文献[27]的数据)

到目前为止,上述所有的表达式都是基于湍流脉动速度和层流火焰传播速度之比,即 v'_{rms}/S_L。这些表达式无须考虑以下因素对小火焰褶皱和小火焰稳定性的影响:①湍流积分尺度;②湍流流场中速度梯度对火焰面的拉伸作用;③燃料-空气混合物的分子输运(热扩散)特性。速度梯度引起的火焰拉伸会影响局部的火焰传播速度,而且当足够强时,会使小火焰熄灭。反应物的热扩散特性在确定湍流产生的一个褶皱是否会导致进一步的褶皱时起很大的作用。导致进一步褶皱是由于局部的层流火焰传播速度被一个褶皱的前突点所加强,反过来,也可以由于一个褶皱的后突点加强了局部的层流火焰传播速度而导致火焰面趋于平滑。图 12.11 示出了局部火焰传播速度对小火焰褶皱的影响。

大量的资料表明这三种影响都很重要。但其联系仍是一个研究的重点[11]。文献[12]提出了一个关系式,将两个因素显式地表示为

$$\frac{S_t}{S_L} = 1 + 0.95 Le^{-1} \left(\frac{v'_{rms}}{S_L} \frac{\ell_0}{\delta_L} \right)^{1/2} \tag{12.12}$$

式中,积分尺度 ℓ_0 是平方根的关系,表示积分尺度的增加会导致湍流火焰传播速度的增加,但以逐步减少的速度增加。混合物的热扩散特性的影响可以用几种方法来表示。文献[12]选择用路易斯数,即热导与传质的比(参见第 7 章),而马克施泰因数更为常用①。在

___

① 常用来描述火焰拉伸和分子输运的影响的无量纲参数是卡尔洛维茨数和马克施泰因数。对于这两个参数的讨论留待更高级的教材[28,29]。

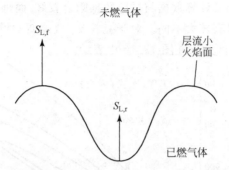

图 12.11　局部的火焰传播速度决定着一个由湍流产生的褶皱是否会引起进一步的褶皱或使这一褶皱平滑。对于图示的例子，假设拉伸和热扩散的作用在褶皱前突点的正曲率加强了火焰的速度，表示为 $S_{L,f}$。而相对地，在褶皱的后突点的负曲率减弱了火焰的速度，表示为 $S_{L,f}$。对于这一情形（$S_{L,f} < S_{L,r}$），由于褶皱的高点和低点之间的距离会随时间增大，而使得火焰变得更加褶皱。另一方面，混合物的热扩散性质可能导致 $S_{L,r} > S_{L,f}$。对于这一情形，褶皱的高点和低点之间的距离会随时间减少，而使小火焰变得更平滑。如果不存在褶皱，火焰的每个点都以相同的速度传播，火焰维持平面状态。

式（12.12）中，路易斯数的倒数 Le^{-1} 决定了局部层流火焰传播速度对局部火焰前沿的正或负的曲率的响应。文献[10]的综述主要集中在分子输运过程在湍流火焰中的作用。对这些因素的详细描述超出了本书的范畴，建议有兴趣的读者参考文献[10～12]以获得更多信息。

　　图 12.12 显示了在不同固定的路易斯下的布拉德利（Bradley）关系式（式（12.12））的结果。随着 v'_{rms}/S_L 的增加，这些曲线出现弯曲的原因仍是一个有争议的问题。文献[11]中对此问题提出的解释包括小火焰的出现和熄灭，从冷反应物到热产物的气体膨胀引起的局部速度的分叉特性及对于特定的火焰类型相关的特定几何因素等。

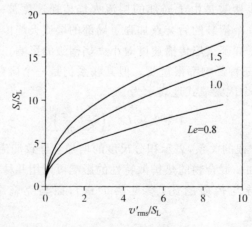

图 12.12　式（12.12）的曲线图显示了路易斯数的强烈影响。这一关系式（式（12.12））是基于多种火焰形式的，因此表示了分散的数据的曲线拟合结果。（资料来源：文献[11]）

【例 12.3】　针对一台实验用电火花点火发动机,用激光多普勒测速仪测量其平均和脉动速度。在下列条件下计算湍流火焰传播速度: $v'_{rms}=3m/s, P=5atm, T_u=500℃, \Phi=1.0$ (丙烷-空气)。残余已燃气体与新鲜空气混合的质量分数为 0.09。

解　利用克里莫夫(式(12.9))和丹姆克尔(式(12.7))公式来计算湍流燃烧速度。两个公式都需要用层流火焰传播速度 S_L 来计算 S_t,因此首先根据第 8 章的公式(式(8.33))计算 S_L

$$S_{L,ref} = B_M + B_2(\Phi-1.08)^2 = 33.33 - 138.65 \times (1-1.08)^2 = 32.44 cm/s$$

$$S_L = 32.44 \times \left(\frac{T_u}{T_{u,ref}}\right)^\gamma \times \left(\frac{P}{P_{ref}}\right)^\beta \times (1-2.1Y_{dil}) = 32.44 \times \left(\frac{773}{298}\right)^{2.18}$$

$$\times \left(\frac{5}{1}\right)^{-0.16} \times (1-2.1\times0.09) = 162.4 cm/s$$

则有

$$\frac{v'_{rms}}{S_L} = \frac{3}{1.624} = 1.85$$

由式(12.9)有

$$S_t = 3.5S_L \left(\frac{v'_{rms}}{S_L}\right)^{0.7} = 3.5 \times 1.624 \times (1.85)^{0.7} = 8.8 m/s$$

由式(12.7)有

$$S_t = S_L + v'_{rms} = 1.624 + 3 = 4.624 m/s$$

注:注意两种模型计算的结果相差 1 倍。另外, v'_{rms}/S_L 只有 1.8,与式(12.9)要求的 $v'_{rms}/S_L \gg 1$ 不符。

12.6　分布反应模式

当积分尺度 ℓ_0/δ_L 和 Da 都小于 1 时,火焰进入分布反应模式。这种模式在实际的设备中很难实现。这一要求意味着 ℓ_0 很小,而同时 v'_{rms} 又要很大,即流道小而速度大(这可由式(12.8)推断出)。在这样的装置中压力损失很大,因此很不现实。另外,此时火焰是否还能维持也是个问题[2]。然而由于许多污染物的生成反应很慢,会发生在分布反应模式中,因而尽管火焰反应一般无法实现,研究在此模式下的化学反应与湍流如何进行相互作用依然很有益。氮氧化物的形成就是一个例子。

图 12.13 表示了一个分布反应模式,其中所有的湍流尺度都在反应区内。由于反应时间尺度大于旋涡寿命($Da<1$),速度脉动 v'_{rms},温度脉动 T'_{rms} 和组分质量分数脉动 $Y'_{i,rms}$ 都同时发生。这样,瞬时的化学反应速率就由瞬时的温度 $T=\overline{T}+T'$,质量分数 $Y_i=\overline{Y_i}+Y'_i$ 及其脉动确定。需指出的是,时均反应速率并不能简单地用平均量来求取,而需要考虑加入脉动

量关联项（如第11章中由于雷诺应力中用速度脉动量的关联项）。下面，针对一个双分子反应导出其平均反应速度

$$A + B \xrightarrow{k(T)} AB$$

根据第4章的知识，组分A的反应速率 $\dot{\omega}_A(\mathrm{kmol/(m^3 \cdot s)})$ 可以表示为

$$\dot{\omega}_A = -k[X_A][X_B] \tag{12.13}$$

式中，方括号表示摩尔浓度（$\mathrm{kmol/m^3}$），k 是随温度变化的反应速率系数。将式（12.1）用质量分数表示为

$$\frac{\mathrm{d}Y_A}{\mathrm{d}t} = -kY_A Y_B \frac{\rho}{MW_B} \tag{12.14}$$

式中，ρ 是混合物的密度。定义各个量的瞬时值

$$k = \bar{k} + k'$$
$$Y_A = \bar{Y}_A + Y'_A$$
$$Y_B = \bar{Y}_B + Y'_B$$
$$\rho = \bar{\rho} + \rho'$$

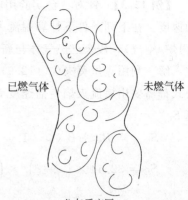

已燃气体　　　　未燃气体

分布反应区

图 12.13　湍流火焰在分布反应模式下传播的概念图。在图中示出了在反应区域不同的湍流尺度。

将上述值代入式（12.14），并取时间平均值（用上画线表示），得到平均反应速率 $\overline{\mathrm{d}Y_A/\mathrm{d}t}$

$$\overline{\mathrm{d}Y_A/\mathrm{d}t} = -\overline{k\rho Y_A Y_B} = -\overline{(\bar{k}+k')(\bar{\rho}+\rho')(\bar{Y}_A+Y'_A)(\bar{Y}_B+Y'_B)} \tag{12.15}$$

式中，已将式（12.14）中的 MW_B 项包含在系数 k 中。式（12.15）的右边可进一步扩展为

$$-\overline{\mathrm{d}Y_A/\mathrm{d}t} = \bar{\rho}\bar{k}\,\bar{Y}_A\,\bar{Y}_B + \bar{\rho}\bar{k}\,\overline{Y'_A Y'_B} + 另五项二变量关联项$$

$$+ \bar{k}\overline{\rho' Y'_A Y'_B} + 另三项三变量关联项 + \overline{\rho' k' Y'_A Y'_B} \tag{12.16}$$

从式（12.16）中可见，由湍流脉动带来了很多的复杂性。式（12.16）右边的第一项是将 ρ, k, Y_A, Y_B 的平均值代入式（12.14）所得到的反应速率。这一项将被六个二变量关联项、四个三变量关联项和一个四变量关联项所增大！当然，假设是等温（k＝常数）和定密度流动，许多项都可以被消掉，只留下对于 Y'_A 和 Y'_B 的关联项，即便如此，问题依然难解。

12.7　旋涡内小火焰模式

旋涡内小火焰模式处于褶皱层流火焰与分布反应模式之间，即图12.8两条粗线中间的楔形区域。这一模式的特征是有中等大小的 Da 值和很高的湍流强度（$v'_{\mathrm{rms}}/S_L \gg 1$）。由于有些设备的火焰状态恰好属于这一模式，因此，旋涡内小火焰模式是值得特别关注的。例如，电火花点火发动机燃烧的计算区域的一部分[23]就处于这一模式。文献[30,31]用受限流动中的预混丙烷火焰做了许多试验，大部分实验数据与这一模式相关。

图 12.14 概念性地表示了这一模式下燃烧是如何进行的，并支持**旋涡破碎模型的理论**[4,32]。这一概念成功地用于计算某些燃烧设备中的燃烧速度。如图 12.14 所示，燃烧区域由许多已燃气团组成，几乎充满了已燃气体。旋涡破碎模型的基本思路是燃烧速率取决于未燃气团破碎成更小微团的速率，由于不断地破碎，使得未燃混合物与已燃热烟气之间有足够的界面进行反应[4]。这表示不是化学反应的速率决定着燃烧速率，而是完全由湍流混合速度控制着燃烧过程。对这一过程用数学式来表示，单位体积燃料的质量燃烧速率 $\overline{\dot{m}'''_F}$ 为[7]

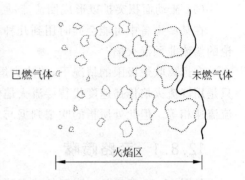

图 12.14 湍流火焰在旋涡内小火焰模式中传播的示意图。

$$\overline{\dot{m}'''_F} = -\rho C_F Y'_{F,rms}\epsilon_0/(3v'^2_{rms}/2) \tag{12.17}$$

式中，C_F 为常数（$0.1 < C_F < 100$，但一般接近 1），$Y'_{F,rms}$ 是燃料质量分数脉动的均方根，ϵ_0 是湍流耗散率（由式(11.7)定义），$3v'^2_{rms}/2$ 是（单位质量的）湍流动能，假设湍流各向同性，即 $v'_{rms} = v'_{x,rms} = v'_{y,rms} = v'_{z,rms}$。将 ϵ_0 的定义式代入，并将所有常数项归入 C_F，可以得到

$$\overline{\dot{m}'''_F} = -\rho C_F Y'_{F,rms} v'_{rms}/\ell_0 \tag{12.18}$$

从式(12.18)可以看出，单位体积的质量燃烧速率由 Y 的特征脉动项 $Y'_{F,rms}$ 和旋涡的特征时间 v'_{rms}/ℓ_0 决定。这个模型显示，湍流尺度对湍流燃烧速率的计算有着决定性作用。

12.8 火焰稳定

本章开头曾经提到，一些重要的实际应用和特殊装置中会采用湍流预混火焰，如工业或商用的预混或喷嘴混合气体燃烧器、预混/预蒸发燃气轮机燃烧室、涡轮喷气发动机的补燃室和电火花点火发动机等。在电火花点火发动机中，火焰在密闭容器中自由传播，对火焰的稳定性并没有要求，因此第 8 章定义的回火、推举和吹熄概念也就没有意义。因此，在电火花发动机中的不稳定性，是用稳定着火失败、早期火焰发展及火焰不完全传播到燃烧室壁面等现象来表示。因此，本节将关注除电火花发动机之外的其他燃烧设备。

在一个实际的设备中，火焰稳定是指火焰能稳定在需要位置，且在设备运行范围内不出现回火、推举和吹熄现象。下面是一些稳定火焰的方法：

（1）低速旁路喷口；

（2）燃烧器耐火碹口；

（3）加装钝体稳焰器；

（4）采用旋流或射流诱导回流流动；

（5）流动面积突扩以形成回流流动。

在某些设备中可能会同时用到几种稳燃方法，而且这些方法同样适用于第 13 章中要讨论的湍流非预混火焰。

在远离吹熄极限的情况下，湍流火焰稳定的原理与先前提到的层流火焰稳定原理类似，只是用湍流火焰传播速度代替层流火焰传播速度，即本地湍流火焰传播速度与本地平均气流流速相等。但此处所指的吹熄判据与着火所用判据更相似，这将在下面详细讨论。

12.8.1　旁路喷嘴

如图 12.15 所示是一张用低速旁路喷嘴稳定工业火焰的结构图。相同的原理也用在手持丙烷火炬和现代实验室用本生灯上，因此读者也许有机会可以直接看到这类设备。

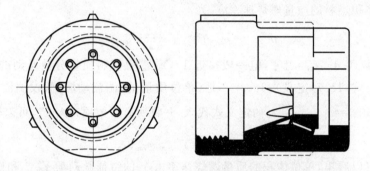

图 12.15　火焰稳定式工业燃烧器。燃烧器图的下半部分剖视图显示了在主火焰吹熄条件下重新被点燃用的旁路喷嘴。燃烧器前面应有一个气体混合器。（资料来源：文献［18］，获得北美制造公司复制许可）

12.8.2　燃烧器耐火碹口

在工业燃烧器中，火焰常稳定在一个耐火的通道中，称为**燃烧器碹口**。图 12.5(b) 就是一种典型的有碹口的预混燃烧器。燃烧器启动后，碹口形成了几乎绝热的边界，将热量辐射回火焰中，这样使火焰温度接近绝热燃烧温度。由于层流燃烧速度受温度影响很大，这会使湍流燃烧速度提高（式（12.7）和式（8.29））。从图 12.5 中还注意到，碹口被设计成有很大的扩张角，这是为了使边界层可能分离而在碹口内形成一个回流区。回流的高温烟气回到上游，会促进未燃混合物的着火。另外，下面要提到的旋流也经常与耐火碹口一同使用。文献［33］曾就耐火碹口的几何特性和回流对火焰稳定性的影响做过数值分析。

12.8.3　钝体

如图 12.16 所示，可以在一个非流线型的钝体的尾迹中稳定湍流火焰。关于钝体稳定火焰的研究有很多,文献[35]就此问题做了很好的综述。图 12.4 列举了各种使用钝体稳燃的设备,可用于冲压式喷气发动机、涡轮喷气发动机的补燃室和喷嘴混合气体燃烧器。目前,由于控制氮氧化物的需要,越来越多地采用贫燃料混合物燃烧,因此研究吹熄极限条件下的钝体火焰动力学显得十分重要,相关例子可参看文献[36]。

钝体稳燃器的主要特点就是会在其后形成强烈的回流区,如图 12.15 的亮区所示,常会出现尖端指向上游的"V 形流"。回流区主要由均匀的接近绝热燃烧温度的燃烧产物组成。如图 12.16 中所示,火焰稳定点接近稳燃器的边缘。吹熄现象是由在回流区附近发生的过程所决定的[35]。

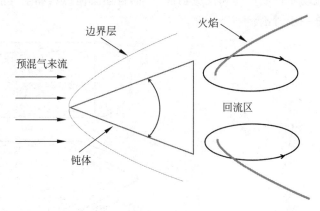

图 12.16　在钝体尾迹中的湍流火焰。

研究者们提出了一些理论来解释钝体稳燃火焰中的吹熄现象,下面的讨论将采用 Spalding[37]、Zukoski 和 Marble[34] 提出的方法。这一方面由 Williams[7,35] 总结和扩展。这一模型要求在初始未燃气体与回流区高温气体接触期间,必须释放出大于某一临界值的能量。采用这一模型,可以得到下列吹熄速度的公式,即使火焰在稳燃器处吹熄的上游气体流速为

$$v_{\text{吹熄}} = 2\rho_0 L \left(\frac{S_L^2}{\rho \alpha_T} \right) \tag{12.19}$$

式中,ρ_0 和 ρ 分别是未燃和已燃气体密度;L 是回流区的一个特征长度;α_T 是所谓的**湍流热扩散率**。如果假设湍流的普朗特数为 1,则 $\alpha_T = \varepsilon$,其中 ε 是第 11 章中定义的湍流扩散率或叫旋涡黏度。

利用流动面积突扩来实现火焰稳定,最极端的是用台阶流动。这一方法与钝体稳燃有许多相似之处。同样,一个由高温已燃气体组成的强烈的回流区会将未燃气体点燃,并形成一个区域,使得局部的湍流火焰传播速度与局部气流速度相等。稳燃用台阶流动在预混燃气轮机燃烧室和预混工业燃烧器中都有应用。

12.8.4　旋流和射流诱导回流流动

　　经过上述讨论可知,运用固体障碍物或者快速面积变化都可以形成回流区,以达到稳燃作用。同样,在来流中运用旋流元件或者在燃烧空间中以适当方式引入一股射流,也可以产生回流区。图 12.17 表示了通过管内旋流元件产生的回流区,图 12.18 展示了几种带射流诱导回流流动的燃烧筒的结构[38]。文献[39]给出了旋流稳燃燃烧器的最新综述。

　　旋流稳燃经常用在预混式或非预混式的工业燃烧器和燃气轮机燃烧室中。当然,在非预混状态下,旋流流动不仅使产物和反应物混合,而且还会使燃料和空气混合。这方面的研究在第 13 章中会进一步讨论。

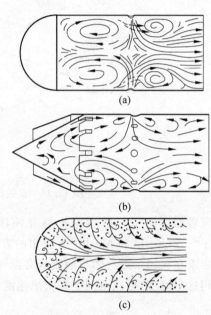

(a)

(b)

(c)

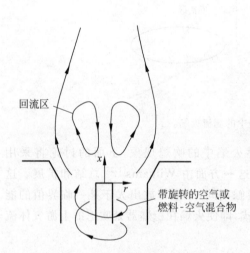

图 12.17　带有内旋流的火焰的流型。

图 12.18　筒式燃烧器的流型。(a)带有封闭端的单排孔结构;(b)隐型锥结构;(c)多排孔结构。(资料来源：文献[38],获得 The Combustion Institute 复制允许)

12.9　小结

　　本章首先介绍了许多预混湍流燃烧的应用。引入并定义了湍流火焰传播速度的概念,并对湍流预混火焰的性质进行了描述。定义了湍流预混燃烧有三种状态：褶皱层流火焰模式、旋涡小火焰模式和分布反应模式。定义了不同燃烧模式发生的判据。这些判据是基于层流火焰厚度与不同湍流尺度的比值。丹姆克尔数定义为流动特征时间与化学特征时间的比值,并由此提出了快速化学反应模式。本章简要地介绍了几种有关褶皱层流火焰的理论,可知至今仍没有一种理论可以形成共识。我们讨论了分布反应模式的性质,发现由于在组分守恒方程中引入了大量的湍流关联项而给计算带来了巨大麻烦。在讨论过渡状态的旋涡小火焰模式时,引入了旋涡破裂模型,该模型假设燃烧速率受流体动力学控制而不受化学反应的控制。还注意到近来基于激光的火焰可视化实验提出即使在高湍流(小 Da 数)下还存在褶皱的小火焰,使人怀疑在燃料燃烧时是否存在分布反应模式。本章最后讨论了几种实际应用的湍流火焰的稳燃措施,其中包括加长低速旁路喷口、燃烧器耐火碹口、钝体稳焰器、采用旋流或射流诱导回流及流动面积突扩以产生回流。总之,对湍流预混火焰的理解一直在不断变化。因此,在这一章中,我们只重点讲了一些应用,并且提出了一些有实验依据的理论性的概念要点。对此读者应该注意,与其他较为成熟的工程科学不同,本章的许多问题目前还都没有一个非常确定的答案。

12.10 符号表

A	面积,m^2
Da	丹姆克尔数
k	反应速率系数,多种单位
ℓ_K	柯尔莫哥洛夫微尺度,m
ℓ_0	湍流的积分尺度或宏观尺度,m
$\dot{m}$	质量流量,kg/s
$\overline{\dot{m}}'''$	单位体积内质量生成率,$kg/(s \cdot m^3)$
MW	摩尔质量,$kg/kmol$
Re	雷诺数
S_L	层流火焰传播速度,m/s
S_t	湍流火焰传播速度,m/s
t	时间,s
T	温度,K
v	速度,m/s
Y	质量分数,kg/kg

希腊符号

α	热扩散率,m^2/s
α_T	湍流热扩散率,m^2/s
δ_L	层流火焰厚度,m
ε	旋涡黏度,m^2/s
ϵ_0	耗散率,式(11.7),m^2/s^3

ν	运动黏度，m^2/s
ρ	密度，kg/m^3
τ	时间，s
$\dot{\omega}$	反应速率（$kmol/(m^3 \cdot s)$）

下标

b	已燃
chem	化学
dil	稀释
f	褶皱小火焰的前突点
F	燃料
r	褶皱小火焰的后突点
ref	参考状态
rms	均方根
u	未燃

其他符号

( )	时间平均
( )′	脉动项
[X]	X组分的摩尔浓度，$kmol/m^3$

12.11 参考文献

1. Andrews, G. E., Bradley, D., and Lwakabamba, S. B., "Turbulence and Turbulent Flame Propagation—A Critical Appraisal," *Combustion and Flame,* 24: 285–304 (1975).

2. Abdel-Gayed, R. G., and Bradley, D., "Dependence of Turbulent Burning Velocity on Turbulent Reynolds Number and Ratio of Laminar Burning Velocity to R.M.S. Turbulent Velocity," *Sixteenth Symposium (International) on Combustion,* The Combustion Institute, Pittsburgh, PA, pp. 1725–1735, 1976.

3. Libby, P. A., and Williams, F. A., "Turbulent Flows Involving Chemical Reactions," *Annual Review of Fluid Mechanics,* Vol. 8, Annual Reviews, Inc., Palo Alto, CA, pp. 351–376, 1976.

4. Bray, K. N. C., "Turbulent Flows with Premixed Reactants," in *Topics in Applied Physics,* Vol. 44, *Turbulent Reacting Flows* (P. A. Libby and F. A. Williams, eds.), Springer-Verlag, New York, pp. 115–183, 1980.

5. Williams F. A., "Asymptotic Methods in Turbulent Combustion," *AIAA Journal,* 24: 867–875 (1986).

6. Clavin, P., "Dynamic Behavior of Premixed Flame Fronts in Laminar and Turbulent Flows," *Progress in Energy and Combustion Science,* 11: 1–59 (1985).

7. Williams, F. A., *Combustion Theory,* 2nd Ed., Addison-Wesley, Redwood City, CA, 1985.

8. Chomiak, J., *Combustion: A Study in Theory, Fact and Application,* Gordon & Breach, New York, 1990.

9. Lipatnikov, A. N., and Chomiak, J., "Turbulent Flame Speed and Thickness: Phenomenology, Evaluation, and Application in Multi-Dimensional Simulations," *Progress in Energy and Combustion Science,* 28: 1–74 (2002).

10. Lipatnikov, A. N., and Chomiak, J., "Molecular Transport Effects on Turbulent Flame Propagation and Structure," *Progress in Energy and Combustion Science,* 31: 1–73 (2005).

11. Driscoll, J. F., "Turbulent Premixed Combustion: Flamelet Structure and Its Effect on Turbulent Burning Velocities," *Progress in Energy and Combustion Science,* 34: 91–134 (2008).

12. Bradley, D., "How Fast Can We Burn?" *Twenty-Fourth Symposium (International) on Combustion,* The Combustion Institute, Pittsburgh, PA, pp. 247–262, 1992.

13. Heywood, J. B., *Internal Combustion Engine Fundamentals,* McGraw-Hill, New York, 1988.

14. Obert, E. F., *Internal Combustion Engines and Air Pollution,* Harper & Row, New York, 1973.

15. David, L. B., and Washam, R. M., "Development of a Dry Low NO_x Combustor," ASME 89-GT-255, Gas Turbine and Aeroengine Congress and Exposition, Toronto, ON, 4–8 June, 1988.

16. Maghon, H., Berenbrink, P., Termuehlen, H., and Gartner, G., "Progress in NO_x and CO Emission Reduction of Gas Turbines," ASME 90-JPGC/GT-4, ASME/IEEE Power Generation Conference, Boston, 21–25 October, 1990.

17. Lovett, J. A., and Mick, W. J., "Development of a Swirl and Bluff-Body Stabilized Burner for Low-NO_x, Lean-Premixed Combustion," ASME paper, 95-GT-166, 1995.

18. North American Manufacturing Co., *North American Combustion Handbook,* The North American Manufacturing Co., Cleveland, OH, 1952.

19. North American Manufacturing Co., *North American Combustion Handbook,* 2nd Ed., North American Manufacturing Co., Cleveland, OH, 1978.

20. Fox, M. D., and Weinberg, F. J., "An Experimental Study of Burner Stabilized Turbulent Flames in Premixed Reactants," *Proceedings of the Royal Society of London, Series A,* 268: 222–239 (1962).

21. Glassman, I., *Combustion,* 2nd Ed., Academic Press, Orlando, FL, 1987.

22. zur Loye, A. O., and Bracco, F. V., "Two-Dimensional Visualization of Premixed Charge Flame Structure in an IC Engine," Paper 870454, SAE SP-715, Society of Automotive Engineers, Warrendale, PA, 1987.

23. Abraham, J., Williams, F. A., and Bracco, F. V., "A Discussion of Turbulent Flame Structure in Premixed Charges," Paper 850345, SAE P-156, Society of Automotive Engineers, Warrendale, PA, 1985.

24. Damköhler, G., "The Effect of Turbulence on the Flame Velocity in Gas Mixtures," *Zeitschrift Electrochem,* 46: 601–626 (1940) (English translation, NACA TM 1112, 1947).

25. Clavin, P., and Williams, F. A., "Effects of Molecular Diffusion and of Thermal Expansion on the Structure and Dynamics of Premixed Flames in Turbulent Flows of Large Scale and Low Intensity," *Journal of Fluid Mechanics,* 116: 251–282 (1982).

26. Klimov, A. M., "Premixed Turbulent Flames—Interplay of Hydrodynamic and Chemical Phenomena," in *Flames, Lasers, and Reactive Systems* (J. R. Bowen, N. Manson, A. K. Oppenheim, and R. I. Soloukhin, eds.), Progress in Astronautics and Aeronautics, Vol. 88, American Institute of Aeronautics and Astronautics, New York, pp. 133–146, 1983.

27. Ill'yashenko, S. M., and Talantov, A. V., *Theory and Analysis of Straight-Through-Flow Combustion Chambers,* Edited Machine Translation, FTD-MT-65-143, Wright-Patterson AFB, Dayton, OH, 7 April 1966.

28. Kuo, K. K., *Principles of Combustion,* 2nd Ed., John Wiley & Sons, Hoboken, NJ, 2005.

29. Law, C. K., *Combustion Physics,* Cambridge University Press, New York, 2006.

30. Ballal, D. R., and Lefebvre, A. H., "The Structure and Propagation of Turbulent Flames," *Proceedings of the Royal Society of London, Series A,* 344: 217–234 (1975).

31. Ballal, D. R., and Lefebvre, A. H., "The Structure of a Premixed Turbulent Flame," *Proceedings of the Royal Society of London, Series A,* 367: 353–380 (1979).

32. Mason, H. B., and Spalding, D. B., "Prediction of Reaction Rates in Turbulent Premixed Boundary-Layer Flows," *Combustion Institute European Symposium* (F. J. Weinberg, ed.,), Academic Press, New York, pp. 601–606, 1973.

33. Presser, C., Greenberg, J. B., Goldman, Y., and Timnat, Y. M., "A Numerical Study of Furnace Flame Root Stabilization Using Conical Burner Tunnels," *Nineteenth Symposium (International) on Combustion,* The Combustion Institute, Pittsburgh, PA, pp. 519–527, 1982.

34. Zukoski, E. E., and Marble, F. E., "The Role of Wake Transition in the Process of Flame Stabilization on Bluff Bodies," in *Combustion Researches and Reviews, 1955,* AGARD, Butterworth, London, pp. 167–180, 1955.

35. Williams, F. A., "Flame Stabilization of Premixed Turbulent Gases," in *Applied Mechanics Surveys* (N. N. Abramson, H. Liebowitz, J. M. Crowley, and S. Juhasz, eds.), Spartan Books, Washington, DC, pp. 1157–1170, 1966.

36. Nair, S., and Lieuwen, T., "Near-Blowoff Dynamics of a Bluff-Body Stabilized Flame," *Journal of Propulsion and Power,* 23: 421–427 (2007).

37. Spalding, D. B., "Theoretical Aspects of Flame Stabilization," *Aircraft Engineering,* 25: 264–268 (1953).

38. Jeffs, R. A., "The Flame Stability and Heat Release Rates of Some Can-Type Combustion Chambers," *Eighth Symposium (International) on Combustion,* Williams & Wilkins, Baltimore, MD, pp. 1014–1027, 1962.

39. Huang, Y., and Yang, V., "Dynamics and Stability of Lean-Premixed Swirl-Stabilized Combustion, *Progress in Energy and Combustion Science,* 35: 293–364 (2009).

12.12 习题

12.1 列出本章所有的黑体字,讨论每个术语的意义。

12.2 如习题 12.2 图所示,在一矩形管道中的湍流火焰,采用一根圆杆产生的尾迹稳定火焰。V 形火焰的夹角为 11.4°。假设未燃混合物的速度均匀并为 50m/s,求湍流火焰传播速度。

12.3 一个湍流火焰通过一直径为 2mm 的管子形成的值班火焰稳定,其管径为 25mm,并与值班火焰为同心管(见习题 12.3 图)。火焰的形状为圆锥形。假设火焰一直到达外管壁面,且未燃混合物速度为常数。管内的流量为 0.03kg/s。未燃混合物温度 310K,压力 1atm,摩尔质量 29.6kg/kmol。试估计火焰区的长度 L,设湍流燃烧速率为 5m/s。

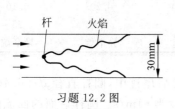

习题 12.2 图

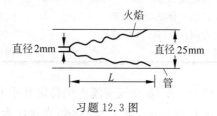

习题 12.3 图

12.4 已知条件同例 12.1。试估计湍流强度 v'_{rms} 和相对强度 $u'_{rms}/\bar{v}$。

12.5 证明式(12.8a)在 $v'_{rms}/S_L \ll 1$ 时即为式(12.8b)。

12.6 例 12.2 中,如果 u'_{rms} 的值加倍,那么燃烧的模式会不会发生改变?如果是,怎么变化?

12.7 湍流预混燃烧的条件与参数如下:

丙烷-空气混合物,$\Phi = 0.6$,$T_u = 350K$,$P = 2atm$,$v'_{rms} = 4m/s$,$\ell_0 = 5mm$。

计算特征化学时间和特征流动时间,求丹姆克尔数。判断这一工况是属于"快速"化学反应还是"缓慢"化学反应。

*12.8 文献[23]提出电火花点火发动机中的湍流强度可用下式计算:v'_{rms}(点火瞬间)$\approx v_P/2$,式中,v_P 是活塞速度。同样,积分尺度可近似为 $\ell_0 \approx h/2$,式中,h 是活塞顶部与盘形燃烧室气缸头部的瞬间间隙。活塞的瞬间速度(单位 m/s)与旋转速度 N(单位 r/s),上止点(TDC)后的曲柄转角 θ,以及连接杆长度与曲柄半径的比 R^* 相关,公式如下

$$v_P = 2LN \frac{\pi}{2}\sin\theta\left[1 + \frac{\cos\theta}{(R^{*2} - \sin^2\theta)^{1/2}}\right]$$

式中,L 为发动机冲程,m。瞬时间隙高度为

$$\frac{h}{h_{TDC}} = 1 + \frac{1}{2}(r_c - 1)\left[R^* + 1 - \cos\theta - (R^{*2} - \sin^2\theta)^{1/2}\right]$$

式中,r_c 为几何压缩比。

在下表所示的条件下，试根据积分尺度 ℓ_0 计算电火花点火瞬间的湍流雷诺数 Re_{ℓ_0}。同时，根据图 12.8 和所给参数，确定燃烧属于哪种模式范围。令 $R^* = 3.5$。为了简化，用空气的物性来估计平均温度（$\overline{T} = (T + T_{火焰})/2$）下的热扩散率。虽然有四种工况温度不同，但为了简化，将火焰温度都设为 2200K。

参数	工况 1	工况 2	工况 3	工况 4
r_c	8.7	4.8	7.86	8.5
L/mm	83	114.3	89	95
h_{TDC}/mm	10.8	30	13	12.5
N/(r/min)	1500	1380	1220	5000
Φ	0.6	1.15	1.13	1.0
点火处压力 P/atm	4.5	1.75	7.2	6
点火处温度 T/K	580	450	570	650
残余已燃气体的质量分数	0.10	0.20	0.20	0.10
点火时间/(°)（在 TDC 前）	40	55	30	25
燃料	丙烷	丙烷	异辛烷	异辛烷

12.9 甲烷-空气湍流火焰稳定在垂直于流向的圆杆后尾迹中，圆杆直径 $d = 6.4$mm。入口压力为 1atm，温度为 298K，当量比为 1 时的吹熄速度为 61m/s。圆杆后面的回流区长度为 6 倍的圆杆直径。试计算湍流热扩散率 α_T，并与分子热扩散率 α 做比较（计算 α 时用空气的物性）。

12.10 射流火炬产生的湍流预混火焰，用于加热处理一个金属盘。金属盘距离火炬出口 0.05m。试估计，如果要让火焰锥在撞到金属盘之前合拢，湍流强度需要多大？火炬的出口直径为 10mm。丙烷-空气混合物预热到 600K，压力为 1atm，当量比为 0.8。火炬的燃烧功率为 20kW。

湍流非预混火焰

13.1 概述

过去,由于湍流非预混火焰易于控制,在实际燃烧系统中被广泛应用[1]。但是随着最近人们对污染排放的逐渐重视,非预混湍流火焰的这个优点却无法保证污染物的较低排放。比如,最近在低 NO_x 燃气轮机的应用中采用了初次预混区,而在过去则完全是非预混系统。

由于非预混燃烧诸多不同的应用场合,就出现了各种类型的非预混火焰。如简单射流火焰用来熔化玻璃和水泥等;不稳定的、各种形状的液体燃料喷雾在柴油机内的燃烧(见第 10 章);强回流区(由旋转流或扩张壁面形成)稳燃的火焰用在电站或工业锅炉等多种系统中;由钝体稳定的火焰用在涡轮喷气式后燃室上;另外,由喷嘴混合燃烧器产生的部分预混火焰(见图 12.4)也被应用在许多工业炉上。如图 13.1 所示为一种辐射管燃烧器,它采用的是带部分旋转的非预混受限射流火焰。在这个设备中,为了管壁能够均匀受热需要足够的火焰长度,负载被管壁的辐射加热,避免了与燃烧产物的直接接触。图 13.2 展示的是一种非预混或者部分预混的纯氧火焰,通过控制各个气流的大小来控制火焰的特性[2]。其他还有如炼油工业和油田中的火炬、油池及其他天然火灾等,不胜枚举。

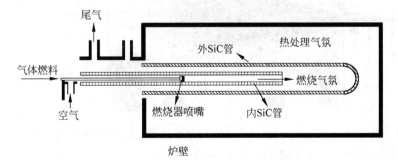

图 13.1 (a)辐射管燃烧器示意图。

(b)

图 13.1 （续）

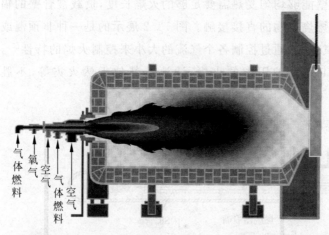

图 13.2 在某些应用中，空气和氧气同时作为氧化剂使用。图示的富氧燃烧器用于铝回收炉中。（资料来源：Air Products 公司提供）

各种各样的火焰形式表明，非预混火焰在实际中的应用极为广泛。设计任何一种燃烧设备都需要考虑许多问题，其中最为重要的是：

(1) 火焰形状和尺寸；

(2) 火焰维持与稳定；

(3) 传热；

(4) 污染排放。

本章将主要谈论前三个问题。为了很好地掌握湍流非预混火焰的性质，首先以简单射流火焰为例来学习。由于射流火焰相对简单，许多理论和实验研究都以其为对象，下面将以这些大量的信息为基础，展开讨论[1]。另外，射流火焰在处理上述设计中存在的问题时依然有局限性，因此仍要寻找其他可应用于实际的火焰系统来研究。

13.2　射流火焰

13.2.1　总论

湍流非预混射流火焰与预混火焰相似，都可以看到不光滑（毛刷）或模糊的边界，但是对于碳氢火焰来说，由于有碳烟的存在，非预混火焰一般要比预混火焰明亮。图13.3(a)是湍流射流火焰的瞬时照片，(b)是湍流射流火焰的时均照片。时均图片曝光时间较长，与真实视觉效果类似。瞬时图片曝光时间较短，可以看到火焰的瞬时结构有较大变化。

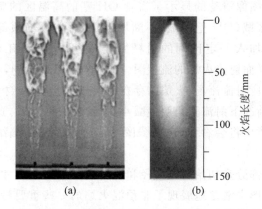

图13.3　(a)湍流射流火焰的瞬时照片(资料来源：沈雪豹.湍流射流扩散火焰驻定的实验研究[D].合肥：中国科学技术大学，2014.)。(b)湍流射流火焰的时均照片。(资料来源：郭庆来，梁钦峰，颜卓勇，于广锁，等.同轴自由射流火焰的实验研究[J].燃烧科学与技术，2008,14(5)：441-445.)

① 关于湍流非预混火焰燃烧，国际湍流非预混火焰测量与计算研讨会(TNF研讨会)提供了特别丰富的资料，过去几届研讨会的论文集和相关资料可在TNF研讨会的网站上获得[3]。

火焰的亮度特性可以从图 13.3 中得到。火焰底部呈蓝色，亮度很弱，没有碳烟生成。在更高处，碳烟数量明显增多，火焰呈亮黄色。

图 13.4 是甲烷射流火焰的脉动现象。燃烧气体在火焰的上升过程中有非常明显的从侧面和底部卷吸空气的现象，火焰上半部会不断脱离火焰整体。火焰脉动频率为 4～6Hz，脉动现象非常明显。

图 13.4 甲烷射流扩散火焰脉动现象（圆形金属喷嘴，直径 25mm，甲烷流量 782L/h，1s 共 30 帧图像）。（资料来源：陆嘉，廖光煊，掏常法.甲烷射流火焰结构试验研究[J].安全与环境学报，2010，10(6)：164-168.）

图 13.5 是甲烷射流火焰平面激光诱导荧光测量 OH 基的瞬态图。湍流火焰出口雷诺数为 10681，其中包含四种不同氮气稀释比，(a)～(d)分别表示加入的稀释氮气比例为 0%、10%、30%、50%。这一图像清楚的显示了富含 OH 基的高温区的旋卷形褶皱特征。随着下游距离的增加，火焰区域（OH 基区域）不断增加，最后在火焰顶部出现一个很大的高温区。同时还可以看到，加入一定比例的稀释氮气，对 OH 信号有非常明显的削弱作用。

图 13.6 是平面射流及平面射流火焰的流型图。通过对比可以看到，对于相同射流伴流速度比的无反应射流和有反应射流流场，火焰的存在大大减弱了拟序结构的行为，使流场明显的层流化，有反应存在的情况下射流张角明显减小，射流核心区增长，这可归因于初始剪切层增长的降低。在第 15 章中将会看到，这些图像[4,5,7~11]显示的火焰结构对污染物的排放有着非常重要的影响。

要概括介绍的第二部分是初始射流直径和燃料流率对火焰尺寸的影响。图 13.7 是文献[12]做的经典实验。图中清楚地展现了非预混火焰的一些重要特征。首先，当流率比较低，即火焰为层流时，火焰高度与初始射流直径无关，而只与流率有关。层流射流扩散火焰的这种特性在第 9 章中已经讨论过了。当流率增加时，湍流逐渐开始影响火焰高度，并出现如图 13.7 所示的过渡区。在过渡区的最后，随着流速的增加，湍流程度也不断增加，最后在曲线的极小值点处形成比初始的层流火焰要短得多的完全湍流火焰。当流速进一步增加时，火焰高度可能维持不变（管径小于 0.133in(≈3.38mm)），也可能不断增加但曲线斜率越来越小（管径大于等于 0.152in(≈3.86mm)）。这是由于随着燃料流率的增加，夹带进的空气量和混合速率也会近似成比例的增加。而且发现，此时火焰高度明显受到初始射流直径的影响。湍流射流火焰的这一有趣的性质将在本章的后几节中继续讨论。

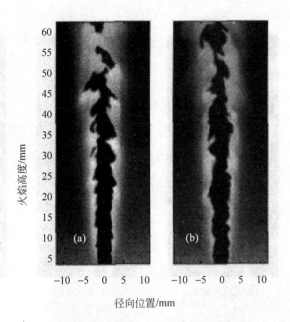

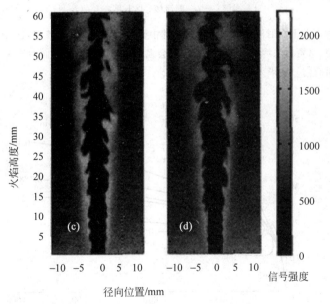

图 13.5　甲烷射流火焰 OH-PLIF 瞬态图。（资料来源：翁
武斌,王智化,何勇,等.甲烷湍流射流火焰锋面结
构的激光 PLIF 测量[J].工程热物理学报,2014,
35(11)：2308-2312.）

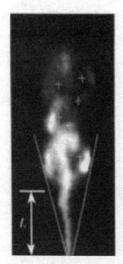   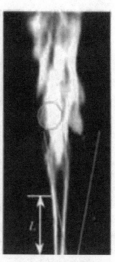

(a) 无反应流动，
$u_{jet} : u_{co} = 2.5 : 1$；

(b) 无反应流动，
$u_{jet} : u_{co} = 5 : 1$；

(c) 有反应流动，
$u_{jet} : u_{co} = 5 : 1$；

(d) 有反应流动，
$u_{jet} : u_{co} = 10 : 1$；

+：涡核心　L：射流核心区长度

图 13.6　平面射流及平面射流火焰的流型图。其中（a）（b）为平面射流流型，（c）（d）为平面射流火焰流型。（资料来源：刘奕，郭印诚，张会强，等. 平面射流及平面射流火焰中拟序结构的实验研究[J]. 清华大学学报，2002，42（2）：243-246.）

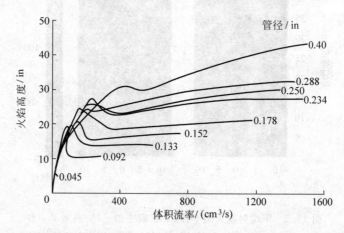

图 13.7　流量对火焰长度的影响，包括层流、过渡区和充分发展湍流区的情形。（资料来源：获得 Combustion Institute 许可，从文献[12]复制）

最后要概述一下火焰的稳定性。在足够低的流速下,火焰根部与燃烧器管子的出口非常接近(只有几个毫米),定义为**附着火焰**。当燃料流率增加时,在火焰底部开始形成孔隙,当进一步增大流率时,会形成越来越多的孔隙,直到燃烧器喷口上没有连续的火焰。这种情况叫做**推举火焰**。图13.8是不同流量下甲烷射流扩散火焰的结构变化。随着流量不断增加,依次为层流扩散火焰、湍流扩散火焰,进而出现推举射流火焰,最终被吹熄。如果再加大流速,**推举距离**——管子出口与火焰根部之间的距离——将增大。当流率特别大时,火焰被**吹熄**。因此,就火焰的稳定性而言,存在两个临界状态:推举和吹熄。在第8章中,已知学习了层流预混火焰中出现的类似情况。

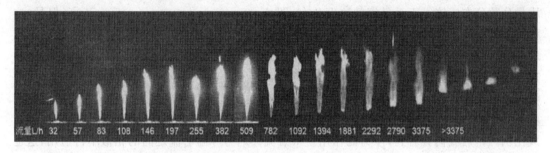

图13.8 不同流量下甲烷射流扩散火焰结构(圆形金属喷嘴,直径4mm)。(资料来源:陆嘉,
廖光煊,陶常法. 甲烷射流火焰结构试验研究[J]. 安全与环境学报,2010,10(6):
164-168.)

火焰稳定性在实际的设备中有着诸多的意义。例如,应该尽量避免推举火焰的产生,从而使得火焰较贴近燃烧器出口以及火焰位置不会受流率的影响。这样,就可以用火花或者小火焰引燃进行准确的点火并保证火焰位置。但在某些应用条件下,可能需要形成一定的推举量以避免关键的燃烧器部件过热。显而易见,出于安全考虑,应当避免接近吹熄极限的操作。在接近极限的情况下向很大的炉膛充入空燃混合物是非常危险的,一旦无法及时点燃,混合物在炉内淤积,很可能达到爆炸极限而突然爆炸,造成危险。

13.2.2 简化分析

为湍流火焰建立数学模型是一项非常艰巨的任务。在第11章中我们看到,研究等温湍流本身就是一项挑战,若再引入燃烧过程,则密度的变化和各种化学反应都要有所考虑。为了与其他章节风格一致,这里只引入一个非常简单的射流火焰燃烧的数学模型,来展示其物理本质。湍流燃烧的建模研究发展很快,在这里,只是打下一个基础,为以后读者更深入的学习理解做准备。最新的文献[13~16]和专著[17~21]是更深入的研究的要点。

1. 与冷态射流的对比

在第 11 章里，针对恒密度的湍流射流建立了简单的混合长度模型，并发现了以下三个重要特性：①当所有的速度都以出口速度为基准时（即无量纲化），而且空间坐标 x 和 r 都以喷嘴半径 R 为基准时（$d_j \equiv 2R$），速度场方程是普适的；②射流扩展角是常数，与射流出口速度和直径无关；③所谓的旋涡黏度 ε，与流场位置无关，且正比于喷嘴出口速度 v_e 和直径 d_j。用这个模型计算出的结果与实验数据较吻合。

假设射流火焰与等温射流应该有些相同的性质，至少是相似的性质，则可以得到火焰形状和长度的关系。如果再进一步，假设湍流的质量扩散系数与动量传递的相等，那么燃料的质量分数分布应该等于无量纲的速度分布，即，$Y_F(x,r) = v(r,x)/v_e = f(x/d_j)$。但是，这种关系只有当没有燃烧时才能成立，因为在有火焰的情况下，Y_F 在火焰边界外为 0，但是速度并没有减到 0。正如第 9 章介绍的，混合物分数可以代替燃料的质量分数，并与无量纲的速度场有相似的性质。这样，当给定燃料类型后，火焰的高度将与射流速度 v_e 无关，而与喷嘴直径成比例，而且射流扩展角与射流速度 v_e 和喷嘴直径 d_j 均无关。如图 13.7 所示的实验结果证明，对于小口径的喷管，火焰长度确实与 v_e 无关，而且火焰长度大致与喷嘴直径 d_j 成比例。稍后我们会看到，浮力的作用使得射流火焰与等温射流之间的相似不再适用，这也正好可以解释对于更大直径的喷管，湍流阶段的火焰长度将不恒定。但是，了解简单射流与射流火焰的物理学相似性还是很有意义的。

2. 守恒标量回顾

在对射流火焰的简化分析中，我们希望能用混合物分数代替燃料、氧化剂和产物分别的守恒关系来描述任意位置火焰组分的变化。第 7 章已经讨论过混合物分数的概念及其在流场内的守恒，并在第 9 章中用于研究层流射流火焰。这里，在继续讨论之前，除了回顾一些重要的定义和关系外，还要复习一下第 7 章和第 9 章涉及的守恒标量概念。第 7 章中，在足够小的控制体内，定义了混合物分数 f 为

$$f \equiv \frac{源于燃料的质量}{混合物总质量} \tag{7.68}$$

这个参数有两个特别重要的特性。首先，它可以用来定义火焰边界，且它的值只与当量比有关，即

$$f \equiv \frac{\Phi}{(A/F)_{stoic} + \Phi} \tag{13.1}$$

式中，$(A/F)_{stoic}$ 是根据从喷嘴中射出的燃料计算出的空气-燃料化学当量比。这样，类似于在第 9 章研究过的层流扩散火焰，定义 $\Phi = 1$ 处为火焰边界；因此，火焰边界处的 f 就有了一个固定的值 f_s

$$f_s \equiv \frac{1}{(A/F)_{stoic} + 1} \tag{13.2}$$

混合物分数第二个重要的性质是,由于根据"无源项"控制方程的定义,它在整个流场中保持守恒。正是因为这一性质,才能用它来代替各个组分单独的守恒关系,从而大大简化了数学模型。

3. 假设

下列假设用来构造一个非预混湍流射流火焰的简单数学模型。

(1) 稳态、轴对称的时均流场,即燃料由半径为 R 的圆管射出,在静止、无限大的空气中燃烧。

(2) 与湍流输运相比,动量、组分和能量的分子输运相对不重要。

(3) 湍流动量扩散系数,即旋涡黏度 ε ($=\mu_{turb}/\rho$),在整个流场中守恒,且等于 $0.0285 v_e R$(参考式(11.46))。通过忽略密度的脉动,从而将第11章提出的恒密度射流的混合长度假设扩展到变密度反应射流。

(4) 忽略所有关于密度脉动的相关项。

(5) 动量、组分和能量的湍流输运都相等,即湍流的施密特数、普朗特数和路易斯数均相等,$Sc_T = Pr_T = Le_T$。有了这个假设,湍流动量扩散系数(旋涡黏度 ε)可以用湍流质量扩散系数或热扩散率来代替,即 $\varepsilon = \mathcal{D}_T = \alpha_T$。

(6) 忽略浮力。

(7) 忽略辐射传热。

(8) 只考虑径向的动量、组分和能量的湍流扩散,而忽略轴向的。

(9) 喷嘴出口处燃料射流速度相同,即帽式外形。

(10) 混合物性质由燃料、氧化剂和产物三种组分决定。三种组分的摩尔质量均为 29kg/kmol,比定压热容均为 $c_p = 1200 J/(kg \cdot K)$,燃料热值为 $4 \times 10^7 J/kg$。空气-燃料的化学当量比为 15∶1。($f_s = 1/16 = 0.0625$)。

(11) 在采用状态关系式确定平均密度时,忽略混合物分数的脉动。在更严格的分析中,平均密度应该是由假定的混合物分数的概率分布函数(既有平均值也有方差)计算而来的。

4. 守恒定律的应用

根据上述假设,基本的守恒方程与第7章推导出的和第9章用于层流射流火焰的方程基本类似,不同点在于时均量代替了瞬时值,湍流输运性质(即动量、组分、能量的扩散系数)代替了分子输运性质。同时通过用特征长度 R 和特征速度 v_e 做基准,定义了两个无量纲的变量,则由式(9.36),总质量守恒方程为

$$\frac{\partial}{\partial x^*}(\bar{\rho}_x^* \bar{v}_x^*) + \frac{1}{r^*}\frac{\partial}{\partial r^*}(r^* \bar{\rho}_x^* \bar{v}_r^*) = 0 \tag{13.3}$$

轴向动量守恒方程（式（9.37））则变为

$$\frac{\partial}{\partial x^*}(r^* \bar{\rho}^* \bar{v}_x^* \bar{v}_x^*) + \frac{\partial}{\partial r^*}(r^* \bar{\rho}^* \bar{v}_r^* \bar{v}_x^*) = \frac{\partial}{\partial r^*}\left[\left(\frac{1}{Re_\mathrm{T}}\right)r^* \frac{\partial \bar{v}_x^*}{\partial r^*}\right] \tag{13.4}$$

混合物分数的守恒方程（式（9.38））变为

$$\frac{\partial}{\partial x^*}(r^* \bar{\rho}^* \bar{v}_x^* \bar{f}) + \frac{\partial}{\partial r^*}(r^* \bar{\rho}^* \bar{v}_r^* \bar{f}) = \frac{\partial}{\partial r^*}\left[\left(\frac{1}{Re_\mathrm{T} Sc_\mathrm{T}}\right)r^* \frac{\partial \bar{f}}{\partial r^*}\right] \tag{13.5}$$

式中，湍流雷诺数可定义为

$$Re_\mathrm{T} \equiv \frac{v_\mathrm{e} R}{\varepsilon} \tag{13.6}$$

根据第三个假设，$Re_\mathrm{T} = 35$。注意，如果雷诺数不变，该问题的无量纲解，$\bar{v}_x^*(r^*, x^*)$，$\bar{v}_r^*(\bar{r}^*, x^*)$，$\bar{f}(r^*, x^*)$，就与初始射流速度或喷嘴直径无关。

边界条件为

$$\bar{v}_r^*(0, x^*) = 0 \tag{13.7a}$$

$$\frac{\partial \bar{v}_x^*}{\partial r^*}(0, x^*) = \frac{\partial \bar{f}}{\partial r^*}(0, x^*) = 0 \text{（对称性）} \tag{13.7b}$$

$$\bar{v}_x^*(\infty, x^*) = \bar{f}(\infty, x^*) = 0 \tag{13.7c}$$

$$\bar{v}_x^*(r^* \leqslant 1, 0) = \bar{f}(r^* \leqslant 1, 0) = 1 \text{（帽式出口分布）} \tag{13.7d}$$

$$\bar{v}_x^*(r^* > 1, 0) = \bar{f}(r^* > 1, 0) = 0 \text{（帽式出口分布）}$$

注意，当 $Sc_\mathrm{T} = 1$ 时，$\bar{v}_x^*$ 和 $\bar{f}$ 的公式以及边界条件相同（假设（5））。根据假设（10）和（11），温度的状态参数式是 $\bar{f}$ 的简单分段线性方程（参考第9章），如图13.9所示，则平均密度可通过理想气体状态方程代入平均温度算出：$\bar{\rho} = P \cdot MW / (R_\mathrm{u} \bar{T})$。

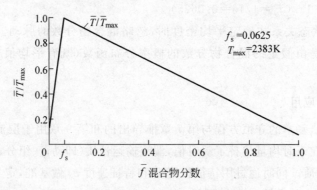

图 13.9　简单化学反应条件下温度的状态关系。

5. 模型解

可以采用有限差分数值方法求解上述问题。计算结果如图 13.10 所示,左边曲线为混合物分数的等值线,右图为固定轴向距离处混合物分数随径向距离变化的关系。将火焰高度定义为火焰场内实际混合物分数等于化学当量下混合物分数时($\bar{f}/f_s = 1$)所对应位置处的轴向距离。可以得出,火焰的高度是喷嘴直径的 45 倍($L_f/d_j = 45$)。此外,采用化学当量时,混合物分数等值线可以确定火焰边界、长宽比(火焰高度与宽度的比)约为11∶1。这个计算数值比用碳氢射流火焰实验测得的 7∶1 的值要大一点。尽管对湍流射流火焰模型做了大量简化,火焰的总体特征还是能够得到良好的预测,只是精度要差了一些。其中,忽略密度脉动变化的简化可能对计算准确性影响最大,这是严重的过度简化;更实际的湍流射流火焰模型肯定要考虑到密度的脉动,有关内容介绍读者可以参看文献[22～24]。

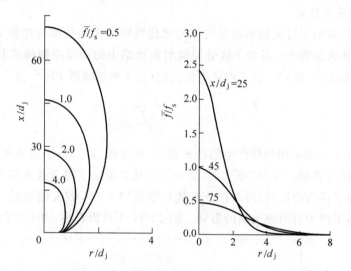

图 13.10 用于射流火焰的普朗特混合长度模型计算出的混合物分数分布。

13.2.3 火焰长度

长久以来,研究者们一直致力于解释和预测湍流射流火焰长度。最早的研究由文献[25,26,12]于 20 世纪 40 年代末到 50 年代初提出,现在这些理论已经成为经典。文献[27]对此做了综述,最新的综述可参见文献[28,29]。

1. 火焰长度的定义

从文献可以看到各种火焰长度的定义和测量方法,但是迄今没有一个为大家所公认。因此在不同研究者结果的比较时及在不同修正公式的应用等方面要加倍小心。火焰长度的定义一般包括：由训练有素的观察者直接观察，从一系列瞬时火焰长度照片中取可视火焰长度的平均值；或用热电偶测量轴线上温度最高点，量出其轴向位置；或用气体采样的方法测量平均混合物分数，确定化学当量值所处的轴向位置。总体而言，火焰的可视长度要大于靠温度或浓度测量所得出的长度。如：文献[30]中提到，根据燃料的不同，基于温度特性测量的火焰长度大约是时均可视火焰长度的65%～80%。

2. 影响火焰长度的因素

对于燃料射流喷入静止环境中所产生的竖直火焰来说，火焰长度由以下4个主要因素决定：

(1) 火焰中射流初始动量与作用在火焰上浮力的比 Fr_f；

(2) 化学当量值 f_s；

(3) 射流密度与环境气体密度的比 ρ_e/ρ_∞；

(4) 初始射流直径 d_j。

第一个因素，火焰中射流初始动量与浮力之比可以由火焰的弗劳德数 Fr_f 来表示。回顾第9章，引入弗劳德数 Fr_f 是为了区分层流射流火焰中的动量控制模式和浮力控制模式（参考式(9.68)和式(9.69)）。对于湍流射流火焰，定义弗劳德数 Fr_f[28] 为

$$Fr_f = \frac{v_e f_s^{1.5}}{\left(\dfrac{\rho_e}{\rho_\infty}\right)^{0.25}\left(\dfrac{\Delta T_f}{T_\infty}gd_j\right)^{0.5}} \tag{13.8}$$

式中，$\Delta T_f = T_f - T_\infty$，表示因燃烧产生的特征温升，在文献[27,31]中也有类似的定义。Fr_f 很小时，火焰受浮力控制；当 Fr_f 很大时，初始射流动量决定了混合及火焰中的速度场。上面简化分析忽略了浮力的影响，因此该分析就只能适用于 Fr_f 较大的情况。文献[32]在微重力下直接测量了浮力对射流火焰的影响。图13.11中可以看出，由于浮力引起的流动，增

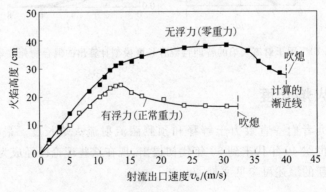

图13.11　带浮力和不带浮力时射流火焰高度的比较（C_3H_8-空气，$d_j = 0.8mm$）。无浮力的条件是从近零重力加速度（$<10^{-5}g$）下试验的结果。当速度低于10m/s时，火焰名义上在出口处是层流状态。（资料来源：数据来自于文献[32]）

强了火焰中各成分混合,并导致了火焰长度比微重力情况下(近似无浮力作用)的长度要短得多。而且如果火焰一直没有吹熄现象发生,图 13.11 中两条曲线很可能随着射流速度的增加,火焰长度最终接近同一渐近值。如图 13.12 所示,火焰高度渐近值大约为 21.8cm,这个数值与如图 13.11 所示一致。这样,随着射流速度的增加,正常重力下火焰的高度会增加,而微重力下火焰高度会减小。未来可以采用更大直径的射流火焰实验来验证这一趋势。

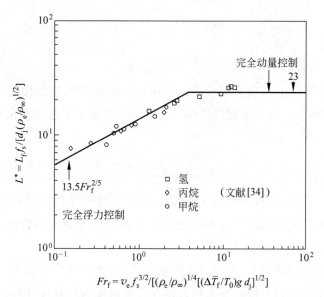

$$Fr_f = v_e f_s^{3/2} / [(\rho_e/\rho_\infty)^{1/4} [(\Delta \bar{T}_f/T_0)g \, d_j]^{1/2}]$$

图 13.12　射流火焰长度与弗劳德数的关系。(资料来源:获得 Elsevier Science,Inc. 复制许可,来自文献[28],© 1993,Combustion Institute)

　　无论浮力施加影响与否,上述的其余的三个因素都是十分重要的。例如,与当量混合物分数(f_s)较大的燃料相比,单位质量的 f_s 较小的燃料需要更多的空气,才能达到燃烧的化学当量。这意味着,f_s 越小,其火焰越长。比如,丙烷所需的当量空气质量是一氧化碳的 6 倍,而丙烷火焰的长度则大概是一氧化碳火焰长度的 7 倍[26]。

　　密度比 ρ_e/ρ_∞ 和初始射流直径 d_j 可以灵活地组合成一个参数,定义为**动量直径 d_j^***

$$d_j^* = d_j (\rho_e/\rho_\infty)^{0.5} \tag{13.9}$$

上式需要假设出口速度分布是均一的。以上定义的基本含义就是初始射流动量相同的射流也具有相同的速度场。因此根据式(13.9),加大喷嘴出口流体密度与增加喷嘴直径效果相同。根据文献[33]的射流理论和文献[34]中的实验结果,上述结论是合理的。最新的文献[35]通过定义一个扩展的动量直径,发展了一个相似率方法能同时适用于等温和反应射流。这一参数包含了释热对射流密度的影响。

3. 关联性

图 13.12 显示了 4 个主要因素对火焰长度综合影响的实验结果。其中横坐标为火焰的弗劳德数 Fr_f，其余三个因素用来确定无量纲火焰长度，如图 13.12 所示，这个无量纲的火焰长度可以表示为

$$L^* \equiv \frac{L_f f_s}{d_j (\rho_e/\rho_\infty)^{0.5}} \tag{13.10}$$

或者

$$L^* = \frac{L_f f_s}{d_j^*} \tag{13.11}$$

图 13.12 中定义出了两种火焰状态：①在小火焰弗劳德数条件下的浮力控制区域；②在火焰弗劳德数大于 5 的动量控制区域。文献[28]发展了下述计算无量纲火焰长度 L^* 的关系式，对两个区域都适用

$$L^* = \frac{13.5 Fr_f^{0.4}}{(1 + 0.07 Fr_f^2)^{0.2}}, \quad Fr_f < 5 \tag{13.12}$$

当 Fr_f 取小值时，式(13.12)可简化为 $L^* = 13.5 Fr_f^{2/5}$，即是浮力控制极限。随着 Fr_f 的增加，公式计算的无量纲火焰长度会逐渐逼近动量控制的无量纲火焰长度 $L^* = 23$。这两个极限的表达式如图 13.12 所示。

其他相关结果见文献[27]。上面的公式易于使用，而且和其他公式一样精确。前面提到，许多研究者运用了各种不同的定义和实验方法来确定火焰长度，因此，关联公式的计算是否精确，要看它是否与对应它建立的实验数据保持一致。

【例 13.1】 试估计丙烷射流在空气中燃烧的火焰长度。环境条件为 $P = 1 \text{atm}$，$T_\infty = 300 \text{K}$。丙烷质量流率为 $3.66 \times 10^{-3} \text{kg/s}$，喷嘴出口直径为 6.17mm，假设喷嘴出口丙烷密度为 1.854kg/m^3。

解 引用德里海特修斯(Delichatsios)关系式(式(13.11)和式(13.12))来确定丙烷火焰长度。首先确定火焰的弗劳德数 Fr_f。所需要的参数计算如下

$$\rho_\infty = \rho_{\text{air}} = 1.1614 \text{kg/m}^3 \text{（表 C.1）}$$

$$T_f \approx T_{\text{ad}} = 2267 \text{K}\text{（表 B.1）}$$

$$f_s = \frac{1}{(A/F)_{\text{stoic}} + 1} = \frac{1}{15.57 + 1} = 0.060\,35$$

空气-燃料的化学当量比由式(2.23)计算。喷嘴出口速度由质量流率计算得出，即

$$v_e = \frac{\dot{m}_e}{\rho_e \pi d_j^2/4} = \frac{3.66 \times 10^{-3}}{1.854 \pi \times 0.006\,17^2/4} = 66.0 \text{m/s}$$

有了上述参数，进一步计算 Fr_f(式(13.8))，得

$$Fr_f = \frac{v_e f_s^{1.5}}{\left(\frac{\rho_e}{\rho_\infty}\right)^{0.25}\left(\frac{T_f - T_\infty}{T_\infty}gd_j\right)^{0.5}} = \frac{66.0 \times 0.060\,35^{1.5}}{\left(\frac{1.854}{1.1614}\right)^{0.25} \times \left(\frac{2267 - 300}{300} \times 9.81 \times 0.006\,17\right)^{0.5}}$$

$$= 1.386$$

由于 $Fr_f < 5$，采用式(13.12)来计算无量纲火焰长度 L^*，即

$$L^* = \frac{13.5 Fr_f^{0.4}}{(1 + 0.07 Fr_f^2)^{0.2}} = \frac{13.5 \times 1.386^{0.4}}{(1 + 0.07 \times 1.386^2)^{0.2}} = 15.0$$

根据公式(13.11)定义的 L^*，以及公式(13.9)定义的 d_j^*，实际的火焰长度为

$$d_j^* = d_j\left(\frac{\rho_e}{\rho_\infty}\right)^{0.5} = 0.006\,17 \times \left(\frac{1.854}{1.1614}\right)^{0.5} = 0.0078\text{m}$$

则

$$L_f = \frac{L^* d_j^*}{f_s} = \frac{15.0 \times 0.0078}{0.060\,35} = 1.94\text{m}$$

或

$$L_f/d_j = 314$$

注：如图 13.12 所示，这个火焰在两种状态的交汇区，即既受初始动量的控制，又受火焰所引起的浮力控制。另外，上述计算出的火焰长度仅仅略小于文献[30]中测量的 $(L_f/d_j = 341)$ 可视火焰长度。由式(13.12)计算的火焰长度要小于测量的可视长度，这一点与用各种实验技术测量 L_f 小于可视长度的结论是一致的。

【例 13.2】　如果释热速率与喷嘴出口直径与例 13.1 相等，试计算甲烷火焰长度，并与丙烷火焰长度做比较。甲烷密度为 0.6565kg/m^3。

解　用例 13.1 中的方法来计算 L_f，但首先要求出甲烷的质量流率。根据两个火焰释放出相等的化学能，可得

$$\dot{m}_{CH_4}\text{LHV}_{CH_4} = \dot{m}_{C_3H_8}\text{LHV}_{C_3H_8}$$

从表 B.1 中查甲烷的低位热值，可以求出甲烷的质量流率，即

$$\dot{m}_{CH_4} = \dot{m}_{C_3H_8}\frac{\text{LHV}_{C_3H_8}}{\text{LHV}_{CH_4}} = 3.66 \times 10^{-3} \times \frac{46\,357}{50\,016}$$

$$= 3.39 \times 10^{-3}\text{kg/s}$$

接下来，依照例 13.1

$$\rho_\infty = 1.1614\text{kg/m}^3$$

$$T_f = 2226\text{K}$$

$$f_s = 0.0552$$

$$v_e = 172.7\text{m/s}$$

运用式(13.8)~式(13.12)，有

$$Fr_f = 4.154$$

$$L^* = 20.36$$

$$d_j^* = 0.0046m$$

最后得

$$L_f = 1.71m, \quad L_f/d_j = 277$$

两种火焰长度的比为

$$\frac{L_{f,CH_4}}{L_{f,C_3H_8}} = \frac{1.71}{1.94} = 0.88$$

结论是甲烷火焰只比丙烷火焰小12%。

注：是什么原因使得甲烷火焰变短呢？首先，甲烷火焰更接近动量控制状态（$Fr_{f,CH_4} > Fr_{f,C_3H_8}$），这样会得到更大的无量纲火焰长度（$L_{CH_4}^* = 20.36$ 相对于 $L_{C_3H_8}^* = 15.0$）。但是由于甲烷的密度很小，导致了动量直径明显变小，即

$$d_{j,CH_4}^* = 0.0046m \text{ 相对于 } d_{j,C_3H_8}^* = 0.0078m$$

而这个很小的 d_j^* 正是造成甲烷火焰变短的决定因素，它超过了当量比 f_s 减小导致火焰长度增长的相反趋势。

13.2.4　火焰辐射

湍流非预混火焰具有较高的辐射能力。在某些应用场合中，正是靠辐射来加热载体的。同时，在其他一些应用中，辐射热损失可能导致效率的下降（如柴油机）或者引起安全问题（例如图13.13[36]所示的火炬燃烧）。在燃气轮机中，燃烧室衬里的耐用性主要取决于辐射热负荷。在这一节中，将简单介绍一下射流火焰的辐射特性，以便读者了解。读者也可以阅读文献[37,38]以获得射流火焰以外的其他燃烧系统关于辐射的应用知识。

在文献中，用得比较多的一个参数是**辐射分数** χ_R。辐射分数指的是火焰向周围环境的辐射传热速率 $\dot{Q}_{rad}$，与火焰的总释热 $\dot{m}_F \Delta h_c$ 的比值，即

$$\chi_R \equiv \frac{\dot{Q}_{rad}}{\dot{m}_F \Delta h_c} \tag{13.13}$$

式中，$\dot{m}_F$ 是供给燃料的质量流率；Δh_c 是燃料的热值。根据燃料种类和流动条件的不同，射流火焰的辐射分数的范围很大，从几个百分点一直到超过50%。图13.14显示了三种燃料在多种喷嘴尺寸下的辐射分数（χ_R）和释热率（$\dot{Q} = \dot{m}_F \Delta h_c$）的变化关系[39]。

图 13.13 (a)在火炬燃烧过程中喷入空气可大大减弱火焰的辐射和碳烟。在喷入空气之前,不饱和碳氢化合物的火炬燃烧时产生很多碳烟和可见的辐射。(b)随着空气喷射加速,可见的碳烟减少。(c)在稳态时,由于空气的喷入,可见的碳烟消失且火焰的辐射也大大降低。(资料来源:文献[36]中照片,获得 John Zink 公司和 CRC 出版社的复制允许)

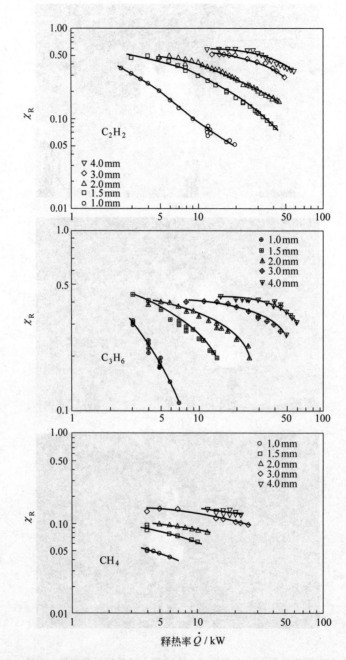

图 13.14 射流火焰辐射分数随释热率和燃烧器尺寸的变化。（资料来源：文献［39］，获得 Gas Research Institute 的复制许可）

从图 13.14 中可以发现一些比较有趣的现象。第一,三种燃料的辐射分数与各自形成碳烟的能力在同一量级上。表 9.5 指出 C_2H_2 和 C_3H_6 的发烟点分别是 $\dot{m}_{sp} = 0.51$ 和 $1.12\mathrm{mg/s}$,而甲烷则不生成碳烟;相应的最大辐射分数分别近似等于 $0.6,0.45,0.15$。这清楚地表明,火焰内的碳烟对火焰的辐射分数有重要影响。更多细节将在后面提到。第二,χ_R 的大小由火焰尺寸(d_j)和释热率决定。当固定燃烧速率而减小火焰尺寸,或者固定火焰尺寸而增大燃烧速率时,都会造成辐射分数的减小。虽然在实际中,特别是考虑碳烟形成反应动力学特性时,整个辐射过程要复杂得多,但是用简单量纲分析仍然可以解释其变化趋势[31]。如果把整个火焰看成一个均匀的释放热量或对外辐射的源,则火焰能量的减少速率可近似写为

$$\dot{Q}_{rad} \approx a_p V_f \sigma T_f^4 \tag{13.14}$$

式中,a_p 是一个较为合理的火焰吸收系数,V_f 和 T_f 分别是火焰的体积和温度。则式(13.13)变为

$$\chi_R \equiv \frac{a_p V_f \sigma T_f^4}{\dot{m}_F \Delta h_c} \tag{13.15}$$

根据前面讨论过的火焰长度,知道在动量控制状态下火焰长度正比于烧嘴直径 d_j,如下估计火焰体积

$$V_f \propto d_j^3$$

另外

$$\dot{m}_F = \rho_F v_e \pi d_j^2 / 4$$

将折算后的 V_f 和 $\dot{m}_F$ 代入式(13.15),得

$$\chi_R \propto a_p T_f^4 d_j / v_e \tag{13.16}$$

上述公式与如图 13.14 所示的在较大 $\dot{Q}$ 下直径和释热率对辐射分数 χ_R 的影响是一致的。注意,当 d_j 固定时,$\dot{Q} \propto v_e$。式(13.16)表达的基本含义是 χ_R 直接取决于火焰对外辐射热量的有效时间,而且特征时间将正比于 d_j / v_e。需要提醒的是,这种简单分析忽略了浮力影响以及 a_p, T_f 和 χ_R 之间的相互影响。文献[40]中介绍了一种更为复杂的射流火焰的辐射量纲相似分析的方法。

如前所述,燃料形成碳烟的能力是影响火焰中辐射热损失的主要因素。在火焰中,有两个源可以产生辐射:分子辐射,主要来源于 CO_2 和 H_2O;以及焰内碳烟造成的黑体辐射。分子辐射集中在红外光谱的宽带区。如图 13.15 所示为含微量碳烟的甲烷火焰的光谱辐射强度,图 13.15 显示了富含碳烟的乙烯火焰的光谱辐射强度[38,41]。对比图 13.15 和图 13.16,可以发现两幅图都在 $2.5\sim3\mu\mathrm{m}$ 和 $4\sim5\mu\mathrm{m}$ 两个波长范围内出现了明显的强度峰值,这类峰值应对应于分子辐射。相反地,乙烯火焰(见图 13.15)则在相对短的波长内有连续的强辐射光谱,峰值出现在 $1.5\mu\mathrm{m}$ 左右。这一特性在甲烷火焰(见图 13.15)中是没有的。我们可以用维恩(Wien)位移定律[42]估计乙烯火焰中碳烟黑体辐射最大强度所处的波长,即

$$\lambda_{max} = \frac{2897.8(\mu m \cdot K)}{T_f(K)} \approx 1.22 \mu m$$

式中，T_f 表示乙烯-空气化学当量绝热燃烧温度（2369K）。由于火焰并不绝热，实际的火焰温度必然低于 2369K，而 λ_{max} 则必然大于 $1.22 \mu m$。如果用图 13.16 的实验结果，$\lambda_{max} = 1.5 \mu m$，则计算出的特征火焰温度大约为 1930K。

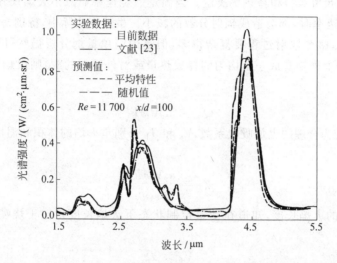

图 13.15　非预混甲烷-空气射流火焰的热辐射的光谱测量结果。图表明在分子波段辐射有很强的峰值。（资料来源：文献[38]，获得 Taylor & Francis 公司的复制许可）

在很多燃烧系统的模拟中，辐射的精确模型是非常重要的。例如，预测计算污染物排放（如氮氧化物[43]和碳烟）需要局部温度的精确计算，而这受辐射的影响很大。要处理所有参与辐射的组分（特别是 CO，CO_2 和 H_2O）的详细光谱特性的计算工作是巨大的[44]。不过，在过去 10 年中，计算机能力的进展使得湍流火焰中的辐射模拟有了很大进展。最近研究的一个热点问题是理解湍流和辐射之间的相互作用，是局部脉动的辐射强度和局部脉动的吸收系数之间的非线性耦合[45～47]。

13.2.5　推举和吹熄

如图 13.8 所示，前面提到，当喷嘴出口速度足够大时，射流火焰会被从管口推举起来。如果继续增大流速，火焰根部与管口之间的距离（**推举高度**）也会相应增大，直到火焰被吹熄。研究者们做了许多针对射流火焰推举和吹熄现象的研究工作，其中，文献[48,49]曾对此做过比较好的综述，指出有三种理论可以解释推举火焰。每一种理论确定推举高度的标准都不同。

理论一：层流火焰传播速度最大处的局部气流速度恰好与湍流预混火焰的燃烧速率相等，即

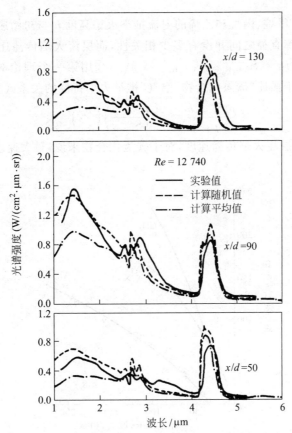

图 13.16　非预混乙烯-空气射流火焰的热辐射的光谱测量结果。图表明存在碳烟和分子波段辐射的
连续辐射特性。（资料来源：文献[41]，获得 the Combustion Institute 的复制许可）

$$\bar{v}(S_{\mathrm{L,max}}) = S_{\mathrm{T}}$$

理论二：流场局部的应变速率超过了层流扩散火焰面的熄火应变速率，即，$\epsilon > \epsilon_{\mathrm{crit}}$。

理论三：大尺度流场结构中高温产物与未燃混合物的有效返混时间小于点火的临界化学反应时间，即

$$\tau_{\mathrm{localmixing}} < \tau_{\mathrm{chem,crit}}$$

第一个理论最先由文献[12]提出，后又经文献[50]完善。而另外两种理论则是在最近才提出的[51~53]。最近的综述文献[54]在此三个理论的基础上加上了两个新的理论，其中之一是理论一的变体。另一个理论提出，在稳定推举湍流火焰中，边缘或三叉火焰①[55,56]扮演了重要角色。文献[54]也指出，这 5 个理论不需要完全互相独立。文献[57]也曾用厚壁直管式燃烧器研究过推举火焰的特性，并发现了一些新的重要的现象。

―――――――――

① 三叉火焰，在燃料和空气流之间的混合层中常可观察到，这样的火焰由一个富燃料预混火焰，一个贫燃料预混火焰和一个紧随预混火焰相交处的扩散火焰所构成。

图 13.17 表示了甲烷、丙烷和乙烯的射流推举火焰高度 h 与初始速度 v_e 的关系。有趣的是，推举高度与烧嘴直径之间并没有多少相关性，而层流火焰传播速度越大，h 曲线增加的斜率也越大，且 $S_{L,CH_4} < S_{L,C_3H_8} < S_{L,C_2H_4}$。文献[58]用第一个理论对其实验数据作了解释，并且建立了适用于描述"碳氢化合物-空气"推举火焰特性的关系式

$$\frac{\rho_e S_{L,max} h}{\mu_e} = 50 \left(\frac{v_e}{S_{L,max}}\right)\left(\frac{\rho_e}{\rho_\infty}\right)^{1.5} \tag{13.17}$$

式中，$S_{L,max}$ 表示最大层流火焰传播速度，对于碳氢化合物来说，最大速度出现在化学当量比（$\Phi = 1$）附近。

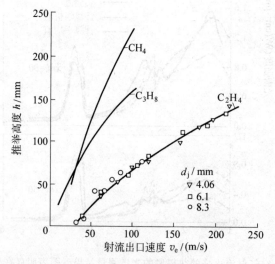

图 13.17 甲烷、丙烷和乙烯射流火焰推举高度随射流出口速度的变化。（资料来源：文献[58]）

同样，若假设推举火焰基础是预混火焰，则用"理论一"中预混湍流火焰的概念也可以解释吹熄现象。这样，在某个流速下，当湍流燃烧速率随下游距离的增加而减小的速率要快于满足 $S_{L,max}$ 位置处局部气流流速的减少速度时，将发生吹熄现象。（译者注释：当流速增加时，推举高度不断上升，对比来看，火焰根部的流速和湍流燃烧速率都随推举距离的增加而相应减小，而在某临界点以后，湍流燃烧速率的减小速率要快于（最大层流燃烧速率处）局部流速的减小速度，即再也找不到可以平衡的点，而差距只会越来越大，此时，发生吹熄。）因此，即使混合物仍然处在着火范围内，只要一超过临界推举高度，火焰马上被吹熄。

文献[59]建立了下列关系式来计算射流火焰吹熄速度

$$\frac{v_e}{S_{L,max}}\left(\frac{\rho_e}{\rho_\infty}\right)^{1.5} = 0.017\, Re_H(1 - 3.5 \times 10^{-6}\, Re_H) \tag{13.18a}$$

式中，雷诺数

$$Re_H = \frac{\rho_e S_{L,max} H}{\mu_e} \tag{13.18b}$$

特征长度 H 是平均燃料浓度降到化学当量比下时的轴向距离,可由下面公式求出[60]

$$H = \left[\frac{4Y_{F,e}}{Y_{F,stoic}} \left(\frac{\rho_e}{\rho_\infty} \right)^{0.5} + 5.8 \right] d_j \tag{13.18c}$$

如图 13.18 所示,式(13.18)对许多燃料都适用。当燃料固定,吹熄速度将随射流直径的增加而增加。这也就是为什么油井熄火十分困难的原因(通常油井直径比较大)。

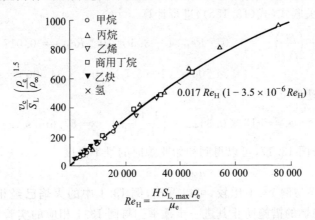

图 13.18　从文献[59]得到的通用吹熄曲线。(资料来源:获得 Gordon & Breach Publishers 的复制许可)

【例 13.3】 计算丙烷-空气射流火焰的吹熄速度,并计算在初始吹熄条件下,火焰的推举高度。喷嘴直径为 6.17mm,环境条件:$P = 1\text{atm}$,$T_\infty = 300\text{K}$。丙烷出口温度为 300K,丙烷密度为 1.854kg/m^3。

解　用公式(13.18a)来确定吹熄速度。首先确定特征长度 H(式(13.18c)),并求出所对应的 Re_H(式(13.18b))。

求 H:

$$Y_{F,stoic} = f_s = 0.060\,35 (\text{见例 13.1})$$

$$Y_{F,e} = 1 (\text{喷嘴出口为纯燃料})$$

则①

$$H = \left[\frac{4Y_{F,e}}{Y_{F,stoic}} \left(\frac{\rho_e}{\rho_\infty} \right)^{0.5} + 5.8 \right] d_j$$

$$= 4 \times \left[\frac{1}{0.060\,35} \times \left(\frac{1.854}{1.1614} \right)^{0.5} + 5.8 \right] \times 0.006\,17 = 0.449(\text{m})$$

为了求出 Re_H,还需要求出丙烷-空气的最大层流火焰传播速度 $S_{L,max}$,以及丙烷 300K 时的动力黏度 μ

$$\mu_e = 8.26 \times 10^{-6} (\text{N} \cdot \text{s})/\text{m}^2 (\text{表 B.3 拟合值})$$

引用 Metghalchi 和 Keck 的火焰速度关联式(表 8.3)

---

① 下式对原书进行了勘误。

$$S_{L,max} = S_{L,ref} = 0.3422\,m/s$$

注意，这里 $S_{L,max}$ 发生在 $\Phi = \Phi_M = 1.08$ 处。

下面计算 Re_H

$$Re_H = \frac{\rho_e S_{L,max} H}{\mu_e} = \frac{1.854 \times 0.3422 \times 0.449}{8.26 \times 10^{-6}} = 34\,500$$

采用吹熄速度关联式（式（13.18a））进行计算

$$\frac{v_e}{S_{L,max}}\left(\frac{\rho_e}{\rho_\infty}\right)^{1.5} = 0.017\,Re_H(1 - 3.5 \times 10^{-6}\,Re_H) = 0.017$$

$$\times 34\,500 \times (1 - 3.5 \times 10^{-6} \times 34\,500) = 516$$

最后计算接触吹熄速度 v_e 为

$$v_e = 516 \times 0.3422 \times \left(\frac{1.1614}{1.854}\right)^{1.5} = 87.6\,m/s$$

根据求出的速度，查图 13.17，可以得到初始吹熄时的推举高度

$$h_{lifroff} \approx 150\,mm$$

注：将上述结果与例 13.1 比较，可以看出，例 13.1 中的火焰已经相当接近吹熄极限了，这时需要一些稳燃的措施防止其进一步推举。与例 13.1 相应的实验结果[30]显示，可以采用小氢气火焰（约 1.4% 丙烷量）来引燃，从而防止进一步推举。

13.3　其他结构下的非预混火焰

在大多数应用非预混火焰的实际设备中，燃烧需要的空气经常以与燃料同流的形式引入，这和上面所讨论的燃料都是射入静止的空气中有所区别。如图 13.19 所示的简单设备用来产生较长的明亮火焰。在这项设计中，空气在燃料管的同心外环内流动。燃烧器耐火砖（参考第 12 章）将火焰固定在燃烧器出口。通过减小空气流和燃料流的相对速度，使二者混合速率变慢，从而得到较长的火焰。另外，由于在内部燃料射流区内滞留时间较长，将造

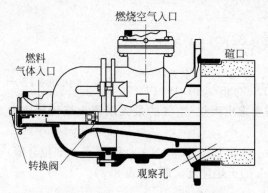

图 13.19　在中心燃料射流外围绕有环形空气流的非预混火焰燃烧器。（资料来源：文献[64]，获得 North American Manufacturing 公司复制许可）

成碳烟的大量形成(第9章),这样就产生了亮度很好的火焰。图 13.19 中的设备保证了在相当大的区域内具有均匀的辐射热。类似地,辐射热管燃烧器中常采用慢速混合(见图 13.1),从而保证在整个热管长度范围内均匀加热。

如第 12 章图 12.4 所示,喷嘴混合式燃烧器在喷嘴中实现燃料和空气的部分预混,使得火焰同时具有了预混和非预混燃烧的某些特性,到底哪类特性表现得更多,则看其混合的程度。

旋流也常应用在实际的非预混燃烧器中,尤其是用在雾化液体燃料和煤粉燃烧器上。图 13.20 是一种实验燃烧器的布置,其中旋流的程度由切向和轴向引入空气量的比例来决定。在实际应用中,主要由叶片来提供空气和(或)燃料的旋流。图 13.21 中窑炉燃烧器的旋流叶片是可以调节的。

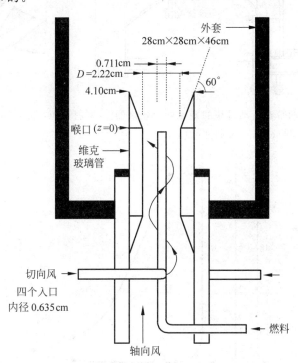

图 13.20　带有切向和轴向空气入口的实验用旋流燃烧器的结构示意图。(资料来源:文献[61],© 1987,获得 Gordon & Breach Science Publishers 复制许可)

应用旋流主要有两个原因:第一,当旋流足够大时,可以产生回流区来稳定火焰;第二,旋流的程度还可以控制火焰的长度。图 13.22 和图 13.23 分别表现了上述两个特点。在图 13.22 中,纵轴为无量纲旋流数 S 和切向速度 v_θ,横轴则为当量比的倒数 $1/\Phi$,以及相应燃料流速 u_F 和火焰的释热率 $\dot{Q}$。为了研究旋流对防止吹熄稳定性的影响,首先关注图 13.22 中稳定区域的下限。在这条线以下,火焰无法稳定燃烧;但是,在空气中引入旋流

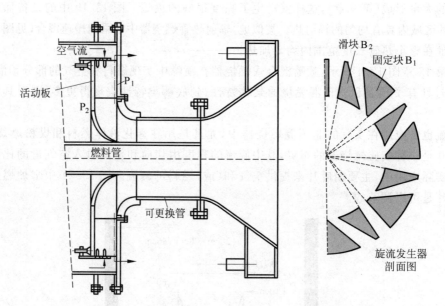

图 13.21　用于炉窑的带有活动滑块的旋流叶片燃烧器。（资料来源：文献[62]（见图 5.3），获得 Krieger Publisher Co. 复制许可）

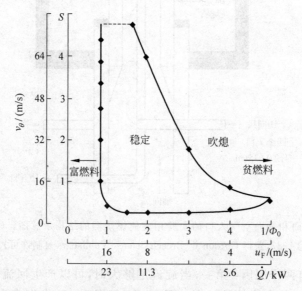

图 13.22　固定空气速度条件下，旋流稳定的火焰的贫燃料和富燃料燃烧的吹熄极限。燃烧器相应结构如图 13.20 所示。（资料来源：文献[61]，© 1987，获得 Gordon & Breach Science Publishers 复制许可）

后,火焰便可以稳定了。比如,当 $\Phi=1$,旋流数接近 0.4 时,可以产生稳定燃烧的火焰。稳定区的水平长度表示火焰的稳定范围,在横轴中用 $1/\Phi$ 的取值范围来表示。这样,当 $S=0.6$ 时,火焰的稳定区域最大,旋流数大于或者小于 0.6,都会使火焰的稳定区域减小。

图 13.23 的一系列照片展示了旋流对火焰长度的有趣影响。从照片中可以看到,当加入了旋流($S=1.1$)后,火焰长度减小到原来的 1/5。旋流大大加强了空气流与燃料流的混合,火焰长度因此相应减小。文献[63]建立了一种相似关系式,将火焰长度与射流混合、旋流混合的参数联系起来。

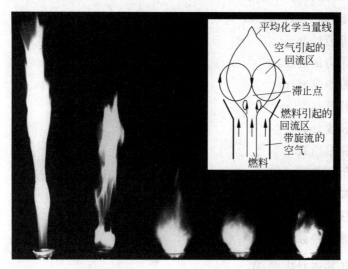

图 13.23　旋流对火焰长度的影响。照片从左到右表示从无旋(左)到旋流数 $S=1.1$
的变化。(资料来源:文献[63],获得 Combutsion Institute 的复制许可)

13.4　小结

本章探讨了湍流非预混火焰,尤其是简单湍流射流火焰的燃烧现象。基于前面学习的层流非预混射流火焰(第 9 章)和冷态湍流射流(第 11 章)的知识,我们发展了一种简单数学分析模型,并又一次使用了守恒标量的概念。注意,当浮力影响可以忽略时,湍流火焰长度正比于喷嘴直径,并且与初始射流速度无关。本章还提出了适于较宽流动条件范围下的湍流射流火焰长度经验关联式,并具体介绍了实际应用。同时还要注意,非预混燃烧中的辐射传热也是很重要的。本章进而探讨了推举和吹熄现象,并同样提出了适用于简单射流火焰的经验关联式。最后讨论了在实际中经常用到的旋流火焰,重点讨论了旋流产生的回流区对火焰的两个主要作用:稳定火焰和减小火焰长度。

13.5　符号表

a_p	平均吸收系数，m^{-1}	
A/F	空气-燃料质量比，kg/kg	
d	直径，m	
$\mathcal{D}$	二元质量扩散系数，m^2/s	
f	混合物分数，kg/kg	
Fr	弗劳德数	
g	重力加速度，m/s^2	
h	推举高度，m	
H	特征高度，m	
L	长度，m	
Le	路易斯数	
LHV	低位热值，J/kg	
$\dot{m}$	质量流量，kg/s	
P	压力，Pa	
Pr	普朗特数	
$\dot{Q}$	传热或释热率，W	
r	径向坐标，m	
R	喷嘴半径，m	
Re	雷诺数	
S	旋流数	
S_L	层流火焰传播速度，m/s	
Sc	施密特数	
T	温度，K	
v	速度，m/s	
V	体积，m^3	
x	轴向坐标，m	
Y	质量分数，kg/kg	

希腊符号

α	热扩散率，m^2/s	
Δh_c	热值，J/kg	

ε	旋涡黏度,m^2/s	
ϵ	应变速率,s^{-1}	
λ	波长	
μ	动力黏度,$Pa \cdot s$	
ν	运动黏度,m^2/s	
ρ	密度,kg/m^3	
$\varPhi$	当量比	
χ_R	辐射分数	

下标

crit	临界值
e	出口
f	火焰
F	燃料
j	射流
max	最大值
r	径向
rad	辐射
s,stoic	化学当量
sp	发烟点
turb,T	湍流
∞	环境条件

其他符号

( )*	无量纲量
$\overline{(\ )}$	时均量

13.6　参考文献

1. Weinberg, F. J., "The First Half-Million Years of Combustion Research and Today's Burning Problems," *Progress in Energy and Combustion Science,* 1: 1731 (1975).

2. Baukal, C. E., Jr., (ed.), *Oxygen-Enhanced Combustion,* CRC Press, Boca Raton, FL, 1998.

3. International Workshop on Measurement and Computation of Nonpremixed Flames, Sandia National Laboratories, U.S. Department of Energy, http://public.ca.sandia.gov/TNF/abstract.html.

4. Mungal, M. G., Korasso, P. S., and Lozano, A., "The Visible Structure of Turbulent Jet Diffusion Flames—Large-Scale Organization and Flame Tip Oscillation," *Combustion Science and Technology,* 76: 165–185 (1991).

5. Lee, S.-Y., Turns, S. R., and Santoro, R. J., "Measurements of Soot, OH, and PAH Concentrations in a Turbulent Ethylene/Air Jet Flames," *Combustion and Flame,* 156: 2264–2275 (2009).

6. Gore, J. P., *A Theoretical and Experimental Study of Turbulent Flame Radiation,* Ph.D. Thesis, The Pennyslvania State University, University Park, PA, p. 119, 1986.

7. Seitzman, J. M., "Quantitative Applications of Fluorescence Imaging in Combustion," Ph.D. Thesis, Stanford University, Stanford, CA, June 1991.

8. Seitzman, J. M., Üngüt, A., Paul, P. H., and Hanson, R. K., "Imaging and Characterization of OH Structures in a Turbulent Nonpremixed Flame," *Twenty-Third Symposium (International) on Combustion,* The Combustion Institute, Pittsburgh, PA, pp. 637–644, 1990.

9. Donbar, J. M., Driscoll, J. F., and Carter, C. D., "Reaction Zone Structure in Turbulent Nonpremixed Jet Flames—From CH-OH PLIF Images," *Combustion and Flame,* 122: 1–19 (2000).

10. Everest, D. A., Driscoll, J. F., Dahm, W. J. A., and Feikema, D. S., "Images of the Two-Dimensional Field and Temperature Gradients to Quantify Mixing Rates within a Non-Premixed Turbulent Jet Flame," *Combustion and Flame,* 101: 58–68 (1995).

11. Chen, L.-D., Roquemore, W. M., Goss, L. P., and Vilimpoc, V., "Vorticity Generation in Jet Diffusion Flames," *Combustion Science and Technology,* 77: 41–57 (1991).

12. Wohl, K., Gazley, C., and Kapp, N., "Diffusion Flames," *Third Symposium on Combustion and Flame and Explosion Phenomena,* Williams & Wilkins, Baltimore, MD, p. 288, 1949.

13. Haworth, D. C., "Progress in Probability Density Function Methods for Turbulent Reacting Flows," *Progress in Energy and Combustion Science,* 36: 168–259 (2009).

14. Bilger, R. W., Pope, S. B., Bray, K. N. C., and Driscoll, J. F., "Paradigms in Turbulent Combustion Research," *Proceeding of the Combustion Institute,* 30: 21–42 (2005).

15. Westbrook, C. K., Mizobuchi, Y., Poinsot, T. J., Smith, P. J., and Warnatz, J., "Computational Combustion," *Proceedings of the Combustion Institute,* 30: 125–157 (2005).

16. Veyante, D., and Vervisch, L., "Turbulent Combustion Modeling," *Progress in Energy and Combustion Science,* 28: 193–266 (2002).

17. Cant, R. S., and Mastorakos, E., *An Introduction to Turbulent Reacting Flows,* Imperial College Press, London, 2008.

18. Poinsot, T., and Veynante, D., *Theoretical and Numerical Combustion,* 2nd Ed., R. T. Edwards, Philadelphia, PA, 2005.

19. Kee, R. J., Coltrin, M. E., and Glarborg, P., *Chemically Reacting Flow: Theory and Practice,* John Wiley & Sons, Hoboken, NJ, 2003.

20. Fox, R. O., *Computational Models for Turbulent Reacting Flows,* Cambridge University Press, Cambridge, UK, 2003.

21. Peters, N., *Turbulent Combustion,* Cambridge University Press, Cambridge, UK, 2000.

22. Chen, J.-Y., Kollman, W., and Dibble, R. W., "Pdf Modeling of Turbulent Non-premixed Methane Jet Flames," *Combustion Science and Technology,* 64: 315–346 (1989).

23. Bilger, R. W., "Turbulent Flows with Nonpremixed Reactants," in *Turbulent Reacting Flows* (P. A. Libby, and F. A. Williams, eds.), Springer-Verlag, New York, pp. 65–113, 1980.

24. Bilger, R. W., "Turbulent Jet Diffusion Flames," *Progress in Energy and Combustion Science,* 1: 87–109 (1976).

25. Hottel, H. C., "Burning in Laminar and Turbulent Fuel Jets," *Fourth Symposium (International) on Combustion,* Williams & Wilkins, Baltimore, MD, p. 97, 1953.

26. Hawthorne, W. R., Weddell, D. S., and Hottel, H. C., "Mixing and Combustion in Turbulent Gas Jets," *Third Symposium on Combustion and Flame and Explosion Phenomena,* Williams & Wilkins, Baltimore, MD, p. 266, 1949.

27. Becker, H. A., and Liang, P., "Visible Length of Vertical Free Turbulent Diffusion Flames," *Combustion and Flame,* 32: 115–137 (1978).

28. Delichatsios, M. A., "Transition from Momentum to Buoyancy-Controlled Turbulent Jet Diffusion Flames and Flame Height Relationships," *Combustion and Flame,* 92: 349–364 (1993).

29. Blake, T. R., and McDonald, M., "An Examination of Flame Length Data from Vertical Turbulent Diffusion Flames," *Combustion and Flame,* 94: 426–432 (1993).

30. Turns, S. R., and Bandaru, R. B., "Oxides of Nitrogen Emissions from Turbulent Hydrocarbon/Air Jet Diffusion Flames," Final Report-Phase II, GRI 92/0470, Gas Research Institute, September 1992.

31. Turns, S. R., and Myhr, F. H., "Oxides of Nitrogen Emissions from Turbulent Jet Flames: Part I—Fuel Effects and Flame Radiation," *Combustion and Flame,* 87: 319–335 (1991).

32. Bahadori, M. Y., Small, J. F., Jr., Hegde, U. G., Zhou, L., and Stocker, D. P., "Characteristics of Transitional and Turbulent Jet Diffusion Flames in Microgravity," NASA Conference Publication 10174, Third International Microgravity Combustion Workshop, Cleveland, OH, pp. 327–332, 11–13 April, 1995.

33. Thring, M. W., and Newby, M. P., "Combustion Length of Enclosed Turbulent Jet Flames," *Fourth Symposium (International) on Combustion,* Williams & Wilkins, Baltimore, MD, p. 789, 1953.

34. Ricou, F. P., and Spalding, D. B., "Measurements of Entrainment by Axisymmetrical Turbulent Jets," *Journal of Fluid Mechanics,* 11: 21–32 (1963).

35. Tacina, K. M., and Dahm, W. J. A., "Effects of Heat Release on Turbulent Shear Flows. Part 1. A General Equivalence Principle for Non-Buoyant Flows and Its Application to Turbulent Jet Flames," *Journal of Fluid Mechanics,* 415: 23–44 (2000).

36. Baukal, C. E., Jr., ed., *The John Zink Combustion Handbook,* CRC Press, Boca Raton, FL, 2000.

37. Viskanta, R., and Mengüç, M. P., "Radiation Heat Transfer in Combustion Systems," *Progress in Energy and Combustion Science,* 13: 97–160 (1987).

38. Faeth, G. M., Gore, J. P., Chuech, S. G., and Jeng, S.-M., "Radiation from Turbulent Diffusion Flames," in *Annual Review of Numerical Fluid Mechanics and Heat Transfer,* Vol. 2, Hemisphere, Washington, DC, pp. 1–38, 1989.

39. Delichatsios, M. A., Markstein, G. H., Orloff, L., and deRis, J., "Turbulent Flow Characterization and Radiation from Gaseous Fuel Jets," Final Report, GRI 88/0100, Gas Research Institute, 1988.

40. Orloff, L., deRis, J., and Delichatsios, M. A., "Radiation from Buoyant Turbulent Diffusion Flames," *Combustion Science and Technology,* 84: 177–186 (1992).

41. Gore, J. P., and Faeth, G. M., "Structure and Spectral Radiation Properties of Turbulent Ethylene/Air Diffusion Flames," *Twenty-First Symposium (International) on Combustion,* The Combustion Institute, Pittsburgh, PA, p. 1521, 1986.

42. Siegel, R., and Howell, J. R., *Thermal Radiation Heat Transfer,* 2nd Ed., McGraw-Hill, New York, 1981.

43. Frank, J. H., Barlow, R. S., and Lundquist, C., "Radiation and Nitric Oxide Formation in Turbulent Non-Premixed Jet Flames," *Proceedings of the Combustion Institute,* 28: 447–454 (2000).

44. Modest, M. F., Radiative Heat Transfer, 2nd Ed., Academic Press, New York, 2003.

45. Coelho, P. J., Teerling, O. J., and Roekaerts, D., "Spectral Radiative Effects and Turbulence/Radiation Interaction in a Non-Luminous Turbulent Jet Diffusion Flame," *Combustion and Flame,* 133: 75–91 (2003).

46. Tessé, L., Dupoirieux, F., and Taine, J., "Monte Carlo Modeling of Radiative Transfer in a Turbulent Sooty Flame," *International Journal of Heat and Mass Transfer,* 47: 555–572 (2004).

47. Wang, A., Modest, M. F., Haworth, D. C., and Wang, L., "Monte Carlo Simulation of Radiative Heat Transfer and Turbulence Interactions in Methane/Air Jet Flames," *Journal of Quantitative Spectroscopy & Radiative Transfer,* 109: 269–279 (2008).

48. Pitts, W. M., "Assessment of Theories for the Behavior and Blowout of Lifted Turbulent Jet Diffusion Flames," *Twenty-Second Symposium (International) on Combustion,* The Combustion Institute, Pittsburgh, PA, p. 809, 1988.

49. Pitts, W. M., "Importance of Isothermal Mixing Processes to the Understanding of Lift-Off and Blowout of Turbulent Jet Diffusion Flames," *Combustion and Flame,* 76: 197–212 (1989).

50. Vanquickenborne, L., and Van Tiggelen, A., "The Stabilization Mechanism of Lifted Diffusion Flames," *Combustion and Flame,* 10: 59–69 (1966).

51. Peters, N., "Local Quenching Due to Flame Stretch and Non-Premixed Turbulent Combustion," *Combustion Science and Technology,* 30: 1–17 (1983).

52. Janicka, J., and Peters, N. "Prediction of Turbulent Jet Diffusion Flame Lift-Off Using a PDF Transport Equation," *Nineteenth Symposium (International) on Combustion,* The Combustion Institute, Pittsburgh, PA, p. 367, 1982.

53. Broadwell, J. E., Dahm, W. J. A., and Mungal, M. G., "Blowout of Turbulent Diffusion Flames," *Twentieth Symposium (International) on Combustion,* The Combustion Institute, Pittsburgh, PA, p. 303, 1984.

54. Lyons, K. M., "Toward an Understanding of the Stabilization Mechanisms of Lifted Turbulent Jet Flames: Experiments," *Progress in Energy and Combustion Science,* 33: 211–231 (2007).

55. Buckmaster, J., "Edge-Flames," *Progress in Energy and Combustion Science,* 28: 435–475 (2002).

56. Joedicke, A., Peters, N., and Mansour, M., "The Stabilization Mechanism and Structure of Turbulent Hydrocarbon Lifted Flames," *Proceedings of the Combustion Institute,* 30: 901–909 (2005).

57. Takahashi, F., and Schmoll, W. J., "Lifting Criteria of Jet Diffusion Flames," *Twenty-Third Symposium (International) on Combustion,* The Combustion Institute, Pittsburgh, PA, p. 677, 1990.

58. Kalghatgi, G. T., "Lift-Off Heights and Visible Lengths of Vertical Turbulent Jet Diffusion Flames in Still Air," *Combustion Science and Technology,* 41: 17–29 (1984).

59. Kalghatgi, G. T., "Blow-Out Stability of Gaseous Jet Diffusion Flames. Part I: In Still Air," *Combustion Science and Technology,* 26: 233–239 (1981).

60. Birch, A. D., Brown, D. R., Dodson, M. G., and Thomas, J. R., "The Turbulent Concentration Field of a Methane Jet," *Journal of Fluid Mechanics,* 88: 431–449 (1978).

61. Tangirala, V., Chen, R. H., and Driscoll, J. F., "Effect of Heat Release and Swirl on the Recirculation within Swirl-Stabilized Flames," *Combustion Science and Technology,* 51: 75–95 (1987).

62. Beér, J. M., and Chigier, N. A., *Combustion Aerodynamics,* Krieger, Malabar, FL, 1983.

63. Chen, R.-H., and Driscoll, J. F., "The Role of the Recirculation Vortex in Improving Fuel-Air Mixing within Swirling Flames," *Twenty-Second Symposium (International) on Combustion,* The Combustion Institute, Pittsburgh, PA, pp. 531–540, 1988.

64. North American Manufacturing Co., *North American Combustion Handbook,* North American Manufacturing Co., Cleveland, OH, 1952.

13.7 复习题

1. 列出本章中所有的黑体字,并讨论它们的意义。

2. 讨论相等的初始条件下(如 d_j 相等、v_e 相等),为何不同燃料会引起射流火焰高度不同。

3. 讨论动量控制的射流火焰长度为什么不受初始速度的影响,却正比于射流直径? 试用普朗特混合长度模型加以解释。

4. 如果在燃料射流中加入惰性稀释剂,将对火焰长度有什么影响?

5. 讨论火焰稳定性的概念以及各种稳定非预混湍流火焰的方法。

6. 试列出采用湍流非预混燃烧的设备。

7. 讨论非预混湍流烃-空气火焰中，影响辐射传热的因素。

13.8 习题

13.1 喷嘴直径为 5mm 的丙烷和一氧化碳射流火焰，求达到动量控制条件需要多大的出口速度？喷嘴出口处丙烷密度为 $1.854kg/m^3$，一氧化碳的密度为 $1.444kg/m^3$。一氧化碳-空气的绝热燃烧温度为 2400K。讨论并比较计算结果。

13.2 丙烷-空气及氢气-空气射流火焰，喷嘴直径为 5mm，计算并比较动量控制下的火焰长度。假设环境和燃料温度为 300K。讨论你的计算结果。

13.3 试确定习题 13.2 中的火焰是否需要稳焰结构以确保其不会被吹熄。氢气性质如下：$T_{ad}=2383K$，$\mu_{300K}=8.96\times10^{-6}(N\cdot s)/m^2$，$S_{L,max}=3.25m/s$。假设速度刚好满足动量控制火焰的最低要求。

13.4 丙烷-空气射流火焰，喷嘴出口速度为 200m/s。确定火焰不会被吹熄的最小喷嘴直径。

13.5 确定习题 13.4 中的火焰长度。

13.6 丙烯-空气射流火焰，在 3mm 直径的喷嘴上稳定燃烧。射流出口速度为 52.7m/s。求火焰向周围的辐射传热速率（kW）。假设射流出口处丙烯的密度近似等于 $1.76kg/m^3$。

13.7 甲烷-空气射流火焰，喷嘴出口直径为 4mm，火焰的释热率为 25kW，出口处甲烷的密度为 $0.6565kg/m^3$。

(1) 试求火焰的推举高度。

(2) 比较(1)中的推举火焰高度与总火焰长度。

13.8 动量控制的乙烷-空气射流火焰，试比较纯燃料流和 50% 体积比 N_2 稀释的燃料流情况下火焰长度的变化。设所有气体为理想气体。

13.9 一个国防部的承包商发明了一种新的燃料，并认为分子式是 CO_2H_4。现要对此燃料做燃烧实验。令该燃料以 367K 的温度从轴向射入 1.83m 长的燃烧器中。所需空气的温度为 811K，压力为 20atm。同温度、压力下的预混燃烧测试表明，最大层流火焰传播速度接近 0.61m/s。燃料的黏度在 367K 时为 $5\times10^{-5}N\cdot s/m^2$。确定在满足燃烧器长度内，每秒要烧掉 1.82kg 燃料所需的射流火焰的最小数目及相应的喷嘴直径。假设湍流射流火焰的长度是动量控制的，火焰内部没有流动与化学反应的相互作用，而且忽略辅助空气流对火焰长度的影响。鉴于实用的需要，还要保证考虑到吹熄的可能性问题。

固体的燃烧

14.1 概述

前面的章节主要介绍了气体燃料的燃烧(第 8,9,12 和 13 章),并对液体燃料给予了一定关注(第 3 章和第 10 章),液体的燃烧最终也可以归结为气相组分的反应,即液体在能够燃烧前必须首先气化。这一章将介绍固体燃料的燃烧。最重要的一种固体燃料是煤(参见第 17 章),它通常是以煤粉的形式在电站锅炉中燃烧,这也是本章所讨论的内容。固体燃烧的其他应用还包括垃圾焚烧、金属燃烧、混合燃料火箭发动机、木材燃烧和碳(煤焦或炭焦)的燃烧等。

由于上述固体燃料的类型及其应用的差异,其燃烧问题也是非常复杂的,一些细节既取决于燃料的自然属性,又和其特定应用场合有关。例如,要详细介绍煤的燃烧就需要一整本(甚至几本)书。因此,本书所采用的方法是:首先,介绍一些对固体燃烧非常重要的基本概念;然后,应用这些概念建立球形固体碳颗粒燃烧的简化模型。碳燃烧模型的建立既提供了一个认识固体燃料燃烧固有特性的途径,也同煤燃烧的问题关联起来。这一章中还包括煤及其他固体燃烧的简要介绍。

14.2 燃煤锅炉

如图 14.1 所示是典型的煤粉锅炉。锅炉产生蒸气送入蒸气机发电。电站锅炉通常是非常巨大的,燃烧空间截面可达 $15m \times 20m$,而总高度超过 $50m$。煤被粉碎以绝大多数煤粉粒径小于 $75\mu m$。煤粉被一次风吹入一次风区(锅炉较低位置)。一次风提供了总燃烧风量的 20%。在一次风中,氧气消耗于挥发分产物的燃烧。二次风通过二次风口以高速进入,并与焦炭以及来自锅炉下部的燃烧产物混合。火焰气体放出的热量通过布置在燃烧区的管道传递给过热蒸气。在燃烧烟气相对较冷的向下流动的尾部烟道中,透平出来的蒸气被再热(再热器)、补给水被加热(省煤器)、燃烧空气被预热(预热器)。接着烟气被送入除尘和脱硫装置,有时还有脱硝装置。锅炉系统的相当大的一部分为空气污染控制系统。

另外一些装置也可以用作煤的燃烧,例如,较大的煤块颗粒可在固定

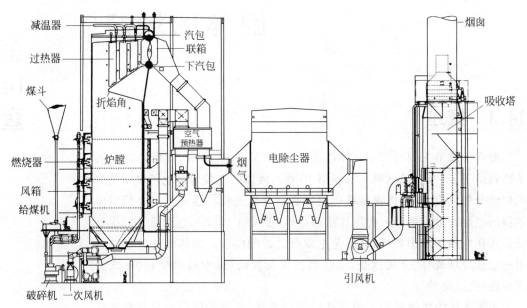

图 14.1　煤粉锅炉。（资料来源：文献[1]，获得 Babcock & Wilcox Co. 的复制许可）

的或移动的炉排上燃烧。旋风炉燃烧由空气和（或）燃料风直接产生旋流，也在一些锅炉中得到应用。由于环境的约束，流化床燃烧技术的应用变得很有吸引力。在过去的几十年中，流化床锅炉在美国的应用得到了引人注目的增长[2]。这一技术应用在未来将会得到继续扩大[2]。

14.3　非均相反应

固体燃烧的基本研究方法同本书前面介绍的内容不太相同，这里，非均相化学反应显得十分重要。所谓**非均相反应**就是指涉及以不同物理状态存在的组分参与的反应过程，例如气-液反应、气-固反应等。虽然在第 4 章介绍了非均相反应，但在随后的章节（第 5~13 章）的讨论中，都假设化学反应都可以归结为气相分子相碰撞的结果，即所谓的**均相反应**。非均相反应的系统学习需要涉及很多方面的内容，因此在这里仅做一个简短的介绍。作为进一步深入研究的起点，建议参考化学动力学的基本教材，即文献[3]。

文献[3]将气-固反应的整个过程细分为以下的几个基本环节：

（1）反应物分子通过对流和（或）扩散作用到达固体表面；

（2）反应物分子在固体表面被吸附；

（3）包含被吸附分子、固体表面自身及气相分子的多种化合作用的基元反应；

（4）产物分子在固体表面的解吸附；

（5）产物分子通过对流和（或）扩散作用离开固体表面。

第（1）步和第（5）步是相似的，可以用第 3 章中传质的内容来分析。中间的几步反应比较复杂,尤其是第(3)步(见第 4 章),在物理化学的领域探讨更加合适。为了详细描述这些反应步骤,我们根据反应物和(或)产物在固体表面吸附强弱的不同而引用三个速率方程。首先,如果反应物分子 A 的吸附能力较弱,那么反应速率$\mathcal{R}$,与邻近表面处 A 气体浓度成正比,即

$$\mathcal{R} = k(T)[A] \tag{14.1}$$

式中,$k(T)$是速率常数。第二,如果 A 强吸附,那么反应速率与 A 的气相浓度无关,也就是

$$\mathcal{R} = k(T) \tag{14.2}$$

最后,考虑当反应物 A 弱吸附、而产物分子 B 强吸附的情况,这种情况下

$$\mathcal{R} = k(T)\frac{[A]}{[B]} \tag{14.3}$$

式中,[A]和[B]是接近固体表面的 A 和 B 的气相浓度。式(14.1)~式(14.3)表明气-固反应速率的表达式同我们所熟悉的均相基元反应是不同的。下面将利用式(14.1)的形式建立碳燃烧的模型。

14.4 碳的燃烧

碳的燃烧可以为研究固体燃烧的通常性质提供一个很好的例子,而且碳的燃烧本身也是相当有趣的。例如,在煤粉的燃烧中,在挥发性物质从煤颗粒中脱掉并燃烧之后,将有焦炭生成。随后焦炭的燃尽是整个燃烧过程,包括需要的停留时间和燃烧空间大小的控制过程。而且,相当大部分的热量是通过焦炭颗粒的燃烧辐射出去的。尽管煤焦燃烧的实际过程要比这里建立的模型复杂得多,但这些模型有利于我们对实际过程进行深刻认识,而且还可作为同一量纲上的近似分析。

由于煤燃烧的重要性,有大量的参考文献介绍碳的燃烧,如文献[4~6];而且也发展了很多的物理模型。文献[7]综述并比较了在 1924—1977 年间发展起来的 12 种模型。在介绍简化分析以前,先回顾一下这个复杂过程所包含的主要内容。

14.4.1 概述

如图 14.2 所示为在反应边界层内一个燃烧的碳表面。在此表面上,主要根据碳表面温度的不同,碳可以同 O_2,CO_2 或者 H_2O 发生如下的总包反应

$$C + O_2 \xrightarrow{k_1} CO_2 \tag{R14.4}$$

$$2C + O_2 \xrightarrow{k_2} 2CO \tag{R14.5}$$

$$C + CO_2 \xrightarrow{k_3} 2CO \tag{R14.6}$$

$$C + H_2O \xrightarrow{k_4} CO + H_2 \tag{R14.7}$$

通常,碳表面的主要产物是 CO。从表面扩散出去的 CO 穿过边界层并与向内部扩散的氧气相结合,发生如下的均相总包反应

$$CO + \frac{1}{2}O_2 \longrightarrow CO_2 \qquad (R14.8)$$

当然,反应式(R14.8)中包含许多基元反应步骤,其中最重要的一步是 $CO + OH \longrightarrow CO_2 + H$,参见第 5 章。

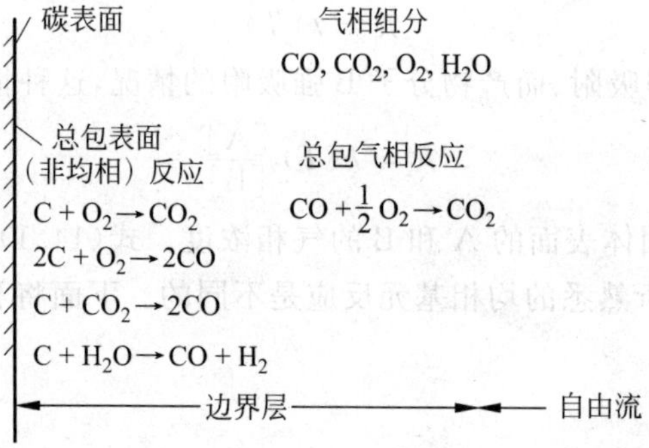

图 14.2　碳燃烧中总包非均相反应和均相反应的示意图。

从原理上说,在确定了所有基元反应步骤后,碳的氧化问题可以通过列出适当组分、能量和质量守恒方程来求解,而这些方程的求解又取决于固体表面和自由气流中的边界条件。然而这一方法的复杂性在于碳表面是多孔的,其表面的详细属性又随碳氧化的过程而改变。因此,在一定的条件下,**颗粒内部扩散**在碳的燃烧中发挥着重要的作用。关于这一专题的综述可以在文献[8]中找到。

碳燃烧的简化模型是基于图 14.2 给出的总包反应,并且通常假定扩散无法通过固体表面。根据表面和气相化学的假定,有几种不同的建模方法,分别是**单膜**、**双膜**和**连续膜模型**。在单膜模型中,气相中没有火焰面,最高温度点发生在碳的表面。在双膜模型中,火焰面位于距离表面一定距离处,在火焰表面,CO 与 O_2 发生反应。在连续膜模型中,火焰区域分布在整个边界层内,而非集中在一个薄层内。

下面将主要讨论单膜模型和双膜模型。单膜模型十分简单,可以方便而又清晰地阐明非均相化学动力学和气相扩散的共同作用。而双膜模型尽管依然很简单,但更趋合理,它示出了产物 CO 先后产生和氧化的过程。利用这些模型可以估计碳-焦(carbon-char)的燃烧时间。

14.4.2　单膜模型

碳燃烧问题的基本处理方法与前述第 3 章中介绍的液滴蒸发问题的方法十分类似,不同在于,表面的化学反应代替了蒸发。我们认为单个碳球的燃烧应遵循如下的假定。同前面讨论问题相似,我们对这些假定(前面用过并解释过)不再做详细的阐述。如果具体假定

的含义不是很清楚,可参考前面第 3 章和第 10 章中的相应章节。

1. 假设

(1) 燃烧过程为准稳态。

(2) 球形碳颗粒在无限大的、静态的环境中燃烧。环境中只存在氧气和惰性气体如氮气。其他颗粒间没有相互作用,对流的影响可忽略。

(3) 在碳颗粒表面,碳与化学当量的氧气反应,产生二氧化碳,即式(R14.4),$C+O_2 \longrightarrow CO_2$。通常而言,选择这个反应,并不是很恰当,因为在相应燃烧温度下,一氧化碳更容易形成。尽管如此,这个假定避免了解决一氧化碳在哪里和如何氧化成二氧化碳的问题,该问题采用下文的双膜模型来处理更好。

(4) 气相仅由氧气、二氧化碳和惰性气体组成。氧气向内部扩散,并和表面碳反应生成二氧化碳,二氧化碳继而从表面向外扩散。惰性气体将形成不流动边界层,即第 3 章所述的斯蒂芬问题。

(5) 气相导热系数 k、比定压热容 c_p、密度与质量扩散系数的乘积 $\rho \mathcal{D}$ 都是常数。进而假定路易斯数为 1,也就是说 $Le = k/(\rho c_p \mathcal{D}) = 1$。

(6) 碳颗粒对气相组分具有不透过性,也就是说,颗粒内部扩散可被忽略。

(7) 碳颗粒温度均匀,以灰体形式和外界环境辐射换热,而且没有中间介质的参与。

如图 14.3 所示为基于上述假设的基本模型,即表明了各气相组分的质量分数和温度分布随径向坐标的变化。可以看出,二氧化碳的质量分数在表面处达到最大值,而远离颗粒表面无穷远处为 0。相反地,氧气的质量分数在表面处最小。后面将会看到,如果氧气消耗的化学动力反应速率非常快的话,那么表面上氧气的浓度 $Y_{O_2, s}$ 将趋近于 0。如果化学动力反应速率较慢,那么在表面上就存在一定浓度的氧气。既然假定在气相中没有反应发生,即所有的热量的释放都发生在固体表面,则温度将由表面温度的最大值 T_s 单调地下降到远离表面处的温度 T_∞。

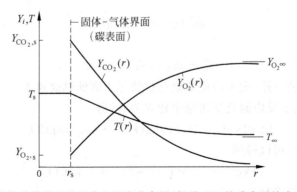

图 14.3　碳燃烧单模模型的组分和温度分布图(假设 CO_2 是碳表面的唯一燃烧产物)。

2. 问题陈述

在下面的分析中，主要目的是确定可估算的碳质量燃烧率（$\dot{m}_C$）和表面温度（T_s）的表达式，重要的中间变量包括氧气和二氧化碳在碳表面的质量分数。这个问题是简单直接的，仅需要处理组分及能量平衡方程。

3. 总质量和组分守恒方程

如图 14.4 所示为三种组分的质量通量 $\dot{m}_C''$，$\dot{m}_{O_2}''$ 和 $\dot{m}_{CO_2}''$ 之间的关系。在表面上，碳的质量通量必须等于流出的二氧化碳和流入的氧气质量通量的差值，即

$$\dot{m}_C'' = \dot{m}_{CO_2}'' - \dot{m}_{O_2}'' \tag{14.9}$$

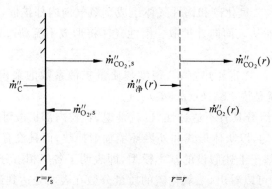

图 14.4　在碳表面或任一径向位置处各组分的质量通量。

类似地，在任一径向位置 r 处，净质量通量是二氧化碳和氧气质量通量的差值，即

$$\dot{m}_净'' = \dot{m}_{CO_2}'' - \dot{m}_{O_2}'' \tag{14.10}$$

在稳态、无气相反应条件下，不同时间和不同的径向位置处各种组分的质量通量都是不变的，因此可以得到

$$\dot{m}_C'' 4\pi r_s^2 = \dot{m}_净'' 4\pi r^2 \tag{14.11}$$

或者

$$\dot{m}_C'' = \dot{m}_净'' = \dot{m}_{CO_2}'' - \dot{m}_{O_2}'' \tag{14.12}$$

可以看到，如同预计的一样，流出的质量流量恰恰等于碳的燃烧速率。二氧化碳和氧气的流量还可以通过在表面上反应的化学当量来建立关联，即

$$12.01 \text{kgC} + 31.999 \text{kgO}_2 \longrightarrow 44.01 \text{kgCO}_2 \tag{14.13a}$$

在每千克碳的基础上，可以得到

$$1 \text{kgC} + \nu_I \text{kgO}_2 \longrightarrow (\nu_I + 1) \text{kgCO}_2 \tag{14.13b}$$

此时，化学当量的质量系数是

$$\nu_I = \frac{31.999 \text{kgO}_2}{12.01 \text{kgC}} = 2.664 \tag{14.14}$$

下标 I 表示这个系数用于单膜模型。对于双膜模型还有一个不同的化学当量系数。

现在可以将气相组分质量流量与碳的燃烧速率建立联系,即

$$\dot{m}_{O_2} = \nu_I \dot{m}_C \tag{14.15a}$$

和

$$\dot{m}_{CO_2} = (\nu_I + 1) \dot{m}_C \tag{14.15b}$$

因此现在的问题是再找到一个关联各组分的质量流量的方程。为了实现这一目的,应用菲克扩散定律(式(3.1))来表述氧气的质量守恒,即

$$\dot{m}''_{O_2} = Y_{O_2}(\dot{m}''_{CO_2} + \dot{m}''_{O_2}) - \rho \mathcal{D}\frac{dY_{O_2}}{dr}i r \tag{14.16}$$

鉴于质量通量和质量流量的关系可表示为 $\dot{m}_i = 4\pi r^2 \dot{m}''_i$,将其替换式(14.15a)和式(14.15b)中的项,注意流动方向的处理(向内的流动为负,向外的流动为正),化简后式(14.16)变为

$$\dot{m}_C = \frac{4\pi r^2 \rho \mathcal{D}}{1 + Y_{O_2}/\nu_I}\frac{d(Y_{O_2}/\nu_I)}{dr} \tag{14.17}$$

应用于该方程的边界条件

$$Y_{O_2}(r_s) = Y_{O_2,s} \tag{14.18a}$$

和

$$Y_{O_2}(r \to \infty) = Y_{O_2,\infty} \tag{14.18b}$$

通过含两个边界条件的一阶常微分方程,可以得到 $\dot{m}_C$ 的表达式,即得到问题的特征值。对式(14.17)分离变量,并在式(14.18a)和式(14.18b)给出的上、下限内积分,可以得到

$$\dot{m}_C = 4\pi r_s \rho \mathcal{D}\ln\left(\frac{1 + Y_{O_2,\infty}/\nu_I}{1 + Y_{O_2,s}/\nu_I}\right) \tag{14.19}$$

因为 $Y_{O_2,\infty}$ 是一个给定量,因此,如果知道了 $Y_{O_2,s}$,也就是碳颗粒表面的氧气质量分数,这一问题就能够得到解决。为了得到这个值,应用到表面化学动力学模型。

4. 表面化学动力学

假定同氧气有关的反应 $C + O_2 \longrightarrow CO_2$ 是一级的,可以利用式(14.1)的形式。采用参考文献[7]的规范,碳的反应速率可以表示为

$$\mathcal{R}_C(kg/(s \cdot m^2)) = \bar{m}''_{C,s} = k_c MW_C[O_{2,s}] \tag{14.20}$$

式中,$[O_{2,s}]$ 是表面上氧气的摩尔浓度($kmol/m^3$);k_c 是反应速率系数,通常表示为阿累尼乌斯形式,即 $k_c = A\exp[-E_A/R_u T_s]$,将浓度转化为质量分数,即

$$[O_{2,s}] = \frac{MW_{mix}}{MW_{O_2}}\frac{P}{R_u T_s}Y_{O_2,s}$$

将碳燃烧速率和表面($r = r_s$)处碳质量通量关联起来,式(14.20)变为

$$\dot{m}_C = 4\pi r_s^2 k_c \frac{MW_C MW_{mix}}{MW_{O_2}}\frac{P}{R_u T_s}Y_{O_2,s} \tag{14.21}$$

或者更紧凑的形式为

$$\dot{m}_C = K_{kin} Y_{O_2,s} \tag{14.22}$$

式中，除了 $Y_{O_2,s}$ 外的所有化学动力学参数都被包含在因子 K_{kin} 中，应注意，K_{kin} 取决于压力、表面温度和碳颗粒半径等。

从式（14.22）中解出 $Y_{O_2,s}$ 并代入到式（14.19）中，得到一个关于燃烧速率 $\dot{m}_C$ 的超越方程。与其求解这样一个结果，不如采纳电路分析的方法，即与在传热学上采用的电路比拟方法类似，更方便地表达解。此外，该方法有助于理解其物理意义。

5. 电路比拟

为了进行电路比拟，需要将 $\dot{m}_C$ 的两个表达式（式（14.19）和式（14.22））转化为包含所谓的电势差（或者叫驱动力）和阻抗的形式。对于式（14.22）来说，通常形式是

$$\dot{m}_C = \frac{Y_{O_2,s} - 0}{1/K_{kin}} \equiv \frac{\Delta Y}{R_{kin}} \tag{14.23}$$

式中加上 0 是为了表征"势差"的形式；"阻抗"是化学动力学因子 K_{kin} 的倒数。式（14.23）同欧姆定律（$i = \Delta V / R$）的形式是相似的，这里 $\dot{m}_C$ 是"流率变量"，或者叫电流比拟。

处理式（14.19）需要一些数学变换。首先，重新整理对数项得到

$$\dot{m}_C = 4\pi r_s \rho \, \mathcal{D} \ln\left(1 + \frac{Y_{O_2,\infty} - Y_{O_2,s}}{\nu_I + Y_{O_2,s}}\right) \tag{14.24}$$

另外，如果定义一个传递数 $B_{O,m}$

$$B_{O,m} \equiv \frac{Y_{O_2,\infty} - Y_{O_2,s}}{\nu_I + Y_{O_2,s}} \tag{14.25}$$

式（14.24）变为

$$\dot{m}_C = 4\pi r_s \rho \, \mathcal{D} \ln(1 + B_{O,m}) \tag{14.26}$$

这是一个与液滴蒸发（式（3.53））和燃烧（式（10.68c））的形式相同的表达式。返回到刚才这个问题，式（14.26）可以通过展开为级数的形式进行线性化

$$\ln(1 + B_{O,m}) = B_{O,m} - \frac{1}{2} B_{O,m}^2 + \frac{1}{3} B^3_{O,m} - \cdots \tag{14.27a}$$

如果 $B_{O,m}$ 的值很小，在首项以后可以截断，即

$$\ln(1 + B_{O,m}) \approx B_{O,m} \tag{14.27b}$$

因为 $\nu_I = 2.664$，而且 $Y_{O_2,s}$ 一定在零和 $Y_{O_2,\infty}$（对于空气，其值为 0.233）之间。很容易看到我们的近似（式（14.27b））是合理的。因此，式（14.19）的线性化形式可以表示为

$$\dot{m}_C = 4\pi r_s \rho \, \mathcal{D} \frac{Y_{O_2,\infty} - Y_{O_2,s}}{\nu_I + Y_{O_2,s}} \tag{14.28}$$

这里，$\dot{m}_C$ 又可以表示成"势差"和"阻抗"的形式，即

$$\dot{m}_C = \frac{Y_{O_2,\infty} - Y_{O_2,s}}{\dfrac{\nu_I + Y_{O_2,s}}{4\pi r_s \, \mathcal{D}}} \equiv \frac{\Delta Y}{R_{diff}} \tag{14.29}$$

鉴于 R_{diff} 项中所出现的 $Y_{O_2,s}$ 并不是一个常量，这使得 $\dot{m}_C$ 和 ΔY 呈非线性关系。

　　从化学动力学得到，式(14. 23)所表达的燃烧速率，必须与只考虑质量传递的式(14.29)所表达的燃烧速率相等，这是两个串联电阻的电路分析结果。如图 14.5 所示给出了电路比拟结果。注意到，因为选择的势差是氧气的质量分数，所以碳是从低势区流向高势区，这同实际电路比拟正好相反。虽然我们的类推能够很好地符合，然而这时的流率变量是 $\dot{m}_{O_2}/\nu_I$ $(=-\dot{m}_C)$，这同样表示在图 14.5 中。

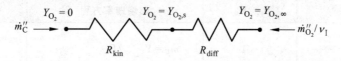

图 14.5　表示碳燃烧颗粒化学动力学控制和扩散控制串联的电路比拟图。

　　下面可以利用电路比拟来得到燃烧速率 $\dot{m}_C$，参考图 14.5，可以写出

$$\dot{m}_C = \frac{Y_{O_2,\infty} - 0}{R_{\text{kin}} + R_{\text{diff}}} \tag{14.30}$$

式中

$$R_{\text{kin}} \equiv 1/K_{\text{kin}} = \frac{\nu_I R_u T_s}{4\pi r_s^2 \text{MW}_{\text{mix}} k_c P} \tag{14.31}$$

且

$$R_{\text{diff}} \equiv \frac{\nu_I + Y_{O_2,s}}{\rho \, \mathcal{D} 4\pi r_s} \tag{14.32}$$

因为 R_{diff} 包含未知量 $Y_{O_2,s}$，所以该方法仍需要迭代处理。此外，也可以列出一个二次方程进行直接求解。下面将更深入地探讨电路比拟方法(式(14.30)~式(14.32))。

6. 碳燃烧控制情况

　　根据最初的碳颗粒的温度和大小，其中一个的阻力会比另一个的阻力大得多。因此，$\dot{m}_C$ 本质上仅和阻抗有关。例如假定 $R_{\text{kin}}/R_{\text{diff}} \ll 1$，在这种情况下，可以说燃烧速率是**扩散控制**的。这种情况什么时候发生呢？这又意味着什么呢？应用 R_{kin} 和 R_{diff} 的定义(式(14.31)和式(14.32))，和二者的比值可以得到

$$\frac{R_{\text{kin}}}{R_{\text{diff}}} = \left(\frac{\nu_I}{\nu_I + Y_{O_2,s}}\right)\left(\frac{R_u T_s}{\text{MW}_{\text{mix}} P}\right)\left(\frac{\rho \, \mathcal{D}}{k_c}\right)\left(\frac{1}{r_s}\right) \tag{14.33}$$

从上式可以看出单个参数是如何影响这个比值的。这一比值在几种情况下可以变得很小。首先，k_c 可以是非常大的，这意味着一个足够快速的表面反应。尽管表面温度这一参数出现在式(14.33)的分子中，但其影响主要是通过 k_c 的温度效应而产生作用的。根据 $k_c = A\exp(-E_A/R_u T)$，k_c 随着温度的升高而迅速上升。如果碳燃烧是由扩散控制的结果，则可以看到，化学动力学参数中没有一个可以影响到燃烧速率，而在碳表面上氧气的浓度接近于零。

另外一个限制情况是**化学动力学控制**的燃烧，它在 $R_{kin}/R_{diff}\gg1$ 的情况下发生。在这种情况下，R_{diff} 是很小的，注意到 $Y_{O_2,s}$ 和 $Y_{O_2,\infty}$ 基本上相等，也就是说，在表面上氧气的浓度比较大。此时，化学动力学参数控制燃烧率，而质量传递参数不再重要。化学动力学控制燃烧通常发生在微粒尺寸比较小、压力比较低、温度比较低（温度低致使 k_c 值小）的情况下。表 14.1 总结了不同燃烧的模式。

表 14.1　不同碳燃烧的模式总结

模式	R_{kin}/R_{diff}	燃烧速率方程	发生条件
扩散控制	$\ll1$	$\dot m_C=Y_{O_2,\infty}/R_{diff}$	r_s 大 T_s 高 P 高
过渡区	≈1	$\dot m_C=Y_{O_2,\infty}/(R_{kin}+R_{diff})$	—
化学动力学控制	$\gg1$	$\dot m_C=Y_{O_2,\infty}/R_{kin}$	r_s 小 T_s 低 P 低

【例 14.1】　试计算直径为 $250\mu m$ 的碳颗粒在 1atm 空气中的燃烧速率（$Y_{O_2,\infty}=0.233$），颗粒表面温度是 1800K，表面反应速率常数是 13.9m/s。假设表面处气体分子平均摩尔质量为 30kg/kmol。同时，判断燃烧处在哪种控制模式下？

解　采用电路比拟的方法求解 $\dot m_C$。扩散阻力可以由式（14.32）来计算，式中气相密度可以采用表面温度下的理想气体状态方程来计算，即

$$\rho=\frac{P}{\left(\dfrac{R_u}{MW_{mix}}\right)T_s}=\frac{101\,325}{\dfrac{8315}{30}\times1800}=0.20kg/m^3$$

则质量扩散系数可以采用表 D.1 中 N_2 中 CO_2 的值，并折算到 1800K

$$\mathcal{D}=\left(\frac{1800K}{393K}\right)^{1.5}\times1.6\times10^{-5}=1.57\times10^{-4}m^2/s$$

因而，在时间迭代开始，可以假设 $Y_{O_2,s}\approx0$，于是有

$$R_{diff}=\frac{\nu_I+Y_{O_2,s}}{\rho\mathcal{D}4\pi r_s}=\frac{2.664+0}{0.2\times1.57\times10^{-4}\times4\pi\times125\times10^{-6}}$$
$$=5.41\times10^7 s/kg$$

化学动力学阻力可以由式（14.31）来计算，得

$$R_{kin}=1/K_{kin}=\frac{\nu_I R_u T_s}{4\pi r_s^2 MW_{mix}k_c P}$$
$$=\frac{2.664\times8315\times1800}{4\pi\times(125\times10^{-6})^2\times30\times13.9\times101\,325}=4.81\times10^6 s/kg$$

从上述计算可以知道，R_{diff} 略超过 R_{kin} 值的 10 倍，因此该燃烧**基本上是扩散控制**。此时采用式（14.30）来计算 $\dot m_C$，进而求得 $Y_{O_2,s}$，并进一步得到一个修正的 R_{diff}，一直迭代，直到得到满

足一定精度的 $\dot{m}_C$，即

$$\dot{m}_C = \frac{Y_{O_2,\infty}}{R_{kin} + R_{diff}} = \frac{0.233}{4.81 \times 10^6 + 5.41 \times 10^7}$$

$$\dot{m}_C = 3.96 \times 10^{-9} \, \text{kg/s （一次迭代结果）}$$

根据电路比拟示意图（见图 14.5）得

$$Y_{O_2,s} - 0 = \dot{m}_C R_{kin}$$

$$= 3.96 \times 10^{-9} \times 4.81 \times 10^6 = 0.019 \, \text{或} \, 1.9\%$$

因此

$$R_{diff} = \frac{2.664 + 0.019}{2.664} (R_{diff})_{-\text{次迭代}}$$

$$= 1.007 \times 5.41 \times 10^7 = 5.45 \times 10^7 \, \text{s/kg}$$

鉴于 R_{diff} 变化小于 1%，因此不需要进一步迭代。

注：这个例子阐释了如何采用电路比拟方法来实现基于简易迭代的碳燃烧计算过程。由于化学动力学阻力的非负性，可以看到在碳表面，O_2 存在一个较明显的浓度值。需要强调的是，本节给出的单膜模型并非实际发生的化学过程的准确表述，而是在基于将复杂问题最简化原则下的一个揭示基本概念的教学工具。

7. 能量守恒

以上的分析中都是把表面温度 T_s 看作一个已知的参数。然而这一温度不可能是一个任意值，而是一个取决于碳表面能量守恒的唯一值。如同我们所看到的，表面能量守恒的控制方程强烈地取决于燃烧速率，即能量传递和质量传递过程的耦合。

如图 14.6 所示给出了在碳表面上的各种能量通量，表面能量守恒方程为

$$\dot{m}_C h_C + \dot{m}_{O_2} h_{O_2} - \dot{m}_{CO_2} h_{CO_2} = \dot{Q}_{s-i} + \dot{Q}_{s-f} + \dot{Q}_{rad}$$

$$(14.34)$$

因为假定燃烧过程处在稳态，没有热传导到颗粒的内部，因此 $Q_{s-i} = 0$。在第 10 章所给出的方程（式（10.55）~式（10.60））中，不难看到，式（14.34）的左边只是 $\dot{m}_C \Delta h_C$，其中 Δh_C 是碳-氧燃烧的反应热（单位是 J/kg），因此式（14.34）变为

$$\dot{m}_C \Delta h_C = -k_g 4\pi r_s^2 \frac{dT}{dr}\bigg|_{r_s} + \varepsilon_s 4\pi r_s^2 \sigma (T_s^4 - T_{sur}^4)$$

$$(14.35)$$

为了获得在表面上气相温度梯度的表达式，需要写出一个包含气相的能量平衡方程，并从中求解出温度分

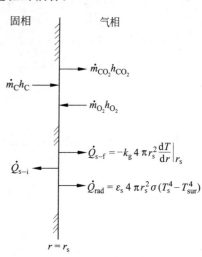

图 14.6 球形碳颗粒在空气中燃烧时，表面处的能流图。

布。因为在前面液滴蒸发模型中用过类似分析，因此采用在第 10 章推导的结论（式（10.10）），仅仅用 T_s 代替原式中的 T_{boil}，即

$$\frac{dT}{dr}\bigg|_{r_s} = \frac{Z\dot{m}_C}{r_s^2}\left[\frac{(T_\infty - T_s)\exp(-Z\dot{m}_C/r_s)}{1 - \exp(-Z\dot{m}_C/r_s)}\right] \tag{14.36}$$

这里 $Z \equiv c_{pg}/(4\pi k_g)$，将式（14.36）代入式（14.35），并经过重整，可以得到最后的结果为

$$\dot{m}_C \Delta h_C = \dot{m}_C c_{pg} \frac{\exp\left(\dfrac{-\dot{m}_C c_{pg}}{4\pi k_g r_s}\right)}{1 - \exp\left(\dfrac{-\dot{m}_C c_{pg}}{4\pi k_g r_s}\right)}(T_s - T_\infty) + \varepsilon_s 4\pi r_s^2 \sigma(T_s^4 - T_{sur}^4) \tag{14.37}$$

式（14.37）含有两个未知量，$\dot{m}_C$ 和 T_s。为得到碳燃烧问题的完全解，需要同时求解式（14.37）和式（14.30）。因为这两个方程都是非线性的，因此迭代方法可能是最好的求解方法。还要注意，在扩散和化学动力学控制的过渡区域，$Y_{O_2,s}$ 也变成未知量，这样式（14.21）也要增加到方程组中。

【例 14.2】 固体燃料燃烧中，辐射通常有重要影响。试计算维持一个直径 $250\mu m$ 碳颗粒燃烧（$T_s = 1800K$）所要求的气相环境温度。（1）不考虑辐射（$T_s = T_{sur}$）；（2）假设颗粒表面处理为黑体，向 300K 的环境辐射。其他条件和例 14.1 中的一致。

解 采用表面能量平衡（式（14.37））可以求解两种工况下的 T_∞。气相的性质可以作为 1800K 的空气来处理，即

$$c_{pg}(1800K) = 1286 \text{ J/(kg} \cdot \text{K)（表 C.1）}$$

$$k_g(1800K) = 0.12 \text{ W/(m} \cdot \text{K)（表 C.1）}$$

由于颗粒是黑体，表面辐射率 ε_s 等于 1，碳燃烧的反应热可表示为 $\bar{h}_{f,CO_2}^0/MW_C$，即

$$\Delta h_c = 3.2765 \times 10^7 \text{ J/kg（表 A.2）}$$

（1）不考虑辐射时，式（14.37）可以移项并整理来求解 T_∞，即

$$T_\infty = T_s - \frac{\Delta h_c}{c_{pg}} \frac{1 - \exp\left(\dfrac{-\dot{m}_C c_{pg}}{4\pi k_g r_s}\right)}{\exp\left(\dfrac{-\dot{m}_C c_{pg}}{4\pi k_g r_s}\right)}$$

由例 14.1 可以计算出碳的燃烧速率（$\dot{m}_C = 3.96 \times 10^{-9} \text{kg/s}$），则

$$T_\infty = 1800 - \frac{3.2765 \times 10^7}{1286} \frac{1 - \exp\left(\dfrac{-3.96 \times 10^{-4} \times 1286}{4\pi \times 0.12 \times 125 \times 10^{-6}}\right)}{\exp\left(\dfrac{-3.96 \times 10^{-4} \times 1286}{4\pi \times 0.12 \times 125 \times 10^{-6}}\right)}$$

$$= 1800 - 698$$

$$= 1102K（无辐射）$$

（2）考虑周围环境为 300K 时，辐射散热损失为

$$\dot{Q}_{rad} = \varepsilon_s 4\pi r_s^2 \sigma(T_s^4 - T_{sur}^4)$$

$$= 1.0 \times 4\pi \times (125 \times 10^{-6})^2 \times 5.67 \times 10^{-8} \times (1800^4 - 300^4) = 0.1168\,\mathrm{W}$$

而释放出的化学热为

$$\dot{m}_\mathrm{C} \Delta h_\mathrm{c} = 3.96 \times 10^{-4} \times 3.2765 \times 10^7 = 0.1299\,\mathrm{W}$$

则从颗粒表面传导出来的能量为

$$\dot{Q}_\mathrm{cond} = \dot{m}_\mathrm{C} \Delta h_\mathrm{c} - \dot{Q}_\mathrm{rad} = \dot{m}_\mathrm{C} c_{pg} \frac{\exp\left(\dfrac{-\dot{m}_\mathrm{C} c_{pg}}{4\pi k_\mathrm{g} r_\mathrm{s}}\right)}{1 - \exp\left(\dfrac{-\dot{m}_\mathrm{C} c_{pg}}{4\pi k_\mathrm{g} r_\mathrm{s}}\right)} (T_\mathrm{s} - T_\infty)$$

采用数值方法求解上述方程并得到 T_∞ 为

$$T_\infty = 1730\,\mathrm{K}$$

注：可以看到，在有辐射存在条件下，气相温度必须足够高以维持 1800K 的表面温度。

14.4.3　双膜模型

上面介绍的单膜模型的教学性大于其实用性，因此提出了双膜模型，至少从某种程度而言，它在描述碳燃烧的化学和物理过程方面更为真实一些。尤其是，双膜模型中，碳氧化成一氧化碳而非二氧化碳。鉴于推导双膜模型的基本思路同单膜模型类似，因此本节将作简短介绍。感兴趣的读者可自行补充简略的内容，或者是作为课外作业来安排。

如图 14.7 所示为沿着两个气膜区域内组分的质量分数和温度的分布曲线：以火焰面为界，分成了内部区域和外部区域。在双膜模型中，碳表面受到二氧化碳的碰撞，并发生总包反应(R14.6)，即 $C + CO_2 \longrightarrow 2CO$。在表面产生的一氧化碳向外部扩散，并在火焰面上遇到向内部扩散的氧气，并与其按化学当量比发生反应，从而被消耗掉。假定总包反应式 $CO + \dfrac{1}{2}O_2 \longrightarrow CO_2$ 速率无限快，因而在火焰面上一氧化碳和氧气都为零。温度在火焰面上也达到峰值。除了碳表面的反应外，如图 14.7 所示的基本方法同第 10 章(如图 10.11)中处理液滴燃烧的方法是一样的。单膜模型中基本假设依然有效，只是在先前讨论的基础上做了一些修改。下面的主要任务就是找到燃烧速率 $\dot{m}_\mathrm{C}$。

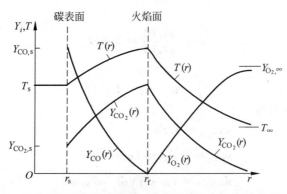

图 14.7　球形碳颗粒燃烧双膜模型的组分质量分数和温度分布曲线。

1. 化学计量学

各种组分的质量流量可以通过在颗粒表面和火焰面上的简单质量平衡方程来建立起关联，如图 14.8 所示，分别为

在表面上

$$\dot{m}_C = \dot{m}_{CO} - \dot{m}_{CO_2,i} \tag{14.38a}$$

在火焰面

$$\dot{m}_{CO} = \dot{m}_{CO_2,i} + \dot{m}_{CO_2,o} - \dot{m}_{O_2} \tag{14.38b}$$

或者

$$\dot{m}_C = \dot{m}_{CO_2,o} - \dot{m}_{O_2} \tag{14.38c}$$

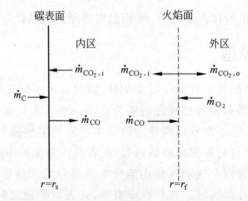

图 14.8　碳颗粒表面和火焰面上的各组分质量流量。

利用颗粒表面和火焰面上的化学计量关系，所有组分的质量流量都能够和燃烧速率 $\dot{m}_C$ 建立起关联。

在表面上

$$1\text{kgC} + \nu_s\ \text{kgCO}_2 \longrightarrow (\nu_s + 1)\text{kgCO} \tag{14.39a}$$

在火焰面

$$1\text{kgC} + \nu_f\ \text{kgO}_2 \longrightarrow (\nu_f + 1)\ \text{kgCO}_2 \tag{14.39b}$$

式中

$$\nu_s = \frac{44.01}{12.01} = 3.664 \tag{14.40a}$$

且有

$$\nu_f = \nu_s - 1 \tag{14.40b}$$

因此，各质量流量可表示为

$$\dot{m}_{CO_2,i} = \nu_s\ \dot{m}_C \tag{14.41a}$$

$$\dot{m}_{O_2} = \nu_f\ \dot{m}_C = (\nu_s - 1)\ \dot{m}_C \tag{14.41b}$$

$$\dot{m}_{CO_2,o} = (\nu_f + 1)\ \dot{m}_C = \nu_s\ \dot{m}_C \tag{14.41c}$$

2. 组分守恒方程

应用菲克扩散定律可以获得分别描述内部区域和外部区域CO_2分布的微分方程。同样地，对于惰性组分（N_2）也需列出一个微分方程。这些方程表示如下。

内部区域CO_2

$$\dot{m}_C = \frac{4\pi r^2 \rho \mathcal{D}}{1 + Y_{CO_2}/\nu_s} \frac{d(Y_{CO_2}/\nu_s)}{dr} \tag{14.42a}$$

其边界条件为

$$Y_{CO_2}(r_s) = Y_{CO_2,s} \tag{14.42b}$$

$$Y_{CO_2}(r_f) = Y_{CO_2,f} \tag{14.42c}$$

外部区域CO_2

$$\dot{m}_C = \frac{-4\pi r^2 \rho \mathcal{D}}{1 - Y_{CO_2}/\nu_s} \frac{d(Y_{CO_2}/\nu_s)}{dr} \tag{14.43a}$$

边界条件为

$$Y_{CO_2}(r_f) = Y_{CO_2,f} \tag{14.43b}$$

$$Y_{CO_2}(r \to \infty) = 0 \tag{14.43c}$$

对于惰性组分（N_2）

$$\dot{m}_C = \frac{4\pi r^2 \rho \mathcal{D}}{Y_I} \frac{dY_I}{dr} \tag{14.44a}$$

边界条件为

$$Y_I(r_f) = Y_{I,f} \tag{14.44b}$$

$$Y_I(r \to \infty) = Y_{I,\infty} \tag{14.44c}$$

对上述三个方程（式(14.42)～式(14.44)）在边界条件限制下进行积分，可以得到如下包含5个未知量——$\dot{m}_C$，$Y_{CO_2,s}$，$Y_{CO_2,f}$，$Y_{I,f}$和r_f的3个代数方程

$$\dot{m}_C = 4\pi \left(\frac{r_s r_f}{r_f - r_s}\right) \rho \mathcal{D} \ln\left(\frac{1 + Y_{CO_2,f}/\nu_s}{1 + Y_{CO_2,s}/\nu_s}\right) \tag{14.45}$$

$$\dot{m}_C = -4\pi r_f \rho \mathcal{D} \ln(1 - Y_{CO_2,f}/\nu_s) \tag{14.46}$$

$$Y_{I,f} = Y_{I,\infty} \exp[-\dot{m}_C/(4\pi r_f \rho \mathcal{D})] \tag{14.47}$$

根据$\sum Y_i = 1$，可知

$$Y_{CO_2,f} = 1 - Y_{I,f} \tag{14.48}$$

为封闭上述方程组，仍需要列出一个包含$\dot{m}_C$和$Y_{CO_2,s}$的化学动力学方程，这将在下面介绍。

3. 表面化学动力学

反应$C + CO_2 \longrightarrow 2CO$是关于二氧化碳浓度的一级反应，因此燃烧速率可以表达为与单膜模型中相同的形式，即

$$\dot{m}_{\mathrm{C}} = 4\pi r_s^2 k_c \frac{\mathrm{MW_C MW_{mix}}}{\mathrm{MW_{CO_2}}} \frac{P}{R_u T_s} Y_{\mathrm{CO_2},s} \tag{14.49}$$

其中文献[9]给出了

$$k_c(\mathrm{m/s}) = 4.016 \times 10^8 \exp\left[\frac{-29\,790}{T_s(\mathrm{K})}\right] \tag{14.50}$$

式(14.49)可以改写为下列更简洁的形式

$$\dot{m}_{\mathrm{C}} = K_{\mathrm{kin}} Y_{\mathrm{CO_2},s} \tag{14.51}$$

式中

$$K_{\mathrm{kin}} = 4\pi r_s^2 k_c \frac{\mathrm{MW_C MW_{mix}}}{\mathrm{MW_{CO_2}}} \frac{P}{R_u T_s} \tag{14.52}$$

4. 封闭性

为了得到双膜模型问题的更易处理的解,可从式(14.45)~式(14.48)中消去除了$\dot{m}_{\mathrm{C}}$和$Y_{\mathrm{CO_2},s}$外其他所有变量,即

$$\dot{m}_{\mathrm{C}} = 4\pi r_s \rho \, \mathcal{D} \ln(1 + B_{\mathrm{CO_2},m}) \tag{14.53}$$

式中

$$B_{\mathrm{CO_2},m} = \frac{2Y_{\mathrm{O_2},\infty} - [(\nu_s - 1)/\nu_s] Y_{\mathrm{CO_2},s}}{\nu_s - 1 + [(\nu_s - 1)/\nu_s] Y_{\mathrm{CO_2},s}} \tag{14.54}$$

式(14.53)可以与式(14.51)进行迭代,求解得到$\dot{m}_{\mathrm{C}}$。对于扩散控制燃烧,$Y_{\mathrm{CO_2},s} = 0$,$\dot{m}_{\mathrm{C}}$可以从式(14.53)中直接求解出来。

为了获得表面温度,有必要列出并求解在表面和火焰面的能量方程。其过程同本章前面和第10章中介绍的方法类似。表面温度的确定可以留作练习。

【例 14.3】 考虑扩散控制燃烧,在相同条件下($Y_{\mathrm{O_2},\infty} = 0.233$)比较单膜模型和双膜模型所预测的碳燃烧速率的不同。

解 单膜模型和双膜模型计算碳燃烧速率的通用形式是

$$\dot{m}_{\mathrm{C}} = 4\pi r_s \rho \, \mathcal{D} \ln(1 + B_m)$$

在相同条件下,上述方程中仅有B_m是唯一具有不同取值的参数,因此

$$\frac{\dot{m}_{\mathrm{C}}(\text{双膜})}{\dot{m}_{\mathrm{C}}(\text{单膜})} = \frac{\ln(1 + B_{\mathrm{CO_2},m})}{\ln(1 + B_{\mathrm{O},m})}$$

其中传递数$B_{\mathrm{CO_2},m}$和$B_{\mathrm{O},m}$可以由式(14.54)和式(14.25)分别计算。对于扩散控制,颗粒表面CO_2浓度(双膜模型)和O_2浓度(单膜模型)都近似为0。则传递数可通过下式计算

$$B_{\mathrm{CO_2},m} = \frac{2Y_{\mathrm{O_2},\infty} - [(\nu_s - 1)/\nu_s] Y_{\mathrm{CO_2},s}}{\nu_s - 1 + [(\nu_s - 1)/\nu_s] Y_{\mathrm{CO_2},s}} = \frac{2 \times 0.233 - 0}{3.664 - 1 + 0} = 0.175$$

和

$$B_{\mathrm{O},m} = \frac{Y_{\mathrm{O_2},\infty} - Y_{\mathrm{O_2},s}}{\nu_I + Y_{\mathrm{O_2},s}} = \frac{0.233 - 0}{2.664 + 0} = 0.0875$$

则两种模型下碳燃烧速率的比值为

$$\frac{\dot{m}_C(双膜)}{\dot{m}_C(单膜)} = \frac{\ln(1+0.175)}{\ln(1+0.0875)} = 1.92$$

注：特别值得注意的是，碳燃烧速率计算的差别并不是两个模型本质上的差别，而应该归结于假定发生在碳表面气化所涉及的具体反应的体现。该结论的正确性可以表示如下：在单膜模型中，如果假定碳表面的产物是 CO 而非 CO_2，此时 $\nu_I = 31.999/24.01 = 1.333$，且 $B_m = 0.175$，这将和双膜模型的传递数一样。只要表面反应产物是 CO，采用单膜模型和双膜模型计算出的碳燃烧速率就是一致的，其既与这些表面产生 CO 后的情况无关，也与组分（O_2 和 CO_2）在颗粒表面处碰撞无关。

【例 14.4】 采用双膜模型计算直径为 $70\mu m$ 碳颗粒在空气中的燃烧速率（$Y_{O_2,\infty} = 0.233$）。碳颗粒表面温度是 1800K，压力为 1atm。假定颗粒表面气相混合物的摩尔质量为 30kg/kmol。

解 该问题的条件和例 14.1 是一致的，因此气相性质也是一样的，即 $\rho = 0.2kg/m^3$ 和 $\mathcal{D} = 1.57 \times 10^{-4} m^2/s$。

根据式（14.50），$C\text{-}CO_2$ 的化学动力学反应速率常数为

$$k_c(m/s) = 4.016 \times 10^8 \exp\left(\frac{-29\,790}{T_s}\right)$$

$$= 4.016 \times 10^8 \exp\left(\frac{-29\,790}{1800}\right) = 26.07 m/s$$

则碳燃烧速率可以表示成表面 CO_2 浓度的形式（式（14.49）和式（14.51））

$$\dot{m}_C = 4\pi r_s^2 k_c \frac{MW_C MW_{mix}}{MW_{CO_2}} \frac{P}{R_u T_s} Y_{CO_2,s}$$

$$= \frac{4\pi \times (35 \times 10^{-6})^2 \times 26.07 \times 12.01 \times 30 \times 101\,325}{44.01 \times 8315 \times 1800} Y_{CO_2,s}$$

$$= 2.22 \times 10^{-8} Y_{CO_2,s} \text{kg/s} \tag{I}$$

式（14.53）和式（14.54）则提供了 $\dot{m}_C$ 基于 $Y_{CO_2,s}$ 形式的表达式

$$\dot{m}_C = 4\pi r_s \rho \mathcal{D} \ln(1+B)$$

$$= 4\pi \times 35 \times 10^{-6} \times 0.20 \times 1.57 \times 10^{-4} \times \ln(1+B)$$

$$= 1.381 \times 10^{-8} \ln(1+B) \text{kg/s} \tag{II}$$

和

$$B = \frac{2Y_{O_2,\infty} - [(\nu_s - 1)/\nu_s]Y_{CO_2,s}}{\nu_s - 1 + [(\nu_s - 1)/\nu_s]Y_{CO_2,s}}$$

$$= \frac{2 \times 0.233 - [(3.664 - 1)/3.664]Y_{CO_2,s}}{3.664 - 1 + [(3.664 - 1)/3.664]Y_{CO_2,s}}$$

$$= \frac{0.466 - 0.727Y_{CO_2,s}}{2.664 + 0.727Y_{CO_2,s}} \tag{III}$$

下面迭代求解方程（Ⅰ），（Ⅱ）和（Ⅲ）从而得到 $\dot{m}_C$，B 和 $Y_{CO_2,s}$。开始迭代时假设 $Y_{CO_2,s}=0$，即反应由扩散控制限制。

迭代次数	$Y_{CO_2,s}$	B	$\dot{m}_C/(kg/s)$
1	0	0.1749	2.225×10^{-9}
2	0.1003	0.1436	1.853×10^{-9}
3	0.0835	0.1488	1.915×10^{-9}
4	0.0863	0.1479	1.905×10^{-9}

当取两位有效数字精度时，方程的解可收敛至

$$\dot{m}_C = 1.9\times10^{-9}\,kg/s$$

注：忽略碳表面的化学动力学（参见例 14.1）将导致燃烧速率多估计 16.8%（$=100\%\times(2.22-1.9)/1.9$）。较低的表面温度（或较低压力）也将会使化学动力学控制变得更为重要。随着燃尽过程颗粒直径越来越低，化学动力学的控制也会变得越来越重要。

14.4.4 碳颗粒燃烧时间

对于扩散控制燃烧，很容易得到颗粒燃烧时间。其过程就是采用类似于第 3 章和第 10 章用到的方法，建立 D^2 定律，这里不赘述。颗粒半径可以表示为随时间而变化的函数，如下所示

$$D^2(t) = D_0^2 - K_B t \tag{14.55}$$

式中，燃烧速率常数 K_B 是常量，可由下式给出

$$K_B = \frac{8\rho\,\mathcal{D}}{\rho_C}\ln(1+B) \tag{14.56}$$

在式（14.55）中，令 $D=0$，则可得到颗粒的寿命为

$$t_C = D_0^2/K_B \tag{14.57}$$

根据所采用的是单膜还是双膜分析方法，传递数 B 可选择 $B_{O,m}$（式（14.25））和 $B_{CO_2,m}$（式（14.54）），而表面的质量分数设置为 0。注意，在式（14.56）中有两个密度，ρ 代表的是气相的密度，而 ρ_C 代表的是固体碳的密度。

以上分析一直假定静止的气相介质。为了进一步考虑碳表面对流对碳颗粒燃烧的影响，也可以采用类似第 10 章中膜理论分析的方法。在有对流存在的扩散控制的条件下，质量燃烧速率由于因子 $Sh/2$ 的影响而增加，式中 Sh 是舍伍德数，它对质量传递的作用与传热学中努塞尔数对热量传递的作用是相似的。对于路易斯数等于 1 的情况，$Sh=Nu$，因此

$$(\dot{m}_{c,diff})_{有对流} = \frac{Nu}{2}(\dot{m}_{c,diff})_{无对流} \tag{14.58}$$

努塞尔数可以利用式（10.78）在合理的近似后进行求解。

【例 14.5】 假设例 14.4 满足扩散控制燃烧条件，试计算直径为 $70\mu m$ 碳颗粒的寿命。

假设碳的密度是 $1900kg/m^3$ 。

解 颗粒寿命可以通过式(14.57)直接计算。燃烧速率常数(式(14.56))可计算如下

$$K_B = \frac{8\rho \mathcal{D}}{\rho_c} \ln(1 + B_{CO_2,m})$$

$$= \frac{8 \times 0.20 \times 1.57 \times 10^{-4}}{1900} \ln(1 + 0.1749)$$

$$= 2.13 \times 10^{-8} m^2/s$$

式中,传递数 $B_{CO_2,m}$ 的值采用了例14.4中计算的第一次迭代的结果,因此寿命可计算如下

$$t_C = D_0^2/K_B = (70 \times 10^{-6})^2/(2.13 \times 10^{-8}) = 0.23s$$

注：考虑到煤粉燃烧锅炉内停留时间是秒的量级,而且煤粉颗粒直径上限是 $70\mu m$,因此这个计算结果似乎较为合理。但是必须要指出的是,在实际锅炉中,$Y_{O_2,\infty}$ 不会保持为常量,反而会随着燃烧过程的发展而有所降低,这也会增加颗粒燃烧的时间。然而,和这个影响相反的是,实际燃烧器存在的对流现象又会加快燃烧速率。还需要注意的是,随着颗粒直径降低,非均相化学反应动力学会控制碳的后期燃尽阶段,此时碳表面的温度变得尤为重要,而燃烧器中辐射场又对表面温度具有重要的影响。

14.5 煤的燃烧

在本章的结尾还要涉及一些煤燃烧的问题,这一内容已有大量的文献进行介绍。本节只介绍煤燃烧所涉及的物理和化学属性。在第17章中将进一步讨论煤的一些重要的物理和化学特性。

煤是一种由水分、挥发分、矿物质和焦炭组成的成分多变的非均相物质(参见第17章)。因此,煤的燃烧相当复杂,其具体的行为与特定的煤的特性和组成密切相关。但一般的燃烧过程先是水分的析出,随后是挥发分的析出。挥发分可以在气相中均相燃烧,也可以在煤颗粒的表面燃烧。当挥发分析出时,煤会膨胀并变为多孔。挥发分析出后的剩余物是煤焦,并有矿物质结合在一起。焦炭接下来会燃烧,同时矿物质会以一定的比例转变为灰、渣和细颗粒物。焦炭的燃烧方式与前面讨论的碳的燃烧相同,在实际的燃烧过程中,焦炭的多孔结构起很重要的作用。

14.6 其他固体

木材燃烧同煤燃烧有很大的相似性,即燃烧过程中,挥发分的蒸发和焦炭的燃烧同等重要。木材燃烧的综述可参见文献[10]。金属的非均相燃烧包括硼、硅、钛和锆[11]。硼由于其很高的能量密度,可作为燃料添加剂应用在军事上。硼的燃烧是很复杂的,其液体产物 B_2O_3 能够在硼燃烧的表面形成一个阻碍层。硼燃烧的综述可参见文献[12]。

14.7 小结

本章介绍了发生在固体表面上的非均相化学反应的概念,介绍了这些反应对固体燃烧的重要性。发展了简单的碳燃烧模型,从而可对大多数固体燃烧共有的基础知识进行解释。特别是通过建立电路比拟方法,合理地解释了化学动力学过程和扩散过程以串联形式而存在的思想。扩散控制燃烧和化学动力学控制燃烧是本章的关键概念,应能清晰地理解。对于扩散控制燃烧,提出了碳-焦颗粒燃烧时间的估算方法。希望读者能够好好体会固体燃烧和液滴燃烧之间的相似和不同之处。最后,非常简短地讨论了一下煤和其他固体的燃烧。

14.8 符号表

B_m	斯波尔丁传递数,式(14.25)和式(14.54)
c_p	比定压热容,J/(kg・K)
D	直径,m
$\mathcal{D}$	二元质量扩散系数,m²/s
h	焓,J/kg
k,k_c	导热系数,W/(m・K);化学反应速率常数,单位待定
K_B	燃烧率常数,m²/s
K_{kin}	式(14.22)和式(14.52)中定义的参数
Le	路易斯数
$\dot{m}$	质量流量,kg/s
$\dot{m}''$	质量通量,kg/(s・m²)
MW	摩尔质量,kg/kmol
Nu	努塞尔数
P	压力,Pa
$\dot{Q}$	热量流率,W
r	半径或径向坐标,m
R	质量传递阻力,s/kg
$\mathcal{R}$	反应速率常数,kg/(s・m²)
R_u	理想气体常数,J/(kmol・K)
Sh	舍伍德数
t	时间,s
t_C	碳颗粒寿命,s
T	温度,K

Y	质量分数
Z	式(14.36)中的参数,$c_{pg}/(4\pi k_g)$

希腊符号

Δh_c	燃烧热,J/kg
ε	辐射率
ν	质量化学当量系数
ρ	密度
σ	斯蒂芬-玻耳兹曼常数,$W/(m^2 \cdot K^4)$

下角标

cond	导热
diff	扩散
f	火焰
g	气体
i	内部
I	单膜模型或惰性的
mix	混合物
o	向外的或外部的
rad	辐射
s	表面
sur	环境
∞	自由气流

其他符号

[X]	X 组分的摩尔浓度,$kmol/m^3$

14.9 参考文献

1. Stultz, S. C., and Kitto, J. B. (eds.), *Steam: Its Generation and Use,* 40th Ed., Babcock & Wilcox, Barberdon, OH, 1992.

2. Miller, B. G., *Coal Energy Systems,* Elsevier Academic Press, Burlington, MA, 2005.

3. Gardiner, W. C., Jr., *Rates and Mechanisms of Chemical Reactions,* Benjamin, Menlo Park, CA, 1972.

4. Smith, I. W., "The Combustion Rates of Coal Chars: A Review," *Nineteenth Symposium (International) on Combustion,* The Combustion Institute, Pittsburgh, PA, p. 1045, 1983.

5. Laurendeau, N. M., "Heterogeneous Kinetics of Coal Char Gasification and Combustion," *Progress in Energy and Combustion Science,* 4: 221–270 (1978).

6. Mulcahy, M. F. R., and Smith, I. W., "Kinetics of Combustion of Pulverized Fuel: Review of Theory and Experiment," *Reviews of Pure and Applied Chemistry,* 19: 81–108 (1969).

7. Caram, H. S., and Amundson, N. R., "Diffusion and Reaction in a Stagnant Boundary Layer about a Carbon Particle," *Industrial Engineering Chemistry Fundamentals,* 16(2): 171–181 (1977).

8. Simons, G. A., "The Role of Pore Structure in Coal Pyrolysis and Gasification," *Progress in Energy and Combustion Science,* 9: 269–290 (1983).

9. Mon, E., and Amundson, N. R., "Diffusion and Reaction in a Stagnant Boundary Layer about a Carbon Particle. 2. An Extension," *Industrial Engineering Chemistry Fundamentals,* 17(4): 313–321 (1978).

10. Tillman, D. A., Amadeo, J. R., and Kitto, W. D., *Wood Combustion, Principles, Processes, and Economics,* Academic Press, New York, 1981.

11. Glassman, I., *Combustion,* 2nd Ed., Academic Press, Orlando, FL, 1987.

12. King, M. K., "Ignition and Combustion of Boron Particles and Clouds," *Journal of Spacecraft,* 19(4): 294–306 (1982).

14.10　思考题和习题

14.1　列出本章中所有的黑体字,给出它们的定义。

14.2　(1) 表面温度分别为 $500,1000,1500,2000K$ 的情况下,试确定下列反应的反应速率常数,单位取 $kg/(m^2 \cdot s)$。

$$2C + O_2 \xrightarrow{k_1} 2CO \tag{R.1}$$

$$C + CO_2 \xrightarrow{k_2} 2CO \tag{R.2}$$

式中

$$k_1 = 3.007 \times 10^5 \exp(-17\,966/T_s) [=] m/s$$

$$k_2 = 4.016 \times 10^8 \exp(-29\,790/T_s) [=] m/s$$

假设单位质量分数为 $Y_{O_2,s}$ 和 $Y_{CO_2,s}$。

(2) 同样温度下,试确定三个温度下的 $\mathcal{R}_1/\mathcal{R}_2$,并讨论。

*14.3　采用单膜模型确定碳颗粒在空气中的燃烧通量($= \dot{m}_C/4\pi r_s^2$),颗粒半径分别是 $500,50,5\mu m$,压力为 1atm。假设表面温度为 1500K,且化学动力学速率常数 k_c 可用公式 $3 \times 10^5 \exp(-17\,966/T_s)$ 来估算,单位为 m/s。假设颗粒表面上混合物摩尔质量为 29kg/kmol。问:每种粒径颗粒的燃烧分别处于哪个区域,是扩散控制、化学动力学控制还是处在过渡区?

*14.4　采用单膜模型确定在空气中燃烧的直径为 1mm 的碳颗粒的表面温度($Y_{O_2,\infty} = 0.233$)。空气和环境温度均为 300K。假设反应由扩散控制,且 $\varepsilon_s = 1$。试分析扩散控制这一假设是否合理? 并加以讨论。

14.5 试估算习题 14.4 中碳颗粒的寿命。

14.6 试解释为什么式(14.55)和式(14.56)只适用于扩散控制的燃烧。如果扩散控制不再适用,试问如何确定颗粒的寿命。

*14.7 用双膜模型确定 $10\mu m$ 直径碳颗粒在空气中的燃烧速率($Y_{O_2,\infty}=0.233$)。假设表面温度为 2000K。试问本习题中的燃烧是化学动力学控制还是扩散控制?

14.8 一个直径为 1mm 的碳颗粒在燃烧,确定自由气流中氧气摩尔分数对颗粒燃烧的影响。设燃烧为扩散控制。令 $Y_{O_2,\infty}$ 分别等于 0.1165,0.233,0.466。设表面温度为 2000K。

14.9 补齐双膜模型推导过程中省略的部分。

14.10 本章中 $Y_{CO_2,\infty}$ 均设为 0,现在,以 $Y_{CO_2,\infty}$ 为参数,重新推导双膜模型。

14.11 试推导双膜模型表面温度的计算公式。注意表面的反应是吸热的,热量会从火焰传导到表面上。需要运用到第 10 章的有关知识。

14.12 考虑和习题 14.3 同样的条件。

(1) 估计半径为 $500\mu m$ 颗粒的寿命。假设颗粒密度为 $2100kg/m^3$。

(2) 计算周围气体和环境的温度。假设 $T_\infty=T_{sur}$。

14.13 试计算空气($Y_{O_2,\infty}=0.233$)中直径为 $50\mu m$ 的碳颗粒的燃烧速率(kg/s),压力为 1atm。假设颗粒温度 $T_s=1500K$,化学动力学速率常数 $k_c=1.9m/s$,颗粒表面的气体平均分子摩尔质量为 30kg/kmol。根据表 D.1,用 N_2 中 CO_2 来估算的系统扩散系数,并注意温度修正。试问:哪一种机理在起着控制作用? 如果燃烧速率是一个常量,与颗粒直径无关,那么颗粒完全燃尽需要多长时间? 假设颗粒密度为 $2300kg/m^3$。

第 15 章

污染物排放

15.1 概述

现代燃烧系统设计中,污染物排放的控制是主要因素之一。所谓的污染物包括碳烟、飞灰、金属烟雾和各种气溶胶等在内的颗粒物;硫氧化物,如 SO_2 和 SO_3;未燃尽或部分燃烧的碳氢化合物,如醛;氮氧化物 NO_x,包括 NO 和 NO_2;一氧化碳等。尽管不是传统意义上的污染物,燃烧相伴产生的温室气体,如 CO_2,CH_4 和 N_2O,由于其在全球气候变化中的作用而受到重视。控制温室气体排放是个仍有争议的话题,由于有众多的竞争利益所在,这一前沿问题的研究进展不快。表 15.1 总结了目前关注的问题以及由燃烧产生的相关污染物的情况。早期关注的焦点是工业设施或电厂排放到大气中的可见颗粒物。第 1 章中曾提到,从 1950 年开始到 1980 年为止,美国颗粒物的排放显著降低。20 世纪 50 年代,人们终于弄清了洛杉矶盆地光化学烟雾是由机动车排放的未燃碳氢化合物及 NO_x 形成的[6]。20 世纪60 年代,美国加利福尼亚州开始治理机动车污染排放,并在 1963 年的联邦《清洁空气法案》(Clean Air Act)中,针对多种污染物制定了国家空气质量标准。1970 年,1977 年和 1990 年,联邦《清洁空气法案》曾三次被修改,标准一次比一次严格,而且越来越多的污染源被列入检查范围。从整体上来看,加州的排放标准要比联邦标准更严格,且加州经常率先关注新污染源的排放与控制。其他国家也都相继采用了严格的排放标准,并实施污染排放的控制。

表 15.1 目前关注的燃烧产生的及相关的空气污染

国际条约/美国标准	燃烧产生的或相关的组分
地区/区域空气质量(《国家环境空气质量标准》[1,2])	标准污染物:颗粒物(PM_{10} 和 $PM_{2.5}$)[a],O_3,NO_2,SO_2,CO,Pb
空气中有毒物/危险空气污染物[3,4](《1990 年清洁空气修正法案》)	187 种物质[b]:选择性脂肪族、芳香族和多环芳烃;选择性卤代烃;各种氧化有机物;其他
温室效应/全球变暖[5](《京都议定书》,1997 年)	CO_2,CH_4,N_2O,平流层水分,对流层和平流层臭氧,碳烟,硫酸盐[c]
平流层臭氧破坏[5](《蒙特利尔议定书》,1987 年)	CH_4,N_2O,CH_3Cl,CH_3Br,平流层水分,对流层臭氧

a 下标 10,2.5 分别指空气动力学直径小于等于 10,2.5 μm 的颗粒物。
b 2005 年修正了数字。
c 硫酸盐(SO_2/SO_4^{2-}),反作用温室气体。

与以前不同,本章增多了描述性内容,减少了理论解释。本章所涉及的所有理论及概念都在前边有所介绍。同时,本章将注重对特定设备的介绍。首先,大略介绍一下燃烧源污染物的危害;随后,介绍各种定量分析污染物的方法,本章的相当篇幅涉及预混及非预混燃烧系统所产生的污染物;最后,将讨论温室气体。

15.2　污染物的危害

一次空气污染物(直接从源头排放出来的)和二次污染物(由一次污染物在大气中通过化学反应形成的)在许多方面影响着人类生存的环境和人体健康。文献[7]总结了大气对流层内空气污染物的 4 种主要影响:

(1) 改变大气和降水的特性;

(2) 对植被有害;

(3) 污染和破坏了各种材料;

(4) 可能提高人类的发病率和死亡率。

下面的讨论中将逐条论及这些影响。

对局部地区大气性质的影响包括:降低能见度,这是由大气中出现碳类颗粒物、硫酸盐、硝酸盐、有机化合物和二氧化氮而引起的;造成雾和降雨增多,这是因为空气中 SO_2 浓度过高,形成硫酸液滴并进一步凝结成核;降低太阳辐射;以及改变温度和风力分布。在很大的范围内,温室气体将改变全球的气候。文献[5,8~11]介绍了这个问题的复杂性以及政治干预因素。同时,由于 SO_x 和 NO_x 的排放造成的酸雨还对湖泊和敏感的土壤有影响[12~17]。

对地表植被有害的物质有:植物毒素 SO_2、硝酸过氧化乙酰(PAN)、C_2H_4 及其他。这些有害物质会破坏植被中的叶绿素,从而中断光合作用。

颗粒物会污染衣服、房屋和其他建筑物,这不仅降低了观感质量,而且增加了环境的清洗费用。尤其是含有酸性或碱性的颗粒会腐蚀绘画、石雕、电路以及纺织品,同时臭氧会严重腐蚀橡胶。

由于很难对人体进行直接研究,再加上大量不可控的因素,评价污染物对人体的危害相当困难。但是,流行病学的研究表明,在统计上,污染物的水平与健康有着显著的相关性[18~20]。大家都承认污染物可以加重呼吸系统疾病。例如,急性和慢性支气管炎以及肺气肿的发作都与 SO_2 和颗粒物有关。最为著名的空气污染事件分别发生在美国宾夕法尼亚州的多诺拉(Donora)(1948 年)、英国伦敦(1952 年)和美国纽约(1966 年),造成了许多人死亡及其他影响。这些污染事件都是由于空气中同时含有高浓度的 SO_2 和颗粒物引起的。文献[21]对 1952 年致命的烟雾进行了重新评估,因为这一事件增加的死亡人数达 12 000 位。碳质颗粒物也会吸附致癌物。近来才有研究人员开始了解颗粒物和其他污染物与人体之间的物理和生物相互作用过程[22]。例如,文献[23]报道,足够小的颗粒物能够穿越肺细胞而进入血液和淋巴液中，然后这些颗粒物会沉积在骨髓、淋巴结、脾脏和心脏中，并促使容易产生氧化剂。这些行为然后就提供了一个颗粒物和心血管病之间的因果关系[22,23]。光化学烟雾的二次污染会导致眼睛受刺激。这类污染物——臭氧、有机硝酸盐、氧化碳氢化合物和光化学气溶胶等——是由一氧化氮和各种碳氢化合物的反应形成的。一氧化碳对于健康的影响已被证明。图 15.1 显示了人暴露在不同浓度一氧化碳下的健康影响。根据表 15.1，《（美国）国家环境空气质量标准》[1,2] 包含 6 种所谓**标准污染物**（PM_{10} 和 $PM_{2.5}$，O_3，NO_2，SO_2、CO 和 Pb），名称标准指的是要满足在《清洁空气法案》中所提出的污染物的标准，即：①有理由相信那些引起空气污染的排放物同样会引起对公共健康和福利的危害；②在空气中存在的排放物来自于多个不同的移动和固定源的结果。而《1990 年清洁空气修正法案》确定了 189 种需要控制的**危险空气污染物**（HAP）[2]。2005 年将 HAP 的数目减为 187 种。

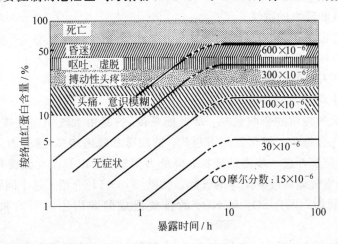

图 15.1　人暴露在 CO 中的影响。（资料来源：文献[7]© 1986，John Wiley & Sons，Inc. 获得出版公司复制许可）

15.3　排放的量化描述

由于对污染排放水平的描述有许多种，以至很难相互比较，有时还会造成混乱。这种不同是由于技术的不同引起的，如机动车的排放用 g/mile① 表示，民用锅炉排放用 $lb/10^6 Btu$，而许多测量都用某个氧量值下的 ppm（体积分数）来表示。虽然各种单位间的换算并不难，但下面依然将几个最为常用的列出。对其他的换算，参看文献[24]。

---

① 1mile＝1609.344m。译者注。

15.3.1　排放因子

组分 i 的**排放因子**是组分 i 的质量与燃烧过程中所消耗燃料质量的比,即

$$EI_i = \frac{m_{i,\text{emitted}}}{m_{\text{F,burned}}} \tag{15.1}$$

原则上讲,排放因子是一个无量纲量,类似于雷诺数或者其他无量纲数,但是,需要注意的是,为了避免出现非常小的数值,也经常用如 g/kg,g/lb 等这样的单位。排放因子在实践中特别有用,因为它明确地表征了每单位质量的燃料所产生污染物的量,从而不会受产物稀释或者燃烧效率的影响。因此,排放因子可以用来衡量特定燃烧过程产生特定污染物的效率,其与实际应用设备无关。

对于碳氢化合物在空气中的燃烧,排放因子可以由指定测量的组分浓度(摩尔分数)和所有含碳组分的浓度来决定。假设燃料中所有的碳都在 CO_2 和 CO 中,则排放因子可以表示为

$$EI_i = \left(\frac{\chi_i}{\chi_{CO} + \chi_{CO_2}} \right) \left(\frac{x MW_i}{MW_F} \right) \tag{15.2}$$

式中,χ 为摩尔分数;x 是燃料中碳元素的物质的量,即 $C_x H_y$ 中的 x;MW_i 和 MW_F 是组分 i 和燃料的摩尔质量。形式上看,式(15.2)中第一个括号表示燃料中每摩尔碳对应的 i 组分物质的量,第二个括号表示燃料中碳物质的量的转换以及它们各自相对于质量单位的转换。从式(15.2)中可以明显看出,排放因子的测量与任何(比如)空气稀释效果无关,由于所有测量的浓度都以比例的形式出现,稀释的影响可以消除了。

【例 15.1】　对一台电火花点火发动机进行测功试验,并对排放物进行了测量,数据如下:

$$CO_2 \text{ 为 } 12.47\%$$

$$CO \text{ 为 } 0.12\%$$

$$O_2 \text{ 为 } 2.3\%$$

$$C_6 H_{14} \text{(等价物)为 } 367 \times 10^{-6}$$

$$NO \text{ 为 } 76 \times 10^{-6}$$

所有量都是干燥基下体积比(摩尔分数)。燃料采用异辛烷。试用当量正己烷来确定未燃碳氢化合物的排放因子。

解　事实上,并非所有的燃料都会变为 CO 和 CO_2,但如果忽略这一点,认为所有燃料燃烧后都转化为 CO 和 CO_2,就可以直接运用式(15.2)。正己烷和异辛烷的摩尔质量分别为 86.2kg/kmol 和 114.2kg/kmol。有

$$EI_{C_6 H_{14}} = \left(\frac{\chi_{C_6 H_{14}}}{\chi_{CO} + \chi_{CO_2}} \right) \left(\frac{x MW_{C_6 H_{14}}}{MW_{C_8 H_{18}}} \right) = \frac{367 \times 10^{-6}}{0.0012 + 0.1247} \times \frac{8 \times 86.2}{114.2}$$

$$= 0.0176(\mathrm{kg/kg}) \text{ 或者 } 17.6(\mathrm{g/kg})$$

若在式(15.2)第一个括号的分母中加入未燃的正己烷，即在 $\chi_{CO} + \chi_{CO_2}$ 中加入 $\chi_{C_6H_{14}}$，重新计算，得

$$\mathrm{EI}_{C_6H_{14}} = \frac{367 \times 10^{-6}}{6 \times 367 \times 10^{-6} + 0.0012 + 0.1247} \times \frac{8 \times 86.2}{114.2} = 17.3(\mathrm{g/kg})$$

第二个值低于第一个计算值 1.7%，可以说，燃料中的未燃碳氢化合物对污染指标的计算结果影响不大。

15.3.2 折算浓度

在许多文献及实际应用中，通常将排放浓度折算为燃烧产物中特定氧量下的值。目的在于排除各种稀释情况的影响，从而对污染物排放能够客观地比较，其仍可使用类似摩尔分数的变量形式。由于折算浓度很有可能就分别用**湿基**和**干基**来表示，在讨论折算浓度之前，先来定义燃烧产物流中任意组分的"湿"和"干"浓度(摩尔分数)。假定化学当量或贫燃料燃烧，即只有痕量的 CO，H_2 和污染物生成，1mol 燃料在空气(总体积中，含 21% 的氧气和 79% 的氮气)中燃烧的化学平衡式为

$$C_xH_y + aO_2 + 3.76aN_2 \longrightarrow x\,CO_2 + (y/2)H_2O + bO_2 + 3.76aN_2 + 痕量组分$$

$$(15.3)$$

在许多应用中，水分将首先从被分析的燃气中去除，得到所谓的干基浓度，但有时加热后的样品水分会依然留在其中。假设所有的水分都已经被去除，则有

$$\chi_{i,干} = \frac{N_i}{N_{\mathrm{mix},干}} = \frac{N_i}{x + b + 3.76a} \tag{15.4a}$$

而相应的湿基摩尔分数为

$$\chi_{i,湿} = \frac{N_i}{N_{\mathrm{mix},湿}} = \frac{N_i}{x + y/2 + b + 3.76a} \tag{15.4b}$$

根据式(15.4)和氧原子的平衡，可以得到湿基混合物与干基混合物总的摩尔比为

$$\frac{N_{\mathrm{mix},湿}}{N_{\mathrm{mix},干}} = 1 + \frac{y}{2(4.76a - y/4)} \tag{15.5}$$

式中，氧气系数 a 由测量的氧气摩尔分数确定，即

$$a = \frac{x + (1 + \chi_{O_2,湿})y/4}{1 - 4.76\chi_{O_2,湿}} \tag{15.6a}$$

或者

$$a = \frac{x + (1 - \chi_{O_2,干})y/4}{1 - 4.76\chi_{O_2,干}} \tag{15.6b}$$

用式(15.5)可以将干、湿浓度公式联系起来，即

$$\chi_{i,\text{干}} = \chi_{i,\text{湿}} \frac{N_{\text{mix,湿}}}{N_{\text{mix,干}}} \tag{15.7}$$

需要重申的是,上述关系都是在假定化学当量燃烧或贫燃料燃烧下得到的。对于富燃料燃烧,由于需要考虑 CO 和 H_2,使得情况变得较为复杂(见第 2 章和文献[24])。

下面进行折算浓度,"原始"测得的摩尔分数(湿基或干基)可以用折算到特定氧气摩尔分数下该污染物的摩尔分数(湿基或干基)来表示。比如:"折算到 3% O_2 下 200ppm[①] NO"。为了将测量浓度从一个氧气量折算或转化到另一个氧气量下的浓度,可以简单地采用以下公式

$$\chi_i(\text{折算到氧气水平 2}) = \chi_i(\text{折算到氧气水平 1}) \frac{N_{\text{mix,}O_2\text{水平1}}}{N_{\text{mix,}O_2\text{水平2}}} \tag{15.8}$$

对于湿基浓度有

$$N_{\text{mix,湿}} = 4.76 \left[\frac{x + (1 + \chi_{O_2,\text{湿}})y/4}{1 - 4.76\chi_{O_2,\text{湿}}} \right] + \frac{y}{4} \tag{15.9a}$$

对于干基浓度有

$$N_{\text{mix,干}} = 4.76 \left[\frac{x + (1 - \chi_{O_2,\text{干}})y/4}{1 - 4.76\chi_{O_2,\text{干}}} \right] - \frac{y}{4} \tag{15.9b}$$

【例 15.2】　运用例 15.1 给出的数据,将给定的 NO 浓度转换为湿基浓度(摩尔分数)。

解　由式(15.7)完成湿基浓度到干基浓度的转换。首先用式(15.5)和式(15.6b)计算干、湿基总摩尔比,即

$$a = \frac{x + (1 - \chi_{O_2,\text{干}})y/4}{1 - 4.76\chi_{O_2,\text{干}}} = \frac{8 + (1 - 0.023) \times 18/4}{1 - 4.76 \times 0.023} = 13.92$$

$$\frac{N_{\text{mix,湿}}}{N_{\text{mix,干}}} = 1 + \frac{y}{2(4.76a - y/4)} = 1 + \frac{18}{2 \times (4.76 \times 13.92 - 18/4)} = 1.146$$

NO 的湿基浓度为

$$\chi_{NO,\text{湿}} = \chi_{NO,\text{干}} \frac{N_{\text{mix,干}}}{N_{\text{mix,湿}}} = 76 \times 10^{-6} \frac{1}{1.146} = 66.3 \times 10^{-6}$$

可以看出,NO 的湿基准浓度比干基浓度要低 12.7%。

注:从湿基与干基总摩尔浓度比的计算可以看出,产物流中原先含有 12.7% 的水分。据推断,几乎所有的水分都在气体样品被分析前去除了。

【例 15.3】　在例 15.1 中,76×10^{-6}(干燥基)的 NO(摩尔分数)是在含氧 2.3% 的烟气中测得的,试问含氧 5% 的烟气中 NO 浓度(摩尔分数)是多少?

解　把 NO 的浓度从 2.3% 的氧量水平折算到 5% 的氧量水平,首先分别计算两种情况

---

① 　1ppm=10^{-6}。译者注。

下总的物质的量（式（15.9b））为

$$N_{\text{mix@}\chi_{O_2}} = 4.76 \left[\frac{x + (1 - \chi_{O_2})y/4}{1 - 4.76\chi_{O_2}} \right] - y/4$$

$$N_{\text{mix@2.3\%O}_2} = 4.76 \times \left[\frac{8 + (1 - 0.023) \times 18/4}{1 - 4.76 \times 0.023} \right] - 18/4 = 61.76$$

$$N_{\text{mix@5\%O}_2} = 4.76 \times \left[\frac{8 + (1 - 0.05) \times 18/4}{1 - 4.76 \times 0.05} \right] - 18/4 = 72.18$$

折算浓度为（式（15.8））

$$\chi_{\text{NO@5\%O}_2} = \chi_{\text{NO@2.3\%O}_2} \frac{N_{\text{mix@2.3\%O}_2}}{N_{\text{mix@5\%O}_2}} = 76 \times 10^{-6} \times \frac{61.76}{72.18} = 65 \times 10^{-6}$$

注：折算到 5% 氧量水平的烟气下，所得到 NO 浓度降低了 15%。当采用浓度描述排放情况并对其进行比较时，必须要考虑到稀释带来的影响。

15.3.3 各种特定的排放测量

在电火花点火发动机和柴油机的测功试验中，污染物排放经常用下述形式表示

$$\text{比质量排放} = \frac{\text{污染物的质量流量}}{\text{制动力}} \tag{15.10}$$

其中，比质量排放的典型单位是 g/(kW·h)，或者混合单位 g/(hp·h)[①]。比质量排放（MSE）很容易跟排放因子联系起来，即

$$(\text{MSE})_i = \dot{m}_F \text{EI}_i / \dot{W} \tag{15.11}$$

式中，$\dot{m}_F$ 是燃料的质量流量，$\dot{W}$ 是输出功率。

另外一个经常用的比排放量计量是污染物排放量与燃料所提供能量之比，表示成

$$\frac{\text{污染物 } i \text{ 的质量}}{\text{燃料能量供应}} = \frac{\text{EI}_i}{\Delta h_c} \tag{15.12}$$

式中，Δh_c 是燃料的燃烧热值。这个比值通常的单位是 g/MJ 或者 lb/MMBtu，其中 MMBtu 表示 10^6 Btu（注意英制单位 MBtu 表示 10^3 Btu）。

其他种类的排放计量可能会需要求规定试验循环内特定加权平均。其中包括用车辆的驱动循环来测量排放量，单位为 g/mile[25]，以及由飞机发动机的测试循环来测量排放水平，单位为 g/(kN 推力)[26]。用这些方法来规定立法中的排放标准，其他排放计量用来规定各种工业过程的排放。

虽然上面的所有讨论都很有意义并且能应用于特定的设备，但从燃烧的角度来看，排放因子仍然是最有用的参数。

---

① 1hp＝754.6999W。译者注。

15.4 预混燃烧过程的排放

预混燃烧过程中要处理的一次污染物包括氮氧化物、一氧化碳、未燃尽和部分燃烧的碳氢化合物以及碳烟。硫氧化物的排放量与燃料中的含硫量有着定量关系。由于目前几乎所有的预混燃烧应用的燃料都是含硫较低的,所以 SO_x(SO_2 和 SO_3)的排放在这样的系统中经常不予考虑。天然气只含有痕量的 H_2S 和其他化合物的硫。而汽油中也只含质量分数不到 80×10^{-6} 的硫(见第 17 章)。而对于燃煤或低质油的非预混燃烧系统,SO_x 是主要的污染物。对于 SO_x 排放的讨论将放在后面进行。

15.4.1 氮氧化物

1. 化学机理

第 5 章曾讨论过 NO 和 NO_2 形成和破坏的化学动力学特性,下面首先来回顾一下。第 5 章介绍了几种形成 NO 的机理及其变化。文献[27]将这些机理分为以下 3 类:

(1) 扩展的 Zeldovich 机理(或热力型机理)。其中 O,OH 和 N_2 处在平衡值,而 N 原子近似为稳态(第 5 章反应(N.1)~反应(N.3))。

(2) 快速 NO 机理。NO 形成速率远远快于上述热力型机理时,可以采用以下 3 种方式来解释:①费尼莫尔的 CN 和 HCN 反应途径(反应(N.7)和反应(N.8));②有 N_2O 中间体的反应途径(第 5 章反应(N.4)~反应(N.6));③O 原子和 OH 基的超平衡浓度与扩展的 Zeldovich 机理相结合的结果;④随着 NNH 作用的发现,加入第 4 个机理,NNH 途径。

(3) 燃料氮机理,其中燃料中固有的氮转化为 NO。

尽管在某些系统中,会有一些可预见的 NO_2 生成,通常情况下,这些 NO_2 是由非预混燃烧系统在低温混合区由 NO 转化来的(第 5 章反应(N.14)~反应(N.17)),但是燃烧系统产生的一次氮氧化物是 NO。所以,这一节将重点讨论 NO。

根据第 4 章的原理,NO 的形成可通过 O 和 OH 自由基的热平衡机理来计算。实际上,第 4 章中的某些例题和作业题就需要用到上述理论。忽略逆反应,可以得到

$$\frac{\mathrm{d}[NO]}{\mathrm{d}t} = 2k_{1f}[O]_e[N_2]_e \tag{15.13}$$

式中,k_{1f} 是速率限制反应 $O + N_2 \longrightarrow NO + N$ 的正向速率系数。当然,当 NO 的量足够大时,逆反应也同样需要考虑。运用式(15.13)的一个基本前提是 NO 的化学反应过程要远远慢于燃烧的化学反应过程。这样,O-和 OH-的原子浓度才有足够的时间达到平衡。当 O 和 OH 在火焰区内的形成量超过平衡状态时(甚至上升到 10^3!),燃烧与 NO 形成无关联的假设将不再适用。这样,通过 Zeldovich 反应生成的 NO 会远远高于 O 原子在平衡状态下形成的 NO。超平衡自由基浓度的计算非常复杂,必须与燃料氧化的化学动力学特性结合考虑。同时,在火焰区内,费尼莫尔快速型 NO 的形成路径很重要,而且还有可能通过 NNH

形成 NO[28~30]。虽然在过去的一段时间，研究者们已经利用氧的热平衡机理较为成功地预测了 NO 的形成，但就我们目前对 NO 形成的理解，实际情况要复杂得多。当然，在热力型 NO 占主导作用的应用设施中，上述简单机理的计算还是特别有用的。

表 15.2 列出了预混燃烧系统中各种机理对 NO 形成的相对贡献[27]。层流火焰中，压力对于 NO 形成的影响可以由第一组数据示出。可以看到，低压条件下，NO 的形成由费尼莫尔（HC-N$_2$）以及 O 和 OH 的超平衡途径来控制。在 10atm 的条件下，简单热力型机制产生了一半以上的 NO$_x$，其他的由另外三种途径形成。这些数据对于电火花点火发动机具有很重要的意义，在这类发动机采用化学当量混合物，且压力可以高达 20atm 以上。

表 15.2 中第二组数据显示了富燃料燃烧情况下的当量比的影响。主要结论是，随着混合物中燃料逐渐增多，费尼莫尔机理起主导作用，在 $\Phi=1.32$ 时其形成了约 95%NO。但是如果混合物中的燃料进一步增多，这一机理就不再适用了[34]。

表 15.2 中，全混流反应器的数据显示，在反应物与产物发生强烈的返混时，超平衡的 O 和 OH 的反应途径控制贫燃混合物的反应，相对而言，费尼莫尔机理则控制化学当量下乃至富燃混合物的燃烧过程。

另一个令人感兴趣的问题是在贫燃料燃烧的燃气轮燃烧室条件下何种机理最重要。文献[35]的早期工作显示，在贫甲烷火焰（$\Phi=0.6$）中，对 NO 的形成起重要作用的是 N$_2$O 途径。最近文献[36]的模拟结果显示，对于不同的燃料在全混流反应器在 1atm 下的贫燃料燃烧（$\Phi=0.61$）时，NNH 是 NO 形成的主要途径。这些结果如图 15.2 所示。

表 15.2　预混燃烧中各种机理对形成 NO$_x$ 的相对贡献①

火　焰	Φ	P/atm	NO$_x$ 总摩尔分数/10^{-6}	各种途径形成 NO 的比例			
				热平衡	超平衡	HC-N$_2$	N$_2$O
预混、层流、甲烷-空气[31]	1	0.1	9@5ms	0.04	0.22	0.73	0.01
	1	1.0	111	0.50	0.35	0.10	0.05
	1	10.0	315	0.54	0.15	0.21	0.10
预混、层流、甲烷-空气[32]	1.05	1	29@5ms	0.53	0.30	0.17	—
	1.16	1	20	0.30	0.20	0.50	—
	1.27	1	20	0.05	0.05	0.90	—
	1.32	1	23	0.02	0.03	0.95	—
全混流反应器，甲烷-空气[32,33]	0.7	1	12@3ms	≈0	0.65	0.05	0.30
	0.8	1	20	—	0.85	0.10	0.05
	1.0	1	70	—	0.30	0.70	—
	1.2	1	110	—	0.10	0.90	—
	1.4	1	55	—	—	1.00	—

① 资料来源：文献[27]，原始数据：文献[31~33]。

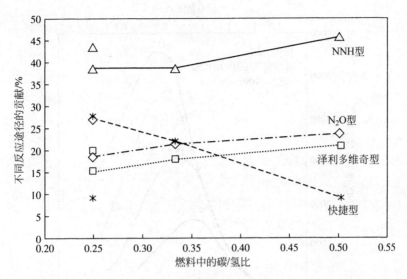

图 15.2　文献[36]的模型研究结果显示在,$\Phi = 0.61$,1atm 和 1790K 的贫燃料预混火焰条件
下,不同的 NO 形成途径对总 NO 形成的贡献。采用一系列全混流反应器进行模拟并
与实验结果进行对比。

第(3)个 NO 形成机理——燃料 N 途径,在预混燃烧中并不是很重要,因为大多数用于
预混燃烧的燃料(天然气和汽油)含有很少甚至不含燃料氮。但是,煤粉和重馏分燃料包含
了大量的燃料氮,我们将在非预混燃烧(15.4 节)中再继续讨论燃料氮的机理。

2. NO_x 控制策略

对于热力型 NO 形成的主要过程,时间、温度和氧气是影响 NO_x 生成的首要变量。
$O + N_2 \longrightarrow NO + N$ 的反应速率常数需要一个很高的活化温度($E_A/R_u = 38\,370K$),所以当
温度高于 1800K 时,反应速率会迅速增加。从图 2.14 中,可以看到对于绝热定压燃烧,
O 的摩尔分数最大的平衡值出现在 $\Phi = 0.9$ 附近。在同一当量比下,电火花点火发动机中
热力型 NO 也会达到最大值,如图 15.3 所示。然而,对于大多数设备来讲,最高效率也恰恰
出现在这个值的附近,这对于污染的控制是尤其不利的。

降低峰值温度可以明显地降低 NO_x 的排放。在工业燃烧器和电火花点火发动机中,可
以通过将烟气(或废气)与新鲜空气或燃料混合来降低峰值温度。图 15.4 显示了电火花点
火发动机中废气再循环(EGR)的实验结果。废气再循环或者烟气再循环(FGR)的作用在
于,在给定热释放量的条件下,增加了烟气的比热容,从而相应降低了燃烧温度。图 15.5 显
示了 SI 发动机中,NO 排放随稀释气比热容增加而降低的关系。超贫燃运行条件也可以增
加燃烧产物的比热容,并进而降低燃烧温度,达到控制 NO_x 目的。贫燃料燃烧是近期引起
关注的一个课题,最近出版了一本专著专门论及这一主题[40]。

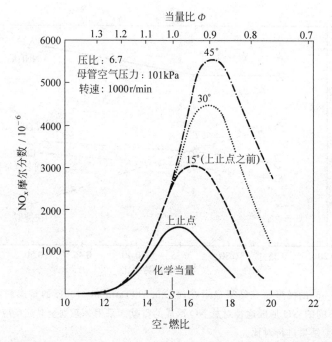

图 15.3　不同电火花间隔下 NO_x 随空-燃比和当量比的变化函数曲线。（资料来源：文献[37]，获得空气与废物管理协会（Air and Waste Management Assocition）的复制许可）

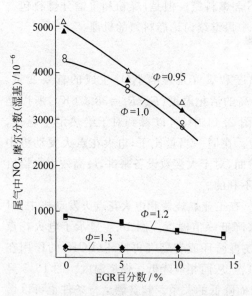

图 15.4　电火花点火发动机尾气再循环（EGR）对 NO_x 排放的影响。（资料来源：文献[38]，© 1973，获得汽车工程师协会复制许可）

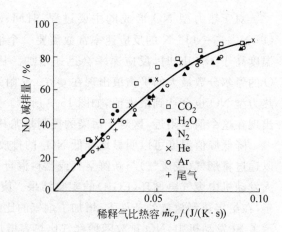

图 15.5　电火花点火发动机稀释气比热容 $\dot{m}c_p$ 与 NO 减排量的关系。（资料来源：文献[39]，© 1971，获得汽车工程师协会复制许可）

均质压燃发动机(HCCI)是一个近期较多研究的概念[41,42]。在 HCCI 发动机中,一个超贫或高稀释的预混的燃料-空气混合物实现自燃点火,而不是电火花点火。与标准的电火花点火方式相比,这一运行方式有两个方面的潜在优势:①燃烧温度相对很低,结果是低的 NO_x 排放;②在低负荷运行时需要节流减少,这样泵的损失减少而使 HCCI 的效率接近于柴油发动机。进一步的,颗粒物的排放也是低的。当然,要让 HCCI 发动机来替代更传统的发动机,还有很多困难要克服。例如,困难包括从怠速到全速的负荷控制、燃烧时间的控制、高一氧化碳排放和未燃尽碳氢化合物排放。对 HCCI 有兴趣的读者,推荐参考文献[41,42]。

【例 15.4】 常压、化学当量条件下丙烷-空气混合物燃烧,考虑气体产物中氮氧化物形成。假设是绝热条件,采用 Zeldovich 热力型机理,试比较没有稀释和加入空气体积25%的氮气稀释的两种条件下,NO 的初始生成速率。反应物和氮气稀释剂的初始温度都为 298K。

解 首先采用平衡程序(第 2 章和附录 F)来计算两种工况下绝热燃烧温度和相应的平衡组分,结果列于下表。

	无稀释	25%氮气稀释
$T_{ad}/(K)$	2267.9	2033.2
$\chi_{O,e}$	3.12×10^{-4}	3.59×10^{-5}
$\chi_{N_2,e}$	0.721	0.777

用式(15.13)可以推导出

$$\frac{d[NO]}{dt} = 2k_{1f}[O]_e[N_2]_e$$

由第 5 章定义,得速率常数 k_{1f} 为

$$k_{1f} = 1.82\times10^{11}\exp[-38\,370/T(K)]\,m^3/(kmol\cdot s)$$

对于无稀释的情况,有

$$k_{1f} = 1.82\times10^{11}\exp(-38\,370/2267.9) = 8173\,m^3/(kmol\cdot s)$$

将浓度转换为摩尔分数,得

$$\frac{d\chi_{NO}}{dt} = 2k_{1f}\chi_{O,e}\chi_{N_2,e}\frac{P}{R_uT_{ad}} = 2\times8173\times3.12\times10^{-4}\times0.721\times\frac{101\,325}{8315\times2267.9}$$

$$\left(\frac{d\chi_{NO}}{dt}\right)_{无稀释} = 1.98\times10^{-2}\,s^{-1}\ 或\ 19\,750ppm/s$$

对于有 25%的氮气稀释情况,有

$$k_{1f} = 1.82\times10^{11}\times\exp(-38\,370/2033.2) = 1159\,m^3/(kmol\cdot s)$$

则

$$\frac{d\chi_{NO}}{dt} = 2 \times 1159 \times 3.59 \times 10^{-5} \times 0.777 \times \frac{101\,325}{8315 \times 2033.2}$$

$$\left(\frac{d\chi_{NO}}{dt}\right)_{25\% N_2} = 3.875 \times 10^{-4}\,s^{-1} \quad 或 \quad 388\,ppm/s$$

稀释与无稀释生成速率的比为

$$\frac{\left(\dfrac{d\chi_{NO}}{dt}\right)_{25\% N_2}}{\left(\dfrac{d\chi_{NO}}{dt}\right)_{无稀释}} = \frac{388}{19\,750} = 0.0196$$

可以看到，无稀释时初始 NO 的生成速率比稀释情况下的速率大约高 50 倍。

注：这个例子可以看出，用冷的惰性物质稀释燃气可以有效地降低热力型 NO_x 的产生。降低 NO 形成速率的两个主要因素是，反应速率常数的降低（约等于 7）和达到平衡时 O 原子浓度的降低（约等于 9）。这两个因素都受温度的控制。

另一种降低电火花点火发动机燃烧温度的方法是延迟电火花点火时间。较晚的点火时间将改变燃烧过程，使最高压力刚好出现在发动机的上止点上（此时体积最小），从而降低压力和温度。从图 15.3 中可以看到这种效果，其中每条曲线各代表一个不同的点火时间。但延迟点火时间的代价是牺牲了燃料系统经济性。

热力型 NO_x 的生成量大大依赖于燃烧产物在高温区的停留时间。当 NO 的浓度远低于平衡值时（逆反应可以忽略），NO 的生成量将与时间成正比（见例 4.4）。所以在设计燃烧系统时，燃烧过程的温度与时间的对应关系是控制 NO 生成与排放的关键。但事实上，反应过程中，气流性质的剧烈变化使时间与温度的关系也随之变化，这对有效、安全地利用燃烧设备造成了很大威胁。显然，如果一个炉子的 NO_x 排放量很低，但产生的热量却达不到载荷要求，那也是毫无用处的。

分级燃烧也是控制 NO_x 生成的一种方法，分级燃烧有富燃-贫燃或贫燃-富燃两种次序。富燃-贫燃的机理由图 15.6 给出。采用这种燃烧方法的目的是：首先，利用富燃料燃烧的高稳定性和低 NO_x 形成特性，完成初步过程；然后，在贫燃料燃烧阶段将产生的 CO 和 H_2 完全烧完，而且这一过程 NO_x 的生成依然较少。为了使分级燃烧效率更高，富燃的产物和空气的再混合必须相当迅速，或者要在级与级的过渡段转移走大量的热。图 15.6 中，0—1—2′—2 表示理想的分级燃烧情况，钟形的曲线则代表固定滞留时间 $\Delta t (= \Delta t_富)$ 内产生的 NO_x。在富燃料燃烧阶段，0—1 段表示在 $\Delta t_富$ 时间内产生的 NO_x 的量。随后的 1—2′ 段，二次风瞬间（$\Delta t_混和 = 0$）加入，与产物混合，这一过程中没有 NO_x 产生。在贫燃料阶段（2′—2），CO 和 H_2 被氧化，同时又生成一些 NO_x，时间用 $\Delta t_贫$ 表示。在实际过程中，混合并不是瞬间完成的，在这一段时间里，会有一些 NO_x 形成，而反应的途径也将随着混合的进行达到当量混合，从而进入高速生成 NO_x 的区域（1—3）。由此可知，分级燃烧的成功与否主要依赖于混合过程的实际控制情况。虽然理想的分级燃烧过程（0—1—2′—2）是由两个预混燃烧过程组成的,但实际上,许多过程都会由于富燃的产物和二次风的局部混合而变成非预混的状态。文献[43]用两汽缸的电火花点火发动机实现了理想分级燃烧。第一个汽缸中富燃料燃烧的产物被冷却,并再度与空气混合,然后再进入第二个汽缸,完成第二级的完全燃烧。在这一过程中,NO_x 的生成量很少,但是如果不进行后续处理,生成的 CO 和未燃尽碳氢化合物会比预计的多得多。

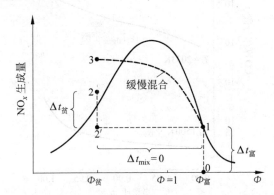

图 15.6　分级燃烧对 NO_x 当量比关系影响的示意图。途径 0—1—2′—2 表示二次风瞬时混合的理想状态,而 0—1—3 表示二次风缓慢混合的途径。

对于机动车来讲,单独调整燃烧系统是无法将 NO_x 的排放量降低到排放标准以下的,因此,在处理废气时,催化转化也被用来降低 NO_x 的排放。催化转化将在下面 CO 和烃类控制中一并介绍。

15.4.2　一氧化碳

在第 2 章了解到,CO 是富燃料燃烧的主要组分之一,所以只要运用富燃料混合物,就会产生大量 CO。在普通设备的运行与操作中,一般要避免富燃料燃烧情况的出现,但是在电火花点火发动机中,会在开始阶段运用富燃料燃烧以防止延迟,并且会在截流阀全开的情况下提供最大能量。现代计算机电控燃料喷射系统可在很宽变化的条件下实现精确的空燃比控制。对于当量或略微贫燃料燃烧的状态下,CO 会在某个特定的燃烧温度下通过 CO_2 的分解而大量形成。图 15.7 中,上边的曲线显示在绝热、常压丙烷-空气火焰中,产物中 CO 浓度范围是 1.2%(体积比,$\Phi=1$)到 8.3×10^{-4}($\Phi=0.8$)。当平衡温度降到为 1500K 时,CO 浓度将随之大幅减小(如图 15.7 所示)。所以,如果 CO 能在燃烧系统输出有用功的同时维持平衡,那么废气中的 CO 浓度将会大大减少。在窑炉中,停留时间是以秒记的,平衡很容易达到。但是,在电火花点火发动机中,温度会随膨胀做功和排气过程迅速下降,CO 无法达到平衡就进入废气中,并会保持在最高温度、压力和废气温度、压力之间的某个状态[44,45]。计算指出,在膨胀和排气过程中,一个重要的反应式 $CO + OH \longrightarrow CO_2 + H$(第 5 章,反应式(CO.3))会达到平衡;但是,在第三体重新结合过程,如 $H + OH + M \longrightarrow H_2O + M$,

由于速度较慢而无法维持所有基团的平衡。这将导致部分平衡 CO 浓度远高于完全平衡的 CO 浓度[45,46]。

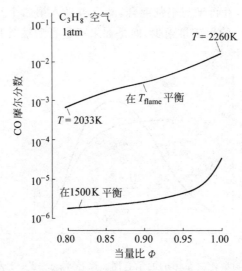

图 15.7　在绝热燃烧温度和 1500K 下，丙烷-空气燃烧产物中一氧化碳的平衡摩尔分数。

其他 CO 的生成机理包括：冷壁面熄火、未燃尽燃料部分氧化过程。后者是 15.4.3 节要介绍的内容。

15.4.3　未燃烃

在大多数预混反应物的燃烧设备中，未燃的烃经常不予考虑。但电火花点火(SI)发动机例外。关于 SI 发动机烃类排放物的文章有许多，文献[47]对此问题进行了专门总结。这一节将就最常见的问题进行简要的讨论。

在第 8 章讨论过火焰熄火问题，描述了火焰会在距离冷壁面一个很短的距离处熄灭。这样，在壁面处，就会存在一层很薄的未燃的燃料-空气混合物。这一熄火层是否会对未燃烃排放有贡献，则取决于随后的扩散、对流和氧化过程。在 SI 发动机中，壁面熄火所产生的烃绝大多数最终都会与高温气体混合并被氧化；但是在裂隙的入口和里面，会产生未燃烃，比如在活塞的端环槽脊上和环形密封处就会有烃形成[48]。螺旋火花塞的裂隙中也常形成未燃烃类。图 15.8 显示了发动机中由细缝机理产生未燃烃排放的情况。另外，圆柱形壁面上油层对于燃料的吸附以及相继的解吸附也会形成未燃烃（图 15.8）。类似的过程在含碳无铅燃料的壁面沉积中也会出现。同时，在汽缸燃烧空间中，火焰的不完全传播也会产生未燃烃。这种情况发生在贫和(或)稀释混合物接近可燃极限的状态下[49,50]。过量的尾气再循环会导致点火困难和不完全的火焰传播。

在未经处理的废气中，只有 1/3 的未燃烃是燃料分子[51]。其余的由燃料高温热解及部

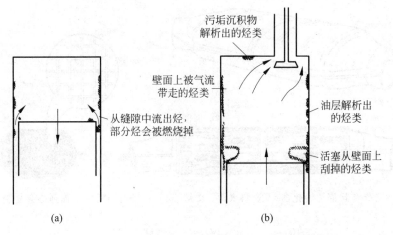

图 15.8　电火花点火发动机中未燃尽碳氢排放机理的示意图。
(a)膨胀；(b)排气。(资料来源：文献[47])

分氧化得到,如表 15.3 所示。碳氢化合物的部分氧化会生成 CO、醛类及其他不良成分。对于贫燃料燃烧情况,裂隙、油吸附、沉积层中碳氢化合物的部分氧化是 CO 形成的主要途径,前面对于 CO 生成机理的分析没有考虑到这一层。

表 15.3　未经过后处理的电火花点火发动机的未燃烃典型成分[①]

成　　分	占总未燃烃的比例/%	成　　分	占总未燃烃的比例/%
乙烯	19.0	1-丁烷,i-丁烷,1,3-丁二烯	6.0
甲烷	13.8	p-二甲苯,m-二甲苯,o-二甲苯	2.5
丙烯	9.1	i-戊烷	2.4
甲苯	7.9	n-丁烷	2.3
乙炔	7.8	乙烷	2.3
		总量	73.1

① 资料来源：文献[51]。

15.4.4　催化后处理技术

对于电火花点火发动机来讲,催化后处理是同时控制氮氧化物、一氧化碳和未燃烃排放的首选技术。图 15.9 所示的是一种蜂窝状催化陶瓷整体催化转化器。在这一设计中,一层很薄的含有小的催化剂颗粒的涂层沉积在陶瓷底层上。铂、钯、铑等贵重金属提供反应所需的活性位,用来氧化一氧化碳和未燃烃,并同时还原氮氧化物。为了达到较高的转化效率,即破坏去除污染物,需要流过催化转化器的混合物成分保持在化学当量附近($\Phi=1$)。典型的三效催化剂转化效率见图 15.10。文献[53]对三元催化系统有更加详细的介绍。

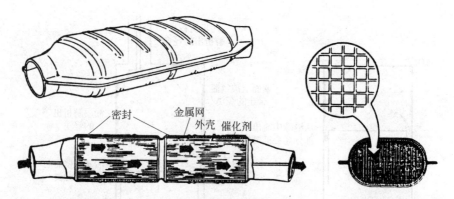

图 15.9　蜂窝状催化转化器。（资料来源：文献[52]，获得美国机械工程师协会复制许可）

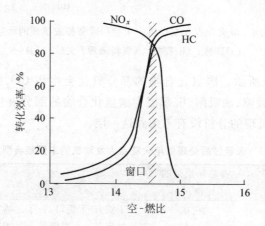

图 15.10　典型的三元汽车催化剂的转化效率，此图表明未燃烃，CO 和 NO 同时降低的空-燃比是很窄的。（资料来源：文献[52]，获得美国机械工程师协会复制许可）

15.4.5　颗粒物

　　一般来讲，预混燃烧中颗粒物的排放与非预混燃烧比较而言，问题要小得多。由于去除了汽油中含有的四乙基铅，电火花点火发动机中将不会出现由于该因素而产生的颗粒物。同样地，汽油中的硫含量减少到了很低的水平（见第 17 章），这大大降低了在燃烧系统和大气中形成硫酸盐和气溶胶颗粒的可能性。在预混燃烧中，只有在出现故障的情况下，燃料-空气混合物才有可能因为燃料过浓而产生碳烟。表 15.4 显示了各种燃料的常压预混燃烧产生碳烟的极限平衡比 Φ_c。当量比大于等于 Φ_c 时，开始有碳烟产生。根据文献[55]的观点，对于预混燃烧，各种燃料形成碳烟的趋势不仅与燃料结构有关，而且与火焰温度有关。

表 15.4 在预混燃烧中形成碳烟的极限当量比[①]

燃 料	极限当量比	燃 料	极限当量比
乙烷	1.67	乙炔	2.08
丙烷	1.56	乙烯	1.82
n-己烷	1.45	丙烯	1.67
n-辛烷	1.39	乙醇	1.52
异辛烷	1.45	苯	1.43
异癸烷	1.41	甲苯	1.33

① 资料来源：文献[54]。

尽管在电火花点火发动机中产生的碳烟通常不是颗粒物的来源，此类发动机确定排放主要成分为可能是由碳氢蒸气凝结而成的有机碳细颗粒物。这些颗粒物的质量排放率一般很小，大约只有柴油机排放的 $1/100 \sim 1/10$[56]。尽管排放率低，但在某些高污染的区域，从电火花点火发动机排放出的颗粒物的总量也可以相当大。最近的研究显示[57,58]在美国大西洋地区未达标地区的大气细颗粒物（$PM_{2.5}$）中，电火花点火发动机的排放占了 12%～22%。而且，从电火花点火发动机排放的超细颗粒物的数量（$PM_{0.1}$，即颗粒的空气动力学直径小于 $0.1\mu m$ 的颗粒物）可能很大[56]。在某些运行工况条件下，其排放的颗粒物的总数量可以与柴油机的排放相当[56]。建议的 2014 年欧盟机动车排放标准将同时考虑数量和质量[59]。这一标准同时适用于汽油发动机和柴油发动机。现在，对颗粒物控制的开发及其涉及的基本过程的理解是热点的课题。

15.5 非预混燃烧的排放

虽然预混燃烧和非预混燃烧的化学过程是一致的，但非预混燃烧所独有的物理过程，比如，蒸发和混合，可以使局部的成分在一个很大的化学当量比的范围内变化。比如，整体上看，混合物可能是处于化学当量下的，但是在整个燃烧空间，很可能有的局部区域燃料过多，而同时其他区域空气过多。这种特性使非预混燃烧系统的污染物生成问题变得更加复杂。某些情况下，虽然燃料和空气被分别输送进燃烧器中，但是由于燃料蒸发和与空气混合的速率很快，使得燃烧可以按照预混模式来考虑。对于这样的系统，污染物的产生则需要按照前面讨论的预混情况来加以阐释。由于非预混系统中，污染物产生过程更为复杂，又由于这种系统的污染排放经常要取决于具体的系统特性（如燃料雾化后液滴大小的分布等），所以下面只进行总体的介绍，并给出相关的文献以便读者进一步研究、学习。

15.5.1 氮氧化物

本节先研究一个简单非预混系统中 NO_x 的排放特性，即静止环境中的垂直射流火焰。

继续第 13 章中对此类火焰的讨论，这将有助于我们研究更加复杂的非预混系统。

1. 简单湍流射流火焰

湍流射流火焰的 NO_x 排放特性已经被广泛地研究，较新的综述可参见文献[60,61]。第 13 章图 13.5 给出了用 OH 图像表征的射流火焰的结构，相对于上方较大、较宽的反应区来讲，NO 产生于火焰中下部的一薄层流小火焰区。在碳氢化合物射流火焰中，简单热力型、超平衡型和费尼莫尔快速型机理都有 NO 生成，但各占多少比例目前仍在研究。在火焰温度特别高的应用场合中，如有再辐射面的窑炉或者富氧空气燃烧，NO_x 的排放很有可能由泽利多维奇热力型机理来控制。

前面曾经讨论过预混系统中的泽利多维奇反应动力学的问题，其中，温度、组分和反应时间是决定 NO_x 生成的重要变量，而且这几个参数同样控制着非预混火焰。只是在非预混射流火焰中，组分受流体的机械混合影响而变化。同样的，温度分布可以通过守恒标量而与组分的分布联系起来（第 13 章），虽然像第 13 章中介绍的简化分析可以预测火焰长度等火焰的整体性质，但是需要采用更复杂的方法来掌握污染物形成过程中反应动力学方面的影响。目前正在发展的计算机模型试图耦合所有重要的物理和化学现象，以预测非预混火焰中的 NO_x 排放[62~64]。这类讨论已经超出了本书的范围，而我们只需要知道热力型 NO 主要在高温又具有高 O 和 OH 浓度的火焰中形成，如接近当量比的情况。这样的区域有可能出现在位于火焰较低处的薄的类层流火焰区或者火焰尖端。这种区域内具体的温度和组分的分布由流体力学、化学动力学以及热等效应来决定。区域越大，滞留时间就越长，而辐射热损失也就越显著。

如图 15.11 显示了简单丙烷-空气和乙烯-空气射流火焰的 NO_x 排放。可以发现，热释放速率会随燃料类型以及初始射流直径的不同而变化。这个趋势可以用停留时间和温度的偏置效应来解释[65]。增加燃料的流速（或者释热速率）来降低总体和局部的停留时间，可以降低 NO 的形成。降低停留时间还可以降低辐射热损失，从而使火焰更趋向绝热。小一点的火焰（喷嘴直径 d_j 较小）同样会有较小的停留时间。这样，对于更为明亮、尺寸更大的火焰，会由于温度的作用使得在释热同时增加了 NO_x 的生成。

图 15.12 清楚地显示了火焰辐射的重要性，图中分别描述了 4 种不同发光特性（即辐射特性）的燃料。图 15.12(a)中，按照辐射分数的大小依次是乙烯、丙烷、甲烷以及 CO/H_2 混合气。这与在第 9 章中讨论的非预混火焰的碳烟形成趋势是一致的。在燃料中加入 N_2 有两个作用：第一，稀释，使温度低于绝热燃烧温度；第二，N_2 可以减少火焰中碳烟的形成。对于最为明亮的乙烯火焰，辐射热损失的减少大大补偿了绝热燃烧温度的影响，其特征火焰温度增加（见图 15.12(b)）。对于不发光（无碳烟生成）的 CO-H_2 火焰，绝热燃烧温度起控制作用。丙烷和甲烷火焰显示了中间产物的特性。从图 15.12(c)可以看到，NO_x 生成与 N_2 稀释的关系完全是火焰温度与稀释关系的直接反映，这说明热损失对于 NO_x 排放的影响是非常重要的[65,66]。但与快速 NO 形成有关的有限化学反应速率也起一定作用[60,62,67]。

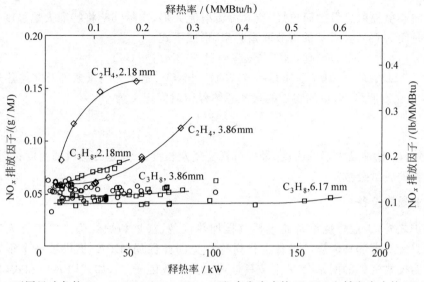

图 15.11 不同尺寸条件(d_j＝2.18，3.86，6.17mm)下，高发光火焰(C_2H_4)和低发光火焰(C_3H_8)的湍流碳氢-空气射流火焰的氮氧化物排放。(资料来源：文献[65]© 1991，获得 Elsevier Science 出版公司复制许可)

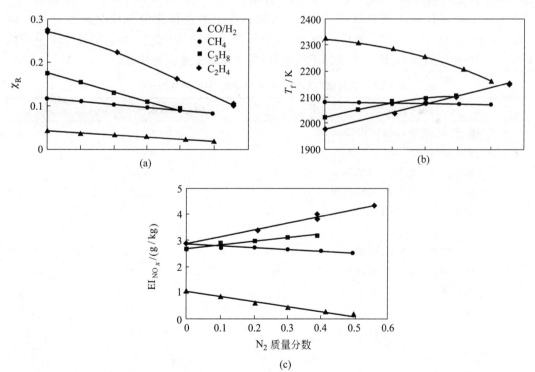

图 15.12 具有不同发光度(碳烟倾向性)的射流火焰中，N_2稀释对辐射分数、特征火焰温度和NO_x排放因子的影响。(资料来源：文献[66]© 1993，获得 Elsever Science 出版公司复制许可)

对于向环境辐射热量的简单烃-空气湍流射流火焰，文献[66]将特征火焰温度 T_f(K)与总体停留时间 τ_G(s)与 NO_x 的排放联系起来，形成下式

$$\ln([NO_x]/\tau_G) = A + B\ln\tau_G + C/T_f \tag{15.14}$$

式中，$A=1.1146$；$B=-0.7410$；$C=-16347$。$[NO_x]$定义为当量条件及非绝热燃烧温度 T_f(K)下，每立方厘米 NO_x 的物质的量。总体停留时间定义为

$$\tau_G \equiv \frac{\rho_f W_f^2 L_f f_{\text{stoic}}}{3\rho_{F,0} d_j^2 v_e} \tag{15.15}$$

式中，ρ_f，W_f，L_f 分别是火焰的密度、最大可视宽度及长度；$\rho_{F,0}$ 是冷燃料的密度；f_{stoic} 是当量混合下燃料的质量分数。

2. 工业燃烧设备

除锅炉之外，工业燃烧设备还包括过程加热设备、窑炉和炉灶等主要燃烧天然气的设施。下面只针对燃油和燃煤的设备进行讨论。美国环保局（EPA）提供了一个很宽泛的污染源排放污染物资料的网站[68]。本节只是列出其排放因子[69]，如式(15.1)和式(15.10)～式(15.12)。表 15.5 列出了燃天然气的锅炉和民用炉的 NO_x 的排放因子，表中分别列出了带污染控制和不带污染控制的情况，资料来自 EPA 对外来燃烧源的排放因子的总结。排放因子以单位输入燃料能量（见式(15.2)）NO_x 排放量（$lbNO_x/10^6$Btu）。表 15.6 则给出了美国加利福尼亚州针对不同燃气燃烧系统的《加利福尼亚南海岸空气质量地方管理标准（SCAQMD）》[70]。2011 年开始执行的 SCAQMD 对小锅炉（2～5 10^6Btu/h）提出了更严格的标准。1990 年的联邦《清洁空气修正法案》也提出降低工业源的排放。

表 15.5　燃天然气的锅炉和民用炉的 NO_x 排放因子[69]

燃烧器种类	NO_x 排放因子/(lb/10^6Btu)
大型墙式燃烧锅炉（>100MMBtu/h）	
未加控制设备	0.186
加入控制—低 NO_x 燃烧器	0.137
加入控制—烟气再循环（FGR）	0.098
小锅炉（<100MMBtu/h）	
未加控制设备	0.098
加入控制—低 NO_x 燃烧器	0.049
加入控制—低 NO_x 燃烧器/FGR	0.137
四角切园燃烧锅炉（所有尺寸）	
未加控制设备	0.167
加入控制—烟气再循环（FGR）	0.075
民用炉（<0.3MMBtu/h）	
未加控制设备	0.092

表 15.6　工业源的 NO_x 排放标准(加利福尼亚州 SCAQMD)[70]

工　业　过　程	限　　　值	标准编号
燃气工业锅炉	30ppm(3%O_2)	1146,1146.1
精炼加热炉	0.03lb/MMBtu	1109
玻璃熔融炉	4lb/t 玻璃	1117
燃气轮机(无 SCR)	12ppm① (15%O_2)	1134
燃气轮机(带 SCR)	9ppm① (15%O_2)	1134
其他	现有技术中最好的	

① 1pm=10^{-6}(摩尔分数)。译者注。

图 15.13 给出了降低燃气设备 NO_x 排放的各种方法[71]。这些技术也可应用于燃油设备。NO_x 的减排技术可以大体上分为两类:一类是燃烧过程控制,一类是燃烧后烟气处理控制。其中每一类中都有一些特定的技术(如图 15.13 所示)。下面对每一种技术都做一个简要的介绍,更详细的信息请读者查阅文献[71~75]。

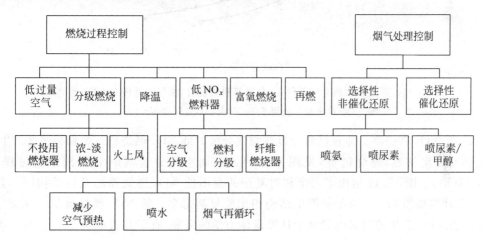

图 15.13　燃气工业用燃烧设备 NO_x 控制技术。(资料来源:文献[71],获得 Gas Research Institute 复制许可)

(1) 低过量空气。热力型 NO_x 排放的最大值出现在略小于化学当量的情况(如图 15.3 所示)。这项技术会降低空气的供应,从而将 NO_x-Φ 曲线从最高值降到化学当量对应的值。但是这种方法只能有限的降低 NO_x 的排放,因为随着过量空气的减少,CO 的排放会相应增多。

(2) 分级燃烧。这种控制 NO_x 的方法是将已有的燃烧器结合成多级燃烧器,形成典型的浓-淡分级燃烧。就是说,使上游燃烧器在富燃料燃烧状况下运行,而下游燃烧器则只提供空气;或者有些级的燃烧器用富燃料形式燃烧,而另外一些则用贫燃料形式燃烧;再或者将所有级的燃烧器都调成富燃料型燃烧,而在下游入口额外提供空气。利用这样的技术,NO_x 的减排可达 10%~40%[71]。

（3）温度降低。在许多燃烧设备中，燃烧所用的空气会事先由废气进行加热，这样可以提高燃烧的热效率。降低被预热的空气量可以降低燃烧温度，并因此降低 NO_x 的形成。向燃烧器中注入水也可以降低火焰温度，因为一部分燃烧能量需要用来使水蒸发、过热到火焰温度。另外，水的注入与烟气再循环（FGR）还同时具有稀释作用。FGR 的效果由再循环烟气量及其温度来决定。图 15.14 给出了在环境温度下以及 500℉（533K）下 FGR 对于 NO_x 减排的作用[71]。在燃气工业锅炉中，用 FGR 后，NO_x 的减排效果可达 50%～85%[71]。

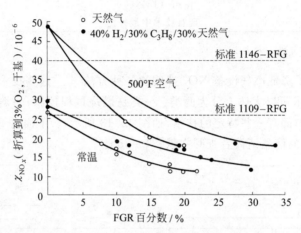

图 15.14　常温和预热空气条件下，分级燃料燃烧时，烟气再循环对 NO_x 排放的影响。（资料来源：获得 John Zink Co. 复制许可）

（4）低 NO_x 燃烧器。即有燃料分级或空气分级的低 NO_x 燃烧器。燃料分级会产生淡-浓（实际上是次贫燃）燃烧过程（见图 15.15（a）），而空气分级则产生浓-淡燃烧过程（见图 15.15（b））。图 15.16 给出了一个相对复杂的商用低 NO_x 燃烧器的几何结构图。其中的流通设计与如图 15.15 所示的简单结构相比要复杂得多。低 NO_x 燃烧器是一项成熟技术，在过去 10～15 年的时间内借助于计算流体力学的发展，有了几代的进步[79]。另一类低 NO_x 燃烧器叫做纤维排列燃烧器。这类燃烧器是在金属或者陶瓷纤维阵列的上方或内部实行预混燃烧。由于纤维阵列的辐射和对流传热，燃烧温度会变得很低，从而抑制 NO_x 的生成和排放。如图 15.17 所示。

（5）富氧燃料燃烧。燃烧系统中氮气的浓度可以通过在空气中加入额外的氧气来降低。若加入足够大量的氧气，则 N_2 浓度的降低超过了燃烧温度增加的影响，这样 NO_x 生成会减小。假设燃烧中不含氮，如果防止空气渗入燃烧室内，则在理想的纯氧气环境下将没有 NO_x 形成。更详细的资料请参考文献[73,75]。

（6）再燃。在这项控制 NO_x 的技术中[80]，燃料总量的 15% 将被直接送往贫燃区域的下游进行再燃。在再燃区（$\Phi>1$）内，与费尼莫尔机理相类似，NO 将会和碳氢化合物及其中间物质（如 HCN）反应而使其降低。最后加入额外的空气以保证再燃燃料最终能燃烧完全。

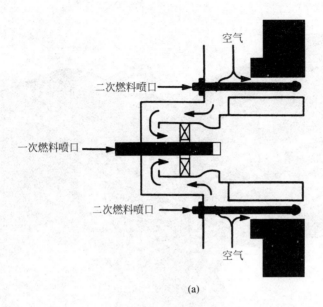

(a)

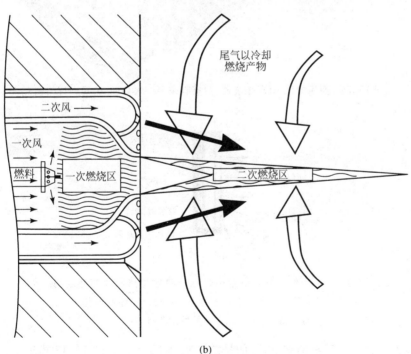

(b)

图 15.15　(a)采用燃料分级实现淡-浓燃烧的低 NO_x 燃烧器。(资料来源：文献[72])；(b)采用空气分级实现浓－淡燃烧的低 NO_x 燃烧器，图中还显示了采用二次风来将燃烧烟气输送到二次燃烧区。(资料来源：文献[74]，获得 Elsevier 复制许可)

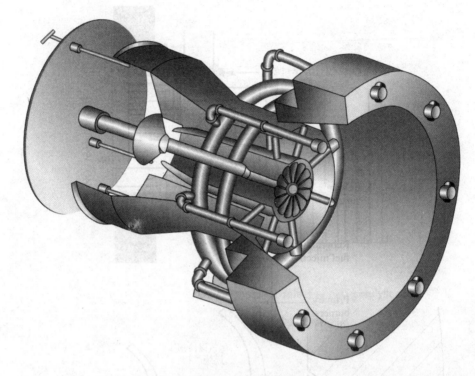

图 15.16　商用的低 NO_x 燃烧器。（资料来源：承 Coen 公司允许绘制）

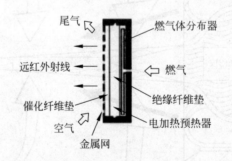

图 15.17　天然气催化扩散燃烧红外辐射加热器的典型结构。
（资料来源：贺泓，李俊华，何洪，等.环境催化——原
理及应用[M].北京：科学出版社，2008.）

运用再燃技术的锅炉一般都能将 NO_x 的排放量减小 60％[81]。图 15.18 描述了这一再燃过程，有关再燃的化学和物理过程的详细叙述可以从文献[27,82～85]中找到。

　　（7）选择性非催化还原（SNCR）。在这项燃烧后控制技术中，含氮的添加剂如氨、尿素或者氰尿酸被注入到烟气中，在无需催化的条件下，利用化学反应，将 NO 转化为 N_2。喷氨

法[86]经常被认为是热力型脱除 NO_x 的过程。温度是决定性的变量,实现 NO_x 的大量减排必须将温度控制在很窄的变化范围内。图 15.19 正说明了这一点[27]。由于在实际的废气中,添加剂混合得并不十分充分,而且区域内的温度也不一致,因此,NO_x 的减排量会或多或少的小于图 15.19 中给出的实验室内反应器所能达到的最大值。有关 SNCR 的更多信息请读者查阅文献[27,32,87~93]。

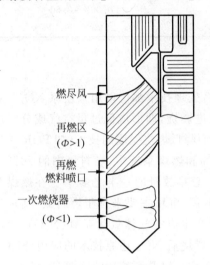

图 15.18　带有再燃 NO_x 控制的工业锅炉。（资料来源：文献[81]）

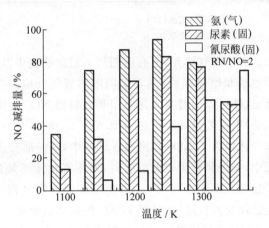

图 15.19　选择性非催化还原技术脱除 NO_x 的效果。（资料来源：文献[27],获得 The Combustion Institute 复制许可）

(8) 选择性催化还原(SCR)。在这项技术中,催化剂与喷氨法共同作用,使 NO 转化为 N_2,一种典型的催化剂是 $V_2O_5\text{-}TiO_2$[93]。有效的还原温度由催化剂的性质决定,但将处在 480K(400℉)到 780K(950℉)之间[71]。SCR 优于 SNCR 的地方在于 NO_x 的减排可以更大,而且操作温度更低。SCR 几乎是所有脱硝技术中最昂贵(以美元/t 计)的一项技术,因为初期投资和运行过程中催化剂的更换成本都很高。由于严格的法规,日本和德国大量地使用 SCR 技术,美国最近也开始大量使用[93]。更详细的介绍请读者查阅文献[27,93~96]。

(9) 电站锅炉。2002 年在美国,电站锅炉产生的 NO_x 大约占燃烧源 NO_x 总排放的 22%[97],而且受到全球最严格的排放标准的限制[27]。2006 年,美国燃煤电站锅炉发了 69% 的电力,而天然气达到了 28.2%,只有 2.2%来自于燃油[98](参见表 1.1)。

相对于燃天然气和轻馏分燃料的设备,燃煤和燃重油的设备会生成更多的 NO_x,因为燃料里还有化合氮。表 15.7 比较了煤和液体燃料的含氮量。与煤和重馏分燃料相比,轻馏分燃料则含有更少的氮,前者含氮量有时高达质量的百分之几。

表 15.7　煤和重馏分燃料中化合氮的分布

燃　　料	平均氮含量（质量分数）/%	范围（质量分数）/%
煤和衍生燃料[1]	1.3	0.5~2.0
粗焦油[2]	0.65	0.2~3.0
重馏分[2]	1.40	0.60~2.15
轻馏分[2]	0.07	0.002~0.60
天然气	0	—

① 资料来源：文献[27]。

② 资料来源：文献[99]。

对于燃气单元，所有前面讨论过的燃烧中及燃烧后处理技术都可以用来还原 NO_x。对于燃油和燃煤锅炉，主要采用限制氧气反应的方法改进燃烧，即形成低过量空气或分级燃烧，这样可以同时减少热力型和燃料型 NO_x 的排放。而降低燃烧温度的技术（如 FGR 或喷水法）则主要是减小了热力型 NO_x 的排放[102]。在燃油和燃煤系统中，燃料氮中的 20%~40% 转换为了 NO_x 并出现在烟气中，这一部分占 NO_x 总排放量的一半之多[99]。在燃煤系统中，如果运行于较低温度时，如在流化床燃烧的条件下，NO_x 主要来自于燃料氮，其贡献可达 75%~95%[100,101]。在低温的煤燃烧过程中也会产生温室气体氧化亚氮（N_2O），此排放随煤变质程度（参见第 17 章）的提高而增加[100,101]。燃烧后 NO_x 还原技术的应用（SNCR 或 SCR）必须还要同时考虑煤或渣油中存在的硫（第 17 章），以及颗粒物的问题[93,96,103]。在 SNCR 和 SCR 中，所采用的氨可能会与三氧化硫反应形成硫酸氢铵（NH_4HSO_4），这是一种腐蚀性极强的物质[93,95,96,103]。在燃油或燃煤的设备中，燃烧产生的三氧化硫可以使催化剂中毒，而颗粒物也会覆盖在催化剂表面，与燃天然气锅炉相比，SCR 用在燃油或燃煤锅炉上的难度更大一些[93,95,101]。文献[93]报道到 2005 年，美国有 36 台电站锅炉安装了 SNCR 装置，150 台电站锅炉安装了 SCR 装置。目前，同时脱除 NO_x 和 SO_2 的技术也正在研究中，有时还能同时脱汞[93]。

（10）柴油发动机。到目前为止所讨论的非预混燃烧系统的 NO_x 排放基本上是对于常压的固定源的燃烧设备。相对应的，柴油发动机既可用于移动设施，也可以用于固定设施，通常在高压下燃烧。例如，先进的增压涡轮的重型车用柴油发动机最高的燃烧压力可达 220~250atm[104]。将空气从大气条件加压到这样的高压将引起可观的温升。例如，300K 的空气从 1atm 加压到 200atm 会使温度升到大约 1360K。这样最高燃烧温度会很高，相应地热力型（泽利多维奇）NO 形成速率会很高。在柴油发动机中，由于燃料和空气的不稳定混合和相应的燃烧产物和空气及燃料的不稳定混合而使 NO 形成十分复杂。最简单的观点是 NO 是产生在正在燃烧的混合物近化学当量的最高温度的区域[105,106]。因此减少 NO_x 的改进方法是降低温度。尾气再循环系统不断地改进以进一步降低发动机的 NO_x 排放水平[107~109]，最新发展的系统采用冷却回路在与空气混合之前降低尾气的温度[109]。

柴油发动机控制 NO_x 和其他污染物的技术还有可以进行多次喷射、多阀门驱动、闭环燃烧控制等先进喷射系统[107,108]。

满足欧洲、美国和日本日趋严格的排放标准,必须采用燃烧后控制技术。已开发了三种燃烧后系统[107,108]:①基于尿素的选择性催化还原(SCR);②贫 NO_x 陷阱方法;③贫 NO_x 催化剂。

选择性催化还原已在商用机动车上应用了多年[104]。SCR 应用于柴油发动机的问题包括在低负荷试验循环时的低 NO_x 减排效率[104];潜在的未反应的氨排放(氨逃逸);需要外加一个液罐和相应的探测系统和硬件及控制系统。如何避免还原剂的冷冻也是一个问题。

贫 NO_x 陷阱方法,是指采用各种各样的 NO_x 吸收催化剂、NO_x 贮藏催化剂和 NO_x 吸附催化剂,以及避免使用还原剂。其基本设计与在电火花发动机中的三元催化剂相似,但不同的是,在陶瓷蜂窝体上载入贵金属催化剂颗粒(Pt 和 Ph)及碱金属(如 BaO 和 K_2CO_3)的涂层。柴油机在正常(贫)工况下,在尾气中的 NO 由贵金属氧化成 NO_2,然后 NO_2 被碱金属吸收[110]。尽管已取得了相当的进展[110,111],但对这一过程的详细化学途径仍然不够了解[110]。在运行一段时间后,贫 NO_x 陷阱需要进行再生。在再生过程中,碱金属释放出 NO_x 并在贵金属上转化为 N_2,这一过程与三元催化剂的运行类似。再生在获得富燃料条件的时刻(~2s)进行,例如通过发动机中进行单独的燃料迟喷系统来实验[112]。在贫 NO_x 陷阱前加入一个氧化催化剂来消耗掉富燃料来流中的氧[112]。再生之后,陷阱重新开始进行 NO_x 的吸收。这一系统的另一个复杂性在于要处理催化剂的硫中毒问题[110,112~114]。对柴油燃料的最近要求硫含量不超过 $15×10^{-6}$(见第 17 章)。防止硫到达陷阱的技术或周期性地清除在贫 NO_x 陷阱中累积的硫技术还在开发之中[112,113]。

贫 NO_x 催化剂常被认为是选择性催化还原方法(HC-SCR)的另一种应用,此处还原剂是碳氢化合物(燃料)而不是尿素([NH_2]$_2$CO)或氰尿酸(HNCO)。但是,HC-SCR 不是真的有选择性,需要相当多的化学当量的碳氢化合物的加入使其对 NO_x 转化起作用[115]。尽管早期的催化剂配方的效率较低,但最近开发的催化剂能达到超过 80% 的 NO_x 转化效率[104,116]。由于可以采用如沸石、银和其他相对便宜的催化剂,贫 NO_x 催化剂可以降低费用。当然,将燃料作为还原剂将对燃料的经济性产生一定的影响[107]。

(11) 燃气轮机。与柴油机相似,燃气轮机可用于固定源和移动源,也同样要在高压下运行。对于用于地面发电的燃气轮机,典型的燃烧室工作压力为 10~15atm,而飞机发动机燃烧室的工作压力为 20~40atm。燃料在飞机发动机中的停留时间为几毫秒,而在固定源中为 10~20ms[117]。地面发动机要控制 NO_x 需要燃烧中控制和燃烧后控制。SCR 技术的应用对于地面发动机来讲是成熟的技术[118],但对于航空发动机来讲,燃烧后控制技术仍不现实。对于这两类发动机的应用状况,要实现燃烧控制 NO_x,采用一定程度的预混和分级燃烧以降低燃烧室中的高温区域。图 15.20 给出了在贫燃料预混固定发动机运行中预期可达到的 NO_x 排放的范围[119,120]。用于发电的燃气轮机的贫燃料预混燃烧系统的开发(参见图 15.21)在文献[121~123]中有详细介绍。贫预混燃烧涉及的主要工程问题是防止回火和自燃、维持火焰的稳定性及有足够宽的负荷调节能力[119]。理解燃烧稳定性是燃烧研究

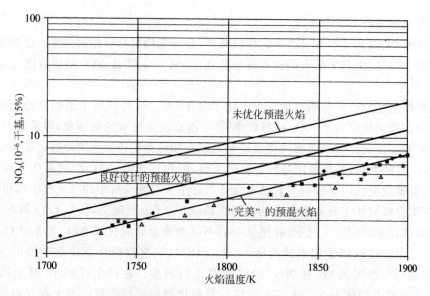

图 15.20 对贫燃料预混燃气轮机燃烧室来讲，在给定的平均火焰温度下，随着混合程度的改善，NO_x 的排放量相应减少。（资料来源：文献[119,120]，Elsevier 允许使用）

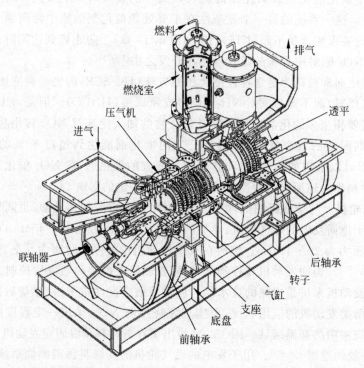

图 15.21 重型燃气轮机结构图。（资料来源：沈阳黎明航空发动机（集团）有限责任公司.燃气轮机原理、结构与应用[M].北京：科学出版社,2002.）

中的一个活跃的领域[124]。由于安全方面的考虑,在航空发动机中,低污染排放是第二位的,尽管如此,国际民用航空组织(ICAO)还是建立了相关的标准[26],这其实是对几个国家的相关法规的借鉴,如美国环保局的标准。为了满足这些标准,开发了相当多的燃烧器。针对 NO$_x$ 控制技术[119,125,126]包括了快速混合贫燃(RQL)燃烧技术(见图 15.22)、几种贫燃料预混燃烧技术(LPP)、贫燃料直喷技术(LDI)、多种形式的分级燃烧技术等。图 15.23 简单地示出了在一个双环形预混旋流器(TAPS)燃烧室的几个混合和燃烧区[126,127]。

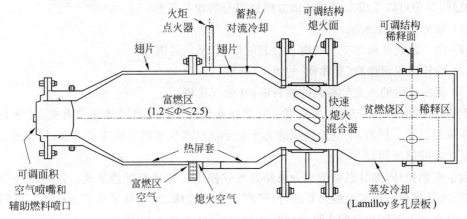

图 15.22 浓-熄-淡(RQL)分级燃气轮机燃烧室的简图。富燃料燃烧产物与空气的快速混合使最高温度控制在较低水平(比较图 15.6)。(资料来源:文献[125],获得作者的复制许可)

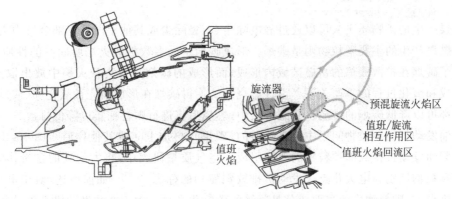

图 15.23 在双环形预混旋流器(TAPS)燃烧室中的多燃料喷射区提供了分级燃烧,并能维持很低的负荷运行。(资料来自:文献[126],得到复制允许)

15.5.2 未燃烃和一氧化碳

在非预混燃烧系统中,根据系统固有特性,会有两种途径形成未燃烃和一氧化碳。第一种途径为存在过度贫燃区域难以支持快速的燃烧反应。其中,燃料喷射器的特性和燃料-空气的混合方式是两个重要的参数。由于火焰不会在过度贫燃料区域内传播，因此在这个区域中，燃料会发生高温热解形成部分氧化的产物，如醛类和一氧化碳。在低负荷情况下，过量空气很多，极易形成这种状况。

第二种产生不完全燃烧产物的途径是：火焰中形成过度富燃料燃烧的区域而且没有额外的空气补充进来，或者没有足够的时间使氧化反应进行完全。在高负载下，过量空气很少，容易出现这种情况。

另外，其他可以生成未燃尽或部分燃烧组分的途径还有：

(1) 壁面熄火（柴油机）；

(2) 由二次风或稀释空气的射入引起的熄火（燃气轮机）；

(3) 喷管段残留燃料（囊体积）的滴入（柴油机）；

(4) 偶然发生的未充分雾化的燃料液滴（燃气轮机）。

上述各个情况发生与否很大程度上与燃烧系统的硬件设计具体细节有关，尤其是燃料喷射系统的设计。例如，喷嘴囊体积的大小是柴油机产生未燃烃的主要因素，只有通过改造喷嘴设计才能解决问题[128]。

除了未燃烃外，部分燃烧的组分未经处理就排出了非预混燃烧系统。这些组分（醛类、酮类等）都是光化学烟雾中的主要成分，既有刺激性气味，又会对眼睛造成伤害。不同的柴油机工况会产生不同组分的未燃尽氧化产物，其气味也各不相同[129]。

15.5.3 颗粒物

燃煤产生的矿物质飞灰可以通过静电除尘、布袋除尘或其他手段从尾部烟气中去除，而非预混燃烧产生的主要颗粒物则是碳烟。形成碳烟是大多数扩散火焰所固有的性质。第 9 章介绍了碳烟在扩散火焰的富燃区域内形成，而形成的碳烟是否会从火焰中放出取决于碳烟的生成和氧化过程的平衡关系。设计燃烧系统使得碳烟在形成前先被氧化和(或)增加氧化速率都可以降低碳烟的排放。在柴油机中，燃烧后将进行颗粒捕集以降低排放。

柴油发动机的颗粒物问题主要是碳质的（碳烟），再加上一些其他物质。图 15.24 给出了重型柴油发动机排放的颗粒物的典型组成。空气质量研究中，将大的碳的含量作为柴油机排放颗粒物区别与电火花点火发动机排放颗粒物的标志[57,58]。如前所述，对于电火花点火发动机来讲，颗粒物中的主要成分是凝结的碳氢化合物。对于柴油发动机来讲，同时实现缸内 NO_x 和颗粒物的控制是一个长期的挑战。燃烧中减少 NO_x 常常带来颗粒物（PM）排放的增加，反过来也如此。这一状况称为 NO_x-PM 折中平衡，常常用 PM 随 NO_x 排放的图来表示这种折中平衡的曲线[104]。如上所述，为满足严格的法规，需要加装后处理装置来处理颗粒物和 NO_x。为了减少后处理装置的压力，发动机设计师寻求尽可能低的发动机出口排放值。燃烧室的结构、喷射器设计、喷射系统控制等对于减少颗粒物的排放都是至关重要的。这些设计同样影响 NO_x 的排放，即所谓的 NO_x-PM 折中平衡。开发的柴油发动机颗粒物过滤器(见图15.25)用来去除尾气中的颗粒物[104,107,108]。颗粒物在过滤器中累积到一定时间后,要燃烧掉以避免过滤器中的压力损失过大。实现这一再生的方法包括:①外部方法,如燃料燃烧器、电加热、燃料喷射入尾气中等;②发动机运行,如燃料的后喷入、喷射时间延迟等;③催化过程,如燃料担当催化剂、催化剂滤波器涂层及反应组分(NO_2)再生等[108,130]。对于柴油发动机排放控制的进一步资料,请有兴趣的读者参考文献[131]。

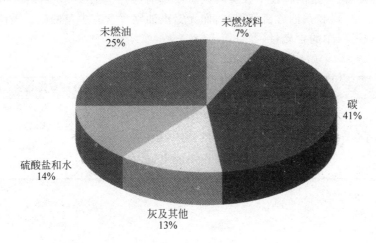

图15.24　重型柴油发动机在高负荷试验循环过程中排放的颗粒物的典型组成。(资料来源:文献[56],Elsevier允许使用)

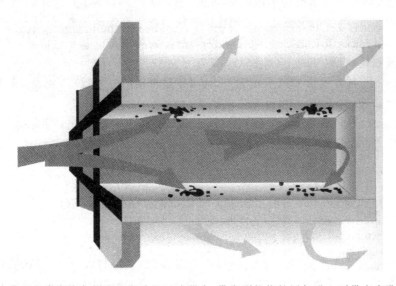

图15.25　在典型的陶瓷蜂窝状柴油发动机过滤器中,带有颗粒物的尾气进入到带有多孔壁陶瓷另一头封闭的管内。颗粒在管内的表面上被过滤积累,清洁的气体流过壁面。然后颗粒物由多种方法之一燃烧。壁面上的催化剂是一种强化积聚的颗粒物的氧化的方法。(资料来源:美国环保局图重新绘制)

15.5.4 硫氧化物

在燃烧过程中，燃料中所有的硫都以 SO_2 或 SO_3 的形式被排出，统称这两种氧化物为 SO_x。由于燃料中硫的定量转化，因此只有两个途径来控制 SO_x 的排放：去除燃料中的硫或去除烟气中的 SO_x。这两种技术在实际设备中都有应用。表 15.8 给出了不同燃料含硫的情况。可以看出，煤和残油含硫都很高，而无铅汽油则只含有少量的硫。美国和其他地方的法规限制运输燃料中的含硫量（参见第 17 章）。

表 15.8　各种燃料的含硫量

燃　　料	范围（质量分数）/%
煤	≤10
残油[①]	0.5~4
残油与焦油的混合物[①]	0.2~3
柴油 No.2[②]	0.0015~0.50
无铅汽油[③]	0.008

① 资料来源：文献[132]。

② 资料来源：文献[133]。

③ 资料来源：文献[134]。

虽然 SO_3 的浓度经常大于平衡浓度，但实际上只有少量（几个百分点）的 SO_2 会转化为 SO_3。三氧化硫会迅速与水反应生成硫酸（$SO_3 + H_2O \longrightarrow H_2SO_4$），这样，只要烟气中同时含有三氧化硫和水，就会产生硫酸。三氧化硫不仅会产生有害的硫酸，而且还会使机动车的三元催化剂（同时控制氮氧化物、一氧化碳和未燃烃）发生中毒。基于这两点，就要求无铅汽油中的硫含量要比较低（见图 15.8）。

大气中的 SO_2 首先会被 OH 氧化为 SO_3（可以是直接的气相反应，或者吸附到颗粒或液滴上再被氧化）[5]。然后，再与水反应生成硫酸。

最常见的烟气脱硫方法是令 SO_2 与石灰石（$CaCO_3$）或生石灰（CaO）反应[136,137]。在这种控制方法中，碳酸钙或氧化钙浆液在塔内喷射，烟气从塔内流过，实现脱硫。整个过程的总包反应为

石灰石

$$CaCO_3 + SO_2 + 2H_2O \longrightarrow CaSO_3 \cdot 2H_2O + CO_2 \tag{15.16}$$

氧化钙

$$CaO + SO_2 + 2H_2O \longrightarrow CaSO_3 \cdot 2H_2O \tag{15.17}$$

如果这一反应过程是在溶液中进行的，则称之为**湿法**；如果是与水分蒸发后的颗粒反应，则称为**干法**。在湿法中，最终的产物二水合亚硫酸钙（$CaSO_3 \cdot 2H_2O$）在滞留罐中沉淀下来，并在水池或填埋坑中进行最后处理；而干法中，则用静电除尘器负责除去反应后的颗粒物。此外，还有一些其他治理 SO_x 的方法，详见文献[100,135,136]。在 2005 年，美国总共有 248 个电厂安装了 SO_x 脱除设备。这些设备大约占全部化石燃料发电厂容量的 25%。

15.5.5 温室气体

　　人类活动带来的气候变化是 21 世纪面临的难以克服的挑战。对气候变化贡献最大的是所谓的温室气体的排放。最重要的温室气体是二氧化碳(CO_2)、甲烷(CH_4)、氧化亚氮(N_2O)和各种氟化物。前三种都与化石燃料的燃烧相关。表 15.9 列出了大气中温室气体的寿命及其 20 年时限的全球变暖潜力[137]。HCFC-22 和 HFC-134a 是最常用的制冷剂。CO_2 的全球变暖潜能（GWP）设定为 1[137]。按每个分子计，甲烷和氧化亚氮的 GWP 要比 CO_2 大很多。而氟化物的 GWP 是 CO_2 的几千倍。由于温室气体的寿命很长，因此排放的减少需要很多年才会见效。图 15.26 显示了从 1990—2006 年美国各种温室气体的贡献率[138]。从图中可以看到，CO_2 占有绝对的主要贡献。

表 15.9　温室气体在大气中的寿命及其全球变暖潜能①

气体	化学式	寿命/年	20 年时限全球变暖潜势
二氧化碳	CO_2	95②	1
甲烷	CH_4	12	72
氧化亚氮	N_2O	114	289
HCFC-22	$CHClFH_2$	12	5160
HFC-134a	CH_2FCF_3	14	3830

① 除标注外数值来自文献[137]。

② 寿命的计算是用来自文献[137]的公式，用拟衰减到 $1/e$ 的时间。

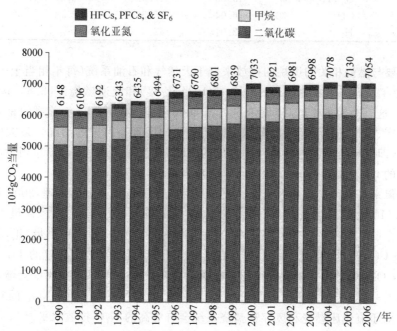

图 15.26　各种温室气体的贡献，用 10^{12} g 的 CO_2 当量来表示。（资料来源：文献[138]，从美国环保局改绘）

大气候变化中,温室气体的作用可以简单地表示为它们会吸收来自地球的红外辐射,从而导致地球表面的加热。但详细的物理过程十分复杂。这一复杂因素包括每一个参与的组分的复杂的光谱吸收和发射特性、温室气体与在大气中自然存在的水蒸气之间的辐射相互作用及大气中的温度分布等。对于想深入了解的读者,推荐参考文献[139,140]。

燃烧产生的 CO_2 是显而易见的:含碳燃料的有效燃烧基本上将燃料中的碳转化为了 CO_2。表 15.10 列出了几种燃料的 CO_2 排放因子和其单位燃料能量的排放因子。以单位能量的 CO_2 排放因子对燃料进行排列,煤有最高的值($0.0948 kg_{CO_2}/MJ$),是天然气值($0.0494 kg_{CO_2}/MJ$)的两倍。假设在相等的效率下,燃煤电厂转换为烧天然气可以大幅度降低 CO_2 排放量。表 15.10 的排列反映了燃料中的碳/氢比,当碳/氢比下降时,其 CO_2 排放因子也下降。由于氢中不含碳,因此其燃烧不会产生 CO_2。美国 CO_2 的排放量按燃料和终端用户分类显示在图 15.27 中[141]:其中占主要成分的是交通业和发电业。而煤和石油排放的总 CO_2 量基本相当。

表 15.10　各种燃料二氧化碳排放指数和排放因子

燃料	实际或等效的化学组成	摩尔质量/(kg/kmol)	高位热值/(MJ/kg)	CO_2 排放指数/($kg_{CO_2}/kg_{燃料}$)	CO_2 排放因子/(kg_{CO_2}/MJ)
煤(匹兹堡 8 号煤)	$C_{65}H_{52}NSO_3$	927.18	32.55	3.08	0.0948
柴油	$C_{12.3}H_{22.2}$	170.1	44.8	3.18	0.0710
汽油	$C_{7.9}H_{14.8}$	109.8	47.3	3.17	0.0669
乙醇	C_2H_5OH	46.06	29.7	1.91	0.0643
天然气	$C_{1.16}H_{4.32}N_{0.11}$	19.83	50.0	2.57	0.0515
甲烷	CH_4	16.04	55.53	2.74	0.0494
氢	H_2	2.016	142.0	0	0

美国主要与燃烧相关的甲烷的排放来自于天然气和石油系统(每年相当于 133.5×10^{12} g CO_2 当量/年)、固定燃烧源(6.6×10^{12} g CO_2 当量/年)和交通燃烧源(2.3×10^{12} g CO_2 当量/年)[142]。这三个源的 CH_4 排放量占美国 2006 年的 24.3%[142]。首要的是来自天然气和石油的生产、加工、储存、运输和配送。而最主要的因素是简单的渗漏。最大的人为源是肠发酵作用,即由反刍动物的呼吸作用排出的 CH_4(相当于 $13\,910^{12}$ g CO_2 当量/年)和垃圾填埋场排放的 CH_4(相当于 132.9×10^{12} g CO_2 当量/年)[142]。

氧化亚氮来自各种自然和人为源。美国最大的单源是农业土壤管理,2006 年的总排放量是 207.9×10^{12} g CO_2 当量/年,贡献了总的 N_2O 的排放量的 66.7%[143]。最大的 N_2O 燃烧源是机动车(30.1×10^{12} g CO_2 当量/年)、固定源(14.7×10^{12} g CO_2 当量/年)和垃圾焚烧(0.4×10^{12} g CO_2 当量/年)[143]。这三项相加相当于美国总 N_2O 排放量的 14.5%[143]。对于移动源,N_2O 主要是来自于三元催化转化器的痕量排放[144,145],其排放量会随着催化剂的寿命而增加[145]。对于固定源,从煤粉燃烧电厂排放的 N_2O 占总的 NO_x 的排放量不到 1%[146]。但对于流化床燃烧和废弃物焚烧系统会有更高的 N_2O 排放水平[147]。

没有与燃烧相关的卤烃类排放物的资料,卤烃类排放主要来自制冷剂的生产与使用、铝

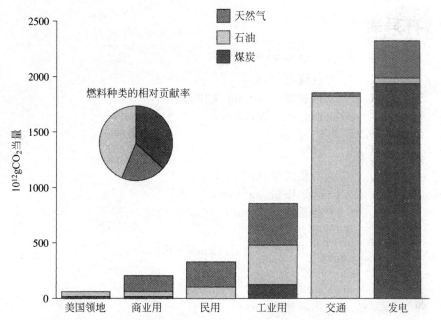

图 15.27 美国在 2006 年的 CO_2 排放量，按化石燃料燃烧的燃料种类和不同部门划分。单位是 10^{12} g。（资料来源：文献[141]，美国环保局数据）

和镁的生产与加工、半导体制造业和电功率转换器（SF6）[148]。

控制温室气体排入大气是一项不朽的工作。文献[149]提出了很多措施，当结合起来使用时可以大幅度地降低温室气体的排放。由于固定源是二氧化碳最大的排放源，在不久的将来，碳捕获与封存技术可能会成为一项重要的技术。联合国政府间气候变化专门委员会（IPCC）出版了一本书来致力于这一问题[150]。

15.6 小结

本章首先讨论了燃烧系统污染物排放的含义。读者需要了解一次污染物如 NO_x，CO，未燃和部分燃烧烃，颗粒物和 SO_x 的主要影响，即是哪些原因造成了上述污染？继而，调研了各种定量描述污染物的方法。所有度量的基础是简单组分或原子的平衡以及质量守恒。读者需要明白为什么在特定的应用中，某些度量方法更为有用，而且要学会这些量之间的互相转换。本章的另一个重点是污染物的形成与减排，先后讨论了预混和非预混系统两种情况。本章还包括了燃烧在温室气体排放中的作用的内容。许多涉及污染物形成的机理在前面的章节中都曾介绍过，特别是第 4，5，8，9 章。重温一下这些章节将有利于巩固读者对于本章的理解。虽然不是很全面，但本章中依然讨论了许多有关的实际设备及应用。学完本章后，读者应该能够比较深入地讨论最为重要的几种污染物的形成与控制机理以及如何应用于电火花点火发动机、工业燃气设备、电站锅炉、柴油机以及燃气轮机。

15.7　符号表

c_p	比定压热容，J/(kg·K)
d_j	射流直径，m
EI	排放因子，kg/kg 及相关
f	混合物分数，kg/kg
L	长度，m
m	质量，kg
$\dot{m}$	质量流量，kg/s
MW	摩尔质量，kg/kmol
N	物质的量，kmol
P	压力，Pa
R_u	通用气体常数，J/(kmol·K)
t	时间，s
T	温度，K
v_e	出口速度，m/s
W	宽度，m
$\dot{W}$	功率，W
x	燃料分子中 C 原子个数
y	燃料分子中 H 原子个数

希腊符号

Δh_c	燃烧热值，J/kg
ρ	密度，kg/m³
τ_G	整体停留时间，s
Φ	当量比
χ	摩尔分数
χ_R	辐射分数

下标

ad	绝热
c	碳烟形成的临界点
e	平衡
f	火焰
F	燃料
i	组分 i
mix	混合物
stoic	化学当量

其他

[X]	X 组分的摩尔浓度，kmol/m³

15.8　参考文献

1. Code of Federal Regulations, "National Primary and Secondary Ambient Air Quality Standards," Title 40, Vol. 2, Part 50, U.S. Government Printing Office, July 1997.

2. U.S. Environmental Protection Agency, National Ambient Air Quality Standards (NAAQS), http://www.epa.gov/air/criteria.html, updated 14 July 2009.

3. Koshland, C. P., "Impacts and Control of Air Toxics from Combustion," *Twenty-Sixth Symposium (International) on Combustion,* The Combustion Institute, Pittsburgh, PA, pp. 2049–2065, 1996.

4. U.S. Environmental Protection Agency, Modifications to the 112(b)1 Hazardous Air Pollutants, http://www.epa.gov/ttn/atw/pollutants/atwsmod.html, updated 24 July 2007.

5. Prather, M. J., and Logan, J. A., "Combustion's Impact on the Global Atmosphere," *Twenty-Fifth Symposium (International) on Combustion,* The Combustion Institute, Pittsburgh, PA, pp. 1513–1527, 1994.

6. Haagen-Smit, A. J., "Chemistry and Physiology of Los Angeles Smog," *Industrial Engineering Chemistry,* 44: 1342–1346 (1952).

7. Seinfeld, J. H., *Atmospheric Chemistry and Physics of Air Pollution,* John Wiley & Sons, New York, 1986.

8. Solomon, S., *et al.* (eds.), *Climate Change 2007—The Physical Science Basis,* Contribution of Working Group I to the Fourth Assessment Report of the Intergovernmental Panel on Climate Change, Cambridge University Press, New York, 2007.

9. Hansen, J., *et al.,* "Global Temperature Change," *Proceedings of the National Academy of Science,* 103: 14,288–14,293 (2006).

10. Hansen, J., *et al.,* "Climate Change and Trace Gases," *Philosophical Transactions of the Royal Society A,* 365: 1925–1954 (2007).

11. Hansen, J., *et al.,* "Dangerous Human-Made Interference with Climate: A GISS ModelE Study," *Atmospheric Chemistry and Physics,* 7: 2287–2312 (2007).

12. Whelpdale, D. M., Summers, P. W., and Sanhueza, E., "Global Overview of Atmospheric Acid Deposition Fluxes," *Environmental Monitoring and Assessment,* 48: 217–247 (1977).

13. Irwin, J. G., and Williams, M. L., "Acid Rain: Chemistry and Transport," *Environmental Pollution,* 50: 29–59 (1988).

14. Rua, A., Gimeno, L., and Hernandez, E., "Relationships between Air Pollutants Emission Patterns and Rainwater Acidity," *Toxicological and Environmental Chemistry,* 59: 199–207 (1997).

15. Driscoll, C. T., *et al.,* "Acidic Deposition in the Northeastern United States: Sources and Inputs, Ecosystem Effects, and Management Strategies," *BioScience,* 51: 180–198 (2001).

16. Driscoll, C. T., Driscoll, K. M., Roy, K. M., and Mitchell, M. J., "Chemical Response of Lakes in the Adirondack Region of New York to Declines in Acid Deposition," *Environmental Science & Technology,* 37: 2036–2042 (2003).

17. Chestnut, L. G., and Mills, D. M., "A Fresh Look at the Benefits and Costs of the U.S. Acid Rain Program," *Journal of Environmental Management,* 77: 252–266 (2005).

18. Dockery, D. W., Schwartz, J., and Spengler, J. D., "Air Pollution and Daily Mortality: Associations with Particulates and Acid Aerosols," *Environmental Research,* 59: 362–373 (1992).

19. Dockery, D. W., *et al.,* "An Association between Air Pollution and Mortality in Six U.S. Cities," *New England Journal of Medicine,* 329: 1753–1759 (1993).

20. Samet, J. M., Dominici, F., Curriero, F. C., Coursac, I., and Zeger, S. L., "Fine Particulate Air Pollution and Mortality in 20 U.S. Cities, 1987–1994, *New England Journal of Medicine,* 343: 1742–1749 (2000).

21. Bell, M. L., and Davis, D. L., "Reassessment of the Lethal London Fog of 1952: Novel Indicators of Acute and Chronic Consequences of Acute Exposure to Air Pollution," *Environmental Health Perspectives,* 109 (supplement 3): 389–394 (2001).

22. Kennedy, I. M., "The Health Effects of Combustion-Generated Aerosols," *Proceedings of the Combustion Institute,* 31: 2757–2770 (2007).

23. Oberdörster, G., Oberdörster, E., and Oberdörster, J., "Nanotoxicology: An Emerging Discipline Evolving from Studies of Ultrafine Particles," *Environmental Health Perspectives,* 113: 823–839 (2005).

24. Stivender, D. L., "Development of a Fuel-Based Mass Emission Measurement Procedure." SAE Paper 710604, 1971.

25. Federal Register, "Final Regulations for Revisions to the Federal Test Procedure for Emissions from Motor Vehicles," Volume 61, No. 205, 22 October 1996. See http://www.epa.gov/EPA-AIR/1996/October/Day-22/pr-23769.txt.html.

26. International Civil Aviation Organization, *Environmental Protection, Annex 16 to the Convention on International Civil Aviation, Volume II, Aircraft Engine Emissions, International Standards and Recommended Practices,* 3rd Ed., International Civil Aviation Organization, Montreal, July 2008.

27. Bowman, C. T., "Control of Combustion-Generated Nitrogen Oxide Emissions: Technology Driven by Regulations," *Twenty-Fourth Symposium (International) on Combustion,* The Combustion Institute, Pittsburgh, PA, pp. 859–878, 1992.

28. Dagaut, P., Glarborg, P., and Alzueta, M. U., "The Oxidation of Hydrogen Cyanide and Related Chemistry," *Progress in Energy and Combustion Science,* 34: 1–46 (2008).

29. Glarborg, P., "Hidden Interactions—Trace Species Governing Combustion and Emissions," *Proceedings of the Combustion Institute,* 31: 77–98 (2007).

30. Dean, A., and Bozzelli, J., "Combustion Chemistry of Nitrogen," in *Gas-Phase Combustion Chemistry* (Gardiner, W. C., Jr., ed.), Springer, New York, pp. 125–341, 2000.

31. Drake, M. C., and Blint, R. J., "Calculations of NO_x Formation Pathways in Propagating Laminar, High Pressure Premixed CH_4/Air Flames," *Combustion Science and Technology,* 75: 261–285 (1991).

32. Miller, J. A., and Bowman, C. T., "Mechanism and Modeling of Nitrogen Chemistry in Combustion," *Progress in Energy and Combustion Science,* 15: 287–338 (1989).

33. Glarborg, P., Miller, J. A., and Kee, R. J., "Kinetic Modeling and Sensitivity Analysis of Nitrogen Oxide Formation in Well-Stirred Reactors," *Combustion and Flame,* 65: 177–202 (1986).

34. Bachmeir, F., Eberius, K. H., and Just, Th., "The Formation of Nitric Oxide and the Detection of HCN in Premixed Hydrocarbon-Air Flames at 1 Atmosphere," *Combustion Science and Technology,* 7: 77–84 (1973).

35. Correa, S. M., and Smooke, M. D., "NO$_x$ in Parametrically Varied Methane Flames," *Twenty-Third Symposium (International) on Combustion,* The Combustion Institute, Pittsburgh, PA, pp. 289–295, 1990.

36. Rutar, T., Lee, J. C. Y., Dagaut, P., Malte, P. C., and Byrne, A. A., "NO$_x$ Formation Pathways in Lean-Premixed-Prevapourized Combustion of Fuels with Carbon-to-Hydrogen Ratios between 0.25 and 0.88," *Proceedings of the Institution of Mechanical Engineers, Part A: Journal of Power and Energy,* 221: 387–398 (2007).

37. Nebel, G. J., and Jackson, M. W., "Some Factors Affecting the Concentration of Oxides of Nitrogen in Exhaust Gases from Spark-Ignition Engines," *Journal of the Air Pollution Control Association,* 8: 213–219 (1958).

38. Komiyama, K., and Heywood, J. B., "Predicting NO$_x$ Emissions and Effects of Exhaust Gas Recirculation in Spark-Ignition Engines," SAE Paper 730475, 1973.

39. Quader, A. A., "Why Intake Charge Dilution Decreases NO Emissions from S. I. Engines," Paper 710009, *SAE Transactions,* 80: 20–30 (1971).

40. Dunn-Rankin, D. (ed.), *Lean Combustion: Technology and Control,* Academic Press, Burlington, MA, 2008.

41. Zhao, F., Asmus, T. W., Assanis, D. N., Dec, J. E., Eng, J. E., and Najt, P. M. (eds.), *Homogeneous Charge Compression Ignition (HCCI) Engines: Key Research and Development Issues,* PT-94, Society of Automotive Engineers, Inc., Warrendale, PA, 2003.

42. Dec, J. E., "Advanced Compression-Ignition Engines—Understanding In-Cylinder Processes, *Proceedings of the Combustion Institute,* 32: 2727–2742 (2009).

43. Siewert, R. M., and Turns, S. R., "The Staged Combustion Compound Engine (SCCE): Exhaust Emissions and Fuel Economy Potential," Paper 750889, *SAE Transactions,* 84: 2391–2420 (1975).

44. Newhall, H. K., "Kinetics of Engine-Generated Nitrogen Oxides and Carbon Monoxide," *Twelfth Symposium (International) on Combustion,* The Combustion Institute, Pittsburgh, PA, pp. 603–613, 1968.

45. Delichatsios, M. M., "The Kinetics of CO Emissions from an Internal Combustion Engine," S. M. Thesis, Massachusetts Institute of Technology, Cambridge, MA, June 1972.

46. Keck, J. C., and Gillespie, D., "Rate-Controlled Partial-Equilibrium Method for Treating Reacting Gas Mixtures," *Combustion and Flame,* 17: 237–241 (1971).

47. Heywood, J. B., *Internal Combustion Engine Fundamentals,* McGraw-Hill, New York, 1988.

48. Ishizawa, S., "An Experimental Study of Quenching Crevice Widths in the Combustion Chamber of a Spark-Ignition Engine," *Twenty-Sixth Symposium (International) on Combustion,* The Combustion Institute, Pittsburgh, PA, pp. 2605–2611, 1996.

49. Quader, A. A., "Lean Combustion and the Misfire Limit in Spark Ignition Engines," SAE Paper 741055, 1974.

燃烧学导论：概念与应用（第3版）

50. Hadjiconstantinou, N., Min, K., and Heywood, J. B., "Relationship between Flame Propagation Characteristics and Hydrocarbon Emissions under Lean Operating Conditions in Spark-Ignition Engines," *Twenty-Sixth Symposium (International) on Combustion,* The Combustion Institute, Pittsburgh, PA, pp. 2637–2644, 1996.

51. Jackson, M. W., "Effects of Some Engine Variables and Control Systems on Composition and Reactivity of Exhaust Hydrocarbons," SAE Paper 660404, 1966.

52. Mondt, J. R., "An Historical Overview of Emission-Control Techniques for Spark Ignition Engines: Part B—Using Catalytic Converters," in *History of the Internal Combustion Engine* (E. F. C. Sommerscales and A. A. Zagotta, eds.), ICE-Vol. 8, American Society of Mechanical Engineers, New York, 1989.

53. Kubsh, J. (ed.), *Advanced Three-Way Catalysts,* PT-123, Society of Automotive Engineers, Inc., Warrendale, PA, 2006.

54. Street, J. C., and Thomas, A., "Carbon Formation in Pre-mixed Flames," *Fuel,* 34: 4–36 (1955).

55. Glassman, I., *Combustion,* 3rd Ed., Academic Press, San Diego, CA, 1996.

56. Kittleson, D. B., "Engines and Nanoparticles: A Review," *Journal of Aerosol Science,* 29: 575–588 (1998).

57. Kim, E., and Hopke, P. K., "Identification of Fine Particle Sources in Mid-Atlantic U.S. Area," *Water, Air, and Soil Pollution,* 168: 391–421 (2005).

58. Kim, E., and Hopke, P. K., "Improving Source Apportionment of Fine Particles in the Eastern United States Utilizing Temperature-Resolved Carbon Fractions," *Journal of the Air & Waste Management Association,* 55: 1456–1463 (2005).

59. Regulation (EC) No. 715/2007 of the European Parliament and of the Council of 20 June 2007 on type approval of motor vehicles with respect to emissions from light duty and commercial vehicles (Euro 5 and Euro 6) and on access to vehicle repair and maintenance information, *Official Journal of the European Union,* L 171/1–16, 29.6.2007.

60. Turns, S. R., "Understanding NO_x Formation in Nonpremixed Flames: Experiments and Modeling," *Progress in Energy and Combustion Science,* 21: 361–385 (1995).

61. Driscoll, J. F., Chen, R.-H., and Yoon, Y., "Nitric Oxide Levels of Turbulent Jet Diffusion Flames: Effects of Residence Time and Damköhler Number," *Combustion and Flame,* 88: 37–49 (1992).

62. Frank, J. H., Barlow, R. S., and Lundquist, C., "Radiation and Nitric Oxide Formation in Turbulent Non-Premixed Jet Flames," *Proceedings of the Combustion Institute,* 28: 447–454 (2000).

63. Wang, L., Haworth, D. C., Turns, S. R., and Modest, M. F., "Interactions among Soot, Thermal Radiation, and NO_x Emissions in Oxygen-Enriched Turbulent Nonpremixed Flames: A Computational Fluid Dynamics Modeling Study," *Combustion and Flame,* 141: 170–179 (2005).

64. Wang, L., Modest, M. F., Haworth, D. C., and Turns, S. R., "Modelling Nongrey Gas-Phase and Soot Radiation in Luminous Turbulent Nonpremixed Jet Flames," *Combustion Theory and Modelling,* 9: 479–498 (2005).

65. Turns, S. R., and Myhr, F. H., "Oxides of Nitrogen Emissions from Turbulent Jet Flames: Part I—Fuel Effects and Flame Radiation," *Combustion and Flame,* 87: 319–335 (1991).

66. Turns, S. R., Myhr, F. H., Bandaru, R. Y., and Maund, E. R., "Oxides of Nitrogen Emissions from Turbulent Jet Flames: Part II—Fuel Dilution and Partial Premixing Effects," *Combustion and Flame,* 43: 255–269 (1993).

67. Røkke, N. A., Hustad, J. E., Sønju, O. K., and Williams, F. A., "Scaling of Nitric Oxide Emissions from Buoyancy-Dominated Hydrocarbon Turbulent-Jet Diffusion Flames," *Twenty-Fourth Symposium (International) on Combustion,* The Combustion Institute, Pittsburgh, PA, pp. 385–393, 1992.

68. U.S. Environmental Protection Agency, Technology Transfer Network, Clearinghouse for Inventories and Emission Factors, http://www.epa.gov/ttn/chief/index.html, updated 5 May 2008.

69. U.S. Environmental Protection Agency, AP 42, Fifth Edition, Compilation of Air Pollutant Emission Factors, Volume 1: Stationary and Area Sources, http://www.epa.gov/ttn/chief/ap42, updated 7 October 2009.

70. South Coast Air Quality Management District, Regulation XI, Source Specific Standards, http://www.aqmd.gov/rules/reg/reg11_tofc.html. Accessed 9 October 2009.

71. Bluestein, J., "NO$_x$ Controls for Gas–Fired Industrial Boilers and Combustion Equipment: A Survey of Current Practices," GRI-92/0374, Gas Research Institute Report, October 1992.

72. U.S. Environmental Protection Agency, "Nitrogen Oxide Control of Stationary Combustion Sources," EPA-625/5-86/020, July 1986.

73. Baukal, C. E., Jr. (ed.), *Industrial Burners Handbook,* CRC Press, Boca Raton, FL, 2004.

74. Wünning, J. A., and Wünning, J. G., "Flameless Oxidation to Reduce Thermal NO-Formation," *Progress in Energy and Combustion Science,* 23: 81–94 (1997).

75. Baukal, C. E., Jr. (ed.), *Oxygen-Enhanced Combustion,* CRC Press, Boca Raton, FL, 1998.

76. Cavaliere, A., Joannon, M., and Ragucci, R., "Chapter 3: Highly Preheated Lean Combustion," Dunn-Rankin, D. (ed.), *Lean Combustion: Technology and Control,* Academic Press, Burlington, MA, 2008.

77. Waibel, R. T., Price, D. N., Tish, P. S., and Halprin, M. L., "Advanced Burner Technology for Stringent NO$_x$ Regulations," API Midyear Refining Meeting, Orlando, FL, 8 May 1990.

78. Cavaliere, A., and de Joannon, M., "Mild Combustion," *Progress in Energy and Combustion Science,* 30: 329–366 (2004).

79. Lani, B. W., Feeley, T. J. III, Miller, C. E., Carney, B. A., and Murphy, J. T., "DOE/NETL's NO$_x$ Emissions Control R&D Program—Bringing Advanced Technology to the Marketplace," *DOE/NETL NO$_x$ R&D Overview,* April 2008.

80. Wendt, J. O. L., Sternling, C. Y., and Matovich, M. A., "Reduction of Sulfur Trioxide and Nitrogen Oxides by Secondary Fuel Injection," *Fourteenth Symposium (International) on Combustion,* The Combustion Institute, Pittsburgh, PA, pp. 897–904, 1973.

81. U.S. Environmental Protection Agency, "Sourcebook: NO_x Control Technology Data," EPA-600/2-91/029, Control Technology Center, July 1991.

82. Glarborg, P., Alzueta, M. U., Dam-Johansen, K., and Miller, J. A., "Kinetic Modeling of Hydrocarbon/Nitric Oxide Interactions in a Flow Reactor," *Combustion and Flame,* 115: 1–27 (1998).

83. Zamansky, Y. M., Ho, L., Maly, P. M., and Seeker, W. R., "Reburning Promoted by Nitrogen- and Sodium-Containing Compounds," *Twenty-Sixth Symposium (International) on Combustion,* The Combustion Institute, Pittsburgh, PA, pp. 2075–2082, 1996.

84. Lanier, W. S., Mulholland, J. A., and Beard, J. T., "Reburning Thermal and Chemical Processes in a Two-Dimensional Pilot-Scale System," *Twenty-First Symposium (International) on Combustion,* The Combustion Institute, Pittsburgh, PA, pp. 1171–1179, 1986.

85. Chen, S. L., *et al.*, "Bench and Pilot Scale Process Evaluation of Reburning for In-Furnace NO_x Reduction," *Twenty-First Symposium (International) on Combustion,* The Combustion Institute, Pittsburgh, PA, pp. 1159–1169, 1986.

86. Lyon, R. K., "The NH_3-NO-O_2 Reaction," *International Journal of Chemical Kinetics,* 8: 315–318 (1976). (See also U.S. Patent 3,900,554, 1975.)

87. Perry, R. A., and Siebers, D. L., "Rapid Reduction of Nitrogen Oxides in Exhaust Gas Streams," *Nature,* 324: 657–658 (1986).

88. Muzio, L. J., Quartucy, G. C., and Chichanowiczy, J. E., "Overview and Status of Post-Combustion NO_x Control: SNCR, SCR and Hybrid Technologies," *International Journal of Environment and Pollution,* 17: 4–30 (2002).

89. Chen, S. L., *et al.*, "Advanced NO_x Reduction Processes Using -NH and -CN Compounds in Conjunction with Staged Air Addition," *Twenty-Second Symposium (International) on Combustion,* The Combustion Institute, Pittsburgh, PA, pp. 1135–1145, 1988.

90. Heap, M. P., Chen, S. L., Kramlick, J. C., McCarthy, J. M., and Pershing, D. W., "Advanced Selective Reduction Processes for NO_x Control," *Nature,* 335: 620–622 (1988).

91. Muzio, L. J., Montgomery, T. A., Quartucy, G. C., Cole, J. A., and Kramlick, J. C., "N_2O Formation in Selective Non-Catalytic NO_x Rejection Processes," *Proceedings: 1991 Joint Symposium on Stationary Combustion NO_x Control,* Vol. 2, EPRI GS-7447, Electric Power Research Institute, Palo Alto, CA, pp. 5A73–5A96, November 1991.

92. Kjærgaard, K., Glarborg, P., Dam-Johansen, K., and Miller, J. A., "Pressure Effects on the Thermal De-NO_x Process," *Twenty-Sixth Symposium (International) on Combustion,* The Combustion Institute, Pittsburgh, PA, pp. 2067–2074, 1996.

93. Srivastava, R. K., Hall, R. E., Khan, S., Culligan, K., and Lani, B. W., "Nitrogen Oxides Emission Control Options for Coal-Fired Electric Utility Boilers," *Journal of the Air & Waste Management Association,* 55: 1367–1388 (2005).

94. May, P. A., Campbell, L. M., and Johnson, K. L., "Environmental and Economic Evaluation of Gas Turbine SCR NO, Control," *Proceedings: 1991 Joint Symposium on Stationary Combustion NO_x, Control,* Vol. 2, EPRI GS-7447, Electric Power Research Institute, Palo Alto, CA, pp. 5BI9–5B36, November 1991.

95. Behrens, E. S., Ikeda, S., Teruo, Y., Mittelbach, G., and Makato, Y., "SCR Operating Experience on Coal-Fired Boilers and Recent Progress," *Proceedings: 1991 Joint Symposium on Stationary Combustion NO_x Control,* Vol. I, EPRI GS7447, Electric Power Research Institute, Palo Alto, CA, pp. 4B59–4B77, November 1991.

96. Robie, C. P., Ireland, P. A., and Cichanowicz, J. E., "Technical Feasibility and Cost of SCR for U.S. Utility Application," *Proceedings: 1991 Joint Symposium on Stationary Combustion NO_x Control,* Vol. 1, EPRI GS-7447, Electric Power Research Institute, Palo Alto, CA, pp. 4B81–4Bl00, November 1991.

97. U.S. Environmental Protection Agency, "Nitrogen Oxides," http://www.epa.gov/air/emissions/nox.htm, updated on 21 October 2008.

98. U. S. Energy Information Agency, "Electricity," http://www.eia.doe.gov/fuelelectric.html. Accessed 30 July 2008.

99. Bowman, C. T., "Kinetics of Pollutant Formation and Destruction in Combustion," *Progress in Energy and Combustion Science,* 1: 33–45 (1975).

100. Miller, B. G., *Coal Energy Systems,* Elsevier Academic Press, Burlington, MA, 2005.

101. Miller, B. G., and Tillman, D. A., *Combustion Engineering Issues for Solid Fuel Systems,* Elsevier Academic Press, Burlington, MA, 2008.

102. Sarofim, A. F., and Flagan, R. C., "NO_x Control for Stationary Combustion Sources," *Progress in Energy and Combustion Sciences,* 2: 1–25 (1976).

103. Rosenberg, H. S., Curran, L. M., Slack, A. Y., Ando, J., and Oxley, J. H., "Post Combustion Methods for Control of NO_x Emissions," *Progress in Energy and Combustion Science,* 6: 287–302 (1980).

104. Johnson, T. V., "Diesel Emission Control in Review," SAE Technical Paper Series, 2008-01-0069, SAE International, Warrendale, PA (2008).

105. Plee, S. L., Ahmad, T., Myers, J. P., and Faeth, G. M., "Diesel NO_x Emissions—A Simple Correlation Technique for Intake Air Effects," *Nineteenth Symposium (International) on Combustion,* The Combustion Institute, Pittsburgh, PA, pp. 1495–1502, 1983.

106. Ahmad, T., and Plee, S. L., "Application of Flame Temperature Correlations to Emissions from a Direct-Injection Diesel Engine," Paper 831734, *SAE Transactions,* 92: 4.910–4.921 (1983).

107. Johnson, T. V., "Diesel Emission Control in Review," SAE Technical Paper Series, 2006-01-0233, SAE International, Warrendale, PA (2006).

108. Charlton, S. J., "Developing Diesel Engines to Meet Ultra-Low Emission Standards," SAE paper 2005-01-3628, in *Diesel Exhaust Aftertreatment 2000–2007,* PT-126 (M. Khair and F. Millo, eds.) SAE International, Warrendale, PA, pp. 41–77, 2008.

109. Zheng, M., Reader, G. T., and Hawley, J. G., "Diesel Engine Exhaust Gas Recirculation—A Review on Advanced and Novel Concepts," *Energy Conversion and Management,* 45: 883–900 (2004).

110. Schmitz, P. J., and Baird, R. J., "NO and NO_2 Adsorption on Barium Oxide: Model Study of the Trapping Stage of NO_x Conversion via Lean NO_x Traps," *Journal of Physical Chemistry B,* 106: 4172–4180 (2002).

111. Epling, W. S., Campbell, L. E., Yezerets, A., Currier, N. W., and Parks, J. E. III, "Overview of the Fundamental Reactions and Degradation Mechanisms of NO_x Storage / Reduction Catalysts," *Catalysis Reviews,* 46: 163–245 (2004).

112. Geckler, S., *et al.,* "Development of a Desulfurization Strategy for a NO_x Adsorber Catalyst System," SAE paper 2001-01-0510, in *Diesel Exhaust Aftertreatment 2000–2007,* PT-126 (M. Khair and F. Millo, eds.), SAE International, Warrendale, PA, pp. 427–435, 2008.

113. Parks, J., *et al.,* "Sulfur Control for NO_x Sorbate Catalysts: Sulfur Sorbate Catalysts and Desulfation," SAE Technical Paper Series, 2001-01-2001, SAE International, Warrendale, PA (2001).

114. Amberntsson, A., Skoglundh, M., Ljungström, S., and Fridell, E., "Sulfur Deactivation of NO_x Storage Catalysts: Influence of Exposure Conditions and Noble Metal," *Journal of Catalysis,* 217: 253–263 (2003).

115. Brandenberger, S., Kröchner, O., Tissler, A., and Althoff, R., "The State of the Art in Selective Catalytic Reduction of NO_x by Ammonia Using Metal-Exchanged Zeolite Catalysts," *Catalysis Reviews,* 50: 492–531 (2008).

116. Blint, R. C., Koermer, G., and Fitzgerald, G., "Discovery of New NO_x Reduction Catalysts for CIDI Engines Using Combinatorial Techniques," Ultra Clean Transportation Fuels Program, Annual Technical Progress Report (FY05), February 2006. (See http://www.osti.gov/bridge/servlets/purl/907773-jXQ5I2/907773.pdf.)

117. Correa, S. M., "A Review of NO Formation Under Gas-Turbine Combustion Conditions," *Combustion Science and Technology,* 87: 329–362 (1992).

118. Forzatti, P., "Present Status and Perspectives in De-NO_x SCR Catalysis," *Applied Catalysis A: General,* 222: 221–236 (2001).

119. McDonell, V., "Chapter 5: Lean Combustion in Gas Turbines," Dunn-Rankin, D. (ed.), *Lean Combustion: Technology and Control,* Academic Press, Burlington, MA, 2008.

120. Leonard, G., and Stegmaier, J., "Development of an Aeroderivative Gas Turbine Dry Low Emissions Combustion System," *Transactions of the ASME, Journal of Engineering for Gas Turbines and Power,* 116: 542–546 (1994).

121. Myers, G., *et al.,* "Dry, Low Emissions for the 'H' Heavy-Duty Industrial Gas Turbine: Full-Scale Combustion System Rig Test Results," Paper GT2003-38193, *Proceedings of 2003 ASME Turbo Expo: Power for Land, Sea, and Air,* 16–19 June 2003, Atlanta, GA.

122. Pritchard, J., "H-System™ Technology Update" Paper GT2003-38711, *Proceedings of 2003 ASME Turbo Expo: Power for Land, Sea, and Air,* 16–19 June 2003, Atlanta, GA.

123. Feigl, M., Setzer, F., Feigl-Varela, R., Myers, G. D., and Sweet, B, "Field Test Validation of the DLN2.5H Combustion System on the 9H Gas Turbine at Baglan Bay Power Station," Paper GT2005-68843, *Proceedings of GT2005 ASME Turbo Expo 2005: Power for Land, Sea, and Air,* 6–9 June 2005, Reno-Tahoe, NV.

124. Huang, Y., and Yang, V., "Dynamics and Stability of Lean-Premixed Swirl-Stabilized Combustion, *Progress in Energy and Combustion Science,* 35: 293–364 (2009).

125. Rizk, N. K., and Mongia, H. C., "Three-Dimensional NO_x Model for Rich/Lean Combustor," AIAA Paper AIAA-93-0251, 1993.

126. Stouffer, S. D., Ballal, D. R., Zelina, J., Shouse, D. T., Hancock, R. D., and Mongia, H. C., "Development and Combustion Performance of a High-Pressure WSR and TAPS Combustor," AIAA paper AIAA 2005-1416, 43rd AIAA Aerospace Sciences Meeting and Exhibit, 10–13 January 2005, Reno, NV.

127. Mongia, H. C., "TAPS—A 4th Generation Propulsion Combustor Technology for Low Emissions," AIAA paper AIAA 2003-2657, AIAA/ICAS International Air and Space Symposium and Exposition, 14–17 July 2003, Dayton, OH.

128. Greeves, G., Khan, I. M., Wang, C. H. T., and Fenne, I., "Origins of Hydrocarbon Emissions from Diesel Engines," SAE Paper 770259, 1977.

129. Levins, P. C., Kendall, D. A., Caragay, A. B., Leonardos, G., and Oberholter, J. E., "Chemical Analysis of Diesel Exhaust Odor Species," SAE Paper 740216, 1974.

130. Kostandopoulos, A. G., *et al.,* "Fundamentals Studies of Diesel Particulate Filters: Transient Loading, Regeneration and Aging," SAE Paper 2000-01-1016, in *Diesel Exhaust Aftertreatment 2000–2007,* PT-126 (M. Khair and F. Millo, eds.), SAE International, Warrendale, PA, pp. 119–141, 2008.

131. Khair, M., and Millo, F. (eds.), *Diesel Exhaust Aftertreatment 2000–2007,* PT-126, SAE International, Warrendale, PA, 2008.

132. Lefebvre, A. H., *Gas Turbine Combustion,* Hemisphere, Washington, DC, 1983.

133. Anon., "Standard Specification for Automotive Spark-Ignition Engine Fuel, Designation: D 4814 – 08b," ASTM International, West Conshohocken, PA, 2008.

134. Anon., "Standard Test Method for Cetane Number of Diesel Fuel Oil, Designation: D 613 – 08b," ASTM International, West Conshohocken, PA, 2008.

135. Flagan, R. C, and Seinfeld, J. H., *Fundamentals of Air Pollution Engineering,* Prentice Hall, Englewood Cliffs, NJ, 1988.

136. Heinsohn, R. J., and Kabel, R. L., *Sources and Control of Air Pollution,* Prentice Hall, Upper Saddle River, NJ, 1999.

137. Solomon, S., *et al.,* (eds.), *Climate Change 2007—The Physical Science Basis,* Contribution of Working Group I to the Fourth Assessment Report of the Intergovernmental Panel on Climate Change, Cambridge University Press, 2007.

138. U.S. Environmental Protection Agency, "U.S. Greenhouse Gas Inventory," http://www.epa.gov/climatechange/emissions/usgginventory.html, updated on 8 September 2009.

139. Clough, S. A., and Iacono, M. J., "Line-by-Line Calculation of Atmospheric Fluxes and Cooling Rates. 2. Application to Carbon Dioxide, Ozone, Methane, Nitrous Oxide and the Halocarbons," *Journal of Geophysical Research,* 100: 16,519–16,535 (1995).

140. Bohren, C. F., and Clothiaux, E., *Fundamentals of Atmospheric Radiation,* Wiley –VCH, Weinheim, Germany, 2006.

141. U.S. Environmental Protection Agency, "Human-Related Sources and Sinks of Carbon Dioxide," http://www.epa.gov/climatechange/emissions/co2_human.html, updated on 8 October 2009.

142. U.S. Environmental Protection Agency, "Methane," http://www.epa.gov/methane/sources.html, updated on 20 July 2009.

143. U.S. Environmental Protection Agency, "Nitrous Oxide," http://www.epa.gov/nitrousoxide/sources.html, updated on 20 July 2009.

144. Becker, K. H., *et al.,* "Nitrous Oxide (N_2O) Emissions from Vehicles," *Environmental Science & Technology,* 33: 4,134–4,139 (1999).

145. Odaka, M., Koike, N., and Suzuki, H., "Influence of Catalyst Deactivation on N_2O Emissions from Automobiles," *Chemosphere—Global Change Science,* 2: 413–423 (2000).

146. Yokoyama, T., Nishinomiya, S., and Matsuda, H., "N_2O Emissions from Fossil Fuel Power Plants," *Environmental Science & Technology,* 25: 347–348 (1991).

147. Blok, K., and De Jager, D., "Effectiveness of Non-CO_2 Greenhouse Gas Emission Reduction Technologies," *Environmental Monitoring and Assessment,* 31: 17–40 (1994).

148. U.S. Environmental Protection Agency, "High Global Warming Potential (GWP) Gases," http://www.epa.gov/highgwp/sources.html, updated on 16 July 2009.

149. Pacala, S., and Socolow, R., "Stabilization Wedges: Solving the Climate Problem for the Next 50 Years with Current Technologies," *Science,* 305: 968–972 (2004).

150. Metz, B., Davidson, O., Coninck, H., Loos, M., and Meyer, L. (eds.), *IPCC Special Report on Carbon Dioxide Capture and Storage,* Cambridge University Press, New York, 2005.

15.9 思考题和习题

15.1 列出本章中所有的黑体字,讨论它们的意义和重要性。

15.2 讨论下列物质对环境和人类的影响:一氧化氮、三氧化硫、未燃烃、一氧化碳和柴油机排放的颗粒物。

15.3 一股燃烧产物中含氧气 5%,测得一氧化氮的"湿基"含量(摩尔分数)为 375×10^{-6},问:若经折算到氧气含量为 3%时,一氧化氮的含量是降低、升高、还是不变?若改为"干基"物质测量,则一氧化氮的含量是降低、升高,还是不变?

15.4 一个乙烷燃烧器,废气摩尔组分的测量结果为:$\chi_{CO_2} = 0.110$,$\chi_{O_2} = 0.005$,$\chi_{H_2O} = 0.160$,$\chi_{NO} = 185 \times 10^{-6}$,计算一氧化氮的排放因子。假设一氧化碳和未燃烃浓度可以忽略。探讨"湿基"浓度和"干基"浓度对计算结果有无影响。

15.5 电厂中的一台天然气固定式燃气轮机。一氧化氮的废气排放量为 20×10^{-6}(体积比(摩尔分数))。氧气的体积比为 13%,且没有后续处理措施(SNCR 或 SCR)。

(1) 氧气浓度为 3%时,一氧化氮的折算浓度是多少(摩尔分数)?

(2) 确定 NO_x 的排放因子,单位取燃烧每单位千克燃料所排出的 NO_x(单位为 g)(当量的 NO_2)。假设天然气成分均为甲烷。

(3) 这台发动机是否符合《加利福尼亚南海岸空气质量地区管理标准——法规 1134》的排放标准?

15.6　对一台重型自然吸气式柴油机进行测功实验。工作状态下的空燃比为 21∶1，燃料流量为 4.89×10^{-3}kg/s，发动机提供的制动力为 80kW。多组分燃料的当量分子式为 $C_{12}H_{22}$。废气中未燃烃浓度(摩尔分数)测量值为 $120 \times 10^{-6}C_1$(湿基)。

(1) 求干基下未燃烃的浓度。

(2) 求发动机未燃烃的排放因子(g/kg)。假设未燃 C_1 当量化合物的氢-碳比与原始燃料相同。

(3) 求发动机单位制动下的比未燃烃排放，单位 g/(kW·h)。

15.7　一个工程师设计运行一套飞机发动机的燃烧实验系统，所用燃料为异辛烷(C_8H_{18})，并用图示的采样系统采集燃气测量烟气。

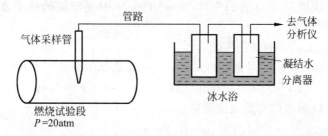

用水冷气体采样管采集已燃的高温气体。采集到的气体经过冷凝槽(冰水浴)除去水分，确保被分析的样品为干气体。

气体分析仪分析的结果为体积比(摩尔分数)：CO_2，8.44%；O_2，8.79%；NO_x，76×10^{-6}；CO，44×10^{-6}；未燃烃，15×10^{-6}。

(1) 求含氧量 15% 的干基条件下，NO_x，CO 和未燃烃的浓度各是多少(摩尔分数)？

(2) 求含氧量 3% 的干基条件下，NO_x，CO 和未燃烃的浓度各是多少(摩尔分数)？

(3) 求 NO_x 的排放因子，单位取 g/kg。

15.8　一家电站公司负责运行一个 250MW 装机容量的联合循环电站，所用燃料为甲烷(CH_4)。一个政府的检验员来到该电站对其污染物排放做检验。如果电站排放的 NO_x 大于 25×10^{-6}(摩尔分数，含氧量 15% 的干基准下)，电站就不能运行。

检验员从烟囱中采集了一个气体样本，然后用便携式气体分析仪分析了干基准气体组分，结果如下：CO_2，4.4%；O_2，14.5%；NO_x，29×10^{-6}；CO，42×10^{-6}。

(1) 根据检验员的检验结果，按照含氧量 15% 换算，该电站 NO_x 的排放量是多少？是否达到运行标准？

(2) 电站主管让总工程师重新核算检验员的实验计算结果。电站运行总的当量比为 0.4。在这个基础上，假设完全燃烧，计算干基准下的氧含量，带入检验员的氧含量分析仪中的读数。运用新的氧浓度，重新计算 NO_x 的排放浓度。请问，这次的计算结果是否达到标准？检验员是否需要检查他的氧含量分析仪，并再次到电站重新进行检测？

15.9　燃料(CH_4)和空气以化学当量比进行理想燃烧。假设反应物和产物无离解现象，且具有相等、恒定的比热容，1200J/(kg·K)。设燃料燃烧热值为 4×10^7J/K。

（1）设反应物和循环气的温度均为 300K。现有三种烟气再循环工况：含未稀释反应物 0，10% 和 20%，试求定压绝热燃烧温度。

（2）设循环气温度为 1200K，空气和燃料温度为 300K，重新计算（1）。

（3）讨论两种情况下计算的 NO_x 生成结果的含义。

15.10 解释各种一氧化氮形成机理的区别，它们是：简单热力型（泽利多维奇），超平衡型，和快速费尼莫尔型。如果必要，请运用第 5 章的相关知识。

15.11 推导热力型 NO 的 $d[NO]/dt$ 表达式，假设 $[O]$ 浓度平衡，$[N]$ 处于稳态。忽略逆反应。将 $[O]$ 作为变量消去，通过平衡反应方程式 $\frac{1}{2}O_2 \Longleftrightarrow O$ 用 $[O_2]_e$ 代替。

提示：最终的结果只应包括 $O+N_2 \longrightarrow NO+N$ 中正反应的速率常数 k_1，平衡常数 K_p，$[O_2]_e$，$[N_2]_e$ 和温度。

*15.12 从习题 15.11 的结论出发：

（1）将所得结果从物质的量浓度（$kmol/m^3$）折算成摩尔分数。

（2）若 $k_1 = 7.6 \times 10^{10} \exp(-38\,000/T(K))$，$K_p = 3.6 \times 10^3 \exp(-31\,090/T(K))$，试计算下列情况下 NO 形成的初始反应速率。

① $\chi_{O_2,e} = 0.20$，$\chi_{N_2,e} = 0.67$，$T = 2000K$，$P = 1atm$；

② $\chi_{O_2,e} = 0.10$，$\chi_{N_2,e} = 0.67$，$T = 2000K$，$P = 1atm$；

③ $\chi_{O_2,e} = 0.05$，$\chi_{N_2,e} = 0.67$，$T = 2000K$，$P = 1atm$；

④ $\chi_{O_2,e} = 0.20$，$\chi_{N_2,e} = 0.67$，$T = 1800K$，$P = 1atm$；

⑤ $\chi_{O_2,e} = 0.20$，$\chi_{N_2,e} = 0.67$，$T = 2200K$，$P = 1atm$。

（3）将（2）中的计算结果用图形画出，分别表示 $\chi_{O_2,e}$ 和 T 对初始反应速率的影响，并讨论。

15.13 讨论电火花点火发动机和燃气轮机中产生未燃烃的根本原因。在柴油机中，哪个源是前两种发动机中所没有的？

15.14 在电火花点火发动机尾部烟道测得的 CO 排放浓度（摩尔分数）为 2000×10^{-6}。而计算显示，尾部烟道条件下 CO 的平衡浓度为 2×10^{-6}，试解释这 2000×10^{-6} 从何而来？

*15.15 用前言所提网站中的平衡计算程序计算甲烷-空气燃烧产物的平衡组分。当量比的范围取 1.0～1.4。其他条件如下：① $T = 2000K$，$P = 10atm$；② $T = 925K$，$P = 1atm$。

（1）在同一张图上，画出上述两种情况下，CO 摩尔分数随 Φ 的变化。

（2）假设情况①为 SI 发动机膨胀过程前的一点，情况②则类似于尾部烟道的参数，那么（1）中所作的图形意义何在？

15.16 讨论燃烧过程中，为什么宁可生成 SO_2，也不希望生成 SO_3。

15.17 一台燃油工业锅炉，用二号油做燃料。在含氧量基准为 3% 的条件下，试估计烟气中 SO_2 的浓度范围。

第 16 章

爆震燃烧

16.1 概述

本章将探究爆震波与火焰(缓燃波)之间的差别,并仿照前面对于火焰的分析方法,来对爆震波进行简单的一维分析,并从分析中推导出一些近似公式来估算爆震速度。本章结尾,还将简要讨论理想的一维爆震波以及复杂的三维实际爆震波的结构。

16.2 物理描述

16.2.1 定义

在第 8 章中,我们将爆震简单定义为以超声速传播的燃烧波。下面将用激波的概念来定义爆震(激波这个概念可以在流体力学课本中找到)。**爆震**是一种由燃烧所释放的能量维持的**激波**,而燃烧过程本身又是由激波的压缩产生高温而引起的。因而,爆震过程综合了流体力学特性、激波和热化学过程(燃烧)等的交互作用。[①]

16.2.2 主要特征

如果在一个长长的单面开口的管子中充入可燃混合物,并在封闭端点燃,则火焰经过一段距离的传播就会变为爆震。在这种情况下,由于火焰与封闭端之间燃烧产物的膨胀,会导致在封闭端发起的火焰在混合物中的传播加快。这种加速过程使得在燃烧区域的前方形成超声速传播的激波。

如图 16.1 所示是包含爆震波的控制体积。以实验装置为参照系,爆震波向下游传播,即在图 16.1 中由右向左传播。当然,如果将坐标系建在爆震波上,则该波就是静止的,反应物进入控制体的速度为 $v_{x,1}$,燃烧产物离开控制体的速度为 $v_{x,2}$。爆震波上、下游特性的定性差异和普通**正激波**上、下游物性参数的差异基本类似。最大的不同在于,正激波下游流速通常为

---

① 部分文献中,将爆震定义为可燃混合物快速、均匀的能量释放,即爆炸。例 6.1 用这一定义来解释内燃机敲缸现象。

亚声速,而爆震波下游的流速则总是等于当地声速。

为了定量的比较正激波（无燃烧）、爆震波和缓燃波,表 16.1 给出了三种波上、下游的马赫数（$Ma \equiv v/c$）和各种下游、上游参数的比值。从表 16.1 可以看到,正激波的各参数比值与爆震波的类似,而且具有相同的数量级。需要指出的是,如前所述,爆震波下游的 $v_{x,2}$ 就是当地声速。与爆震波不同,对于缓燃波而言,穿过火焰区下游的马赫数要高于上游[①],沿着火焰区速度剧烈增加,但密度却显著减小。这些缓燃波的变化趋势与正激波、爆震波的趋势恰恰相反。

另一个显著的不同是,缓燃燃烧（普通火焰）中压力几乎是常数（实际上略有减小）,而爆震燃烧的主要特性之一就是下游区的高压。爆震波、缓燃波和正激波唯一共同的特点是波前、后温度都升高很多。

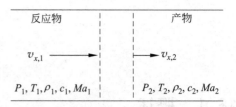

图 16.1　在等面积管内的一维爆震波,坐标系固定在波上。

表 16.1　正激波、爆震波、缓燃波的参数对比

性质	正激波[a]	爆震波[b]	缓燃波[c]
Ma_1	5.0	5～10	0.001
Ma_2	0.42	1.0	0.003
$v_{x,2}/v_{x,1}$	0.20	0.4～0.7	7.5
P_2/P_1	29	13～55	≈ 1
T_2/T_1	5.8	8～21	7.5
ρ_2/ρ_1	5.0	1.7～2.6	0.13

a 空气,$\gamma = 1.4$,上游马赫数设为 5.0。

b 由文献[1]给出。

c 甲烷-空汽化学当量绝热层流燃烧,常压,初始温度为 298K。

16.3　一维分析

虽然真正的爆震燃烧有着明显的三维结构特征,但还是有必要首先对其进行一维分析。1899 年,查普曼（Chapman）第一次试图解释爆震燃烧时用的就是一维模型[2],这一理论直至今日依然十分有效,为更好地理解爆震中的细节问题奠定了基础。

16.3.1　假设

如果所选择的控制体（见图 16.1）上、下游的边界上都没有温度或组分浓度梯度,则对

---

① 此时马赫数的值很小,因而马赫数不是评价缓燃波的有效参数。

于下面要进行的相对严格的一维分析,只需要如下假设:

(1) 一维、稳定流;

(2) 面积恒定;

(3) 理想气体;

(4) 所有比热容相等且恒定;

(5) 忽略体积力;

(6) 绝热(对环境无热损失)。

这些假设与以前在热力学和流体力学中对于正激波一维分析的假设是一样的。

16.3.2　守恒定律

由于流体是一维稳定流,则容易写出控制体(见图 16.1 中虚线体)守恒定律的积分表达式。

1. 质量守恒

对于稳定流动,质量流量 $\dot{m}$ 是守恒的,而且,如果控制体的面积不变,则质量通量($\dot{m}'' = \dot{m}/A$)也是守恒的。所以有

$$\dot{m}'' = \rho_1 v_{x,1} = \rho_2 v_{x,2} \tag{16.1}$$

2. 动量守恒

由于控制体不受剪切力和体积力的作用,因此作用力只有压力。轴向的动量守恒式可以表示为

$$P_1 + \rho_1 v_{x,1}^2 = P_2 + \rho_2 v_{x,2}^2 \tag{16.2}$$

3. 能量守恒

可以表示成

$$h_1 + v_{x,1}^2/2 = h_2 + v_{x,2}^2/2 \tag{16.3}$$

式中,焓是绝对(标准)焓。将显焓和生成焓从总焓中分离出来,有助于定义反应的"释热量"或"加热量"。可以写出热量的状态方程为

$$h(T) = \sum Y_i h_{\mathrm{f},i}^0 + \sum Y_i \int_{T_{\mathrm{ref}}}^{T} c_{p,i} \, \mathrm{d}T \tag{16.4}$$

式中,$h_{\mathrm{f},i}^0$ 根据环境温度给出。由于假设比热容为常量,式(16.4)将简化为

$$h(T) = \sum Y_i h_{\mathrm{f},i}^0 + c_p(T - T_{\mathrm{ref}}) \tag{16.5}$$

将式(16.5)代入能量守恒方程式(16.3)中,得

$$c_p T_1 + v_{x,1}^2/2 + \left(\sum_{\mathrm{state\ 1}} Y_i h_{\mathrm{f},i}^0 - \sum_{\mathrm{state\ 2}} Y_i h_{\mathrm{f},i}^0 \right) = c_p T_2 + v_{x,2}^2/2 \tag{16.6}$$

式(16.6)中括号里边的数值表示单位质量混合物燃烧产生的热量。按照文献中经常出现的定义,用下述公式来表示"加热量"

$$q \equiv \sum_{\text{state 1}} Y_i h^0_{f,i} - \sum_{\text{state 2}} Y_i h^0_{f,i} \tag{16.7}$$

这种表示方法使得能量方程的形式类似于在可压缩气体动力学中的表示方法，即

$$c_p T_1 + v^2_{x,1}/2 + q = c_p T_2 + v^2_{x,2}/2 \tag{16.8}$$

需强调的是，上面公式中出现的释热量 q 表征了混合物的性质，它的大小取决于燃料和氧化剂的种类以及混合程度，即当量比 Φ（见式（16.7））。

4. 状态关系式

根据理想气体的假设，则有

$$P_1 = \rho_1 R_1 T_1 \tag{16.9}$$

$$P_2 = \rho_2 R_2 T_2 \tag{16.10}$$

式中，R_1，R_2 是单位气体常数（$R_i = R_u/\mathrm{MW}_i$）。这两个状态方程再加上热量的状态方程式（16.5），是一套封闭的方程组。

16.3.3　综合关系式

本节将结合上述的守恒方程和状态方程式，定性地描述爆震波。

1. 瑞利线

联立连续性方程和动量守恒方程，即式（16.1）和式（16.2），可得到如下关系式

$$\frac{P_2 - P_1}{1/\rho_2 - 1/\rho_1} = -\dot{m}''^2 \tag{16.11a}$$

或者，用比容积 ν 来描述

$$\frac{P_2 - P_1}{\nu_2 - \nu_1} = -\dot{m}''^2 \tag{16.11b}$$

当质量流量一定时，用式（16.11）可以画出压力 P 与比容积 ν 或（$1/\rho$）的**瑞利线**。比如，确定 P_1 和 ν_1，式（16.11b）可以变为一般线性关系，即

$$P = a\nu_2 + b \tag{16.12a}$$

式中，斜率 a 为

$$a = -\dot{m}'' \tag{16.12b}$$

截距 b 为

$$b = P_1 + \dot{m}''^2 \nu_1 \tag{16.12c}$$

图 16.2 给出了给定状态 1（P_1 和 ν_1）的瑞利线。增加质量通量 $\dot{m}''$ 会增加直线的斜率，并以点（ν_1, P_1）为中心旋转。当质量通量无限大时，直线将垂直；质量通量为零时，则直线变为水平。由于这两个极端之间已经包含了所有可能质量通量的值，所以在图 16.2 中，直线无法到达的 A 和 B 两个区域，式（16.11）无解。A 和 B 两个区域在物理上都是不可能达到的。我们将用这个事实来判断爆震波最后可能所处的状态。

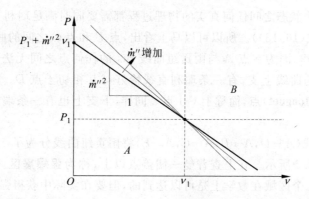

图 16.2　粗直线的斜率为 $-\dot{m}''^2$，是由 $\dot{m}''$，P_1 和 ν_1 定义流动的瑞利线。保持初始状态 (P_1, ν_1) 不变增加质量通量 $\dot{m}''$，将使直线的斜率变得更陡（负数绝对值更大）。

2. 兰金-雨贡纽(Rankine-Hugoniot)曲线

在上述连续方程和动量守恒方程基础上（式(16.1)，式(16.2)），如果同时考虑能量方程（式(16.8)），则会得到**兰金-雨贡纽曲线**[①]。联立式(16.1)、式(16.2)、式(16.8)，并代入理想气体关系式（状态方程以及比热比 $\gamma \equiv c_p/c_\nu$ 等）就可以得到下列方程

$$\frac{\gamma}{\gamma-1}(P_2/\rho_2 - P_1/\rho_1) - \frac{1}{2}(P_2 - P_1)(1/\rho_1 + 1/\rho_2) - q = 0 \qquad (16.13a)$$

或

$$\frac{\gamma}{\gamma-1}(P_2\nu_2 - P_1\nu_1) - \frac{1}{2}(P_2 - P_1)(\nu_1 + \nu_2) - q = 0 \qquad (16.13b)$$

具体推导过程作为练习由读者完成。

假设释热量 q 已知。同时与瑞利分析类似，仍固定 P_1 和 ν_1。则式(16.13b)将成为 P_2 和 ν_2 的超越关系式，即

$$f(P_2, \nu_2) = 0 \qquad (16.14a)$$

或者更一般的

$$f(P, \nu) = 0 \qquad (16.14b)$$

确定了 P_1，ν_1 和 q 后，可以画出 P 与比容积 ν 的关系曲线。有时也将点 (P_1, ν_1) 作为兰金-雨贡纽曲线的原点。图 16.3 给出了给定 P_1，ν_1 和 q 后的兰金-雨贡纽曲线。图 16.3 中，设原点为点 A，并将点 B 上方的曲线定义为**上支**，点 C 以下的曲线定为**下支**。

下面要确定雨贡纽曲线上的哪些点是真实的

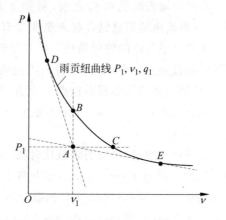

图 16.3　原点为点 $A(P_1, \nu_1)$ 时，$q = q_1$ 的兰金-雨贡纽曲线。注意曲线并不真的通过所谓的原点。通过原点 A 的虚线是瑞利线。

物理状态。由于两个状态之间任何真实的物理过程都需要同时满足瑞利关系式（式（16.11））和雨贡纽关系式（式（16.13））。所以可以马上看出，点 B 和点 C 之间的曲线是无法实现的，不是真实的物理过程，因为在点 A 与雨贡纽曲线 BC 的任何点之间无法建立瑞利曲线。还可以看到，雨贡纽的曲线上支，有一条瑞利直线恰好与其相切于点 D。称这个点为**上查普曼-儒盖（Chapman-Jouguet）点**，简称上 C-J 点。同样，下支上也有一条瑞利线与其相切于点 E，该点为**下 C-J 点**。

4 条瑞利边界线（$A—D$，$A—B$，$A—C$，$A—E$）将雨贡纽曲线分为了 5 个区域。5 个区域的物理特性如表 16.2 所示。在上查普曼—儒盖点以上，称**为强爆震区**。但是需指出，在一维分析中，虽然这 5 个区域在数学上是可以达到的，但要在实际中获得强爆震燃烧是十分困难的[3]。在点 D 和点 B 之间是**弱爆震区**。同样，弱爆震区也需要很特殊的条件（如反应速率要很快）才能实现。虽然真正的爆震不会是一维的，但是上 C-J 点的条件与真实的爆震燃烧却很接近。可以看出，在上 C-J 点上，相对于爆震波传播的已燃气体的速度 $v_{x,2}$ 达到了声速。

表 16.2　雨贡纽曲线各个区域的特性

雨贡纽曲线区域或节段	性　　质	已燃气体速度[①] $v_{x,2}$
点 D 以上	强爆震波	亚声速
$D—B$	弱爆震波	超声速
$B—C$	无法实现	—
$C—E$	弱缓燃波	亚声速
点 E 以下	强缓燃波	超声速

① 波前沿速度。

在研究爆震波的结构之前，将第 8 章中有关层流预混火焰燃烧（缓燃波）的知识与图 16.3 所给出的信息结合起来是非常有用的。取一个雨贡纽曲线上点 C 以下的点，代表一维火焰已燃气体的物理条件。可以发现：第一，压力仅仅略低于未燃气体，这与此前压力不变的假设基本一致，而且还进一步说明，事实上，压力通过火焰后会有一个小小的下降；第二，已燃气体的状态都会在点 C 下方，这是因为瑞利直线 $A—C$（包括点 C）是水平的，由于瑞利直线的斜率是 $-\dot{m}''^2$，所以线 $A—C$ 上的气体流速为 0，也就是说，物理上无法实现的区域是包括点 C 的。

第 8 章介绍过，典型的碳氢化合物-空气预混火焰传播速度一般都小于 1m/s，因此，这种火焰的质量通量（$\dot{m}'' = \rho_u S_L$）会非常小，尤其是相对于超声速爆震波的质量通量。比如，化学当量下，甲烷-空气（298K）预混常压火焰的质量通量为 0.45kg/(s·m²)；而对于同样情况的爆震燃烧，质量通量在 2000kg/(s·m²) 左右。所以，图 16.3 中，真实火焰的瑞利直线斜率是很小的。因此，选择点 C 以下的点来代表真实的火焰状态。

【例 16.1】　燃烧以 3500kg/(s·m²) 的质量通量传播，混合物初始温度为 298K，压力为 1atm。已燃和未燃混合物的摩尔质量和比热比分别为 29.0kg/kmol 和 1.3，放热量为

$3.40 \times 10^6 \text{J/kg}$。试确定已燃气体的状态 (P_2, ν_2)，并确定在瑞利-雨贡纽曲线上，这个点属于哪个区域。同时求出已燃气体的马赫数。

解　在计算之前，先来看一看图16.3可以给我们哪些帮助。第一，从图16.3发现，因为 $B-C$ 段是无法实现的，最终的状态必然在雨贡纽曲线的点 B 之上或者点 C 之下。还可以发现，如果已燃气体的状态在点 C 以下，则得出的结果一定是缓燃波。在给定的未燃状态和普通燃料下，$3500 \text{kg/(s·m}^2)$ 的通量值要远远大于缓燃的情况，也就是说，如果是缓燃波或普通火焰，则密度和火焰传播速度都是1的量级左右，因此 $\dot{m}'' = \rho_u S_L$ 也在1的量级左右，远远小于3500。因此可以判定，最后的状态很有可能是在点 B 以上的点。另外，除非最后的状态恰好在上 C-J 点，即瑞利线与雨贡纽曲线相切，否则，由于瑞利直线总会与雨贡纽曲线有两个交点，这两个点都可能是最后状态：第一，在 $B-D$ 之间，第二，在点 D 以上。而且预分析还告诉我们，需要联立解式(16.11b)（瑞利直线）和式(16.13b)（雨贡纽曲线）。

首先，用式(16.11b)解出 P_2 的表达式为

$$P_2 = P_1 + \dot{m}''^2(\nu_1 - \nu_2)$$

代入式(16.13b)得

$$\frac{\gamma}{\gamma-1}\{[P_1 + \dot{m}''^2(\nu_1 - \nu_2)]\nu_2 - P_1\nu_2\}$$

$$-\frac{1}{2}\{[P_1 + \dot{m}''^2(\nu_1 - \nu_2)] - P_1\}(\nu_1 - \nu_2) - q = 0$$

展开得到 ν_2 的二次方程，即

$$a\nu_2^2 + b\nu_2 + c = 0$$

式中，

$$a = \frac{1+\gamma}{2(1-\gamma)}\dot{m}''^2$$

$$b = \frac{\gamma}{\gamma-1}(P_1 + \dot{m}''^2)$$

$$c = \frac{\gamma}{1-\gamma}P_1\nu_1 - \frac{1}{2}\dot{m}''^2\nu_1^2 - q$$

为了计算 a, b, c，需要给出 ν_1 的值。这一点可以较容易地从理想气体方程中得到，即

$$\nu_1 = \frac{R_1 T_1}{P_1} = \frac{(8315/29) \times 298}{101\,325} = 0.843(\text{m}^3/\text{kg})$$

因此有

$$a = \frac{1+1.3}{2 \times (1-1.3)} \times 3500^2 = -4.696 \times 10^7$$

$$b = \frac{1.3}{1.3-1} \times (101\,325 + 3500^2 \times 0.843) = 4.519 \times 10^7$$

$$c = \frac{1.3}{1-1.3} \times 101\,325 \times 0.843 - 0.5 \times 3500^2 \times 0.843^2 - 3.4 \times 10^6 = -8.122 \times 10^6$$

解 ν_2 得

$$\nu_2 = \frac{-b \pm (b^2 - 4ac)^{1/2}}{2a}$$

$$= \frac{-4.519 \times 10^7 \pm [(-4.519 \times 10^7)^2 - 4 \times (-4.69 \times 10^7) \times (-8.122 \times 10^6)]^{1/2}}{2 \times (-4.696 \times 10^7)}$$

$$= \frac{0.9623 \pm 0.4839}{2} = 0.723 \quad \text{或} \quad 0.239 \, \text{m}^3/\text{kg}$$

用式(16.11b)和上、下游的两个比容积来确定压力，即

$$P_2 = P_1 + \dot{m}''^2 (\nu_1 - \nu_2)$$

由 $\nu_2 = 0.723$ 得

$$P_2 = 101\,325 + 3500^2 \times (0.843 - 0.723) = 1.57 \times 10^6 \, \text{Pa}$$

由 $\nu_2 = 0.239$ 得

$$P_2 = 7.50 \times 10^6 \, \text{Pa}$$

因此，可以得到已燃气体状态的两个解。第一个解（$P_2 = 1.57 \times 10^6 \, \text{Pa}$, $\nu_2 = 0.723 \, \text{m}^3/\text{kg}$）在雨贡纽曲线上点 B 与点 D 之间（如图16.3所示）；第二个解（$P_2 = 7.50 \times 10^6 \, \text{Pa}$, $\nu_2 = 0.239 \, \text{m}^3/\text{kg}$）在点 D 之上。

要计算马赫数，必须要知道速度和当地声速。速度由质量流量 $\dot{m}''_2 (= \rho_2 v_{x,2} = v_{x,2}/\nu_2)$ 求出，即

$$v_{x,2} = \dot{m}''_2 \nu_2 = 3500 \times 0.723 \quad \text{或} \quad 3500 \times 0.239 = 2530 \quad \text{或} \quad 837 \, \text{m}/\text{s}$$

为了计算声速，先由理想气体状态方程求出状态2的温度为

$$T_2 = P_2 \nu_2 / R_2 = \frac{1.57 \times 10^6 \times 0.723}{286.7} = 3960 \, \text{K}$$

或

$$T_2 = \frac{7.50 \times 10^6 \times 0.239}{286.7} = 6250 \, \text{K}$$

式中，$R_2 = 8315/29 = 286.7 \, \text{J}/(\text{kg} \cdot \text{K})$，所以有

$$c_2 = (\gamma_2 R_2 T_2)^{1/2} = (1.3 \times 286.7 \times 3960)^{1/2} = 1210 \, \text{m}/\text{s}$$

或

$$c_2 = (1.3 \times 286.7 \times 6250)^{1/2} = 1530 \, \text{m}/\text{s}$$

由马赫数定义 $Ma = v_x/c$，可得两个马赫数分别为

$$Ma_2 = v_{x,2}/c_2 = 2530/1210 = 2.09$$

或

$$Ma_2 = 837/1530 = 0.55$$

注：这个例子清晰地描述了如何联立瑞利线和雨贡纽曲线共同求解爆震燃烧中已燃气体的状态参数。第一个解（$Ma_2 = 2.09 > 1$）在弱爆震区，速度为超声速（见表16.2）；第二个解（$Ma_2 = 0.55 < 1$）在强爆震区，速度为亚声速。

16.4 爆震速度

在第 8 章中，火焰传播速度的概念是层流预混火焰的一个核心问题。同样地，本节将用前面的分析方法来确定爆震燃烧速度。为了达到这一目的，只需要在前面的假设中再加入一条：

已燃气体的压力要远远大于未燃混合物，即，$P_2 \gg P_1$。

从表 16.1 中可以看到，这一假设是合理的，因为 P_2 要比 P_1 大一个数量级。

首先，定义**爆震速度** v_D 等于以爆震波为参考系下，未燃混合物进入爆震波的速度。这一定义与第 8 章中对层流火焰传播速度的定义一致。根据图 16.1，有

$$v_D \equiv v_{x,1} \tag{16.15}$$

由于爆震的状态 2 处于上 C-J 点，速度等于声速，因此式(16.1)将变为

$$\rho_1 v_{x,1} = \rho_2 c_2 \tag{16.16}$$

解 $v_{x,1}$，并代入 $c_2 = (\gamma R_2 T_2)^{1/2}$，可得

$$v_{x,1} = \frac{\rho_2}{\rho_1}(\gamma R_2 T_2)^{1/2} \tag{16.17}$$

下面的问题是将密度比 ρ_2/ρ_1 和 T_2 与上游（状态 1）或其他已知量联系起来。为了得到 ρ_2/ρ_1，将动量守恒方程式(16.2)除以 $\rho_2/v_{x,2}^2$，并由于最初假设 $P_2 \gg P_1$，忽略 P_1 项，得到

$$\frac{\rho_1 v_{x,1}^2}{\rho_2 v_{x,2}^2} - \frac{P_2}{\rho_2 v_{x,2}^2} = 1 \tag{16.18}$$

再根据连续方程式(16.1)消去 $v_{x,1}$，并求解 ρ_2/ρ_1，得

$$\frac{\rho_2}{\rho_1} = 1 + \frac{P_2}{\rho_2 v_{x,2}^2} \tag{16.19}$$

再将 $c_2^2 = (\gamma R_2 T_2)$ 代入，得

$$\frac{\rho_2}{\rho_1} = 1 + \frac{P_2}{\rho_2 \gamma R_2 T_2} \tag{16.20}$$

最后，对于理想气体有 $P_2 = \rho_2 R_2 T_2$。代入式(16.20)得

$$\frac{\rho_2}{\rho_1} = 1 + \frac{1}{\gamma} = \frac{\gamma + 1}{\gamma} \tag{16.21}$$

下面来求解 T_2，解能量守恒方程得

$$T_2 = T_1 + \frac{v_{1,x}^2 - v_{2,x}^2}{2c_p} + \frac{q}{c_p} \tag{16.22}$$

和前面一样，用式(16.1)解出 $v_{x,1}$，并用 $c_2^2 = (\gamma R_2 T_2)$ 替换 $v_{x,2}^2$。代入式(16.21)，消去密度比，式(16.22)可简化为

$$T_2 = T_1 + \frac{q}{c_p} + \frac{\gamma R_2 T_2}{2c_p}\left[\left(\frac{\gamma + 1}{\gamma}\right)^2 - 1\right] \tag{16.23}$$

解得

$$T_2 = \frac{2\gamma^2}{\gamma+1}\left(T_1 + \frac{q}{c_p}\right) \tag{16.24}$$

式中，用 $\gamma-1$ 替换了 $\gamma R_2/c_p$。这一替换可从公式 $c_p - c_v = R_2$ 中很容易推导过来。

下面令爆震速度的近似推导公式变得封闭。将式(16.21)和式(16.24)代入式(16.17)，得

$$v_D = v_{x,1} = [2(\gamma+1)\gamma R_2(T_1 + q/c_p)]^{1/2} \tag{16.25}$$

注意，式(16.25)是一个近似的表达式，不仅因为事先指定了物理参数，而且在数学上还假设了 $P_2 \gg P_1$。

如果不假设有定常比热容的话，虽然仍然是近似式，但可以推导出状态2温度和爆震速度更为精确的表达式，即

$$T_2 = \frac{2\gamma_2^2}{\gamma_2+1}\left(\frac{c_{p,1}}{c_{p,2}}T_1 + \frac{q}{c_{p,2}}\right) \tag{16.26}$$

$$v_D = \left[2(\gamma_2+1)\gamma_2 R_2\left(\frac{c_{p,1}}{c_{p,2}}T_1 + \frac{q}{c_{p,2}}\right)\right]^{1/2} \tag{16.27}$$

式中，$c_{p,1}$ 和 $c_{p,2}$ 分别是状态1和2的混合物比定压热容。类似的，式(16.21)也将变为

$$\rho_2/\rho_1 = (\gamma_2+1)/\gamma_2 \tag{16.28}$$

文献[3]和[4]给出了更为精确的一维爆震波数学描述。文献[4]给出了这个公式的一个数值解法，而且这个解法运用在了 NASA 化学平衡编码(CEC)中。

【例 16.2】 估计化学当量的乙炔-空气混合物燃烧的爆震速度。初始温度为298K，压力为1atm。忽略产物的分解。298K下，乙炔的摩尔比定压热容为 43.96 kJ/(kmol·K)。

解 用式(16.27)来估计爆震速度。因此需要首先估计出 q 和已燃气体的性质 $c_{p,2}$，γ_2，R_2，以及未燃混合物的比定压热容 $c_{p,1}$。为了得到这些参数值，首先来确定未反应和已反应混合物的组分。由式(2.30)和式(2.31)得

$$C_2H_2 + 2.5(O_2 + 3.76N_2) \longrightarrow 2CO_2 + H_2O + 9.40N_2$$

求组分摩尔分数和质量分数，见下表。

	MW_i	N_i	$\chi_i = N_i/N_{tot}$	$Y_i = \chi_i MW_i/MW_{mix}$
		反应物		
C_2H_2	26.038	1	0.0775	0.0705
O_2	31.999	2.5	0.1938	0.2166
N_2	28.013	9.4	0.7287	0.7129
$MW_1 = \sum \chi_i MW_i = 28.63$				
		产物		
CO_2	44.011	2	0.1613	0.2383
H_2O	18.016	1	0.0806	0.0487
N_2	28.013	9.4	0.7581	0.7129
$MW_2 = 29.79$				

由上面的值和附录 A 中查到的 $\bar{c}_{p,O_2}$ 和 $\bar{c}_{p,N_2}$，可以计算出 $c_{p,1}$ 为

$$
\begin{aligned}
c_{p,1} &= \sum \chi_i \bar{c}_{p,i}/MW_1 \\
&= (0.0775 \times 43.96 + 0.1938 \times 29.315 + 0.7287 \times 29.071)/28.63 \\
&= 30.272/28.63 = 1.057 kJ/(kg \cdot K)
\end{aligned}
$$

为了确定状态 2 的性质，需要先估计一个 T_2，然后进行迭代。设 $T_2 = 3500K$。查附录 A 得 3500K 时的 $c_{p,i}$，于是有

$$
\begin{aligned}
c_{p,2} &= \sum \chi_i \bar{c}_{p,i}/MW_2 \\
&= (0.1613 \times 62.718 + 0.0806 \times 57.076 + 0.7581 \times 37.302)/29.79 \\
&= 42.995/29.79 = 1.443 kJ/(kg \cdot K)
\end{aligned}
$$

求 R_2 和 γ_2 得

$$
R_2 = R_u/MW_2 = 8.315/29.79 = 0.2791 kJ/(kg \cdot K)
$$

$$
\gamma_2 = \frac{c_{p,2}}{c_{v,2}} = \frac{c_{p,2}}{c_{p,2} - R} = 1.443/(1.443 - 0.2791) = 1.240
$$

在附录 A 和附录 B 中查出生成焓，用式(16.7)计算 q，并将单位转换为 kJ/kg，得

$$
\begin{aligned}
q &= \sum_{state\ 1} Y_i h_{f,i}^0 - \sum_{state\ 2} Y_i h_{f,i}^0 \\
&= 0.0705 \times 8708 + 0.2166 \times 0 + 0.7129 \times 0 \\
&\quad - 0.2383 \times (-8942) - 0.0487 \times (-13\ 424) - 0.7129 \times 0 \\
&= 3398.5 kJ/kg
\end{aligned}
$$

现在，可以用式(16.27)来计算爆震速度为

$$
\begin{aligned}
v_D &= \left[2(\gamma_2 + 1)\gamma_2 R_2 \left(\frac{c_{p,1}}{c_{p,2}} T_1 + \frac{q}{c_{p,2}} \right) \right]^{1/2} \\
&= \left[2 \times 2.240 \times 1.240 \times 279.1 \times \left(\frac{1.057}{1.443} \times 298 + \frac{3398.5}{1.443} \right) \right]^{1/2} \\
&= 1998 m/s
\end{aligned}
$$

注意，R_2 的单位为 J/(kg · K)，而不是 kJ/(kg · K)。现在用式(16.26)来检验当初假设的温度 $T_2 = 3500K$ 是否合理，即

$$
\begin{aligned}
T_2 &= \frac{2\gamma_2^2}{\gamma_2 + 1} \left(\frac{c_{p,1}}{c_{p,2}} T_1 + \frac{q}{c_{p,2}} \right) \\
&= \frac{2 \times 1.240^2}{2.240} \times \left(\frac{1.057}{1.443} \times 298 + \frac{3398.5}{1.443} \right) \\
&= 3533K
\end{aligned}
$$

下面用 3533K 再来计算 $c_{p,2}$ 和 γ_2。虽然温度有些差异，但可以说，对于要求的 v_D 的值，我们已经估计得足够精确了。

注：由于最后的温度为 3533K，因此计算中忽略的产物离解作用在这个温度下应该是很重要的。知道了密度比(式(16.28))和温度比，还可以检验原来的假定 $P_2 \gg P_1$ 是否合

理：$P_2/P_1 = (\rho_2/\rho_1)(MW_1/MW_2)(T_2/T_1) = 1.806 \times (28.63/29.79) \times (3533/298) = 20.6$，因此可以说这是一个一阶近似。

16.5 爆震波的结构

　　爆震波实际的结构是相当复杂的。为了便于理解，可以将爆震波简单描述为一个后面伴有反应区的激波。由于激波的厚度与一些分子的平均自由程的尺寸处于同一量纲，因此，在这个区域中，没有化学反应发生。从第 4 章介绍的化学动力学知识可知，在反应分子碰撞过程中发生化学反应的概率远小于 1，因此，在激波中分子碰撞很少，而活性分子碰撞发生反应的概率就更少。因此可以得出这样的结论，反应区将在激波之后，而且厚度远大于激波的波面。这个理想化的一维结构，由泽利多维奇（Zeldovich）[5]、冯·诺伊曼（von Neumann）[6] 和道林（Döring）[7] 分别独立地推导出，这就是逐渐被公认的爆震波 ZND 模型。图 16.4 给出了这种爆震波结构的示意图。用 ZND 模型，可以根据理想激波的关联式，在反应发生前，很容易地确定激波区域下游气体的状态，而反应区下游的最终状态则由前面的分析确定。下面用一个例子来说明。

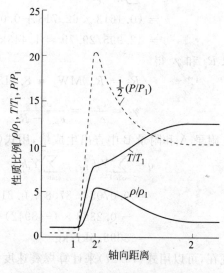

图 16.4　ZND 爆震结构的示意图。状态点 1，2' 和 2 分别表示上游、在冲击波前沿的末端和查普曼-儒盖点。

　　【例 16.3】　考虑例 16.2 中的爆震波。运用爆震波结构的 ZND 模型，估计冲击波前沿（状态 2'）的气体混合物的性质（T, P, ρ, Ma）并与燃烧区域末端（状态 2）的性质比较。

　　解　为了确定状态 2' 的性质，将运用下面的理想气体正激波方程，这套方程在许多流体力学和热力学的书中都能找到[8~10]。

$$\frac{P_{2'}}{P_1} = \frac{1}{\gamma+1}[2\gamma Ma_1^2 - (\gamma-1)] \tag{I}$$

$$\frac{T_{2'}}{T_1} = [2 + (\gamma-1)Ma_1^2]\frac{2\gamma Ma_1^2 - (\gamma-1)}{(\gamma+1)^2 Ma_1^2} \tag{II}$$

$$\frac{\rho_{2'}}{\rho_1} = \frac{(\gamma+1)Ma_1^2}{(\gamma-1)Ma_1^2 + 2} \tag{III}$$

　　解上述方程，只需知道混合物的比热比 γ 和状态 1 的马赫数。在例 16.2 中，$c_{p,1}$ 为 1057J/(kg·K)，因此有

$$c_{v,1} = c_{p,1} - R_u/MW_1 = 1057 - 8315/28.63 = 766.6\text{J/(kg·K)}$$

和

$$Ma_1 = v_{x,1}/c_1 = v_{x,1}/(\gamma R_1 T_1)^{1/2}$$

$$= \frac{1998}{[1.379 \times (8315/28.63) \times 298]^{1/2}} = \frac{1998}{345.5} = 5.78$$

状态 $2'$ 的性质可以直接从式（ I ），式（ II ）中求出，即

$$\frac{P_{2'}}{P_1} = \frac{1}{1.379+1}[2 \times 1.379 \times 5.78^2 - (1.379-1)] = 38.57$$

所以

$$P_{2'} = 38.57 P_1 = 38.57 \times 101\,325 = 3.908 \times 10^6 (\text{Pa})$$

$$\frac{T_{2'}}{T_2} = [2 + (1.379-1) \times 5.78^2] \times \frac{2 \times 1.379 \times 5.78^2 - (1.379-1)}{(1.379+1)^2 \times 5.78^2}$$

$$= \frac{14.66 \times 91.76}{189.1} = 7.11$$

得

$$T_{2'} = 7.11 T_1 = 7.11 \times 298 = 2119\text{K}$$

现在，直接用理想气体状态方程 $\rho = P/RT$ 就可以求出密度比 $\rho_{2'}/\rho_1$ 了，即

$$\rho_{2'} = \frac{3.908 \times 10^6}{(8315/28.63) \times 2119} = 6.35\text{kg/m}^3$$

因此密度比为

$$\frac{\rho_{2'}}{\rho_1} = \frac{P_{2'}}{P_1} \frac{T_1}{T_{2'}} = \frac{38.57}{7.11} = 5.42$$

为了求状态 $2'$ 的马赫数，首先由质量守恒求 $v_{x,2'}$，且 $\dot{m}'' = \rho_{2'} v_{x,2'} = \rho_1 v_{x,1}$，代入例 16.2 中的 $v_{x,1}$(1998m/s)，得

$$v_{x,2'} = \frac{\rho_1}{\rho_{2'}} v_{x,1} = \frac{1998}{5.42} = 369\text{m/s}$$

则

$$Ma_{2'} = v_{x,2'}/c_{2'} = v_{x,2'}/(\gamma_{2'} R_{2'} T_{2'})^{1/2}$$

$$= \frac{369}{[1.379 \times (8315/28.63) \times 2119]^{1/2}} = \frac{369}{921} = 0.4$$

在上面的计算中，为了简化，我们作了定常性质的假设 $\gamma_{2'} \approx \gamma_1$，以便用式（ I ），式（ II ），式（ III ）来确定状态 $2'$ 的性质。这使我们可以完整地估计状态 $2'$ 的性质。

在例 16.2 中，求出了爆震波燃烧区域后已燃气体的温度，即，$T_2 = 3533\text{K}$。因此，只需再计算出状态 2 的其他性质参数就行了。用式(16.28)计算密度，但要注意，所有这些都建立在 $P_2 \gg P_1$ 的基础上。

$$\rho_1/\rho_2 = (\gamma_2+1)/\gamma_2 = (1.240+1)/1.240 = 1.806$$

所以

$$\rho_2 = 1.806\rho_1 = 1.806\frac{P_1}{R_1 T_1} = \frac{1.806 \times 101\,325}{(8315/28.63) \times 298} = 2.114\text{kg/m}^3$$

由理想状态气体方程得

$$P_2 = \rho_2 R_2 T_2 = 2.114 \times (8315/29.79) \times 3533 = 2.085 \times 10^6\,\text{Pa}$$

状态 2 的马赫数应该为 1，即上 C-J 点的值。用这一点来检验上面的计算是否正确。再一次运用例 16.2 中的 $v_{x,1}$，由质量守恒定律（$\dot{m}'' = \rho_2 v_{x,2} = \rho_1 v_{x,1}$）得

$$v_{x,2} = \frac{\rho_1}{\rho_2}v_{x,1} = \frac{1998}{1.806} = 1106\text{m/s}$$

因此

$$Ma_2 = v_{x,2}/c_2 = v_{x,2}/(\gamma_2 R_2 T_2)^{1/2}$$

$$= \frac{1106}{[1.240 \times (8315/29.79) \times 3533]^{1/2}} = \frac{1106}{1106} = 1$$

结果符合条件。

各个状态的参数比值列于下表。

性质	状态 1	状态 2'	状态 2
ρ/ρ_1	1	5.42	1.806
P/P_1	1	38.6	20.6
T/T_1	1	7.11	11.85
Ma	5.78	0.40	1.00

注：从上表中可以看到，初始的激波波面前、后的密度和压力比都很大，分别为 5.42，38.6，而通过了燃烧区域后，由于放热而温度不断升高，使得情况有所改善。另外有必要指出的是，在激波波面后（状态 2'），流体速度为亚声速，随之在爆震波的尾沿（状态 2）增加到声速。

虽然采用一个较薄的、不反应的激波后跟随一个较厚反应区的子结构在描述爆震波时具有一定效果，但是，真实的爆震燃烧并不全部遵循 ZND 模型的结构。许多研究者[11~14]都在实验室中对爆震波进行了研究，发现在爆震波的传播过程中，存在几个相互作用的激波的波面。图 16.5 示出了一个三激波相互作用的爆震波结构。可以看到，名义上的正激波波面由相对上游突起的区域（如 A—B）和由三激波相互作用连成的斜波面所形成的横波结构构成。这一横波的具体性质由封闭管道的几何特征决定，而在非封闭的球型爆震波中，该横波的结构是随机的[11]。在封闭管流体中，横向爆震波与管道的横向声模相耦合[11]。若想了解更多的关于爆震波结构的描述，请读者参考有关燃烧理论文献[15]。

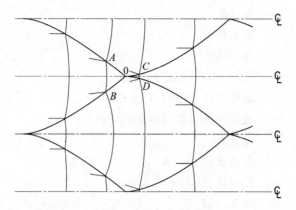

图 16.5 一个理想的二维爆震波中的激波前沿。点 A,B,C 和 D 表示三激波相互作用点。波的传播方向是从左到右，这与图 6.1 所示的流动方向相反。（资料来源：文献[11]，获得 Krieger 出版公司复制许可）

16.6 小结

本章的开始比较了爆震波、激波和缓燃波，读者应比较清楚三者的相同与区别。基于简单的一维分析，本章导出了兰金-雨贡纽曲线。由于不同的物理现象，雨贡纽曲线被分为了 5 个不同的区域。上查普曼-儒盖(C-J)点定义了气体经历了爆震波后的典型状态。进一步扩展一维分析可近似计算爆震速度。我们检验了激波结构的一维 ZND 模型，该模型由一个没有化学反应的较薄正激波和紧随其后的较厚反应区组成。在学习完本章后，读者应该能够运用理想一维模型计算激波后以及反应区末端的参数性质。本章最后还对真实的爆震波进行了简要的讨论。读者需注意，真实的爆震波是高度三维的，而且爆震波的具体结构由封闭或缺少封闭环境的几何性质来决定。

16.7 符号表

A	面积，m^2
c	声速，m/s
c_p	比定压热容，$J/(kg \cdot k)$
c_v	比定容热容，$J/(kg \cdot k)$
h	焓，J/kg
h_f^0	生成焓，J/kg
$\dot{m}$	质量流量，kg/s
$\dot{m}''$	质量通量，$kg/(s \cdot m^2)$

Ma	马赫数
MW	摩尔质量，kg/kmol
P	压力，Pa
q	释热率，式（16.7），J/kg
R	单位气体常数，J/(kg·k)
R_u	通用气体常数，J/(kmol·K)
T	温度，K
v_D	爆震速度，m/s
v_x	轴向速度，m/s
Y	质量分数

希腊符号

ν	比容积，m³/kg
γ	比热容比，c_p/c_v
ρ	密度，kg/m³
Φ	当量比

下标

mix	混合物
1	上游条件
2	下游条件
2′	激波后缘

16.8 参考文献

1. Friedman, R., "Kinetics of the Combustion Wave," *American Rocket Society Journal,* 23: 349–354 (1953).

2. Chapman, D. L., "On the Rate of Explosion of Gases," *Philosophical Magazine,* 47: 90–103 (1899).

3. Kuo, K. K., *Principles of Combustion,* 2nd Ed., Wiley, Hoboken, NJ, 2005.

4. Gordon, S., and McBride, B. J., "Computer Program for Calculation of Complex Chemical Equilibrium Compositions, Rocket Performance, Incident and Reflected Shocks, and Chapman–Jouguet Detonations," NASA SP-273, 1976.

5. Zeldovich, Y. B., "The Theory of the Propagation of Detonation in Gaseous Systems," *Experimental and Theoretical Physics, S.S.S.R.,* 10: 542 (1940). (English translation, NACA TM 1261, 1950.)

6. von Neumann, J., "Theory of Detonation Waves," Progress Report No. 238 (April 1942). OSRD Report No. 549, 1949.

7. Döring, W., "Über den Detonationvorgang in Gasen," *Ann. Phys. Leipzig,* 43: 421–436 (1943).

8. White, F. M., *Fluid Mechanics,* 3rd Ed., McGraw-Hill, New York, p. 530, 1994.

9. Shames, I. H., *Mechanics of Fluids,* 3rd Ed., McGraw-Hill, New York, p. 506, 1992.

10. Moran, M. J., and Shapiro, H. N., *Fundamentals of Engineering Thermodynamics,* 3rd Ed., Wiley, New York, p. 435, 1995.

11. Strehlow, R. A., *Fundamentals of Combustion,* Krieger Publishing Co., Malabar, FL, 1979.

12. Strehlow, R. A., "Multi-Dimensional Detonation Wave Structure," *Astronautica Acta,* 15: 345–357 (1970).

13. Oppenheim, A. K., and Soloukin, R. I., "Experiments in Gas Dynamics of Explosions," *Annual Review of Fluid Mechanics,* 5: 31–58 (1973).

14. Lee, J. H. S., "Dynamic Parameters of Gaseous Detonations," *Annual Review of Fluid Mechanics,* 16: 311–336 (1984).

15. Williams, F. A., *Combustion Theory,* 2nd Ed., Addison-Wesley, Redwood City, CA, 1985.

16. Lewis, B., and von Elbe, G., *Combustion, Flames and Explosions of Gases,* 3rd Ed., Academic Press, Orlando, FL, p. 545, 1987.

16.9 习题

16.1 推导兰金-雨贡纽关系式(16.13)。

16.2 针对理想气体混合物,确定爆震波的传播速度,比定压热容 $c_p = 1200 \text{J}/(\text{kg} \cdot \text{K})$。混合物初始状态:2atm,500K。单位质量混合物的释热量为 $3 \times 10^6 \text{J/kg}$,混合物摩尔质量为 29kg/kmol。

16.3 假设为一维 ZND 爆震波结构,试确定习题 16.2 中爆震波关键状态的特性,即计算状态 1,2′ 和 2 的 ρ,P,T 和 Ma。

16.4 根据习题 16.2 中描述的爆震波和习题 16.3 中的计算结果,确定释热量 q 对状态 1,2′ 和 2 上所有参数(ρ,P,T 和 Ma)的影响。其中取释热量为习题 16.2 中的 2 倍,求爆震速度是增加还是减小?最大压力是增加还是减小?试讨论。

16.5 一爆震波在 H_2-O_2 混合物中传播,燃料-空气的摩尔比为 3.0。试估计爆震速度,初始条件为 $P_1 = 1\text{atm}$,$T_1 = 291\text{K}$。忽略离解作用。试与文献[16]中实验结果(1700m/s)比较。试讨论为什么数值会有差异。

第 17 章

燃料

17.1　概述

对全球变暖、环境退化和国家能源安全等问题的忧虑再次激起了人们对燃料的关注。关注的不仅是科学和工程界,报纸和杂志上经常出现关于用于交通和其他应用的很多替代燃料的文章。这些燃料包括生物柴油、乙醇(玉米或纤维素制)、煤基或生物质基费托合成液体燃料、氢和其他。本章介绍在燃料混合物中用到的碳氢化合物和其他燃料分子的命名方法和分子结构,同时也会涉及传统和替代燃料,特别是其生产和应用中的重要特性。

17.2　命名方法和分子结构

本节的目的是给读者提供在燃料或混合燃料中常用的碳氢化合物和醇类的内容,包括命名法、燃料分子结构和几种燃料种类的相关信息。

17.2.1　碳氢化合物

多种碳氢化合物族(见表 17.1)是以燃料分子中全是碳-碳单键(C—C)、一个双键(C═C)或一个三键(C≡C)以及以分子是开链的(整个链两端不相连)或环状的来区分。**烷烃**、**烯烃**和**炔烃**都是开链的,而**环烷烃**和**芳烃**就有环形结构。

表 17.1　基本碳氢化合物族

族名称	别名	分子式	碳-碳键	基本分子结构
烷烃	Paraffins	C_nH_{2n+2}	只有单键	直链或支链,开环
烯烃	Olefins	C_nH_{2n}	一个双键,其余单键	直链或支链,开环
炔烃	Acetylenes	C_nH_{2n-2}	一个三键,其余单键	直链或支链,开环
环烷烃	Cycloalkanes, Cycloparaffins	C_nH_{2n} 或 $(CH_2)_n$	只有单键	闭环
芳烃	Naphthenes Benzene family	C_nH_{2n-6}	共振杂化键(芳香键)	闭环

对开环族(烷烃、烯烃和炔烃),采用下面的命名法代表特定的族成员中包含的碳原子数:

1——甲 2——乙 3——丙 4——丁 5——戊 6——己 7——庚 8——辛
9——壬 10——癸 11——十一 12——十二

根据这一命名法,同时知道后缀-**烷**、-**烯**、-**炔**表示碳原子在分子中的结合键形式,则对于含有三个碳原子的烷烃、烯烃和炔烃就可以如下表示

丙烷 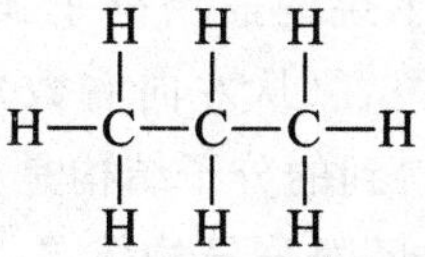　C_3H_8

丙烯 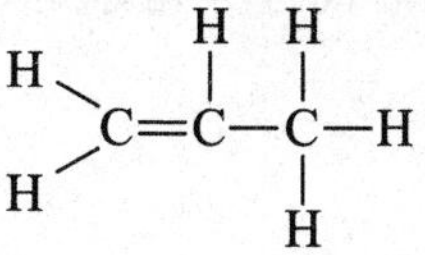　C_3H_6

丙炔 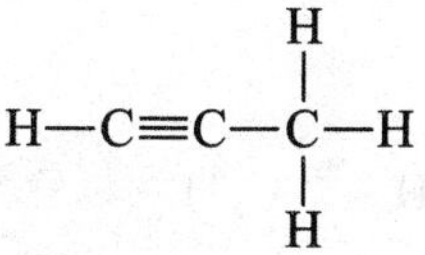　C_3H_4

注意,早期的命名方法有时会对含有 2 个、3 个或 4 个碳原子的烯烃和炔烃产生复杂的燃料名字。

	C_1	C_2	C_3	C_4
烷烃	甲烷	乙烷	丙烷	丁烷
烯烃		乙烯	丙烯	丁烯
炔烃		乙炔	丙炔	丁炔

形容词**饱和的**用于表示碳原子上链接有最大数量的氢原子的碳氢化合物,即分子没有双键和三键。烷烃是饱和烃,不中断链就无法加入氢;而烯烃和炔烃则是不饱和的,可以相应加入 1 个或 2 个氢,方法是使双键和三键的碳-碳键形成单键,并用价电子来形成碳-氢键。以上述的 C_3 族为例,丙烯加入 2 个氢原子可以饱和化:$C_3H_6 + H_2 \longrightarrow C_3H_8$;丙炔加个 4 个氢原子可以饱和化:$C_3H_4 + 2H_2 \longrightarrow C_3H_8$。

很多高碳氢化合物(碳原子数 $n \geqslant 3$)呈现为**支链结构**而不是**直链结构**。直链结构的化合物表示为"**正**"或用前缀"n-"来表示。例如正戊烷或 n-戊烷,表示为

n-戊烷 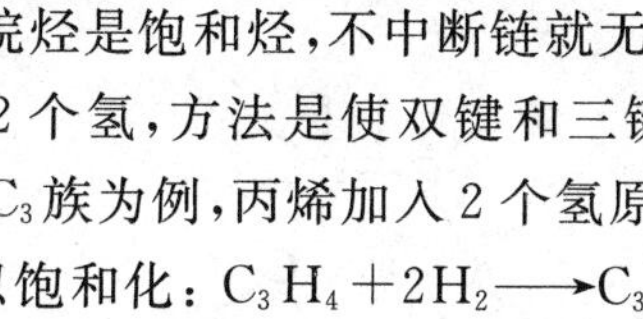　C_5H_{12}

对应地,具有同样的碳原子和氢原子可以用侧链形成化合物。这些化合物称为**结构同分异构体**,如

燃烧学导论：概念与应用（第3版）

2-甲基丁烷 $\quad C_5H_{12}$

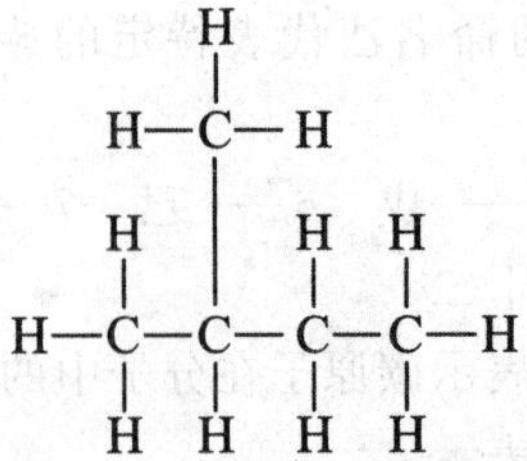

是戊烷的侧链同分异构体：2-甲基丁烷。n-戊烷和 2-甲基丁烷的通用分子式都是 C_5H_{12}。在 2-甲基丁烷中的"2"表示的是侧链的键连接的碳原子的位置（从左向右数）。在此例中，请注意，由于对称性，侧链连接的第二个或第三个碳原子所得到的分子结构是相同的。这样定义 3-甲基丁烷就没有意义。在工程上特别重要的一个烷烃同分异构体是 2,2,4-甲基戊烷，常称为异辛烷

2,2,4-三甲基戊烷 $\quad C_8H_{18}$

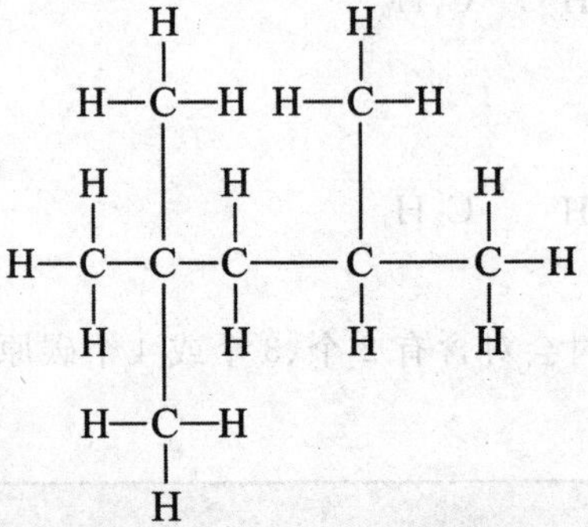

这个化合物作为参考燃料表示电火花点火发动机的**爆震率**，将它的辛烷值定义为 100。对于比异辛烷更易爆震的燃料的辛烷值要小于 100，而比异辛烷具有更好的抗爆震性的燃料的辛烷值就大于 100。对于航空汽油，大于 100 的辛烷值称作其**性能值**。辛烷值将在 17.3 节中进一步讨论。

环烷烃的基本分子结构是一个闭环，所有的碳原子用单键连接。如环丙烷和环己烷有下面的分子结构（氢原子未表示）

环丙烷，C_3H_6 $\qquad$ 环己烷，C_6H_{12}

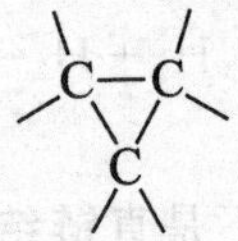

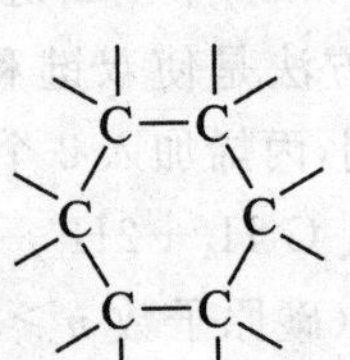

更复杂的环烷烃由代替石蜡类中的氢来形成。

芳烃族或**苯**的衍生物是基于 6 个碳原子组成的环的，但每个碳原子上只有一个氢原子。结果是 6 个自由的价电子形成了所谓的共振杂化键。6 个碳键都是等价的，结合的电子离域于几个原子上。下面的图常用来表示这种特殊的键的方式

苯，C_6H_6　　　　　　　　　或

苯环可以结合在一起形成多环芳烃，也可以用侧链来代替氢原子。

17.2.2　醇类

普通的醇类由羟基（OH）替代烷烃分子中的 H 原子形成。例如，1-,2 和 3-碳醇就是

甲醇（甲基醇）

乙醇（乙基醇）

丙醇（丙基醇）

醇类也常用 R—O—H 来表示，其中 R 表示原型的碳氢自由基。简化式 EtOH 常用来表示乙醇。

17.2.3　其他有机化合物

很多其他重要的有机化合物有燃料混合物或者碳氢化合物燃烧的部分氧化产物。这里对几种重要的化合物进行介绍：醚类、醛类、酮类和酯类。

醚的一般结构是 R—O—R。二甲醚（DME）是一种常见的醚，可表示为

二甲醚　CH_3—O—CH_3

二乙醚简称为乙醚，可作为溶剂和麻醉剂。

二乙醚　CH_3—CH_2—O—CH_2—CH_3

柴油发动机和以醇类为燃料的发动机会排放出痕量的醛类（见第 15 章）。醛类物质对光化学烟雾的产生有重要作用。醛类的一般结构式表示为

最简单的醛，就是甲醛，是碳氢化合物燃烧的主要中间产物，如第 5 章的图 5.4 和图 5.5 所示

甲醛　　CH₂O

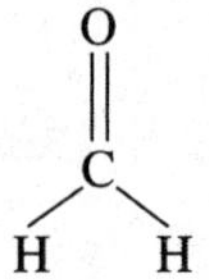

酮类可用作溶剂，也是碳氢化合物燃烧过程中形成的一种中间产物。酮类的一般结构式为

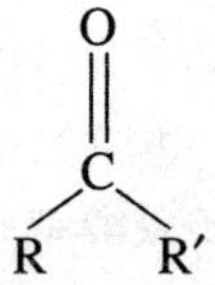

常用的溶剂——丙酮就是酮类，其结构为

丙酮(2-丙酮)

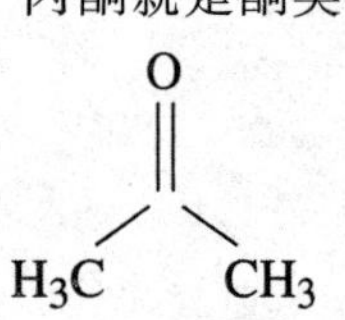

酯类是生物柴油的重要组成，有下列的一般结构式

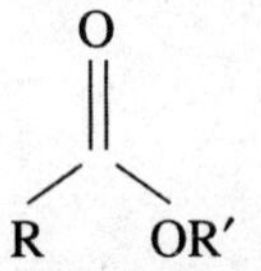

酯类常有适宜的气味，并常用来作为香气和调味剂。常见的一种酯类是 n-丁基醋酸酯

n-丁基醋酸酯

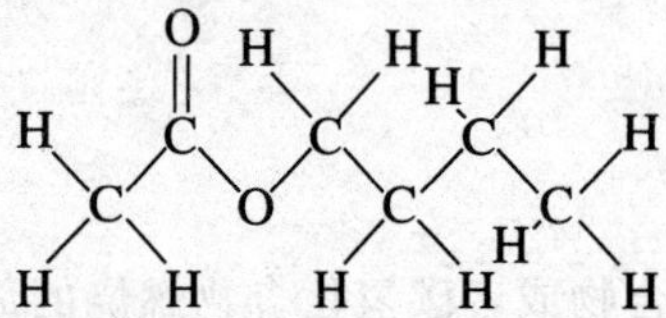

17.3　燃料的重要特性

17.3.1　点火特性

对往复式发动机来讲，燃料的点火性能极其重要。由于电火花点火（预混燃烧）和柴油发动机（非预混燃烧）的燃烧过程不同，对于点火特性的要求也完全不同。下面分别进行介绍。

1. 电火花点火发动机

对于电火花点火发动机来讲，点火特性主要与发动机的爆震的防止有关，即要防止在形成火焰前出现失控的未燃混合物的自燃着火。电火花点火的爆震现象如第 1 章的图 1.10

所示。用**辛烷值**或**辛烷数**来衡量电火花点火发动机燃料的抗自燃性能。读者可能对这个指数很熟悉了,因为不同等级的汽油就是由不同的辛烷值来表示的,在购买汽油时在加油站上明显标志着这个值。测量一种燃料的辛烷值是一个复杂的过程,本章将讨论已开发的几种标准的测试方法[1,2]。美国和加拿大在加油站标明的辛烷值是**抗爆震指数**(AKI),是实验室测得的**研究法辛烷值(RON)**[1]和**马达法辛烷值(MON)**[2],即

$$AKI = (RON + MON)/2 \tag{17.1}$$

常用汽油通常的 AKI 值为87。对于要求更高抗爆震燃料的汽车,要供给更高辛烷值的燃料,如89,91或更高。辛烷值要求随海拔高度而降低。因此,常用的汽油在高海拔地区使用时,就有低的防爆震指数。例如,AKI 为85的汽油在丹佛这个**高英里**城市是常用的。温度和湿度也会影响汽油的防爆震性能。基于驾车的辛烷值(**道路辛烷值**)与很多因素有关,因此,将实验室的方法用来作为标准。辛烷值除了决定不发生爆震提供的最大功率之外,并不影响发动机的其他性能。如果发动机没有发生爆震,用更高辛烷值的燃料并不会提供更大的功率或更高的燃料经济性。

ASTM 国际组织定义了测量研究法辛烷值(RON)[1]和马达法辛烷值(MON)[2]的标准方法和程序。在这些测量中,用一个标准的、压缩比可变的、单缸的发动机,并用一个爆震传感器来测量爆震强度。在这两个程序中,将被测燃料的爆震强度与两种基本的参考燃料,即异辛烷(2,2,4-三甲基戊烷)和正庚烷的混合物的结果进行比较。异辛烷的辛烷值定义为100,正庚烷的辛烷值定义为0。改变混合物体积,让混合物的爆震特性与被测燃料的相当,此时,定义混合物中异辛烷的体积百分比为燃料的辛烷值。例如,一种燃料,其爆震因子与80%的异辛烷和20%的正庚烷的混合物的爆震因子相等,其辛烷值就定为80。当燃料的辛烷值大于100时,如航空汽油,就用一种四乙铅和异辛烷的混合物作为标准燃料。例如,在 1gal(美)($1gal = 3.7853 \times 10^{-3} m^3$)的异辛烷中加入 2ml 的四乙铅,辛烷值应达到研究法辛烷值112.8[1]。用发动机试验条件的苛刻度不同来区分两种试验方法[3]:规定对于研究法[1],条件放松一些,发动机在温和的混合物入口温度和低发动机转速((600 ± 6)r/min)条件下;而对于马达法[2],则采用更高的混合物温度和更高的转速((900 ± 9)r/min)。

2. 柴油发动机(压燃点火)

柴油发动机中的燃烧过程是由在燃料喷射过程的初始阶段,燃料-空气混合物的自动点火所引发的。燃料喷射开始到燃烧开始的时间间隔,可以用压力的升高来表示,称为**着火延迟**。因此,燃料的点火特性决定了燃烧过程的开始和正时(这与电火花点火相对不同,此时燃烧的点火开始是由电火花的正时所确定)。如果在着火之前喷入了相对较多的燃料,形成的混合物的自燃就会导致非常快速的压力升高并伴随噪声的产生,即出现了爆震燃烧。因此对于柴油发动机来讲,着火延迟最好较短。可以看出,柴油机燃料的点火特性与电火花点火发动机燃料的点火特性是不同的:好的柴油机燃料相对要易于自点火,而好的汽油应该不容易自点火。

用**十六烷值**或**十六烷数**来度量燃料的自点火能力。低十六烷值产生相对较长的点火延迟，相应地，高十六烷值表示相对较短的点火延迟。ASTM 国际组织定义了确定燃料十六烷值的标准测试程序[4]。在这一测试中，采用一个标准的、压缩比可变的、单缸的发动机，并配有测量着火延迟的传感器。在这一程序中，将被测燃料的着火延迟与两种基本的参考燃料，即正十六烷[①]和七甲基壬烷的混合物的结果进行比较。正十六烷（$C_{16}H_{34}$）的十六烷值定义为 100，七甲基壬烷（也是 $C_{16}H_{34}$）的十六烷值定义为 15。这样，十六烷值可以由下式定义

$$十六烷值 \equiv 正十六烷体积分数（\%）+（0.15）七甲基壬烷体积分数（\%） \quad (17.2)$$

十六烷值的取值范围是 0～100，而典型的燃料的十六烷值为 30～65。目前采用七甲基壬烷作为参考燃料，而代替了原先的 α-甲基萘。α-甲基萘的十六烷值定义为 0，由于 α-甲基萘的储存性能不佳而被替代。

3. 连续燃烧系统

对于像锅炉炉窑、喷射发动机这样的连续燃烧系统，点火性能就不像在往复式发动机中这样重要了。但为了安全起见，必须保证强制点火。如用于飞机的喷射发动机必须能在飞行过程中实现再点火。由燃料的密度和黏度确定的喷雾特性和挥发性控制了再点火过程。

17.3.2 挥发性

不同的燃烧应用对燃料的挥发性要求也不同。例如，电火花点火发动机采用易挥发的燃料，这样就能在电火花点火时形成基本均匀的燃料-空气混合物；相反地，柴油发动机采用不易挥发的燃料可以防止在点火延迟期间形成大量的可燃混合物。发动机的冷启动性能和其他汽车应用中的可驾驶性能强烈地依赖于燃料的挥发性。气塞是在燃料系统中形成了燃料蒸气而阻塞燃料管路流动的现象，气塞形成的倾向主要取决于燃料的蒸气压[②]。燃料的挥发性也影响到挥发性污染物和燃料的安全性及储存特性。

有三种测量燃料挥发性的基本方法：①在一定温度下的蒸气压；②平衡空气蒸馏分布图；③在一定温度下的液-蒸气比。ASTM 国际组织提供了这三个方法的标准程序。

对于蒸气压，现在普遍接受的测试方法是改进的里德法[③]。此法在有一定的空气存在，38.8℃（100℉）下测量燃料的蒸气压。由于有空气的存在，测量得到的蒸气压与真实的热力学蒸气压有少许不同。

由于许多燃料是很多成分的混合物，很难正确定义其沸点，因此就用燃料的蒸馏特性来表示其燃料的挥发性。这些测量方法通常用在几个选定的温度下的蒸发体积分数来表示，

---

① 正十六烷在英文中称 *n*-cecane 或 *n*-hexadecane。
② 采用燃料喷射的现代汽车将其油泵布置在油箱中，这样，燃料系统就处于正压下，从而大大减小了在炎热的天气损坏老式化油器汽车的气塞问题。
③ 里德蒸气压（RVP）通常用来表示这一方法的测量结果。

其值用 $0 \sim 100\%$ 来表示。ASTM D86 法[6] 规定了测量蒸馏特性的标准测量程序。如图 17.1 所示为蒸馏参数和汽车用汽油性能的关系。

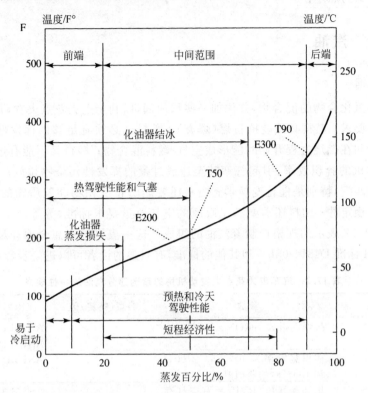

图 17.1　蒸馏分布参数[6] 与汽油性能的关系。E200 表示在 200°F 下燃料蒸发的体积百分比；T50 表示燃料蒸发达到 50％的温度；E300 表示在 300°F 下燃料蒸发的体积百分比；T90 表示燃料蒸发达到 90％的温度。（资料来源：文献[7]，允许复制）

形成蒸气-液体混合物比为 20∶1 的燃料温度是气塞倾向和其他热燃料操作问题的一个很好的度量。这种测量有几种标准的测量程序[3,8]。

在后续的几节中，请注意各种不同燃料的标准特性中挥发性的重要性。

17.3.3　能量密度

在许多应用中，表示为每单位质量或单位体积的能量密度是燃料的一个重要特性。对于条件燃料箱体积一定下，汽车或飞机的行程取决于燃料的能量密度。碳氢燃料之间的体积能量密度的变化比碳氢燃料和醇类燃料间能量密度的变化小。例如，乙醇的体积能量密度要比汽油小 30％。后面会看到，对于航空燃料特性，能量密度是一个很重要的参数。

在特定的应用条件下还会有一些其他需要关注的燃料特性。这些特性及上面提到的特性将在后续特定燃料的讨论中进一步提及。

17.4 传统燃料

17.4.1 汽油

1. 传统汽油

汽油是碳氢化合物的混合物,并添加一些添加剂,以利于电火花点火发动机的应用。汽油需满足很多要求:燃料必须能抗自燃(爆震);燃料也必须有足够的挥发性,以提供良好的冷启动性能和在燃烧过程开始时能形成空气-燃料混合物;燃料又不能有过分的挥发性,以免损害发动机的容积效率、引起气塞甚至造成过量的挥发性污染物排放;燃料必须与尾气控制系统相匹配,特别是催化变换器;燃料还要能防止沉积物和胶质物的形成;燃料在储箱中必须是稳定的;燃料还需要满足政府的空气质量要求标准,等等。作为上述种种要求的结果,表17.2表示的规格控制着汽油的组成。这一表格并不想全面详尽列出,仅列出了包括 ASTM 标准 D4814-08b[3] 和其他的标准,有兴趣的读者可以进一步参考阅读。

表 17.2　汽车电火花点火发动机用的精选部分汽油的特性规格

需求	参数①	典型(特定)值	美国标准或测试方法
抗自点火	抗爆震指数②(RON+MON)/2		ASTM D6299(RON) ASTM D2700(MON)
挥发性③	体积蒸发率为 10%,50%,90% 和 100%时的蒸馏温度		ASTMD4814-08b
	里德蒸气压(RVP)= 有空气存在条件下,100°F的蒸气压(psi)		ASTM 323
	驾驶性能指数④		
气塞防护③	产生蒸气-液体比为 20 时的最小温度对应的气塞防护分级(1~6)		ASTM2533 或 ASTM5188
尾气排放/催化转换装置保护	最大铅含量	0.013g/gal(美)	ASTM D4814-08b
尾气排放/催化转换装置保护	最大硫含量	80×10^{-6}(质量分数)	ASTM D4814-08b
燃料系统最小腐蚀	铜条腐蚀系数	No.1(最大)	ASTM D130
燃料测量油箱最小腐蚀发送单元	银条分类	最大 1(范围 0~4)	ASTM D4814-08b

　　① 这些参数的详细描述可以参考 ASTM D4814-08b[3]。
　　② 抗爆震指数是研究法辛烷值和马达法辛烷值的平均值。其中研究法辛烷值是采用一个标准的单缸实验发动机在相对低的入口温度和发动机转速(温和条件下)确定的,而马达法辛烷值是采用一个标准的单缸实验发动机在相对高的入口温度和发动机转速(更苛刻的条件)下确定的。
　　③ 用不同挥发性测量方法确定不同的挥发性分类。美国环保署强调用哪种汽油的分类方法主要依据终端用户使用的季节和地理环境条件。
　　④ ASTM D4814-08b[3]:"驾驶性能指数(DI)是为了确定影响冷启动和热启动的驾驶性能而控制蒸馏参数的乙醇含量,是 10%,50%和 90%的蒸发蒸馏温度的函数。"

汽油中含有烷烃、烯烃和芳烃。表17.3列出了汽油中存在的碳氢化合物的一般分布构成比例。汽油中共存在有200种或更多的单个的碳氢化合物[9]。汽油的详细组成变化很大,用阿拉伯海湾地区的原油生产的汽油与用宾夕法尼亚州原油或用美国墨西哥湾的原油生产的汽油可以差别非常大。表 B.2 中列出的两种汽油 $C_{8.26}H_{15.5}$ 和 $C_{7.76}H_{13.1}$ 的热力学性质。

表 17.3　汽油中碳氢化合物的大致组成[9]

碳氢化合物类型	比例范围/%
烷烃	4~8
烯烃	2~5
异烷烃	25~40
环烷烃	3~7
环烯烃	1~4
芳烃	20~50

为满足表17.4所定义的汽油的挥发性要求,汽油中含有相对低沸点的碳氢化合物,其分子中包含4~12个碳原子[9]。表17.4中还示出了最小挥发蒸馏类(AA级或夏天用)和最大挥发类(E级或冬天用)汽油的蒸馏特性。这两类汽油的最大差别在蒸馏曲线的下限部分。例如,对于冬天型(E级)汽油,允许蒸发10%混合物的最高温度是50℃;而对于夏季型(AA级)汽油,允许蒸发10%混合物的最高温度是70℃。而两类汽油的上限温度点是相同的(225℃)。

表 17.4　夏季型和冬季型汽油的挥发性要求[①]

参　　数	夏季型汽油 (蒸馏分类 AA 级)	冬季型汽油 (蒸馏分类 E 级)
10%(体积)蒸发的最大蒸馏温度/℃	70	50
50%(体积)蒸发的最小蒸馏温度/℃	77	66
50%(体积)蒸发的最大蒸馏温度/℃	121	110
90%(体积)蒸发的最大蒸馏温度/℃	190	185
100%(体积)蒸发的最大蒸馏温度/℃	225	225
最大的里德蒸气压/kPa	54	103

① ASTM D4818-08b[3]定义了6个蒸馏级别,这里给出的是两个级别(AA 和 E)是首项和末项。

2. 新配方汽油(RFG)

为改善美国选定区域的空气质量,《1990年清洁空气法修正案》要求汽油提供商提供的汽油要进行特定的配制以减少:①挥发性有机物(VOC)排放;②有毒气体污染(TAP)排放

（即苯、1,3-丁二烯、多环有机物、甲醛和乙醛）；③氮氧化物（NO_x）排放[10]。另外,由于苯的致癌性,在新配方汽油中,苯的含量不能超过 1%（体积分数）。初始法规要求氧的含量≥2%（质量分数）,一般通过添加甲基叔丁基醚（MTBE）或乙醇来实现。MTBE 分子式为 $C_5H_{12}O$,在两个碳键之间夹着一个氧原子。由于担心 MTBE 会污染地下水,乙醇成为新配方汽油中主要的含氧配方的选择。现行的法规（文献[10]中§80.41）不再对新配方汽油中的氧含量有明确的规定,而只是要求燃料必须提供特定配方以减少 VOC、TAP 和 NO_x。但 2005 年的《能源政策法案》[11] 提出了要求在汽油中要有一定比例的可再生燃料,这一要求通常是通过添加乙醇来实现的。

如图 17.2 所示,美国共有 15 个州的部分地区需要使用新配方汽油。美国大陆中包括华盛顿特区划分出两个 VOC 控制区,在每个区域中有不同的控制 VOC 和 NO_x 的标准。VOC 控制区域 1 由 23 个南方的州组成,VOC 控制区域 2 由 26 个北方的州组成（文献[10]中§80.71）。新配方汽油的排放标准和最小苯含量要求见表 17.5（文献[10]的§80.41）。表 17.6 给出了尾气排放的基本值（文献[10]的§80.45）作为按标准减少的一个基础。非尾气排放也用复杂的规定公式计算折算到标准中。1990 年美国汽油的主要组成和特性作为基础燃料,显示在表 17.7 中。

为了满足减少 NO_x 的要求,需要减少燃料中的硫含量以改进三元催化系统（参见第 15 章）的性能。1997—2005 年,汽油中的平均含硫量从 300×10^{-6}（质量分数）降到了 90×10^{-6}[12]。进一步的法律要求从 2006 年初,硫的平均含量降到 30×10^{-6}。

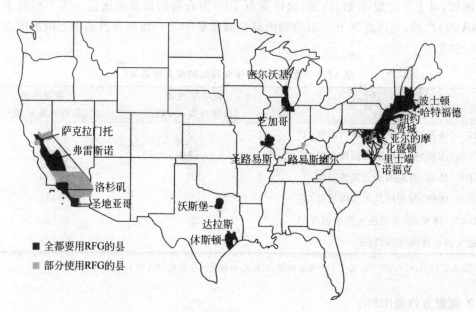

图 17.2　2007 年 5 月 1 日起需要使用新配方汽油的区域图。（资料来源：美国环保署）

表 17.5 新配方汽油的标准[①]

VOC 排放减少百分比/%	
VOC 控制区 1 所指定的汽油	
标准	≥29.0
每加仑(美)最小	≥25.0
VOC 控制区 2 所指定的调整了的 VOC 汽油	
标准	≥25.4
每加仑(美)最小	≥21.4
VOC 控制区 2 所指定的其他所有汽油	
标准	≥27.4
每加仑(美)最小	≥23.4
有毒气体污染物排放减少百分比/%	≥21.5
NO$_x$ 排放减少百分比/%	
VOC 控制区指定汽油	≥6.8
不是 VOC 控制区指定的汽油	≥1.5
苯(体积分数)/%	
标准	≤0.95
每加仑(美)最大	≤1.30

① 第二阶段复杂模拟平均标准,来自 40CFR §80.41(f)[10]。排放减少包括尾气和非尾气两个部分。

表 17.6 建立新配方汽油标准时采用的基本尾气排放

排放的污染物	夏天(mg/mile)[①]	冬天(mg/mile)
挥发性有机物(VOC)	907.0	1341.0
氮氧化物(NO$_x$)	1340.0	1540.0
苯	53.54	77.62
乙醛	4.44	7.25
甲醛	9.70	15.34
1,3-丁二烯	9.38	15.84
多环有机物(POM)	3.04	4.50

① 1mile=1609.344m。

表 17.7 夏天和冬天型基础燃料特性[3]

燃料特性	夏 季 型	冬 季 型
氧/(质量分数)/%	0.0	0.0
硫/(质量分数)/10^{-6}	339	338
里德蒸气压/psi	8.7	11.5
E200[①]/%	41.0	50.0
E300[②]/%	83.0	83.0
芳烃(体积分数)/%	32.0	26.4
烯烃(体积分数)/%	9.2	11.9
苯(体积分数)/%	1.53	1.64

① 200℉下蒸发的体积分数。

② 300℉下蒸发的体积分数。

3. 冬天含氧燃料

《1990 年清洁空气法修正案》要求使用含氧燃料以减少汽车在冬天特定时期的一氧化碳排放。特定的时间和燃料含氧量由各州政府来确定，作为州实施计划（SIP）来满足国家大气质量标准（NAAQS）。形势是动态的，美国很多区域接近或超过了空气质量的要求。在 2008 年，以下 8 个大都市区域采用冬天氧化燃料以保证达到或维持 NAAQS[14]：得克萨斯州的埃尔帕索、蒙大拿州的米苏拉、内华达州的拉斯维加斯、亚利桑那州的菲尼克斯、加利福尼亚州的洛杉矶、内华达州的雷诺、新墨西哥州的阿尔布开克和亚利桑那州的土桑市。在所有的区域中，乙醇是最主要的含氧燃料，根据区域不同，其氧含量为 1.8%～3.5%（质量分数）。

【例 17.1】 将乙醇加入到异辛烷中，使乙醇-异辛烷混合物中的氧含量（质量分数）为 2.7%，求加入的乙醇的量。结果用在混合物中乙醇的质量分数表示。

解 两种化合物的混合物中，氧的质量分数可定义为

$$\frac{m_O}{m_{mix}} = \frac{m_O}{m_{EtOH} + m_{C_8H_{18}}} = 0.027$$

下标 EtOH 表示乙醇。上式分子、分母同时除以乙醇的质量，就获得了包括混合物中乙醇与异辛烷比值的表达式

$$\frac{m_O/m_{EtOH}}{1 + \frac{m_{C_8H_{18}}}{m_{EtOH}}} = 0.027$$

注意到在 1mol 乙醇中含有 1mol 的氧，分子中单位质量乙醇中氧的质量可以用氧原子的原子质量和乙醇的摩尔质量来表示

$$\frac{m_O}{m_{EtOH}} = \frac{N_O}{N_{EtOH}} \frac{MW_O}{MW_{EtOH}} = \frac{1 \times MW_O}{1 \times MW_{EtOH}}$$

代入到前一式中并解得

$$\frac{m_{EtOH}}{m_{C_8H_{18}}} = \frac{0.027}{\dfrac{MV_O}{MW_{EtOH}} - 0.027} \frac{0.027}{\dfrac{15.999}{46.069} - 0.027} = 0.0843$$

从这一结果，可以根据定义获得所需要的质量分数

$$Y_{EtOH} = \frac{m_{EtOH}}{m_{EtOH} + m_{C_8H_{18}}} = \frac{m_{EtOH}/m_{C_8H_{18}}}{1 + m_{EtOH}/m_{C_8H_{18}}}$$

代入 $m_{EtOH}/m_{C_8H_{18}}$ 的数值，得到最终的结果为

$$Y_{EtOH} = \frac{0.0843}{1 + 0.0843} = 0.0777$$

注：要得到 2.7%（质量分数）的氧含量（典型的冬季型汽油的要求），就要实际加入乙醇，即乙醇的加入量是需要加入氧含量的 2.88 倍。

17.4.2 柴油燃料

柴油是碳氢化合物的混合物，有时还加入了添加剂，其配方专门为在压燃发动机（柴油

机)使用设计。在美国,柴油的命名和特性由 ASTM 国际组织 D975-08a[15] 来确定。有三种以数字表示等级的柴油[15]:No.1-D,一种轻质中间馏分燃料;No.2-D,一种中间馏分燃料;和 No.4-D,一种重质馏分燃料,或是蒸馏物与残留物的混合物。燃料的平均摩尔质量和黏度随着数字编号的增加而增加。其硫的含量也用数字来表示分级,共 7 级,用 S15,S500 和 S5000 表示,分别表示最大的含硫量为 15,500 和 5000×10⁻⁶(质量分数)。例如,No.2-D 燃料的三个级别表示为 No.2-D S15,No.2-D S500,No.2-D S5000,No.1-D 也一样。对于 No.4-D,只有一个级别,不需要再加其他的名称了。对于 No.4-D 的最大含硫量是 2%(质量分数)。大多数的柴油车(汽车、卡车和公共汽车)以 No.2-D S15 为燃料。采用低硫燃料是为了使颗粒物的排放最小,并且防止对尾气处理装置的损坏,这已在第 15 章中讨论。在某些区域,冬天时需要改进冷天的操作性,就需要调整炼油厂的生产过程以避免蜡的形成,或者炼油厂出来的产品用 1 号柴油来稀释 2 号柴油。

柴油还需要满足很多要求:燃料必须提供良好的点火性能和空启动性能;必须提供良好的润滑性和黏性以确保燃料注入系统的正常功能和防磨损性能;还必须满足发动机在低温下的正常操作;燃料还需要有良好的稳定性、无腐蚀性和清洁;燃料需要与尾气控制系统相适应;还需要满足政府对空气质量的关注而制定的相应法规,等等。综上所述及另外一些要求,柴油燃料的组成必须满足表 17.8 的规格要求。此表并不全面,有兴趣的读者可以参考 ASTM 标准 D975-08a[15] 和文献[16]。

表 17.8　柴油燃料油的部分规格①

特性②	No.1-D S15,S500,S5000	No.2-D S15,S500,S5000	No.4-D
十六烷值(最小)	40	40	30
蒸馏温度(体积蒸发 90%)(最小/最大)/℃	—/288	282/338	—/—
运动黏度(40℃)(最小/最大)/(mm²/s)	1.3/2.4	1.9/4.1	5.5/24
水和沉渣(体积)(最大)/(%)	0.05	0.05	0.05
灰(质量分数)(最大)/%	0.01	0.01	0.01
铜条腐蚀数(最大)	No.3	No.3	No.3
芳烃含量③(体积分数)(最大)/%	35	35	—
润滑性④(最大)/μm	520	520	—
导电性⑤/(pS/m)	25	25	25

① 更完整的规格可在 ASTM D975-08a[15] 中找到。

② 这些性质的更详细描述和相应的试验方法可以在文献[15]中找到。

③ 这一特性仅对 S15 和 S500 燃料适用。美国联邦政府法律(美国联邦法规 40 号第 80 部分)限制芳烃的含量以控制 NOₓ 排放。也用十六烷数(不要与十六烷值混淆)来作为芳烃含量的替代指标。

④ 磨损划伤直径,用高频往复试验机(HFRR)方法来定义。

⑤ 这一特性仅对 S15 和 S500 燃料适用。减少硫含量的过程会减少燃料的导电性而增加荷电的危险。常用添加剂来满足导电性的要求[16]。

柴油是由初始为 C₉~C₁₆(1 号)和 C₁₁~C₂₀(2 号)两种碳氢化合物的混合物组成[17]。组成柴油燃料的几种碳氢化合物族的大约比例见表 17.9。商用柴油燃料的更详细分析如

图 17.3 所示。在简单的燃烧计算中，这些燃料常用单个分子式来表达，如分别用 $C_{12}H_{22}$ 和 $C_{15}H_{25}$ 来表示是这些燃料的合理近似，也有用到其他值的。

表 17.9 在 No. 1-D 和 No. 2-D 燃料中碳氢化合物的总体分布[17]

碳氢化合物种类	大约的比例（体积分数）/%
烷烃（正、异和环）	64
烯烃	1~2
芳烃	35

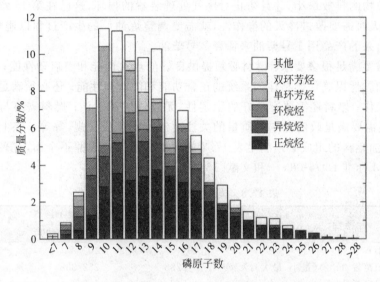

图 17.3 一种商用柴油的详细组成（资料来源：文献[18]，允许复制）

17.4.3 加热用油

与柴油一样，轻质加热用油也被分为 No.1 和 No.2 燃料油。加热用油的组成和特性与对应的柴油相同，不同的是其加入的添加剂和含硫量。这两种燃料及其他更重的燃料 No.4，No.5，No.6 燃料油的规格在 ASTM 标准 D396[19] 中提供。家用燃油加热系统一般采用 No.2 号燃料油。更重的燃料则用于商用或工业。这些重油的使用常需要预热以保证操作和雾化[19]。重要的规格特性包括控制闪点、水和沉渣含量、蒸馏特性、运动黏度、残碳、含灰量、含硫量、腐蚀性、密度和凝固点[19]。

17.4.4 航空燃料

航空燃料由于应用不同而不同。在普通航空中的电火花点火发动机采用航空汽油，但涡轴和喷气发动机则采用航空煤油（民用采用 Jet A 和 JetA-1，而军用采用 JP-8）。Jet A 只在美国使用,世界上其他国家采用 Jet A-1,此燃料具有更低的凝固点。在寒冷的区域,如加拿大和阿拉斯加的部分地区采用蒸馏特性在汽油和煤油①之间的宽馏分燃料(民用的 Jet B 和军用的 JP-4)[20]。表 17.10 给出了三种最主要的航空燃料的蒸馏和凝固点特性。文献[20]提供了可读性很强的航空燃料的总体概况。

表 17.10   航空汽油、Jet B 和 Jet A 与 Jet A-1 的主要特性ª

特性	航空汽油[21]	Jet B [22]	Jet A 和 Jet A-1[23]
组成中碳原子数的范围	$C_4 \sim C_{10}$	$C_5 \sim C_{15}$	$C_8 \sim C_{16}$
10%蒸发蒸馏温度/℃	75	90	205
90%蒸发蒸馏温度/℃	135	245	最后的沸点限制在340℃
凝固点/℃(最大)	−58	−50	JetA 是−40,JetA−1 是−47
芳烃含量(体积分数)(最大)/%	—①	25	25

a 尽管没有对芳烃的含量提出明确的数值,实际上其他的特性要求就限制了芳烃的含量要小于25%(体积分数)[21]。

1. 航空汽油

航空汽油的规格[21]主要考虑其燃烧特性和抗爆震特性;燃料的密度和燃烧热确定的燃料计量和飞机行程;蒸气压和蒸馏特性确定的化油和燃料蒸发特性;腐蚀性;低温下的流动性;燃料清洁、操作和储存稳定性。航空汽油与车用汽油的基本组成的差别为:航空汽油包含烷烃和异烷烃(50%～60%),环烷烃(20%～30%),少量的芳烃(<10%),本质上没有烯烃[9]。比较一下的话,对于车用汽油,相对而言,烷烃、异烷烃和环烷烃的含量较小,还有烯烃和环烯烃的存在,而芳烃的比例(20%～50%)较高(见表 17.3)。航空燃料中的芳烃含量低是由几个因素决定的,首先是要求燃料对合成橡胶的影响最小;其次是要提高热值;再就是要合适的蒸馏特性[21]。ASTM 的航空汽油标准[21]表明,芳烃的含量不超过25%。在航空汽油中加入四乙铅满足辛烷值/性能数的要求。四乙铅的分解产物可以中和减少自由基,以防止自燃的产生。

2. 航空燃气轮机燃料

Jet A 和 Jet A-1 燃气轮机燃料[23]的要求包括很多特性,包括:含有的能量、燃烧性、挥发性、流动性、腐蚀性、热稳定性、污染物和添加剂。燃烧热(参见第 2 章)很重要,因为其控制着飞机的最大行程。对于民用飞机,用单位体积的热值(MJ/gal)作为参数[20],文献[23]给出了单位质量的热值(MJ/kg)。尽量减少碳烟的形成也是非常重要的,一方面是满足污染物排放的要求,同时要减少对燃烧器内衬的辐射(参见第 10 章和第 15 章)。控制碳烟形成,将燃料中的芳烃含量控制在 25%(体积)以下,并明确其最小的发烟点(表 9.5 和表 9.6)。芳烃是任何燃料燃烧时形成碳烟的前体物,作为燃料的成分存在显然会加剧碳烟的产生。

① 煤油是蒸馏特性介于汽油和柴油之间的油品的统称[9],英文名有 kerosene 和 kerosine 两种拼法。

由于在高空中的气温会很低，所以凝固点也是非常重要的参数。由于燃料是多种不同的碳氢化合物的混合物，不同的组分在不同的温度下凝固（成蜡）。在 ASTM 规格[23]中，将凝固点定义为对初始完全是固体的燃料加热，最后的蜡结晶物熔化的温度。泵送能力也与燃料的凝固直接相关，绝大部分的燃料在比 ASTM 定义的凝固点稍低的温度下还能维持其可泵送的能力。Jet A-1 燃料的存在归功于其比 Jet A 低的凝固点温度。要了解更多关于航空燃料的信息，读者可参考文献[20,23,24]。

17.4.5　天然气

在油田内或附近可以发现天然气的存在。天然气可以分为伴生和非伴生两类。作为油井的产品，是伴生的；而气井的产品，就是非伴生的。根据其组成，井口生产的天然气，特别是伴生气，在进行管道运输系统之前要进行一定的处理。未经处理的天然气成分主要是甲烷，还伴有少量的其他轻质碳氢化合物（$C_2 \sim C_8$），也常有不可燃的气体，如 N_2、CO_2 和 He，还可能存在硫化氢、硫醇、水、氧气和其他痕量的污染物质。从原油中分离溶解在油中的伴生气常常是不经济的[9]。然而，每年全球点天灯烧掉和直接排放掉的气体量是巨大的，可达 1100 亿 m^3，这相当于法国和德国两个国家每年天然气消耗的总量[25]。因此，大幅度地减少伴生气点天灯的行动正在落实之中[25]。

对于管道运输的天然气并没有形成统一的工业或政府标准，生产厂商与管道公司之间的合同会定义天然气成分及其他性质的一个大体范围[26,27]。处理过程包括去除固体物（如砂）、液态的碳氢化合物、硫化物、水、氮气、二氧化碳、氢气和其他任何不希望存在的物质，以满足合同的规定。硫化物去除的结果是生产了酸性气和脱硫气。表 17.11 列出了基于美国和加拿大的一批在地理上分散的管道公司的总条款和条件的管道气的重要特性的典型值和范围。

表 17.11　管道运输天然气规定的主要数值与范围[①]

性质或规格	典型值或范围	注
固体存在	商用不存在	
含氧量（O_2）（体积分数）	$<0.2\% \sim 1\%$	两个公司提出了更严格的要求为 $<50 \times 10^{-6}$
二氧化碳（CO_2）和氮气（N_2）（体积分数）	$<2\%$ 的 CO_2 和/或 $<4\%$ 的 CO_2 与 N_2 的总量	代表文献[27]中所介绍的品种的典型规定[②]
液化碳氢化合物	运送点的压力和温度下没有液化碳氢化合物	—
硫化氢（H_2S）	$5.7 \sim 23 mg/m^3$	
总硫	$17 \sim 460 mg/m^3$	除了 H_2S，还包括羰基硫化物、硫醇、一硫化物、二硫化物和多硫化物等
水（H_2O）	$65 \sim 110 mg/m^3$	
低位热值	$>36\,000 kJ/m^3$（典型）	范围：34 500 到 $>40\,900 kJ/m^3$

① 本表的信息主要从文献[27]中的 18 家管道公司提供的数据编制而成并将美国习惯的单位制的值转换成了 SI 制。

② 去除 CO_2 一方面是为了防止腐蚀，另一方面是为了保持合适的热值。

天然气的组成根据不同的源而有很大的变化。美国天然气源的例子如表 17.12 所示。而美国以外的天然气源的组成在表 17.13 中示出。

表 17.12　美国产天然气的组成(摩尔分数/%)与特性[28]①

产地	CH$_4$	C$_2$H$_6$	C$_3$H$_8$	C$_4$H$_{10}$	CO$_2$	N$_2$	密度③ /(kg/m^3)	HHV④ /(kJ/m^3)	HHV④ /(kJ/kg)
阿拉斯加	99.6	—	—	—	—	0.4	0.686	37 590	54 800
伯明翰,亚拉巴马州	90.0	5.0	—	—	—	5.0	0.735	37 260	50 690
俄亥俄州东部②	94.1	3.01	0.42	0.28	0.71	1.41	0.723	38 260	52 940
堪萨斯城,密苏里州	84.1	6.7	—	—	0.8	8.4	0.772	36 140	46 830
匹兹堡,宾夕法尼亚州	83.4	15.8	—	—	—	0.8	0.772	41 840	54 215

① 尽管文献[28]中没有明确标明,这些气体应该是指管道气。

② 也包含 0.01% 的 H$_2$ 和 0.01% 的 O$_2$。

③ 压力为 1atm,温度为 15.6℃(60℉)。

④ 压力为 1atm,温度为 15.6℃(60℉)下的高位热值[28]。

表 17.13　世界其他地区生产的天然气的组成(摩尔分数/%)和特性[28]①

产地	CH$_4$	C$_2$H$_6$	C$_3$H$_8$	C$_4$H$_{10}$	CO$_2$	N$_2$	密度② /(kg/m^3)	HHV③ /(kJ/m^3)	HHV③ /(kJ/kg)
阿尔及利亚液化天然气	87.2	8.61	2.74	1.07	—	0.36	0.784	42 440	54 130
格罗宁根,荷兰	81.2	2.9	0.36	0.14	0.87	14.4	0.784	33 050	42 150
卑尔根,科威特	86.7	8.5	1.7	0.7	1.8	0.6	0.784	40 760	51 990
利比亚液化天然气	70.0	15.0	10.0	3.5	—	0.90	0.956	49 890	52 210
北海,巴克顿	93.63	3.25	0.69	0.27	0.13	1.78	0.723	38 450	53 200

① 尽管文献[28]中没有明确标明,这些气体应该是指管道气。

② 压力为 1atm,温度为 15.6℃(60℉)。

③ 压力为 1atm,温度为 15.6℃(60℉)下的高位热值[28]。

【例 17.2】　采用 298.15K 为参考状态,计算如表 17.13 所示的科威特卑尔根气田天然气的高位热值(HHV),并将结果与表 17.13 中给出的值进行比较。

解　可以按例 2.4 来进行计算,从图 2.9 中可以看出,HHV 可以表达为

$$HHV = \Delta h_C = (H_{reac} - H_{prod})/MW_{fuel}(kJ/kg)$$

式中

$$H_{reac} = \sum_{Reac} N_i \bar{h}_{f,i}^0 \quad 和 \quad H_{prod} = \sum_{Prod} N_i \bar{h}_{f,i}^0$$

采用天然气给定的组分,可以计算燃料(天然气)的表观摩尔质量为

$$MW_{fuel} = \sum \chi_i MW_i = \chi_{CH_4} MW_{CH_4} + \chi_{C_2H_6} MW_{C_2H_6}$$

$$+ \chi_{C_3H_8} MW_{C_3H_8} + \chi_{CO_2} MW_{CO_2} + \chi_{N_2} MW_{N_2}$$

代入数值得到

$$MW_{fuel} = 0.867 \times 16.043 + 0.085 \times 30.069 + 0.017 \times 44.096 + 0.018 \times 44.011$$
$$+ 0.006 \times 28.013$$
$$= 18.175 kg/kmol$$

根据燃料的组分和形成焓就可以计算反应焓 H_{reac}

成分	N_i 或 χ_i	$\overline{h}_{f,i}^0$	对应附录表
CH_4	0.867	$-74\,831$	B.1
C_2H_6	0.085	$-84\,667$	B.1
C_3H_8	0.017	$-103\,847$	B.1
CO_2	0.018	$-393\,546$	A.2
N_2	0.006	0	A.7

用表中的值,计算得到
$$H_{reac} = 0.867 \times (-74\,831) + 0.085 \times (-84\,667) + 0.017$$
$$\times (-103\,847) + 0.018 \times (-393\,546) + 0.006 \times 0$$
$$= -80\,924 kJ/kmol$$

为了计算 H_{prod},需要先确定产物的组成,对于 1mol 燃料,有
$$0.867CH_4 + 0.085C_2H_6 + 0.017C_3H_8 + 0.018CO_2 + 0.006N_2$$
$$+ a(O_2 + 3.76N_2) \longrightarrow bCO_2 + cH_2O + dN_2$$

对 C,H,O 和 N 应用元素守恒,就可以计算得到 a,b,c,d
C 平衡: $0.867 \times 1 + 0.085 \times 2 + 0.017 \times 3 + 0.018 \times 1 = b$ 即 $b = 1.106$
H 平衡: $0.867 \times 4 + 0.085 \times 6 + 0.017 \times 8 = 2c$ 即 $c = 2.057$
O 平衡: $0.018 \times 2 + 2a = 2b + c = 2 \times 1.106 + 2.057$ 即 $a = 2.1165$
N 平衡: $0.006 \times 2 + 2 \times 3.76a = 2d$ 即 $d = 7.964$

采用表 A.2 中 CO_2 生成焓的值和表 A.6 中 H_2O 生成焓的值,在参考状态(298K)下产物的焓计算如下
$$H_{prod} = 1.106 \times (-393\,546) + 2.057 \times (-241\,845 - 44\,010)$$
$$+ 7.964 \times 0 = -1\,023\,266 kJ/kmol$$

其中,44 010 是 H_2O 的蒸发焓(见表 A.6)。将这一值从蒸气相的生成焓中减去,就得到了液相的生成焓以计算高位热值,即
$$H_{reac} - H_{prod} = -80\,924 - (-1\,023\,266) = 942\,341 kJ/kmol$$

采用前面计算的燃料的表观摩尔质量,得到最终的结果
$$HHV = \Delta h_c = (H_{reac} - H_{prod})/MW_{fuel} = 942\,341/18.175 = 51\,848 kJ/kg$$

这一值与表 17.13 中给出的 51 990kJ/kg 很接近。

注:(1)表中的 HHV 值比计算的值大 0.27%,这可能是因为标准状态的稍稍不同(298.15K 和 288.7K)以及生成焓的稍稍不同引起。

（2）请注意是如何用燃料的每摩尔为基础来写出燃料方程的，方程中的燃料包括了 CO_2 和 N_2。

（3）也请注意要用到 H_2O 的蒸发焓以得到高位热值。

（4）纯甲烷的高位热值是 55 528kJ/kg（见表 B.1），这表明在科威特天然气中的其他组分都是从纯甲烷减少热值的。

【例 17.3】 如例 17.2 所述的科威特天然气，计算其常压绝热燃烧温度。用 HPFLAME 计算。

解 首先采用组分数据来定义一个形式为 $C_N H_M O_L N_K$ 的燃料分子，得到天然气分子中的碳原子数，将天然气中含碳组分的摩尔分数乘以组分的碳原子数并相加，即

C 原子数 $\equiv N = 0.867 \times 1 + 0.085 \times 2 + 0.017 \times 3 + 0.018 \times 1 = 1.106$

同理，H，O 和 N 原子数为

H 原子数 $\equiv M = 0.867 \times 4 + 0.085 \times 6 + 0.017 \times 8 = 4.114$

O 原子数 $\equiv L = 0.018 \times 2 = 0.036$

N 原子数 $\equiv K = 0.006 \times 2 = 0.012$

则等价分子式为 $C_{1.106} H_{4.114} O_{0.036} N_{0.012}$。HPFLAME 和本书提供的其他程序，都要求用户对 N, M, L, K 取整数值。为了能用 HPFLAME，将 N, M, L, K 乘以 1000，重新定义燃料为 $C_{1106} H_{4114} O_{36} N_{12}$。要计算常压绝热燃烧温度，HPFLAME 要求输入 1kmol 燃料的反应焓的值。对于分子式为 $C_{1.106} H_{4.114} O_{0.036} N_{0.012}$ 的燃料，其反应焓在例 17.2 中计算得到，为 $-80\,924$kJ/kmol。对于 298K 下的反应物，这一焓就是燃料的生成焓。对于重新定义的燃料，将 $-80\,924$ 乘以 1000，得到其生成焓，即，

$$\bar{h}^0_{f,C_{1106}H_{4114}O_{36}N_{12}} = 1000\,\bar{h}^0_{f,C_{1.106}H_{4.114}O_{0.036}N_{0.012}}$$

$$= 1000 \times (-80\,924) = -80\,924\,000\text{kJ/kmol}$$

这样，HPFLAME 计算所需要的输入数据都有了，对于 1atm，化学当量下，得到

$$T_{ad,C_{1106}H_{4114}O_{36}N_{12}} = 2228.1\text{K}$$

这也是 $C_{1.106} H_{4.114} O_{0.036} N_{0.012}$ 的绝热燃烧温度。

注：（1）计算得到的绝热燃烧温度与甲烷的值（2226K）非常接近。此天然气中存在的其他非甲烷碳氢化合物的绝热燃烧温度都比甲烷要高，这样，科威特天然气的绝热燃烧温度应该要高。但天然气中 CO_2 和 N_2 的存在却起到了稀释的作用，从而抵消了高碳氢化合物对燃烧温度的影响。

（2）请注意，采用乘一个倍数的方法来定义燃料分子及其生成焓的方法。这一技巧能让我们用 HPFLAME 来求解这个问题，这展示了如何使有限的编码应用更多用途。类似地，通过定义主要是氢的燃料，如 $CH_{10\,000}$，可以用 HPFLAME 来计算 H_2 的燃烧问题。这是很必要的，因为程序中要求燃料分子中含有碳。在输出中含有碳的组分都是痕量的，可以忽略。分子中的单个碳原子对火焰温度没有影响。同样地，纯碳的燃烧可以近似地定义燃料为如 $C_{10\,000} H$。当然，我们也可用选择在第 2 章中讨论的其他平衡计算求解器来求解这样的问题。

天然气是相对清洁的燃料,可用于很多应用场合。天然气常用来进行空间加热。2005年,美国大约 52% 的房屋是用天然气加热的(见图 17.4)。在美国,天然气发电排在煤电之后,是第二位。2007 年,24.7% 的化石燃料发电量是来自于天然气的(见表 17.14)。从表 17.14 中可以看出,除了运输业,天然气在美国能源消费结构中的其他任一部门都有很重要的作用,在运输部门,天然气主要用于管道压缩机[29]。

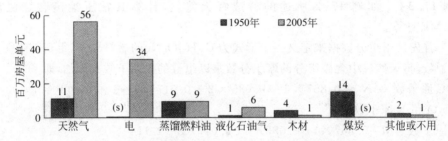

图 17.4　1950 年和 2005 年美国住房的加热方式(资料来源:文献[29])

表 17.14　2007 年美国天然气的消费和使用

部门	天然气[①]/(万亿 Btu)	来自天然气的总化石燃料能源的百分比[②]/%	来自天然气的总能源消费的百分比[②]/%
居住	4842	79	22.2
商业	3083	81.6	16.7
工业	7999	41.2	24.7
运输	667	2.3	2.3
发电	7046	24.7	17.4
总计	23 637	27.4	16.6

① 数据来自文献[29]。

② 百分比由来自文献[29]的数据计算得到。

17.4.6　煤

对煤及其燃烧描述的复杂性的最根本原因在于其组成的广泛变化。例如,来自宾夕法尼亚州的无烟煤与来自蒙大拿州的烟煤的组成有很大的不同。原理上讲,煤是有机物形成的沉积化石,但它含有很多不同种类的矿物质,而且比例不同。表 17.15 示出了称为煤的**工业分析**,这里煤的组成分为四个部分。从表中可以看到,煤中相当大的比例是不可燃的(水分和灰基)。挥发分和焦炭是煤中主要贡献有用能源的物质,而矿物质主要产生灰和渣,会产生操作的困难(或复杂性),并引起环境问题。矿物质典型地出现在碳质化石中。

煤的"有用"部分,即干的、无矿物质的部分(挥发分＋焦炭)的元素组成也同样有广泛的变化,如表 17.16 所示。这一统计分析被称为元素分析。硫和氮会引起空气污染问题而常需要在电站锅炉的烟气中进行脱除(参见第 15 章)。氯、磷、汞和其他元素没有列在标准的元素分析中[30]。

表 17.15 煤的工业分析

成分种类	质量百分比范围/%[①]
水分	10~30
挥发分	10~30
矿物质	10~30
焦炭	差额

① 这属于典型值,实际的煤可以超出这些范围。

表 17.16 煤的干燥无灰基元素分析

元素	典型的组成范围(质量分数)/%
C	65~95
H	2~6
O	2~25
S	<10
N	1~2

煤的分类主要依据其在地质中经历的变质程度进行,硬煤(无烟煤)经历了最长的变质,而褐煤则是最少的变质。表 17.17 给出了描述煤的术语及其基于组成和热值的正式定义[31]。请注意,热值的范围很宽,从高挥发分的 A 烟煤(32.6MJ/kg)到褐煤 B(14.7MJ/kg)。尽管表 17.17 所列出的总体的热值与气体和液体碳氢燃料相比,不具有严格的可比性,但从煤的能量本质上讲要低于碳氢化合物的能量[①]。例如,碳氢化合物的高位热值范围在 43~55MJ/kg,而煤在 20~32MJ/kg。下面的公式[33]可在元素分析基础上,用于估计煤的高位热值:

$$HHV(MJ/kg) = 0.3491C + 1.1783H + 0.1005S - 0.1034O - 0.015N - 0.0211A$$

(17.3)

式中,C、H、S、O、N 和 A 分别是煤中碳、氢、硫、氧、氮和灰分的干基质量百分数。式(17.3)适用的范围是

$$0 \leqslant C \leqslant 92.25\%$$
$$0.43 \leqslant H \leqslant 25.15\%$$
$$0.00 \leqslant O \leqslant 50.00\%$$

---

① 煤的总热值是在定容燃烧下来定义的高位热值,而对于碳氢化合物的热值是在定压燃烧条件下定义的。ASTM D5865[32]提供了一个校正到定压热值的方法,同时要校正水分存在的影响。定容和定压热值的不同的校正总体上是很小的,大约只有零点几个百分点。

$$0.00 \leqslant N \leqslant 5.60\%$$
$$0.00 \leqslant S \leqslant 94.08\%$$
$$0.00 \leqslant A \leqslant 71.4\%$$

及

$$4.745 \text{MJ/kg} \leqslant \text{HHV} \leqslant 55.345 \text{MJ/kg}$$

式(17.3)也可用于传统的液体和气体碳氢化合物、生物燃料和废弃物等，精度一般可在几个百分点之内[33]。

表 17.17 按煤的等级分类（改编自文献[31]）

种类/组	固定碳范围（干燥,无灰基）/%		挥发分范围（干燥,无灰基）/%		总热值范围（湿,无灰基）①/(MJ/kg)		结块特性
	≥	<	>	≤	≥	<	
无烟煤							
高阶无烟煤	98	…	…	2	…	…	不结块
无烟煤	92	98	2	8			不结块
半无烟煤②	86	92	8	14			不结块
烟煤							
低挥发分烟煤	78	86	14	22	…	…	普通结块③
中挥发分烟煤	69	78	22	31			普通结块
高挥发分 A 烟煤	…	69	31	…	32.6④		普通结块
高挥发分 B 烟煤					30.2④	32.6	普通结块
高挥发分 C 烟煤	…				26.7	30.2	普通结块
					24.4	26.7	结块
次烟煤							
次烟煤 A	…	…	…	…	24.4	26.7	非结块
次烟煤 B					22.1	24.4	非结块
次烟煤 C					19.3	22.1	非结块
褐煤							
褐煤 A	…	…	…	…	14.7	19.3	非结块
褐煤 B					…	14.7	非结块

① 含湿表示煤含有其自然存在的内水分，但不包括煤表面的水分。

② 如果结块，就划入到烟煤的低挥发分组中。

③ 在烟煤的这些分组中可能有不结块的品种存在，特别是高挥发分 C 烟煤中存在着显著的例外。

④ 当干燥无矿物质中的固定碳含量为 69% 或更大时，就不按其热值分类，而是用固定碳含量来分类。

表 17.18 精选的美国煤的组成①

煤层	州	ASTM 分级②	工业分析（daf③）/%		元素分析（daf③）/%					
			挥发分	固定碳	C	H	N	S	O	HGI④
4 号	阿拉斯加	次烟煤 C	59.21	40.79	69.94	5.27	0.93	0.24	23.62	31
上斯巴齐	阿肯色	低挥发分烟煤	17.88	82.12	88.55	4.19	1.48	2.95	2.83	85.1
科罗拉多 Q 号	科罗拉多	次烟煤 A	42.05	57.95	75.19	5.04	2.01	0.4	17.37	—
未命名	衣阿华	高挥发分 C 烟煤	46.65	53.35	72.45	5.35	1.2	11.29	9.72	86.5
伊利诺 6 号	伊利诺伊	高挥发分 A 烟煤	41.78	58.22	80.2	5.73	1.45	4.73	7.89	60.1
伊利诺 6 号	伊利诺伊	高挥发分 C 烟煤	41.56	58.44	77.29	5.38	0.85	4.58	11.91	—
伊利诺 6 号	伊利诺伊	中挥发分烟煤	32.74	67.26	77.54	5.41	1.58	5.29	10.17	56.7
埃尔克霍恩 3 号	肯塔基	高挥发分 A 烟煤	39.7	60.3	84.15	5.84	1.45	1.03	7.53	52.1
罗斯巴德	蒙大拿	次烟煤 B	42.23	57.77	73.68	5.27	0.55	0.61	19.88	—
福特联合层	蒙大拿	褐煤	46.86	53.14	68.64	4.72	1.26	0.64	24.74	103.1
俄亥俄 4 号	俄亥俄	高挥发 C 分烟煤	47.84	52.16	77.13	5.4	1.33	6.68	9.47	52.5
宾夕法尼亚 2 号	宾夕法尼亚	半无烟煤	10.49	89.51	92.58	3.39	0.87	0.72	2.44	79.5
下克拉里恩	宾夕法尼亚	高挥发分 A 烟煤	44.01	55.99	81.42	5.83	1.6	6.27	4.88	64.3
来肯斯谷 2 号	宾夕法尼亚	无烟煤	5.08	94.92	90.33	4.01	0.8	0.56	4.3	31.6
雷德斯通	西弗吉尼亚	高挥发分 A 烟煤	43.03	56.97	82.54	5.77	1.25	2.41	8.04	57.4
迪茨 3 号	怀俄明	次烟煤 B	45.04	54.96	74.92	4.93	1.07	0.48	18.6	47.7

① 承蒙加雷思·米切尔同意,煤的数据来自宾夕法尼亚州煤样库和数据库。

② ASTM 简写:an—无烟煤;sa—半无烟煤;lvb—低挥发分烟煤;mvb—中挥发分烟煤;hvAb—高挥发分 A 烟煤;hvCb—高挥发分 C 烟煤;subA—次烟煤 A;subB—次烟煤 B;subC—次烟煤 C;lig—褐煤。

③ 干燥无灰基。

④ 哈氏可磨指数[34]:低指数值表示对磨有高的抵抗性。

【例 17.4】 用式(17.3)给出的关系式估算阿拉斯加 4 号煤的高位热值(HHV)(见表 17.18)。

解 根据表 17.18,阿拉斯加 4 号煤的干燥无灰基元素组成为

C:69.94

H:5.27

S：0.24

O：23.62

N：0.93

A（灰）：0

将这些质量百分比的数值代入到式(17.3)可得

$$HHV(MJ/kg) = 0.3491C + 1.1783H + 0.1005S - 0.1034O - 0.015N - 0.0211A$$
$$= 0.3491 \times 69.94 + 1.1783 \times 5.27 + 0.1005 \times 0.24 - 0.1034$$
$$\times 23.62 - 0.015 \times 0.93 - 0.0211 \times 0$$
$$= 28.19(MJ/kg)$$

注：(1) 注意到计算的 HHV 值比表 17.17 给出的次烟煤 C 的上限值(22.1MJ/kg)要大不少。但在表中的值不是干煤，而是湿煤的值，因此我们的计算值应该高一些。

(2) 请注意，硫的存在是提高热值的，而氧、氮和灰是减少热值的，这与预期相同。

几种精选的美国煤的特性如表 17.18 所示。表中选择的煤种表明了美国煤种的广泛范围和其地理分布的多样性。表中给出了煤层的名字和位置、煤的分类、工业分析和元素分析。表中的最后一列显示的是哈氏可磨指数（HGI），这是煤磨成粉的难易程度的一个指标[34]，提供了一个燃烧制粉的磨煤能耗和磨机能力的指标。正如预期的，不同煤种的一般组成是符合 ASTM 分类定义的（见表 17.17）。还可注意到，伊利诺依 6 号煤提供了几种不同类别的煤。其实这样的变化在其他煤层也会有，没有在表 17.18 中列出，如宾夕法尼亚州的下基坦宁煤层。特别需要注意的是，给出的煤种样品中的硫含量的变化范围很大：在这批数据中，硫的质量分数从 0.24%（阿拉斯加）到 11.29%（衣阿华）。为了满足空气质量对 SO_2 和颗粒物的要求标准，理想的是用低硫煤。煤中的结合氮相当一部分会转化为 NO_x，这也是需要控制的空气污染物。煤中还含有汞和氯，它们也是空气的有毒物质。与其他化石燃料相比，在相同能量条件下，煤燃烧会排放更高的 CO_2（即 kg/MJ）。这些问题在第 15 章中已讨论。

除了关注 SO_2、NO_x、Hg 和 Cl 的污染，燃煤电厂的固体废弃物的处置也是一个问题。底灰、飞灰、渣和脱硫产物，即煤燃烧的固体产物，包括了燃烧后的矿物质，可能呈现出危险性。金属如砷、硒、镉、铅和汞可能包含在相应的固体产物中。2009 年，美国环保署公布了 44 个存放有很高潜在危险的这样的固体产物场所的清单[35]。

如果读者对于煤有兴趣进一步了更详细信息的，特别推荐 van Krevelen 的权威参考书[36]。

17.5　替代燃料

根据我们的目的，替代燃料定义为任何有潜力来替代或补充 17.4 节中讨论到的传统使用的常见燃料的燃料。对于全球变暖、环境退化和国家能源安全的关注都激发出对替代燃料的兴趣。正在进行的很多研究致力于发现和评价迄今还未知的燃料。替代燃料不一定是新发现的燃料,也可以是在过去某些特殊场合已经使用过的燃料,或者还没有被商业应用的燃料。本节将讨论几种替代燃料。

17.5.1 生物燃料

在替代燃料中,目前特别受关注的是从生物质制成的可再生燃料。生物质是一个广泛采用的名字,包括了专门种植的用于燃料的农作物、粮食作物废弃物、森木废弃物和副产物、动物废弃物、藻类,等等。人类利用火以来,就将生物质直接作为燃料。一个常见的例子是燃木材的炉子用于房间加热或烹饪。生物质也可加工成燃料。这里考虑三种类型:生物化学加工、农业化学加工和热化学加工[37]。从生物质生产乙醇是基于生物化工的。酶将植物淀粉破裂成糖分,糖用细菌发酵成乙醇。农业化工的一个例子是用油从种子中提取生物柴油产品。热化学法包括热解、直接液化、气化和超临界液相萃取[37]。

在美国国会 2007 年的《能源自主和安全法案》(EISA2007)的有关章节中,生物燃料受到特别关注。这一包罗万象的法案包括了要求为运输部门生产可再生燃料的条款(标题Ⅱ的副标题 A 和 B)。法案中定义了两种可再生燃料:①传统生物燃料,定义为由粮食淀粉生产的可再生燃料;②先进生物燃料,定义为由非粮食淀粉生产的可再生燃料,其全生命周期的温室气体要比基线排放至少减少 50%。例子包括从纤维素和半纤维素生产乙醇、非粮糖和淀粉生物乙醇;从废弃物(如粮食残渣)中生产乙醇;生物质基柴油;沼气,如填埋气和污泥处理气;从可再生生物质生产的丁醇和其他醇类;纤维素制备的其他燃料[38]。全生命周期温室气体排放包括在燃料生产、分配和终端使用的所有阶段的温室气体排放,其中不同气体的贡献按其相对的全球变暖潜力进行加权。EISA2007 要求分阶段实施运输部门可再生燃料的使用。法案要求到 2022 年,全部的可再生燃料产量达到 360 亿 gal(美),其中要求210 亿 gal(美)是先进生物燃料。透视这一数据,注意到 2008 年美国全部的汽油消费量是1034 亿 gal(美)[39]。法律中规定了达到这个目标的详细时间表[38]。欧盟[40]和其他国家也同样制定了运输部门采用生物燃料的目标。

1. 乙醇

乙醇(C_2H_5OH)常被用于混入汽油中以满足美国特定区域(见图 17.2)政府要求减少的尾气排放标准(见表 17.5),同时还用来满足被选定的大城市区域的冬天一氧化碳排出控制要求。在 17.4 节中讨论了在新配方汽油(RFG)冬季型含氧燃料中乙醇的使用。E10,或叫酒精-汽油混合燃料,是一种包含 10%乙醇的汽油。此外,在汽车燃料中开始采用乙醇作为主要成分的燃料,如 E85 是包含有 85%乙醇的燃料混合物。ASTM 的燃料乙醇(Ed75~Ed85)规格[41]在表 17.19 中示出。目前有很多汽车厂家已经生产出可灵活使用燃料的汽车,既可采用传统的汽油,也可采用高乙醇含量的燃料。

表 17.19　ASTM 对乙醇燃料（ED75～ED85）的要求[41]

特性	挥发性级别 1①	挥发性级别 2	挥发性级别 3
乙醇及更高碳醇的最小含量(体积分数)/%	79	74	70
碳氢化合物/脂族醚含量(体积分数)/%	17-21	17-26	17-30
蒸气压/kPa(psi)	38-59(5.5-8.5)	46-65(7.0-9.5)	66-83(9.5-12.0)
硫的最大含量/(mg/kg)	80	80	80
所有级别			
甲醇最大含量(体积分数)/%		0.5	
高碳醇($C_3 \sim C_8$)最大含量(体积分数)/%		2	
酸性(用醋酸 CH_3COOH)最大质量含量/(mg/L)		0.005	
溶剂洗涤后的胶状物最大含量/(mg/100mL)		5	
pH_e		6.5～9.0	
非洗涤的胶状物最大含量/(mg/100mL)		20	
无机氯最大含量/(mg/kg)		1	
铜最大含量/(mg/L)		0.07	
水分最大含量(质量)%		1.0	
外观		产品不应有明显悬浮物或沉淀物存在(清澈透明和明亮)。此特性在常温下或 21℃(70℉)下测定。	

① 挥发性级别是在文献[41]中基于季节和地理学上的标准来确定的。

　　将乙醇作为运输部门燃料的情况很复杂。少量的乙醇可以减少尾气的一氧化碳(CO)、挥发性有机物(VOC)和颗粒物(PM)的排放[42]，而用 E85 为燃料的汽车排放数据只显示是增加的，或者呈现出几种污染物的复杂关系[43,44]。全生命周期分析表明，CO，VOC，PM_{10}，硫氧化物(SO_x)和氮氧化物(NO_x)对于粮食基的乙醇 E85 混合燃料来讲，排放全部增加[42,44]。对乙醇关注的起因是它具有减少对石油的依赖和减少温室气体排放的潜力。是否能实现这两个好处取决于涉及的各种因素的复杂分析，这些因素包括生物质的生长、生物质转化为燃料及燃料配送到油站。应用乙醇作为燃料，尽管 CO_2 排放是减少的，但另一种主要的温室气体 N_2O 在生长原料时由于采用氮肥会被释放出来。Hill 等[42]的详细分析表明，以相等能量比较，玉米基的 E85 的温室气体排放比汽油只相对减少 12%。采用生物质的纤维素来制备乙醇，与要在肥沃土地上生长的高施肥生物质(玉米)淀粉相比，提供了大幅度增加其生产和使用过程中的净能量值的潜力。EISA2007[38]认识到纤维素燃料的具大潜力，就要求增加的可再生燃料比例应是先进生物质。与粮食生产的竞争和平衡使问题更复杂，文献[45～47]讨论了这一问题。接下来的 2010—2020 年，这 10 年将是全社会共同努力来解决这一涉及很多方面的运输燃料问题。

　　表 17.20 列出纯乙醇的主要特性，同时列出了汽油、2 号柴油和生物柴油的特性以示比较。从表中可以看到，乙醇的沸点(78℃)处于汽油蒸馏温度范围(27～225℃)的中段，而乙

醇的里德蒸气压(16kPa)明显比汽油的里德蒸气压(55～103kPa)低。乙醇的单位质量或单位体积的能量也比汽油或2号柴油要明显低。如乙醇的体积LHV比汽油低33%,比柴油低40%。在实际应用中,如果油箱的大小相同,则在用乙醇或高含乙醇的燃料时,汽车的里程将减少。由于乙醇中含有氧,其化学当量下的空-燃比要比汽油和柴油低很多。现代的燃料灵活汽车能自动调整适应这些不同之处,确保其驾驶性和三元催化污染控制系统的正确操作(见第15章)。

表 17.20　乙醇、汽油、2号柴油和生物柴油的主要特性[①]

特　　性	乙醇	汽油[③]	2号柴油[④]	生物柴油
摩尔质量/(kg/kmol)	46.0684	100～105	～200	～292
1atm和15.6℃下的密度/(kg/m³)	795	720～780	810～890	879
沸点/℃	78	27～225	190～340	315～350
1atm和25℃下的蒸发焓/(MJ/kg)[②]	0.921	0.305	0.230	—
里德蒸气压/kPa	16	55～103	1.4	<0.28
研究法辛烷值	108	90～100		
马达法辛烷值	92	81～90		
十六烷值	—	—	40～55	48～65
高位热值[⑥]单位质量(MJ/kg)	29.8	43.7～47.5	44.6～46.5	40.2
高位热值[⑥]单位体积(MJ/m³)	23 400	34 800	38 700	35 700
低位热值[⑥]单位质量(MJ/kg)	26.7	41.9～44.2	41.9～44.2	37.5
低位热值[⑥]单位体积(MJ/m³)	21 200	32 000	35 800	33 000
化学当量空-燃比/(kg/kg)	8.94	～14.7	～14.7	～13.8
1atm,15.6℃下的黏度/(Pa·s)	$1.19×10^{-3}$	$(0.37～0.44)×10^{-3}$	$(2.61～4.1)×10^{-3}$	$6.10×10^{-3}$

参见表注[⑤]

① 除标明外,特性数据来自文献[48]。
② 来自文献[49]。
③ 更多信息请参见表17.2。
④ 更多信息请参见表17.8。
⑤ 来自EPA420-P-02-001(2002年)在5℃(40℉)下的值[58]。
⑥ 参见表B.1中纯碳氢化合物单位质量的HHV和LHV。

【例 17.5】　计算乙醇的化学当量空-燃比,并将结果与汽油的化学当量空-燃比进行比较。假设汽油的分子式为$C_{7.76}H_{13.1}$。

　　解　先写出乙醇(C_2H_5OH)化学当量的燃烧方程式

$$C_2H_5OH + a(O_2 + 3.76N_2) \longrightarrow bCO_2 + cH_2O + dN_2$$

如果求得了a,就可以直接计算$(A/F)_{stoic,EtOH}$。要求a,就要建立C,H和O的元素守恒式

$$C: 2 = b$$

$$H: 6 = 2c \quad 即 \quad c = 3$$

$$O: 1 + 2a = 2b + c = 2 \times 2 + 3 = 7 \quad 即 \quad a = 3$$

应用质量空-燃比的定义，即

$$(A/F)_{\text{stoic,EtOH}} = \frac{N_{\text{air}}MW_{\text{air}}}{N_{\text{EtOH}}MW_{\text{EtOH}}} = \frac{4.76aMW_{\text{air}}}{MW_{\text{EtOH}}} = \frac{4.76 \times 3 \times 28.85}{46.069} = 8.94 \text{kg/kg}$$

对于汽油的化学当量空-燃比的计算，可以参照第 2 章的计算方法，对于碳氢化合物 C_xH_y，$a = x + y/4$（式 2.31），有

$$a = 7.76 + 13.1/4 = 11.035$$

$C_{7.76}H_{13.1}$ 的表观摩尔质量是

$$MW_{\text{gas}} = 7.76 \times 12.011 + 13.1 \times 1.007\,94 = 106.5 (\text{kg/kmol})$$

应用空-燃比的定义有

$$(A/F)_{\text{stoic,gas}} = \frac{N_{\text{air}}MW_{\text{air}}}{N_{\text{gas}}MW_{\text{gas}}} = \frac{4.76aMW_{\text{air}}}{MW_{\text{gas}}} = \frac{4.76 \times 11.035 \times 28.85}{106.4} = 14.24 \text{kg/kg}$$

比较两个化学当量空-燃比的值，乙醇的 A/F 比汽油的要小，只相当于汽油的 63%（8.94/14.24＝0.628）。

注：在灵活燃料汽车中，燃料-空气计量系统应该能够很好地处理这一很大的化学当量空-燃比变化。

2. 生物柴油

生物柴油是指适用于柴油发动机使用的由植物油或动物脂肪所生产的燃料。与乙醇相同，生物柴油为化石燃料提供了一种替代燃料，可以减少全生命周期的温室气体排放。2007 年《能源自主和安全法案》将生物柴油列为"先进生物燃料"。

生物柴油由长链脂肪酸的单烷基脂组成，如图 17.5 所示。植物油的来源有：大豆、油菜籽、向日葵花籽、棕榈果和核等。而用于烹饪的动物脂肪（动物油脂、牛脂、猪油）常常可以再生使用。生物柴油也可以用藻类油脂来生产[51]。用生物原料生产生物柴油包括甘油三酸酯和醇类物质在催化剂的作用下反应形成单烷基脂和丙三醇的过程①。反应过程可以用下图解[52]

$$
\begin{array}{ccccc}
CH_2 - OOC - R_1 & & R_1 - COO - R' & & CH_2 - OH \\
| & & & & | \\
CH_2 - OOC - R_2 & + \quad 3R'OH \quad \xrightarrow[\text{催化剂}]{} & R_2 - COO - R' & + & CH_2 - OH \\
| & & & & | \\
CH_2 - OOC - R_3 & & R_3 - COO - R' & & CH_2 - OH \\
甘油酯 & 醇 & 酯 & & 丙三醇
\end{array} \tag{17.4}
$$

式中，R_1，R_2 和 R_3 是长链的碳氢自由基（见图 17.5）；R' 是采用的特定的醇类连接的碳氢自由基。在植物油中，长链的碳氢自由基包括 16~24 个碳原子[53]。通常用乙醇和甲醇作为反应物生产生物柴油[52,54]，这样，相应地 $R' = C_2H_5$ 或 CH_3。可用的催化剂的种类很多（碱性的、酸

---

① 英文中丙三醇（甘油）有三种拼法：glycerol、glycerin 和 glycerine。

性的和酶),但在商业生产中,目前最常用的是碱性催化剂(例如氢氧化钠、氢氧化钾等)[52,55]。

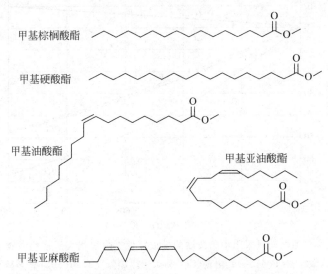

图 17.5　5 种甲基酯。每种内部的直线段通常代表一个 $C-H_2$ 组,最后一段是 $C-H_3$ 组。
(资料来源:文献[50])

　　生物柴油混合燃料用字母 B 加数字来表示,数字表示在混合燃料中生物柴油的体积百分比。例如,含有 20% 的生物柴油的混合燃料就表示为 B20。纯生物柴油表示为 B100。不经改造的柴油发动机可以用含有 20% 以下生物柴油的混合燃料。使用生物柴油的主要问题包括低温下阻塞燃料过滤器、发动机沉积物的形成、易于氧化和生物不稳定性、生物柴油生产过程中带入的杂质(未反应的脂肪酸、醇、甘油和催化剂)引起的腐蚀或磨损等[50,55]。纯的生物柴油比 2 号柴油要求的最大黏度还要大[15],因此,必须精心地进行混合,以获得合适的黏度。应对这些问题和其他的问题,ASTM 提出了用于制备混合燃料的 B100 的规格要求[56],同时还提出了混合燃料(B6~B20)的规格要求。

　　最新的计算[44]表明,生物柴油的全生命周期的温室气体排放比传统的柴油燃料要少 50%~80%。使用生物柴油的另一个优势是尾气中一氧化碳、颗粒物和未燃尽的碳氢化合物的排放减少,如图 17.6 所示。如采用 B20,可以相应减少 11%,10% 和 21% 的污染物[58]。但氮氧化物(NO_x)会有一定的增加,由于美国和其他国家对 NO_x 有更严格的要求,这会引起对生物柴油的担忧。B20 的 NO_x 平均增加大约是 2%[58]。为了解释 NO_x 增加的现象,研究者作出了很多假设[59,60]。Lapuerta 等[60]总结最可能的原因是与柴油相比,生物柴油加快注入。采用生物柴油后,芳烃或多环碳氢化合物的排放(见第 15 章)会减少,但含氧的碳氢化合物(如醛类和酮类)趋势不明确[60]。关于生物柴油发动机排放的研究文献有不少,如文献[58~62],Lapuerta[60]则对此进行了综述。

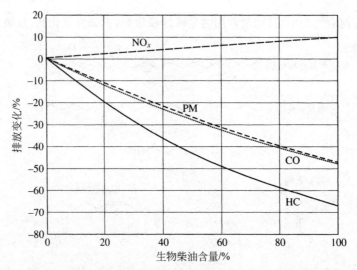

图 17.6　重载汽车柴油发动机采用生物柴油的排放特性。曲线代表了多组数据的回归分析，可以看出，颗粒物（PM）、一氧化碳（CO）和未燃尽碳氢化合物（HC）显著减少，而氮氧化物（NO$_x$）有少量的增加，颗粒物和一氧化碳的曲线几乎重合。（资料来源：文献[58]）

3. 黑液

在造纸工业中，会产生一种含能源的液体，叫作黑液，作为纸浆生产过程的一种附加产品。黑液包括造纸过程中溶解了的有机固体，主要是木质素、钠和硫的化合物等。文献[63]给出了典型的黑液的组成，为 $C_{10}H_{12.5}O_7Na_{2.4}S_{0.36}$。造纸厂通常燃用黑液来发电、产生蒸气运行全厂，在生产蒸气用热的同时，回收钠和硫的化合物重新利用。工业上也在探索其他更经济和环境更友好的方法来利用黑液[64,65]，其中之一是将黑液气化，产生由一氧化碳和氢组成的合成气。合成气再在燃气轮机中燃烧发电，燃气轮机的排气用余热锅炉产生工业用蒸气。通常由于黑液的能量不足，在其气化过程中需附加入生物质（树皮、碎木片等）或煤来生产合成气，以弥补造纸厂总能量的不足。2007 年，美国全年用黑液、木材及林业固体和液体废弃物的发电量达到 390 亿 kW·h。可以比较一下，美国相应的传统水电站的发电量为 2475 亿 kW·h，上述发电量相当于此电量的 15.8%[66]。

4. 热转化液体燃料

生物质可以通过几种称为热转化的工艺来转化为液体（生物油或生物质粗油）。热转化工艺可以用各种生物质原料。He 等[67]对采用猪粪生产生物油的可行性进行了示范。最常见的热转化工艺是热解和直接液化。表 17.21 对这两种工艺进行了比较。对于给定的生物质原料量来说，热解可以产生最大量的液体产物，因此现阶段得到了快速的商业发展的关注[37,68~70]。通过与石油炼制类似的方法，这些液体产物可以进一步精制成燃料油[70,71]。这一领域未来发展的重点将是能够产生运输部门可用的可再生燃料的方法和过程，对这些燃料的要求与石油制品的特性很接近。

表 17.21 生物质热解和生物质液化工艺的比较(资料来自文献[37])

工艺	温度/K	压力/MPa	干燥	催化剂
热解	650～800	0.1～0.5	需要	否
液化	525～600	5～20	不需要	是

5. 沼气

气体的生物燃料,即沼气,是由有机废弃物通过细菌降解产生的。最重要的沼气来源有两个,一是垃圾填埋场直接产生的气体(填埋气);二是由特定设计的沼气系统来产生的(沼气)。在填埋场,通过在填埋过程中钻井或铺设收集管的方式来收集气体。沼气系统通常用污泥、生活垃圾、肥料和动物粪便等作为原料,在一个连续搅拌反应器中进行反应。不管生产的方法如何,3 个连续的细菌控制的步骤将有机废物转化为甲烷(和一氧化碳)[72]:①水解:厌氧菌和酶将不可溶的有机物和高分子的化合物转化为可溶解的有机化合物;②酸化:可溶性有机物被发酵为有机酸、氢和一氧化碳;③甲烷发酵:甲烷生成细菌将从第②步产生的产物进一步转化为甲烷和一氧化碳。表 17.22 显示了填埋气和沼气的主要组成。请注意在所有的情形中,沼气主要由甲烷(53.5%～68%)和二氧化碳(22%～39.4%)组成,其热值大约是天然气的一半或更少(参见表 17.12 和表 17.13)。沼气中还含有一些痕量的污染物,如来自生活垃圾和商业垃圾的硅氧烷[73,74]、含卤素化合物和有机硫化合物[75]。这些污染物和水及颗粒物常在气体的后续使用过程中脱除。Qin 等研究了填埋气的燃烧特性[75]。

表 17.22 沼气(污泥)和填埋存沼气的组成(摩尔分数(%))[28]

气体	CH_4	其他 HC	H_2	CO_2	O_2	N_2	密度[1] /(kg/m³)	HHV[2] /(kJ/kg)
沼气(NJ)	59.0	0.05	—	39.4	0.16	0.57	1.14	19 560
沼气(IL)	68.0	—	2.0	22.0	—	6.0	0.94	27 450
填埋气[3]	53.4	0.17	0.005	34.5	0.05	6.2	1.08	18 600

[1] 1atm,15.6℃(60°F)。

[2] 1atm,15.6℃(60°F)下的高位热值。

[3] 也包括 0.005%(摩尔分数)的 CO。

美国环保署制订一个促进填埋气的收回和使用计划[76]。至今,有多于 400 个填埋气的项目产生气体用于发电或锅炉、炉窑、炉和其他类似的用途。1988—2008 年,用填埋气的发电量大约增加了 9 倍[73]。但与其他发电方式相比,填埋气的发电量还不是很大。2007 年,填埋气的发电量为 61.6 亿 kWh 时,而传统的水电是 2475 亿 kWh[66]。丹麦以风力产生可再生能源而为人熟知,同时还开发了重要的沼气生产的基础设施[77]。2002 年,共有 20 个商业规模和 35 个农场规模的沼气产生厂在运行。这些工厂处理了大约 3% 的丹麦产生的粪便,年产能源达 2.6×10^{15} J[77],这相当于 7 亿 kWh 的发电量,或者相当于丹麦总发电量的 2%。

图17.7进一步加强了对生物燃料的讨论。如图17.7(a)所示，全部可再生能源加起来在美国总能耗中只占很少的比例(6%～7%)，相当于核能的75%～86%。图17.7(b)进一步将不同种类的可再生能源进行了分解。对可再生能源贡献最大的是生物质，2004—2008年一直稳定增长。值得注意的是，生物质能源超过了水电。虽然风能总量比生物质或水电都要小，但增长速度很快。

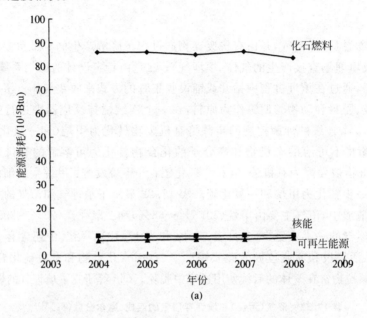

(a)

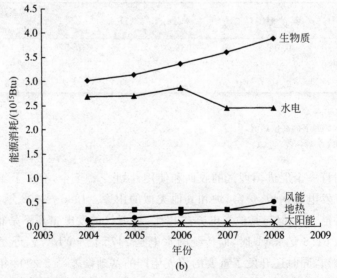

(b)

图17.7　(a)美国的能源消费以化石燃料为主(上)，而可再生能源提供了6%～7%的总能源消费量；(b)对可再生能源贡献最大的是生物质，2004—2008年有稳定的增长。虽然风能总量比生物质或水电都要小，但增长速度很快。（资料来源：文献[66]）

17.5.2　费-托合成液体燃料

液体运输用燃料可以从多种原料来生产得到,如天然气、煤、焦炭、生物质和渣油等,其生产工艺如图17.8所示。其关键的步骤包括:①用原料生产出由一氧化碳和氢组成的合成气;②合成气的净化,以脱除如硫和颗粒物之类的污染物;③采用费-托合成工艺,合成各种各样的碳氢化合物及其附加产品;④采用氢化裂解、加氢精制和加氢异构化等过程的不同组合,对费-托合成产品进行加工,成为柴油或汽油[78]。此法生产的柴油的十六烷值相当高(~70),其生产也比汽油的生产要简单一些,因此费-托合成法生产柴油极有吸引力[79]。其他有用的产品,如塑料生产用的石蜡,也可在此工艺中生产。

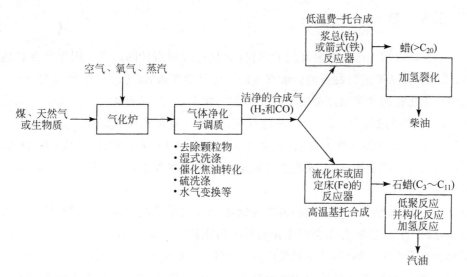

图17.8　可以用各种原料(生物质、天然气等)来生产液体运输用燃料。工艺是先气化产生合成
　　　　气体(即合成气,H₂和CO);然后采用钴或铁基催化剂,通过低温费-托合成并进行加
　　　　氢裂化生产柴油,或采用铁基催化剂通过高温费-托合成并进行低聚、异构化和加氢反
　　　　应生产汽油。(资料来源:文献[78])

费-托合成工艺在20世纪20年代发明至今[80]经历了一段有趣的历史[79,81]。如果没有政府政策的支持,那么石油的供应与价格决定了采用费-托合成工艺来生产运输燃料在经济上是否合理。初始投资通常很高,最主要是生产和净化合成气的设备[78,79]。生产产品总成本的60%~70%是气化成本[79]。如果采用生物质为原料气化成本会更高。将合成气转化为有用的产品的一个关键是催化剂的使用——低温(200~240℃)用钴或铁催化剂,而高温(300~350℃)用铁催化剂,同时要采用高压(20~30atm)[78,79]。低温合成工艺用来生产高摩尔质量的直链碳氢化合物,可以进一步加工生产高十六烷值的柴油燃料。高温工艺有利

于生产低摩尔质量的组分,更适合于汽油生产。增加费-托合成工艺生产的直馏汽油的辛烷值比增加直馏柴油的十六烷值要复杂得多[79],因此汽油生产比柴油燃料生产不经济。由于很多合成反应是放热反应,能量管理和温度控制就非常重要[78]。商业化的费-托合成厂在南非的萨索尔已运行超过 50 年,原因在于南非拥有丰富的煤及政府的政策支持有利于其发展[79]。如今为了减少温室气体的排放,保证能源的供给,对于生物质燃料的兴趣使人们重新关注通过费-托合成方法从生物质来制备运输燃料,从煤合成液体燃料也同样再次受到关注。伴生气的浪费和天灯污染也可以用费-托合成部分地解决。关于费托合成的更多的资料,包括其他的从生物原料转化为燃料(甲醇、乙醇等)和化学品的工艺,可以参考文献[78]。

17.5.3　氢

氢也常被建议用来作为运输部门的燃料,并且也有相当长的历史。因为氢在自然界并不丰富,所以氢是需要进行制备的。最直接的方法是电解水,即电将水分解为 H_2 和 O_2。氢也可以用碳氢化合物和煤通过蒸气重整来制备。如今,天然气的蒸气重整是生产氢的最常用方法[82]。在这一过程中,天然气与蒸气反应,形成一氧化碳和氢。这一混合物进一步在催化剂的作用下强化水-气变换反应(见表 2.3)形成 CO_2 和 H_2。然后 H_2 从 CO_2 分离出来。如果不进行 CO_2 的捕获和储存,采用蒸气重整反应来大规模生产氢,从环境方面考虑,可能是不可行的。

将氢作为替代燃料,可能不如将氢作为储能方式或是像电一样的能源载体。在理想条件下燃烧,除了氮氧化物,氢不会产生任何其他污染物。如果是用纯氧而不是空气来燃烧,则氮氧化物也不产生。同样,氢的燃烧产物(H_2O,O_2 和 N_2)中没有温室气体,请注意,H_2O是影响辐射效应气体,在大气中处于平衡状态①。但是,产氢过程伴随着污染物和温室气体的产生。另外由于氢的密度很低,用作运输时的储存是一个问题。关于产氢和用氢的综述,读者可参考文献[82]。

17.6　小结

本章首先介绍了基于其键结构的碳氢化合物和醇类的命名法。然后分析了运输燃料的重要特性:电火花点火发动机燃料的辛烷值、柴油机燃料的十六烷值、挥发特性和能量密度。接着列出了传统燃料(即汽油)的性质和规格,包括新配方汽油和含氧冬天型汽油,柴

---

①　由于海洋和其他水体的存在,全球的平均湿度近似不变,而且不受人类产生的 H_2O 的排放影响[83]。但是,当气候变暖时,大气中的 H_2O 绝对量会增加到一个相对高的湿度。这一增加的水分会产生辐射增强效应。

油、民用燃料油,各种航空燃料,天然气和煤。同样,我们列出了关注的几种替代燃料的生产和使用的主要特性:乙醇和乙醇混合燃料、生物柴油、热转化液体、沼气、黑液、费-托合成液体燃料和氢。对全球变暖、环境恶化和国家能源供应安全等问题的兴趣将使之得到持续关注和开发替代燃料。

17.7　符号表

a	氧-燃料摩尔比
A/F	质量空-燃比
AKI	抗爆指数
Δh_c	燃烧热(热值),J/kg
H	焓,J
$\bar{h}_f^0$	生成焓,J/kmol
HGI	哈氏可磨系数
HHV	高位热值,kJ/kg 或 MJ/kg
LHV	低位热值,kJ/kg 或 MJ/kg
m	质量,kg
MW	摩尔质量,kg/kmol
MTBE	甲基叔丁基醚
MON	马达辛烷值
N	物质的量,kmol
PM	颗粒物
R	任意自由基
RFG	新配方汽油
RON	研究辛烷值
RVP	里氏蒸气压,kPa
T_{ad}	绝热燃烧温度,K
TAP	有毒气体污染物
VOC	挥发性有机物
x	燃料中的碳原子数
y	燃料中的氢原子数
Y	质量分数

希腊符号

χ	摩尔分数

下标

i	第 i 种组分
prod	产物
reac	反应物
s	化学当量

17.8 参考文献

1. Anon., "Standard Test Method for Research Octane Number of Spark-Ignition Engine Fuel, Designation: D2699–08," ASTM International, West Conshohocken, PA, 2008.

2. Anon., "Standard Test Method for Motor Octane Number of Spark-Ignition Engine Fuel, Designation: D2700–08," ASTM International, West Conshohocken, PA, 2008.

3. Anon., "Standard Specification for Automotive Spark-Ignition Engine Fuel, Designation: D4814–08b," ASTM International, West Conshohocken, PA, 2008.

4. Anon., "Standard Test Method for Cetane Number of Diesel Fuel Oil, Designation: D613–08," ASTM International, West Conshohocken, PA, 2008.

5. Anon., "Standard Test Method for Vapor Pressure of Gasoline and Gasoline-Oxygenate Blends (Dry Method), Designation: D4953–06," ASTM International, West Conshohocken, PA, 2006.

6. Anon., "Standard Test Method for Distillation of Petroleum Products at Atmospheric Pressure, Designation: D86–09," ASTM International, West Conshohocken, PA, 2009.

7. Chevron USA, Inc., "Motor Gasolines Technical Review," Chevron Products Company, San Ramon, CA, 1998, http://www.chevron.com/products/ourfuels/prodserv/fuels/documents/69083_MotorGas_Tech Review.pdf.

8. Anon., "Standard Test Method for Vapor-Liquid Ratio Temperature Determination of Fuels (Evacuated Chamber Method), Designation: D5188–04a," ASTM International, West Conshohocken, PA, 2004.

9. Speight, J. G., *The Chemistry and Technology of Petroleum,* 4th Ed., CRC Press, Boca Raton, FL, 2007.

10. Code of Federal Regulations, Title 40—Protection of the Environment, Chapter I—Environmental Protection Agency, Subchapter C—Air Programs, Part 80—Regulation of Fuels and Fuel Additives, Subpart D, Reformulated Gasoline, July 1, 2008 Edition.

11. Energy Policy Act of 2005, Public Law 109-58, 109th Congress. See Code of Federal Regulations, Title 40—Protection of the Environment, Chapter I—Environmental Protection Agency, Subchapter C—Air Programs, Part 80—Regulation of Fuels and Fuel Additives, Subpart K, Renewable Fuel Standard, July 1, 2008 Edition.

12. U.S. Environmental Protection Agency, "Fuel Trends Report: Gasoline 1995–2005," EPA420-S-08-001, January 2008.

13. Code of Federal Regulations, Title 40—Protection of the Environment, Chapter I—Environmental Protection Agency, Subchapter C—Air Programs, Part 80—Regulation of Fuels and Fuel Additives, Subpart H, Gasoline Sulfur, July 1, 2008 Edition.

14. U.S. Environmental Protection Agency, "State Winter Oxygenated Fuel Program Requirements for Attainment or Maintenance of CO NAAQS," EPA420-B-08-006, January 2008.

15. Anon., "Standard Specification for Diesel Fuel Oils, Designation: D975–08a," ASTM International, West Conshohocken, PA, 2008.

16. Bacha, J., et al., "Diesel Fuels Technical Review," Chevron Products Company, San Ramon, CA, 1998, http://www.chevron.com/products/ourfuels/prodserv/fuels/documents/Diesel_Fuel_Tech_Review.pdf.

17. U.S. Department of Health and Human Services, Public Health Service, Agency for Toxic Substances and Disease Registry (ATSDR), "Toxicological Profile for Fuel Oils," Atlanta, GA, 1995.

18. Dagaut, P., "On the Kinetics of Hydrocarbons Oxidation from Natural Gas to Kerosene and Diesel Fuel," *Physical Chemistry and Chemical Physics,* 4: 2079–2094 (2002).

19. Anon., "Standard Specification for Fuel Oils, Designation: D396–09," ASTM International, West Conshohocken, PA, 2008.

20. Hemighaus, G. et al., "Aviation Fuels Technical Review," Chevron Products Company, San Ramon, CA, 2006, http://www.chevron.com/products/ourfuels/prodserv/fuels/documents/aviation_fuels.pdf.

21. Anon., "Standard Specification for Aviation Gasolines, Designation: D910–07a," ASTM International, West Conshohocken, PA, 2008.

22. Anon., "Standard Specification for Jet B Wide-Cut Aviation Turbine Fuel, Designation: D6615–06," ASTM International, West Conshohocken, PA, 2008.

23. Anon., "Standard Specification for Aviation Turbine Fuels, Designation: D1655–08a," ASTM International, West Conshohocken, PA, 2008.

24. Coordinating Research Council, *Handbook of Aviation Fuel Properties,* SAE International, Warrendale, PA, 2004.

25. Gerner, F., and Svensson, B., "Regulation of Associated Gas Flaring and Venting: A Global Overview and Lessens," Report No. 3, Working Copy, Report No. 29554, World Bank Group, The World Bank, April 2004.

26. U.S. Energy Information Administration, Office of Oil and Gas, "Natural Gas Processing: The Crucial Link between Natural Gas Production and Its Transportation to Market," January 2006, http://www.eia.doe.gov/pub/oil_gas/natural_gas/feature_articles/2006/ngprocess/ngprocess.pdf.

27. Foss, M. M., "Interstate Natural Gas—Quality Specifications & Interchangeability," Center for Economics Research, The University of Texas at Austin, December 2004, www.beg.utexas.edu/energyecon/lng.

28. Reed, R. J., *North American Combustion Handbook,* 3rd Ed., Vol. I, North American Manufacturing Co., Cleveland, OH, 1986.

29. U. S. Energy Information Agency, "Annual Energy Review 2007," DOE/EIA-0383, 2008, http://www.eia.doe.gov/aer.

30. Anon., "Standard Terminology of Coal and Coke, Designation: D121–09," ASTM International, West Conshohocken, PA, 2009.

31. Anon., "Standard Classification of Coals by Rank, Designation: D388–05," ASTM International, West Conshohocken, PA, 2005.

32. Anon., "Standard Test Method for Gross Calorific Value of Coal and Coke, Designation: D5865–07a," ASTM International, West Conshohocken, PA, 2007.

33. Channiwala, S. A., and Parikh, P. P., "A Unified Correlation for Estimating HHV of Solid, Liquid and Gaseous Fuels," *Fuel,* 81: 1051–1063 (2002).

34. Hardgrove, R. M., "Grindability of Coal," *Transactions of the American Society of Mechanical Engineers,* 54: 37–46 (1932).

35. U.S. Environmental Protection Agency, "Fact Sheet: Coal Combustion Residues (CCR)—Surface Impoundments with High Hazard Potential Ratings," EPA530-F-09-006, June 2009.

36. Krevelen, D. W. van, *Coal—Typology, Physics, Chemistry, Constitution,* Elsevier, Amsterdam, 1993.

37. Demirbaş, A., "Biomass Resource Facilities and Biomass Conversion Processing for Fuels and Chemicals," *Energy Conversion and Management,* 42: 1357–2378 (2001).

38. U.S. Government Printing Office, Energy Independence and Security Act of 2007, Public Law 110-140, http://frwebgate.access.gpo.gov/cgi-bin/getdoc.cgi?dbname=110_cong_bills&docid=f:h6enr.txt.pdf.

39. U. S. Energy Information Agency, "Short-Term Energy Outlook," 7 July 2009, http://www.eia.doe.gov/steo.

40. European Commission, "Proposal for a Directive 2008/0016 (COD) of the European Parliament and of the Council on the Promotion of the Use of Energy from Renewable Sources,". 2008. See also http://www.eea.europa.eu/themes/energy/bioenergy-and-biofuels-the-big-picture for related information.

41. Anon., "Standard Specification for Fuel Ethanol (Ed75-Ed85) for Automotive Spark-Ignition Engines, Designation: D5798–09b," ASTM International, West Conshohocken, PA, 2009.

42. Hill, J., Nelson, E., Tilman, D., Polasky, S., and Tiffany, D., "Environmental, Economic, and Energetic Costs and Benefits of Biodiesel and Ethanol Biofuels," *Proceedings of the National Academy of Science,* 103: 11206–11210 (2006).

43. Jacobson, M. Z., "Effects of Ethanol (E85) versus Gasoline Vehicles on Cancer and Mortality in the United States," *Environmental Science & Technology,* 41: 4150–4157 (2007).

44. Brinkman, N., Wang, M., Weber, T., and Darlington, T., *"Well-to-Wheels Analysis of Advanced Fuel / Vehicle Systems—A North American Study of Energy Use, Greenhouse Gas Emissions, and Criteria Pollutant Emissions,"* Argonne National Laboratory, May 2005.

45. Ohlrogge, J., Allen, D., Berguson, B., DellaPenna, D., Shachar-Hillo, Y., and Stymne, S., "Driving on Biomass," *Science,* 324: 1019–1020 (2009).

46. Campbell, J. E., Lobell, D. B., and Field, C. B., "Greater Transportation Energy and GHG Offsets from Bioelectricity than Ethanol," *Science,* 324: 1055–1057 (2009).

47. Wise, M., *et al.,* "Implications of Limiting CO_2 Concentrations for Land Use and Energy," *Science,* 324: 1183–1186 (2009).

48. Anon., Center for Transportation Analysis, Oak Ridge National Laboratory, http://cta .ornl.gov/bedb/biofuels/ethanol/Fuel_Property_Comparison_for_Ethanol-Gasoline-No2Diesel.xls.

49. Heywood, J. B., *Internal Combustion Engine Fundamentals,* McGraw-Hill, New York, 1988.

50. Meuller, C., "An Introduction to Biodiesel," Combustion Research Facility, Sandia National Laboratory, 2006, http://www.ca.sandia.gov/crf/viewArticle.php?cid=CRFV28N3-A.

51. Nagel, N., and Lemke, P., "Production of Methyl Fuel from Microalgae," *Applied Biochemistry and Biotechnology,* 24: 355–361 (1990).

52. Ma, F. and Hanna, M. A., "Biodiesel Production: A Review," *Bioresource Technology,* 70: 1–15 (1999).

53. Goering, C. E., Schwab, A. W., Daugherty, M. J., and Pryde, E. H., "Fuel Properties of Eleven Oils," *Transactions of the American Society of Agricultural Engineers,* 25: 1472–1483 (1982).

54. Encinar, J. M., González, J. F., Rodríguez, J. J., and Tejedor, A., "Biodiesel Fuels from Vegetable Oils: Transesterification of *Cynara Cardunculus* L. Oils with Ethanol," *Energy & Fuels,* 16: 443–450 (2002).

55. Waynick, J. A., "Characterization of Biodiesel Oxidation and Oxidation Products, CRC Project No. AVFL-2b," NREL/TP-540-39096, Coordinating Research Council and National Renewable Energy Laboratory, August 2005.

56. Anon., "Standard Specification for Biodiesel Fuel Blend Stock (B100) for Middle Distillate Fuels, Designation: D6751–09," ASTM International, West Conshohocken, PA, 2009.

57. Anon., "Standard Specification for Diesel Fuel Oil, Biodiesel Blend (B6 to B20), Designation: D7467–08," ASTM International, West Conshohocken, PA, 2009.

58. U.S. Environmental Protection Agency, "A Comprehensive Analysis of Biodiesel Impacts on Exhaust Emissions," Draft Technical Report, EPA420-P-02-001, October 2002.

59. Szybist, J. P., Song, J., Alam, M., and Boehman, A. L., "Biodiesel Combustion, Emissions and Emission Control," *Fuel Processing Technology,* 88: 679–691 (2007).

60. Lapuerta, M., Armas, O., and Rodríguez-Fernández, J., "Effect of Biodiesel Fuels on Diesel Engine Emissions," *Progress in Energy and Combustion Science,* 24: 198–223 (2008).

61. Pinto, A. C., *et al.,* "Biodiesel: An Overview," *Journal of the Brazilian Chemical Society,* 16: 1313–1330 (2005).

62. Demirbaş, A., "Biodiesel Impacts on Compression Ignition Engine (CIE): Analysis of Air Pollution Issues Relating to Exhaust Emissions," *Energy Sources,* 27: 549–558 (2005).

63. Demirbaş, A., "Pyrolysis and Steam Gasification Processes of Black Liquor," *Energy Conversion and Management,* 43: 877–884 (2002).

64. Larson, E. D., Kreutz, T. G., and Consonni, S., "Combined Biomass and Black Liquor Gasifier/Gas Turbine Cogeneration at Pulp and Paper Mills," *Journal of Engineering for Gas Turbines and Power,* 121: 394–400 (1999).

65. Larson, E. D., Consonni, S., and Kreutz, T. G., "Preliminary Economics of Black Liquor Gasifier/Gas Turbine Cogeneration at Pulp and Paper Mills," *Journal of Engineering for Gas Turbines and Power,* 122: 255–261 (2000).

66. U.S. Energy Information Administration, "Renewable Energy Trends in Consumption and Electricity 2007," April 2009. See also URL: www.eia.doe.gov/fuelrenewable.html.

67. He, B. J., Zhang, Y., Funk, T. L., Riskowski, G. L., and Yin, Y., "Thermochemical Conversion of Swine Manure: An Alternative Process for Waste Treatment and Renewable Energy Production," *Transactions of the ASAE,* 43: 1827–1833 (2000).

68. Bridgwater, A. V., Meier, D., Radlein, D., "An Overview of Fast Pyrolysis of Biomass," *Organic Geochemistry,* 30: 1479–1493 (1999).

69. Demirbaş, A., "Yields of Oil Products from Thermochemical Biomass Conversion Processes," *Energy Conversion and Management,* 39: 686–690 (1998).

70. Elliott, D. C., *et al.,* "Developments in Direct Thermochemical Liquefaction of Biomass: 1983–1990," *Energy & Fuels,* 5: 399–410 (1991).

71. Elliott, D. C., "Historical Developments in Hydroprocessing Bio-oils," *Energy & Fuels,* 21: 1792–1815 (2007).

72. Yadvika, Santosh, S., Sreekrishnan, T. R., Kohli, S., and Rana, V., "Enhancement of Biogas Production from Solid Substrates Using Different Techniques—A Review," *Bioresources Technology,* 95: 1–10 (2004).

73. U.S. Environmental Protection Agency, "LFG Energy Project Development Handbook," July 2009, http://www.epa.gov/lmop/res/handbook.htm.

74. Dewil, R., Appels, L., and Baeyens, J., "Energy Use of Biogas Hampered by the Presence of Siloxanes," *Energy Conversion and Management,* 47: 1711–1722 (2006).

75. Qin, W., Egolfopoulos, F. N., and Tsotsis, T. T., "Fundamental and Environmental Aspects of Landfill Gas Utilization for Power Generation," *Chemical Engineering Journal,* 82: 157–172 (2001).

76. U.S. Environmental Protection Agency, "Landfill Methane Outreach Program (LMOP)," URL: http://www.epa.gov/lmop/.

77. Raven, R. P. J. M., and Gregersen, K. H., "Biogas Plants in Denmark: Success and Setbacks," *Renewable and Sustainable Energy Reviews,* 11: 116–132 (2007).

78. Spath, R. L., and Dayton, D. C., "Preliminary Screening—Technical and Economic Assessment of Synthesis Gas to Fuels and Chemicals with Emphasis on the Potential for Biomass-Derived Syngas," NREL/TP-510-34929, National Renewable Energy Laboratory, December 2003.

79. Dry, M. E., "The Fischer–Tropsch Process: 1950–2000," *Catalysis Today,* 71: 227–241 (2002).

80. Fischer, F., and Tropsch, H., "Die Erdolsynthese bei Gewohnlichen Druck aus den Verasungsprodkten der Kohlen," *Brennstoff Chemie,* 7: 97–116 (1926).

燃烧学导论：概念与应用（第3版）

81. Schulz, H., "Short History and Present Trends of Fischer–Tropsch Synthesis," *Applied Catalysis A: General,* 186: 3–12 (1999).

82. Koroneos, C., Dompros, A., Roumbas, G., and Moussiopoulos, N., "Life Cycle Assessment of Hydrogen Fuel Production Processes," *International Journal of Hydrogen Energy,* 29: 1443–1450 (2004).

83. Solomon, S., *et al.,* (eds.), *Climate Change 2007—The Physical Science Basis,* Contribution of Working Group I to the Fourth Assessment Report of the Intergovernmental Panel on Climate Change, Cambridge University Press, 2007.

17.9 习题

17.1 定义 RON,MON 和 AKI,并说明它们的关系。

17.2 在一个确定一种燃料的研究辛烷值的试验中,在爆震条件下,正庚烷和异辛烷参考燃料的质量流量分别为 0.062g/s 和 0.185g/s。参考燃料对应的密度分别为 697kg/m^3 和 684 kg/m^3。试求这种燃料的 RON。请问对于现代电火花点火发动机,这是否是一种好燃料?

17.3 试求一个试验中的燃料的十六烷值,试验中参考燃料正十六烷值和七甲基壬烷在爆震条件下刚好体积相等。这一燃料是否满足 ASTM 对 2 号柴油的十六烷值的要求?

17.4 试解释为什么增压的燃料系统与常压或略低于常压条件下运行的燃料系统相比,不易产生气塞?

17.5 采用表 17.4 提供的数据,试计算夏天型和冬天型汽油在 100℃时的蒸发百分比。假设在蒸馏规格中取最大值。

17.6 1kmol 的汽油(C$_8$H$_{15}$)要形成 2%(质量分数)含氧的燃料混合物,试求需要加入多少 kmol 的甲基叔丁基醚(MTBE,C$_5$H$_{15}$O)?

17.7 试求堪萨斯城天然气(见表 17.12)的化学当量空-燃比和低位热值。

17.8 试计算含有 80%(体积分数)乙醇和 20%(体积分数)汽油的混合燃料的化学当量空-燃比。假设汽油的密度为 750kg/m^3。

17.9 对表 17.18 中元素分析数据,采用式(17.3)计算表中最低固定碳含量(蒙大拿的福特联合层)煤和最高固定碳含量(宾夕法尼亚州 2 号)煤的高位热值。并将计算值与表中数据进行比较。

17.10 计算 298K,1atm 下气态氢的高位热值和低位热值。结果分别用单位质量和单位体积来表示。

附录 A　C-H-O-N 气体系统中的
重要热力学性质表

表 A.1～表 A.12

标准状态下理想气体的性质:

理想气体: $CO, CO_2, H_2, H, OH, H_2O, N_2, N, NO, NO_2, O_2, O$。

性质: $\bar{c}_p(T), \bar{h}^0(T) - \bar{h}^0_{f,ref}, \bar{h}^0_f(T), \bar{s}^0(T), \bar{g}^0_f(T)$。

化合物的生成焓及吉布斯生成焓可以由其组成元素的生成焓来计算,即

$$\bar{h}^0_{f,i}(T) = \bar{h}^0_i(T) - \sum_{j\text{元素}} \nu'_j \bar{h}^0_j(T)$$

$$\bar{g}^0_{f,i}(T) = \bar{g}^0_i(T) - \sum_{j\text{元素}} \nu'_j \bar{g}^0_j(T)$$

$$= \bar{h}^0_{f,i}(T) - T\bar{s}^0_i(T) - \sum_{j\text{元素}} \nu'_j [-T\bar{s}^0_j(T)]$$

资料来源:根据 Kee, R. J., Rupley, F. M., and Miller, J. A., "The Chemkin Thermodynamic Data Base", Sandia Report, SAND87-8215B, March 1991 曲线拟合系数计算得出。

表 A.13

与表 A.1～A.12 同一理想气体的 $\bar{c}_p(T)$ 曲线拟合系数。

资料来源:根据 Kee, R. J., Rupley, F. M., and Miller, J. A., "The Chemkin Thermodynamic Data Base", Sandia Report, SAND87-8215B, March 1991 曲线拟合系数计算得出。

表 A.1　一氧化碳(CO), MW = 28.010kg/kmol, 298K 时, 生成焓 = −110 541kJ/kmol

T/K	$\bar{c}_p$ /(kJ/(kmol·K))	$(\bar{h}^0(T) - \bar{h}^0_f(298))$ /(kJ/kmol)	$\bar{h}^0_f(T)$ /(kJ/kmol)	$\bar{s}^0(T)$ /(kJ/(kmol·K))	$\bar{g}^0_f(T)$ /(kJ/kmol)
200	28.687	−2835	−111 308	186.018	−128 532
298	29.072	0	−110 541	197.548	−137 163
300	29.078	54	−110 530	197.728	−137 328
400	29.433	2979	−110 121	206.141	−146 332
500	29.857	5943	−110 017	212.752	−155 403
600	30.407	8955	−110 156	218.242	−164 470
700	31.089	12 029	−110 477	222.979	−173 499

续表

T/K	$\overline{c}_p$ /(kJ/(kmol·K))	$(\overline{h}^0(T)-\overline{h}_{\mathrm{f}}^0(298))$ /(kJ/kmol)	$\overline{h}_{\mathrm{f}}^0(T)$ /(kJ/kmol)	$\overline{s}^0(T)$ /(kJ/(kmol·K))	$\overline{g}_{\mathrm{f}}^0(T)$ /(kJ/kmol)
800	31.860	15 176	−110 924	227.180	−182 473
900	32.629	18 401	−111 450	230.978	−191 386
1000	33.255	21 697	−112 022	234.450	−200 238
1100	33.725	25 046	−112 619	237.642	−209 030
1200	34.148	28 440	−113 240	240.595	−217 768
1300	34.530	31 874	−113 881	243.344	−226 453
1400	34.872	35 345	−114 543	245.915	−235 087
1500	35.178	38 847	−115 225	248.332	−243 674
1600	35.451	42 379	−115 925	250.611	−252 214
1700	35.694	45 937	−116 644	252.768	−260 711
1800	35.910	49 517	−117 380	254.814	−269 164
1900	36.101	53 118	−118 132	256.761	−277 576
2000	36.271	56 737	−118 902	258.617	−285 948
2100	36.421	60 371	−119 687	260.391	−294 281
2200	36.553	64 020	−120 488	262.088	−302 576
2300	36.670	67 682	−121 305	263.715	−310 835
2400	36.774	71 354	−122 137	265.278	−319 057
2500	36.867	75 036	−122 984	266.781	−327 245
2600	36.950	78 727	−123 847	268.229	−335 399
2700	37.025	82 426	−124 724	269.625	−343 519
2800	37.093	86 132	−125 616	270.973	−351 606
2900	37.155	89 844	−126 523	272.275	359 661
3000	37.213	93 562	−127 446	273.536	−367 684
3100	37.268	97 287	−128 383	274.757	−375 677
3200	37.321	101 016	−129 335	275.941	−383 639
3300	37.372	104 751	−130 303	277.090	−391 571
3400	37.422	108 490	−131 285	278.207	−399 474
3500	37.471	112 235	−132 283	279.292	−407 347
3600	37.521	115 985	−133 295	280.349	−415 192
3700	37.570	119 739	−134 323	281.377	423 008
3800	37.619	123 499	−135 366	282.380	−430 796
3900	37.667	127 263	−136 424	283.358	−438 557
4000	37.716	131 032	−137 497	284.312	−446 291
4100	37.764	134 806	−138 585	285.244	−453 997
4200	37.810	138 585	−139 687	286.154	−461 677
4300	37.855	142 368	−140 804	287.045	−469 330

T/K	$\bar{c}_p$ /(kJ/(kmol·K))	$(\bar{h}^0(T)-\bar{h}_f^0(298))$ /(kJ/kmol)	$\bar{h}_f^0(T)$ /(kJ/kmol)	$\bar{s}^0(T)$ /(kJ/(kmol·K))	$\bar{g}_f^0(T)$ /(kJ/kmol)
4400	37.897	146 156	−141 935	287.915	−476 957
4500	37.936	149 948	−143 079	288.768	−484 558
4600	37.970	153 743	−144 236	289.602	−492 134
4700	37.998	157 541	−145 407	290.419	−499 684
4800	38.019	161 342	−146 589	291.219	−507 210
4900	38.031	165 145	−147 783	292.003	−514 710
5000	38.033	168 948	−148 987	292.771	−522 186

表 A.2　二氧化碳(CO_2)，MW＝44.011kg/kmol，298K 时，生成焓＝−393 546kJ/kmol

T/K	$\bar{c}_p$ /(kJ/(kmol·K))	$(\bar{h}^0(T)-\bar{h}_f^0(298))$ /(kJ/kmol)	$\bar{h}_f^0(T)$ /(kJ/kmol)	$\bar{s}^0(T)$ /(kJ/(kmol·K))	$\bar{g}_f^0(T)$ /(kJ/kmol)
200	32.387	−3423	−393 483	199.876	394 126
298	37.198	0	−393 546	213.736	−394 428
300	37.280	69	−393 547	213.966	−394 433
400	41.276	4003	−393 617	225.257	−394 718
500	44.569	8301	−393 712	234.833	−394 983
600	47.313	12 899	−393 844	243.209	−395 226
700	49.617	17 749	−394 013	250.680	−395 443
800	51.550	22 810	−394 213	257.436	−395 635
900	53.136	28 047	−394 433	263.603	−395 799
1000	54.360	33 425	−394 659	269.268	−395 939
1100	55.333	38 911	−394 875	274.495	−396 056
1200	56.205	44 488	−395 083	279.348	−396 155
1300	56.984	50 149	−395 287	283.878	−396 236
1400	57.677	55 882	−395 488	288.127	−396 301
1500	58.292	61 681	−395 691	292.128	−396 352
1600	58.836	67 538	−395 897	295.908	−396 389
1700	59.316	73 446	−396 110	299.489	−396 414
1800	59.738	79 399	−396 332	302.892	−396 425
1900	60.108	85 392	−396 564	306.132	−396 424
2000	60.433	91 420	−396 808	309.223	−396 410
2100	60.717	97 477	−397 065	312.179	−396 384
2200	60.966	103 562	−397 338	315.009	−396 346
2300	61.185	109 670	−397 626	317.724	−396 294
2400	61.378	115 798	−397 931	320.333	−396 230
2500	61.548	121 944	−398 253	322.842	−396 152

续表

T/K	$\bar{c}_p$ /(kJ/(kmol·K))	$(\bar{h}^0(T)-\bar{h}_f^0(298))$ /(kJ/kmol)	$\bar{h}_f^0(T)$ /(kJ/kmol)	$\bar{s}^0(T)$ /(kJ/(kmol·K))	$\bar{g}_f^0(T)$ /(kJ/kmol)
2600	61.701	128 107	−398 594	325.259	−396 061
2700	61.839	134 284	−398 952	327.590	−395 957
2800	61.965	140 474	−399 329	329.841	−395 840
2900	62.083	146 677	−399 725	332.018	−395 708
3000	62.194	152 891	−400 140	334.124	−395 562
3100	62.301	159 116	−400 573	336.165	−395 403
3200	62.406	165 351	−401 025	338.145	−395 229
3300	62.510	171 597	−401 495	340.067	−395 041
3400	62.614	177 853	−401 983	341.935	−394 838
3500	62.718	184 120	−402 489	343.751	−394 620
3600	62.825	190 397	−403 013	345.519	−394 388
3700	62.932	196 685	−403 553	347.242	−394 141
3800	63.041	202 983	−404 110	348.922	−393 879
3900	63.151	209 293	−404 684	350.561	−393 602
4000	63.261	215 613	−405 273	353.161	−393 311
4100	63.369	221 945	−405 878	353.725	−393 004
4200	63.474	228 287	−406 499	355.253	−392 683
4300	63.575	234 640	−407 135	356.748	−392 346
4400	63.669	241 002	−407 785	358.210	−391 995
4500	63.753	247 373	−408 451	359.642	−391 629
4600	63.825	253 752	−409 132	361.044	−391 247
4700	63.881	260 138	−409 828	362.417	−390 851
4800	43.918	266 528	−410 539	363.763	−390 440
4900	63.932	272 920	−411 267	365.081	−390 014
5000	63.919	279 313	−412 010	366.372	−389 572

表 A.3　氢气(H_2)，MW＝2.016kg/kmol，298K 时，生成焓＝0

T/K	$\bar{c}_p$ /(kJ/(kmol·K))	$(\bar{h}^0(T)-\bar{h}_f^0(298))$ /(kJ/kmol)	$\bar{h}_f^0(T)$ /(kJ/kmol)	$\bar{s}^0(T)$ /(kJ/(kmol·K))	$\bar{g}_f^0(T)$ /(kJ/kmol)
200	28.522	−2818	0	119.137	0
298	28.871	0	0	130.595	0
300	28.877	53	0	130.773	0
400	29.120	2954	0	139.116	0
500	29.275	5874	0	145.632	0
600	29.375	8807	0	150.979	0
700	29.461	11 749	0	155.514	0

续表

T/K	$\overline{c}_p$ /(kJ/(kmol·K))	$(\overline{h}^0(T)-\overline{h}_f^0(298))$ /(kJ/kmol)	$\overline{h}_f^0(T)$ /(kJ/kmol)	$\overline{s}^0(T)$ /(kJ/(kmol·K))	$\overline{g}_f^0(T)$ /(kJ/kmol)
800	29.581	14 701	0	159.455	0
900	29.792	17 668	0	162.950	0
1000	30.160	20 664	0	166.106	0
1100	30.625	23 704	0	169.003	0
1200	31.077	26 789	0	171.687	0
1300	31.516	29 919	0	174.192	0
1400	31.943	33 092	0	176.543	0
1500	32.356	36 307	0	178.761	0
1600	32.758	39 562	0	180.862	0
1700	33.146	42 858	0	182.860	0
1800	33.522	46 191	0	184.765	0
1900	33.885	49 562	0	186.587	0
2000	34.236	52 968	0	188.334	0
2100	34.575	56 408	0	190.013	0
2200	34.901	59 882	0	191.629	0
2300	35.216	63 388	0	193.187	0
2400	35.519	66 925	0	194.692	0
2500	35.811	70 492	0	196.148	0
2600	36.091	74 087	0	197.558	0
2700	36.361	77 710	0	198.926	0
2800	36.621	81 359	0	200.253	0
2900	36.871	85 033	0	201.542	0
3000	37.112	88 733	0	202.796	0
3100	37.343	92 455	0	204.017	0
3200	37.566	96 201	0	205.206	0
3300	37.781	99 968	0	206.365	0
3400	37.989	103 757	0	207.496	0
3500	38.190	107 566	0	208.600	0
3600	38.385	111 395	0	209.679	0
3700	38.574	115 243	0	210.733	0
3800	38.759	119 109	0	211.764	0
3900	38.939	122 994	0	212.774	0
4000	39.116	126 897	0	213.762	0
4100	39.291	130 817	0	214.730	0
4200	39.464	134 755	0	215.679	0
4300	39.636	138 710	0	216.609	0

T/K	$\bar{c}_p$ /(kJ/(kmol·K))	$(\bar{h}^0(T)-\bar{h}_f^0(298))$ /(kJ/kmol)	$\bar{h}_f^0(T)$ /(kJ/kmol)	$\bar{s}^0(T)$ /(kJ/(kmol·K))	$\bar{g}_f^0(T)$ /(kJ/kmol)
4400	39.808	142 682	0	217.522	0
4500	39.981	146 672	0	218.419	0
4600	40.156	150 679	0	219.300	0
4700	40.334	154 703	0	220.165	0
4800	40.516	158 746	0	221.016	0
4900	40.702	162 806	0	221.853	0
5000	40.895	166 886	0	222.678	0

表 A.4　氢原子(H)，MW＝1.008kg/kmol，298K 时，生成焓＝217 977kJ/kmol

T/K	$\bar{c}_p$ /(kJ/(kmol·K))	$(\bar{h}^0(T)-\bar{h}_f^0(298))$ /(kJ/kmol)	$\bar{h}_f^0(T)$ /(kJ/kmol)	$\bar{s}^0(T)$ /(kJ/(kmol·K))	$\bar{g}_f^0(T)$ /(kJ/kmol)
200	20.786	−2040	217 346	106.305	207 999
298	20.786	0	217 977	114.605	203 276
300	20.786	38	217 989	114.733	203 185
400	20.786	2117	218 617	120.713	198 155
500	20.786	4196	219 236	125.351	192 968
600	20.786	6274	219 848	129.351	187 657
700	20.786	8353	220 456	132.345	182 244
800	20.786	10 431	221 059	135.121	176 744
900	20.786	12 510	221 653	137.669	171 169
1000	20.786	14 589	222 234	139.759	165 528
1100	20.786	16 667	222 793	141.740	159 830
1200	20.786	18 746	223 329	143.549	154 082
1300	20.786	20 824	223 843	145.213	148 291
1400	20.786	22 903	224 335	146.753	142 461
1500	20.786	24 982	224 806	148.187	136 596
1600	20.786	27 060	225 256	149.528	130 700
1700	20.786	29 139	225 687	150.789	124 777
1800	20.786	31 217	226 099	151.977	118 830
1900	20.786	33 296	226 493	153.101	112 859
2000	20.786	35 375	226 868	154.167	106 869
2100	20.786	37 453	227 226	155.181	100 860
2200	20.786	39 532	227 568	156.148	94 834
2300	20.786	41 610	227 894	157.072	88 794
2400	20.786	43 689	228 204	157.956	82 739
2500	20.786	45 768	228 499	158.805	76 672

续表

T/K	$\bar{c}_p$ /(kJ/(kmol·K))	$(\bar{h}^0(T)-\bar{h}_f^0(298))$ /(kJ/kmol)	$\bar{h}_f^0(T)$ /(kJ/kmol)	$\bar{s}^0(T)$ /(kJ/(kmol·K))	$\bar{g}_f^0(T)$ /(kJ/kmol)
2600	20.786	47 846	228 780	159.620	70 593
2700	20.786	49 925	229 047	160.405	64 504
2800	20.786	52 003	229 301	161.161	58 405
2900	20.786	54 082	229 543	161.890	52 298
3000	20.786	56 161	229 772	162.595	46 182
3100	20.786	58 239	229 989	163.276	40 058
3200	20.786	60 318	230 195	163.936	33 928
3300	20.786	62 396	230 390	164.576	27 792
3400	20.786	64 475	230 574	165.196	21 650
3500	20.786	66 554	230 748	165.799	15 502
3600	20.786	68 632	230 912	166.954	9350
3700	20.786	70 711	231 067	166.954	3194
3800	20.786	72 789	231 212	167.508	−2967
3900	20.786	74 868	231 348	168.048	−9132
4000	20.786	76 947	231 475	168.575	−15 299
4100	20.786	79 025	231 594	169.088	−21 470
4200	20.786	81 104	231 704	169.589	−27 644
4300	20.786	83 182	231 805	170.078	−33 820
4400	20.786	85 261	231 897	170.556	−39 998
4500	20.786	87 340	231 981	171.023	−46 179
4600	20.786	89 418	232 056	171.480	−52 361
4700	20.786	91 497	232 123	171.927	−58 545
4800	20.786	93 575	232 180	172.364	−64 730
4900	20.786	95 654	232 228	172.793	−70 916
5000	20.786	97 733	232 267	173.213	−77 103

表 A.5　羟基(OH)，MW＝17.007kg/kmol，298K 时，生成焓＝38 985kJ/kmol

T/K	$\bar{c}_p$ /(kJ/(kmol·K))	$(\bar{h}^0(T)-\bar{h}_f^0(298))$ /(kJ/kmol)	$\bar{h}_f^0(T)$ /(kJ/kmol)	$\bar{s}^0(T)$ /(kJ/(kmol·K))	$\bar{g}_f^0(T)$ /(kJ/kmol)
200	30.140	−2948	38 864	171.607	35 808
298	29.932	0	38 985	183.604	34 279
300	29.928	55	38 987	183.789	34 250
400	29.718	3037	39 030	192.369	32 662
500	29.570	6001	39 000	198.983	31 072
600	29.527	8955	38 909	204.369	29 494
700	29.615	11 911	38 770	208.925	27 935

续表

T/K	$\overline{c}_p$ /(kJ/(kmol·K))	$(\overline{h}^0(T)-\overline{h}_f^0(298))$ /(kJ/kmol)	$\overline{h}_f^0(T)$ /(kJ/kmol)	$\overline{s}^0(T)$ /(kJ/(kmol·K))	$\overline{g}_f^0(T)$ /(kJ/kmol)
800	29.844	14 883	38 599	212.893	26 399
900	30.208	17 884	38 410	216.428	24 885
1000	30.682	20 928	38 220	219.635	23 392
1100	31.186	24 022	38 039	222.583	21 918
1200	31.662	27 164	37 867	225.317	20 460
1300	32.114	30 353	37 704	227.869	19 017
1400	32.540	33 586	37 548	230.265	17 585
1500	32.943	36 860	37 397	232.524	16 164
1600	33.323	40 174	37 252	234.662	14 753
1700	33.682	43 524	37 109	236.693	13 352
1800	34.019	46 910	36 969	238.628	11 958
1900	34.337	50 328	36 831	240.476	10 573
2000	34.635	53 776	36 693	242.245	9194
2100	34.915	57 254	36 555	243.942	7823
2200	35.178	60 759	36 416	245.572	6458
2300	35.425	64 289	36 276	247.141	5099
2400	35.656	67 843	36 133	248.654	3746
2500	35.872	71 420	35 986	250.114	2400
2600	36.074	75 017	35 836	251.525	1060
2700	36.263	78 634	35 682	252.890	−275
2800	36.439	82 269	35 524	254.212	−1604
2900	36.604	85 922	35 360	255.493	−2927
3000	36.759	89 590	35 191	256.737	−4245
3100	36.903	93 273	35 016	257.945	−5556
3200	37.039	96 970	34 835	259.118	−6862
3300	37.166	100 681	34 648	260.260	−8162
3400	37.285	104 403	34 454	261.371	−9457
3500	37.398	108 137	34 253	262.454	−10 745
3600	37.504	111 882	34 046	263.509	−12 028
3700	37.605	115 638	33 831	264.538	−13 305
3800	37.701	119 403	33 610	265.542	−14 576
3900	37.793	123 178	33 381	266.522	−15 841
4000	37.882	126 962	33 146	267.480	−17 100
4100	37.968	130 754	32 903	268.417	−18 353
4200	38.052	134 555	32 654	269.333	−19 600
4300	38.135	138 365	32 397	270.229	−20 841

续表

T/K	$\bar{c}_p$ /(kJ/(kmol·K))	$(\bar{h}^0(T)-\bar{h}_f^0(298))$ /(kJ/kmol)	$\bar{h}_f^0(T)$ /(kJ/kmol)	$\bar{s}^0(T)$ /(kJ/(kmol·K))	$\bar{g}_f^0(T)$ /(kJ/kmol)
4400	38.217	142 182	32 134	271.107	−22 076
4500	38.300	146 008	31 864	271.967	−23 306
4600	38.382	149 842	31 588	272.809	−24 528
4700	38.466	153 685	31 305	273.636	−25 745
4800	38.552	157 536	31 017	274.446	−26 956
4900	38.640	161 395	30 722	275.242	−28 161
5000	38.732	165 264	30 422	276.024	−29 360

表 A.6　水蒸气（H_2O），MW＝18.016kg/kmol，298K 时，生成焓＝−241 845kJ/kmol，汽化潜热＝44 010kJ/kmol

T/K	$\bar{c}_p$ /(kJ/(kmol·K))	$(\bar{h}^0(T)-\bar{h}_f^0(298))$ /(kJ/kmol)	$\bar{h}_f^0(T)$ /(kJ/kmol)	$\bar{s}^0(T)$ /(kJ/(kmol·K))	$\bar{g}_f^0(T)$ /(kJ/kmol)
200	32.255	−3227	−240 838	175.602	−232 779
298	33.448	0	−241 845	188.715	−228 608
300	33.468	62	−241 865	188.922	−228 526
400	34.437	3458	−242 858	198.686	−223 929
500	35.337	6947	−243 822	206.467	−219 085
600	36.288	10 528	−244 753	212.992	−214 049
700	37.364	14 209	−245 638	218.665	−208 861
800	38.587	18 005	−246 461	223.733	−203 550
900	39.930	21 930	−247 209	228.354	−198 141
1000	41.315	25 993	−247 879	232.633	−192 652
1100	42.638	30 191	−248 475	236.634	−187 100
1200	43.874	34 518	−249 005	240.397	−181 497
1300	45.027	38 963	−249 477	243.955	−175 852
1400	46.102	43 520	−249 895	247.332	−170 172
1500	47.103	48 181	−250 267	250.547	−164 464
1600	48.035	52 939	−250 597	253.617	−158 733
1700	48.901	57 786	−250 890	256.556	−152 983
1800	49.705	62 717	−251 151	259.374	−147 216
1900	50.451	67 725	−251 384	262.081	−141 435
2000	51.143	72 805	−251 594	264.687	−135 643
2100	51.784	77 952	−251 783	267.198	−129 841
2200	52.378	83 160	−251 955	269.621	−124 030
2300	52.927	88 426	−252 113	271.961	−118 211
2400	53.435	93 744	−252 261	274.225	−112 386

续表

T/K	$\overline{c}_p$ /(kJ/(kmol·K))	$(\overline{h}^0(T)-\overline{h}_f^0(298))$ /(kJ/kmol)	$\overline{h}_f^0(T)$ /(kJ/kmol)	$\overline{s}^0(T)$ /(kJ/(kmol·K))	$\overline{g}_f^0(T)$ /(kJ/kmol)
2500	53.905	99 112	−252 399	276.416	−106 555
2600	54.340	104 524	−252 532	278.539	−100 719
2700	54.742	109 979	−252 659	280.597	−94 878
2800	55.115	115 472	−252 785	282.595	−89 031
2900	55.459	121 001	−252 909	284.535	−83 181
3000	55.779	126 563	−253 034	286.420	−77 326
3100	56.076	132 156	−253 161	288.254	−71 467
3200	56.353	137 777	−253 290	290.039	−65 604
3300	56.610	143 426	−253 423	291.777	−59 737
3400	56.851	149 099	−253 561	293.471	−53 865
3500	57.076	154 795	−253 704	295.122	−47 990
3600	57.288	160 514	−253 852	296.733	−42 110
3700	57.488	166 252	−254 007	298.305	−36 226
3800	57.676	172 011	−254 169	299.841	−30 338
3900	57.856	177 787	−254 338	301.341	−24 446
4000	58.026	183 582	−254 515	302.808	−18 549
4100	58.190	189 392	−254 699	304.243	−12 648
4200	58.346	195 219	−254 892	305.647	−6742
4300	58.496	201 061	−255 093	307.022	−831
4400	58.641	206 918	−255 303	308.368	5085
4500	58.781	212 790	−255 522	309.688	11 005
4600	58.916	218 674	−255 751	310.981	16 930
4700	59.047	224 573	−255 990	312.250	22 861
4800	59.173	230 484	−256 239	313.494	28 796
4900	59.295	236 407	−256 501	314.716	34 737
5000	59.412	242 343	−256 774	315.915	40 684

表 A.7 氮气(N_2),MW＝28.013kg/kmol,298K 时,生成焓＝0

T/K	$\overline{c}_p$ /(kJ/(kmol·K))	$(\overline{h}^0(T)-\overline{h}_f^0(298))$ /(kJ/kmol)	$\overline{h}_f^0(T)$ /(kJ/kmol)	$\overline{s}^0(T)$ /(kJ/(kmol·K))	$\overline{g}_f^0(T)$ /(kJ/kmol)
200	28.793	−2841	0	179.959	0
298	29.071	0	0	191.511	0
300	29.075	54	0	191.691	0
400	29.319	2973	0	200.088	0
500	29.636	5920	0	206.662	0
600	30.086	8905	0	212.103	0

续表

T/K	$\bar{c}_p$ /(kJ/(kmol·K))	$(\bar{h}^0(T)-\bar{h}_f^0(298))$ /(kJ/kmol)	$\bar{h}_f^0(T)$ /(kJ/kmol)	$\bar{s}^0(T)$ /(kJ/(kmol·K))	$\bar{g}_f^0(T)$ /(kJ/kmol)
700	30.684	11 942	0	216.784	0
800	31.394	15 046	0	220.927	0
900	32.131	18 222	0	224.667	0
1000	32.762	21 468	0	228.087	0
1100	33.258	24 770	0	231.233	0
1200	33.707	28 118	0	234.146	0
1300	34.113	31 510	0	236.861	0
1400	34.477	34 939	0	239.402	0
1500	34.805	38 404	0	241.792	0
1600	35.099	41 899	0	244.048	0
1700	35.361	45 423	0	246.184	0
1800	35.595	48 971	0	248.212	0
1900	35.803	52 541	0	250.142	0
2000	35.988	56 130	0	251.983	0
2100	36.152	59 738	0	253.743	0
2200	36.298	63 360	0	255.429	0
2300	36.428	66 997	0	257.045	0
2400	36.543	70 645	0	258.598	0
2500	36.645	74 305	0	260.092	0
2600	36.737	77 974	0	261.531	0
2700	36.820	81 652	0	262.919	0
2800	36.895	85 338	0	264.259	0
2900	36.964	89 031	0	265.555	0
3000	37.028	92 730	0	266.810	0
3100	37.088	96 436	0	268.025	0
3200	37.144	100 148	0	269.203	0
3300	37.198	103 865	0	270.347	0
3400	37.251	107 587	0	271.458	0
3500	37.302	111 315	0	272.539	0
3600	37.352	115 048	0	273.590	0
3700	37.402	118 786	0	274.614	0
3800	37.452	122 528	0	275.612	0
3900	37.501	126 276	0	276.586	0
4000	37.549	130 028	0	277.536	0
4100	37.597	133 786	0	278.464	0
4200	37.643	137 548	0	279.370	0

T/K	$\overline{c}_p$ /(kJ/(kmol·K))	$(\overline{h}^0(T)-\overline{h}_f^0(298))$ /(kJ/kmol)	$\overline{h}_f^0(T)$ /(kJ/kmol)	$\overline{s}^0(T)$ /(kJ/(kmol·K))	$\overline{g}_f^0(T)$ /(kJ/kmol)
4300	37.688	141 314	0	280.257	0
4400	37.730	145 085	0	281.123	0
4500	37.768	148 860	0	281.972	0
4600	37.803	152 639	0	282.802	0
4700	37.832	156 420	0	283.616	0
4800	37.854	160 205	0	284.412	0
4900	37.868	163 991	0	285.193	0
5000	37.873	167 778	0	285.958	0

表 A.8　氮原子(N),MW=14.007kg/kmol,298K 时,生成焓=472 629kJ/kmol

T/K	$\overline{c}_p$ /(kJ/(kmol·K))	$(\overline{h}^0(T)-\overline{h}_f^0(298))$ /(kJ/kmol)	$\overline{h}_f^0(T)$ /(kJ/kmol)	$\overline{s}^0(T)$ /(kJ/(kmol·K))	$\overline{g}_f^0(T)$ /(kJ/kmol)
200	20.790	−2040	472 008	144.889	461 026
298	20.786	0	472 629	153.189	455 504
300	20.786	38	472 640	153.317	455 398
400	20.786	2117	473 258	159.297	449 557
500	20.786	4196	473 864	163.935	443 562
600	20.786	6274	474 450	167.725	437 446
700	20.786	8353	475 010	170.929	431 234
800	20.786	10 431	475 537	173.705	424 944
900	20.786	12 510	476 027	176.153	418 590
1000	20.786	14 589	476 483	178.343	412 183
1100	20.792	16 668	476 911	180.325	405 732
1200	20.795	18 747	477 316	182.134	399 243
1300	20.795	20 826	477 700	183.798	392 721
1400	20.793	22 906	478 064	185.339	386 171
1500	20.790	24 985	478 411	186.774	379 595
1600	20.786	27 064	478 742	188.115	372 996
1700	20.782	29 142	479 059	189.375	366 377
1800	20.779	31 220	479 363	190.563	359 740
1900	20.777	33 298	479 656	191.687	353 086
2000	20.776	35 376	479 939	192.752	346 417
2100	20.778	37 453	480 213	193.766	339 735
2200	20.783	39 531	480 479	194.733	333 039
2300	20.791	41 610	480 740	195.657	326 331
2400	20.802	43 690	480 995	196.542	319 612

燃烧学导论：概念与应用（第3版）

T/K	$\overline{c}_p$ /(kJ/(kmol·K))	$(\overline{h}^0(T)-\overline{h}^0_f(298))$ /(kJ/kmol)	$\overline{h}^0_f(T)$ /(kJ/kmol)	$\overline{s}^0(T)$ /(kJ/(kmol·K))	$\overline{g}^0_f(T)$ /(kJ/kmol)
2500	20.818	45 771	481 246	197.391	312 883
2600	20.838	47 853	481 494	198.208	306 143
2700	20.864	49 938	481 740	198.995	299 394
2800	20.895	52 026	481 985	199.754	292 636
2900	20.931	54 118	482 230	200.488	285 870
3000	20.974	56 213	482 476	201.199	279 094
3100	21.024	58 313	482 723	201.887	272 311
3200	21.080	60 418	482 972	202.555	265 519
3300	21.143	62 529	483 224	203.205	258 720
3400	21.214	64 647	483 481	203.837	251 913
3500	21.292	66 772	483 742	204.453	245 099
3600	21.378	68 905	484 009	205.054	238 276
3700	21.472	71 048	484 283	205.641	231 447
3800	21.575	73 200	484 564	206.215	224 610
3900	21.686	75 363	484 853	206.777	217 765
4000	21.805	77 537	485 151	207.328	210 913
4100	21.934	79 724	485 459	207.868	204 053
4200	22.071	81 924	485 779	208.398	197 186
4300	22.217	84 139	486 110	208.919	190 310
4400	22.372	86 368	486 453	209.431	183 427
4500	22.536	88 613	486 811	209.936	176 536
4600	22.709	90 875	487 184	210.433	169 637
4700	22.891	93 155	487 573	210.923	162 730
4800	23.082	95 454	487 979	211.407	155 814
4900	23.282	97 772	488 405	211.885	148 890
5000	23.491	100 111	488 850	212.358	141 956

表 A.9　一氧化氮（NO），MW＝30.006kg/kmol，298K 时，生成焓＝90 297kJ/kmol

T/K	$\overline{c}_p$ /(kJ/(kmol·K))	$(\overline{h}^0(T)-\overline{h}^0_f(298))$ /(kJ/kmol)	$\overline{h}^0_f(T)$ /(kJ/kmol)	$\overline{s}^0(T)$ /(kJ/(kmol·K))	$\overline{g}^0_f(T)$ /(kJ/kmol)
200	29.374	−2901	90 234	198.856	87 811
298	29.728	0	90 297	210.652	86 607
300	29.735	55	90 298	210.836	86 584
400	30.103	3046	90 341	219.439	85 340
500	30.570	6079	90 367	226.204	84 086
600	31.174	9165	90 382	231.829	82 828

续表

T/K	$\overline{c}_p$ /(kJ/(kmol·K))	$(\overline{h}^0(T)-\overline{h}_f^0(298))$ /(kJ/kmol)	$\overline{h}_f^0(T)$ /(kJ/kmol)	$\overline{s}^0(T)$ /(kJ/(kmol·K))	$\overline{g}_f^0(T)$ /(kJ/kmol)
700	31.908	12 318	90 393	236.688	81 568
800	32.715	15 549	90 405	241.001	80 307
900	33.489	18 860	90 421	244.900	79 043
1000	34.076	22 241	90 443	248.462	77 778
1100	34.483	25 669	90 465	251.729	76 510
1200	34.850	29 136	90 486	254.745	75 241
1300	35.180	32 638	90 505	257.548	73 970
1400	35.474	36 171	90 520	260.166	72 697
1500	35.737	39 732	90 532	262.623	71 423
1600	35.972	43 317	90 538	264.937	70 149
1700	36.180	46 925	90 539	267.124	68 875
1800	36.364	50 552	90 534	269.197	67 601
1900	36.527	54 197	90 523	271.168	66 327
2000	36.671	57 857	90 505	273.045	65 054
2100	36.797	61 531	90 479	274.838	63 782
2200	36.909	65 216	90 447	276.552	62 511
2300	37.008	68 912	90 406	278.195	61 243
2400	37.095	72 617	90 358	279.772	59 976
2500	37.173	76 331	90 303	281.288	58 711
2600	37.242	80 052	90 239	282.747	57 448
2700	37.305	83 779	90 168	284.154	56 188
2800	37.362	87 513	90 089	285.512	54 931
2900	37.415	91 251	90 003	286.824	53 677
3000	37.464	94 995	89 909	288.093	52 426
3100	37.511	98 744	89 809	289.322	51 178
3200	37.556	102 498	89 701	290.514	49 934
3300	37.600	106 255	89 586	291.670	48 693
3400	37.643	110 018	89 465	292.793	47 456
3500	37.686	113 784	89 337	293.885	46 222
3600	37.729	117 555	89 203	294.947	44 992
3700	37.771	121 330	89 063	295.981	43 766
3800	37.815	125 109	88 918	296.989	42 543
3900	37.858	128 893	88 767	297.972	41 325
4000	37.900	132 680	88 611	298.931	40 110
4100	37.943	136 473	88 449	299.867	38 900
4200	37.984	140 269	88 283	300.782	37 693

T/K	$\bar{c}_p$ /(kJ/(kmol·K))	$(\bar{h}^0(T)-\bar{h}_f^0(298))$ /(kJ/kmol)	$\bar{h}_f^0(T)$ /(kJ/kmol)	$\bar{s}^0(T)$ /(kJ/(kmol·K))	$\bar{g}_f^0(T)$ /(kJ/kmol)
4300	38.023	144 069	88 112	301.677	36 491
4400	38.060	147 873	87 936	302.551	35 292
4500	38.093	151 681	87 755	303.407	34 098
4600	38.122	155 492	87 569	304.244	32 908
4700	38.146	159 305	87 379	305.064	31 721
4800	38.162	163 121	87 184	305.868	30 539
4900	38.171	166 938	86 984	306.655	29 361
5000	38.170	170 755	86 779	307.426	28 187

表 A.10 二氧化氮（NO_2），MW＝46.006kg/kmol，298K 时，生成焓＝33 098kJ/kmol

T/K	$\bar{c}_p$ /(kJ/(kmol·K))	$(\bar{h}^0(T)-\bar{h}_f^0(298))$ /(kJ/kmol)	$\bar{h}_f^0(T)$ /(kJ/kmol)	$\bar{s}^0(T)$ /(kJ/(kmol·K))	$\bar{g}_f^0(T)$ /(kJ/kmol)
200	32.936	−3432	33 961	226.016	45 453
298	36.881	0	33 098	239.925	51 291
300	36.949	68	33 085	240.153	51 403
400	40.331	3937	32 521	251.259	57 602
500	43.227	8118	32 173	260.578	63 916
600	45.737	12 569	31 974	268.686	70 285
700	47.913	17 255	31 885	275.904	76 679
800	49.762	22 141	31 880	282.427	83 079
900	51.243	27 195	31 938	288.377	89 476
1000	52.271	32 375	32 035	293.834	95 864
1100	52.989	37 638	32 146	298.850	102 242
1200	53.625	42 970	32 267	303.489	108 609
1300	54.186	48 361	32 392	307.804	114 966
1400	54.679	53 805	32 519	311.838	121 313
1500	55.109	59 295	32 643	315.625	127 651
1600	55.483	64 825	32 762	319.194	133 981
1700	55.805	70 390	32 873	322.568	140 303
1800	56.082	75 984	32 973	325.765	146 620
1900	56.315	81 605	33 061	328.804	152 931
2000	56.517	87 247	33 134	331.698	159 238
2100	56.685	92 907	33 192	334.460	165 542
2200	56.826	98 583	32 233	337.100	171 843
2300	56.943	104 271	33 256	339.629	178 143
2400	57.040	109 971	33 262	342.054	184 442

T/K	$\bar{c}_p$ /(kJ/(kmol·K))	$(\bar{h}^0(T)-\bar{h}_f^0(298))$ /(kJ/kmol)	$\bar{h}_f^0(T)$ /(kJ/kmol)	$\bar{s}^0(T)$ /(kJ/(kmol·K))	$\bar{g}_f^0(T)$ /(kJ/kmol)
2500	57.121	115 679	33 248	344.384	190 742
2600	57.188	121 394	33 216	346.626	197 042
2700	57.244	127 116	33 165	348.785	203 344
2800	57.291	132 843	33 095	350.868	209 648
2900	57.333	138 574	33 007	352.879	215 955
3000	57.371	144 309	32 900	354.824	222 265
3100	57.406	150 048	32 776	356.705	228 579
3200	57.440	155 791	32 634	358.529	234 898
3300	57.474	161 536	32 476	360.297	241 221
3400	57.509	167 285	32 302	362.013	247 549
3500	57.546	173 038	32 113	363.680	253 883
3600	57.584	178 795	31 908	365.302	260 222
3700	57.624	184 555	31 689	366.880	266 567
3800	57.665	190 319	31 456	368.418	272 918
3900	57.708	196 088	31 210	369.916	279 276
4000	57.750	201 861	30 951	371.378	285 639
4100	57.792	207 638	30 678	372.804	292 010
4200	57.831	213 419	30 393	374.197	298 387
4300	57.866	219 204	30 095	375.559	304 772
4400	57.895	224 992	29 783	376.889	311 163
4500	57.915	230 783	29 457	378.190	317 562
4600	57.925	236 575	29 117	379.464	323 968
4700	57.922	242 367	28 761	380.709	330 381
4800	57.902	248 159	28 389	381.929	336 803
4900	57.862	253 947	27 998	383.122	343 232
5000	57.798	259 730	27 586	384.290	349 670

表 A.11 氧气(O_2),MW=31.999kg/kmol,298K 时,生成焓=0

T/K	$\bar{c}_p$ /(kJ/(kmol·K))	$(\bar{h}^0(T)-\bar{h}_f^0(298))$ /(kJ/kmol)	$\bar{h}_f^0(T)$ /(kJ/kmol)	$\bar{s}^0(T)$ /(kJ/(kmol·K))	$\bar{g}_f^0(T)$ /(kJ/kmol)
200	28.473	−2836	0	193.518	0
298	29.315	0	0	205.043	0
300	29.331	54	0	205.224	0
400	30.210	3031	0	213.782	0
500	31.114	6097	0	220.620	0
600	32.030	9254	0	226.374	0

T/K	$\overline{c}_p$ /(kJ/(kmol $\cdot$ K))	$(\overline{h}^0(T)-\overline{h}_f^0(298))$ /(kJ/kmol)	$\overline{h}_f^0(T)$ /(kJ/kmol)	$\overline{s}^0(T)$ /(kJ/(kmol $\cdot$ K))	$\overline{g}_f^0(T)$ /(kJ/kmol)
700	32.927	12 503	0	231.379	0
800	33.757	15 838	0	235.831	0
900	34.454	19 250	0	239.849	0
1000	34.936	22 721	0	243.507	0
1100	35.270	26 232	0	246.852	0
1200	35.593	29 775	0	249.935	0
1300	35.903	33 350	0	252.796	0
1400	36.202	36 955	0	255.468	0
1500	36.490	40 590	0	257.976	0
1600	36.768	44 253	0	260.339	0
1700	37.036	47 943	0	262.577	0
1800	37.296	51 660	0	264.701	0
1900	37.546	55 402	0	266.724	0
2000	37.788	59 169	0	268.656	0
2100	38.023	62 959	0	270.506	0
2200	38.250	66 773	0	272.280	0
2300	38.470	70 609	0	273.985	0
2400	38.684	74 467	0	275.627	0
2500	38.891	78 346	0	277.210	0
2600	39.093	82 245	0	278.739	0
2700	39.289	86 164	0	280.218	0
2800	39.480	90 103	0	281.651	0
2900	39.665	94 060	0	283.039	0
3000	39.846	98 036	0	284.387	0
3100	40.023	102 029	0	285.697	0
3200	40.195	106 040	0	286.970	0
3300	40.362	110 068	0	288.209	0
3400	40.526	114 112	0	289.417	0
3500	40.686	118 173	0	290.594	0
3600	40.842	122 249	0	291.742	0
3700	40.994	126 341	0	292.863	0
3800	41.143	130 448	0	293.959	0
3900	41.287	134 570	0	295.029	0

T/K	$\bar{c}_p$ /(kJ/(kmol·K))	$(\bar{h}^0(T)-\bar{h}_f^0(298))$ /(kJ/kmol)	$\bar{h}_f^0(T)$ /(kJ/kmol)	$\bar{s}^0(T)$ /(kJ/(kmol·K))	$\bar{g}_f^0(T)$ /(kJ/kmol)
4000	41.429	138 705	0	296.076	0
4100	41.566	142 855	0	297.101	0
4200	41.700	147 019	0	298.104	0
4300	41.830	151 195	0	299.087	0
4400	41.957	155 384	0	300.050	0
4500	42.079	159 586	0	300.994	0
4600	42.197	163 800	0	301.921	0
4700	42.312	168 026	0	302.829	0
4800	42.421	172 262	0	303.721	0
4900	42.527	176 510	0	304.597	0
5000	42.627	180 767	0	305.457	0

表 A.12　氧原子(O),MW＝16.000kg/kmol,298K 时,生成焓＝249 197kJ/kmol

T/K	$\bar{c}_p$ /(kJ/(kmol·K))	$(\bar{h}^0(T)-\bar{h}_f^0(298))$ /(kJ/kmol)	$\bar{h}_f^0(T)$ /(kJ/kmol)	$\bar{s}^0(T)$ /(kJ/(kmol·K))	$\bar{g}_f^0(T)$ /(kJ/kmol)
200	22.477	−2176	248 439	152.085	237 374
298	21.899	0	249 197	160.945	231 778
300	21.890	41	249 211	161.080	231 670
400	21.500	2209	249 890	167.320	225 719
500	21.256	4345	250 494	172.089	219 605
600	21.113	6463	251 033	175.951	213 375
700	21.033	8570	251 516	179.199	207 060
800	20.986	10 671	251 949	182.004	200 679
900	20.952	12 768	252 340	184.474	194 246
1000	20.915	14 861	252 698	186.679	187 772
1100	20.898	16 952	253 033	188.672	181 263
1200	20.882	19 041	253 350	190.490	174 724
1300	20.867	21 128	253 650	192.160	168 159
1400	20.854	23 214	253 934	193.706	161 572
1500	20.843	25 299	254 201	195.145	154 966
1600	20.834	27 383	254 454	196.490	148 342
1700	20.827	29 466	254 692	197.753	141 702
1800	20.822	31 548	254 916	198.943	135 049

续表

T/K	$\overline{c}_p$ /(kJ/(kmol·K))	$(\overline{h}^0(T)-\overline{h}_f^0(298))$ /(kJ/kmol)	$\overline{h}_f^0(T)$ /(kJ/kmol)	$\overline{s}^0(T)$ /(kJ/(kmol·K))	$\overline{g}_f^0(T)$ /(kJ/kmol)
1900	20.820	33 630	255 127	200.069	128 384
2000	20.819	35 712	255 325	201.136	121 709
2100	20.821	37 794	255 512	202.152	115 023
2200	20.825	39 877	255 687	203.121	108 329
2300	20.831	41 959	255 852	204.047	101 627
2400	20.840	44 043	256 007	204.933	94 918
2500	20.851	46 127	256 152	205.784	88 203
2600	20.865	48 213	256 288	206.602	81 483
2700	20.881	50 300	256 416	207.390	74 757
2800	20.899	52 389	256 535	208.150	68 027
2900	20.920	54 480	256 648	208.884	61 292
3000	20.944	56 574	256 753	209.593	54 554
3100	20.970	58 669	256 852	210.280	47 812
3200	20.998	60 768	256 945	210.947	41 068
3300	21.028	62 869	257 032	211.593	34 320
3400	21.061	64 973	257 114	212.221	27 570
3500	21.095	67 081	257 192	212.832	20 818
3600	21.132	69 192	257 265	213.427	14 063
3700	21.171	71 308	257 334	214.007	7307
3800	21.212	73 427	257 400	214.572	548
3900	21.254	75 550	257 462	215.123	−6212
4000	21.299	77 678	257 522	215.662	−12 974
4100	21.345	79 810	257 579	216.189	−19 737
4200	21.392	81 947	257 635	216.703	−26 501
4300	21.441	84 088	257 688	217.207	−33 267
4400	21.490	86 235	257 740	217.701	−40 034
4500	21.541	88 386	257 790	218.184	−46 802
4600	21.593	90 543	257 840	218.658	−53 571
4700	21.646	92 705	257 889	219.123	−60 342
4800	21.699	94 872	257 938	219.580	−67 113
4900	21.752	97 045	257 987	220.028	−73 886
5000	21.805	99 223	258 036	220.468	−80 659

表 A.13　热力学性质的曲线拟合系数（C-H-O-N 系统）

$$\bar{c}_p/R_u = a_1 + a_2 T + a_3 T^2 + a_4 T^3 + a_5 T^4$$

$$\bar{h}^0/R_u T = a_1 + \frac{a_2}{2}T + \frac{a_3}{3}T^2 + \frac{a_4}{4}T^3 + \frac{a_5}{5}T^4 + \frac{a_6}{T}$$

$$\bar{s}^0/R_u = a_1 \ln T + a_2 T + \frac{a_3}{2}T^2 + \frac{a_4}{3}T^3 + \frac{a_5}{4}T^4 + a_7$$

组分	T/K	a_1	a_2	a_3	a_4	a_5	a_6	a_7
CO	1000~5000	0.03025078×10^2	$0.14426885 \times 10^{-2}$	$-0.05630827 \times 10^{-5}$	$0.10185813 \times 10^{-9}$	$-0.06910951 \times 10^{-13}$	-0.14268350×10^5	0.06108217×10^2
	300~1000	0.03262451×10^2	$0.15119409 \times 10^{-2}$	$-0.03881755 \times 10^{-4}$	$0.05581944 \times 10^{-7}$	$-0.02474951 \times 10^{-10}$	-0.14310539×10^5	0.04848897×10^2
CO$_2$	1000~5000	0.04453623×10^2	$0.03140168 \times 10^{-1}$	$-0.12784105 \times 10^{-5}$	$0.02393996 \times 10^{-8}$	$-0.16690333 \times 10^{-13}$	-0.04896696×10^6	-0.09553959×10^1
	300~1000	0.02275724×10^2	$0.09922072 \times 10^{-1}$	$-0.10409113 \times 10^{-4}$	$0.06866686 \times 10^{-7}$	$-0.02117280 \times 10^{-10}$	-0.04837314×10^6	0.10188488×10^2
H$_2$	1000~5000	0.02991423×10^2	$0.07000644 \times 10^{-2}$	$-0.05633828 \times 10^{-6}$	$-0.09231578 \times 10^{-10}$	$0.15827519 \times 10^{-14}$	-0.08350340×10^4	-0.13551101×10^1
	300~1000	0.03298124×10^2	$0.08249441 \times 10^{-2}$	$-0.08143015 \times 10^{-5}$	$-0.09475434 \times 10^{-9}$	$0.04134872 \times 10^{-11}$	-0.10125209×10^4	-0.03294094×10^2
H	1000~5000	0.02500000×10^2	0.00000000	0.00000000	0.00000000	0.00000000	0.02547162×10^6	-0.04601176×10^1
	300~1000	0.02500000×10^2	0.00000000	0.00000000	0.00000000	0.00000000	0.02547162×10^6	-0.04601176×10^1
OH	1000~5000	0.02882730×10^2	$0.10139743 \times 10^{-2}$	$-0.02276877 \times 10^{-5}$	$0.02174683 \times 10^{-9}$	$-0.05126305 \times 10^{-14}$	0.03886888×10^5	0.05595712×10^2
	300~1000	0.03637266×10^2	$0.01850910 \times 10^{-2}$	$-0.16761646 \times 10^{-5}$	$0.02387202 \times 10^{-7}$	$-0.08431442 \times 10^{-11}$	0.03606781×10^5	0.13588605×10^1
H$_2$O	1000~5000	0.02672145×10^2	$0.03056293 \times 10^{-1}$	$-0.08730260 \times 10^{-5}$	$0.12009964 \times 10^{-9}$	$-0.06391618 \times 10^{-13}$	-0.02989921×10^6	0.06862817×10^2
	300~1000	0.03386842×10^2	$0.03474982 \times 10^{-1}$	$-0.06354696 \times 10^{-4}$	$0.06968581 \times 10^{-7}$	$-0.02506588 \times 10^{-10}$	-0.03020811×10^6	0.02590232×10^2
N$_2$	1000~5000	0.02926640×10^2	$0.14879768 \times 10^{-2}$	$-0.05684760 \times 10^{-5}$	$0.10097038 \times 10^{-9}$	$-0.06753351 \times 10^{-13}$	-0.09227977×10^4	0.05980528×10^2
	300~1000	0.03298677×10^2	$0.14082404 \times 10^{-2}$	$-0.03963222 \times 10^{-4}$	$0.05641515 \times 10^{-7}$	$-0.02444854 \times 10^{-10}$	-0.10208999×10^4	0.03950372×10^2
N	1000~5000	0.02450268×10^2	$0.10661458 \times 10^{-3}$	$-0.07465337 \times 10^{-6}$	$0.01879652 \times 10^{-9}$	$-0.10259839 \times 10^{-14}$	0.05611604×10^6	0.04448758×10^2
	300~1000	0.02503071×10^2	$-0.02180018 \times 10^{-3}$	$0.05420529 \times 10^{-6}$	$-0.05647560 \times 10^{-9}$	$0.02099904 \times 10^{-12}$	0.05609890×10^6	0.04167566×10^2
NO	1000~5000	0.03245435×10^2	$0.12691383 \times 10^{-2}$	$-0.05015890 \times 10^{-5}$	$0.09169283 \times 10^{-9}$	$-0.06275419 \times 10^{-13}$	0.09800840×10^5	0.06417293×10^2
	300~1000	0.03376541×10^2	$0.12530634 \times 10^{-2}$	$-0.03302750 \times 10^{-4}$	$0.05217810 \times 10^{-7}$	$-0.02446262 \times 10^{-10}$	0.09817961×10^5	0.05829590×10^2
NO$_2$	1000~5000	0.04682859×10^2	$0.02462429 \times 10^{-1}$	$-0.10422585 \times 10^{-5}$	$0.01976902 \times 10^{-8}$	$-0.13917168 \times 10^{-13}$	0.02261292×10^5	0.09885985×10^1
	300~1000	0.02670600×10^2	$0.07838500 \times 10^{-1}$	$-0.08063864 \times 10^{-4}$	$0.06161714 \times 10^{-7}$	$-0.02320150 \times 10^{-10}$	0.02896290×10^5	0.11612071×10^2
O$_2$	1000~5000	0.03697578×10^2	$0.06135197 \times 10^{-2}$	$-0.12588420 \times 10^{-6}$	$0.01775281 \times 10^{-9}$	$-0.11364354 \times 10^{-14}$	-0.12339301×10^4	0.03189165×10^2
	300~1000	0.03212936×10^2	$0.11274864 \times 10^{-2}$	$-0.05756150 \times 10^{-5}$	$0.13138773 \times 10^{-8}$	$-0.08768554 \times 10^{-11}$	-0.10052490×10^4	0.06034737×10^2
O	1000~5000	0.02542059×10^2	$-0.02755061 \times 10^{-4}$	$-0.03102803 \times 10^{-7}$	$0.04551067 \times 10^{-10}$	$-0.04368051 \times 10^{-14}$	0.02923080×10^6	0.04920308×10^2
	300~1000	0.02946428×10^2	$-0.16381665 \times 10^{-2}$	$0.02421031 \times 10^{-4}$	$-0.16028431 \times 10^{-8}$	$0.03890696 \times 10^{-11}$	0.02914764×10^6	0.02963995×10^2

资料来源：Kee, R. J., Rupley, F. M., and Miller, J. A., "The Chemkin Thermodynamic Data Base", Sandia Report, SAND87-8215B, March 1991.

附录 B 燃料特性

表 B.1 碳氢燃料的主要特性：生成焓①，吉布斯生成焓①，熵①，298.15K，1atm 下的高位热值和低位热值，1atm 下的沸点②和汽化潜热③，1atm 下的定压绝热火焰温度④，液态密度⑤

分子式	燃料	MW /(kg/kmol)	$\bar{h}_f^0$ /(kJ/kmol)	$\bar{g}_f^0$ /(kJ/kmol)	$\bar{s}^0$ /(kJ/(kmol·K))	HHV† /(kJ/kg)	LHV† /(kJ/kg)	沸点 /°C	h_{fg} /(kJ/kg)	$T_{ad}^{\ddagger}$ /K	ρ_{liq}^{*} /(kg/m³)
CH₄	甲烷	16.043	−74 831	−50 794	186.188	55 528	50 016	−164	509	2226	300
C₂H₂	乙炔	26.038	226 748	209 200	200.819	49 923	48 225	−84	—	2539	—
C₂H₄	乙烯	28.054	52 283	68 124	219.827	50 313	47 161	−103.7	—	2369	—
C₂H₆	乙烷	30.069	−84 667	−32 886	229.492	51 901	47 489	−88.6	488	2259	370
C₃H₆	丙烯	42.080	20 414	62 718	266.939	48 936	45 784	−47.4	437	2334	514
C₃H₈	丙烷	44.096	−103 847	−23 489	269.910	50 368	46 357	−42.1	425	2267	500
C₄H₈	1-丁烯	56.107	1172	72 036	307.440	48 471	45 319	−63	391	2322	595
C₄H₁₀	正丁烷	58.123	−124 733	−15 707	310.034	49 546	45 742	−0.5	386	2270	579
C₅H₁₀	1-戊烯	70.134	−20 920	78 605	347.607	48 152	45 000	30	358	2314	641
C₅H₁₂	正戊烷	72.150	−146 440	−8201	348.402	49 032	45 355	36.1	358	2272	626
C₆H₆	苯	78.113	82 927	129 658	269.199	42 277	40 579	80.1	393	2342	879
C₆H₁₂	1-己烯	84.161	−41 673	87 027	385.974	47 955	44 803	63.4	335	2308	673
C₆H₁₄	正己烷	86.177	−167 193	209	386.811	48 696	45 105	69	335	2273	659
C₇H₁₄	1-庚烯	98.188	−62 132	95 563	424.383	47 817	44 665	93.6	—	2305	—
C₇H₁₆	正庚烷	100.203	−187 820	8745	425.262	48 456	44 926	98.4	316	2274	684
C₈H₁₆	1-辛烯	112.214	−82 927	104 140	462.792	47 712	44 560	121.3	—	2302	—

续表

分子式	燃料	MW /(kg/kmol)	$\bar{h}_f^0$ /(kJ/kmol)	$\bar{g}_f^0$ /(kJ/kmol)	$\bar{s}^0$ /(kJ/(kmol·K))	HHV[†] /(kJ/kg)	LHV[†] /(kJ/kg)	沸点 /°C	h_{fg} /(kJ/kg)	$T_{ad}^{[‡]}$ /K	ρ_{liq}^* /(kg/m³)
C_8H_{18}	正辛烷	114.230	−208 447	17 322	463.671	48 275	44 791	125.7	300	2275	703
C_9H_{18}	1-壬烯	126.241	−103 512	112 717	501.243	47 631	44 478	—	—	2300	—
C_9H_{20}	正壬烷	128.257	−229 032	25 857	502.080	48 134	44 686	150.8	295	2276	718
$C_{10}H_{20}$	1-癸烯	140.268	−124 139	121 294	539.652	47 565	44 413	170.6	—	2298	—
$C_{10}H_{22}$	正癸烷	142.284	−249 659	34 434	540.531	48 020	44 602	174.1	277	2277	730
$C_{11}H_{22}$	1-十一烯	154.295	−144 766	129 830	578.061	47 512	44 360	—	—	2296	—
$C_{11}H_{24}$	正十一烷	156.311	−270 286	43 012	578.940	47 926	44 532	195.9	265	2277	740
$C_{12}H_{24}$	1-十二烯	168.322	−165 352	138 407	616.471	47 468	44 316	213.4	—	2295	—
$C_{12}H_{26}$	正十二烷	170.337	−292 162	—	—	47 841	44 467	216.3	256	2277	749

† 气态燃料。

‡ 化学当量燃烧($79\%N_2$,$21\%O_2$)。

* 20℃的液体,或液化气在其沸点下的气体。

资料来源:

① Rossini,F. D. et al.,Carnegie Press,Pittsburgh,PA,1953.

② Weast,R. C. (ed.),Handbook of Chemistry and Physics,56th Ed.,CRC Press,Cleveland,OH,1976.

③ Obert,E. F.,Internal Combustion Engines and Air Pollution,Harper & Row,New York,1973.

④ Calculated using HPFLAME(Appendix F).

燃烧学导论：概念与应用（第 3 版）

表 B.2 燃料比热容和焓[①]的曲线拟合系数。参考状态：298.15K，1atm 下元素焓为 0

$$\bar{c}_p(kJ/(kmol \cdot K)) = 4.184(a_1 + a_2\theta + a_3\theta^2 + a_4\theta^3 + a_5\theta^{-2}),$$

$$\bar{h}^0(kJ/kmol) = 4184(a_1\theta + a_2\theta^2/2 + a_3\theta^3/3 + a_4\theta^4/4 - a_5\theta^{-1} + a_6),$$

其中，$\theta \equiv T(K)/1000$

分子式	燃料	MW	a_1	a_2	a_3	a_4	a_5	a_6	a_8[②]
CH_4	甲烷	16.043	−0.291 49	26.327	−10.610	1.5656	0.165 73	−18.331	4.300
C_3H_8	丙烷	44.096	−1.4867	74.339	−39.065	8.0543	0.012 19	−27.313	8.852
C_6H_{14}	己烷	86.177	−20.777	210.48	−164.125	52.832	0.566 35	−39.836	15.611
C_8H_{18}	异辛烷	114.230	−0.553 13	181.62	−97.787	20.402	−0.030 95	−60.751	20.232
CH_3OH	甲醇	32.040	−2.7059	44.168	−27.501	7.2193	0.202 99	−48.288	5.3375
C_2H_5OH	乙醇	46.07	6.990	39.741	−11.926	0	0	−60.214	7.6135
$C_{8.26}H_{15.5}$	汽油	114.8	−24.078	256.63	−201.68	64.750	0.5808	−27.562	17.792
$C_{7.76}H_{13.1}$		106.4	−22.501	227.99	−177.26	56.048	0.4845	−17.578	15.232
$C_{10.8}H_{18.7}$	柴油	148.6	−9.1063	246.97	−143.74	32.329	0.0518	−50.128	23.514

① 资料来源：Heywood,J.B.,*Internal Combustion Engine Fundamentals*,McGraw-Hill,New York,1988(McGraw-Hill 公司许可复制)。

② 把 a_8 加到 a_6 中可得到 0K 参考状态下的焓。

表 B.3 燃料蒸气导热系数、黏度和比热容的曲线拟合系数①

$$\left.\begin{array}{l} k(W/(m \cdot K)) \\ \mu(N \cdot s/m^2) \times 10^6 \\ c_p(J/(kg \cdot K)) \end{array}\right\} = a_1 + a_2T + a_3T^2 + a_4T^3 + a_5T^4 + a_6T^5 + a_7T^6$$

分子式	燃料	温度区间/K	性质	a_1	a_2	a_3	a_4	a_5	a_6	a_7
CH_4	甲烷	100~1000	k	$-1.34014990 \times 10^{-2}$	$3.66307060 \times 10^{-4}$	$-1.82248608 \times 10^{-6}$	$5.93987998 \times 10^{-9}$	$-9.14055050 \times 10^{-12}$	$6.78968890 \times 10^{-15}$	$-1.95048736 \times 10^{-18}$
		70~1000	μ	$2.96826700 \times 10^{-1}$	$3.71120100 \times 10^{-2}$	$1.21829800 \times 10^{-5}$	$-7.02426000 \times 10^{-8}$	$7.54326900 \times 10^{-12}$	$-2.72371660 \times 10^{-14}$	0
		200~500	c_p	参见表 B.2						
C_3H_8	丙烷	200~500	k	$-1.07682209 \times 10^{-2}$	$8.38590325 \times 10^{-5}$	$4.22059864 \times 10^{-8}$	0	0	0	0
		270~600	μ	$-3.54371100 \times 10^{-1}$	$3.08009600 \times 10^{-2}$	$-6.99723000 \times 10^{-6}$	0	0	0	0
			c_p	参见表 B.2						
C_6H_{14}	正己烷	150~1000	k	$1.28775700 \times 10^{-3}$	$-2.00499443 \times 10^{-5}$	$2.37858831 \times 10^{-7}$	$-1.60944555 \times 10^{-10}$	$7.1022790 \times 10^{-14}$	0	0
		270~900	μ	1.54541200×10^{0}	$1.15080900 \times 10^{-2}$	$2.72216500 \times 10^{-5}$	$-3.26900000 \times 10^{-8}$	$1.24545900 \times 10^{-11}$	0	0
			c_p	参见表 B.2						
C_7H_{16}	正庚烷	250~1000	k	$-4.60614700 \times 10^{-2}$	$5.95652224 \times 10^{-4}$	$-2.98893153 \times 10^{-6}$	$8.44612876 \times 10^{-9}$	-1.22927×10^{-11}	9.0127×10^{-15}	-2.62961×10^{-18}
		270~580	μ	1.54009700×10^{0}	$1.09515700 \times 10^{-2}$	$1.80066400 \times 10^{-5}$	$-1.36379000 \times 10^{-8}$	0	0	0
		300~755	c_p	9.46260000×10^{1}	5.86099700×10^{0}	$-1.98231320 \times 10^{-3}$	$-6.88699300 \times 10^{-8}$	$-1.93795260 \times 10^{-10}$	0	0
		755~1365	c_p	$-7.40308000 \times 10^{2}$	1.08935370×10^{1}	$-1.26512400 \times 10^{-2}$	$9.84376300 \times 10^{-6}$	$-4.32282960 \times 10^{-9}$	$7.86366500 \times 10^{-13}$	0

续表

分子式	燃料	温度区间/K	性质	a_1	a_2	a_3	a_4	a_5	a_6	a_7
C_8H_{18}	正辛烷	250~500	k	$-4.01391940 \times 10^{-3}$	$3.38796092 \times 10^{-5}$	$8.19291819 \times 10^{-8}$	0	0	0	0
		300~650	μ	$8.32435400 \times 10^{-1}$	$1.40045000 \times 10^{-3}$	$8.79376500 \times 10^{-6}$	$-6.84030000 \times 10^{-9}$	0	0	0
		275~755	c_p	2.14419800×10^{2}	5.35690500×10^{0}	$-1.17497000 \times 10^{-3}$	$-6.99115500 \times 10^{-7}$	0	0	0
		755~1365	c_p	2.43596860×10^{3}	$-4.46819470 \times 10^{0}$	$-1.66843290 \times 10^{-3}$	$-1.78856050 \times 10^{-5}$	$8.64282020 \times 10^{-9}$	$-1.61426500 \times 10^{-12}$	0
$C_{10}H_{22}$	正癸烷	250~500	k	$-5.88274000 \times 10^{-3}$	$3.72449646 \times 10^{-5}$	$7.55109624 \times 10^{-8}$	0	0	0	0
			μ	无						
		300~700	c_p	2.40717800×10^{2}	5.09965000×10^{0}	$-6.29026000 \times 10^{-4}$	$-1.07155000 \times 10^{-6}$	0	0	0
		700~1365	c_p	$-1.35345890 \times 10^{4}$	9.14879000×10^{1}	$-2.20700000 \times 10^{-1}$	$2.91406000 \times 10^{-4}$	$-2.15307400 \times 10^{-7}$	$8.38600000 \times 10^{-11}$	$-1.34040000 \times 10^{-14}$
CH_3OH	甲醇	300~550	k	$-2.02986750 \times 10^{-2}$	$1.21910927 \times 10^{-2}$	$-2.23748473 \times 10^{-4}$	0	0	0	0
		250~650	μ	1.19790000×10^{0}	$2.45028000 \times 10^{-2}$	$1.86162740 \times 10^{-5}$	$-1.30674820 \times 10^{-8}$	0	0	0
			c_p	参见表 B.2						
C_2H_5OH	乙醇	250~550	k	$-2.4666300 \times 10^{-2}$	$1.55892550 \times 10^{-4}$	$-8.22954822 \times 10^{-8}$	0	0	0	0
		270~600	μ	$-6.33595000 \times 10^{-2}$	$3.20713470 \times 10^{-2}$	$-6.25079576 \times 10^{-6}$	0	0	0	0
			c_p	参见表 B.2						

① 资料来源：Andrews, J. R. , and Biblarz, O. , "Temperature Dependence of Gas Properties in Polynomial Form." Naval Postgraduate School, NPS67-81-001, January 1981.

附录 C 空气、氮气、氧气的相关性质

表 C.1 1atm 下空气的性质

T /K	ρ /(kg/m³)	c_p /(kJ/(kg·K))	μ /(10⁻⁷N·s/m²)	ν /(10⁻⁶m²/s)	k /(10⁻³W/(m·K))	α /(10⁻⁶m²/s)	Pr
100	3.5562	1.032	71.1	2.00	9.34	2.54	0.786
150	2.3364	1.012	103.4	4.426	13.8	5.84	0.758
200	1.7458	1.007	132.5	7.590	18.1	10.3	0.737
250	1.3947	1.006	159.6	11.44	22.3	15.9	0.720
300	1.1614	1.007	184.6	15.89	26.3	22.5	0.707
350	0.9950	1.009	208.2	20.92	30.0	29.9	0.700
400	0.8711	1.014	230.1	26.41	33.8	38.3	0.690
450	0.7740	1.021	250.7	32.39	37.3	47.2	0.686
500	0.6964	1.030	270.1	38.79	40.7	56.7	0.684
550	0.6329	1.040	288.4	45.57	43.9	66.7	0.683
600	0.5804	1.051	305.8	52.69	46.9	76.9	0.685
650	0.5356	1.063	322.5	60.21	49.7	87.3	0.690
700	0.4975	1.075	338.8	68.10	52.4	98.0	0.695
750	0.4643	1.087	354.6	76.37	54.9	109	0.702
800	0.4354	1.099	369.8	84.93	57.3	120	0.709
850	0.4097	1.110	384.3	93.80	59.6	131	0.716
900	0.3868	1.121	398.1	102.9	62.0	143	0.720
950	0.3666	1.131	411.3	112.2	64.3	155	0.723
1000	0.3482	1.141	424.4	121.9	66.7	168	0.726
1100	0.3166	1.159	449.0	141.8	71.5	195	0.728
1200	0.2902	1.175	473.0	162.9	76.3	224	0.728
1300	0.2679	1.189	496.0	185.1	82	238	0.719
1400	0.2488	1.207	530	213	91	303	0.703
1500	0.2322	1.230	557	240	100	350	0.685
1600	0.2177	1.248	584	268	106	390	0.688
1700	0.2049	1.267	611	298	113	435	0.685
1800	0.1935	1.286	637	329	120	482	0.683
1900	0.1833	1.307	663	362	128	534	0.677
2000	0.1741	1.337	689	396	137	589	0.672
2100	0.1658	1.372	715	431	147	646	0.667
2200	0.1582	1.417	740	468	160	714	0.655

燃烧学导论：概念与应用（第3版）

续表

T/K	ρ/(kg/m³)	c_p/(kJ/(kg·K))	μ/(10^{-7}N·s/m²)	ν/(10^{-6}m²/s)	k/(10^{-3}W/(m·K))	α/(10^{-6}m²/s)	Pr
2300	0.1513	1.478	766	506	175	783	0.647
2400	0.1448	1.558	792	547	196	869	0.630
2500	0.1389	1.665	818	589	222	960	0.613
3000	0.1135	2.726	955	841	486	1570	0.536

资料来源：Incropera，F. P.，and DeWitt，D. P.，*Fundamentals of Heat and Mass Transfer*，3rd Ed. © 1990，John Wiley & Sons 公司允许复制。

表 C.2　1atm 下氮气和氧气的性质

T/K	ρ/(kg/m³)	c_p/(kJ/(kg·K))	μ/(10^{-7}N·s/m²)	ν/(10^{-6}m²/s)	k/(10^{-3}W/(m·K))	α/(10^{-6}m²/s)	Pr
氮气（N₂）							
100	3.4388	1.070	68.8	2.00	9.58	2.60	0.768
150	2.2594	1.050	100.6	4.45	13.9	5.86	0.759
200	1.6883	1.043	129.2	7.65	18.3	10.4	0.736
250	1.3488	1.042	154.9	11.48	22.2	15.8	0.727
300	1.1233	1.041	178.2	15.86	25.9	22.1	0.716
350	0.9625	1.042	200.0	20.78	29.3	29.2	0.711
400	0.8425	1.045	220.4	26.16	32.7	37.1	0.704
450	0.7485	1.050	239.6	32.01	35.8	45.6	0.703
500	0.6739	1.056	257.7	38.24	38.9	54.7	0.700
550	0.6124	1.065	274.7	44.86	41.7	63.9	0.702
600	0.5615	1.075	290.8	51.79	44.6	73.9	0.701
700	0.4812	1.098	321.0	66.71	49.9	94.4	0.706
800	0.4211	1.22	349.1	82.90	54.8	116	0.715
900	0.3743	1.146	375.3	100.3	59.7	139	0.721
1000	0.3368	1.167	399.9	118.7	64.7	165	0.721
1100	0.3062	1.187	423.2	138.2	70.0	193	0.718
1200	0.2807	1.204	445.3	158.6	75.8	224	0.707
1300	0.2591	1.219	466.2	179.9	81.0	256	0.701
氧气（O₂）							
100	3.945	0.962	76.4	1.94	9.25	2.44	0.796
150	2.585	0.921	114.8	4.44	13.8	5.80	0.766
200	1.930	0.915	147.5	7.64	18.3	10.4	0.737
250	1.542	0.915	178.6	11.58	22.6	16.0	0.723
300	1.284	0.920	207.2	16.14	26.8	22.7	0.711
350	1.100	0.929	233.5	21.23	29.6	29.0	0.733

续表

T /K	ρ /(kg/m^3)	c_p /(kJ/(kg·K))	μ /(10^{-7}N·s/m^2)	ν /(10^{-6}m^2/s)	k /(10^{-3}W/(m·K))	α /(10^{-6}m^2/s)	Pr
氧气(O_2)							
400	0.9620	0.942	258.2	26.84	33.0	36.4	0.737
450	0.8554	0.956	281.4	32.90	36.3	44.4	0.741
500	0.7698	0.972	303.3	39.40	41.2	55.1	0.716
550	0.6998	0.988	324.0	46.30	44.1	63.8	0.726
600	0.6414	1.003	343.7	53.59	47.3	73.5	0.729
700	0.5498	1.031	380.8	69.26	52.8	93.1	0.744
800	0.4810	1.054	415.2	86.32	58.9	116	0.743
900	0.4275	1.074	447.2	104.6	64.9	141	0.740
1000	0.3848	1.090	477.0	124.0	71.0	169	0.733
1100	0.3498	1.103	505.5	144.5	75.8	196	0.736
1200	0.3206	1.115	532.5	166.1	81.9	229	0.725
1300	0.2960	1.125	588.4	188.6	87.1	262	0.721

资料来源：Incropera，F. P. ，and DeWitt，D. P. ，*Fundamentals of Heat and Mass Transfer*，3rd Ed. © 1990，John Wiley & Sons 公司允许复制。

附录 D 二元扩散系数及估计方法

表 D.1 1atm 下的二元扩散系数[①][②]

A 物质	B 物质	T/K	$\mathcal{D}_{AB} \cdot 10^5/(m^2/s)$
苯	空气	273	0.77
二氧化碳	空气	273	1.38
二氧化碳	氮气	293	1.63
环己烷	空气	318	0.86
正癸烷	氮气	363	0.84
正十二烷	氮气	399	0.81
乙醇	空气	273	1.02
正己烷	氮气	288	0.757
氢	空气	273	0.611
甲醇	空气	273	1.32
正辛烷	空气	273	0.505
正辛烷	氮气	303	0.71
甲苯	空气	303	0.88
2,2,4-三甲基戊烷(异辛烷)	氮气	303	0.705
2,2,3-三甲基庚烷	氮气	363	0.684
水	空气	273	2.2

① 资料来源：Perry, R. H., Green, D. W., and Maloney J. O., *Perry's Chemical Engineers' Handbook*, 6th Ed., McGraw-Hill, New York, 1984.

② 假设为理想气体，由 $\mathcal{D}_{AB} \propto T^{3/2}/P$ 可以计算温度和压力对二元扩散系数的影响。

依据理论预测二元扩散系数

下面关于二元扩散系数的推导是对 Reid 等人研究结果[1]的一个简单总结。它的理论依据是低、中压二元混合气体的查普曼-恩斯科克(Chapman-Enskog)理论。在这一理论中，组分 A 和 B 的二元扩散系数为

$$\mathcal{D}_{AB} = \frac{3}{16} \frac{(4\pi k_B T/MW_{AB})^{1/2}}{(P/R_u T)\pi\sigma_{AB}^2\Omega_D} f_D \tag{D.1}$$

其中，k_B 是玻耳兹曼常数；T 是热力学温度，K；P 是压力，Pa；R_u 是通用气体常数；f_D 是理论修正因子，其值非常接近 1，所以就假设其为 1。余下的各项定义如下：

$$MW_{AB} = 2[(1/MW_A) + (1/MW_B)]^{-1} \tag{D.2}$$

其中，MW_A 和 MW_B 为组分 A 和 B 的分子摩尔质量。

$$\sigma_{AB} = (\sigma_A + \sigma_B)/2 \tag{D.3}$$

其中，σ_A 和 σ_B 为组分 A 和 B 的硬球碰撞直径，表 D.2 中给出了燃烧中常见组分的硬球碰撞直径。

碰撞积分 Ω_D 是用下面的方程计算的无量纲数：

$$\Omega_D = \frac{A}{(T^*)^B} + \frac{C}{\exp(DT^*)} + \frac{E}{\exp(FT^*)} + \frac{G}{\exp(HT^*)} \tag{D.4}$$

其中，

$$A = 1.06036, \quad B = 0.15610,$$
$$C = 0.19300, \quad D = 0.47635,$$
$$E = 1.03587, \quad F = 1.52996,$$
$$G = 1.76474, \quad H = 3.89411,$$

而其中无量纲温度 T^* 定义为

$$T^* = k_B T / \varepsilon_{AB} = k_B T / (\varepsilon_A \varepsilon_B)^{1/2} \tag{D.5}$$

ε_i 是 Lennard-Jones 特征能量，其值也在表 D.2[1] 中给出。

表 D.2　部分组分的莱纳德-琼斯参数的取值[2]

组分	$\sigma/\text{Å}$	$(\varepsilon/k_B)/K$	组分	$\sigma/\text{Å}$	$(\varepsilon/k_B)/K$
空气	3.711	78.6	$n\text{-}C_5H_{12}$	5.784	341.1
Al	2.655	2750	C_6H_6	5.349	412.3
Ar	3.542	93.3	C_6H_{12}	6.182	297.1
B	2.265	3331	$n\text{-}C_6H_{14}$	5.949	399.3
BO	2.944	596	H	2.708	37.0
B_2O_3	4.158	2092	H_2	2.827	59.7
C	3.385	30.6	H_2O	2.641	809.1
CH	3.370	68.7	H_2O_2	4.196	389.3
CH_3OH	3.626	481.8	He	2.551	10.22
CH_4	3.758	148.6	N	3.298	71.4
CN	3.856	75	NH_3	2.900	558.3
CO	3.690	91.7	NO	3.492	116.7
CO_2	3.941	195.2	N_2	3.798	71.4
C_2H_2	4.033	231.8	N_2O	3.828	232.4
C_2H_4	4.163	224.7	O	3.050	106.7
C_2H_6	4.443	215.7	OH	3.147	79.8
C_3H_8	5.118	237.1	O_2	3.467	106.7
$n\text{-}C_3H_7OH$	4.549	576.7	S	3.839	847
$n\text{-}C_4H_{10}$	4.687	531.4	SO	3.993	301
$iso\text{-}C_4H_{10}$	5.278	330.1	SO_2	4.112	335.4

将能够查表得出的常量代入方程(D.1)得

$$\mathcal{D}_{AB} = \frac{0.0266 T^{3/2}}{P MW_{AB}^{1/2} \sigma_{AB}^2 \Omega_D} \qquad (D.6)$$

单位如下：$\mathcal{D}_{AB}[=]m^2/s, T[=]K, P[=]Pa, \sigma_{AB}[=]\text{Å}$。

参考文献

1. Reid, R. C., Prausnitz, J. M., and Poling, B. E., *The Properties of Gases and Liquids*, 4th Ed., McGraw-Hill, New York, 1987.

2. Svehla, R. A., "Estimated Viscosities and Thermal Conductivities of Gases at High Temperatures," NASA Technical Report R-132, 1962.

附录 E　求解非线性方程的广义牛顿迭代法

牛顿迭代法，又称牛顿-拉普森(Newton-Raphson)方法，如方程(E.1)所示，可以被扩展应用到非线性方程组(E.2)中。

$$x_{k+1} = x_k - \frac{f(x_k)}{f'(x_k)} = x_k - \frac{f(x_k)}{\dfrac{\mathrm{d}f}{\mathrm{d}x}(x_k)}, \quad k \equiv \text{迭代次数} \tag{E.1}$$

系统为

$$\left.\begin{array}{r} f_1(x_1, x_2, x_3, \cdots, x_n) = 0 \\ f_2(x_1, x_2, x_3, \cdots, x_n) = 0 \\ \vdots \\ f_n(x_1, x_2, x_3, \cdots, x_n) = 0 \end{array}\right\} \tag{E.2}$$

其中的每一个方程都可以展开成泰勒级数的形式(二阶或更高阶项截断)，即

$$f_i(\tilde{x} + \tilde{\delta}) = f_i(\tilde{x}) + \frac{\partial f_i}{\partial x_1}\delta_1 + \frac{\partial f_i}{\partial x_2}\delta_2 + \frac{\partial f_i}{\partial x_3}\delta_3 + \cdots + \frac{\partial f_i}{\partial x_n}\delta_n, \quad i = 1, 2, 3, \cdots, n \tag{E.3}$$

其中，

$$\tilde{x} \equiv [x]$$

求解中，$f(\tilde{x} + \tilde{\delta}) \rightarrow 0$。方程组可以整理成线性方程组成的矩阵，即

$$\left[\frac{\partial f}{\partial x}\right][\delta] = -[f]$$

即

$$\begin{bmatrix} \dfrac{\partial f_1}{\partial x_1} & \dfrac{\partial f_1}{\partial x_2} & \cdots & \dfrac{\partial f_1}{\partial x_n} \\ \vdots & \vdots & & \vdots \\ \dfrac{\partial f_n}{\partial x_1} & \dfrac{\partial f_n}{\partial x_2} & \cdots & \dfrac{\partial f_n}{\partial x_n} \end{bmatrix} \begin{bmatrix} \delta_1 \\ \vdots \\ \delta_n \end{bmatrix} = \begin{bmatrix} -f_1 \\ \vdots \\ -f_n \end{bmatrix} \tag{E.4}$$

其中，等号左边的系数矩阵称为雅可比(Jacobian)矩阵。

方程(E.4)可以用高斯消去法求出 δ。一旦求出了 δ，下一步(最好)用递归方法求出近似解，首先写出方程：

$$[x]_{k+1} = [x]_k + [\delta]_k$$

然后按照上面的步骤，建立雅可比矩阵，解方程组(E.4)，求一组新的$[x]$值，如此反复，直到最小残差达到或小于预设的终止值。下面是文献[1]推荐的经验标准：

最小残差	条件
$\mid \delta_j / x_j \mid \leqslant 10^{-7}$	$\mid x_j \mid \geqslant 10^{-7}$

或者

$$\mid \delta_j \mid \leqslant 10^{-7} \quad \mid x_j \mid \leqslant 10^{-7} \quad j = 1, 2, 3, \cdots, n$$

可以用下面的形式来估计偏微分：

$$\frac{\partial f_i}{\partial x_j} = \frac{f_i(x_1, x_2, \cdots, x_j + \varepsilon, \cdots, x_n) - f_i(x_1, x_2, x_3, \cdots, x_j, \cdots, x_n)}{\varepsilon}$$

其中，

$$\varepsilon = 10^{-5} \mid x_j \mid, \quad \mid x_j \mid > 1.0$$
$$\varepsilon = 10^{-5}, \quad \mid x_j \mid < 1.0$$

下列情况都可以避免不稳定性：

（1）比较新、旧向量的范数，其中范数定义为

$$范数 = \sum_{i=1}^{n} \mid f_i(\tilde{x}) \mid$$

（2）如果新向量的范数大于上一步的范数，假设完整步长$\{\delta\}$不会发生，取$\{\delta\}/5$；否则，就照常取完整步长。

进行范数对比，将完整步长除以任意常数的过程称为"牛顿阻尼"，已证明即使很差的初始条件也能收敛。

牛顿迭代法的一个不足就是每一步迭代都需要计算一次雅克比矩阵。

参考文献

1. Suh, C. H., and Radcliffe, C. W., *Kinematics and Mechanisms Design*, John Wiley & Sons, New York, pp. 143–144, 1978.

附录 F　碳氢化合物-空气燃烧平衡产物的计算程序

随书提供的软件可从出版商的网站上下载 www. mhhe. com/turns3e,软件中含有以下文件:

文件	用　途
README Access to TPEQUIL HP FLAME and UV FLAME Software	对软件及以下各个文件如何使用的介绍 用户界面
TPEQUIL	可执行模块,计算燃烧反应平衡组分和燃料特性、当量比、温度及压力
TPEQUIL. F	TPEQUIL 的 Fortran 源文件
INPUT. TP	由 TPEQUIL 文件读取的输入文件,包含使用者输入的当量比、温度和压力
HPFLAME	可执行模块,在给定反应物焓、当量比和压力条件下,计算绝热定压燃烧的绝热燃烧温度、平衡组分及燃烧产物的性质
HPFLAME. F	HPFLAME 的 Fortran 源文件
INPUT. HP	HPFLAME 读取的输入文件,包括用户设定燃料、反应物焓(每千摩燃料)、当量比和压力
UVFLAME	可执行模块,在给定燃料组分、反应焓、当量比、初始温度和压力条件下,计算绝热定容燃烧的绝热燃烧温度、平衡组分和燃烧产物的性质
UVFLAME. F	UVFLAME 的 Fortran 源文件
INPUT. UV	UVFLAME 读取的输入文件,包括用户可输入自己设定的燃料、反应物焓(每千摩燃料)、当量比、燃料对应的反应物物质的量、反应物摩尔质量、初始温度及压力
GPROP. DAT	热力学性质数据文件

上表所有的计算程序均采用了文献[1]的方法来计算 C,H,O,N 原子组成燃料(即 $C_N H_M O_L N_K$)和空气燃烧的平衡产物[①]。因而,这些程序可以处理含氧燃料(如乙醇)或含氮燃料的计算。对于一般的碳氢燃料,燃料中的氧和氮的数 L 和 K 一般在用户定义输入文件中设为 0。在子程序 TABLES 中氧化剂设为空气(含 79% 氮气和 21% 氧气)。如果氧化剂

---

　① 文献[1]中包括的程序以及后续的修改,都得到了汽车工程师协会(Society of Automotive Engineer)的许可,©1975。

更为复杂一点，比如含有 Ar，依然可以通过对该子程序（TABLES）进行修改并编译实现。程序计算时考虑了 11 种燃烧产物组分：$H, O, N, H_2, OH, CO, NO, O_2, H_2O, CO_2$ 和 N_2。如果氧化剂中含 Ar，程序也将考虑进去。文献[1]的方法在上述程序中均采用了 SI 单位。对原源代码的修改还包括 JANAF 热力学数据和平衡常数输入的方式等，并列在源程序中。

参考文献

1. Olikara, C., and Borman, G. L., "A Computer Program for Calculating Properties of Equilibrium Combustion Products with Some Applications to I. C. Engines," SAE Paper 750468, 1975.

索　引

燃烧学导论：概念与应用（第3版）